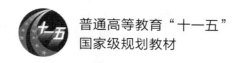

普通高等教育"十一五"
国家级规划教材

新形态教材

U0351566

# 现代生命科学

## （第2版）

主 编　朱 炎　南 蓬　卢大儒　曹凯鸣

编 者　（按姓氏笔画排序）

卢大儒　朱 炎　乔守怡　任文伟　杨 继

杨金水　吴纪华　吴超群　吴燕华　沈中建

明 凤　罗小金　赵 斌　赵雪莹　南 蓬

俞洪波　姚纪花　倪 挺　曹凯鸣　康惠嘉

樊天谊

中国教育出版传媒集团
高等教育出版社·北京

内容提要

本书是在复旦大学《现代生物科学导论》基础上修订而成,并更名为《现代生命科学》。全书共 14 章,先对生命科学的总貌进行概述,然后全面系统地从微观到宏观介绍了生物学各基础学科的基本理论和基础知识,同时补充了生命科学近十年的新发展和新技术。主要内容包括:生命科学概述,生命的化学基础,细胞的结构与功能,细胞的分裂与繁殖,能量与代谢,遗传与基因,表观遗传学,基因工程与生命伦理,基因组学,生命的进化,多样的生物类群,植物的结构与功能,动物的结构与功能,生态与环境。全书配有大量插图以及视频、课件等数字资源,有利于读者对内容的理解,也可激发阅读兴趣。

本书适合作为高等院校生物类专业本科生专业基础课教材,也可供中学生物教师、生物学爱好者及相关研究人员参考。

## 图书在版编目（CIP）数据

现代生命科学 / 朱炎等主编 . -- 2 版 . -- 北京：
高等教育出版社，2023.8（2024.9重印）
ISBN 978-7-04-059939-8

Ⅰ . ①现… Ⅱ . ①朱… Ⅲ . ①生命科学 Ⅳ .
① Q1-0

中国国家版本馆 CIP 数据核字（2023）第 025676 号

Xiandai Shengming Kexue

策划编辑 高新景　　责任编辑 张 磊　　封面设计 李小璐　　责任印制 沈心怡

| | | | |
|---|---|---|---|
| 出版发行 | 高等教育出版社 | 网　　址 | http://www.hep.edu.cn |
| 社　　址 | 北京市西城区德外大街4号 | | http://www.hep.com.cn |
| 邮政编码 | 100120 | 网上订购 | http://www.hepmall.com.cn |
| 印　　刷 | 涿州市星河印刷有限公司 | | http://www.hepmall.com |
| 开　　本 | 889mm×1194mm　1/16 | | http://www.hepmall.cn |
| 印　　张 | 30 | 版　　次 | 2011 年 1 月第 1 版 |
| 字　　数 | 825 千字 | | 2023 年 8 月第 2 版 |
| 购书热线 | 010-58581118 | 印　　次 | 2024 年 9 月第 2 次印刷 |
| 咨询电话 | 400-810-0598 | 定　　价 | 69.00元 |

本书如有缺页、倒页、脱页等质量问题，请到所购图书销售部门联系调换
版权所有　侵权必究
物 料 号　59939-00

数字课程（基础版）

# 现代生命科学

## （第2版）

主　编　卢大儒　姚纪花　赵斌

新形态教材网 Abooks

关于我们 ｜ 联系我们　　　登录/注册

### 现代生命科学（第2版）

朱炎　南蓬　卢大儒　曹凯鸣

开始学习　　　收藏

"现代生命科学"数字课程与纸质教材紧密结合，内容包括复旦大学"现代生物科学导论"课程的授课视频、教学课件等学习资源，以帮助学生进行自主学习。

# http://abooks.hep.com.cn/59939

扫描二维码，打开小程序

# 序

二十一世纪被誉为生命科学的世纪。随着科学技术的迅猛发展，生命科学已经出现了很多令人激动且举世瞩目的突破。分子生物学不断突破，帮助揭示生命运作的深层机制；细胞生物学和遗传学不断推动医学和农学的革新和进展；生态学正在重塑我们对于环境与全球气候变化问题的理解和认识。生物学相关的很多事件也已经进入到大众的视野，如全球范围内的疫情防控、控制病毒以及病菌传播、转基因技术的运用、保护生态多样性等的诸多新闻已经高频率地出现在我们日常生活中，相关的理念也不断融入并且改变着社会的每个层面。未来的生命科学将是现代科学发展极为重要的组成部分。

国际著名遗传学家谈家桢先生一直呼吁大学进行生命科学的教育，在他的推动下，现代生命科学导论于 2000 年在复旦大学成为全国第一个面向理科和医学大学生的平台课。教材是一门课程的核心教学材料，保障并规范学科知识的系统化和标准化。十多年前复旦大学生命科学学院多位一线教学人员合力撰写出了本书的第一版教材。然而，现代生命科学发展迅速，新的知识内容不断出现，教材框架也相应需要调整，以适应新时代下教师和学生的需求。我校生命科学学院新的一批教学团队的核心骨干成员，对旧版本的教材做了系统性的梳理与更新，在保留传统生物学经典内容的基础上，增加了现代生命科学新的研究成果，并介绍了基因组学、表观遗传学等现代生命科学新的发展内容。新一版的教材侧重于在多个层面多个维度展现生命活动的现象和深层机制，融知识性、趣味性和时代性于一体，是一本顺应时代发展的新教材。新教材同时也反应了我国科学家在生命科学领域中取得的最新成果，展现的科学精神以及润物细无声的教书育人。我也一直关注和支持这门课程的教学，并多次参加名师前沿讲座的教学，看到此书即将付梓，我十分高兴特作序祝贺。

中国科学院院士
复旦大学校长

2022 年 12 月

# 前　言

　　生命科学是研究生命现象和生命活动规律的科学，是自然科学中的一门基础学科，它为工农业和医学服务，也是人类社会生存和发展的基础。

　　生命科学的发展从现象描述到实验分析，从宏观到微观，从分散到整合，从实践到理论，再由理论指导实践。

　　二十一世纪是生命科学的世纪，生命科学的大厦已经建立，各种生命奥秘和与人类自身相关的科学问题已经成为当今科学研究的前沿热点。生物技术，特别是现代生物技术一方面源于对生命科学规律的认识，一方面又极大地推动了生命科学的发展。生物技术同时还加速了生命科学研究成果的转化应用，在解决人类社会发展面临的人口、资源、环境、疾病等问题方面发挥越来越重要作用。

　　生命种类繁多，现象丰富多彩，内容纷繁复杂，由复旦大学生命科学学院曹凯鸣教授主编的《现代生物科学导论》，为帮助读者从整体上系统学习生命科学基本知识、理论规律，在内容的设置上强调了基础性、系统性和规律性，围绕生命科学的四大主题"细胞学－遗传学－生命的统一性－生命的多样性"，涉及生命的化学组成、能量与代谢、细胞、遗传与基因、生物多样性、动/植物的结构与功能、生命的起源与进化、生物与环境等诸多内容。

　　曹凯鸣教授主编的《现代生物科学导论》从编写至今已经超过十年，这十年中，生命科学发展迅猛，随着高通量测序技术的涌现和普及应用，基因组时代和生命数字化时代已经到来；生命奥秘的揭示不断深入和加速，催生了精准医学时代的到来；以基因编辑为代表的创新性、引领性生物技术的诞生并不断更新迭代，从解码生命、修改生命到设计生命和合成生命的时代也已经到来。为了适应这些发展变化，编者对原有的内容进行了补充和更新，特别是细胞学、表观遗传学、基因组学等内容有了较大的修改，并在教材中融入课程思政元素，综合修改形成了《现代生命科学》（第2版）。

　　由于生命科学发展迅速、内容繁多，特别是由于编者知识水平、能力和精力有限，对于生命科学的一些前沿规律和方法技术的理解还不到位，列举的实例不一定能够具有广泛的代表性，编写过程中难免会存在一些问题，还请广大读者批评指正。

编者

2022 年 11 月

# 目　录

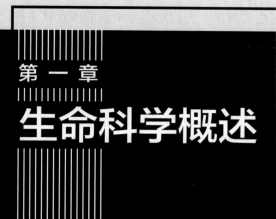

# 第一章
# 生命科学概述

1831 年，一位年轻的博物学家查理·达尔文登上了英国皇家海军的贝格尔号（Beagle）舰船，开始了为期 5 年的环球考察航程，考察为达尔文创立进化理论奠定基础。自然选择的进化理论是生命科学的基石，是贯穿生命科学所有领域的核心内容。不论在何种生命结构层次，所有生命活动相关机制的形成都与进化有关。只有追踪进化的轨迹才能寻找和揭示生命现象的原因，探讨和解释生命活动的普遍规律。了解达尔文创建生命进化理论的历史是我们探索生命科学的最佳起点。在我们开始接触生命科学的具体内容之前，首先让我们花点时间思考什么是生物学以及它的重要性。

## 第一节　生命科学是以生物为研究对象的科学的集合

从分子到细胞，从组织到个体，从群体到生态，从广义的角度而言，都可以纳入生命科学的范畴。生命具有令人惊讶的多姿多彩的形态和表型，而生物学家研究生命的方法也是五花八门。他们或者分析猫头鹰听觉器官的结构及其与猎物定位的关系，或者收集不同地质年代的化石从中寻找生命进化的足迹，或者研究花器官的结构特征与虫媒传粉的联系。他们解读长链遗传物质中的编码信息，比较不同个体遗传差异与疾病敏感性的关联，或者比较内啡肽与吗啡的分子构型，解释鸦片成瘾的分子生物学基础。

## 一、什么是生命

生命会运动，但运动不是生命的主要特征。飞机和汽车可以运动，但飞机和汽车不能称为生命。生物都会生长，但能生长的物质并不能称为生命。化合物的结晶可以"生长"，但结晶化合物不是生命。

什么是生命？或者说生命的本质是什么？在漫长的历史长河里，人们对生命本质的探索从未停止过。自然进化论建立之前，哲学家们对"什么是生命"这一问题提出了多种观点。

活力论和机械论是哲学上长期存在的争论。机械论认为，生命物质和非生命物质没有本质的差别，生命规律完全可以用物理、化学规律来解释。而活力论认为，生物体内存在一种特殊的非物质力量，控制生物体的活动，指导生物进化。20世纪，德国胚胎学家和哲学家杜里舒（Hans Driesch）提出了新活力论。他反对机械论的观点，支持生物体内的活力因素控制着正常机体的形成。其他活力论的代表人物，比夏认为生命是抵抗死亡的机能的总和，居维叶主张生命是同物理和化学力的抵抗，巴斯德（Louis Pasteur）坚持发酵是仅在生物体内的化学反应。

特创论属于基督教的主张，认为上帝创造万物，生物一旦被创造出来就固定不变了。目的论表示世间万物都有其存在的目的。亚里士多德曾言："大自然里，生物的器官顺着功能而演变，功能不是顺着器官而来。"

整体论和还原论是生物学研究甚至科学研究的两大经典方法论。整体论是基于近代科学水平，将生物作为一个整体进行研究的方法论，它把自然神学和自然进化区分开来。还原论的核心是把生物体的功能和机制还原为物理和化学反应并进行研究的过程。相比于整体论主要解决原理层面的问题，还原论则偏向回答机制层面的问题。

预成论和渐成论是胚胎发育学的两种学说。亚里士多德提出了个体发育的两种可能性。一种是预成论，认为卵细胞和精子中存在生物体各种组织和器官的雏形，个体发育过程就是把各部分放大。另一种是渐成论，认为新的个体结构是在发育过程中逐渐形成的，类似于织网。现在看来，预成论和渐成论也不是完全的排斥，生命的发育过程中这二者并存。

负熵论中的"负熵"是和"熵"相对的概念，代表着有序化、组织化。在《生命是什么》一书中，薛定谔提出了"生物赖负熵为食"，就是说生物体从环境中不断地吸取负熵，只有这样才能摆脱死亡，维持生命。

在多学科的共同发展下，基于现象观察和实验验证，生物学家对"什么是生命"这一问题给出了更为普遍的解释。或许，我们今天还不能给出生命本质的定义和统一观点，只能客观地对于生命共有的基本特征描述。

生命有其特定的含义，所有具有生命的生物都具有一些相似的基本的特征：

1. **细胞结构**（cell organization）　所有独立生存的生物都由一个或许多个细胞组成。细胞虽然用肉眼很难看见，但细胞都具有基本的生命活性。每个细胞都有一层膜包围，将细胞与外界隔开。细胞是生物最基本的结构单元与功能单位。

2. **有序组成**（order）　所有生命都具有高度有序的结构，这些有序的结构与生命的活性息息相关。每个人的身体都含有许多不同的细胞，不同的细胞有机地组合在一起，形成可以执行复杂功能的器官。

3. **感应**（sensitivity）　所有生命都能对外界的或内部的刺激做出相应的反应。植物总是朝着太阳生长，动物饿了就会去寻找食物，宠物见到主人常常摆出友好的姿态。

4. **生长，发育和生殖**（growth, development and reproduction）　所有的生物都能生长与繁殖，它们的遗传信息可以传递给子代，使其后代与亲代保持相同的特征。

5. **利用能量**（energy utilization）　所有生物都能吸取和利用能量来完成各种生命活动。比如鸟类，从食物中获得能量才能展翅飞翔。

6. **进化与适应**（evolutionary adaptation）　所有生物都和其他生物以及环境互作，这些互作的方式影响到生物自身的生存，因而每种生物都会进化以适应它们生存的环境。

**7. 体内稳态**（homeostasis）　所有生物都必须维持不同于外部环境的相对稳定的内部环境，以便生理生化反应的正常进行。生物体内相对稳定的内部环境称为体内稳态。

## 二、生命的结构层次

生物世界的组成具有连续的层次结构，高一级的层次建立在低一级的层次之上（图 1–1）。如果从最基本的结构出发来观测生命，可将生命活动的层次分为分子、亚细胞、细胞、组织、器官、系统、个体、物种、群落和生态系统，但具有生命特征的层次应从细胞起始。

单细胞的低等生物只需要细胞层次就可以完成独立的生命活动了，多细胞的高等生物则需要建立紧密的细胞间的交流通信，需要在更高的层次上构筑完整的生命。无论何种生物，生命活动离不开生物大分子之间的作用、生物细胞之间的作用以及生物与环境的相互作用。

### 1. 细胞水平

凡是独立生长与发育的生命都具有细胞结构，这是生命最显著的特征之一。所有细菌都是单细胞生物，但它们缺少**细胞核**（nucleus），因而称为原核生物。绝大多数动物和植物都是多细胞生物，它们不仅含有细胞核，而且细胞内还有许多执行特定功能的结构成分——**细胞器**（organelle），因而称为真核生物。病毒虽然具有某些典型的生命特征，但它们不能独立生存，必需寄生于宿主细胞才能生长与繁殖。因此细胞是生命最基本的结构单元和功能单位。

### 2. 器官水平

在多细胞生物中，以细胞为基础逐级组成三个不同层次的结构。最基本的层次为**组织**（tissue），这是由相似的细胞群体构成的功能单位。在组织的基础上再聚集形成**器官**（organ），这是生物个体的结构成分。器官一般由好几种不同的组织形成，是身体内部在结构与功能上具有一致性的单元。例如人的大脑即由神经组织，结缔组织和血管组成，结缔组织和血管可为大脑提供保护层以及供给血液。第三个水平是**器官系统**（organ system），由不同的器官组成。如神经系统由感应器官、大脑、脊髓和神经元组成，神经元可以接受和传送信号。

### 3. 群体水平

在生物界以个体为基础形成了几种不同层次的结构。最基本的结构为**群体**（population），这是

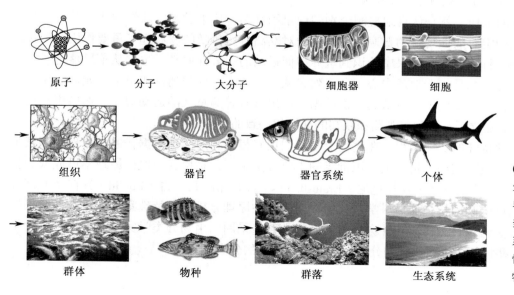

原子　　分子　　大分子　　细胞器　　细胞

组织　　器官　　器官系统　　个体

群体　　物种　　群落　　生态系统

◐ 图 1-1　生命的结构层次

生命具有高度有序的结构层次——从简单小分子到复杂大分子，从单个细胞到多细胞组织器官，从个体及群落到生态系统。生命的每一结构层次都有其代表性特征，在生物学功能的不同层面具有特定意义。

生活在同一地域属于同一**物种**（species）的一群个体。它们中的成员外表相似，可以彼此交配繁殖。生物世界中更加高级的层次为**生物群落**（biological community），由生活在同一地域不同物种的所有群体组成。生物世界的最高层次称为**生态系统**（ecosystem），由生物群落和它们所居住的栖息地构成。例如一个山地的土壤和水源与山地草场上栖息的生物群落之间会以多种重要的方式彼此互作。

### 4. 涌现特征

生命世界中每往上出现一个较高的层次都会产生一些新的特征，这些特征产生于下一个层次组成元素之间的互作，称之为**涌现**（emergence）。**涌现特征**（emergent property）主要表现为整体不等于部分的相加。我们不能通过简单的部分相加的办法来预测整体的结构特征和活动规律。例如高等动物细胞和低等动物细胞在形态上基本相同，但仅仅观测细胞的形态无法预测蜜蜂和狮子行为上的差别。在不同的生长发育时期，细胞的命运随着细胞成分的改变而发生结构与功能的分化，这是一种动态的涌现特征。生命世界中涌现特征无处不在，是生命领域最为精彩也最令人感到困惑的现象。

## 第二节　科学研究的方法

维基百科全书（Wikipedia Encyclopedia）对科学所下的定义是：科学是一种系统性的知识，它来源于观测和实验所确定的一般性原理。生物学是自然科学中最成功的科学之一。生物学极大地改变了我们每天的生活，也将改变我们未来的生活。生物学是一门极具魅力而又十分重要的科学。许多生物学家正在研究对我们的生活具有重大影响的生物学问题，如世界人口的迅速增长，影响人类健康的癌症和艾滋病。生物学家所获取的知识提供了解决上述各种问题的基础，使人类能够更有效而合理地管理世界有限的资源，预防和治疗各种疾病，提高我们这一代、下一代以及再下一代的生活质量。

科学家从事科学研究最常用的工具就是思考，学会思考是进入自然科学的第一步。科学家用于思考的方式有两种：**归纳**（inductive reasoning）与**演绎**（deductive reasoning）。

归纳的思维特点是从特殊到一般，根据某些个例所具有的特征推导一般性原理。例如，你见到的猫有体毛，狗也有体毛。因为猫和狗是哺乳动物，由此可以推测所有哺乳动物都有体毛。这一结论是否正确，可以通过其它观测进一步检验。

科学家所从事的工作，就是认真地检测个别的现象和事例，从中发现一般性规律，并进一步通过其他事例的研究确定一般性规律的普遍性。归纳法对欧洲自然科学的发展起了重要作用，牛顿及许多科学家即从一些特别的实验结果中认识到世界如何运动的一般性原理。牛顿从苹果落地意识到所有物体落地时的方向都是朝着地球中心。门捷列夫从元素的周期性排列预测出不同元素的化学性质。科学家从一些典型的事例中经过认真严密的思考得出具有普遍意义的运动规律，然后再经过其他实验的检验，从而建立了一系列与观测和获知的规律相一致的普遍原理。

演绎是由一般到特殊的认知过程，在逻辑上与归纳正好相反。演绎是根据普遍性原理推测某个具体事物或事件的性质或结局，是人类认识世界的主要方法之一，是检验一般性原理不可或缺的步骤。大约2 200年前，希腊学者埃拉托色尼（Eratosthenes）即采用欧几里得（Euclid）几何学原理推导并精确计算出地球的圆周长。这是科学研究中根据一般性原理分析某一特殊案例获得准确结果的成功事例，这一方法已在自然科学和社会科学的研究中普遍采用。生物分类学家可以根据采集的生物样品所具有的一些特征，按照物种划分的标准来确定样品的分类。

# 第三节　如何从事科学研究

科学家在确定哪些原理具有真实性之前往往有多种可能的选择，他们是如何从事这一工作呢？通常科学家必须对不同的假说进行系统检验。如果这些假说与实验观测的结果是不相符的，那么它们就会被否定。在对某一特定科学领域的事例进行仔细的观测和调查之后，研究者即可提出某种假说，它是对所观测事物现象的可能解释。假说仅仅是一种不成熟的看法，还没有获得进一步实验结果的支持。由于这些假说适合所观测的现象，因而是有价值的。但是如果进一步的实验结果与之矛盾，这些假说就必须放弃。

## 一、检验假说

实验是检验某个假说的主要方法。例如，假定你现在正在一间黑暗的屋子里，为了说明房间为什么是黑暗的，你可以提出几种解释。第一种解释是，房间之所以黑暗是因为房间的电灯关闭了。第二种解释是，因为灯泡烧坏了。为了判断这两种说法哪一种是正确的，你可以设计专门的实验进行检测。例如，你可以切换电灯开关，如果灯光还是不亮，那就说明第一个假设是错误的，一定是其他原因造成了房间的黑暗。请注意，像上述这样的实验并非确定哪个假设是对的，它只是表明其中某个假设是错误的。成功的实验必须提出确切的证据表明某个或某些假设正确与否。

自然界中有些生物在形态、行为等特征上会模拟另一种生物，这一现象被称为**拟态**（mimicry）。生物学家猜测拟态的作用是为了迷惑天敌，是一种生态适应。如雪蝶的翅膀从背后看很像它的天敌跳蛛的腿的形状，这种模仿可能有利于雪蝶逃避跳蛛的危害。这一假设可以通过实验检测，将雪蝶的翅膀涂上黑色消除其伪装的花纹，雪蝶被捕食的比例大大增加（图1-2），证明拟态生物学功能的假设是正确的。

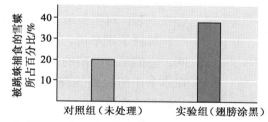

● 图1-2　雪蝶拟态假设的验证
将雪蝶和它的天敌放在同一个容器内，自然状态的雪蝶较之被黑颜色涂抹而消除翅膀花纹的雪蝶更不易被跳蛛识别，被捕食的比例远低于后者。

在本教科书中你将会发现许多经受过反复实验验证的假说，也会见到许多仍在经受实验验证的假说。有许多假说在确立之后，又被科学家以新的实验结果对其进一步修正。生物学和其它科学一样，始终处在不断地更新过程中。新的想法不断涌现，旧的观点不断被取代或修正。

## 二、设立对照

在科学研究中我们的兴趣往往在于发现哪些因素或条件对事物产生了影响，这些因素或条件又常常是可变的。为了评价某个因素与不同假说的关系，通常必须使其他有关因素保持不变。因此在从事某一假说的验证实验时，必须同时进行两项平行实验。在第一项实验中，可以改变某个因素的状态，其他的因素保持不变。在第二项实验中，所有的相关因素都保持不变。在所有方面，上述两项实验的差别只涉及一个因素的改变，因此两项实验结果如有差别只与一个因素的变动有关。实验科学所面临的大量挑战主要在于设计合理的对照实验，它可将某个因素与其他因素分开，确定单个因素与结果之间的因果关系。

## 三、结果预测

一个成功的科学假说既有合理的一面，又有实用的一面。它可以告诉你想知道的某些内容，同时也能据此找到一些方法检测假说是否正确，并对实验结果进行预测。如果实验结果与假说不一致，那么所提出的假说就必须抛弃。如果实验结果与假说一致，那么这个假说就获得了证据支持。根据假说做出的预测得到的实验支持越多，说明假说的可靠性越高。例如爱因斯坦的相对论开始时只是勉强被接受，因为当时还没有任何人能设计一个实验证明该假说是否正确。爱因斯坦的相对论预测：当光线从太阳周围穿越时将会发生弯曲。在日全食时对这一预测进行了检测，当太阳背后的星星发出的光线穿越太阳时果然发生了弯曲。当时这一假说尚处在完善过程中，并不知道光线是否真的会弯曲。光线弯曲的实验结果为相对论假说提供了强有力的支持，使人们更加相信该假说的可靠性。

## 四、发展理论

科学家一般在两种意义上使用理论一词。一种场合是将理论视为根据一些普遍规律对某些自然现象提出的解释。例如我们可将牛顿首次提出的规律称为"引力理论"。这种理论通常是将一些原来认为无关的概念联系在一起，并对不同的现象进行统一的解释。牛顿的引力理论对物体落地和地球围绕太阳运行给出了相同的解释。另一种场合理论的含义是指一些相互关联概念的主体部分，它已获得科学推理和实验检测的支持，可以解释某些研究领域所观测到的事实。这种理论为构建知识主体提供了不可或缺的框架。如物理学中涉及基本粒子的夸克理论，是将有关宇宙本质的许多猜想整合在一起，对实验结果进行解释。这种理论可以作为研究指南，用于进一步提出问题和设计实验。

对科学家来说，理论是科学的坚实基础，是最确信的依据。一般文献中所涉及的"理论"则不同，它们是有缺陷的知识，或者只是一些猜测。这些所谓"理论"在许多场合常常会造成概念混淆。在本书中所提到的理论都是在严格科学意义上被认可的理论，它们是已被广泛接受的一般性原理，是知识的主体。

有些评论家将进化视为"只是一种理论"，这是一种误导。现有的进化假说是由许多综合性的证据所支持的科学的事实。现代进化论是一个复杂的知识体系，它的重要性远远超出进化事实本身。进化理论的众多分支已渗透到生物学的所有领域，它提供了一个概念性的框架，从而使生物学成为一门统一的科学。

## 五、科学研究的目的

科学研究是由许多有序的并具有内在逻辑关系的步骤所组成，每前进一步都是在两种相互排斥的可能性中做出选择。这是一个试错（trial-and-error）的检验过程，最终使科学家能穿越迷宫，到达目的地。成功的科学家总是能充分利用已有的知识，提出合理的设想，设计科学的实验，获得可信的结果。在科学研究过程中有一个不可或缺的步骤，就是将实验结果进行总结和撰写论文。

**撰写论文**　完整的科学论文应该包括实验目的、实验方法和材料、实验结果及分析。撰写的科学论文投递到科学刊物后，必须经过同行专家严格的评阅。论文的评阅过程称为审稿，这是现代科学得以迅速而健康发展的重要助推器，可以促使研究人员谨慎地工作、仔细地观测、深入地分析、准确地判断。当某篇论文宣称有重大发现时，其他科学家就会重复这一实验，以求得到相同的结果。

如果论文公布的实验结果无法重复，那么这一发现就会被否定。

**基础研究和应用研究** 根据科学研究的目的一般可将科学活动划分为两大范畴：基础研究和应用研究。基础研究往往着重于事物运动的基本规律，由基础研究所获得的大量信息可增加已有科学知识的容量和内涵。如某些从事基础生物学研究的科学家会关注一个细胞中含有哪些有机分子以及它们的组成比例，而动物解剖学家则会测量不同种类的老虎其牙齿大小的差别。基础理论研究可为应用研究提供科学依据，为技术的创新指明方向和途径。例如根据人体生理生化的代谢规律，可设计特别的药物分子治疗某些疾病。

## 第四节 达尔文的进化论是科学研究的典范

达尔文的进化理论解释了地球上现存的和曾经出现过的生物是如何变异从而产生出纷繁异样、千姿百态的类型。达尔文创立的进化论为后世的科学家树立了一个杰出的榜样。达尔文的科学生涯生动地表明，一位成功的科学家应该如何从实际出发，通过调查研究、收集和分析原始资料并进行深入的思考，然后提出能被人们广泛接受的假说。

### 一、查理·达尔文

查理·达尔文（Charles Robert Darwin，1809—1882，图1-3）出生于英国一个世代为医的家庭。1831年，达尔文从剑桥大学毕业。同年12月，英国政府组织了贝格尔号军舰环球考察，达尔文以"博物学家"身份自费搭船从事考察活动。贝格尔号军舰穿越大西洋、太平洋，途经澳大利亚，越过印度洋，绕过好望角，前后历时5年（图1-4）。1836年10月达尔文随船返回英国。1842年，达尔文写下了《物种起源》的简要提纲。1859年11月，经过20多年研究，达尔文终于完成科学巨著《物种起源》（图1-5）。达尔文的进化论不仅在自然科学领域产生了深远的影响，而且极大地促使了社会科学的发展。

在达尔文的时代，大多数人相信，地球上所有的生命都是按照上帝的旨意创造的。每个物种都是特别安排的，从开始出现就一直没有改变。与这种特创论不同的是，一些学者认为，地球上的生命在历史的长河中已经出现了很多变异。达尔文提出的进化论，以雄辩的事实证明，生命在不断地变异并产生新的物种，这种进化的动力在于自然选择。

在5年的环球考察中，达尔文有机会接触和观测到大量生长在大陆、岛屿和海洋中的动植物。在南美洲的南端，达尔文发现了已经灭绝的大型哺乳动物的化石。在南美洲西海岸，达尔文观测到许多在形态上各不相同但又彼此相似的生物类群。这些事实和生物样品对达尔文关于地球上生命本质的认识产生了深刻的影响。

🔼 图1-3 查理·达尔文
这张照片拍摄于1881年，即达尔文去世前一年，因此这张照片是这位伟大的生物学家的最后一张照片。

27岁的达尔文完成环球考察回到英国之后，开始了长期的研究与思考。在接下来的10年中，达尔文发表了许多论著，包括南美洲的地理学和珊瑚礁的形成。随后达尔文又花了8年时间研究一种称为藤壶的小型甲壳动物，并出版了四本著作，描绘藤壶的分类和自然史。1842年达尔文和家人从伦敦搬到他的家乡肯特。在这个幽静美丽的小城，达尔文继续从事研究和写作，度过了他的后40年。

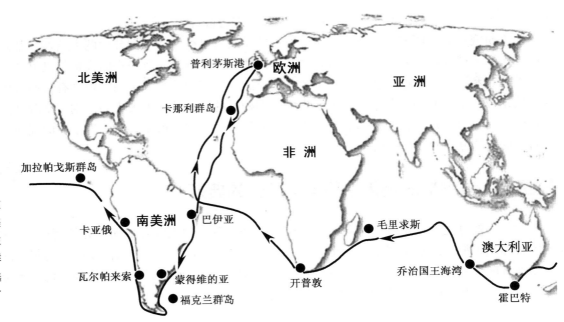

➲ 图 1-4 达尔文的贝格尔号环球航程

达尔文 5 年的航程中大多数时间都用于考察生长在南美海岸及附近岛屿上的各种生物。达尔文对加拉帕戈斯群岛上动物的研究对其自然选择的进化论思想的产生起了关键作用。

## 二、达尔文的证据

在达尔文生活的时代，人们普遍相信地球存在的历史只有数千年，这种观念阻碍了任何进化理论的诞生与发展。1830 年，由赖尔（Charles Lyell）撰写的巨著《地质学原理》（*Principles of Geology*）一书问世。书中首次讲述了地球上古老动植物的历史变迁。在贝格尔号军舰上的达尔文，如饥似渴地阅读这部巨著。书中所描述的世界正是达尔文将在贝格尔号航程上所见到的那个真实的世界。

在贝格尔号军舰环球航行的初期，达尔文仍然相信"物种不变"的观点。两年后，达尔文开始认真地思考物种是否真的一成不变，因为他发现了许多与"物种不变"观点相矛盾的现象。在南美洲的南部，达尔文找到了一种化石，它与当时生活在同一地区的犰狳极其相似。如果现存的犰狳不是来自已经灭绝的祖先，这种现象是无法理解的。

在环球考察中，达尔文多次发现相似的物种因生长的地区不同而略有差异的现象。这种地理分布的特点使他认识到，生物可能随着迁徙地环境的改变而逐渐产生变异。在南美洲加拉帕戈斯群岛不同的岛屿上生活着形态各异但彼此相似的雀，特别是它们喙的结构及取食习性，引起了达尔文的极大兴趣。达尔文认为，最好的解释就是，这些鸟类只能来自一个共同的祖先。它们可能是几百万年前被风暴从大陆刮到不同岛屿上的同一鸟类的后裔，为了适应新的生态环境，

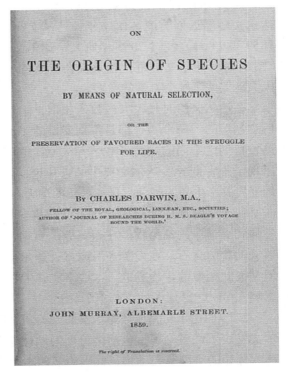

⬆ 图 1-5 达尔文的科学巨著《物种起源》（1859）

大嘴地雀　　　勇地雀　　　小树雀　　　莺雀

⊖ 图 1-6　加拉帕戈斯群岛上的四种雀
在加拉帕戈斯群岛上，达尔文发现了四种不同的鸣雀，它们的主要差别在于喙形和取食习惯。这四种鸣雀的食物完全不同，由此达尔文推测不同喙形的产生是这四种鸣雀对其栖息地所提供食物的适应性进化。

它们分别进化出不同的取食习性和特别的喙结构（图 1-6）。

特别使达尔文感到惊讶的是，在南美洲一些年轻的火山岛上生长的动植物与近邻海岸上生长的动植物非常相似，但在具有相似气候的非洲海岸却找不到类似的生物。显然生长在这些海岛上的动植物与邻近南美洲海岸生长的同类物种有传承的亲缘关系。

## 三、自然选择假说

观测到进化的结果是一回事，得出进化的结论是另一回事。达尔文的伟大贡献在于，他根据观测到的进化事实提出了进化假说。

**达尔文与马尔萨斯**　促使达尔文产生进化思想的一个关键因素是马尔萨斯（Thomas Malthus）的《人口原理》（*Essay on the Principle of Population*）一书。在这本书中，马尔萨斯提出了人口以几何级数增长，食物以算术级数增长的观点。几何级数是指按指数方式增加的数字，如 2、4、8、16、32……，每增加一次就是前一个数的两倍。算术级数是逐个添加，如 1、3、5、7、9……，每增加一次就是在前一个数的基础上增加 2。

显然动植物群体的增加是按几何级数倍增的。如果没有限制因素，在很短的时间内，动植物的数量就会覆盖整个地球表面。但实际上物种的数量在上下代之间总是在一个相对稳定的范围内波动，原因就是死亡会淘汰大量的个体。马尔萨斯人口论为达尔文创立以自然选择为核心的进化论提供了至关重要的启示。

按照马尔萨斯提出的观点，达尔文想到了种群繁殖的现象。虽然每个物种都有产生大量子代个体的趋势，但实际上只有很少的子代个体能存活。这些存活的个体随后再进一步繁殖后代。根据在贝格尔号军舰环球考察中观测到的现象以及在家养动物驯化中所做的试验，达尔文发现了其中的重要联系：那些在体质上、行为上或者其他方面具有明显优点的个体将会在子代群体中保留下来，有更多的机会将它们所具有的优良特性传给下一代。这些有明显优势的个体将在种群中逐步增加它们的比例，从而使整个群体的结构发生改变。达尔文将这一过程称为选择，促使选择的驱动力就是**适者生存**（survival of the fittest）。

**自然选择**　达尔文在《物种起源》一书中详细讨论了家养动物在**人工选择**（artificial selection）下的性状变异，他对这些变异的特征非常熟悉。达尔文发现动物育种家选育的品系之间的差异远比野生种群之间的差异大。例如，家鸽的种类数量比世界上所有已发现的数百种野生鸽类的总数还要多。达尔文由此推测，类似人工选择的事件一定也在野生的鸽子种群中发生过，并将其称之为**自然选择**（natural selection）。

达尔文的理论综合了生物进化的假说、自然选择的过程以及大量有关进化和自然选择的证据，对生物多样性和不同地区种群之间的差异给出了一个简洁明了的解释。由于所处生存条件的差异，位于不同生态环境的物种在自然选择的作用下演变出许多在生理、形态和行为上彼此各不相同的特征。

**华莱士具有相同的进化观点**    1858 年，达尔文收到一篇论文。撰写这篇论文的是英国一位青年博物学家华莱士（Alfred Russel Wallace，1823—1913）。这篇论文促使达尔文下决心将自己的假说公之于众。在华莱士这篇论文中，他独立地提出了与达尔文相同的进化假说。无独有偶，华莱士也同样受到马尔萨斯发表的一篇论文的影响。华莱士的朋友知道达尔文的研究工作，因而鼓励华莱士与达尔文联系。收到华莱士的论文之后，达尔文为此在伦敦安排了一场联合讲座。随后达尔文将他在1842 年撰写的文稿进一步扩充，最终完成了《物种起源》这部巨著。

**达尔文的进化论**    达尔文的《物种起源》一书于 1859 年正式出版，出版后立即引起了轰动。根据达尔文的进化理论很容易想到人类和灵长类应该来自同一个祖先，对此人们感到震惊与困惑。虽然达尔文在书中并未讨论人类的进化问题，但书中的观点可以直接引申出这一结论。在后来发表的另一部著作《人类的起源》（*Decent of Mans*）中，达尔文明确提出人类和现存的灵长类具有共同的祖先。虽然人们早已知道在许多特征上人类与灵长类非常相似，但对许多人来说仍然难以接受人类与灵长类之间存在直接亲缘关系的结论。由于达尔文关于自然选择的进化理论具有很强的说服力，因此在 18 世纪 60 年代英国的绝大多数知识阶层都接受了达尔文的进化论。

## 四、达尔文之后的进化论：更多的证据

自 1882 年达尔文逝世之后，支持达尔文进化学说的证据日益增多。有关生命如何进化的机制取得了一系列的重大进展，但达尔文进化理论的框架并无重大改变。

### 1. 化石的记录

达尔文曾经预言，现存不同形式的生物类群之间一定存在过渡类型，它们将会在化石记录中被发现。例如，鱼类和两栖类之间，爬行类和鸟类之间会有一系列中间类群生物。目前已经知道的许多化石记录在 19 世纪是无法想象的。一些显微化石的发现已经将生命的历史追溯到 35 亿年前。化石的记录向人们展示了生命从简单到复杂的进化过程，处在不同进化时期的生物类群可以构成一幅生动精彩的历史画面，不同的生命形式组成了一个连续的渐进式的进化阶梯。

### 2. 地球的年龄

在达尔文时代，一些物理学家认为，地球只有几千年的历史。这一观点曾经困扰过达尔文。因为在他看来，所有的生物都是来自最初的结构简单的祖先。由简单的生物进化到复杂的生物，必须经历漫长的进化岁月。如果地球只有几千年的历史，怎么能进化出像人这样复杂的生物呢？从放射性元素衰变速率的研究中人们已经获知，达尔文时代物理学家关于地球年龄的观点是极其错误的，地球实际的年龄超过 45 亿年。

### 3. 遗传的机制

达尔文的进化论在遗传学方面曾经受到过尖锐批评。当时没有任何人有基因的概念，也不知道遗传是怎么回事。对达尔文来说也不可能从遗传学的角度对进化论给予完美的解释。达尔文时代的遗传理论完全排除生物自发遗传变异的可能，这也是一些人非难达尔文进化论的依据之一。经典遗传学的出现是在达尔文的《物种起源》一书问世 40 年之后，那时科学家们刚刚开始了解遗传规律。遗传规律的发现为生物变异的原因提供了直观而明确的解释，给出了生物变异如何产生这一问题的答案。

### 4. 比较解剖学

动物比较解剖学的研究为达尔文的进化论提供了强有力的支持。脊椎动物都有相似的骨骼结构，可以追踪它们的起源。图 1–7 显示的是不同脊椎动物前肢的骨骼，其基本排列方式是相同的，但在

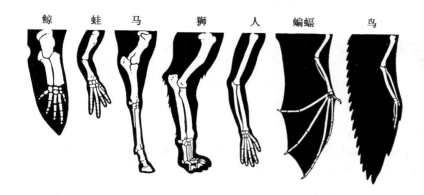

⊖ 图 1-7　脊椎动物前肢的同源性
这里所示为 7 种脊椎动物前肢骨骼的组成比较，其前肢骨骼相对比例的变化与不同物种的生活方式有关。

结构上已有明显差别。蝙蝠的前肢变为翅膀，鲸的前肢形成了鳍，而马的前肢称之为腿。这些脊椎动物的所有前肢都具有共同的起源，因而称为**同源**（homologous）结构。有些动物具有功能相同的器官，如鸟和蝴蝶的翅膀，但它们的起源不同。这些功能相似但起源不同的器官称为**同功**（analogous）结构。

### 5. 分子证据

不同动物或植物基因组序列的比较可以发现许多分子水平的进化证据。处在不同进化阶梯的生物之间基因组的差异程度是不同的。亲缘越近的生物，它们之间基因组 DNA 序列的差异越小。这说明在进化历史中，基因组在不断地积累变异。亲缘较远的物种其进化的年代久远，因而积累的变异越多。反之，亲缘越近的物种，它们的基因组中含有相同 DNA 序列的比例越高。大猩猩与人类的祖先在 600 万至 800 万年前分开，其基因组 DNA 序列的差异为 1.6%。黑猩猩与人类的祖先在 500 万年前分开，其基因组 DNA 序列的差异为 1.2%。在蛋白质水平也可发现类似的现象（图 1-8）。血红蛋白 β 链长 146 个氨基酸，同属灵长类的猕猴和人类之间的氨基酸差别数目较之猕猴和亲缘更远的狗之间差别的氨基酸数要少得多。而非哺乳动物，如鸟类和蛙类，它们的血红蛋白 β 链则有更多的氨基酸差别。

在漫长的进化历程中，基因组 DNA 会断续地产生一些突变，从而改变某些编码基因的序列组成。这些突变事件会记录在现存生物的许多 DNA 序列中，根据不同物种同源基因的序列组成，可以计算其间的顺序差异，并依此绘制生物进化的分子钟（图 1-9）。

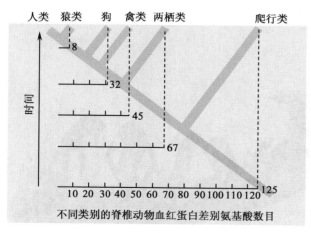

⊕ 图 1-8　由蛋白质氨基酸顺序组成改变显示的进化模式
与人类遗传距离越远的脊椎动物其血红蛋白氨基酸的组成与人类的差别越大。

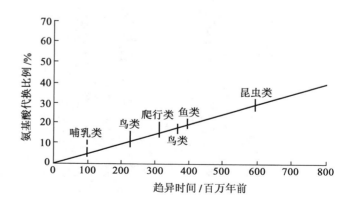

⊕ 图 1-9　细胞色素 c 分子钟
将物种之间化石信息所反映的趋异时间与其细胞色素 c 基因核苷酸差异数目绘成坐标图，其交点可连成一条直线，表明该基因是以恒定速率进化的。

## 第五节　生命科学的四大主题

### 一、细胞理论

1665 年英格兰的罗伯特·胡克（Robert Hooke）利用一台自制的可放大 30 倍的显微镜观测一块软木薄片，发现软木片是由很多小室构成的，各个小室之间都有壁隔开，胡克给这样的小室取名为"细胞"。10 年后，荷兰科学家列文虎克（Anton van Leeuwenhoek）使用一台可放大 300 倍的显微镜在水滴中发现了单细胞微生物。200 多年后，生物学家才弄明白列文虎克发现的微生物是细菌。1838—1839 年，德国科学家施莱登（Matthias Schleiden）和施旺（Theodor Schwann）根据前人以及自己的观测研究提出所有生物都是由细胞组成的结论，这一总结被称为**细胞理论**（cell theory）。此后，生物学家又在施莱登和施旺细胞学说的基础上进一步发展，提出所有细胞都是来自细胞（*omnis cellula e cellula*）的观点（图 1–10）。细胞学说是生命科学最重要的基础之一，对理解和研究生物的生长、发育和生殖有重要的理论指导意义。

### 二、遗传

任何生命都有可以自我延续的特点，能将其所具有的性状和特性传递给下一代，周而复始，生生不息。生命之所以能够遗传是因为它们含有一种可以复制的遗传物质——**脱氧核糖核酸**（deoxyribonucleic acid，DNA）（图 1–11）。每个细胞都含有 DNA，它们储藏了决定细胞活性所必需的遗传信息。DNA 由两条相互缠绕的单链组成，它们含有的遗传信息决定于 4 种核苷酸单体彼此连接与排列的顺序。遗传的信息单元为**基因**（gene），由数百甚至数千个连续排列的核苷酸组成。基因可以编码不同种类的蛋白质或者 RNA（核糖核酸）分子，细胞的结构与活性与其含有的蛋白质或 RNA 的种类及数量多少有关。

细胞的 DNA 分子可以在细胞中复制，复制的子代 DNA 分子与亲代 DNA 分子完全相同。子代

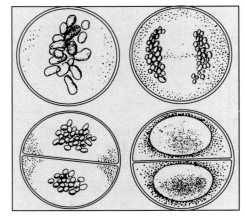

🔼 图 1–10　细胞理论
施莱登和施旺根据前人以及自己的观测研究提出所有生物都由细胞组成，所有细胞都来自细胞。

🔼 图 1–11　DNA 片段
DNA 由两条互补单链彼此环绕组成双螺旋长链分子，不同生物的 DNA 分子的序列组成各不相同。

DNA 分子可以平均地分配到每个子细胞中，因此子细胞间含有的 DNA 分子是相同的。细胞含有的一套完整的 DNA 分子称为**基因组**（genome），不同生物含有不同的基因组。研究不同生物基因组的组成及其功能是现代生命科学的主要研究领域之一。

## 三、生命的多样性

　　地球上的生命形态丰富多彩，具有难以想象的多样性。生命的多样性与它们所面对的复杂的生存环境有关，也是长期自然选择的结果。为了便于区分不同的生物，研究它们之间的异同，生物学家将地球上的生命种类分成三大**域**（domain）：**细菌**（Bacteria）、**古菌**（Archaea）和**真核生物**（Eukarya）（图 1-12）。细菌和古菌都是单细胞生物，它们共同的特点是细胞内不含细胞核，因而又称为原核生物。细菌和古菌的不同之处是，它们的起源不同，采取不同的方式解读遗传信息。真核生物的细胞都含有细胞核，有单细胞类型，也有多细胞类型。根据细胞的结构差异，又可将真核生物类群分为四**界**（kingdom）。**原生生物界**（Protista）主要涉及单细胞真核生物，但不包括酵母和多细胞藻类。**植物界**（Plantae）的特点是，这类生物的细胞壁由**纤维素**（cellulose）组成，可进行光合作用。**真菌界**（Fungi）的生物其细胞壁由**几丁质**（chitin）组成，它们可向其他生物残骸或活体内分泌各种消化酶类用以获得所需的营养物质。**动物界**（Animalia）的成员其细胞缺少细胞壁，它们获取能量的方式是吞食和消化其他生物。

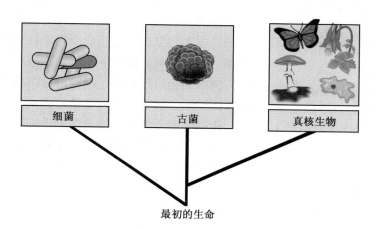

| 细菌 | 古菌 | 真核生物 |

**最初的生命**

🔺 图 1-12　生命的差异
生物学家将所有生物划分为三个域：细菌、古菌和真核生物。其中真核生物又可以分为四界：原生生物界、植物界、真菌界和动物界。

## 四、生命的统一性

　　地球上现存的所有生物类群其遗传密码的组成方式都是相同的，因此有理由相信所有生命类型都来自共同的祖先。现存的所有生物均含有某些最古老生物所具有的特征。例如，所有生物都能将获取的能量转化为 ATP 加以利用。所有真核生物细胞核都有染色体，染色体的结构单元都是核小体。所有真核生物细胞都含有线粒体，它们是细胞的能量工厂。不同生物所具有保守的结构与组成在长期的进化中始终保留下来，表明这些保守的成分与功能是维持生命所不可缺少的。这些保守的

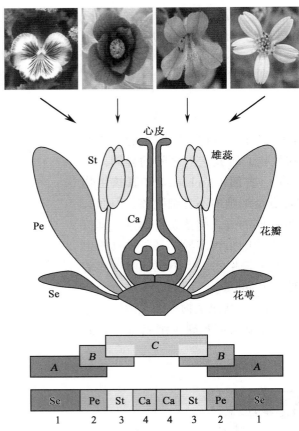

**图 1-13 植物花器官结构的保守性**
双子叶的花朵由 4 层花器官组成，由外向里依次为花萼（Se）、花瓣（Pe）、雄蕊（St）和子房（Ca）。植物细胞有 3 组基因决定花器官的形成与发育，分别为 A、B 和 C，所有显花植物都含有这 3 组基因。

成分在漫长的进化岁月中虽然也会发生某种程度的变异，但绝不会丢失。在动物界，有一类与体节形成有关的基因——*Hox* 所编码的蛋白质顺序在甲壳类直到高级灵长类动物中都有很高的相似性，并且执行类似的决定胚胎体节发育模式的功能。在显花植物中，所有种属均含有基本相似的花器结构，这些花器结构都由一组同源基因控制（图 1-13）。

# 第六节 日新月异的生命科学

## 一、生命科学前沿热点

生命科学是当今科学的研究热点，这已经是不争的事实。例如，国际著名期刊《自然》和《科学》公布的 2020 年十大科学发现和十大科学突破中，生命科学领域相关的研究均占有约一半的比例，包括新型冠状病毒的研究和疫苗研发、CRISPR 技术治愈两种遗传性血液病、艾滋病的治疗新策略等。除了基础科研，随着生物技术的进步以及国家政策、经济发展、人口老龄化等社会因素的影响，我国的生物医药行业蓬勃发展，已经成为当今社会的支柱产业，在造福人类、健康中国的道路中不断发挥越来越重要的作用。

例如细胞治疗领域，细胞治疗简单来说就是将活细胞经体外操作后，回输进体内的治疗方式。其中一类是干细胞治疗，包括胚胎干细胞、诱导多能干细胞和源于患者自身的经基因编辑后的成体干细胞，干细胞经体外定向分化获得特定类型的细胞群，可用于干细胞移植治疗、干细胞新药研发、干细胞组织器官修复等多个方面。目前临床应用最为成熟的造血干细胞，联合干细胞培养、基因编辑、干细胞移植等技术，成功治疗了多例血液系统疾病和自身免疫疾病。另外，多种疾病的干细胞药物也已进入了临床试验，包括糖尿病、脑卒中、帕金森病、硬皮病、囊性纤维化等。除了干细胞，免疫细胞治疗成为近年来最受瞩目的癌症治疗手段，核心是激活或者增强人体免疫细胞的抗肿瘤活性，其中嵌合性抗原受体 T 细胞（CAR-T 细胞）在治疗急性白血病和非霍奇金淋巴瘤方面有显著效果。

再如生命解码中的 DNA 测序技术——第二代测序技术（NGS），作为一种高通量测序方法，可以同时实现对上百万甚至数十亿个 DNA 分子的测序，是一代测序后的革命性进步，自 2005 年第一台 NGS 测序仪发明以来，NGS 发展迅猛，不仅成为基因组研究的重要工具，而且是实现精准医学必要的技术支持，已应用于无创产前诊断、遗传疾病检测、病原微生物检测、肿瘤诊断和治疗、药物基因组学等方向。在 NGS 测序仪的研发方面，我国科学家和企业家经过了从学习、仿照到创新和创造的过程，华大智造测序仪已经达到了世界一流水平。

20 世纪末以来生命科学飞速发展，同时我们见证了中国取得了一系列重大突破性研究成果，为人类科学进步、经济发展做出了非凡的贡献。

继 20 世纪人工合成牛胰岛素和 tRNA 之后，中国科学家再一次利用合成生物学策略，回答了生命科学的重大基础问题，为生命本质的研究开辟了新的方向。2018 年覃重军研究团队以酿酒酵母为材料，采取合成生物学"工程化"方法和高效使能技术，在国际上首次人工创建了仅含单条染色体的真核细胞。这项研究说明了天然复杂生命体系经过人为干预可以变得简约，甚至创造出全新的生命形式。

随着高通量测序技术的不断发展，加快了基因组学、转录组学、蛋白质组学、表观遗传组学、代谢组学等多个组学技术的研究和应用，特别是在单细胞层次上联合多组学数据分析和深入挖掘，近年来我国科学家们利用组学分析技术平台揭示了多种重要生理过程和疾病发生发展规律及调控机制，推动疾病的早期诊断和个体化治疗。2017 年张泽民、彭吉润和欧阳文军研究组，在国际上首次专门针对肿瘤相关 T 淋巴细胞的单细胞组学研究，为多角度理解肝癌相关的 T 淋巴细胞特征奠定了基础，也为肿瘤免疫图谱的勾画做出了范式。2018 年江涛、王吉光和樊小龙研究团队在多维基因组学数据的指导下首次证实了 MET 基因系列变异是驱动脑胶质瘤恶性进展的关键机制；首次在基因变异全景图的广度提出继发性胶质母细胞瘤克隆进化模型；并研发高效通过血脑屏障、高特异性 MET 单靶点抑制剂 PLB-1001，完成 Ⅰ 期临床试验，开辟了从融合基因角度研究脑胶质瘤恶性进展机制的新领域。2019 年汤富酬、乔杰研究组首次利用高精度单细胞转录组和 DNA 甲基化组图谱重构了人类胚胎着床过程，系统揭示了这一重要发育过程的核心生物学特征和关键调控机制。

自 2019 年底新冠肺炎疫情暴发以来，我国科学家积极投入到疫情科研工作，取得了世界瞩目的成果。我国科学家第一个向世界公布了新冠病毒的核酸序列，加速了世界新冠肺炎疫苗研发的脚步，我国在国际上率先构建了新冠肺炎动物模型，推动了进一步的机制研究和药物筛选；上海科技大学等多个团队在世界上首次解析了新冠病毒蛋白质的三维空间结构，并发现了依布硒和双硫仑等老药或临床药物是靶向主蛋白酶的抗病毒小分子，进入了临床试验，这标志着抗新型冠状病毒药物的研发迈出了重要一步。我国最早开展了多条技术路线的新冠疫苗研发，灭活疫苗、腺病毒疫苗已获得批准进入临床接种，mRNA 疫苗和重组蛋白疫苗也已经进入临床试验。

## 二、如何学习现代生命科学

生物科学在 21 世纪进入了不断创新、交叉融合、推陈出新、信息爆炸、大数据引领的"顶天立地"相结合的飞速发展阶段，学习好现代生命科学对于深刻认识复杂的生命现象，探索生命奥秘及认识身边的生命科学与技术具有重要意义。

**把握进化是生命主线**　19 世纪，达尔文的自然进化论和后来形成的达尔文学说极大地推动了生物学各个分支的发展，具有革命性的意义。自然进化论的核心观点包括自然选择和适者生存。生物普遍存在变异，且变异具有遗传性，有利的变异在生存竞争中被保留下来，不利的变异则被淘汰，久而久之导致生物的进化。另外，达尔文学说认为地球上所有的物种都来源于一个共同祖先，在自然选择压力下生物不断进化，物种数目由少到多，形成生物多样性。可以说没有进化就没有我们今天多姿多彩的世界。进化的概念还被应用在其他生物学领域，比如定向进化。它指的是在试管中模拟自然进化过程，通过快速突变和重组等方式人为地产生基因多样性，然后按照特定的需要和目的给予选择压力，筛选出具有期望特征的蛋白质或者核酸。一切复杂和奇异的生命现象背后一定有其进化中的意义。

**理解生命科学的系统理论学习与来自实践的"做中学"**　系统理论学习是指以系统的理论知识学习为主，同时与实践活动相结合的教育教学体系。生命科学的系统理论学习涵盖多门课程，包括动物学、植物学、微生物学、生物化学、遗传学等。这些课程有助于生命科学基本概念的学习，知识体系的构建，科学方法的把握，为进一步的科学研究奠定理论基础，即从理论到实践的过程。"做中学"顾名思义就是从问题出发，通过具体的实践活动获得知识和经验。在生命科学等自然科学领域，从提出问题、做出假设、设计实验、实施实验、得出结论到相互交流，即实践到理论的过程。这两种教育体系和教学方式并没有对错优劣之分，二者的共同核心仍然是理论学习和科研实践相结合，以培养生命科学领域的研究型人才为最终目标。

**掌握复杂生命降维还原与系统整合**　生命过程是复杂的、多维的，一个生命现象往往是多因素、多层次综合调控的结果。当深入研究某个生命现象，并试图解释其具体机制时，我们往往由浅及深地聚焦于单个参与者，但由于实验条件、实验方法的差异，大多时候会得到复杂过程的不同参与者，这就需要整合多维度信息，才能给出合理的答案。比如，β- 地中海贫血的发病机制。早期研究证实，β- 地中海贫血是由于 β- 珠蛋白基因突变影响 β- 珠蛋白表达水平导致的单基因遗传病。但有趣的是，有一部分患者虽然带有 β- 珠蛋白基因突变，但他的症状并不明显。进一步研究表明，β- 地中海贫血临床表型不单由 β- 珠蛋白基因突变控制，还受到其他分子表达水平的调控，包括 γ- 珠蛋白、α- 珠蛋白、BCL11A 等等。近年来越来越多调控分子的发现，β- 地中海贫血的发病机制从单纯的基因突变，发展成为 α- 珠蛋白与 β- 珠蛋白的平衡调控。这个平衡关系一旦被打破，就会导致 β- 地中海贫血的发生。显然，这个平衡关系不但受到 β- 珠蛋白表达的影响，还受到 α- 珠蛋白的影响。同时 γ- 珠蛋白同样能够影响 β- 地中海贫血的临床表型。

**重视生命科学各分支及其与其他学科的交叉综合**　数据统计表明，在 100 多年来的 300 多项诺贝尔自然科学奖中，有近半的成果是跨学科交叉的综合性研究。比如 DNA 双螺旋结构的重大发现就是基于生物、化学、物理学科的综合研究。1953 年以前化学家鲍林等科学家用建造分子模型的方法解析了蛋白质的 α 螺旋结构，并尝试用同样的方法解析 DNA 的结构。虽然该 DNA 模型后来被推翻了，但是对后来的 DNA 双螺旋结构的发现起到了借鉴作用。生化学家查加夫采用纸层析、分光光度法等精确测定了多种生物的碱基组成，发现 DNA 中 4 种碱基的含量总是 A = T、G = C。这成为 DNA 双螺旋模型中碱基互补配对原则的基础。物理学家威尔金斯和富兰克林等采用 X 射线衍射技术分析 DNA 晶体，得到了清晰的 DNA 衍射照片。最终生物学家沃森和物理学家克里克提出了 DNA 双螺旋模型。

**重视生命科学与技术相辅相成的关系**　首先，许多创造性的生物技术都源自对科学的认识。限制性内切酶的发现就是一个很好的例子。20 个世纪 50 年代，科学家们发现噬菌体感染同一物种不同细菌菌株时存在感染效率差异，之后的证据表明该现象与噬菌体 DNA 的酶切有关，并且从细菌中分离出了限制性内切酶。无独有偶，1969 年科学家在美国黄石国家公园的火山温泉中发现了一种耐热菌——*Thermus aquaticus*，它生长在 70 ~ 75℃极富矿物质的高温环境中。1976 年，科学家发现了该菌中含有 *Taq* DNA 聚合酶，它相比于其他 DNA 聚合酶具有极高的热稳定性。再比如，1987 年 Nakata 研究团队发现大肠杆菌 *iap* 基因下游含有一组短重复序列，值得注意的是，在重复序列中间规律性地间隔了非重复序列，将其命名为成簇的规律性间隔的短回文重复序列，英文缩写为 CRISPR。当时，人们还不清楚这段序列有什么功能。2002 年，在这种特殊结构的重复序列附近又发现了另外一段特征序列，即 CRISPR-associated（Cas）序列。进一步研究证实，Cas 序列编码的蛋白质能够切割噬菌体 DNA 片段的间隔序列，并且整合到细菌基因组上，而且这个间隔序列可以特异性靶向切割再次入侵的噬菌体基因组，从而实现细菌的自我保护。

生物技术极大促进了生命科学的发展。Ⅱ型限制性内切酶具有特异性识别序列，而且切割位点位于识别序列内或邻近识别序列，该类酶的特性使它广泛应用于重组 DNA、DNA 指纹识别、甲基化分析等。早期的 PCR 大多使用的是大肠杆菌 DNA 聚合酶 I，由于这种 DNA 聚合酶的热敏感性，它在 PCR 的高温变性步骤受到破坏，导致在每次循环的退火步骤必须重新添加新的 DNA 聚合酶。正是由于 *Taq* DNA 聚合酶的耐高温特性，从此 PCR 实现了全过程自动化。并且经过不断改造，*Taq* DNA 聚合酶的应用越来越广，包括 qPCR、热启动 PCR、Sanger 测序、二代测序等。Cas9 蛋白发现后不久，科学家们证实了在 RNA 引导下 Cas9 蛋白可以实现体外切割 DNA 分子。自此 Cas9 蛋白开始用于体外基因编辑。相比于早期的基因编辑工具，CRISPR/Cas 9 具有简单快速、价格较低、应用广泛的强大优势，短短几年内该项革命性技术推动了基因编辑走向大众化。

## 小结

达尔文通过环球旅行对生物多样性进行系统的观测和研究，创立了自然选择的进化理论。达尔文所探知的生物化石和地理学模式证据使他相信，生命世界曾经发生过进化事件。受到马尔萨斯关于群体不能无限制增长的观点以及另一位博物学者华莱士的影响，达尔文提出了自然选择假说。自达尔文进化学说创立至今，有越来越多的证据支持生物进化的理论。达尔文的进化学说实际上已经被所有从事生命科学研究的人们所接受。现代生物科学研究的主题包括：细胞学、遗传、生物多样性、生物统一性。

## 思考题

1. 所有生命个体都具有哪些基本的特征？
2. 达尔文创立进化论的研究过程给科学工作者哪些有益的启示？
3. 请举出一些例子阐述归纳和演绎的思考方法对科学发展的意义。
4. 如何理解生命世界的多样性和统一性？

## 相关教学视频

1. 走进生命的世界
2. 自然科学的思维
3. 基因技术与新冠肺炎

（杨金水、卢大儒）

# 第二章
# 生命的化学基础

当你观察你所处的周围环境时，你会看到形态各异的非生命物体和有生命的物体。科学知识告诉我们，这些物体都是由具有重量并占有空间的物质组成的，只是它们以不同的方式存在而已。与我们的衣食住行息息相关的水、空气、盐、糖、木材和岩石等存在于自然界的不同物质都是由元素组成的。现在知道自然界存在 92 种天然元素。每个元素都有一个符号，通常是其名称的首字母或前两个字母。例如，钠的符号是 Na，来自拉丁语单词 *natrium*。生命体也是由物质组成的，为了要理解生命以及生物体怎么行使生长发育、繁衍后代、防御和通信等复杂的功能，我们需要了解其物质基础，即生命的化学元素。

## 第一节　构成生命的元素

在众多元素中仅 25 种元素对生命是必需的。然而它们在生物体中的含量各不相同。我们可以从图 2-1 中看到：氧（O）、碳（C）、氢（H）和氮（N）4 种元素是最基本的生命物质，它们占生物体总量的 96.3%；钙（Ca）、磷（P）、钾（K）、硫（S）、钠（Na）、氯（Cl）和镁（Mg）7 种元素几乎占了剩余的 3.7%；此外，还有 14 种元素也为生物体所必需，但是需要量甚微，占生物体的总量不到 0.01%，称为**微量元素**。不同的生物对微量元素有不同的需要，例如，碘（I）对人的身体和智力发育至关重要，人体每日对微量元素碘的需求量是 0.15 mg，它的主要功能就是合成甲状腺素。如果碘的摄入不足，就会妨碍甲状腺功能并导

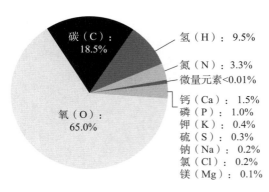

碳（C）：18.5%
氢（H）：9.5%
氮（N）：3.3%
微量元素<0.01%
钙（Ca）：1.5%
磷（P）：1.0%
钾（K）：0.4%
硫（S）：0.3%
钠（Na）：0.2%
氯（Cl）：0.2%
镁（Mg）：0.1%
氧（O）：65.0%

↑ 图 2-1　人体细胞中存在的元素

致甲状腺肥大而成甲状腺肿，严重地影响人的正常生理功能和发育。在沿海地区，人体所需的碘从饮食中就可以正常获得，但在某些内陆地区，会发生碘摄入缺乏的现象。我国通过在食盐生产过程中添加碘制成含碘盐，可以有效地降低甲状腺肿患者的数量。

　　同一元素中所有的原子含有相同的质子数，但是可能有不同的中子数。这些有相同数量的质子和电子，具有相同的化学性质，但拥有不同中子数的元素称为**同位素**（isotope）。自然界有许多种元素以同位素的混合物形式存在。例如：碳（C）原子的质子和电子数均为 6，但由于中子数不同而存在着 3 种同位素。碳 12，我们用 $^{12}C$ 表示，它占自然界碳总量的 99%，其中子数为 6；$^{13}C$ 有 7 个中子，占总数的 1%；此外有 8 个中子的 $^{14}C$ 仅以稀少量存在。这 3 种碳同位素中，$^{12}C$ 和 $^{13}C$ 的原子核恒定不变，是稳定同位素。而 $^{14}C$ 是不稳定的，它会发生放射性衰变，即它的核会自发地裂解放出新的粒子和大量能量，这种可衰变同位素称为**放射性同位素**（radioactive isotope）。放射性同位素常被用作医学的诊断工具。细胞可以像使用相同元素的非放射性原子一样使用放射性原子。放射性同位素被结合到生物活性分子中，这些分子随后被用作示踪剂来跟踪新陈代谢过程中的原子，即生物体的化学过程。例如，某些肾脏疾病是通过向血液中注入小剂量的放射性标记物质，然后分析尿液中排泄的示踪分子来诊断的。虽然放射性同位素在生物学研究和医学中非常有用，但衰变同位素的辐射也通过破坏细胞分子而对生命造成危害。这种损伤的严重程度取决于生物体吸收的辐射类型和数量。最严重的环境威胁之一是核事故产生的放射性沉降物。而大多数用于医学诊断的同位素的剂量是相对安全的。

# 第二节　化学键

　　原子外层电子的分布决定了它的化学性质。原子通过转移电子或共享电子的方式使各自的外层电子达到饱和，紧密结合在一起形成分子并处于能量稳定状态。这种维系原子结合的作用就是**化学键**（chemical bond）。化学键的断裂和形成称为化学反应。化学反应中通常包括能量和分子排列的改变，而原子本身的数量和特征并未发生改变。化学键的形成或断裂往往伴随有能量的改变，这部分能量被视为**键能**（bond energy）。

## 一、离子键

　　当原子中的质子和电子数量相等，电子被带正电荷的原子核吸引而维系在轨道上时，原子呈电中性，而电子数与质子数不一致的原子就是**离子**（ion）。失去电子的原子是阳离子，而获得电子的原子是阴离子。这两种带相反电荷的离子能相互吸引形成**离子键**（ionic bond）。

## 二、共价键

　　许多原子的外层电子并不饱和，它既不能释放自己的电子也不能接受外来电子，但是当一个原子与另一个原子最外层能级接近足以让一个原子上的电子可以绕另一个原子最外层能级旋转时，它们的轨道重叠，2 个原子就共享电子对。通过这种方式使每个原子因外层电子达到饱和而更稳定。当 2 个原子共享一对或多对外层电子对时形成的化学键称为**共价键**（covalent bond）。这是除离子键外另一种键能强的化学键。共价键可以把 2 个或 2 个以上的原子维系在一起形成分子。后文中涉及的生物大分子的碳链骨架就是由共价键形成，如糖苷键、肽键和磷酸二酯键，它们可以形成分子量异常庞大且相对稳定的大分子结构，如多糖、蛋白质和核酸。

## 三、电负性和氢键

共价分子中的原子与参与共价键形成的电子处于一种拉锯状态，原子对共价键内的共享电子的吸引力称为**电负性**（electronegativity）。一个原子的电负性越大，那么它把共享电子拉向该原子核的力就越大。如果组成化合物的原子在电负性上没有区别，这种分子的共价键称为**非极性共价键**，分子就属于非极性分子。例如：$O_2$ 和 $H_2$ 都是仅由一种元素形成的分子，分子中的两个原子对电子的拉力是一样的，原子间形成的共价键是**非极性**（nonpolar）的；甲烷分子 $CH_4$ 的 C 和 H 之间同样是非极性共价键，它们都是非极性分子（图 2-2）。水分子的情况就不同了，水是由负电性不同的两种原子组成的，其中氧是负电性最强的元素之一，因此正如图 2-3 所示，O 对 $H_2O$ 分子中共享电子对吸引力比 H 对电子的吸引力要强得多，结果使共享电子对更接近于 O 原子。这种由于两个原子的电负性不同使电子分布不均等的共价键是**极性**（polar）的，称为**极性共价键**，其中共享电子偏于负电性强的原子，使该电子带部分负电荷，而形成此共价键的另一原子带部分正电荷。因此在水分子中，O 原子实际上有弱负电荷，而 H 原子稍带正电荷。具有极性共价键的分子是极性分子，水是生命中极其重要的极性分子。

极性分子中带电区域与相邻分子带相反电荷的区域可以相互吸引。由于这类相互作用大都涉及氢原子，因而称为**氢键**（hydrogen bond）。在生命分子中富含的氧原子和氮原子与氢原子间的负电性的差别足够大，形成的 O—H 和 N—H 键是极性共价键，是生物分子中氢键的主要生成者（图 2-4A，B）。极性分子水的氧带负电荷，能与 2 个氢原子形成氢键，每个水分子能和 4 个水分子形成氢键。正是水的极性和氢键赋予水有独特的性质。

细胞中除了在水分子间存在氢键外，在蛋白质分子和核酸分子内也有大量氢键，这是在 O 和 H 以及 N 和 H 之间形成的氢键（图 2-4C）。氨基（—$NH_2$）的氢原子可以被带负电荷的酮基（—C=O）的氧原子吸引，与氧原子（O—H）和氮原子（N—H）共价连接的氢原子形成了氢键。DNA 双螺旋的稳定，与功能相关的千变万化的蛋白质结构的维系以及生物大分子行使各种功能都离不开氢键的贡献。

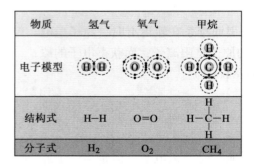

⏏ 图 2-2  非极性共价键形成化合物
2 个氢原子通过共享 1 对电子形成氢气分子，氢原子间有 1 个共价键。
2 个氧原子通过共享 2 对电子形成氧气分子，氧原子间有 2 个共价键，又称双键。
1 个碳原子与 4 个氢原子分别共享 1 对电子，形成 4 个 C—H 共价键。

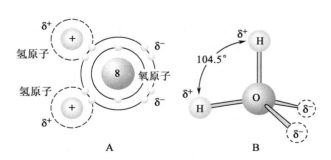

⏏ 图 2-3  水的分子结构
A. 水分子由 1 个氧原子和 2 个氢原子组成，氧原子与每一个氢原子共享 1 个电子形成 2 个共价键。氧原子大的电负性使水分子成为极性分子，氧原子带部分负电荷（$\delta^-$），氢原子带部分正电荷（$\delta^+$）。
B. 球棍模型显示水分子的结构和极性。

➤ 图 2-4 氢键的形成
A. 非极性共价键中的 H 原子是氢供体，负电性强的 O 原子是氢受体。
B. 生物细胞中最常见的氢键。
C. 生物大分子中存在的氢键。上方是蛋白质分子中氨基酸之间的氢键，下方是核苷酸上碱基间的氢键形成了碱基对。

## 四、疏水作用

水是生命之源，所有的生命活动在水溶液中展开的。然而，很多生物分子是非极性分子，例如 C–H 结构的脂肪分子，它们无法与作为极性分子的水形成氢键，它们的**界面**（interface）由于没有化学键因而变得不稳定。水分子具有强烈的排斥非极性分子的趋势，以便最大程度地形成氢键，相应的，非极性分子通过**疏水作用**（hydrophobic interaction）力图聚集在一起形成一个非水环境，从而最大程度地降低与水的接触面。如果把油分散在水中，很快就会看到汇聚的圆形油滴，这就是疏水效应造成的在二维层面上最小的接触面。换而言之，非极性分子与极性溶剂（如水）以自发地减少接触面的方式从而降低自由能并稳定自身系统。

## 五、范德瓦耳斯互作用

任何分子，无论是极性分子还是非极性分子，都有形成**范德瓦耳斯互作用**（van der Waals interaction）的能力。它是两个原子之间相距足够近时产生的弱的、非特异性相互作用力。随着原子间距离的增加，相互作用力的强度迅速降低；反之，当原子间距离更短时，由于外层电子的负电荷而存在排斥力。在某一特定距离时吸引力和排斥力会达到平衡，此时如果两个大分子表面之间可以精确地互补吻合，由于在许多原子间同时存在范德瓦耳斯互作用，那么它们之间就能有效地相互作用。这在生物体的生命活动中也有着重要的作用。例如酶催化的生物化学反应中，就有范德瓦耳斯互作用介导了酶及其特殊底物间的结合。抗原 – 抗体分子结合后不易分离也是因为一个分子突出的部分恰好与另一个分子形成的穴匹配的缘故。

离子键和共价键是两类键能比较高的化学键，它们以不同的力把特定数量的原子结合成化合物分子。氢键、疏水作用和范德瓦耳斯互作用等，由于它们的键能都比较弱，属于弱化学键。除了离子键和共价键这两种牢固的化学键外，弱化学键在稳定大分子结构、维系分子间相互作用和促进分子间相互识别的作用中起着重要作用。细胞中许多重要的化学过程并不包含共价键的断裂和形成，而是上述多种弱化学键在决定分子的形状，分子在细胞中的定位以及分子之间相互识别和作用中起着极其重要的作用（图 2–5）。

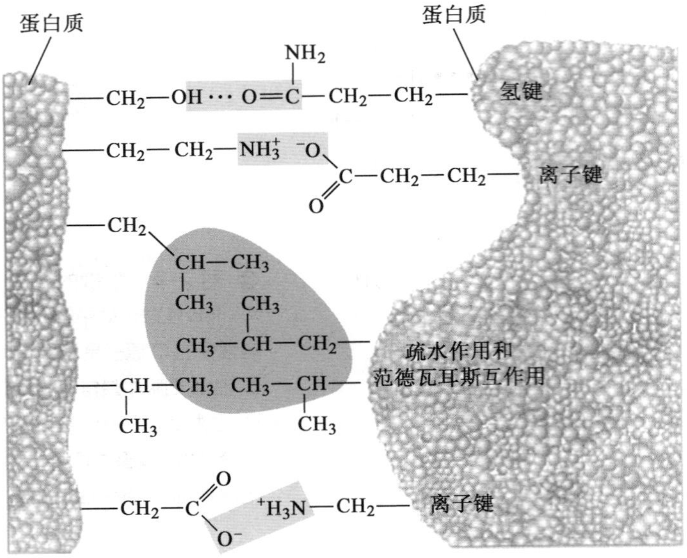

蛋白质    蛋白质

氢键

离子键

疏水作用和
范德瓦耳斯互作用

离子键

→ 图2-5    各种弱化学键稳定了蛋白质分子
间的相互作用或结合

## 六、碳骨架和官能团

碳是组成生物体的重要元素，它的外层能级只有4个电子，它们可以与4个其他原子共享4个电子对而达到饱和，所以碳原子只有与其他原子形成4个共价键时才成稳定的化合物。例如，由1个碳原子和4个氢原子组成的甲烷是最简单的碳氢化合物，自然界中的甲烷是由甲烷细菌产生的。由于参与碳的4个共价键的原子不同，或键的形式不同，碳组成的化合物具有极其丰富的多样性。几乎所有由细胞制造的分子都是含碳的化合物。碳原子和氢、氮、硫等原子结合在一起形成生物大分子的骨架。前面讲过原子外层的电子结构决定了元素的化学性质。碳原子外层可容纳8个电子，但是它仅有4个电子，因此有很强的能力与其他原子共享4个电子对，形成4个共价键。这一特点正是大量不同的有机分子存在的基础。含碳和氢的分子称为烃，C—H 共价键可以储存高的化学能。如汽油属于烃类有机物，因此是很好的燃料。结合氢的碳原子经共价键连接在一起形成的碳原子链称为碳骨架。碳骨架有各种长度，可以是不分枝的直链状，也可以是分枝的，甚至是环状的；碳骨架中可以包含双键，由于双键位置和数量的不同又产生许多不同的分子（图2-6）。每种结构不同的分子都具有其独特的性质。碳形成大分子结构多样性的能力是其它任何分子都不可比拟的。

一个碳原子可以形成4个 C—C 单键共价键，它的4个杂化轨道的排列使得键指向一个假想的四面体的角。甲烷（$CH_4$）的键角是 109.5°，在任何原子群中，只要碳含有4个单键共价键，这些键角大致相同。例如，乙烷（$C_2H_6$）的形状像两个重叠的四面体。在有更多碳原子的分子中，每一组的碳原子与其它4个原子的连接都是一个四面体构型。但是当两个碳原子有一个 C=C 双键链接时，例如乙烯（$C_2H_4$），则两个碳原子的键都在同一平面上，所以这些原子连接的碳原子也都在同一个平面上。分子是三维的，分子的形状是其功能的核心。

一个有机化合物的独特性质不仅有赖于碳骨架，而且还与结合在骨架上的原子密切有关。碳原子和氢原子的电负性相当，C—C 和 C—H 键中电子均匀分布，所以碳氢化合物是非极性分子。由细胞生产的大多数生物分子除 C 和 H 外还有其它原子，它们有不同的电负性，从而使分子的某些区域表现出带正电荷或负电荷而有极性。结合在碳骨架上的一些原子的特定组合称为**官能团**（functional group）。官能团有独特的化学性质，无论它们出现在哪里，其特性不变。例如，羟基（—OH）因氢

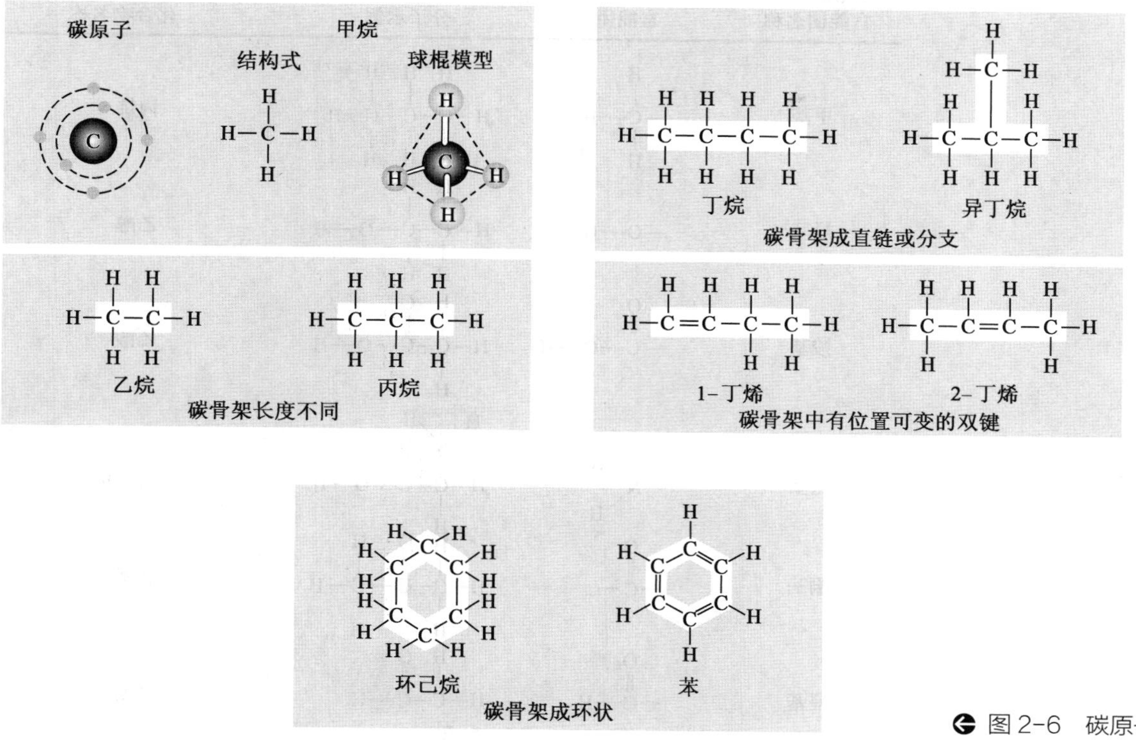

● 图2-6  碳原子形成各种形状的骨架

原子上共价结合了氧原子具有强的负电性，把电子拉向自己而具有极性，这就使带—OH的化合物具有亲水性而易溶于水的特征。

图2-7中列举了生命化学中重要的官能团及其特征。有些官能团是加在分子的碳骨架上，如羟基、氨基、疏基和磷酸基等；有些官能基团包括骨架的碳原子在内，如羰基、羧基和甲基等。官能团都会因氧原子或氮原子的存在而有极性，含有极性官能团的化合物有亲水性而易溶于水，这对依赖于水而生的生物体来讲是极重要的。

必须注意的是，许多生物分子含有2个或更多的官能团。例如，作为蛋白质基本结构单位的氨基酸有氨基和羧基，我们熟悉的蔗糖就有多个羟基和羰基组成。

## 七、异构体

有机分子有很多**异构体**（isomer），尽管组成的原子种类和数量都相同，但结构不同，因而性质不同。异构体可以粗略地分为三类：结构异构体（structural isomer）、顺反异构体（*cis-trans* isomer）和对映体（enantiomer）（图2-8）。结构异构体的原子共价排列不同。例如戊烷和2-甲基丁烷，两者都有分子式$C_5H_{12}$，但它们的碳骨架的共价排列不同。碳骨架在一个化合物中是直链，但在另一个中却有支链。结构异构体的数量随着碳骨架大小的增加急剧增加。例如$C_5H_{12}$只有三种形式，但有18种$C_8H_{18}$变体以及366319种可能的结构异构体。如果结构异构体含有双键，那双键的位置也可能不同。

在顺反异构体中，碳和同一个原子有共价键，但是由于双键的刚性，原子的空间排列方式不同。单键使原子在不改变化合物的情况下自由地绕键轴旋转。相反，双键不允许这种旋转。如果一个双键连接两个碳原子，并且每个碳原子也有两个不同的原子（或原子群）附着在它上面，那么两个不

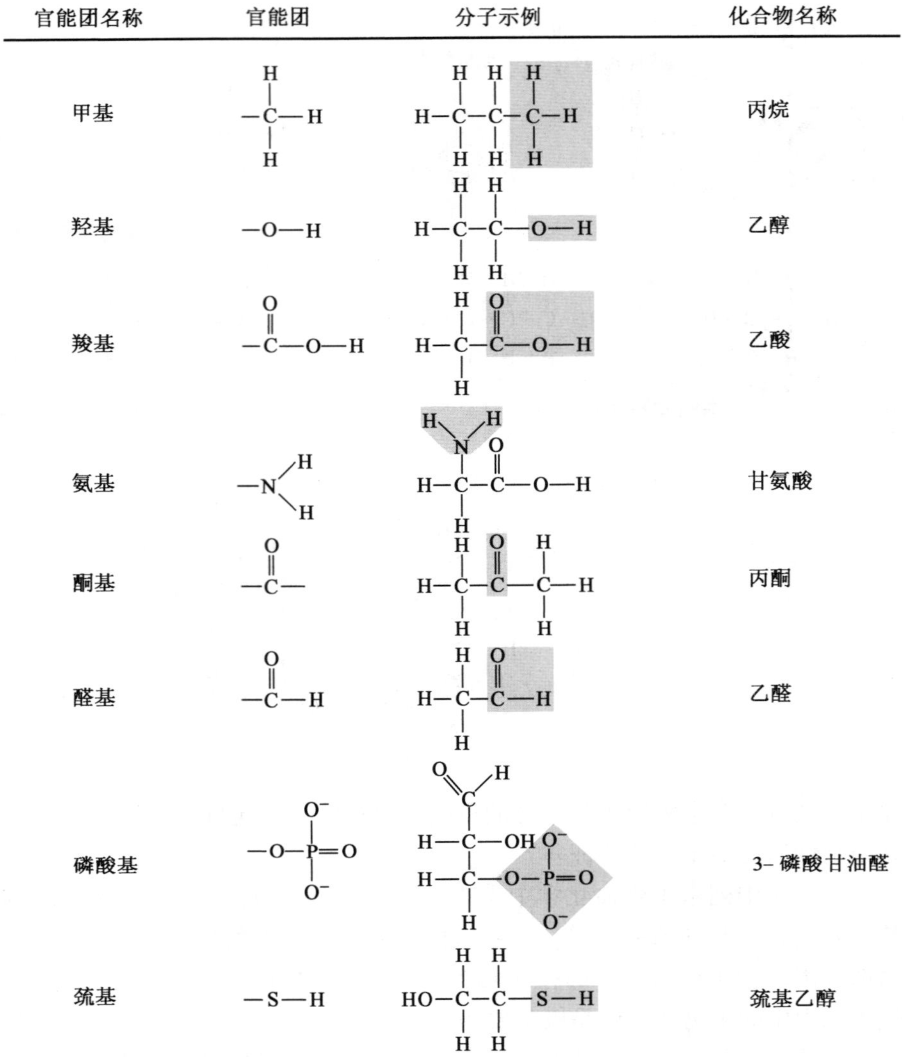

| 官能团名称 | 官能团 | 分子示例 | 化合物名称 |
|---|---|---|---|
| 甲基 | $-\overset{\displaystyle H}{\underset{\displaystyle H}{C}}-H$ | | 丙烷 |
| 羟基 | $-O-H$ | | 乙醇 |
| 羧基 | $-\overset{\displaystyle O}{C}-O-H$ | | 乙酸 |
| 氨基 | $-N\overset{\displaystyle H}{\underset{\displaystyle H}{}}$ | | 甘氨酸 |
| 酮基 | $-\overset{\displaystyle O}{C}-$ | | 丙酮 |
| 醛基 | $-\overset{\displaystyle O}{C}-H$ | | 乙醛 |
| 磷酸基 | $-O-\overset{\displaystyle O}{\underset{\displaystyle O^-}{P}}=O$ | | 3- 磷酸甘油醛 |
| 巯基 | $-S-H$ | | 巯基乙醇 |

→ 图 2-7　生物有机分子中的重要官能团

这些基团通常连接在碳骨架上，当分子上连接的基团改变时，分子的性质也随之发生变化。

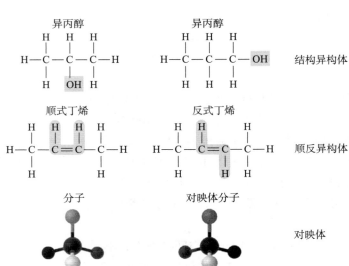

↑ 图 2-8　三种类型的异构体

同的顺反异构体是可能的。假设一个简单的分子上有两个双键。每一个键上都有一个 H 和 X，在双键的同一侧有两个 X 的排列称为顺式异构体，在对侧有两个 X 的排列称为反式异构体。这些异构体之间细微的形状差异会极大地影响有机分子的生物活性。例如反式脂肪酸。

对映体是相互镜像的同分异构体，由于不对称碳的存在，它们的形状有所不同，其中一种碳附着在四个不同的原子或原子团上。四个组可以以两种不同的方式排列在不对称碳周围的空间中，这两种方式是镜像。在某种程度上，对映体是分子的左手和右手两种形式。就像你的右手不能放进左手手套一样，"右手"分子也不能放进"左手"的同一空间。通常，只有一种异构体具有生物活性，因为只有这种异构体才能与生物体内的特定分子结合。例如氨基酸，生物体内具有生物活性的都是 L- 氨基酸。体内对映体的不同作用表明，生物体对分子结构中细微的变化都很敏感。

## 第三节 脂质

脂质（lipid）是对不溶于水的一类分子的统称。这类分子主要由碳、氢和氧原子组成，但氧原子的含量在一般脂质分子中与碳和氢原子含量相比要小得多。分子中大量非极性 C—H 键使它与带极性的水互不相溶，它们可以溶于非极性物质如醚或酮中。有三种不同类型的脂质，它们分别是**脂肪**（fat）、**磷脂**（phospholipid）和**类固醇**（steroid）。

### 一、脂肪贮存大量能量

脂肪由 1 分子甘油和 3 分子脂肪酸组成。甘油的三碳骨架上连着 3 个羟基，脂肪酸由羧基和 14～20 个碳的碳氢长链组成。如果脂肪酸的所有碳原子都结合最大量氢原子就是**饱和脂肪酸**（saturated fatty acid），若是含有 1 个或多个双键就是**不饱和脂肪酸**（unsaturated fatty acid）。3 个脂肪酸的羧基分别与甘油的 3 个羟基共脱去 3 份水，以酯键相连而成脂肪分子，因为有 3 分子脂肪酸，又称为**甘油三酯**（triacylglycerol，TG）或三酰甘油（图 2-9A，B）。脂肪中的三个脂肪酸通常是不同的。大多动物脂肪由饱和脂肪酸组成，是饱和脂肪，例如猪油，它们的熔点较高，在常温下呈固体。我们常称大多数植物脂肪为"油"，如豆油、花生油和玉米油等，它们富含不饱和脂肪酸，是不饱和脂肪。不饱和脂肪酸，如油酸内的双键使相邻的两个原子不能转动而形成一个弯折（图 2-9C），阻止了脂肪分子互相之间紧密排列，因而熔点较低，油在室温下常表现为液态（图 2-10）。植物油中含有的亚油酸和 α- 亚麻酸是两种重要的不饱和脂肪酸，人体自身不能合成而又为人的生长和健康所必需，故必须从植物中获取，它们是人体的必需脂肪酸（图 2-11）。

甘油三酯是非极性分子，在水中会自动聚集成大的脂肪滴。在生物体内脂肪被输送到特殊部位，如脂肪组织中的脂肪细胞内。脂肪酸长链富含 C—H 键，脂肪中 C—H 与 C 原子的比是葡萄糖的 2 倍，平均每克脂肪燃烧释放 37.656 kJ 化学能，是相应葡萄糖的 2 倍，所以生物把脂肪作为长期贮存的能源物质。脂肪组织能保护脏器以及有御寒作用，在北极熊和白鲸等冷水哺乳动物体内就贮有大量脂肪。生物体摄入的过多糖类会转化成淀粉、糖原或脂肪供将来使用。随着年龄的增长，有些人消耗的能量减少而摄入的食物不减，过多的糖类转化成脂肪贮存的结果使体重增加。过多摄入饱和脂肪还会引起含脂沉积物成斑块积在血管内壁，造成动脉粥样硬化影响血液流动，引起心脏疾病而严重地影响健康。

### 二、磷脂是生物膜的主要成分

磷脂是一类较复杂的有机分子，由于它是生物膜的主要材料而显得十分重要。甘油磷脂占膜脂大多数，由亲水和疏水两部分组成。甘油的 C1 及 C2 上的羟基与 2 分子脂肪酸以酯键相连，成为磷脂分子疏水的非极性尾（nonpolar tail）或者疏水尾（hydrophobic tail）。磷酸与甘油 C3 的—OH 通过磷酸二酯键相连形成**磷脂酸**（phosphatidic acid），相应地成为极性头（polar head）或者亲水头（hydrophilic head）。磷酸连接其他取代基团（含氨碱或醇类），形成多样的磷脂酰产物。因此，甘油

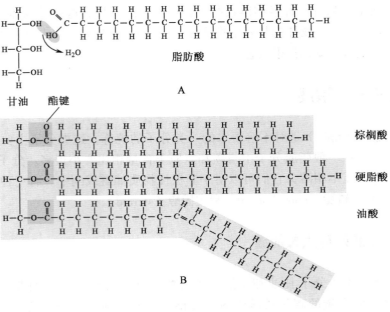

● 图 2-9　脂肪酸和甘油三酯

A. 甘油的羟基与脂肪酸的羧基脱去 1 分水以酯键连接。脂肪酸是有长的碳氢链的羧酸，硬脂酸、棕榈酸和油酸是常见脂肪酸。

B. 甘油三酯是 3 个脂肪酸的羧基分别与甘油的 3 个羟基脱去 3 份水成酯键而形成。分子中的 3 个脂肪酸可以是相同的，也可以是不同的，这里 3 个脂肪酸包含了 2 种饱和脂肪酸与 1 种不饱和脂肪酸。

C. 实心球模型表示脂肪酸的碳骨架。油酸是不饱和脂肪酸，碳氢链中的双键具有刚性并在分子中形成一个结，链内的其他 C—C 键则可以自由旋转；硬脂酸是饱和脂肪酸，表现为线状分子。

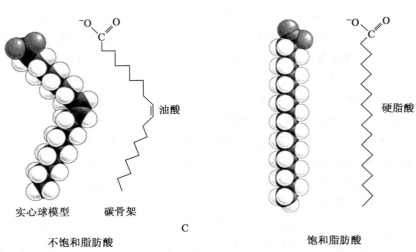

↑ 图 2-10　植物油和动物脂肪

↑ 图 2-11　亚油酸和 $\alpha$- 亚麻酸

磷脂都可以视为磷脂酸的衍生物。

常有不同的带电荷有机分子连接在磷酸上而成不同的磷脂分子。**胆碱**（choline）连接在磷酸上就是**磷脂酰胆碱**（phosphatidylcholine，PC）（图 2-12），是**卵磷脂**（lecithin）的主要成分，它是动物中含量最丰富的磷脂。除存在于细胞膜外，卵磷脂还有助于脂肪的乳化使脂肪易与其它物质混合，所以常用于食品如巧克力的加工中。甘油磷脂中与磷酸相连的取代基团还主要包括乙醇胺（ethanolamine）、丝氨酸（serine）、甘油（glycerol）和肌醇（inositol）；生成的磷脂也相应地被称为磷脂酰乙醇胺（phosphatidylethanolamine，PE）、磷脂酰丝氨酸（phosphatidylserine，PS）、磷脂酰甘油（phosphatidylglycerol，PG）和磷脂酰肌醇（phosphatidylinositol，PI）。

磷脂是两性分子，磷酸的存在产生了一个有极性的头，倾向于水溶性环境；分子另一端 2 个脂肪酸链是长的非极性尾巴，因疏水作用而聚集，这种性质使磷脂悬浮在水环境时尾尾相对，自动形成双分子层（图 2-13）。这种双分子层是生物膜的基本结构，是它们使细胞内含物与外界环境有效地隔离。

## 三、其他脂质

除了脂肪和磷脂外，生物体内还有其他起各种功能作用的脂质分子。**蜡质**（wax）由 1 个脂肪酸分子和 1 个长链醇结合而成（图片 2-14），它们比脂肪更疏水。这种特性使它成为有效的天然外套，昆虫和一些水果如苹果和梨有蜡质外层保护而不致干燥，动物羽毛因蜡质而不吸水有利于水鸟浮在水面上。**类固醇**（steroid）是另一类脂质分子，它们的碳骨架弯曲形成 4 个融合环，所有类固醇有相同的环状结构，只是加在环上的官能团不同（图 2-15）。其中，**胆固醇**（cholesterol）是动物细胞膜中普遍存在的组分，皮肤内的胆固醇为太阳光中紫外线照射制造维生素 D 所必需，它有助于骨骼和牙齿的正常发育。动物还利用胆固醇为材料生产各种激素，包括与性别有关的睾酮和雌激素。但是血液中过多的胆固醇也会引起动脉粥样硬化而累及心脏。然而植物细胞内没有胆固醇。此外，**萜**（terpene）是长链脂质，它是许多生物学重要色素的组分，如叶绿素、β 胡萝卜素和视紫红质等。

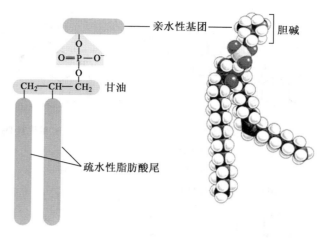

⬆ 图 2-12　磷脂

磷脂的基本结构是甘油中的 2 个羟基与 2 个脂肪酸相连，第三个羟基与磷酸相连，然后磷酸再与其它小的极性分子连接。实心球分子模型中磷脂含有 1 个饱和脂肪酸与 1 个不饱和脂肪酸，磷脂的磷酸与胆碱相连而成磷脂酰胆碱（卵磷脂）。

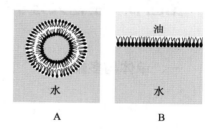

⬆ 图 2-13　磷脂自发形成膜结构

A. 在水中磷脂的亲水性极性头向外取向，而疏水的脂肪酸尾向内取向，自发地形成脂双层结构。这种特性使它成为细胞膜的主要成分。

B. 磷脂在水与油的界面形成单层膜。

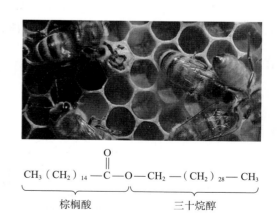

⬆ 图 2-14　蜂蜡的主要成分

高级脂肪酸和高级脂肪醇类形成的脂，约占蜂蜡的 70%，其中主要是棕榈酸三十烷脂。

A. 胆固醇　　　B. 维生素 D₂　　　C. 胆酸

D. 睾酮　　　E. 雌二醇

⊖ 图 2-15　类固醇

A. 胆固醇广泛存在于动物体的细胞膜中，同时也是合成几种重要激素及胆酸的材料。

B. 维生素 D₂ 提高肌体对钙和磷的吸收，促进牙齿和骨骼的正常生长。

C. 胆酸是肝脏产生的胆汁酸之一，有助于脂类物质的消化和吸收。

D. 睾酮是一种雄性激素，促进男性发育，维持男性特征。

E. 雌二醇是一种雌性激素，促进女性发育，维持女性特征。

## 第四节　生物大分子的结构与功能

### 一、单体与多聚物

从分子水平上看，生物体中除了仅含有少数几个官能团的简单而小的有机分子外，存在许多复杂而巨大的分子，称之为大分子。细胞通过把较小的有机分子连成链制造出大分子，我们又称这种大分子为**多聚物**（polymer）。多聚物是由许多相同或相似的称为单体的小分子单位构成，它就像一条彩色珠子串成的项链，每一颗珠子就是一个单体。如蛋白质分子是由氨基酸相连而成的多聚物，核酸（DNA 和 RNA）是由许多核苷酸分子连接而成，淀粉则是由葡萄糖分子相聚合而成。

细胞通过脱水过程把单体连接成多聚物。当单体加入链中去时，从一个单体除去一个氢原子，另一个单体除去一个羟基，以这种方式脱去一分水形成一个共价键，两个单体连接在一起（图 2-16A）。无论形成哪类多聚体，发生的过程是一样的。这个过程称为**脱水合成反应**（dehydration synthesis）。

细胞不仅制造大分子，同时也消化大分子，使它们成为可利用的单体。这时细胞通过**水解反应**

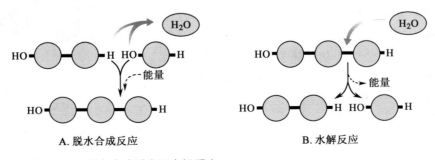

A. 脱水合成反应　　　B. 水解反应

⬆ 图 2-16　脱水合成反应和水解反应

（hydrolysis）打断聚合物中单体间的共价键。水解就是用水来打断键，反应中吸收 1 分子水，水的羟基掺入到一个单体上，氢原子掺入到另一个相邻的单体上（图 2-16B）。从图中也可以看到，脱水反应和水解反应互为可逆过程。

生命有一个简单而又精致的原则：从原核生物到真核生物直至高等动植物等所有生物，可以从少数 40～50 种单体和其它材料制备生命所需的所有大分子，如蛋白质、核酸和糖类，这些小分子单体基本是共同的，而从一种物种到另一种物种，单体按各自的顺序装配出来的大分子是各不相同的，甚至在各个个体之间也有差别，这正是自然界物种多样性的物质基础。

## 二、生命活动的重要物质基础——蛋白质

### 1. 蛋白质功能的多样性

细胞和生物体在完成由基因编码的生命活动过程中需要许多不同的蛋白质协同作用，蛋白质是细胞做功的工具。在生命起源和进化过程中，逐步从原始蛋白质进化产生许多细胞中的酶，能催化难以置信的大量的细胞内和细胞外化学反应，催化的专一性和效率是在试管中达不到的。有些蛋白质获得支持细胞和机体结构或引起运动的功能，有些蛋白质获得调节基因功能或防御功能，另外有些蛋白质的结构适于物质的转运或离子和物质的贮藏功能。蛋白质在结构和功能上呈现出极其丰富的多样性，它们参与完成细胞及其生物体所行使的每一种重要功能。蛋白质的功能主要表现在以下几方面：

（1）催化　酶是一类作为催化剂的球状蛋白质，它们能加速特定化学反应的速度而本身在反应过程中并不改变。酶促进和调节细胞中所有的化学反应，它的出现是生物进化史上一个重大事件。

（2）转运　转运蛋白是转运各种小分子和离子的球状蛋白质。大家熟悉的血液中的血红蛋白可以把氧气从肺部转运到身体各处，而肌肉中的氧则是由结构相似的肌红蛋白来供给的。

（3）防御　一类称为抗体的球状蛋白，它们以自己独特的形状来识别并抵御外来微生物的侵犯。

（4）支持　一些纤维蛋白起着结构性作用。如哺乳动物毛发中的角蛋白，脊椎动物的皮肤、韧带、肌腱和蛋白质的基质中有丰富的胶原蛋白纤维。

（5）运动　肌球蛋白和肌动蛋白纤维相互滑动使肌肉收缩而运动，可收缩蛋白在细胞的细胞骨架构成和物质运送中起了关键的作用。

（6）调节　动物体内有一类称为激素的小分子蛋白质，有些充当细胞的信使协调生物体功能；一些细胞表面受体蛋白可接受外界信息而作出相应反应；许多蛋白质分子控制着基因的开放或关闭。

（7）贮存　植物种子中含大量蛋白质供种子发芽用，如大豆含丰富的蛋白质，鸡蛋清的主要成分卵清蛋白是胚胎发育中氨基酸的来源。

### 2. 构成蛋白质的 20 种一级氨基酸

尽管蛋白质完成不计其数的任务，它的结构千变万化，与蛋白质结合的分子从单个离子到大的复合物分子，但是蛋白质都是由 20 种不同的**氨基酸**（amino acid）组成，它们是构建蛋白质的单体。18 世纪中叶人们首次从面粉分离到谷蛋白，1836 年才命名这类物质为 protein，意指首要、第一。100 多年后，桑格等历经十年艰苦工作，终于在 1956 年首次阐明了胰岛素全部氨基酸排列顺序。虽然自然界存在许多种氨基酸，但是大量蛋白质结构的解析充分证明，仅有 20 种氨基酸以独特的顺序参与到各种蛋白质的结构中去。科学家认为各种氨基酸是地球历史上形成较早的分子之一。氨基酸中与羧基相邻的 $\alpha$- 碳原子与 4 个不同的基团结合，它们是氨基（—NH$_2$）、羧基（—COOH）、氢原子（—H）和一个可变化的基团，此基团称为侧链或 R 基（图 2-17A）。

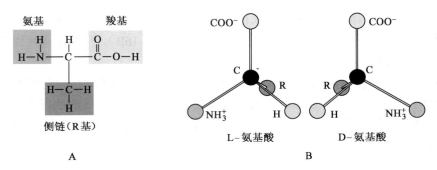

🔴 图 2-17    氨基酸的结构和 D- 氨基酸、L- 氨基酸

A. 氨基酸的组成包括一个短的碳骨架以及连接在骨架上的 1 个 H 原子和 3 个官能团: 氨基、羧基和一个可变的侧链基团 (R 基)。R 基决定了特定氨基酸的结构和性质。

B. 与 3 个功能基团连接的 $\alpha$-C 是一个不对称碳原子,所以氨基酸是一种手性分子,有 L 型和 D 型两种立体异构型 (甘氨酸除外,它的 R 基就是 H)。组成生物体蛋白质的氨基酸都是 L- 氨基酸。

除甘氨酸外,所有氨基酸的 $\alpha$- 碳原子上共价结合的 4 个基团是各不相同的,所以这个 $\alpha$- 碳原子是不对称碳原子。与不对称碳原子连接的 4 个原子或基团可以按两种排列方式形成互为镜像的两种手性分子,分别是 L- 氨基酸和 D- 氨基酸 (图 2-17B)。它们是构型不同的两种异构体,若不打断共价键,两种异构体间不能互换。然而生物体中的蛋白质仅由 L- 氨基酸组成。

所有形成蛋白质的 20 种氨基酸有同样的结构,只是它们的侧链在大小、形态、电荷、疏水性和反应性上有区别,而侧链的特性决定了氨基酸的性质 (图 2-18)。按侧链基团的性质可把氨基酸分成 3 类: ① 9 种亲水性氨基酸,其中包括 4 种不带电的极性氨基酸,以及 3 种碱性氨基酸和 2 种酸性氨基酸。由于酸性或碱性氨基酸 R 基有末端酸或碱,它们能离子化成带电荷形式。② 8 种疏水性氨基酸,这些氨基酸的侧链主要由 C—H 链组成,不溶或稍溶于水。③ 3 种特殊的氨基酸。由于其侧链 R 基的独特结构,在蛋白质中起独特作用。半胱氨酸可形成二硫键 (—S—S—),使蛋白质链内或链间形成共价连接;甘氨酸的侧链仅为 1 个氢原子,是最小的氨基酸,适于进入紧密的空间;脯氨酸的结构使分子十分刚硬,有助于蛋白质结构中产生一个转角。

带电荷和极性氨基酸是亲水的,倾向于分布在水溶性蛋白质的表面,也是其他分子结合的位点。相反,带非极性侧链基团的氨基酸避开水而聚集在一起,形成蛋白质不溶于水的核心。显然,氨基酸的侧链是决定蛋白质空间形态的主要因素。

### 3. 蛋白质是氨基酸的多聚物

自然界进化出一种简单的方式,在一个氨基酸的羧基与下一个氨基酸的氨基之间脱去一分子水形成共价键 (图 2-19),依次把氨基酸连成不分枝的直链。把两个氨基酸连接起来的共价键称为**肽键** (peptide bond)。一般低于 30 个氨基酸的短链称为**肽**,更长的链称为**多肽**,多肽即是**蛋白质**。每个氨基酸氨基的 N、$\alpha$- 碳原子和羧基的碳原子重复形成蛋白质分子骨架,侧链伸出。变化的侧链有助于肽链折叠,最终造成蛋白质分子结构和功能上的多样性。

与氨基酸 $\alpha$- 碳原子上 N—C 和 C—R 键不同,肽键有部分双键的性质 (图 2-20),肽链连接的 2 个氨基酸不能绕着 N—C 键旋转。蛋白质长链的左端是游离的氨基 (—NH$_2$),右端是游离的羧基 (—COOH),$\alpha$- 碳原子和肽键形成蛋白质分子骨架 (或称主链),变化的侧链从骨架向外伸出 (图 2-21),这种结构使多肽链可卷曲折叠成特定的空间结构。蛋白质可以是 1 条多肽链,也可以是几条多肽链的复合物。蛋白质分子大小范围很大,如胰岛素由 51 个氨基酸组成,而肌肉中的肌球蛋白含有 1 750 个氨基酸。

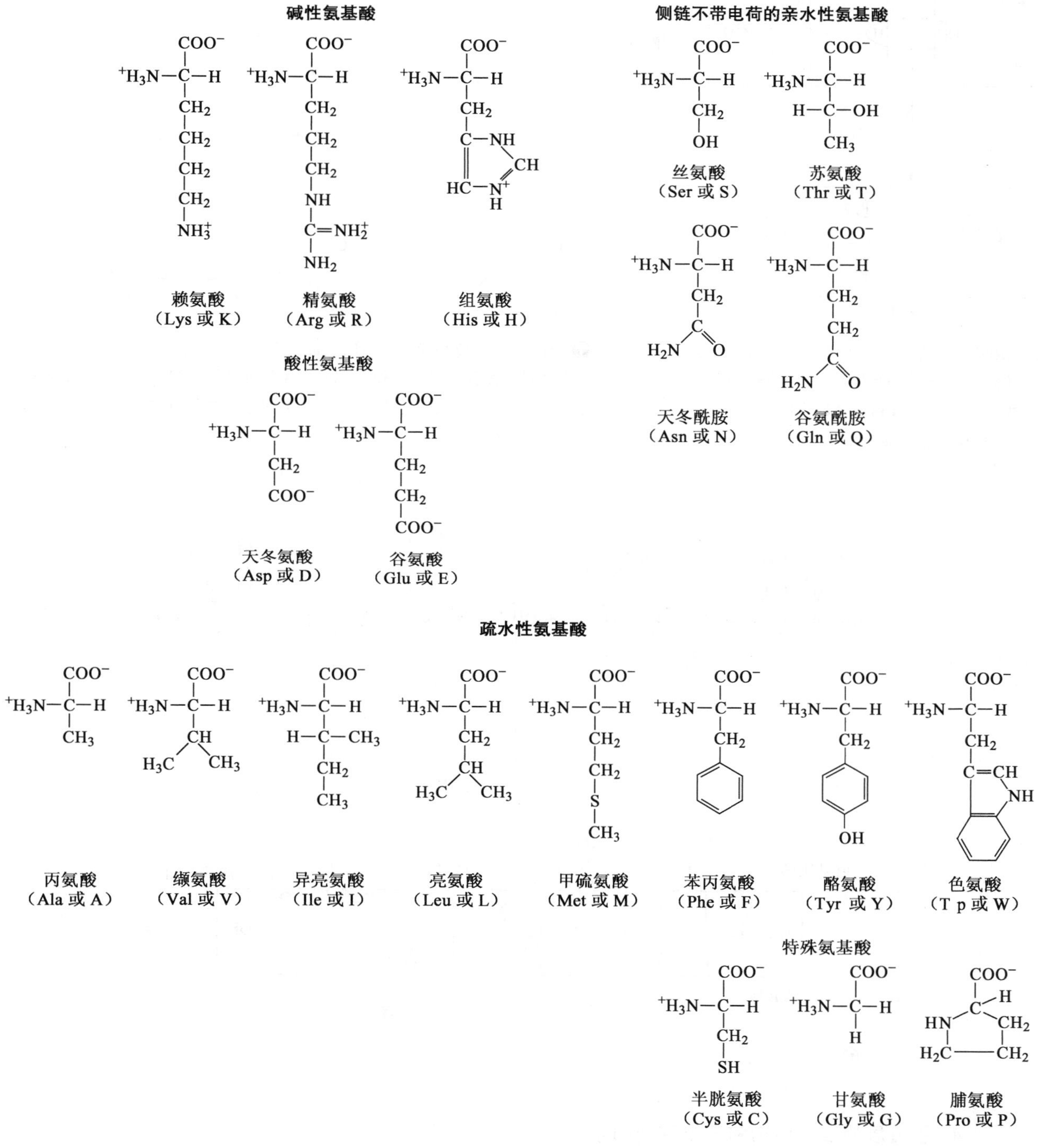

**碱性氨基酸**

赖氨酸
（Lys 或 K）

精氨酸
（Arg 或 R）

组氨酸
（His 或 H）

**侧链不带电荷的亲水性氨基酸**

丝氨酸
（Ser 或 S）

苏氨酸
（Thr 或 T）

天冬酰胺
（Asn 或 N）

谷氨酰胺
（Gln 或 Q）

**酸性氨基酸**

天冬氨酸
（Asp 或 D）

谷氨酸
（Glu 或 E）

**疏水性氨基酸**

丙氨酸
（Ala 或 A）

缬氨酸
（Val 或 V）

异亮氨酸
（Ile 或 I）

亮氨酸
（Leu 或 L）

甲硫氨酸
（Met 或 M）

苯丙氨酸
（Phe 或 F）

酪氨酸
（Tyr 或 Y）

色氨酸
（T p 或 W）

**特殊氨基酸**

半胱氨酸
（Cys 或 C）

甘氨酸
（Gly 或 G）

脯氨酸
（Pro 或 P）

🔼 图 2-18　20 种氨基酸的结构

每种氨基酸有相同的化学骨架，但是侧链 R 基的基团是不同的。按侧链基团的性质可把氨基酸分成 3 类：

（1）9 种亲水性氨基酸；（2）8 种疏水性氨基酸；（3）3 种特殊的氨基酸。

每个氨基酸名称下是它的三字符和单字符缩写。

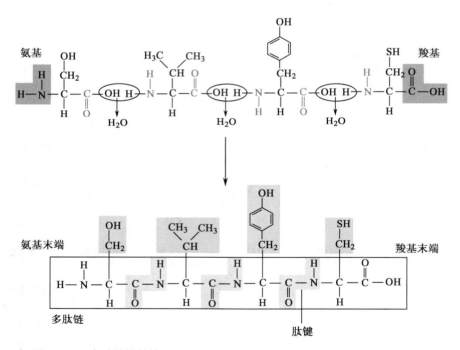

⬆ 图 2-19    肽键的形成
一个氨基酸的—NH₂ 和另一个氨基酸的—COOH 之间脱去
一分子水形成肽键。由于肽键具有部分双键的性质，CO—
NH 成一个平面，肽键不能自由旋转。

⬆ 图 2-20    肽键具有部分双键的性质
肽键的特点是氮原子上的孤对电子与羰基具有明显的共轭作用。肽键中的
C—N 键具有部分双键性质，不能自由旋转。组成肽键的 6 个原子处于同一
平面上。

⬆ 图 2-21    多肽链的结构

### 4. 蛋白质的四级结构和三维空间构象

通常在四个水平上描述蛋白质的结构：一级、二级、三级和四级结构这四个水平是连续的，而且前一级水平结构决定了下一级水平的结构。下面我们分别加以介绍。

（1）一级结构（primary structure）

蛋白质特定的氨基酸排列顺序称为**一级结构**（图 2-22A）。正如前面讲的，蛋白质骨架结构是不受氨基酸侧链不同 R 基团影响的，所以氨基酸可以按任何顺序排列。20 种氨基酸单体可以组合出千百万种不同的多肽链，如 100 个氨基酸组成的多肽就有 $20^{100}$ 种可能性，这是蛋白质多样性的基础。然而特定多肽的氨基酸序列是由生物体遗传信息控制的，基因中的核苷酸顺序会告诉细胞把哪些氨基酸按什么顺序连接起来。

（2）二级结构（secondary structure）

二级结构是由氢键稳固的多肽链卷曲或折叠结构（图 2-22B）。多肽链局部骨架周期性卷曲或折叠形成的二级结构主要有两种形式。一种是 **α 螺旋**（α-helix），它是肽片段形成的有规则螺旋。α 螺旋的每个肽键的 N—H 和第四个肽键的羧基氧形成氢键，有规则的氢键排列使肽链旋转成杆状圆柱体，侧链基团全向外并决定螺旋的亲水性或疏水性。另一种是 **β 折叠**（β-sheet），它是平行或反平行相邻的两条肽链骨架间形成氢键，因肽链部分伸展而成折叠状，该结构可以有多条肽链组成。随着结构生物学的发展，越来越多的蛋白质空间结构和所行使功能间的关系被解析，人们发现，平均而言蛋白质分子 60% 以上的链是有规则的 α 螺旋和 β 折叠，其余部分是无规卷曲和转角。蛋白质二级结构中相邻的结构单元组合在一起，彼此相互作用，排列形成规则的、在空间结构上能够辨认的二级结构组合体，这类特定组合称 **基序**（motif）或称"超二级结构"。

（3）三级结构（tertiary structure）

三级结构由蛋白质的二级结构进一步折叠而成，是单条多肽链的整体 **构象**（conformation），即空间形状（图 2-22C）。氨基酸非极性侧链间的疏水作用是主要的结构稳定力，带相反电荷的离子键和存在于蛋白质内的二硫键把肽链特定部分固定在一起。这些稳定力最终把 α 螺旋、β 折叠和无规卷曲维系在一个紧凑的框架中。最常见的三级结构有球状蛋白质和丝状蛋白质。如果编码蛋白质的基因发生突变引起多肽链中氨基酸的极性或疏水性发生变化，可能导致蛋白质的结构发生大的变化。**结构域**（structural domain）是蛋白质三级结构中的"模块"，这是由 100～200 个氨基酸折叠成有特征性的结构并具有独立的功能的区域，它与其它部分相对分离。蛋白质分子几个结构域之间由肽链相连，但每个结构域的功能是相对独立的。结构域以"模块"掺入到不同的蛋白质中去，不同蛋白质犹如不同结构域组成的嵌合体而行使不同功能。

现在已经从蛋白质三维结构数据库取出二级结构的氨基酸序列来分析计算每个氨基酸倾向于存在何种二级结构单元中，以此可以尝试利用这些数据从氨基酸序列预测蛋白质的三维结构。

一般有高度活性的球蛋白分子具备三级结构，大多非极性侧链在分子内部形成疏水核，而极性侧链在分子表面形成亲水区，分子表面往往有内陷的空穴，能容纳各种小分子或大分子的某一部分。例如有催化活性的酶，它的空穴恰好容纳反应底物，也正是活性部位所在。对肌红蛋白和血红蛋白而言，空穴正好容纳一个结合氧的血红素分子。

（4）四级结构（quaternary structure）

四级结构是蛋白质多个肽链间的相互关系，当蛋白质是由 2 条或 2 条以上肽链组成时，它们的组合方式就是四级结构。每条肽链是 1 个亚基，这些亚基可以相同，也可以不同。携带氧气的

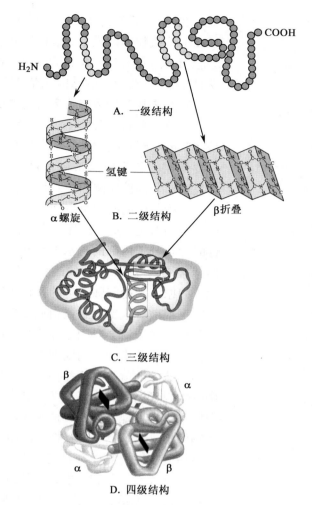

A. 一级结构

α 螺旋　　β 折叠

B. 二级结构

C. 三级结构

D. 四级结构

↑ 图 2-22　蛋白质的四级结构层次

血红蛋白分子就是由 2 条 α 链和 2 条 β 链组成（图 2-22D）；线粒体内膜上 $F_1$ ATP 合酶由 3 条 α 链、3 条 β 链、1 条 γ 链、1 条 δ 链和 1 条 ε 链共 9 条肽链组成的聚合体。聚合体的结构有规律且较稳定。

### 5. 蛋白质功能依赖于多肽链的正确折叠

上面介绍的蛋白质一级、二级、三级和四级结构是多肽链不断折叠的结果，在这里非极性氨基酸起着重要作用。新合成的蛋白质可以借助氨基酸骨架间的氢键、非极性侧链的疏水作用而自发折叠成天然状态。环境条件的改变可以使蛋白质解折叠失去原有紧凑结构和功能，这个过程称为**变性**（denaturation）。变性时埋在分子内部的疏水部分暴露并因相互作用而沉淀，盐浓度或 pH 条件的改变，加热以及某些化学试剂（如尿素和盐酸胍等）的存在改变氨基酸侧链带电荷状况或破坏氢键导致蛋白质变性。平时我们观察到鸡蛋煮熟后蛋清会凝固，豆浆加盐凝聚可用来制成豆腐，微生物污染使食物腐败变质，盐腌制这种传统的食品贮藏方法就是利用盐使微生物的酶变性。当环境中变性因素消失时，有些变性蛋白质特别是较小的蛋白质可以自发地重新折叠成天然状态，恢复其结构和生物活性，这个过程称**复性**（renaturation）。经典的核糖核酸酶变性与复性实验充分说明蛋白质变性后可以逐步恢复天然构象和功能，显然折叠是一个自我装配过程，而装配信息贮于氨基酸序列中（图 2-23）。但是体外实验中仅少数蛋白质分子可以十分缓慢地复性。现代研究了解到在从细菌到人类各物种都存在一个蛋白质家族叫**分子伴侣**（chaperon），它可以促进蛋白质快速折叠成确定的形状。分子伴侣与新生蛋白质链结合防止蛋白质错误折叠，桶状的分子伴侣使位于其内的蛋白质变成正常折叠结构再释放出来。细胞中 95% 的蛋白质处于天然状态，这防止了蛋白质因折叠不正确被细胞降解而浪费细胞的大量能量。

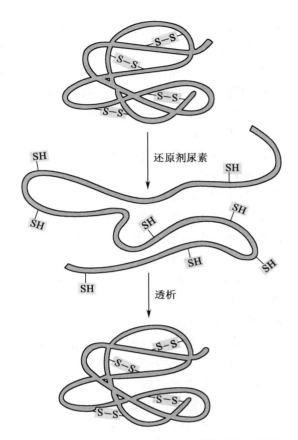

⬆ 图 2-23　核糖核酸酶（RNase）的变性和复性  
在用含有巯基乙醇的 8 mol/L 尿素溶液处理后，大多数蛋白质会完全变性。巯基乙醇使二硫键（—S—S—）还原成 2 个巯基（—SH），尿素破坏分子间的氢键和疏水键，蛋白质解折叠并失去活性。当透析除去这些化学试剂后，非折叠链上的巯基自动氧化重又形成二硫键，同时多肽链重又折叠成天然构象并恢复活性。

### 6. 蛋白质间序列同源性表明功能和进化上的相关性

氨基酸排列顺序决定蛋白质三维构象这个基本概念是在 1960 年代提出的。血红蛋白在血液中携带氧气，肌红蛋白是肌肉中的携氧蛋白质，它们有相同的功能。X 射线晶体分析发现肌红蛋白是单亚基分子，但它的结构与血红蛋白的亚基相似。一级结构分析结果证明这两种蛋白质整个序列上存在一致的或化学性质相似的氨基酸。大量已积累的蛋白质一级结构和三级结构资料证实相似的序列可以折叠成相似的二级和三级结构。十八、十九世纪分类学家主要按生物形态相似性和差异来分类，现在"分子分类学"按氨基酸顺序的相似性对蛋白质分类，它可以提供有关蛋白质功能和进化相关性的信息。如果不同物种的某个蛋白质整个氨基酸序列间相似性显著，蛋白质同源意味着可能行使同样功能。序列相似性的程度也表明蛋白质间的进化关系。按同源蛋白质的顺序资料可以容易地画出此蛋白质的进化树，图 2-24 展现了珠蛋白家族进化树。近年来因使用基因组碱基顺序来推断蛋白质的氨基酸顺序，大大扩展了同源蛋白质的比较分析和功能鉴定。

## 三、糖类储存能量或构建物质

糖类是一类有机分子笼统的定义，这类分子中C、H、O的个数比为1:2:1，可用简式$(CH_2O)_n$表示，$n$是C原子的数目，因此长期以来有一个俗称，**碳水化合物**。但事实上，很多糖类分子并不符合这个分子简式，如脱氧核糖（$C_5H_{10}O_4$）；反过来，符合这个分子简式的，也未必是糖类，如甲醛（$CH_2O$）或者乳酸（$C_3H_6O_3$）。糖类分子中有高比例的C-H键，氧化后可以释放大量能量，所以它们可以作为能量的直接来源或贮能分子。在生物体中，糖类还有多种用途，如核糖是核酸分子的基本组成分，纤维素是植物细胞形状的基础等。糖类按分子中单体的多少可分为单糖、双糖和多糖。

### 1. 单糖

最简单的糖类是单糖（monosaccharide），通常用分子中碳的数量来描述单糖，最少是有 3 个 C 的单糖，称为三碳糖，戊糖有 5 个 C 原子是五碳糖，己糖则有 6 个 C 原子是六碳糖（图 2-25）。其中最普遍的并在能量贮藏中有中心重要性的是六碳糖，它的分子式为（$CH_2O$）$_6$ 或 $C_6H_{12}O_6$。单糖可以直链形式存在，但是在溶液中它们几乎总是以环状形式存在。即糖分子上的醛基或酮基与另一个碳原子上的羟基形成**半缩醛**或**半缩酮**，图 2-26 以**葡萄糖**（glucose）为例显示糖的线状和环状结构。能量贮存中最重要的单糖是有 6 个 C 的葡萄糖。单糖除作为细胞活动的主要燃料分子外，细胞还用单糖的碳骨架作为制造如核苷酸那样的有机分子的原材料，细胞也可以直接利用单糖生成双糖和多糖。

除了葡萄糖外，还有其它六碳糖，例如图 2-25 中的果糖和半乳糖，它们的分子式都是 $C_6H_{12}O_6$，由于原子排列有所不同，分子的主体结构也不同，表现出来的特点和功能也不同。例如，葡萄糖和果糖是**结构异构体**（structural isomer），它们的化学组成相同，但是羰基在分子中的位置不同使甜度有很大区别。若去品尝的话，会感到果糖比蔗糖还甜 4 倍。葡萄糖与半乳糖分子中化学键的排列是一样的，但是可以看到有 1 个羟基（4 位碳原子）的方向是不同的，这个不同使葡萄糖和半乳糖成为互为对映体的**立体异构体**

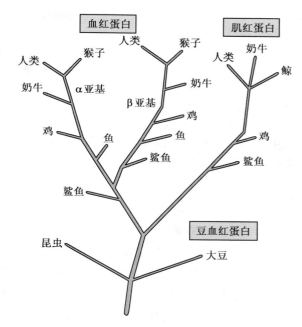

🔵 图 2-24　珠蛋白家族进化树

蛋白质的氨基酸顺序分析表明最早的结合氧的蛋白质是植物中的豆血红蛋白，它是一个古老的结合氧的单体蛋白质分子；以后逐渐变化出仍为单体蛋白质的肌红蛋白；以后又出现了 α 亚基和 β 亚基，而且进化出两种亚基结合形成 4 亚基的血红蛋白分子。

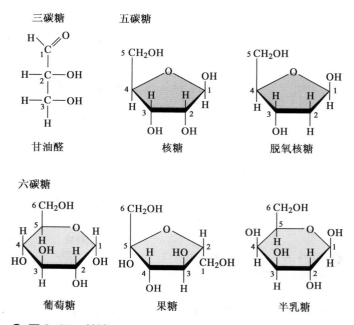

🔼 图 2-25　单糖

三碳糖甘油醛是最小的单糖，五碳核糖和脱氧核糖是核酸的组分，六碳糖中葡萄糖是细胞的贮能分子。图中数字表示糖分子中碳原子的序号。

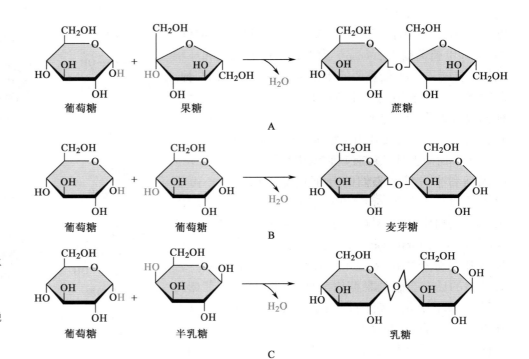

⊃ 图 2-26　葡萄糖分子的结构
A. 葡萄糖是一个线状的六碳分子，在溶液中糖分子的醛基与 5 位碳原子上的羟基反应生成半缩醛，形成环形结构。
B. 葡萄糖三维结构中常见的椅式结构。

（stereoisomer）。

### 2. 双糖

2 个单糖经脱水形成双糖（disaccharide），其中 1 个单糖提供 1 个氢原子，另 1 个单糖提供 1 个羟基，脱水时 2 个糖之间以 O 原子相连成糖苷键（图 2-27）。在发芽种子中常见的麦芽糖就是两个葡萄糖以糖苷键连接而成，常用于啤酒生产中。乳糖是葡萄糖和半乳糖连接而成的双糖，存在于哺乳动物的乳汁中，是许多哺乳动物幼年期的产能分子，成年后能把乳糖水解成单糖的酶产量下降了，于是乳糖可以贮存起来供它们的后代享用。

我们人类经血液循环传递葡萄糖，即以单糖来传送能源物质。然而在植物和许多其它生物中，糖是以双糖形式被转运。当糖要从一处运到另一处前，常使葡萄糖先转化为双糖，那些可以利用葡萄糖的酶不能打断连接 2 个单糖的糖苷键，有效地保护了葡萄糖资源。葡萄糖和果糖形成的双糖是蔗糖，大部分植物以蔗糖作为转运糖。我们食用的食糖就是从甘蔗或甜菜块根中提取出来的蔗糖。

### 3. 多糖

几百到几千个单糖经脱水连接在一起形成的多聚物就称多糖（polysaccharide）。按它们在生物中

⊃ 图 2-27　几种重要的双糖
A. 蔗糖由一个葡萄糖和一个果糖脱水而成。
B. 麦芽糖由两个葡萄糖脱水而成。
C. 乳糖由一个葡萄糖和一个半乳糖脱水而成。
连接它们的都是糖苷键。

的功能不同而分成两类，贮藏多糖和结构多糖。

（1）贮藏多糖

淀粉（图2-28A）是植物用来贮存能量的多糖，它完全由葡萄糖组成。光合作用产生的贮能分子葡萄糖首先被转化成麦芽糖，然后再连接成不溶于水的淀粉被贮存在专门的器官内。几百上千葡萄糖分子连接成长的不分支的链是**直链淀粉**（amylose），它们的糖苷键把1个葡萄糖的1位碳原子和另1个葡萄糖的4位碳原子相连，在水中直链淀粉形成卷曲。土豆淀粉中20%是直链淀粉。大部分淀粉是比较复杂的**支链淀粉**（amylopectin），即在线状直链淀粉中存在20~30个葡萄糖分子长的分支链，分支位点上的糖苷键把1个葡萄糖的1位碳原子与另一个葡萄糖的6位碳原子相连。支链淀粉的含量会带给食物不同的口感，如糯米淀粉全是支链淀粉，用它制作的食品黏而软，马铃薯淀粉的另外80%是支链淀粉。人和许多生物以植物淀粉为食物，如各种谷类和豆类，通过在消化系统中把它们水解成葡萄糖后再利用。

动物体内贮存的淀粉又称为**糖原**（glycogen）。糖原不溶于水，结构像支链淀粉，但分子更大，平均分支更多（图2-28B）。糖原大多贮存在肝脏和肌肉细胞中，一旦需要，细胞即水解糖原放出葡萄糖。我们的消化系统同样能分解食物中的糖原成葡萄糖。

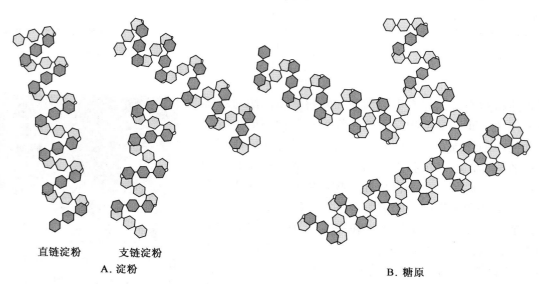

直链淀粉　　支链淀粉

A. 淀粉　　　　　　　　　　　　　　　　　B. 糖原

⬆ 图2-28　淀粉和糖原是葡萄糖的多聚物

A. 植物的贮藏多糖不溶于水，包括葡萄糖单体间脱水聚合成长的直链状的直链淀粉和具有分支的支链淀粉。

B. 糖原是动物淀粉，它是具有更多分支的水不溶性多糖。

（2）结构多糖

细胞内另有一些多糖被细胞作为建筑材料用，它们支持生物体或保护细胞。前面我们讲过，葡萄糖分子在水溶液中以环状形式存在，我们把糖环看作一个平面，当它从直链转化成环状时，由于1位碳原子连接的羟基可以在平面上方，也可以在平面下方，于是可以出现如图2-29所示的两种结构形式。羟基在下方的称为 $\alpha$ 型，在上方则称为 $\beta$ 型。所有淀粉都是由 $\alpha$- 葡萄糖相连而成，如果是由 $\beta$- 葡萄糖连接而成的多糖就是**纤维素**（cellulose）。纤维素是植物的结构多糖，它是植物细胞壁的主要材料，木材的主要成分，也是地球上最多的有机化合物。纤维素分子是直的长链，许多分子并排，相互间以氢键结合成原纤维，进一步与其他多聚物结合形成坚固的可支持百尺大树的材料。纤

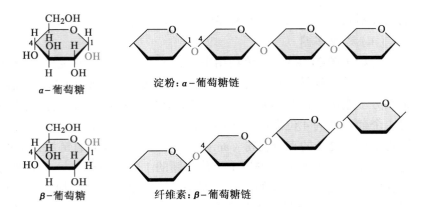

⬅ 图 2-29    淀粉和纤维素
淀粉是 α- 葡萄糖形成的多糖，易被水解；纤维素是 β- 葡萄糖形成的不分支的长链分子，难以被降解。

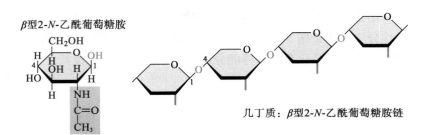

⬅ 图 2-30    几丁质
几丁质是由 β 型 2-N- 乙酰葡萄糖胺形成的多糖，是纤维素的修饰形式。

维素和淀粉是类似物却有不同性质，降解淀粉的酶对纤维素毫无作用，而许多生物又因缺乏纤维素酶而不能分解植物性食物中的纤维素，因此它十分稳定。虽然人不能利用纤维素的营养，但是植物性食物中的纤维素可以有利于我们消化系统的健康。一些食草性动物如牛和羊利用生活在它们消化道中的细菌和原生动物产生的酶来分解纤维素。

几丁质（chitin）是节肢动物和许多真菌中的结构多糖。在构成纤维素的某些葡萄糖分子上加了 1 个含氮基团（如 2-N- 乙酰修饰）就成了几丁质（图 2-30）。它们与蛋白质交联就形成节肢动物坚硬的外壳和真菌细胞壁（图 2-31）。一般生物不能消化几丁质，但几丁质酶可有抗真菌作用。

⬆ 图 2-31    虾的几丁质外壳
几丁质是许多无脊椎动物外骨骼的主要结构成分。

## 四、贮藏和传递遗传信息的生物大分子——核酸

细胞产生的大量蛋白质行使各种功能维持着生命，将生命特征一代代延续下去的遗传物质是**脱氧核糖核酸**（DNA），基因在 DNA 中，它决定了蛋白质中氨基酸的组成和顺序，也就是决定了蛋白质的三维结构和功能。但是 DNA 的信息不是直接传给蛋白质，而是先转录到**核糖核酸**（RNA），然后再翻译成蛋白质。DNA 和 RNA 是细胞中的两类**核酸**（nucleic acid）。

### 1. 核苷酸是构建核酸的单体

核酸是以**核苷酸**（nucleotide）为单位的长链多聚物。如图 2-32，每个核苷酸由 1 个五碳糖（戊糖）、1 个磷酸基和 1 个含氮碱基三部分组成。为了辨别核酸分子中不同化学基团的构成，通常将糖

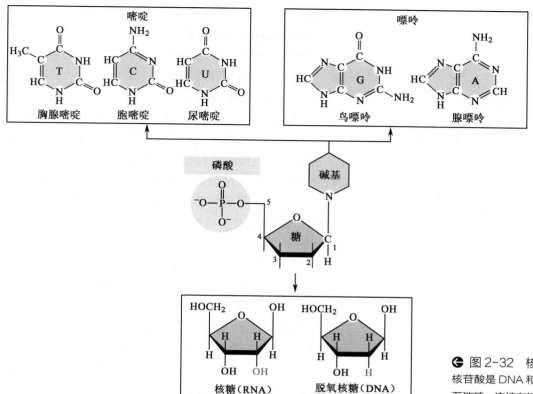

嘧啶

胸腺嘧啶　　胞嘧啶　　尿嘧啶

嘌呤

鸟嘌呤　　　腺嘌呤

磷酸

碱基

糖

核糖（RNA）　　脱氧核糖（DNA）

🔄 图2-32　核苷酸的结构
核苷酸是DNA和RNA的单体，它由三部分组成：
五碳糖、连接在糖两侧的磷酸基和含氮碱基。

基和碱基中的碳原子进行编号，这样可以标明哪种化学基团连接在几号碳原子上。所有核酸分子的糖基都是五碳糖，其中4个碳原子和一个氧原子连接组成一个环状结构。从氧原子连接的第一个碳原子起始，按顺时针方向依次编号为1′到5′。其中撇号"′"指的是糖基而非碱基的碳原子排列顺序。按照这种编排，磷酸基团连接在核糖分子的5′碳原子，碱基则与1′碳原子结合。此外，核糖的3′碳原子还连接一个羟基（—OH）。DNA和RNA的差别在于组成核苷酸的核糖不同。DNA的核糖为**脱氧核糖**（deoxyribose），其2′碳原子上连接的为—H，RNA的核糖的2′碳原子上连接的为—OH，称为**核糖**（ribose）（图2-33）。两种核酸的命名也由此而来。

核酸中有两类**碱基**（base），一类是**嘌呤**（purine），这是较大的双环分子，有腺嘌呤（adenine，A）和鸟嘌呤（guanine，G）两种，它们在DNA和RNA中都存在；另一类是**嘧啶**（pyrimidine），这是较小的单环分子，有胞嘧啶（cytosine，C）、胸腺嘧啶（thymine，T）和尿嘧啶（uracil，U）三种。在DNA中有胞嘧啶和胸腺嘧啶两种，在RNA中，尿嘧啶取代了胸腺嘧啶。尿嘧啶和胸腺嘧啶的结构相似，只是少了一个甲基（—CH$_3$）。通常碱基可以用AGCTU等单字母表示。仅有碱基和糖组分、没有磷酸的分子是**核苷**（nucleoside）。核苷戊糖的5′碳原子分别连上1、2或3个磷酸就成核苷一磷酸、核苷二磷酸或核苷三磷酸，其中核苷三磷酸是用于核酸合成的。此外，这些组分在细胞内还有许多其他功能。**腺苷三磷酸**（ATP）是细胞中应用最广泛的能量载体，GTP在细胞内作为能量库并在信号转导

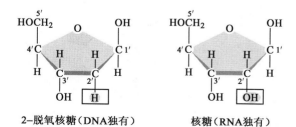

2-脱氧核糖（DNA独有）　　核糖（RNA独有）

⬆ 图2-33　DNA和RNA核苷酸糖基的差别
DNA和RNA核苷酸糖基都是五碳糖，不同之处在于，DNA核苷酸糖基的2′碳原子连接的基团为—H，RNA核苷酸糖基的2′碳原子连接的基团为—OH。

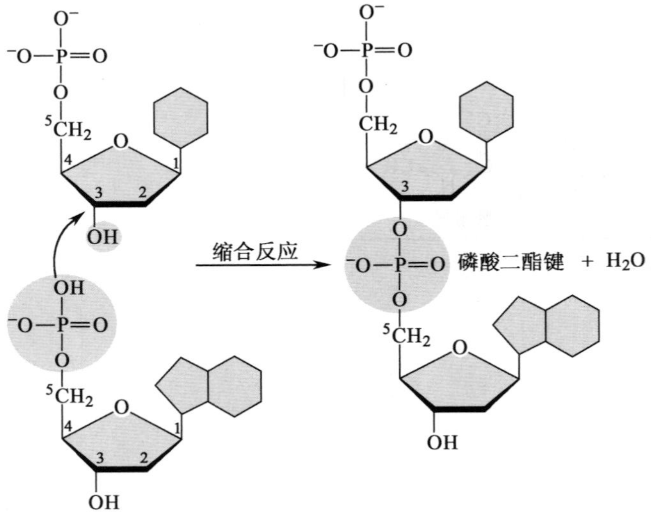

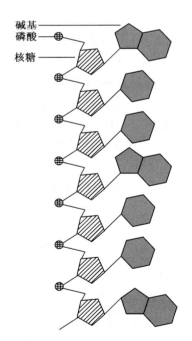

● 图 2-34 核酸分子磷酸酯键的形成

DNA 和 RNA 分子中相邻核苷酸之间的连接是通过磷酸二酯键实现的。前一个核苷酸分子糖基 3′ 碳原子上的一OH 可与下一个核苷酸分子糖基 5′ 碳原子上的磷酸基团发生缩合反应，脱去一个水分子，同时形成一个共价连接的磷酸二酯键。

● 图 2-35 多核苷酸链

一个核苷的核糖（斜线）上的 3′-OH 及另一个核苷的核糖上的 5′-OH 分别与磷酸基（方格）相连形成磷酸二酯键。核苷酸通过磷酸二酯键相互连接，重复的糖和磷酸构成了核酸的主链，碱基（灰色）从主链上伸出。

中特别是在蛋白质合成中起重要作用。

### 2. 核酸是核苷酸的多聚物

一个核苷酸分子的 5′ 磷酸基团和另一个核苷酸分子的 3′ 羟基之间可以发生化学反应，脱去一个水分子，形成一个共价的**磷酸酯键**（phosphodiester bond）（图 2-34）。这种反应可以连续发生，从而产生由多聚核苷酸组成的 DNA 和 RNA 长链分子。DNA 和 RNA 都是由许多核苷酸通过磷酸二酯键连接而成，即磷酸分子与一个核苷戊糖 3′ 位的羟基形成酯键，同时又与另一个核苷戊糖 5′ 位的羟基形成第二个酯键，在线状多聚物中重复的核糖和磷酸构成了核酸的骨架（主链），含氮碱基是侧链（图 2-35），核苷酸的排列顺序就是核酸的一级结构。DNA 分子和 RNA 分子不管多长，在其两端总是各有一个游离的化学基团，一个是与 5′ 碳原子相连的磷酸基团，一个是与 3′ 碳原子相连的羟基。因此 DNA 和 RNA 分子的两端表现为极性，即不对称性。

DNA 和 RNA 的一级结构十分相似，但是要记住 DNA 由 AGCT 4 种脱氧核苷酸组成，而 RNA 由 AGCU 4 种核苷酸组成。与多肽链一样，核酸链也有从一个末端到另一个末端的定向，5′ 端在末端糖的 5′ 碳上有游离羟基或磷酸基，3′ 端糖的 3′ 碳上有游离羟基。由于核酸合成是按从 5′→3′ 方向进行，为方便起见，核酸顺序从左到右的写和读都采用 5′→3′ 方向。如 5′pGpApCpApTpG–OH 3′，在这里磷酸基团用 "p" 表示。在表示核酸顺序时常用碱基字母代替核苷酸。因此，上述序列常写成 5′GACATG 3′。多核苷酸一级结构也可以扭转和折叠形成三维构象并通过非共价键稳定。天然 DNA 和 RNA 一级结构相似，但它们的构象极不相同。

### 3. 双螺旋的 DNA 结构

1953 年沃森和克里克依据 DNA 的 X 射线三维衍射图和仔细的模型搭建，提出 DNA 双螺旋结构模型。此基本结构的发现开创了现代分子生物学新纪元。

DNA 由 2 条多聚脱氧核苷酸链相互缠绕形成双螺旋结构，两条链 5′→3′ 方向相反成反平行，糖和磷酸骨架在螺旋的外侧，碱基指向内部。两条链间碱基配对，A 与 T 配对形成 2 个氢键，C 与 G 配对形成 3 个氢键，碱基配对又称碱基互补（图 2-36）。DNA 在复制过程中依照这个互补原则来合成新链。DNA 链由几千到几亿碱基对组成，大量的氢键对稳定 DNA 的结构作了很大贡献。然而，氢键属于弱键，较易解开。在 DNA 复制过程中，解开的双链作为亲代模板，然后依照碱基互补原则合成子代 DNA 链后重又形成双链，这种高保真的合成方式保证了遗传性状代代相传。

（1）互补性

DNA 双螺旋分子的两条单链是如何连接的呢？沃森和克里克设想主要依靠互补碱基对之间形成的氢键。在 A 和 T 之间可形成两对氢键，在 G 和 C 之间可形成三对氢键。具有两个杂环的嘌呤与一个杂环的嘧啶之间形成的氢键是相似的，因此 A—T 和 G—C 两种碱基对的直径是相同的。我们将这种碱基对的组合称为互补碱基，例如有一条链的碱基为 ATGC，那么与之互补的另一条链的碱基就是 TACG。这种简单的互补具有极其重要的意义，只要我们知道其中一条链的碱基顺序，根据互补原理很容易推知另一条链的碱基顺序。如果一条链中碱基为 A，那么另一条链的互补位置一定是 T。同理，如果一条链中碱基为 G，那么另一条链的互补位置必定是 C。这一规律在 DNA 的复制中极其重要（图 2-36）。

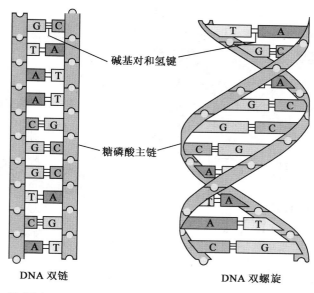

**DNA 双链**　　　　　**DNA 双螺旋**

🔺 图 2-36　DNA 的双链结构

互补的碱基对之间形成的氢键使 DNA 的两条单链互相结合形成双链，双链互相缠绕形成双螺旋结构。DNA 的核糖磷酸骨架在外，碱基对在内。

在 DNA 双螺旋结构中，A 可以和 T 形成两对氢键，但不能和 C 形成稳定的氢键。G 可以和 C 形成三对氢键，但不能和 T 形成稳定的氢键。正因如此，在所有的 DNA 分子中，A 和 T，G 和 C 之间的比例总是相等的。

（2）反向平行

DNA 分子的两条单链的两个末端都含有游离的化学基团，一端为—$PO_4$，另一端为—OH。这种结构称为非对称性，或极性。因为—$PO_4$ 基团总是与糖基的 5′ 碳原子相连，—OH 总是和糖基的 3′ 碳原子相连，因此习惯上将 DNA 单链的极性称为 5′ → 3′ 或 3′ → 5′。两条单链的排列理论上有两种方式，一种是极性相同，称为同向平行。一种是极性相反，称为反向平行。天然的双链 DNA 中，两条互补单链总是反向平行，即一条链为 5′ → 3′，另一条链为 3′ → 5′。我们将会看到这种排列对 DNA 的复制方式有重要的意义。

DNA 长链有一定柔韧性，DNA 与大量蛋白质结合压缩盘旋形成染色体，调控基因表达的蛋白质结合可以导致 DNA 解开双螺旋或变得弯曲，DNA 结构变化可导致基因表达活性的改变。DNA 除了有线状分子外，也有环状分子，例如原核生物基因组 DNA 和许多病毒 DNA 是环状分子，真核生物细胞的线粒体和植物细胞的叶绿体内也有环状 DNA 存在。天然 DNA 是右手螺旋，1970 年代科学家发现由嘌呤 – 嘧啶交替组成 DNA 分子可以采用左手螺旋。因为侧面观左手螺旋 DNA 呈锯齿形，故称它为 Z-DNA，它在细胞中的存在是可能的。

**4. 单链 RNA 的复杂构象与功能**

与 DNA 双螺旋结构不同，RNA 是单链分子，不同的 RNA 大小不同，从几十到几千个核苷酸，它们有不同的构象，在细胞中完成各自独特的职能。单链 RNA 分子内部分区域间互补碱基配对可折叠形成茎环结构，在此基础上可以形成更复杂的三级结构（图 2-37）。细胞内 RNA 主要有三类，它们是参与蛋白质合成的信使 RNA（mRNA）、转移 RNA（tRNA）和核糖体 RNA（rRNA）。每种 RNA 具有独特的结构与自己行使的功能相应（图 2-38）。mRNA 带有从 DNA 拷贝而来的遗传信息，表现为密码子，密码子将指令特定的氨基酸掺入到蛋白质合成中去；tRNA 携带相对应的氨基酸进入合成

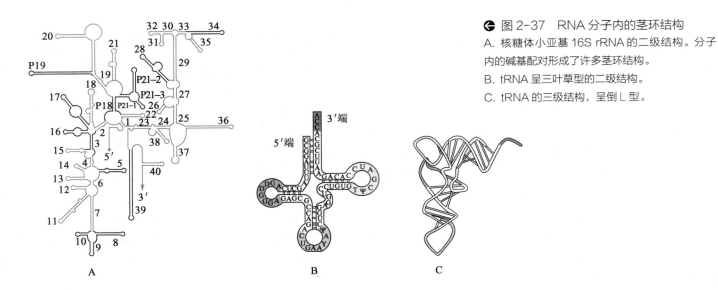

➡ 图 2-37　RNA 分子内的茎环结构
A. 核糖体小亚基 16S rRNA 的二级结构。分子内的碱基配对形成了许多茎环结构。
B. tRNA 呈三叶草型的二级结构。
C. tRNA 的三级结构，呈倒 L 型。

延伸中的肽链上；rRNA 与一套蛋白质形成核糖体，核糖体沿着 mRNA 移动，催化 tRNA 带入的氨基酸装配成蛋白质。

DNA 上的遗传信息包含在基因中，每个基因的核苷酸顺序是编码蛋白质一级结构的信息，这些信息转录到 RNA 分子上。DNA 和 RNA 两种分子化学结构上的区别使细胞能识别它们，利用双链 DNA 来贮存遗传信息，利用转录出来的单链 RNA 的信息来指导蛋白质的合成。

⬆ 图 2-38　RNA 在蛋白质合成中的三种作用
rRNA 和蛋白质组成的核糖体提供了蛋白质合成的场所，通过携带氨基酸的 tRNA 和核糖体的作用，mRNA 上的遗传密码被翻译成蛋白质。

**5. DNA 具备作为遗传物质的条件：**

（1）分子结构具有相对的稳定性

DNA 分子结构的稳定性主要是指 DNA 分子双螺旋空间结构的相对稳定性。与稳定性有关的因素主要有：① 两条脱氧核苷酸链中脱氧核糖和磷酸交替排列的顺序稳定不变。② DNA 分子两条长链之间的碱基互补配对方式稳定不变。碱基之间形成氢键，更加维持了双螺旋空间结构的稳定性，从而导致 DNA 分子的稳定性。③ DNA 分子与组蛋白等蛋白质分子结合构成染色质以及分裂相的染色体，保证了结构的稳定性。④ 每个特定的 DNA 分子（基因）中，碱基对的数量和排列顺序稳定不变，所以 DNA 分子具有特异性，使得每个基因中储存的遗传信息具有稳定性。

（2）能够自我复制

DNA 能够进行**半保留复制**（semiconservative replication）。这种复制模式的本质是在模板指导下的核酸合成反应。亲本 DNA 双螺旋的两条链彼此分离，作为模板分别互补地合成两条新链的子代双链，这种机制使得在细胞分裂时遗传信息得以精确地拷贝。复制模板的基因组称为亲本基因组，复制产物是子代基因组。复制完成后触动细胞分裂，复制的基因组彼此分离，进入不同的子细胞，分离的单位是染色体，从而保证了遗传的稳定性。

（3）能够指导蛋白质的合成

编码蛋白质的基因是指携带有遗传信息的 DNA 序列，是控制性状的基本遗传单位。以 DNA 为物质基础的基因通过指导蛋白质合成表达其携带的遗传信息，从而控制生物个体的性状表现和新陈代谢过程。但是应该指出的是基因组里还存在非编码蛋白质的基因，例如 tRNA、miRNA 基因等。

现已证明，蛋白质分子合成时，其氨基酸排列顺序最终是由 DNA 分子的核苷酸（碱基）序列所决定的。以 DNA 分子为模板，将 DNA 的遗传信息抄录到**信使 RNA**（mRNA）分子中，这种将 DNA 遗传信息传递给 RNA 的过程，称为**转录**（transcription）。然后，再以 mRNA 为模板，以每三个相邻碱基序列为一种氨基酸的遗传密码，又称**密码子**（codon），来决定蛋白质合成时氨基酸的序列，这一过程称为**翻译**（translation）。DNA 的遗传信息通过转录和翻译指导合成各种功能的蛋白质而发挥生理功能，这就是**基因表达**（gene expression）。遗传信息传递方向的这种规律，即复制—转录—翻译，就是分子生物学的**中心法则**（central dogma）。

遗传密码具有通用性，所有的生物都使用相同的遗传密码，同时遗传密码具有**简并性**（degeneracy）。除起始密码子 AUG（编码甲硫氨酸）和编码色氨酸的密码子（UGG）各只有 1 个以外，其他所有的氨基酸都有一个以上的密码子，但它们使用的频率并不相等。对编码同一个氨基酸的多个密码子来说，有的使用机会较多，有的几乎不用。不同生物都具有一定的密码子偏爱性，从而造成物种间密码子使用频率的差异。

（4）能够产生可遗传的变异

**遗传**（heredity）与**变异**（variation）是生物界存在的普遍现象，遗传性保持了生物体形态和生理特征的恒定，在一定条件下，变异使物种的特性有所改变，使之能够不断地适应环境，这些变异在后代巩固下来并再遗传。没有变异，生物界就失去了发展的动力，不能进化。从分子水平上看，基因变异是指 DNA 在结构上发生碱基对组成或排列顺序的改变。DNA 的结构虽然十分稳定，能在细胞分裂时精确地复制自己，但这种稳定性是相对的。

**6. 基因的核苷酸顺序同源性与分子进化**

20 世纪 80 年代后，由于分子生物学的突飞猛进，现代生物学技术相继问世，使分子生物学家有可能对不同生物的基因进行比较，核酸中核苷酸序列的异同必然成为分子进化的重要内容。

对当今基因组中核苷酸序列的分析比较，使我们对基因和基因组进化的认识有了革命性的发展。在生物进化过程中核酸序列的变化主要是由核苷酸碱基的替换、插入或缺失等原因造成。然而，由于 DNA 复制的高度保真以及细胞对 DNA 的损伤有修复机制，因此在基因组中核苷酸顺序随机发生的错误非常少，每百万年中仅有千分之五的变化。例如，进化中人与黑猩猩于五百万年前分离，基因组比较后仅发现十分少的变化，不仅两者的基因基本相同，而且基因在每个染色体上的排列顺序也基本相同。如果对两个相对关系上较远的基因组作比较时，就可以找到更多的变化。因此在不同生物中，核酸序列的差异能反映它们之间亲缘关系的远近。对它们间的差异加以研究，可以发现不同物种在进化上的渊源与联系。对于同源基因而言，生物之间亲缘关系越近，序列差异越小，相反则差异越大。因此，对同源基因中核苷酸序列的差异的数据进行处理后，用图解法表示，即可得出表示各物种间亲缘关系的分子系统树。分子系统树为认识生物进化的程序提供了一个大致的轮廓。经常可能通过对一个特定的基因构建它的系统树，从中追踪它的历史，回溯到当今物种的共同祖先。

## 五、研究大分子结构的方法

我们一直强调大分子的功能来自它的结构，要了解它们的三维结构，需要用复杂高级的仪器以及对数据的大量计算。由于细胞中蛋白质种类繁多，其功能的多样性和复杂性使人们一直以来都不断努力解析它的结构。生物大分子的原子结构可以有几种方法来确定，这里仅作简单介绍。

### 1. X 射线晶体衍射法

自 Max Perutz 和 J. Kendrew 在 1960 年代提出用 X 射线晶体衍射来确定蛋白质三维结构以来，至今用此法解读了万余种蛋白质晶体的结构。此方法首先需制备蛋白质晶体，这往往是花时间最多的一步，特别是对膜蛋白而言。X 射线光源常是同步加速器，它的波长仅 0.1 ~ 0.2 nm，波长之短足以分辨晶体中的原子。当一束 X 射线通过大分子晶体时，被其中的原子散射，产生衍射并形成一个有规则而呈不同强度的点阵，它们被照相底片截住后就得到 X 射线衍射图，它告诉我们晶体各部分电子的密度，经计算即可获得所有原子的位置，再用原子形式来诠释电子密度图。电子密度图是能够显示电子围绕分子中的原子分布的轮廓图，从此图就可以构建出蛋白质的结构模型。如今在获得蛋白质晶体后，整个测定分析过程都可以通过计算机来运行，无论蛋白质大小如何，也不管蛋白质复合物多复杂，都可以用这个技术来解析结构。

### 2. 核磁共振谱

与结晶学方法不同，核磁共振（NMR）可以测定蛋白质在溶液状态下的构象。蛋白质溶液处在磁场中，测定不同频率的辐射下各种原子的共振，每个原子受周围各相邻原子影响因距离大小而不同，空间相近原子受干扰更严重，根据影响的大小可以计算出原子间相隔的距离，确定氨基酸残基间的距离，进而用这些数据可以构建整个分子的结构模型。此方法适用于较小的蛋白质分子的结构测定，分子质量为 50 kDa 的蛋白质就已经算相当大了，故常用于蛋白质结构域的研究，而且此法能测定蛋白质的某些动力学特性。

### 3. 新蛋白质的设计及功能研究

蛋白质三维结构测定技术和设备的不断改进，大型计算机的运用，蛋白质资料库里积累的数据越来越多，我们对蛋白质分子中基序、结构域和功能之间规律的认知也愈来愈清晰。伴随着各种物种的基因组计划的实施，通过基因顺序推测蛋白质结构并与已知的蛋白质结构比较来预测新的蛋白质结构的方法变得可行。同时我们对蛋白质结构和功能的相关性了解越精辟，制造具有特殊功能新蛋白质分子的可能性也就越大。现在我们可以生产有活性的蛋白质结构模块，进而模仿它们的活性。分子生物学家把不同的蛋白质结构域序列融合在一起，创造出有特别功能的新蛋白质。例如，把绿色荧光蛋白（GFP）基因和某个蛋白质基因连接在一起，形成的重组基因转入细胞或动植物内可以表达出融合蛋白（包含某蛋白和 GFP 连接在一起的蛋白质）。然后可以通过检测荧光来报告所研究的蛋白质在细胞中的存在部位及其行使功能的状况。

## 📝 小结

25 种元素构成了生物体，占生物体总量 96% 的氧、碳、氢和氮 4 种元素是最基本的生命物质。离子键和共价键把不同原子维系在一起形成分子，在生命的化学中起着重要作用的还有氢键、范德瓦耳斯互作用和疏水作用等弱化学键。生命的化学是水的化学，水的极性使水分子相互黏着，也能黏其他极性分子使其溶解于水。水排除非极性分子，使它们因疏水作用而聚集。碳原子可以形成 4 个共价键的特点赋予碳形成大分子结构多样性的能力，有机物分子的性质因结合于其碳骨架上的功能基团不同而不同。

脂肪的高 C—H 键量使它成为高效的贮能分子。脂质分子中 C—H 链的疏水性使它们聚集在一起，这个特性使磷脂形成生物膜。各种不同的脂质在细胞中起重要作用。

生物大分子是由较小的单体分子经脱水反应连接成的多聚物。蛋白质行使包括催化、转运、防御、支持、运动和调节等多种功能。蛋白质由 20 种氨基酸以肽键相连组成，氨基酸的性质决定了蛋白质的特性。可以从 4 个水平描述蛋白质：①一级结构是氨基酸顺序；②二级结构包括 α 螺旋和 β

折叠，它们间特定组合而成的基序称超二级结构；③三级结构即空间折叠的整体构象，其中包含结构域；④多个多肽亚基组成四级结构。解折叠使蛋白质变性并丧失功能。

糖含有许多贮能 C—H 键，是生物最重要的贮能分子。糖异构体间结构的不同使其功能不同。淀粉和糖原是贮藏多糖，它们是水不溶性的葡萄糖多聚物。植物的纤维素和节肢动物与真菌中的几丁质是结构多糖，它们是不易降解的多聚体链。

核酸是核苷酸以磷酸二酯键相连接的多聚物。DNA 是双链螺旋，它以特异的核苷酸碱基顺序贮藏遗传信息。RNA 是单链分子，它转录遗传信息并指导蛋白质的合成。

### 思考题

1. 水有怎么样的结构特征？为什么说水对生命是极其重要的？
2. 碳原子的特征与生物多样性有什么关系？
3. 为什么说各种不同蛋白质之间是相似的，但是又是各不相同的？
4. 细胞中三类主要的多聚物大分子的结构单体分别是什么？每种单体如何形成多聚物？各类多聚物的重要功能是什么？

### 相关教学视频

1. 元素、水和生命
2. 碳骨架与生物分子的多样性
3. 糖类分子
4. 脂类分子
5. 蛋白质
6. 核酸（DNA 和 RNA）

（曹凯鸣、樊天谊、朱炎）

# 第三章
# 细胞的结构与功能

迄今为止的生命科学研究都证实，除了病毒、类病毒等非细胞的生命体以外，其他生命有机体的结构和功能单位都是**细胞**（cell）。细菌、酵母等微生物以单细胞的形式存在，而在多细胞植物和动物个体中，所有细胞在结构和功能上密切联系、分工协作，共同完成个体的各种生命活动。因此，对细胞的研究是几乎所有生物科学研究的基础。近四个世纪的探索让我们对细胞有了详细的了解，确定了细胞具有增殖、遗传、变异等生命特性，以及体现这些重要特征的结构基础；同时也认识到，细胞只是生命在其发生和发展进程中的一个阶段或存在形式，在自然界中还存在病毒等比细胞更简单的生物体。

细胞是生命活动的基本单位，也是生物体结构与功能的基本单位。有的生物由单个细胞组成，如细菌；有的生物由许多细胞组成，如成年人体由约 $10^{14}$ 个细胞组成。细胞能够摄取营养并将其转化成能量，能实施独特的功能，必要时会繁殖后代。细胞还储存了一整套调控机制来管理它的各种活动。对细胞的深入研究是揭开生命奥秘、改造生命和征服疾病的关键。对细胞的研究需要从显微水平、超微水平和分子水平等不同层次探索细胞的结构、功能及生命活动，而研究生物学细胞的学科称为细胞生物学。

## 第一节　细胞是生命活动的基本单位

细胞是由膜包围着的含有**细胞核**（nuclear）或**拟核**（nucleoid）的**原生质**（plasma）组成，是迄今为止所有已知生命体（病毒和类病毒除外）最小的结构与功能组成单位。病毒的生命活动也必须在细胞中才能实现。细胞具有独立的、有序的自主代谢体系，因而成为代谢与功能的基本单位；细胞具有生长和繁殖能力，所以是有机体生长与发育的基础；细胞又是遗传的基本结构单位，具有遗传的全能性。总之，细胞具备完整生命所有的特征。

在种类繁多、浩如烟海的细胞世界中，根据其进化地位、结构复杂性、遗传物质类型和主要的生命活动形式，细胞可以分为**原核细胞**（prokaryotic cell）和**真核细胞**（eukaryotic cell）两大类。包括细菌等在内的绝大部分微生物以及原生动物都由一个细胞组成，即**单细胞生物**（unicellular organism）。包括人类在内的高等动物和高等植物则是由许多个细胞组成，称为**多细胞生物**（multicellular organism）。例如人体约有百万亿（$10^{14}$）个细胞，组成了神经系统、内分泌系统、循环系统、呼吸系统、消化系统、泌尿系统、生殖系统、运动系统等。这些系统在结构与功能上的协调维持了正常人体的存在。

## 一、细胞的大小

各种生物体的细胞在大小及体积上相对稳定，但是互相之间的差别可以很大。典型的原核细胞的直径一般为 1 ~ 10 μm，例如大肠杆菌（E.coli）长约 2 μm。真核细胞的直径一般为 3 ~ 30 μm，典型的细胞一般为 10 μm 大小，而世界上现存的最大的细胞是鸵鸟的卵细胞，长达 15 cm，宽 8 cm，重约 1.5 kg。

细胞最为典型的特点是在一个极小的体积中形成极为复杂而又高度组织化的结构。细胞的大小受到诸多因素的限制，不能无限增大，也不能无限缩小。细胞表面积与体积之间有一定的比例，细胞体积越大，其相对表面积越小，细胞物质运输的效率就越低。又如细胞核是细胞的控制中心，但一般来说，细胞核中的 DNA 不会随着细胞体积的扩大而增加。同时细胞的大小和形状跟它们的功能密切相关。最小的细胞是支原体，直径 100 nm。最长的细胞是神经细胞，神经纤维长度可大于 1 m，棉花、麻纤维（单个细胞）长度为 10 cm。大多数真核动物细胞的直径在 10 ~ 30 μm 之间，而多数真核植物细胞的直径在 10 ~ 100 μm 范围内（图 3-1）。

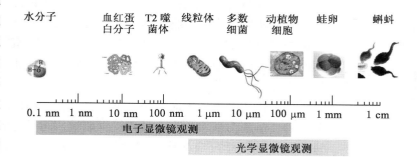

⊕ 图 3-1　生物物质的相对直径比较
电子显微镜可以观测小于 100 μm 的物体，而光学显微镜最大分辨率为 1 μm 左右。

## 二、细胞的共性

根据细胞的进化地位、结构的复杂性、遗传物质类型与主要生命活动的形式等差异，细胞可以分为原核细胞和真核细胞两大类。真核细胞是由原核细胞进化而来。细胞作为生命活动的基本结构与功能单位，具有以下共同的基本特征：

**1. 具有相同的遗传物质 DNA，采用统一的遗传密码**

所有细胞都以脱氧核糖核酸（DNA）作为遗传物质。在真核细胞里，DNA 主要存在于染色质，染色质是遗传物质的主要载体。真核生物染色质存在于由生物膜围成的细胞核里，原核细胞的 DNA 位于无生物膜包围的**类核区**（nucleoid region）。

**2. 具有相似的质膜**

在距今 35 亿年前，**细胞质膜**（plasma membrane）的出现标志着原始细胞的诞生。质膜对于细胞整个结构的完整性以及细胞的正常生命活动都是至关重要的。无论是真核细胞还是原核细胞，都必定有一个生物膜结构形成的界膜。质膜的出现使生命进化到了细胞的形式，也保证了细胞生命活动的正常进行。质膜使各种生物大分子集中到一个相对稳定的微环境中，有利于细胞的物质和能量代谢，也有利于细胞的生长发育。同时细胞内外的物质跨膜运输使细胞成为一个相对独立的系统，细胞之间也可以通过质膜表面分子的相互作用进行胞间的识别，即对自己或异己分子的认识和鉴别。细胞识别是细胞发育和分化中的十分重要的环节，在多细胞生物中，细胞通过识别和黏着形成不同类型的组织和器官。

### 3. 都具有细胞质

原核细胞和真核细胞都有**细胞质**（cytoplasm），细胞质是细胞质膜包围的除类核区或细胞核以外的一切半透明、胶状、颗粒状物质的总称，由**胞质溶胶**（cytosol）及悬浮在其中的细胞器与其他颗粒物质组成，含水量约 80%。胞质溶胶的化学组成可按其分子量大小分为三类，即小分子、中分子和大分子。小分子主要包括水和无机盐离子，中分子是指脂类、糖类、氨基酸、核苷酸及其衍生物等，大分子则包括多糖、蛋白质、脂蛋白和 RNA 等。胞质溶胶的主要功能是为各种细胞器维持正常结构与功能提供所需要的环境及所需的一切底物，同时也是进行物质代谢、生化活动以及细胞内信号传导的场所。细胞质中都含有核糖体和蛋白酶体，是所有细胞共同具有的细胞器。

### 4. 细胞是代谢的基本单位

细胞每时每刻都进行着许多化学反应，统称为**新陈代谢**（metabolism）。新陈代谢是维持生命所必需的，是发生于活细胞中的物理和化学过程的总和。在此过程中，一些物质被分解，为细胞的生命活动提供能量，而另一些维持生命所必需的物质则被合成。细胞的代谢通常被分为两类：**分解代谢**（catabolism）可以对大分子物质进行分解以获得能量（如细胞呼吸），**合成代谢**（anabolism）则可以利用能量来合成大分子物质。

细胞代谢是维持生命所必不可少的过程。在代谢过程中，通过特定的生物化学反应，一些物质被分解，从而为基本的生命过程提供能量，同时合成另一些生命所必需的物质。细胞内一系列按序进行的生物化学反应构成了**代谢途径**（metabolic pathway）。代谢途径具有以下特征：①多步骤性，第一个步骤一般不可逆，其他步骤有可逆性，视细胞的代谢需要而定。②可调节性，代谢途径受到严格的调节，一般以循环（cycle）方式和反馈（feedback）的方式进行调节。③真核细胞中合成代谢与分解代谢途径一般通过细胞区室进行局限，或通过不同的酶或辅助因子加以隔离。代谢途径按生物化学规律汇成代谢网络，代谢网络是细胞代谢活动的运行图，发生在某物种的活细胞内的所有代谢反应构成了此物种的代谢网络。尽管在不同的物种中有大量的代谢反应，代谢网络却是高度保守的。

### 5. 细胞是遗传的基本单位

细胞具有遗传的全能性和变异性。不论低等生物还是高等生物的细胞，单细胞生物还是多细胞生物的细胞，结构简单还是复杂的细胞，未分化还是分化细胞，除非常少见的例外如成熟红细胞，都包含这个物种的全套**遗传**（genetics）信息与调用这些信息所必需的**表观遗传学**（epigenetics）信息。

细胞的遗传物质不是一成不变的。由于外界环境的作用可以发生以 DNA 序列突变为基础的遗传学变异，以及不依赖于 DNA 序列的表观遗传学变异，这些突变与变异对于细胞水平的生物进化来说必不可少。在漫长的岁月里，地球上的生命从肉眼看不见的单细胞生物进化成今天的藻类、菌类、植物、动物直至人类。细胞遗传物质的相对稳定性保证了遗传性状的稳定性和连续性，而遗传物质的变异是进化的内因，为生物进化提供了可能性。

### 6. 细胞是生物体对外界环境反应的基本单位

生物体能够适应一定的环境，也能影响环境。单细胞或多细胞生物体通过细胞活动来实现对环境的适应及反应。适应是普遍的生命现象，不能适应生存环境的生物就不能生存。多细胞生物对环境的适应通过组成细胞的共同协调反应来实现。但是生物对环境的适应只是一定程度上的适应，并不是绝对的、完全的适应，超过承受能力的剧烈环境因素可以导致死亡。例如细胞程序性死亡是多细胞有机体生命周期中正常的组成部分，这个过程对生物体是一种保护机制，是在生物进化过程中形成的细胞对环境的适应方式之一。

细胞的**应激性**（irritability）是细胞对外界刺激发生反应的能力和特性。单细胞生物变形虫受食物刺激会出现摄食活动。植物和缺乏神经系统的动物，它们的应激性是以综合的细胞变化对刺激发生反应。例如阳光刺激下，植物茎、叶的向光运动。具有神经系统的多细胞高等动物已经有了对刺激发生反应的各种神经系统细胞，构成了由感受器、传入神经、神经中枢、传出神经和效应器组成的**反射弧**（reflex arc），实行准确而完善的应激反应，成为包括人类在内的高等动物的行为的生理基础。

# 第二节　细胞膜的化学组成

细胞中的各种膜结构，包括细胞质膜、包裹细胞器的膜、内质网和核被膜等都具有相同的结构与化学成分，总称为**生物膜**（biomembrane）。生物膜结构是细胞结构的基本形式之一。细胞要维持正常的生命活动，在细胞和它的环境之间必须要有某种特殊的屏障存在。细胞质膜把细胞内容物和细胞周围环境隔离开来。在细胞新陈代谢过程中，细胞膜参与细胞的能量转换、物质运送、信号识别与信息传递，使细胞既能够保持内环境的稳态性，又可以对外界环境因素产生适当的反应，这对维持细胞的生命活动极为重要。

在电镜下，各种生物膜结构非常相似。生物膜结构是细胞结构的基本形式，生物膜具有高度选择性和半透性。尽管细胞各部分的生物膜在亚细胞定位、结构、功能等有所不同，它们具有一些共同的基本结构和化学组成。更重要的是，细胞内的各种生物膜在结构上存在直接或间接的联系，如内质网膜与外层核膜相连，内质网腔与内、外两层核膜之间的腔相通。在活细胞中，高尔基体膜、内质网膜和细胞膜三种膜之间可以互相转变。在细胞吞噬或吞饮过程中，一部分细胞膜转变成吞噬（饮）泡的膜，进而成为次级溶酶体的一部分，分泌小泡的膜可以融入细胞膜。生物膜的化学组成大致相同，主要由脂类、蛋白质和少量的糖类组成。但在不同的生物膜中，这三种物质的含量有差别。生物膜与生命起源的密切关系、生物膜生物学功能的重要性及其结构的复杂性，使得生物膜研究成为生命科学研究的热点。

## 一、细胞膜由双层脂质膜组成

生物膜是细胞及细胞器的屏障，其基本结构是磷脂分子排列成连续的双层，在生物膜中，磷脂的亲水头位于膜表面，疏水尾位于膜内侧，构成了生物膜的基本骨架（图 3-2A、B、C）。双层脂质膜具有屏障作用，大多数水溶性物质不能自由通过，同时又为执行特殊功能的膜蛋白提供了适宜的环境。关于生物膜结构，1972 年提出的脂质双层流动镶嵌模型受到广泛支持，生物膜结构的主要特征是生物膜的流动性和膜结构的两侧不对称性（图 3-2D）。

生物膜上的脂类称为膜脂，可分成**磷脂**（phospholipid）、**胆固醇**（cholesterol）和**糖脂**（glycolipid）

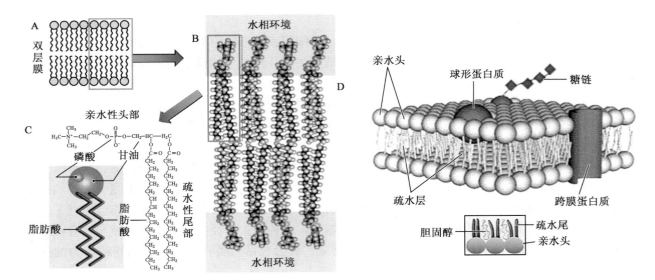

⬆ 图 3-2　双层脂质膜组成生物膜

A. 组成生物膜的基本结构——双层脂质膜。

B. 在生物膜中磷脂的亲水头位于膜表面，而疏水尾位于膜内侧。

C. 单个甘油磷脂分子，由磷酸相连的取代基团（含氨碱或醇类）构成的亲水头，由脂肪酸链构成疏水尾。

D. 在脂质双层分子膜上有跨越整个膜的蛋白，镶嵌于膜内的极性蛋白以及糖蛋白等，胆固醇分子分布在疏水区域。

三种，其中磷脂含量最高。它们是生物膜的重要组分。

### 1. 磷脂

除了由甘油构成的磷脂称为**甘油磷脂**（phosphoglyceride）（在第二章有介绍），生物膜上还有一类很重要的磷脂——鞘磷脂（sphingomyelin），它属于鞘氨醇构成的**鞘脂类**（sphingolipid）（图 3-3）。过去认为这些磷脂分子及其衍生物对生物膜仅有支撑作用，是生物膜的骨架。但是，越来越多的研究结果表明，它们在信号转导过程中也发挥了重要作用。例如磷脂酰肌醇（phosphatidylinositol，PI）是真核细胞中主要的磷脂组分。**磷脂酰肌醇途径**（PI pathway）中膜受体与其相应的第一信使分子结合后，激活膜上的 $G_q$ 蛋白（一种 G 蛋白），$G_q$ 蛋白进而激活磷酸酯酶 C，将膜上的 4,5- 二磷酸磷脂酰肌醇（$PIP_2$）分解为细胞内的第二信使 $Ca^{2+}$、甘油二酯和三磷酸肌醇（$IP_3$），通过激活蛋白激酶 C，引起级联反应，产生细胞应答，参与细胞分泌、肌肉收缩、细胞增殖和分化等过程。

### 2. 胆固醇

胆固醇也是细胞膜的重要成分，占质膜脂类的 20% 以上，主要存在于真核细胞膜，尽管具有一个亲水性的羟基，但亲水性较差。其功能是增加膜的稳定性，调节膜流动性。研究表明，温度高时，胆固醇能阻止双分子层的无序化，温度低时又可干扰其有序化，阻止液晶的形成，保持其流动性。

⬇ 图 3-3　鞘脂的分子结构示意图

鞘脂是由一分子鞘氨醇（十八碳烯氨基二醇）与一分子长链脂肪酸缩合后的衍生物总称。鞘脂具有一个非极性尾（由脂肪酸链与鞘氨醇的长烃链组成），以及一个极性头（X 基团）。X 可以是磷酸连接亲水小分子，类似于磷脂亲水端，这称为鞘磷脂；X 也可以是糖分子或者寡糖链，称为糖鞘脂。

很多膜蛋白的锚定和聚集都需要有胆固醇富集形成**脂筏**（lipid raft）。没有胆固醇，细胞就无法维持正常的生理功能。

### 3. 糖脂

糖脂是糖与脂质结合所形成物质的总称，在生物体分布甚广。糖脂的种类繁多，其中研究得较为深入的是**糖鞘脂**（glycosphingolipid）。

糖鞘脂是仅次于磷脂的第二大类膜脂。糖鞘脂与鞘磷脂都属于鞘脂（图3-3）。糖鞘脂的组成，无论是鞘氨醇部分还是糖链部分，都表现出一定的种族、个体、组织以及同一组织内各部分细胞的专一性。即使是同一类细胞，在不同的发育阶段，糖鞘脂的组成也不同，而且某些类型的糖鞘脂是细胞发育的某个阶段所特有的，所以糖鞘脂常被作为细胞表面标志物。如决定血型A、B、O抗原之间的差别只在于糖鞘脂的寡糖链末端的糖基不同（图3-4）。

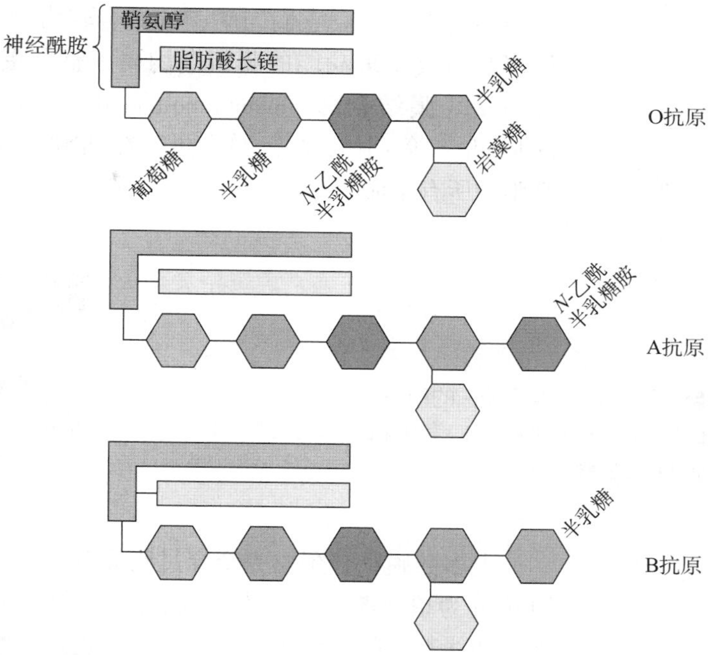

**↑ 图3-4　血型的A、B和O抗原**
人类血型其本质是不同的糖鞘脂。A抗原比O抗原多一个 N- 乙酰半乳糖胺，B抗原比O抗原多一个半乳糖。

## 二、膜蛋白

生物膜形态上都呈双分子层的片层结构，厚度5～10 nm。生物膜主要由蛋白质（包括酶）、脂质（主要是磷脂）和糖类组成，各组分比例因膜的种类不同而不同。一般功能复杂或多样的膜，蛋白质比例较大，蛋白质与脂质的比例可从1：4到4：1。膜蛋白是一类结构独特的蛋白质，是较为活跃的生物膜成分，执行很多基本和重要的细胞生物学功能，是生物膜功能的主要体现者。膜蛋白接受细胞外信号，通过生物膜蛋白转换并放大信号。有些膜蛋白催化各种物质通过生物膜的运输，还有一些膜蛋白参与生物膜的能量转换。因此，可以说膜蛋白在细胞生命活动的各方面都扮演着十分重要的角色。根据与膜脂的关系，膜蛋白可分为**膜整合蛋白**（integral protein）（图3-5A、B）、**脂锚定蛋白**（lipid anchored protein）（图3-5C、D）和**膜外周蛋白**（peripheral protein）（图3-5E、F）三类。

### 1. 膜整合蛋白

**膜整合蛋白**又称**膜内在蛋白**（intrinsic protein）或**跨膜蛋白**（transmembrane protein），部分或全部镶嵌在细胞膜中或内外两侧，以非极性氨基酸与脂质双分子层的非极性疏水区通过疏水键相互作

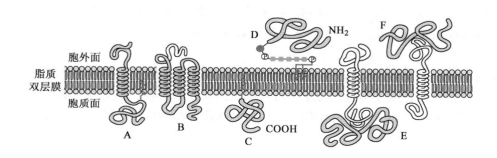

**← 图3-5　膜蛋白与双层质膜的结合方式**
（A）蛋白分子跨膜并与脂质锚定；（B）蛋白分子跨膜，蛋白分子的疏水端插入双层质膜，亲水端留在膜外；（C）蛋白分子脂质锚定；（D）通过脂质分子的酰基链来锚定蛋白；膜内侧（E）和膜外侧（F）外周蛋白通过非共价作用力与跨膜蛋白结合。

用而结合在膜上。它们与膜脂的结合较为牢固，较难分离。膜整合蛋白约占膜蛋白的 70%~80%。许多具重要生理功能的膜蛋白均属于整合蛋白，如**通道蛋白**（channel protein）、**载体蛋白**（carrier protein）、**膜结合酶**（membrane-bound enzyme）、**膜受体**（receptor）和**细胞黏附分子**（cell-adhesion molecule）等（图 3-6）。整合蛋白在细胞膜内外的物质交流中扮演着重要的角色，其功能几乎涉及细胞的所有生命活动。

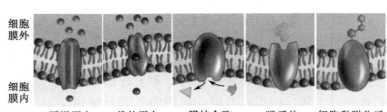

➋ 图 3-6 膜整合蛋白的种类
自左至右依次为通道蛋白、载体蛋白、膜结合酶、膜受体和细胞黏附分子。

大多数膜整合蛋白完全穿过脂质双层。整合蛋白中疏水氨基酸的占比较高。跨膜的膜整合蛋白可再分为单次跨膜、多次跨膜、多亚基跨膜等。跨膜蛋白一般含 25%~50% 的 α 螺旋，也有 β 折叠，如线粒体外膜和细菌质膜中的孔蛋白。整合蛋白在内质网上合成并插入到内质网的膜中，随小泡转运经高尔基体加工，最后转运到质膜。

（1）膜结合酶

细胞膜结合酶的种类与数量都极为丰富，在细胞对外界的应答和物质交流等方面发挥着重要的功能。如 $Na^+$-$K^+$-ATP 酶（即钠钾泵，$Na^+$-$K^+$-ATPase）和 $Ca^{2+}$-ATP 酶（即钙泵，$Ca^{2+}$-ATPase）是存在于组织细胞及细胞器膜上的一类重要的蛋白酶。细胞膜 ATP 酶能水解 ATP，并利用 ATP 水解释放出的能量来驱动负责物质跨膜运输的运输蛋白，在人体内起着非常重要的作用，其活性的大小是各种细胞能量代谢及功能有无损伤的重要指标（图 3-7）。

（2）载体蛋白

载体蛋白是多回旋折叠的跨膜蛋白质，与被运输的离子或分子呈高度选择性地结合后，通过自身蛋白质分子构象的可逆性变更或移动来完成物质运输。载体蛋白既参与被动的物质运输，也参与主动的物质运输。由载体蛋白进行的被动物质运输不需要 ATP 提供能量。载体蛋白促进物质扩散的作用同样具有高度的特异性，载体蛋白上的结合点只能与某一种物质进行暂时性的、可逆的结合和分离。

（3）通道蛋白

通道蛋白是跨膜的亲水性通道，可以允许适当大小的分子和离子自由通过细胞膜。有些通道蛋白长期开放，如钾离子泄漏通道；有些通道蛋白平时处于关闭状态，仅在特定刺激下才打开，称为**门控通道**（gated channel）。根据其控制机制，门控通道又可以分成**配体门控通道**（ligand gated channel）、**电压门控通道**（voltage gated channel）、**环核苷酸门控通道**（cyclic nucleotide gated ion channel）、**机械门控通道**（mechaniclly-gated channel）和**水通道**（water channel）。

（4）膜受体蛋白

膜受体蛋白能与**配体**（ligand）特异性结合。常见的配体包括激素、细胞因子、神经递质、抗原、药物和肽链等。由于受体的介导，配体不进入细胞即可对细胞活动发生影响。膜受体的基本作用是对环境中某些配体物质识别并结合后，把外界作用因子转变为细胞内部的反应，以实现细胞内的信息传递机能。

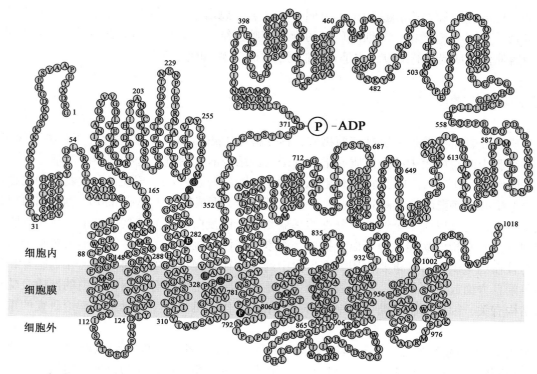

○ 阳离子结合氨基酸残基

● 参与三维构象形成的氨基酸残基

● 调节 Na$^+$ 和 K$^+$ 选择性的氨基酸残基

⬆ 图 3-7　膜 ATP 酶 α 链的分子结构

膜 ATP 酶由 α、β 两亚基组成。α 链有 10 个跨膜区，分子质量约 120 kDa。该跨膜蛋白既有 Na$^+$、K$^+$ 结合位点和选择性调节位点，又具 ATP 酶活性。

（5）黏附分子蛋白

细胞表面黏附分子数量众多，是介导细胞间或者细胞与胞外基质间相互接触和结合的分子的统称。黏附分子以受体－配体结合的形式发挥作用，使细胞与细胞、细胞与基质之间发生黏附，参与细胞的识别、活化和信号转导，调节细胞的增殖、分化、伸展与移动。重要的黏附分子有**整合素**（integrin）、**选择素**（selectin）和**钙黏素**（cadherin）。

**2. 脂锚定蛋白**

脂锚定蛋白又称**脂连接蛋白**（lipid-linked protein），通过共价键与脂分子结合，位于脂双层的外侧。脂锚定蛋白与脂的结合有两种方式，一种是蛋白质直接结合于脂双分子层，另一种是蛋白质并不直接同脂结合，而是通过一个糖分子间接同脂结合。脂锚定蛋白可有一个或多个共价结合位点，连接的脂质分子如长链脂肪酸或磷脂酰肌醇糖基化衍生物提供了一个疏水的锚以插入脂双分子层。脂锚定蛋白在粗面内质网上合成，在内质网腔中被连接到内质网的糖基磷脂酰肌醇（GPI）上，随后通过小泡运输，经高尔基体出芽形成小泡，最后与质膜融合，含糖的一面外翻朝向细胞外侧。

**3. 膜外周蛋白**

膜外周蛋白也称附着蛋白，约占膜蛋白的 20% ~ 30%。膜外周蛋白完全外露在脂双层的内外两侧，不深入膜内部，是亲水性蛋白，主要是通过非共价键附着在脂的极性头部，或结合在整合蛋白亲水区的一侧间接与膜结合，这种结合力弱，容易被分离出来。外周蛋白在游离核糖体上合成后，以可溶的形式释放到胞质中，与细胞质膜的胞质溶胶面结合。外周蛋白的存在可以增加膜的强度，或是作为酶催化某种特定的反应，或是参与信号分子的识别和信号转导。

## 三、细胞膜上的糖类

细胞质膜外表面覆盖的一层黏多糖物质，称为**糖萼**（glycocalyx），普遍存在于各种生物细胞中，实际上是细胞表面与质膜中的蛋白质或脂类分子共价结合的寡糖链。这些寡糖链常常是具分支的杂糖链，一般由 2 ~ 10（少于 15）个单体组成，末端常常是唾液酸或 L- 岩藻糖。生物膜中的糖通过共价键与蛋白质形成**糖蛋白**（glycoprotein），少量还可与脂类形成**糖脂**（glycolipid）。糖蛋白可以只含一个或几个糖基，也可以含多个线性或分支的寡糖侧链。糖蛋白通常分泌到体液中，或作为膜蛋白定位于细胞外，并有相应功能。糖蛋白包括酶、激素、载体、凝集素、抗体等，不仅对膜蛋白起保护作用，而且在细胞识别中起重要作用。糖蛋白中的糖往往是膜抗原的重要部分，在细胞互相识别和接受外界信息方面起重要作用。细胞表面糖蛋白是细胞膜的主要成分，而糖蛋白的性质及功能又和糖链的结构有关，因此细胞膜糖蛋白中寡糖链的结构及作用机制是生物学基础理论研究的重要课题之一。

细胞表面糖链的意义之一在于其单糖排列顺序上的特异性，可作为细胞识别与结合的特异性"标志"，与细胞互相识别和接受外界信息有关。例如，有些糖链可以作为抗原决定簇，提示某种免疫信息，有些能特异地与某种递质、激素或其他化学信号分子相结合。细胞膜表面的糖链还在维持细胞分化、功能和形态方面起着非常重要的作用，糖链结构发生异常变化预示着其基本生物学行为发生了改变，尤其是细胞的黏附、运动、分子识别及细胞识别等基本功能的改变。

## 四、生物膜的不对称性

细胞质膜的**不对称性**（asymmetry）是指细胞质膜脂双层中各种成分不是均匀分布的，包括种类和数量的不对称。镶嵌有蛋白质和糖类（统称糖蛋白）的生物膜磷脂双分子层起着隔离细胞内外环境的作用，也分隔细胞内的空间——细胞器。以脂双层分子的疏水端为界，生物膜可分为近胞质面和非胞质面，这内外两层的结构和功能有很大差异，这种差异即称为生物膜的不对称性。膜的不对称性表现在蛋白质、脂类和糖类等膜主要成分分布的不对称，以及这些分子在种类与数量上的不对称性。各组分在膜两侧分布的不对称，导致膜两侧电荷数量、流动性和方向性等的差异，这确保了膜内外物质交流与信息传递等重要生物反应的正确的方向性，是细胞生命活动高度有序性的确切保证。

### 1. 膜脂分布的不对称性

膜脂分布的不对称主要体现在膜内外两层脂质成分明显不同，在脂双层中分布的各类脂的比例不同。各种细胞的膜脂不对称性差异很大，主要是由于甘油磷脂与鞘脂类分子的不对称分布所致。这种不对称分布是脂质分子在双层膜里运动的结果，需要酶的催化。研究发现，细胞膜里有三种**脂质分子转移酶**（lipid translocase）：P 型 ATP 酶（P-type ATPase），ABC 转运蛋白（ABC transporter）和**磷脂爬行酶**（phospholipid scramblase）。在它们的作用下，脂质分子可以分别发生由膜的非细胞质面向细胞质面翻转移动（flipping），或由膜的细胞质面向非细胞质面翻转移动（flopping），或双向性爬动（flip-flop）。磷脂分子在发生翻转运动时，磷脂的亲水头部基团必须克服内部疏水区的阻力，这在热力学上是不利的，因此，有些细胞含有**翻转酶**（flipase），能够使某些磷脂从膜脂的一叶翻转到另一叶，这个过程称为**翻转扩散**（transverse diffusion），在维持膜脂的不对称分布中起重要作用（图 3-8）。

脂质分子中的鞘糖脂、磷脂酰胆碱与鞘磷脂大多分布在膜的外层，磷脂酰乙醇胺和磷脂酰丝氨酸多分布在膜的内层。由于磷脂酰乙醇胺和磷脂酰丝氨酸的头部基团均带负电，使得生物膜内侧的负电荷大于外侧。但是与细胞膜脂质分子的不对称性相反，内质网膜上甘油磷脂的分布却几乎是完全对称的。

#### 2. 细胞膜蛋白分布的不对称性

膜蛋白是膜功能的主要承担者。不同的生物膜因所含蛋白质不同，表现出来的功能也不同。每种膜蛋白在膜中都有特定的排布方向，与其功能相适应，这是导致膜蛋白不对称性的主要因素。

膜蛋白的不对称性包括外周蛋白分布的不对称以及整合蛋白内外两侧氨基酸残基数目的不对称，膜蛋白处于不断的运动状态，也是造成不对称的原因。同一种生物膜，其膜内、外两侧的蛋白质分布不同，膜两侧功能也不同。细胞膜蛋白的不对称性保证了膜蛋白功能具有方向性，这是膜发挥作用所必需的。例如，物质和一些离子传递具有方向性，膜结构的不对称性保证了这一方向性能顺利进行。

细胞膜蛋白分布的不对称性主要体现在 ①即使膜内在蛋白都贯穿膜全层，但其亲水端的长度和氨基酸的种类与顺序也不同；②膜外周蛋白分布在膜内外表面的定位是不对称的，如具有酶活性的膜蛋白 Mg$^{2+}$-ATP 酶、5′核苷酸酶、磷酸二酯酶等均分布在膜的外表面，而腺苷酸环化酶分布在膜的内表面；③含低聚糖的糖蛋白的糖基部分布在非胞质面（图 3-9）。

#### 3. 糖基分布的不对称性

膜糖以糖蛋白或糖脂的形式存在，其不对称性表现为无论是糖蛋白还是糖脂的糖基都分布在细胞表面，细胞器膜上的糖基则全部朝向内腔分布（图 3-9）。细胞表面有糖基转移酶，高尔基体中主要有糖基转移酶和磺基-糖基转移酶，参与细胞膜脂质和蛋白质分子的糖基化。

### 五、生物膜的流动性

生物膜的**流动性**（fluidity）指膜脂和膜蛋白两类分子的运动状态，是生物膜的基本特征之一。生物膜合适的流动性与生物膜执行能量转换、物质转运、信息传递等重要生物学功能密切相关，是保证正常膜功能的重要条件。生物膜的流动性过低，质膜黏度增加，附着在其上的酶将会失去活性，质膜的各种活动如主动运输、协助扩散等过程将难于进行。在生理状态下，生物膜既具有液态分子

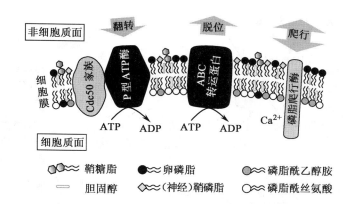

图 3-8 膜脂分子的运动不对称与分布
跨膜蛋白 P 型 ATP 酶，ABC 转运蛋白和磷脂爬行酶介导了膜上脂质分子的运动，造成细胞膜内外脂质层的结构与种类的不对称性。

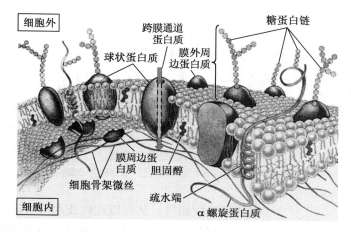

图 3-9 细胞膜蛋白与糖基的不对称性
跨膜蛋白亲水端的长度和氨基酸的种类与顺序也不同，外周蛋白分布在膜的内外表面的定位不对称。糖蛋白和糖脂的糖基大多数都是位于膜的非细胞质的外表面。

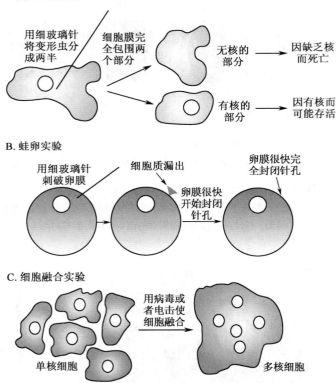

A. 变形虫的观测

用细玻璃针将变形虫分成两半　细胞膜完全包围两个部分

无核的部分 → 因缺乏核而死亡

有核的部分 → 因有核而可能存活

B. 蛙卵实验

用细玻璃针刺破卵膜　细胞质漏出　卵膜很快开始封闭针孔　卵膜很快完全封闭针孔

C. 细胞融合实验

用病毒或者电击使细胞融合

单核细胞　多核细胞

🔱 图 3-10　有关生物膜流动性的早期实验

分别以变形虫（A）、蛙卵（B）和单核细胞（C）观测细胞膜的流动性。

的流动性，又具有固态分子的有序排列。

**1. 生物膜流动性的早期实验依据**

有关生物膜流动性的早期实验包括对变形虫运动的观测等。单细胞生物变形虫（ameoba）的一个共同的基本特征是，能形成伪足，以伪足运动获取食物。用外力将变形虫膜破坏分成两半，它可以通过膜的运动形成两个完整的虫体（图 3-10A）。刺破蛙卵的膜仍然可以修复（图 3-10B），单个核细胞通过膜的融合可以形成多核细胞（图 3-10C），这些观测无不提示了细胞膜的流动性。

1970 年，Larry Frye 和 Michael Edidin 进行了人 - 鼠细胞融合实验。在该实验中，人体细胞的膜蛋白标记了红色荧光，小鼠细胞表面蛋白标记了绿色荧光。融合后的细胞一半发红色荧光，另一半发绿色荧光。将细胞放在 37℃培养 40 min 后，两种颜色均匀分布在融合后的细胞膜表面，实验结果有力地支持了膜蛋白的移动性（图 3-11A）。后续的研究则用了另一种策略，先用荧光物质标记膜蛋白或膜脂，然后用激光束照射细胞表面某一区域，使被照射区域的荧光淬灭形成一个漂白斑。由于膜的流动性，随着膜蛋白或膜脂的流动，漂白斑周围的标记荧光分子逐渐将漂白斑覆盖，使淬灭区域的亮度逐渐增加，最后恢复到与周围

的荧光强度相等，从而以现代技术再次证明了生物膜的流动性（图 3-11B）。

生物膜的流动性还包括脂质双层膜的黏性（viscosity），其中脂肪酸的长度与饱和度有很大的差别。碳链较短和饱和度较低（即含有不饱和键）的脂肪酸具有流动性较高、黏性低、熔点低的特点。细胞的吞噬和**信号转导**（signaling）依赖于膜的流动性。

**2. 生物膜流动性的表现形式**

脂类和许多膜蛋白分子都不断进行侧向扩散或侧向移动，脂类在膜平面中扩散很快，而膜蛋白

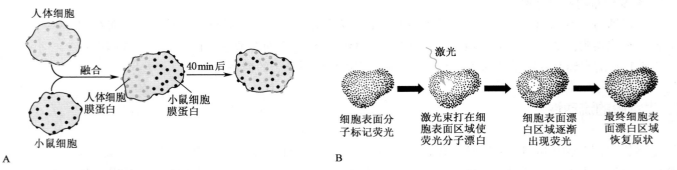

人体细胞

融合

人体细胞膜蛋白　小鼠细胞膜蛋白

40min 后

小鼠细胞

A

激光

细胞表面分子标记荧光　激光束打在细胞表面区域使荧光分子漂白　细胞表面漂白区域逐渐出现荧光　最终细胞表面漂白区域恢复原状

B

🔱 图 3-11　证实细胞膜流动性的实验

A. 人 - 鼠细胞融合实验。浅色圆点表示人细胞膜蛋白，深色圆点表示小鼠膜蛋白。

B. 荧光分子的漂白实验，波浪线代表激光束。

每分钟的运动距离只有几微米。

（1）膜脂的运动方式

脂的流动是造成膜流动性的主要因素。概括起来，膜脂主要有四种的运动方式：侧向扩散（lateral diffusion）、旋转运动（rotation）、伸缩运动（flex）和翻转扩散（transverse diffusion，又称翻转，flip-flop）。温度在一定范围内可以影响膜脂分子的运动（图3-12）。

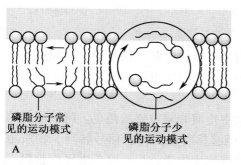
磷脂分子常
见的运动模式
A
磷脂分子少
见的运动模式

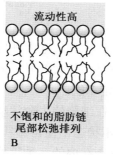
流动性高
不饱和的脂肪链
尾部松弛排列
B

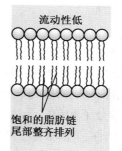
流动性低
饱和的脂肪链
尾部整齐排列

● 图3-12 膜脂的分子运动与组成对膜流动性的影响
A. 磷脂分子常见的运动模式是侧向扩散，旋转运动；翻转扩散运动并不常见。
B. 不饱和脂肪链比例高，脂质分子的排列不规则，膜的流动性就高，反之则流动性低。

（2）膜蛋白的运动方式

由于膜蛋白的分子量较大，且受到细胞骨架的影响，不可能像膜脂那样运动。膜蛋白的运动主要有以下几种形式：随机移动，即有些蛋白质能够在整个膜上随机移动；定向移动，有些蛋白质在膜中做定向移动，有些膜蛋白在膜上可以从细胞的头部移向尾部；局部扩散，有些蛋白质虽然能够在膜上自由扩散，但只能在局部范围内扩散。限制膜蛋白运动的因素包括：细胞膜内骨架结构与膜整合蛋白的结合，细胞外基质中的某些分子与膜整合蛋白的结合，以及细胞间膜蛋白的相互作用等。

**膜骨架**（membrane skeleton）是由膜蛋白和纤维蛋白组成的网架，参与维持细胞质膜的形状，并协助质膜完成多种生理功能。膜骨架主要位于细胞膜的内表面，并编织成纤维状的骨架结构，不但可以维持细胞的形态，也限制膜整合蛋白的移动。

（3）脂筏

在动物细胞的细胞膜中有大量的胆固醇插在膜磷脂之间，但在原核生物和植物细胞中没有。胆固醇是一种极性分子，在动物细胞的质膜中占有一定的比例。大量的实验结果发现，膜中有富含胆固醇及鞘脂的"微区"。1977年科学家提出生物膜结构的微区模型，指出生物膜是由处于动态的微区——现称为脂筏（lipid raft）组成，这一模型强调了流动镶嵌模型的镶嵌块特征。进一步研究发现，这些富含鞘脂类和胆固醇的微区具有独特的物理化学特性，有序的液态脂筏漂浮于甘油磷脂的流体海洋中，在生物的生理过程中发挥重要的作用。经过长期的争论，直至1988年，K. Simon和G. van Meer才正式提出脂筏的名称。1992年，D. A. Brown和J. K. Rose通过周密翔实的实验，提出了细胞膜的脂筏模型的假设，并描述了脂锚定蛋白和信号传递途径的激酶进出特殊微区——脂筏的过程（图3-13）。

目前的研究发现脂筏具有两个重要特性：一是可以选择性地富集某些蛋白质，而将另一些蛋白质特异性地排除在外，这有利于特定功能的实现。蛋白质与脂筏间的相互作用是动态的，长久驻留在脂筏中的蛋白质只是少数，起维持脂筏结构作用，而大多数相关蛋白质只在脂筏作短暂停留，利用脂筏来完成信号转导等功能后即离开。也就是说，脂筏为细胞表面发生的蛋白质－蛋白质和蛋白质－脂类分子间的相互作用提供了平台。脂筏的这种特性使细胞膜上的蛋白质变得区域化，并由此

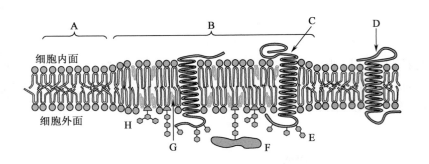

⊙ 图 3-13  脂筏结构图

A：非脂筏膜（non-raft membrane）；B：脂筏（lipid raft）；C：脂筏相关跨膜蛋白；D：非脂筏膜蛋白；E：糖基化（glycosylation）修饰（糖蛋白与糖脂表面）；F：糖基化磷脂酰肌醇锚定蛋白（GPI-anchored protein）；G：胆固醇（cholesterol）；H：糖脂类（glycolipid）。

使得细胞膜的功能也区域化。脂筏的另一个特性是，胞内外信号可以促使脂筏相互融合形成更大的微区。尽管不同脂筏的脂质和蛋白质的组成存在较大差异，但在适当刺激下，功能相关的脂筏可以相互融合，形成更大的脂筏域以协助完成特定功能。

　　脂筏中含有诸多信号分子和免疫受体，在细胞的生命活动中扮演非常重要的角色。脂筏形成的膜微区具有更低的膜流动性，呈现有序液相状态，使得脂筏能够参与包括跨膜信号转导、物质胞吞、小泡运输及分泌、脂质及蛋白质定向分选在内的多种重要细胞生物学过程。对 T 淋巴细胞膜表面的研究表明，参与自身细胞激活的各种关键信号分子都定位于脂筏，在 T 细胞激活过程中，脂筏通过聚集和重分配这些信号分子，形成一个相对稳定的信号转导平台。实验还证实，细胞激活过程中脂筏形成，结构可不断变化，或碎成小片，或连接成大片，并与周围的细胞膜进行成分交换（图 3-14）。此外，研究提示，很多病毒可以利用细胞膜表面的脂筏结构介导其侵入宿主细胞，一些病毒还可以借助脂筏结构完成病毒颗粒的组装和出芽。

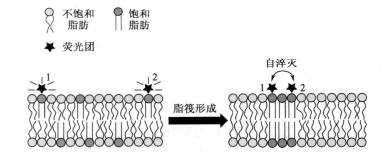

⊙ 图 3-14  脂筏形成的观测

组成脂筏的饱和脂肪酸长链的烷基结构规整，饱和脂肪酸和甘油形成的磷脂，其分子间作用力强，因而有更低的膜流动性。用互相作用的荧光分子标记细胞膜的饱和脂肪酸长链分子，当细胞激活时由于脂筏的形成，饱和脂肪酸长链分子集中而标记的荧光分子发生自淬灭（self-quenching），导致荧光消失。

　　（4）影响膜流动性的因素

　　除了膜蛋白与膜脂质分子运动能力可以影响膜的流动性外，胆固醇的含量、温度、pH、离子强度、金属离子等环境的理化因素都对膜流动性有影响，其中温度是影响膜流动性的最主要的环境因素。膜的骨架成分是脂质，如同其它的物质一样，既可以晶态，又可以液态存在，主要是根据温度的变化而定。

　　一般来说，膜脂的种类与结构对膜的流动性有重大影响，例如磷脂中的脂肪酸长度越长，相互作用越强，越易规则排列，流动性越低。同时不饱和脂肪酸对维持质膜流动性的稳定，特别是低温下的流动性是非常重要。不饱和脂肪链比例增加，双键越多，越不易规则排列，流动性越高，可防止膜在低温下变得过于刚硬。原核生物通过脂肪酸链的双键、侧链和链长度来调节膜的流动性。

## 第三节 细胞膜的物质转运

细胞膜的主要功能包括能量转换、物质运输、信息识别与传递，因此细胞膜必然具有特殊结构和功能，既允许某些物质或离子有选择地通过，但又能严格地限制其他一些物质的进出，以保持细胞内物质成分的稳定。细胞膜主要是由脂质双分子层构成，理论上只有脂溶性的物质才有可能通过。但是一个正在进行新陈代谢的细胞会不断有各种各样的物质（从离子和小分子物质到蛋白质等大分子，以及团块性固形物或液滴）进出细胞，其中只有少数能够直接通过脂质层进出细胞，大多数物质分子或离子的跨膜转运都与镶嵌在膜上的各种特殊的蛋白质分子有关。同时，细胞对异物的吞噬或分泌物的排出也反映出细胞物质转运具有的更为复杂的生物学过程。

生物膜的通透性具有高度选择性，使得细胞能主动地从环境中摄取所需的营养物质，同时排除代谢产物和废物，使细胞保持动态的恒定，这对维持细胞的生命活动极为重要。大量证据表明，生物界许多生命过程都直接或间接与物质的跨膜运输密切相关。根据运输物质的分子大小，物质运输可分为小分子物质转运和大分子物质转运。小分子物质转运可通过**被动运输**（passive transport）和**主动运输**（active transport）方式通过生物膜。被动转运不消耗能量，例如小分子物质从高浓度向低浓度流动；主动转运需要耗能，可通过生物膜结构发生改变完成膜转运（图3-15）。

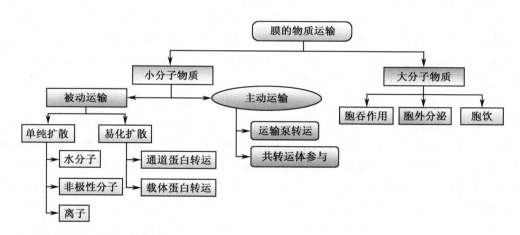

⬆ 图3-15 膜的运输类型
生物膜的物质转运可以分成被动运输、主动运输和胞吞胞吐等三种方式。小分子物质主要包括非极性和不带电荷的极性小分子，例如水、离子、氨基酸、核苷酸、维生素、氧和二氧化碳等；大分子主要指糖和多糖、甘油、胆固醇、多肽、脂质、颗粒性物质等。

## 一、细胞膜的被动运输

细胞膜的被动运输是指一些物质由于膜两侧浓度的差异，从高浓度穿过细胞膜向低浓度运动，但是这类物质的运输并不完全脱离生物膜的结构特点，事实上同样受到细胞膜的调节。膜的被动运输可以分成**单纯扩散**（或叫自由扩散，free diffusion）和**易化扩散**（facilitated diffusion）。

### 1. 单纯扩散

单纯扩散是最简单的膜转运方式，也是为细胞生命活动提供物质的主要方式。单纯扩散不需要

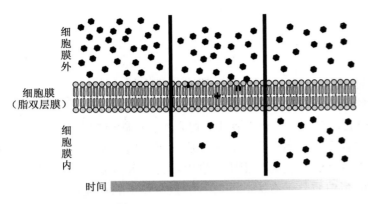

**⬆ 图 3-16　单纯扩散**
自左向右：细胞外的高浓度小分子物质随着自由扩散通过细胞膜；逐渐进入细胞；最终达到膜内外的浓度平衡。

辅助因子及能量消耗。生物膜的脂质双层结构含有疏水区，脂质分子连续排布，不存在裂口，同时膜蛋白对通过的分子具有选择性，因此膜具有高度选择的通透性。对质膜的研究表明膜脂分子处于流动状态，在疏水区会出现动态性间隙，间隙孔径约 0.8 nm，可使 $O_2$、$CO_2$、水、甘油、乙醇等一些小分子自由通过（图 3-16）。

以单纯扩散形式运输的小分子物质的通过速度各不一样。一般来说，分子越小而且疏水性或非极性越强的越容易通过膜，不带电荷的极性小分子有时也可通过，但速度慢，带电荷的离子如 $H^+$、$Na^+$、$K^+$、$Ca^{2+}$ 等则不能直接通过。温度在一定范围内对单纯扩散发生影响。分子的随机运动引起由高浓度区域向低浓度区域的单纯扩散，直至膜两侧的浓度达到平衡。

水分子从水浓度高（低渗透压溶液）的部分，通过半透膜到达水浓度低（高渗透压溶液）的部分，称为水的**渗透**（osmosis）（图 3-17），这为细胞内外的水分流动提供了最便捷的途径。水的渗透对于一个生物系统来说十分重要，因为生物膜是**半透膜**（semipermeable membrane），对多糖等大的有机分子是不透性的，对水与不带电荷的小分子是可透过的。水分子通过细胞质膜、植物细胞的液泡膜或原生质体膜有两种途径，一种是自由扩散，另一种是借助于**水通道蛋白**（aquaporin）构成的水运输特异性通道——**水通道**（water channel）。水通道蛋白属于膜整合蛋白，包括一个成员众多的蛋白质家族。该家族中的有些成员是**水通道糖蛋白**（aquaglyceroporin），可以转运不带电荷的小分子物质葡萄糖、$CO_2$、氨和尿素等，还可能参与了砷和其它一些非金属物质的转运。

在植物细胞中，水通道促进水的长距离运输，调节细胞内外水分平衡，并运输其他小分子物质，其过程具有专一性、高效性、可调控性和活性差异性等特点。植物细胞的**膨压**（turgor pressure）在很大程度上取决于水的渗透，即细胞内相对高的渗透压与细胞外相对低渗环境间的压力差。成长的植物细胞吸收水分后，液泡体积增大，造成原生质体对细胞壁产生压力。与此同时，细胞壁也形成与其相等而方向相反的压力，使细胞处于紧张状态。细胞吸水达到饱和时，细胞也处于最紧张状态。膨压的存在可以维持叶片、花及幼茎固有的挺立姿态。植物可以通过调节气孔起闭或开度的大小来改变细胞膨压的大小。哺乳动物约有 13 个水通道蛋白，其中至少有 6 个分布在肾脏，与肾小管上皮细胞对水的重吸收有关。此外，皮肤上皮细胞、肠道上皮细胞、脑胶质细胞和心肌细胞等重要器官组织的细胞膜上也有丰富的水通道。

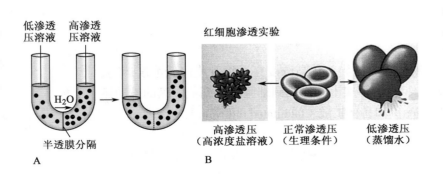

**⬅ 图 3-17　水的渗透**
A. "U" 形管中间以半透膜把管腔分隔成两部分，半透膜左侧管注入低渗透压溶液，右侧管注入高渗透压溶液，经过一定时间，两侧管的渗透压达到平衡，但是左侧管溶液的体积减小，而右侧管溶液的体积增加。提示水分子从左侧管向右侧管渗透。

B. 在高渗透压溶液中，红细胞内的水分外移，致使细胞脱水皱缩；在低渗透压溶液中，红细胞外的水分进入细胞，致使红细胞膨胀破裂。

**2. 易化扩散**

**易化扩散**指一些不溶于脂质或脂溶性很小的分子，或体积较大的分子，难以通过单纯扩散方式穿过细胞膜，而是在膜结构中一些特殊蛋白质分子的帮助下，从膜的高浓度一侧向低浓度一侧的移动过程。易化扩散是严格选择性的膜转运方式，也是细胞保持生命活动所需要的物质交流的重要路径。

易化扩散的本质是扩散，物质分子或离子移动的动力同单纯扩散时一样来自物质分子自身的运动。它的特点是通过膜屏障时并不经由膜的脂质分子间的间隙，而是依靠膜上一些具有特殊结构的蛋白质分子的功能活动来完成跨膜。由于这些特殊结构的蛋白质分子的构型和构象发生了改变，使易化扩散得以顺利进行。

与单纯扩散比较，易化扩散必须有辅助蛋白质的协助才能实现，且效率较高。单纯扩散的效率取决于分子的浓度，浓度越高，单位时间里扩散通过膜的速度越快。易化扩散的速度则主要取决于辅助蛋白质的数量与活性。一旦蛋白质分子被等待的易化扩散分子所饱和，即使再增加分子的浓度也并不能提高转运的速度（图3-18）。

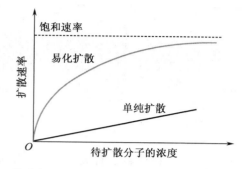

🔺 图 3-18 单纯扩散与易化扩散的扩散动力学比较

X轴为待扩散分子的浓度，Y轴代表扩散速度。随着待扩散分子浓度的增加，单纯扩散速度逐渐提高，而易化扩散的速度先有大幅度的提高，是单纯扩散的数倍。但是待扩散分子的浓度达到一定界限，扩散的速度不随浓度增加而提高。

膜蛋白参与易化扩散并不需要消耗能量，只是为扩散的分子打开在膜上的路径。根据膜上特殊蛋白质不同，易化扩散分为两种类型：通道蛋白介导的易化扩散与载体蛋白介导的易化扩散。

由通道蛋白介导的易化扩散物质主要是 $Na^+$、$K^+$、$Ca^{2+}$、$Cl^-$ 等离子。通道具有一定的特异性，但它对离子的选择性没有载体蛋白那样严格。通道蛋白质的重要特点是，随着蛋白质分子构型的改变，通道蛋白质可以处于不同的功能状态。处于开放状态时，可以允许特定离子由膜的高浓度一侧向低浓度一侧转移；处于关闭状态时，则对该种离子不能通透。

（1）通道蛋白介导的易化扩散

通道蛋白的主要成员是**离子通道**（ion channel），每个分子中含有4个或多个同源重复序列的亚基，以跨膜形式形成特异通道。广义的离子通道是指各种无机离子跨膜被动运输的载体，其中作为被动运输的通路称离子通道，主动运输的离子载体称为**离子泵**（ion pump）。

离子通道是跨越细胞膜的蛋白质复合体，通道中心是水分子占据的孔道，水溶性物质可以快速进出。根据转运的离子种类，离子通道有**钾离子通道**（potassium channel）、**钠离子通道**（sodium channel）、**钙离子通道**（calcium channel）和**质子通道**（proton channel）等。这些离子通道都属于电压门控通道，决定开放与否的是通道所在膜两侧的跨膜电位的改变；也就是说，通道的分子结构中存在一些对跨膜电位改变敏感的基团或亚基，由后者诱发整个通道分子功能状态的改变（图3-19A）。细胞通过离子通道的开放和关闭调节相应物质进出细胞的速度，对实现细胞各种功能具有重要意义。

（2）载体蛋白介导的易化扩散

与通道蛋白一样，载体蛋白既可以介导细胞膜内外的易化扩散，也可以承担膜内外的物质主动运输。由载体蛋白进行的被动物质运输不需要 ATP 提供能量，例如由载体蛋白介导的葡萄糖、氨基酸、核苷酸等物质进出细胞即属于这种类型，分子由高浓度向低浓度部位易化扩散。以载体为中介的易化扩散有如下特点：首先是具有高度特异性，一种载体蛋白只结合一类分子；其次有饱和现象，并且可以有竞争性抑制（图3-19B）。

生物膜载体蛋白是跨膜蛋白，包括**通透酶**（permease）、**转运酶**（translocase）等，前者与细胞膜

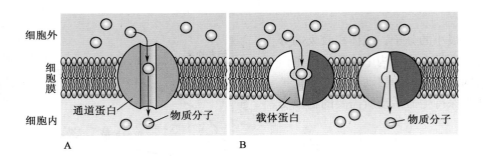

细胞外
细胞膜
细胞内
通道蛋白          物质分子          载体蛋白          物质分子
A                                      B

😊 图 3-19    通道蛋白与载体蛋白介导的易化扩散

A. 通道蛋白是跨膜蛋白，通道打开后，分子从细胞外高浓度环境进入细胞。

B. 载体蛋白是跨膜蛋白，可以特异性与分子结合，通过构象改变把物质分子从细胞外高浓度环境转运入细胞内低浓度环境。

物质转运有关，后者与细胞外分泌蛋白的透膜排出以及线粒体内外膜上蛋白质分子的移动有关。但是有些学者仍然把通透酶作为所有承担膜两侧物质转运的蛋白质的通称。

通透酶具有载体蛋白的功能，或者就是载体蛋白，既参与细胞膜的易化扩散，也在膜的主动运输中发挥重要作用，但只对特定的物质起作用。同时，通透酶除了能改变酶促反应的平衡点，还具有酶蛋白的各种特点，如底物的专一性、催化反应的可逆性、底物浓度对活性的影响等。通透酶介导的易化扩散同样具有从高浓度向低浓度定向转运以及不消耗能量的特点。

## 二、细胞膜的主动运输

主动转运是指细胞膜通过本身的某种耗能过程，将某物质的分子或离子由膜的低浓度侧移向高浓度一侧的过程。主动运输的特点是：①被转运物质与载体蛋白发生可逆的特异结合，使物质在膜两侧进行转运；②可以逆浓度梯度进行；③消耗能量，常见的是由 ATP 提供能量。根据分子和离子传递方向和载体对物质转运的能力，可将主动运输分为**单一运输**（uniport）和**协同运输**（co-transport）两种模式（图 3-20）。

单一运输是直接利用 ATP 进行一种分子或离子的单一方向转运。协同运输又称**偶联运输**（coupling transport），不直接利用 ATP 作为能量来源，而是利用来自膜两侧离子的电化学浓度梯度提供的能量，而

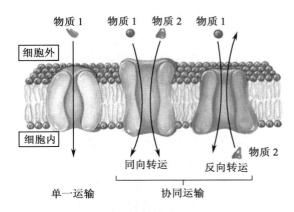

物质 1    物质 1    物质 2    物质 1
细胞外
细胞内
同向转运      反向转运      物质 2
单一运输          协同运输

🔼 图 3-20    主动运输的模式

单一运输的单一方向转运，而协同运输则有两种分子或离子同时转运，分为同向协同和反向协同转运。

维持这种电化学势的往往是钠钾泵或质子泵的活性。动物细胞常常利用膜两侧的 $Na^+$ 浓度梯度来驱动，植物细胞和细菌则常利用 $H^+$ 浓度梯度来驱动。例如动物小肠细胞对葡萄糖的吸收伴随着 $Na^+$ 的进入，细胞内的 $Na^+$ 又被钠钾泵排出细胞外，细胞内始终保持较低的钠离子浓度，形成电化学梯度，为葡萄糖的吸收提供能量。在某些细菌中，乳糖的吸收伴随着 $H^+$ 的进入，每转移出去一个 $H^+$，就可以吸收一个乳糖分子。所以，根据物质运输方向与离子沿浓度梯度的转移方向，协同运输又可分为**同向转移**（symport）与**反向转移**（antiport）。

### 1. 跨膜的 ATP 酶

细胞膜主动运输需要的能量来自 ATP 分子，细胞依靠跨膜的 ATP 酶水解 ATP 而获得主动运输所需要的能量，所以细胞膜 ATP 酶对细胞维持内外环境的平衡具有极重要的作用。已经知道有四种具有 ATP 酶活性的膜主动运输蛋白：

**P 型离子泵**（P-type ion pump）主要位于细胞质膜上，广泛分布于细菌、古菌和真核生物细胞中，并因其作用过程涉及天冬氨酸残基的磷酸化与去磷酸化而得名。以主动运输的方式跨膜转运离子，从而使细胞内外呈现一定的离子浓度差或电位差，这对于许多生理活动是必需的，钠钾泵就是很好的代表。P 型离子泵主要有植物细胞膜上的氢泵、动物细胞的钙泵等。

**F 型离子泵**（F-type ion pump）主要存在于细菌质膜、线粒体内膜和叶绿体类囊体膜上，因利用 ATP 进行膜的质子转运，所以又称质子泵。F 型离子泵还可以通过质子浓度差来合成 ATP。

**V 型离子泵**（V-type ion pump）主要位于囊泡的膜上，存在于动物、真菌和酵母的溶酶体、内质网、微囊和植物细胞的液泡膜上，通过水解 ATP 跨膜转运质子，如溶酶体膜中的氢泵，也能转运重金属离子。

**ABC 转运蛋白**（ATP-binding cassette transporter）广泛分布于真核和原核细胞，通过水解 ATP 转运小分子化合物。因属于一个庞大而多样的蛋白质家族，该家族每个成员都含有两个高度保守的 ATP 结合区，故名 ABC 转运蛋白。每一种 ABC 转运蛋白只转运一种或一类底物，但是其蛋白质家族中还包括分别能转运离子、氨基酸、核苷酸、多糖、多肽甚至蛋白质的其它多个成员。ABC 转运蛋白还可催化脂双层的脂类在两层之间翻转，这对于膜的发生和功能维护具有重要的意义。

**2. 原发性主动运输**

参与主动运输的离子载体称为离子泵。**原发性主动运输**（primary active transport）见于离子泵介导的膜主动运输，是细胞直接利用代谢产生的能量将物质逆浓度梯度或电位梯度进行跨膜转运的过程。转运对象通常是带电离子，其特点是直接利用细胞代谢产生的 ATP 作为能量源。介导转运的离子泵具有 ATP 酶的活性，一般采用单一运输的方式在膜内外转运。

在细胞膜的主动转运中，研究最充分、对细胞生命活动最重要的是细胞膜**钠钾泵**（sodium-potassium pump）对 $Na^+$ 和 $K^+$ 的主动转运过程。钠钾泵是镶嵌在膜的脂质双分子层中的跨膜蛋白，具有 ATP 酶的活性，可以分解 ATP 释放能量，并利用此能量同时进行 $Na^+$ 和 $K^+$ 的主动转运。在消耗代谢能的情况下，钠钾泵逆浓度差将细胞内的 $Na^+$ 移出膜外，同时把细胞外的 $K^+$ 移入膜内，因而保持了细胞膜内高 $K^+$ 和膜外高 $Na^+$ 的不均衡离子分布。这不仅可以避免过多水分子进入细胞内，为细胞内各种代谢反应提供了必需的高 $K^+$ 环境，而且，钠钾泵被激活时分解 ATP 获取的能量可转化为**电化学势能**（electrochemical potential）贮存起来，用于细胞的其他耗能过程。生理状态下，泵出 $Na^+$ 和泵入 $K^+$ 的过程是同时进行的。根据在体内或离体情况下的计算，每分解一个 ATP 分子可以使 3 个 $Na^+$ 移到膜外同时有 2 个 $K^+$ 移入膜内，但这种化学定比关系在不同情况下可以发生改变。在神经细胞和肌细胞中，细胞内 $K^+$ 的浓度为细胞外的 30 余倍，细胞外 $Na^+$ 的浓度为细胞内的 10 余倍，这种差异对于肌细胞的收缩功能和神经 - 肌肉接头兴奋的传递具有重要意义。

钠钾泵实际上就是 $Na^+$-$K^+$ ATP 酶，一般认为是由 2 个 α 大亚基、2 个 β 小亚基组成的四聚体，其中 α 亚基有 ATP 结合位点，并具有水解 ATP 的功能，可将 $Na^+$ 运出细胞，将 $K^+$ 运入细胞。此酶有亲钠和亲钾两种构象，两种构象进而可相互转化。基于两种构象的存在，在细胞外高 $Na^+$、细胞内高 $K^+$ 情况下，钠钾泵通过消耗能量，可以逆浓度梯度将 $Na^+$ 从细胞内泵到细胞外，同时又将 $K^+$ 从细胞外泵到细胞内（图 3-21）。

类似的离子泵还有钙泵，是 $Ca^{2+}$ 激活的 ATP 酶，分布在动植物细胞质膜、线粒体内膜、动物肌肉细胞的特化内质网——肌质网膜上。$Ca^{2+}$ 是一种十分重要的信号物质，在肌肉细胞里，钙泵除了能够使细胞摄入 $Ca^{2+}$ 以外，还可以促使线粒体内腔和肌质网腔中高浓度的 $Ca^{2+}$ 释放到细胞质中，调节细胞运动和肌肉收缩。

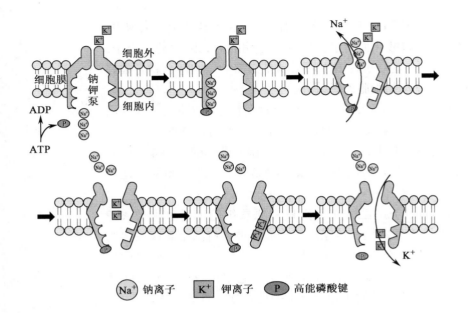

⊖ 图 3-21　钠钾泵工作模式图

钠钾泵首先在膜内侧与细胞内的 Na$^+$ 结合，ATP 酶活性被激活后，由 ATP 水解释放的能量使"泵"本身构象改变，将 Na$^+$ 输出细胞；与此同时，"泵"与细胞膜外侧的 K$^+$ 结合，发生去磷酸化后构象再次改变，将 K$^+$ 输入细胞内。

Na$^+$ 钠离子　　K$^+$ 钾离子　　Ⓟ 高能磷酸键

### 3. 继发性主动运输

不少物质在进行逆浓度梯度或逆电位梯度的跨膜转运时，所需的能量不直接来自 ATP 的分解，而是依靠 Na$^+$、H$^+$ 等在膜两侧的浓度差，即依靠存储在离子浓度梯度中的能量完成转运，这种间接利用 ATP 能量的主动转运过程称为**继发性主动转运**（secondary active transport）。继发性主动运输的转运对象主要是葡萄糖、氨基酸、神经递质、Na$^+$/H$^+$ 交换、Na$^+$/Ca$^{2+}$ 交换等，一般采用偶联运输方式。由此可见，继发性主动运输的特点是间接利用细胞代谢产生的 ATP 能量，常常同时有两种分子或离子同时转运，其中离子逆浓度梯度的转移在消耗能量的同时，以离子浓度差形成的电动势为动力进行另一种分子或离子的运输。介导继发性主动运输的膜蛋白主要是离子通道蛋白和膜载体蛋白，它们的转运具有显著的选择性。载体蛋白介导的膜主动运输实际上就是由载体介导的易化扩散与原发性主动转运相偶联的主动转运过程。小肠黏膜上皮主动吸收葡萄糖、氨基酸的生物过程就是典型的继发性主动转运例子，由 Na$^+$ 和葡萄糖同向转运的载体蛋白和钠钾泵的偶联活动而完成，属于偶联运输。

被称为通透酶的跨膜蛋白具有载体蛋白的功能，除了介导膜的被动运输，在膜的主动运输中也占有重要的地位。这些蛋白分子介导的膜主动运输的例子很多，与载体蛋白介导的膜主动运输特点十分相似，所以有些学者仍然把通透酶归于膜载体蛋白。实际上对大肠杆菌的**乳酸通透酶**（lactose permease）结构的深入研究已经融合了载体蛋白与通透酶之间的界线。

## 三、胞吞

**胞吞**（endocytosis）即细胞的胞吞作用，指大分子物质或物质团块（如细菌、病毒、异物、脂类、溶液物质等）进入细胞的过程，属于耗能的主动转运过程，但是又不同于生物膜的主动运输。胞吞过程涉及细胞质膜的内陷、膜对大分子或颗粒的包裹、**出芽**（budding）并与细胞膜的脱离，形成在细胞质中的吞噬（吞饮）泡（vesicle）。泡的大小不等，直径一般为 100 nm 左右，直径大于 100 nm 的称为**液泡**（vacuole）。细胞膜包裹食物或异物大分子和颗粒并运入细胞内的过程称为胞吞，主要有三种形式：**吞噬**（phagocytosis）、**胞饮**（pinocytosis）和**受体介导的胞吞**（receptor-mediated endocytosis），吞噬与胞饮泡的体积较大（图3-22）。

### 1. 吞噬

**吞噬**是目前了解最清楚的胞吞方式。显微镜下可观察到单细胞变形虫伸出**伪足**（pseudopodia）包裹食物后吞入细胞质，形成大的吞噬泡。细胞外大分子或小颗粒物质先以某种方式吸附在细胞表面，因此具有一定的特异性。这种胞吞作用是由网格蛋白（clathrin）介导的。在大多数多细胞生物体内，有专门的**吞噬细胞**（phagocyte）作为生物体的防卫细胞来抵御外来的病原微生物，例如人体的白细胞是天然免疫的重要部分，白细胞吞噬侵入人体的细菌、病毒、异物，以及周围衰老和坏死的细胞和组织碎片等，从而加以清除。

### 2. 胞饮

**胞饮**指细胞对液体成分的胞吞过程，吞入的物质通常是液体或溶解物。细胞外的液滴通过细胞膜包裹成吞饮泡而进入细胞质。它是一种非选择性的连续摄取细胞外基质中液滴的过程。胞饮作用通常是从膜上的特殊区域开始，形成一个小窝，最后形成一个很薄且没有外被包裹的小泡。细胞外基质中存在的任何分子和颗粒都可以通过胞饮作用被细胞吞入。

### 3. 受体介导的胞吞

**受体介导的胞吞**是最具特异性的细胞吞噬方式，通过细胞膜表面受体的介导，细胞从外环境大量摄入特定的配体分子和少量的其他非配体分子，常见于大量进行胞吞活动的细胞（如肝细胞、成纤维细胞）中。真核细胞受体介导的胞吞至少有两种机制：**网格蛋白依赖途径**（clathrin-dependent pathway）和**非网格蛋白依赖途径**（clathrin-independent pathway）（图3-23）。

（1）网格蛋白依赖途径

该途径以含外界分子的网格蛋白包被的囊泡进入细胞，主要发生于细胞膜受体聚集的特殊区域。细胞膜形成**凹陷**（pit），凹陷区的细胞膜胞质面衬有**网格蛋白**（clathrin），其作用是促进膜的凹陷区域的延伸并形成小泡。在网格蛋白与配体–受体复合物之间，还有一种被称为**衔接蛋白**（adaptin）的蛋白质起连接作用。网格蛋白没有特异性，它介导胞吞作用的特异性受衔接蛋白调节（图3-24）。

网格蛋白囊泡的形成首先是网格蛋白同膜受体结合，形成胞膜凹陷，并逐渐使被膜凹陷加深，最后从膜脱离，形成一个包有网格蛋白外被的小泡，称为**网格蛋白包被泡**（clathrin-coated vesicle），然后网格蛋白从泡外游离而被重新利用。据估计，在培养的成纤维细胞中，每分钟大约有2500个被网格蛋白包被的小泡从质膜上脱离下来。小泡最后与质膜的脱离还需要**发动蛋白**（dynamin）的GTP结合蛋白。

**胞吞转运**（transcytosis）是一种特殊的网格蛋白依赖的胞吞作用，常见于极性细胞，可通过转胞

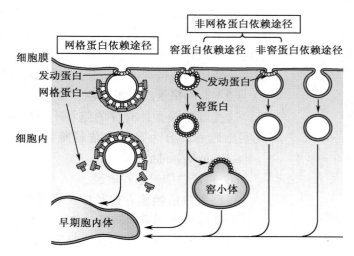

🔼 图3-22　细胞胞吞

图中自左至右分别显示吞噬、胞饮和受体介导的细胞胞吞。受体介导的细胞胞吞中细胞膜表面的受体常聚集在膜的凹陷区（pit），这些凹陷区的细胞膜内面衬有膜被蛋白（coat protein）。

🔼 图3-23　细胞膜受体介导的胞吞

真核细胞受体介导的胞吞包括网格蛋白依赖途径和非网格蛋白依赖途径，后者又可分为窖蛋白依赖胞吞途径与非窖蛋白依赖胞吞途径。

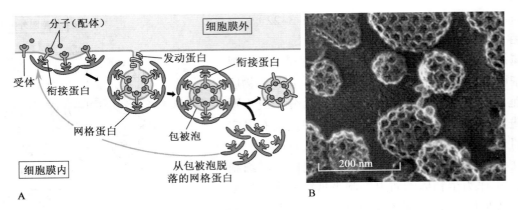

❶ 图 3-24    网格蛋白依赖的细胞胞吞途径
A. 膜受体与配体的结合处，内侧网格蛋白与细胞膜结合形成凹陷，并延伸形成小泡，从膜脱离形成网格
蛋白包被泡，接着网格蛋白游离并被再利用。
B. 扫描电镜观察到的网格蛋白包被泡。

吞作用进行膜蛋白的选择性运输。例如在肝细胞中，合成的基底侧质膜蛋白与顶部质膜蛋白先是一起被运送到基底侧质膜，然后通过网格蛋白依赖的细胞胞吞途径形成网格蛋白包被泡。位于同一个囊泡里的两种类型的蛋白质经过分选，将基底侧质膜的蛋白质分选出来，再将它运回到基底侧的质膜循环使用。而携带顶部质膜蛋白的小泡则跨过细胞质膜与顶部质膜融合，这种过程称为胞吞转运。

（2）非网格蛋白依赖途径

这类细胞膜受体介导的胞吞不是以网格蛋白包被囊泡形式进入细胞质，而是通过多种其他方式实施胞吞，分为**窖蛋白依赖胞吞途径**（caveolin-dependent pathways）与**非窖蛋白依赖胞吞途径**（caveolin-independent pathways）。

① 窖蛋白依赖胞吞途径

在窖蛋白依赖胞吞途径中，**窖蛋白**（caveolin）起主要作用。窖蛋白是细胞质膜微囊的功能蛋白，与细胞内外物质的转运、细胞的胞吞以及细胞信号通路调节等功能相关。细胞膜的有些区域富集窖蛋白，与脂质一起形成**胞膜窖**（caveolae）的微结构，可内陷形成 50～100 nm 的囊泡，囊泡最后从质膜脱离也需要发动蛋白的 GTP 结合蛋白的参与。胞膜窖包含大量的受体、细胞内信号分子以及各种蛋白质，表明胞膜窖在细胞膜间物质运输及细胞信号转导方面起重要作用。

② 非窖蛋白依赖胞吞途径

非窖蛋白依赖胞吞途径实际上是指既不依赖于窖蛋白，又不依赖于网格蛋白的细胞胞吞方式，又可以细分为有发动蛋白参与和不参与两类。该途径的物质转运机制尚未完全确定。有证据说明，非窖蛋白依赖胞吞途径在细胞信号转导、转胞吞作用和维持胆固醇的动态平衡中发挥作用，常有发动蛋白参与，而 SV40 病毒等借助非窖蛋白依赖胞吞途径进入细胞时不需要发动蛋白。

## 四、胞吐

**胞吐**（exocytosis）指胞质内的大分子物质以分泌囊泡的形式排出细胞的过程。其中排出细胞合成多肽和其他活性分子的胞吐过程又称为**分泌**（secretion），属于耗能的主动转运过程，但是与生物膜的主动运输不同。胞吐作用的结果一方面将分泌物释放到细胞外，另一方面囊泡的膜融入质膜。

胞吐时要把分泌囊泡的内容物释放到细胞外，需要经过对细胞膜的**停靠**（docking）、**启动**

（triggering）以及与细胞膜**融合**（fusion）等连续步骤。由高尔基器生成的、将与细胞膜融合的分泌囊泡首先需要能够通过物理接触识别并且停靠在细胞膜的特定部位，然后启动分泌泡膜与细胞膜的融合。一般把胞吐分成**经典分泌途径**（conventional secretion）和**非经典分泌途径**（unconventional secretion）两大类。

### 1. 经典分泌途径

经典分泌途径起始于核糖体，核糖体合成的多肽带有膜定位信号序列（membrane-targeting signal sequence），在信号肽的引导下新生肽链向内质网移动。在其合成结束之际，信号肽被切除，在内质网里经过修饰和折叠后的蛋白质分子由内质网膜包裹成**转运囊泡**（transitional vesicle）。含有分泌蛋白和分子的转运小泡定向到高尔基体的生成面，并与高尔基体膜融合。在高尔基体里，蛋白质分子经过糖基化而改变其结构与功能成为成熟分子，然后被转运囊泡运载至细胞膜的特定部位，与细胞膜融合释放到细胞外。至此，内膜系统通过囊泡分泌的方式完成膜的流动和特定功能蛋白的定向运输。这不仅保证了内膜系统中各细胞器的膜结构的更新，更重要的是保证了一些具有杀伤性的酶类在运输过程中的安全，使其能准确迅速到达作用部位（图3-25A）。

根据该途径的功能，经典分泌途径可以分成细胞的组成型分泌（constitutive secretion）与诱导型分泌（regulated secretion）两类。前者作用是自发进行，后者必须有信号分子的触发。信号分子可以是神经递质、激素或 $Ca^{2+}$ 等。胞吐过程的特点是需要 GTP 和 ATP 等能量，同时与细胞膜的周转相关，包括新的膜脂、胆固醇和膜蛋白的生成。

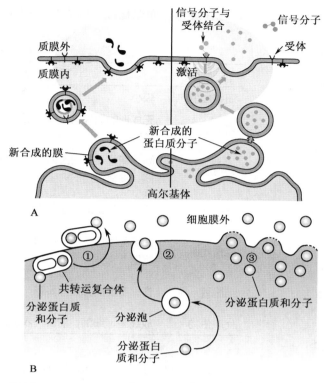

↑ 图3-25 经典分泌途径与非经典分泌途径

A. 经典分泌途径分为组成型分泌（左侧）与诱导型细胞分泌（右侧）。

B. 非经典分泌途径包括：①共转运复合体介导的跨膜分泌；②分泌溶酶体或囊泡途径；③膜外泌囊泡途径。

### 2. 非经典分泌途径

真核细胞蛋白质的非经典分泌途径主要存在以下特点：①蛋白质通常由胞质内游离核糖体合成，缺少转运至细胞外的信号肽；②蛋白质不经过经典分泌途径的细胞器，因此缺少内质网-高尔基体的翻译后修饰；③分泌依赖于能量和温度，能够被不同的处理方法激活或抑制；④非经典蛋白分泌的调节主要通过 NF-κB 信号传导途径和磷酸化等转录后修饰来实现。

缺乏细胞外分泌信号肽序列的蛋白质可能以协调的**共转运复合体**（cotransport complexe）介导的**跨膜分泌**、**分泌溶酶体或囊泡**（secretory lysosome or vesicle）和**膜外泌囊泡**（exovesicle）等方式分泌到细胞外（图3-25B）。

## 第四节　真核细胞的结构

真核细胞与原核细胞最大的不同是真核细胞具有膜包裹的细胞核，染色体数在一个以上。真核生物的繁殖模式是有丝分裂与减数分裂，而原核细胞以直接分裂的方式进行细胞分裂。真核细胞还具有原核细胞缺乏的膜结构包围的细胞器。真核细胞的光合作用和氧化磷酸化作用分别由叶绿体和线粒体进行，而原核细胞的光合作用和氧化磷酸化作用在细胞膜进行（表 3-1）。

表 3-1    原核细胞和真核细胞的比较

|  | 原核细胞 | 真核细胞 |
|---|---|---|
| 细胞大小 | 较小 | 较大 |
| 细胞核 | 无成形的细胞核，核物质集中在核区。无核膜，无核仁。DNA 不与组蛋白结合 | 有成形的真正的细胞核。有核膜，有核仁。DNA 与组蛋白形成染色体 |
| 细胞质 | 除核糖体、蛋白酶体外，无其他的细胞器，没有恒定的内膜系统 | 除核糖体、蛋白酶体外还有各种细胞器，具有复杂恒定的内膜系统 |
| 分裂方式 | 二分裂为主的无丝分裂 | 遗传物质为二倍体，分别来自两个亲本，细胞有丝分裂和减数分裂，存在有性生殖 |
| 能量代谢 | 由细胞膜负责能量代谢，没有能量代谢细胞器 | 具有特异的进行有氧呼吸的细胞器（线粒体）和光合作用的细胞器（叶绿体） |
| 细胞壁 | 有，主要成分是肽聚糖 | 植物细胞有、真菌有，动物细胞无。主要成分是纤维素、半纤维素、果胶等 |
| 代表生物 | 放线菌、细菌、蓝藻、衣原体、支原体 | 真菌、植物细胞、动物细胞 |

真核细胞由于生物种类的不同，或者因各种组织和器官的不同，其形状和大小各不相同，但是它们具有发育完整的典型的细胞构造，细胞形态较大，通常直径超过 5 μm。它们含有以下的共同组成物：膜包裹的细胞核；数目不等的染色体，染色体中的 DNA 与组蛋白相结合，能进行有丝分裂和减数分裂；有进行细胞能量代谢的线粒体、与分泌有关的高尔基体、承担各种物质分解任务的溶酶体、膜结构的内质网和非膜结构的细胞骨架等。若有细胞壁，则其主要成分为纤维素或几丁质，细胞膜通常含甾醇，核糖体为 80S 型。氧化磷酸化的部位在线粒体上，细胞质流动性强。动物细胞与植物细胞的结构相似，但又各具特点（图 3-26）。

## 一、真核生物细胞膜的特化结构

真核细胞的细胞膜表面有一些原核细胞所没有的特化结构，如**膜骨架**（membrane skeleton）、**鞭毛**（flagellum）和**纤毛**（cilium）、**微绒毛**（microvilli），也包括突触（synapse）、细胞连接（cell

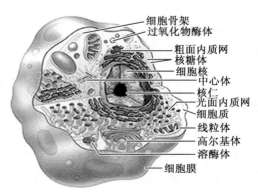

细胞骨架
过氧化物酶体
粗面内质网
核糖体
细胞核
中心体
核仁
光面内质网
细胞质
线粒体
高尔基体
溶酶体
细胞膜

A

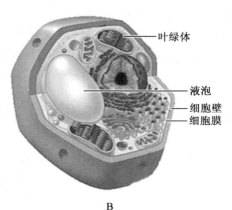

叶绿体

液泡
细胞壁
细胞膜

B

➡ 图 3-26    动物细胞与植物细胞的一般结构

比较动物细胞（A）和植物细胞（B）的结构可以发现，动物细胞有细胞膜包围，具有细胞核和具有界膜的细胞器如内质网、高尔基器、溶酶体、过氧化物酶体、线粒体、叶绿体等，也有非膜结构的细胞骨架、核糖体、蛋白酶体、中心体。植物细胞结构与动物细胞十分相似，但是没有中心体（高等植物），同时还具有植物细胞特有的细胞壁、叶绿体和液泡。

junction），以及细胞的变形足等。它们与细胞形态的维持、细胞运动、细胞的物质交换等功能有关。由于其结构细微，多数只能在电镜下观察到。

### 1. 膜骨架

膜骨架是细胞质膜内面的结构，由膜蛋白和纤维蛋白组成网架，位于细胞质膜内约 0.2 μm 厚的溶胶层。它参与维持细胞质膜的形状，并协助质膜完成多种生理功能。膜骨架首先在红细胞膜上被发现。红细胞的外周蛋白主要位于红细胞膜的内表面，并编织成纤维状的骨架结构，以维持红细胞的形态，限制膜整合蛋白的移动（图 3-27）。

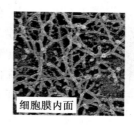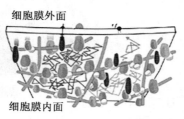

⬆ 图 3-27  细胞膜骨架
左侧为细胞膜内面扫描电镜图，可见细胞膜内面由膜蛋白和纤维蛋白组成网架，右侧为模式图。

### 2. 纤毛和鞭毛

纤毛和鞭毛是细胞表面伸出的条状运动装置，前者较短，约 5~10 μm，后者较长，约 150 μm，两者直径相似，均为 0.15~0.3 μm。两者在发生和结构上没有很大的差别，均由 **"9+2" 微管**（microtubule）构成，即由 9 个二联微管和一对中央微管构成（图 3-28）。有的细胞靠纤毛（如草履虫）或鞭毛（如精子和眼虫）在液体中穿行。有的细胞，如动物的某些上皮细胞，虽具有纤毛，但细胞本体不动，纤毛的摆动可推动物质越过细胞表面，进行物质运送，如气管和输卵管上皮细胞的表面纤毛。纤毛和鞭毛都来源于中心粒（centriole）。

### 3. 微绒毛

细胞表面伸出的细长指状突起称为微绒毛，广泛存在于动物细胞表面。微绒毛直径约为 0.1 μm。长度因细胞种类和生理状况不同而不同。每一条微绒毛由一束纤维状肌动蛋白来固定，没有收缩作用。

微绒毛的作用是扩大细胞表面的吸收或排出的面积，有利于细胞同外环境的物质交换。如小肠上的微绒毛，使细胞的表面积扩大了约 30 倍（图 3-29）。另外，微绒毛的长度和数量与细胞的代谢强度有着相应的关系，例如肿瘤细胞对葡萄糖和氨基酸的需求量都很大，大都带有大量的微绒毛。

## 二、细胞核

细胞核由外至内的主要结构包括：**核被膜**（nuclear envelope）、**核孔**（nuclear pore）、**核纤层**（nuclear lamina）、**核基质**（nuclear matrix）、**染色质**（chromatin）和**核仁**（nucleolus）（图 3-30）。

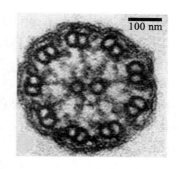

⬆ 图 3-28  鞭毛横断面
"9+2" 微管构成，即由 9 个二联微管和一对中央微管构成（透射电镜 2 000×）。

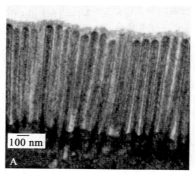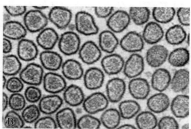

⬆ 图 3-29  小肠上皮的微绒毛
小肠上皮的微绒毛的纵切面（A）和横切面（B）（透射电镜 2 000×）。

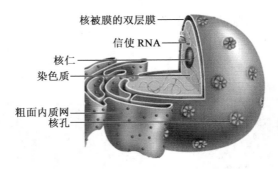

**⬆ 图 3-30　细胞核**

核被膜由内、外两层单位膜构成，其间隙称为核周隙。核膜的外层表面有核糖体附着，与粗面内质网结构相似，在某些部位还与粗面内质网相连。核周隙与内质网腔相通；核膜上有孔，叫核孔。核孔是控制大分子出入细胞核的通路。核仁主要由细丝和颗粒组成，外无膜包被。核基质是无结构胶状物质，为核内代谢活动提供了适宜的环境。染色质呈细丝状结构，主要化学成分是蛋白质和 DNA。

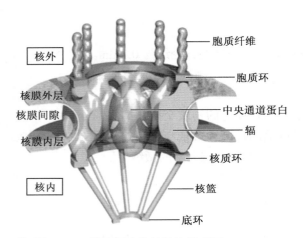

**⬆ 图 3-31　核孔复合体的结构模式图**

核孔复合物是以纵轴为对称的圆篮形八柱体结构，上口大，下口小。纵轴垂直切面显示核孔复合体的胞质环（cytoplasmic ring）位于核孔复合体胞质一侧，环上有 8 条纤维伸向胞质；核质环（nuclear ring）位于核孔复合体的核基质一侧，上面伸出 8 条纤维，纤维端部与底环相连，构成笼子状的结构；核孔中央的一个栓状的中央通道蛋白作为转运器；辐（spoke）是核孔边缘伸向核孔中央的突出物。

### 1. 核被膜

核被膜是包在核外的双层膜结构，双层膜间的核周隙宽 20～40 nm，腔内电子密度低，一般不含固定的结构。其外膜可延伸与细胞质中的内质网相连，内膜与染色质与核纤层蛋白相连，染色体定位于核膜上，有利于解旋、复制、凝缩、平均分配到子核。核被膜将染色质 DNA 与细胞质分隔开，形成核内特殊的微环境，使 DNA 的复制和 RNA 的翻译表达在时空上分隔开来。核被膜还是核 - 质间物质交换的通道，通过广泛分布的核孔控制细胞核与细胞质之间的物质交流。外核膜胞质面附有核糖体，并与内质网相连，核周隙与内质网腔相通，可以说是内质网的一部分。外核膜上附着 10 nm 的**中间纤维**（intermediate filament）。细胞核在细胞中的位置通过内质网和中间纤维相对固定。

### 2. 核孔

核孔是细胞核膜上沟通核质与胞质的开口，由内外两层膜的局部融合所形成，是细胞核与细胞质之间物质交换的通道。核蛋白都在细胞质中合成，通过核孔定向输入细胞核；另一方面细胞核中合成的各类 RNA、核糖体亚基等通过核孔运到细胞质。此外，小分子物质能够以自由扩散的方式通过核孔进入细胞核。

核孔因为是由至少 50 种不同的**核孔蛋白**（nucleoporin）构成，称为**核孔复合体**（nuclear pore complex，NPC）。核孔复合体是一种复杂的跨膜运输蛋白复合体，主要由胞质环、核质环、辐和栓 4 种结构亚基组成，在核质面与胞质面呈不对称性分布，构成核质交换的双向选择性亲水通道。一个典型的哺乳动物核膜上有 3 000～4 000 个核孔复合体，合成功能旺盛的细胞，核孔的数量就多。在整个生命活动中，核孔复合体的组成蛋白总是处于动态变化中，核孔复合体的动态组装改变了核质转运状态，并最终改变了细胞的功能（图 3-31）。

### 3. 核纤层

核纤层是与核膜内表面相连的密集纤维网络，是一层厚 30～160 nm 的网络状蛋白质。核纤层提供了对细胞核被膜的支持，并作为核外围染色质纤维的黏附位点。核纤层是细胞核内极其重要的结构。

### 4. 核基质

核基质也称**核骨架**（nuclear skeleton），是指除核被膜、染色质、核纤层及核仁以外的、以纤维蛋白成分为主的核内网架体系，还含有少量的 RNA 和 DNA。20 世纪 70 年代中期，R. Berezney 和 D. S. Coffey 等首次将核骨架作为细胞核内独立的结构体系进行研究。核基质不仅是维持细胞核形态的支架，而且与细胞核内许多重要的生命活动密切相关。它参与了真核生物几乎所有的细胞核功能，包括 DNA 复制、RNA 的合成和调控，以及 mRNA 的加工、染色体的功能构建、有丝分裂、甾类激素作用、病毒复制和致癌作用等。此外，核基质、核纤层与细胞质中的中间纤维在结构上相互联系，形成一个贯穿于细胞核与细胞质之间的复合网络系统。

目前了解的核基质功能主要涉及：①核基质网架体系上有DNA复制所需的酶，为DNA的复制提供支架。②核基质中有RNA聚合酶的结合位点，是基因转录加工的场所，进行基因的转录和RNA的合成，并进行加工和修饰。③近来的研究描述了核基质与染色体构建的关系，现在一般认为，核基质骨架与染色体骨架为同一类物质，30 nm的染色质纤维结合在核基质骨架上，形成放射环状的结构，在分裂期进一步包装成光学显微镜下可见的染色体。

核基质蛋白（nuclear matrix protein，NMP）是值得关注的一类蛋白，在维持细胞核的形态结构、染色体组装、DNA复制和RNA转录等一系列活动中发挥重要作用。核基质蛋白及核基质结合域是目前核基质研究的一个重要领域，研究发现基因组DNA上存在着不同的核基质结合区（matrix association region，MAR），或称为核骨架附着区（scaffold attached region，SAR），核基质蛋白与MAR/SAR的结合在DNA复制、转录、加工修饰等事件中起着支持和调节的作用。而且MAR序列位于转录活跃的DNA环状结构域的边界，其功能是造成一种分割作用，使每个转录单元保持相对的独立性，免受周围染色质的影响。同时也有助于锚定DNA在细胞核中的位置，而且可能拉近基因的启动子与增强子之间的距离。

### 5. 染色质

在细胞周期的间期时，DNA的螺旋结构松散，呈网状或斑块状的不定形物，称为**染色质**。目前已知染色质有两种类型，分别是**常染色质**（euchromatin）与**异染色质**（heterochromatin）。两者的差异最早是以受到染色之后的颜色深度来分辨：前者较淡，结构较松散；后者染色较深，结构较为紧密，一般分布于细胞核的边缘地带。进入有丝分裂时，染色质高度螺旋，折叠形成凝集的**染色体**（chromosome）。特别需要注意的是，细胞核常染色质与异染色质的分布区域并非固定不变，而是随功能状态的改变而改变（图3-32）。

真核细胞核中染色质由基因组DNA和染色体蛋白质结合组成。染色质的主要蛋白是**组蛋白**（histone）。组蛋白是一类富含碱性氨基酸精氨酸和赖氨酸的蛋白质，可以与带负电荷的DNA分子结合。组蛋白有五种主要的类型，称为H1、H2A、H2B、H3和H4，在不同种类的真核生物中，组蛋白是极其类似的。在真核细胞核中，尽管在种类上远少于非组蛋白形式的染色质蛋白质，但组蛋白在数量上占绝对优势。非组蛋白的染色质蛋白质大约有超过1 000种类型，涉及一系列活动，包括DNA复制和基因表达。染色质结构的变化及活性的变动与组蛋白的磷酸化、甲基化等化学修饰以及非组蛋白的解离与结合有关。

所有的细胞遗传物质的结构具有高度压缩状态，它们被限制在一个有限的体积中，但却具有各种活性，因此染色质具有高度而有效的压缩结构。其中大部分的DNA序列在结构上难以接近，且无功能活性，仅少数是活性序列。DNA通过分级折叠过程才能达到既高度压缩，又保持功能的程度。染色质在核中通常呈分散状态存在，但在核分裂期间则发生凝缩，形成**染色体**（chromosome）。染色体和染色质是含有DNA的复合体的不同状态。染色质的基本结构是DNA和组蛋白的复合体－**核小体**（nucleosome），在电子显微镜下可以看到直径10 nm的核小体连续成念珠状，念珠又卷成螺旋状的直径为30 nm左右的螺线管结构

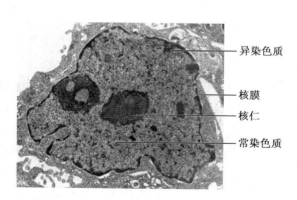

异染色质
核膜
核仁
常染色质

🔼 图3-32　细胞核

HeLa细胞间期细胞核电镜图，展示了一对核仁和处于分散状态的染色质。异染色质明显地围绕在细胞核被膜的整个内表面上（透射电镜2 000×）（引自Karp. G，2005）。

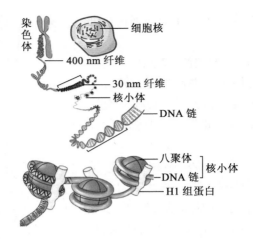

**图 3-33** 染色质的分级高度折叠与核小体的结构

上图显示染色体由长串的核小体首先折叠螺旋化成为直径 30 nm 螺线管，然后再折叠螺旋化成为直径为 400 nm 左右的超螺线体，最终高度折叠螺旋化成为染色体。

下图显示的核小体核心颗粒含有 8 个组蛋白，即各两个分子的 H2A、H2B、H3 和 H4。约 146 bp 长度的双链 DNA 围绕在八聚体组蛋白颗粒表面，核小体间通过连接 DNA（linker DNA）连接，长度为 20~80 bp，组蛋白 H1 结合在连接 DNA 上。

及直径为 400 nm 的超螺线管纤维等高级结构（图 3-33）。值得注意的是，细胞核还是一个动态的场所，DNA 并不仅仅是简单的压缩，同时也需要适时适地地打开模板用于转录。目前，染色质的高级结构的研究技术和检测手段一直在迅速发展，是未来的重要研究方向。

6. **核仁**

核仁见于有丝分裂间期的细胞核内，呈类圆形，是没有界膜包围的嗜碱性结构，常处于细胞核内偏中心的位置。一般每个细胞核有 1~2 个核仁，也有多达 3~5 个的。核仁的位置或位于核中央，或靠近内核膜。在电子显微镜下，很多类型细胞的核仁是由核仁丝组成的网织状结构，其中空隙填充着无定型基质。

核仁的数量和大小因细胞种类和功能而异，一般认为蛋白质合成旺盛和分裂增殖较快的细胞有较大和数目较多的核仁。核仁的主要功能是参与核糖体 RNA（rRNA）的合成和核糖体的形成。rRNA 是细胞中含量最多的 RNA，占 RNA 总量的 60%~80%。rRNA 单独存在时不执行功能，它与多种蛋白质结合成核糖体。核仁内存在 rRNA 的基因——核糖体 DNA（rDNA），在所有真核生物的细胞中，这种基因约有 50~1 000 个相同拷贝，因而得以维持适当数量的 rRNA 的合成。真核细胞 rDNA 的每一个单位除含有转录区外，同时还有许多非转录区，称为间隔序列。不同种属或同一种属不同个体，甚至同一个体细胞的不同 rRNA 单位之间，这种间隔序列的长度往往差别很大，这种差别的意义及间隔顺序的功能，现在还不清楚。

对细胞有丝分裂过程中核仁结构的追踪分析发现，有丝分裂期首先是核膜解体，核仁消失，然后细丝状染色质固缩成染色体，经复制后均匀分配到两个子代细胞中。分裂结束后，两个子细胞又分别产生新的核仁。因此核仁的形成常与特定染色体的一定区域密切相关，例如，人类细胞的第 13、14、15、21 和 22 对染色体上都存在**核仁组织区**（nucleolus organizing region，NOR）。这些染色体区域参与了核仁形成，即 rRNA 序列区，这一片段的 DNA 转录为 rRNA。一个真核生物细胞中至少有一对染色体具有核仁组织区，没有核仁组织区的细胞不能存活。

## 三、内膜系统

真核细胞内具有界膜的**细胞器**（organelle）包括：**内质网**（endoplasmic reticulum）、**高尔基体**（Golgi apparatus）、**溶酶体**（lysosome）、**过氧化物酶体**（peroxisome）、**线粒体**（mitochondria）、**叶绿体**（chloroplast）（植物细胞）、**液泡**（vacuole）（植物细胞）和**囊泡**（vesicle）。除线粒体和叶绿体外，这些有膜细胞器的界膜与细胞核被膜一起统称为**内膜系统**（endomembrane system）。也就是说，细胞内膜系统由悬浮在细胞质中的各种膜结构组成，把细胞内环境分隔成若干个结构与功能的区间。目前认为，包括细胞核被膜在内的内膜系统是通过原始细胞质膜的内陷分化途径形成。内膜系统进化使得真核细胞内部结构复杂化，但是正是这种复杂化保证了真核细胞生命活动的复杂性，因此形成发达的细胞内膜系统是真核细胞在进化上的一个显著特点（图 3-34）。

内膜系统是完成真核细胞生命活动过程的必需结构。在这个系统中，各细胞器间及细胞器与其存在的胞质溶胶间彼此互相关联，高度协调地进行细胞内的物质代谢过程和生命活动。内膜系统中的结构是不断变化的，各部位处于流动状态，因而将细胞的合成活动、分泌活动和胞吞活动连成了一个动态的、相互作用的网络。例如细胞核被膜外层与粗面内质网之间的通连，内质网与高尔基体之间的囊泡移动，高尔基体与溶酶体形成密切相关。在内质网合成的蛋白质和脂质通过分泌活动进入分泌小泡，运送到工作部位（包括细胞外）。细胞通过胞吞途径将细胞外的物质送到溶酶体降解。

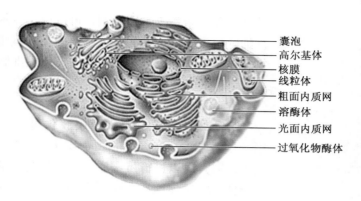

⤒ 图 3-34　动物细胞内膜系统
具有界膜的细胞器包括内质网、高尔基体、溶酶体、过氧化物酶体、囊泡等，与细胞核的核被膜一起统称为内膜系统。

### 1. 内质网

内质网由单位膜围成的形状大小不同的小管、小囊或扁囊构成，是一个连续的网状膜系统，其内腔通连，内质网膜和核外膜相连，内质网腔与核膜间腔也通连。内质网有**粗面内质网**（rough endoplasmic reticulum，rER）（或称颗粒内质网）和**光面内质网**（smooth endoplasmic reticulum，sER）（或称无颗粒内质网）两种类型。

粗面内质网膜外表面附有核糖体颗粒，普遍存在于分泌细胞中，主要与蛋白质合成和初步修饰、加工（如蛋白质糖基化等）和转运、以及与膜的生成有关。粗面内质网负责合成膜蛋白、内膜结构的腔池蛋白和分泌到细胞外的蛋白，所以必须有极好的运输机制进行分选定位。细胞的蛋白质都是在核糖体上合成的，并且起始于细胞质基质的游离核糖体。但是有些蛋白质需要在粗面内质网上合成，主要有：①向细胞外分泌的蛋白质如抗体、激素；②跨膜蛋白；③需要与其他细胞器严格分开的酶，如溶酶体的各种水解酶；④需要进行修饰的蛋白，如糖蛋白。内质网蛋白质合成后需要进一步的修饰与加工，包括糖基化、羟基化、酰基化、二硫键形成等，其中最主要的是糖基化，几乎所有内质网上合成的蛋白质最终被糖基化。糖基化使蛋白质能够抵抗消化酶的作用，并赋予蛋白质传导信号的功能，而且某些蛋白只有在糖基化后才能正确折叠。

光滑型内质网的主要特征是内质网膜上无核糖体颗粒，表面光滑，常由小管、小囊组成网状。主要参与类固醇、脂类的合成与运输，糖代谢及激素的灭活等，而且还是细胞内的 $Ca^{2+}$ 离子库，与糖原分解、脂类（包括磷脂和类固醇等）合成、细胞解毒作用及参与横纹肌收缩活动等有关。精巢间质细胞和肌细胞等细胞中光滑型内质网很丰富。

### 2. 高尔基体

高尔基体又称**高尔基复合体**（Golgi complex），由一些扁平囊形成的类似于扁盘堆叠的结构，由意大利细胞学家 Camillo Golgi 于 1898 年用银染方法首次在神经细胞中发现。高尔基体面向核的一面称为形成面，又称**反式面**（*cis* region），由许多与粗面内质网池相连的小泡构成。另一面称为成熟面，又称**顺式面**（*trans* region），由此断离出一些较大的囊泡，内含分泌物。粗面内质网合成的蛋白质输送到高尔基体的形成面进行加工，把各种寡糖链连接到蛋白上，这个过程称为**糖基化**（glycosylation），而这种糖基化是蛋白质最终可以执行各种功能的保证。加工后的蛋白质被标记上定位信号，经成熟面分门别类地运送到细胞特定的部位，或分泌到细胞外。光面内质网上合成的脂类一部分也要通过高尔基体加工后向细胞质膜和溶酶体等部位运输。上述过程都属于膜泡运输途径（图 3-35）。

高尔基体膜含有约 60% 的蛋白质和 40% 的脂类，具有一些和内质网共同的蛋白质成分。高尔基体中的酶主要有糖基转移酶、磺基－糖基转移酶、氧化还原酶、磷酸酶、蛋白激酶、甘露糖苷酶、转移酶和磷脂酶等不同类型。可以说，高尔基复合体是细胞内大分子运输的一个主要的交通枢纽。高尔基复合体还是细胞内糖类合成的工厂，在细胞生命活动中起多种重要的作用。

### 3. 溶酶体

溶酶体是具有一组由单层膜包裹的、起消化作用的细胞器。1955 年 Christian de Duve 在大鼠肝脏中发现，因其可以进行蛋白质等大分子的水解而命名为溶酶体。溶酶体广泛存在于动物、原生动物细胞中，植物细胞中有类似溶酶体的细胞器。溶酶体是由高尔基体成熟面的膜出芽突起断裂而产生，数量和大小不等，含有 60 多种能水解多糖、磷脂、核酸和蛋白质的酸性酶，这些酶有的是水溶性的，有的则结合在膜上。溶酶体的主要功能是消化作用，消化吞噬细胞内物质，吞噬外源性有害物质，以及胞吞的营养物质。

根据溶酶体完成其生理功能的不同阶段，大致可分为**初级溶酶体**（primary lysosome）、**次级溶酶体**（secondary lysosome）和**残体**（residual body）。初级溶酶体的直径为 0.2 ~ 0.5 μm，内含物均一，无明显颗粒，由高尔基体分泌形成，含有多种水解酶，但没有活性，只有当溶酶体破裂或其他物质进入才能激活。次级溶酶体的实质是消化泡，指正在进行或完成消化作用的溶酶体，内含水解酶和相应的底物。底物可分为**异噬溶酶体**（phago-lysosome）和**自噬溶酶体**

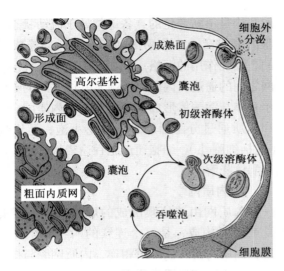

**⬆ 图 3-35　高尔基体及其囊泡运输途径**
高尔基体由两种膜结构即扁平膜囊和大小不等的液泡组成。由 3~7 个扁平膜囊重叠在一起，略呈弓形。弓形囊泡面向细胞核的凸面称为形成面或未成熟面；远离细胞核的凹面称为分泌面或成熟面。粗面内质网腔中的蛋白质，经芽生的小泡输送到高尔基体，再从形成面到成熟面的过程中逐步加工。较大的囊泡是由扁平膜囊末端或分泌面局部膨胀，然后断离所形成。由于这种囊泡内含扁平膜囊的分泌物，所以也称分泌泡。分泌泡逐渐移向细胞表面，与细胞的质膜融合，而后破裂，内含物随之排出。细胞吞噬外围物质形成吞噬泡，与高尔基器成熟面释放的初级溶酶体结合成为次级溶酶体，对吞噬物进行消化。

（autophago-lysosome）。前者消化的物质来自外源，后者消化的物质来自细胞本身的各种组分。残体又称**后溶酶体**（post-lysosome），它们已失去酶活性，仅留未消化的残渣故名，残体可通过外排作用排出细胞，也可能留在细胞内，如脂褐素（lipofuscin）。脂褐素又称老年素，是沉积于神经、心肌、肝脏等组织衰老细胞中的黄褐色不规则小体，这是溶酶体作用后剩下的不再能被消化的物质而形成的残余体。其积累随年龄增长而增多，是衰老的重要指征之一。见于浅表皮肤者俗称"老年斑"。

### 4. 过氧化物酶体

过氧化物酶体是由一层单位膜包裹的囊泡，直径为 0.5 ~ 1.0 μm，通常比线粒体小（图 3-34）。过氧化物酶体普遍存在于真核生物的各类细胞中，在肝细胞和肾细胞中特别多。在过氧化物酶体内已发现约 60 余种过氧化物酶，均由细胞质或内质网转运而来。这些酶参与了重要的代谢过程，如脂肪酸 β- 氧化作用和 α- 氧化作用、胆固醇和其他类异戊二烯的合成、多不饱和脂肪酸的生物合成、自由基氧的代谢等。过氧化物酶体起源于内质网，与线粒体和叶绿体不同的是，它不具有 DNA 和蛋白质合成的能力，有证据显示新的过氧物酶体可以直接由内质网产生。

### 5. 囊泡

囊泡是指细胞内体积相对较小的囊状结构，包括内质网与高尔基体之间的小泡，以及细胞外分泌和胞吐时的囊泡（图 3-34）。细胞内**囊泡运输**（vesicle trafficking）的障碍可以引起疾病，对其机理的研究使得囊泡运输成为细胞分子生物学的研究热点之一。细胞内蛋白质在内质网合成后，主要通过囊泡运送到细胞内各细胞器或分泌到胞外，因而囊泡运输是细胞器生物合成的基础。

### 6. 液泡

液泡是植物细胞所特有的由膜包被的泡状结构。幼小的植物细胞（分生组织细胞），具有许多小而分散的液泡，在电子显微镜下才能看到。液泡随着细胞的生长不断长大，互相并合，最后在细胞中央形成一个大的中央液泡，可占细胞体积的90%以上（见图3-26B）。近代研究表明，液泡是一个很重要的细胞器，胞质中过剩的中间产物被液泡吸收和贮存，可保证胞质内环境的稳定，又能提供维持细胞生物合成原料，也是汇集和输出无机离子的场所。液泡膜上具有ATP酶，在液泡膜上的运输蛋白帮助液泡行使特殊功能。液泡中所含的酸性磷酸酶等水解酶，参与物质代谢、转化、贮存、分解等重要生命活动。有些细胞成熟时，也可以同时保留几个较大的液泡，这样，细胞核就被液泡所分割成的细胞质索悬挂于细胞的中央。具有一个大的中央液泡是成熟的植物生活细胞的显著特征，也是植物细胞与动物细胞在结构上的明显区别之一。

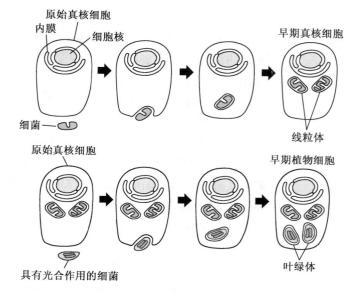

图 3-36 线粒体与叶绿体的连续内共生起源学说
某种细菌类的原核细胞被原始的真核细胞吞噬进入细胞内，与宿主进行长期的共生而演化为具有双层膜的线粒体。具有光合作用的原核蓝细菌被原始的真核细胞吞噬，经过长期的共生而演化为具有双层膜的叶绿体。

## 四、线粒体与叶绿体

**线粒体**（mitochondria）与**叶绿体**（chloroplast）是细胞内易于识别的细胞器，包括动物与植物细胞在内的真核细胞都含有线粒体，但是叶绿体只见于植物细胞。线粒体与叶绿体在结构与功能上相似，大小都与细菌相当，平均直径为 4~6 μm。它们的核糖体都与细菌相似，都是 70$S$。线粒体与叶绿体都具有双层膜结构，但叶绿体腔中还存在由单层膜包裹的**类囊体**（thylakoid）。线粒体与叶绿体都含有少量的 DNA 和 RNA，因而具有半自主性，能合成一部分蛋白质和酶，能直接或根本上控制一部分性状。二者都是细胞的能量供应站，但提供能量的途径不同。叶绿体利用水和二氧化碳，通过光合磷酸化产生 ATP，ATP 活跃的化学能转化为糖类等有机物中稳定的化学能，总称为**光合作用**（photosynthesis）。线粒体则通过糖类等有机物的氧化磷酸化生成 ATP。从起源角度看，线粒体和叶绿体都是通过内共生进化途径产生的细胞器，原始真核细胞胞吞入好氧原核细胞并与之形成内共生关系，内共生的好氧细胞最后演变为线粒体。植物细胞中叶绿体亦有相似的起源，通过胞吞入蓝细菌之类的光合原核细胞经内共生演变为叶绿体。

在探求真核细胞的起源上，认为真核细胞由原核细胞进化而来是一种合乎逻辑的假设。既然真核细胞是由原核细胞进化而来，那么真核细胞一系列重要细胞器如何起源与演化就成为问题的核心。由于线粒体 DNA 与叶绿体 DNA 的发现，围绕线粒体与叶绿体的起源问题展开了一场相当深入的辩论。结果1967年美国生物学家 Lynn Margulis 提出的"连续内共生理论（serial endosymbiosis theory）"成为主流学说（图3-36）。根据这一学说，线粒体是起源于某种细菌类的原核细胞，而叶绿体是起源于蓝细菌类的原核细胞。它们最早被原始的真核细胞吞噬进入细胞内，与宿主长期共生而演化为重要的细胞器。真核细胞利用这种细菌（原始线粒体和叶绿体）充分供给能量，而原始线粒体和叶绿体也更多地依赖宿主细胞获得更多的原料，逐渐失去了原有的一些特征，关闭与丢失了很多基因，但至今还保留着很多祖先的基本特征。这一理论目前已经被广泛接受。

### 1. 线粒体

线粒体是双层膜结构，内膜向内腔折叠形成**嵴**（cristae），嵴的形成增加了细胞内的膜面积。内膜和嵴上有**基粒**（elementary particle），基粒中有合成 ATP 的酶。线粒体的内膜中蛋白质的含量比外膜多得多，完成有氧呼吸第三阶段过程的所有的酶都分布在内膜上。第二阶段的酶在线粒体基质中（图 3-37）。

线粒体是动植物细胞都具有的细胞器，与细胞的能量代谢有关。原核生物（细菌和蓝细菌）中没有线粒体。线粒体是真核细胞有氧呼吸的主要场所，主要使命是为各种生命活动提供能量。所以，在肌肉细胞、肝细胞等能量代谢旺盛的细胞中，线粒体的数量就比较多。在线粒体中有少量的 DNA 和 RNA。线粒体在细胞中可以进行 DNA 的自我复制，完成线粒体的自我增殖。因此，线粒体在遗传上不完全依赖于细胞核，有一定的独立性，称为半自主遗传。当细胞从低能量代谢转到高能量代谢状态时，线粒体的数量就会增加。

### 2. 叶绿体

叶绿体是双层膜结构，分为外膜和内膜，但内膜未向内腔折叠，内膜以内是基粒和**基质**（stroma）。基粒由基粒片层结构薄膜组成（线粒体中基粒是一种蛋白质复合体），亦称**类囊体**（thylakoid），有效地增加了叶绿体内的膜面积（图 3-38）。叶绿体中基粒的数量及发达程度与其进行光合作用的强度大小有关，光合作用旺盛的细胞中不仅叶绿体的数量多，而且叶绿体中类囊体的数量也多，每个类囊体中的片层结构薄膜的数量也多，反之亦然。叶绿体中的色素分布在类囊体薄膜上，完成光合作用的整个光反应过程的色素和酶也都在片层结构薄膜上，所以光合作用的光反应是在类囊体的薄膜上进行的。完成暗反应过程的酶在叶绿体的基质中，暗反应过程是在叶绿体基质中进行的。

与线粒体一样，叶绿体中含有少量的 DNA 和 RNA。大多数双子叶植物叶片具有明显的背、腹面之分，称为两面叶。叶肉位于上、下表皮之间，叶肉细胞内含有大量的叶绿体，是植物进行光合作用的主要部分。叶肉细胞的叶绿体也能进行 DNA 复制，完成自我分裂增殖，在遗传上不完全依赖于细胞核，有一定的独立性，属于半自主遗传。

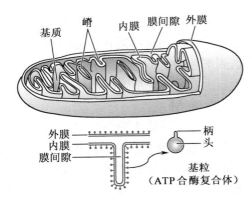

🔺 图 3-37　线粒体

线粒体由两层膜包被，外膜平滑，内膜向内折叠形成嵴，两层膜之间有腔，线粒体中央是基质。内膜上具有呼吸链酶系，基质内含有三羧酸循环所需的全部酶类。嵴上有许多排列规则的颗粒称为线粒体基粒，实际是 ATP 合酶。

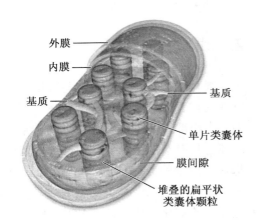

🔺 图 3-38　叶绿体

叶绿体由双层膜组成，两层膜之间有膜间隙。内膜以内的液体称为基质，含有堆叠的扁平状类囊体颗粒。类囊体有内腔，光合作用在类囊体的表面和基质中进行。

## 五、非膜结构的细胞器

### 1. 核糖体

**核糖体**（ribosome）又称核糖核蛋白体，是原核细胞与真核细胞共同具有的细胞器，为椭球形没有生物膜包裹的小体。原核细胞比较原始，没有其他的细胞器，但是必须具有核糖体，因为核糖体是细胞内合成蛋白质的场所。一般认为核糖体与生命在地球上是同时发生的，这充分说明了核糖体在进化上的原始性及功能上的重要性。

（1）核糖体的结构

核糖体主要由**核糖体 RNA**（ribosomal RNA，rRNA）和蛋白质构成，核糖体 RNA 约占细胞 RNA 总量的 60% ~ 80%，它们与蛋白质结合构成核糖体的骨架。由于核糖体分子量庞大，往往通过超速离心进行分离和鉴定。在离心场中的行为用**沉降系数**（sedimentation coefficient）表示。沉降系数是量化密度沉降速率的指标，单位是 Svedberg unit（$S$）。大体上 $S$ 与蛋白质分子量成正比关系，也与蛋白复合物的密度和形状有关，如分子量相同，紧密颗粒的摩擦系数小，沉降快，而疏松颗粒的摩擦系数大，沉降慢。

原核细胞与真核细胞构成核糖体的蛋白质不同，在细菌、线粒体和叶绿体中，50 $S$ 大亚基和 30 $S$ 小亚基结合在一起形成 70 $S$ 核糖体。30 $S$ 小亚基含 S1–S21 共 21 种蛋白质，50 $S$ 大亚基含 L1–L34 共 34 种蛋白质。小亚基上的 S20 与大亚基上的 L26 相同，所以已知的原核核糖体蛋白有 54 种蛋白质。而真核生物的细胞质中 80 $S$ 的核糖体由 60 $S$ 的大亚基与 40 $S$ 小亚基组成。60 $S$ 大亚基有 45 种蛋白，40 $S$ 小亚基有 33 种蛋白质，共 78 种蛋白质（表 3–2）。

表 3–2　原核与真核细胞的核糖体

| | 原核细胞核糖体 | 真核细胞核糖体 |
|---|---|---|
| 沉降系数 | 70 $S$ | 80 $S$ |
| 直径 | 18 nm | 20 ~ 25 nm |
| 分子量 | 约 $2.7 \times 10^6$ | 约 $4.4 \times 10^6$ |
| 数量 | 每个细胞平均 $10^4$ 个 | 每个细胞 $10^3$ ~ $10^6$ 个 |
| 形态 | 大小亚基 | 大小亚基 |
| rRNA | 23 $S$、5 $S$、16 $S$ | 28 $S$、5.8 $S$、5 $S$、18 $S$ |
| 核糖体蛋白质 | 已知 54 种 | 已知 78 种 |

注："$S$"为大分子物质在超速离心沉降中的一个物理学单位，可间接反映分子量的大小。

核糖体上具有一系列与蛋白质合成有关的结合位点与催化位点（图 3–39），其中：氨酰基位点，又称 A（aminoacyl，氨基）**位**（受位），是与新掺入的氨酰 –tRNA 的结合位点；肽酰基位点，又称 P（peptidyl，肽基）**位**（供位），是与延伸中的肽酰 –tRNA 的结合位点；与肽酰转移后即将释放的 tRNA 的结合位点称 E（exit，出口）**位**（出口位）。

核糖体有附着和游离两种存在方式，结合有 mRNA 并进行蛋白质合成的核糖体在合成蛋白质的初始阶段处于游离状态，称为**游离核糖体**（free ribosome），但是随着肽链的合成，有些核糖体被引导到内质网上并与之结合在一起，这种核糖体称为**膜结合核糖体**（membrane-bound ribosome）。在蛋白质合成过程中，同一条 mRNA 分子能够同多个核糖体结合，同时合成若干条蛋白质多肽链，结合在

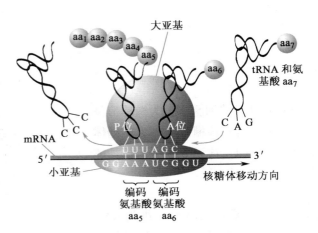

**图 3-39    核糖体与多肽链合成**

同一条 mRNA 上的核糖体就称为**多聚核糖体**（polyribosome）。

（2）核糖体的功能

目前知道的核糖体的唯一功能是按照 mRNA 的遗传密码将氨基酸合成为蛋白质多肽链，所以核糖体是细胞内蛋白质合成的场所。核糖体蛋白按照一定的顺序与 RNA 结合，组成两个核糖体亚基，因而核糖体的结构是由一个大亚基和一个小亚基组成的核蛋白体复合物，其中 RNA 是骨架结构。大亚基的功能与肽链形成过程中的催化氨基酸转移反应有关，而小亚基则提供了遗传密码翻译的场所，涉及 tRNA 上的**反密码子**（anticodon）和 mRNA 的**密码子**（codon）间的互补结合。小亚基还具有复杂的校正机制，减少翻译发生的错误。

在核糖体上，合成蛋白质多肽链过程是连续的，可以人为地分成合成翻译起始、延伸、移位和终止等四个阶段。

**翻译起始：** 翻译的第一步是在 mRNA 的 5′ 端组装翻译起始复合物。原核生物中，携带化学修饰甲硫氨酸的 tRNA（tRNA^MET）首先与核糖体小亚基结合，随后称为**起始因子**（initiation factor）的蛋白质将 tRNA^MET 定位在核糖体表面与肽键形成有关的 P 位。在 P 位的左右两侧还有两个位点分别称为 A 位和 E 位。A 位是携带氨基酸的 tRNA 分子进入核糖体后所处的位置。E 位是空载状态的 tRNA 占据的位置，它所携带的氨基酸已经转移到生长中的多肽链。空载 tRNA 将从 E 位脱离核糖体（图 3-40），进入新的循环。上述起始复合物随后在另一个起始因子的引导下与 mRNA 分子结合并寻找第一个 AUG 密码子，使 tRNA^MET 的反密码子与 AUG 配对。在翻译起始阶段，mRNA 所处的位置非常重要，因为涉及三联体密码即密码读码框如何排列。翻译起始复合物必须和 mRNA 的 5′ 端结合，然后向 3′ 端扫描，这样才不会遗漏第一个 AUG，确保整个读码框的准确与完整。在原核生物中，mRNA 分子的 5′ 端都有一段引导序列可与核糖体中的 rRNA 分子互补，这一结构保证了 mRNA 的翻译从第一个 AUG 起始。原核生物和真核生物翻译起始氨基酸虽然都是甲硫氨酸，但原核生物的起始甲硫氨酸的氨基上带有一个修饰的 N– 甲基基团，真核生物起始甲硫氨酸没有修饰的 N– 甲基基团。

原核生物和真核生物 mRNA 的结构有些不同。原核生物中很多 mRNA 编码多个蛋白质，又称**多顺反子 mRNA**（polycistronic mRNA）。这些 mRNA 分子编码的不同蛋白质都有各自的翻译起始密码子和终止密码子。在前一个多肽链合成之后，核糖体可以转移到下一个起始密码子继续合成下一个多肽链。绝大多数真核生物的 mRNA 都只编码单个蛋白质，仅在极少数低等真核生物中有多顺

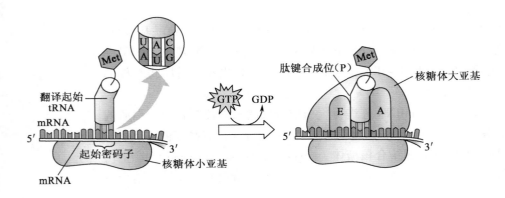

**图 3-40    翻译起始**

在原核生物中，mRNA 的 5′ 端有一段序列与核糖体中的 rRNA 互补，以此确定 mRNA 合适的翻译起始位置。当起始 tRNA^fMet 与 mRNA 的起始密码子结合时，核糖体大亚基立刻与小亚基结合，同时在核糖体内部形成 3 个位点，即 P、A 和 E。起始 tRNA^fMet 占据 P 位，识别其后密码子的 tRNA 随后进入 A 位，翻译由此开始。

反子 mRNA。

**翻译延伸：** 翻译起始复合物一旦形成，核糖体大亚基立即与之结合。与此同时紧接在起始密码子后面的第二个密码子显露，并处在核糖体的 A 位。随后一个称为**延伸因子**（elongation factor）的蛋白质与携带第二个密码子氨基酸的 tRNA 分子互作，并将后者定位在核糖体的 A 位。tRNA 分子的反密码子与 mRNA 中对应的密码子配对，tRNA 分子携带的氨基酸则与起始氨基酸在核糖体大亚基的催化作用下发生缩合反应形成肽键。随后核糖体大亚基将起始甲硫氨酸与 tRNA 脱离，起始甲硫氨酸则由肽键与第二个氨基酸连接。

**翻译移位：** 在第二个氨基酸与起始氨基酸连接后，核糖体沿着 mRNA 分子由 5′ 朝 3′ 方向移动三个核苷酸，即下移一个密码子，这一步称为**翻译移位**（translocation）（图 3-41）。翻译移位使 mRNA 分子的第三个密码子暴露在核糖体的 A 位，mRNA 的第二个密码子和与之结合的第二个氨基酸 -tRNA 进入核糖体的 P 位，起始 tRNA 则进入核糖体的 E 位。此时识别第三个密码子的氨基酸 -tRNA 进入核糖体 A 位，识别并与 mRNA 分子的第三个密码子结合，所携带的氨基酸经核糖体大亚基的催化与第二个氨基酸反应形成又一个肽键。上述移位过程反复发生，mRNA 分子的密码子逐个识别，多肽链不断延伸，直到终止密码子出现。

**翻译终止：** 当核糖体移位遇到 mRNA 分子的终止密码子时，因为终止密码子是无义密码，因而没有对应的 tRNA 进入核糖体 A 位。此时细胞中有一个称为**释放因子**（release factor）的蛋白质将进入核糖体的 A 位发出翻译终止信号，促使核糖体大小亚基解体，释放多肽链和最后一个 tRNA，mRNA 的翻译到此结束（图 3-42）。

**2. 蛋白酶体**

**蛋白酶体**（protease）是原核细胞与真核细胞共同具有的蛋白复合体，缺乏外膜，是在真核生物

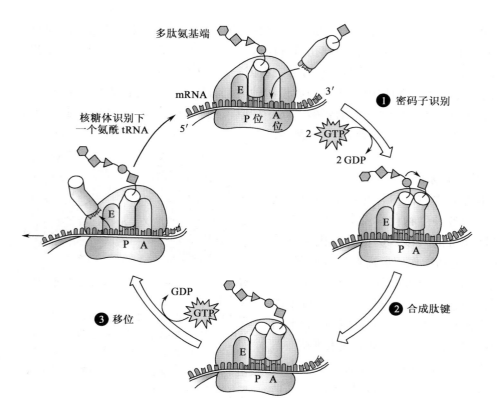

● 图 3-41　翻译延伸
原核生物起始 tRNA^fMet 占据 P 位，下一个 tRNA 分子进入 A 位。随着核糖体沿着 mRNA 分子向前移动 3 个核苷酸，fMet 立刻转移到下一个 tRNA 分子，并与 tRNA 所携带的氨基酸发生缩合反应形成肽键。前一个空载的 tRNA 分子马上转移到 E 位，并由 E 位离开核糖体。延伸的多肽链随之又转移到 P 位点，A 位点再次空出，准备接纳下一个携带氨基酸的 tRNA 分子。

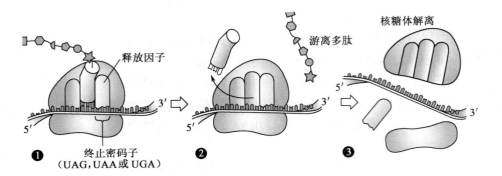

释放因子

游离多肽

核糖体解离

**1** 终止密码子
（UAG，UAA或UGA）

**2**

**3**

⤶ 图 3-42　翻译终止

有些密码子没有任何 tRNA 分子的反密码子可以与之结合，如终止密码子 UAA。当核糖体到达终止密码子时便不再向前移动，A 位随之被翻译终止因子占据。此时 P 位 tRNA 分子与多肽链之间的连接被打断，多肽链释放，翻译终止。

和古菌中普遍存在的、在一些原核生物中也存在的一种巨型蛋白质复合物。虽然蛋白酶体没有被列为亚细胞结构，但其进化中的保守性显示出其具有重要的功能。在真核生物中，蛋白酶体位于细胞核和细胞质中。蛋白酶体是溶酶体以外的蛋白水解体系，主要降解错误折叠的蛋白质以及需要进行数量调控的蛋白质。蛋白酶体对蛋白质的降解作用不但受到严格的控制，而且相对隔离。蛋白酶体降解途径对于许多细胞进程，包括细胞周期、基因表达的调控、氧化应激反应等，都必不可少。

（1）蛋白酶体的结构

从原核细胞到真核细胞的所有生物体中，最普遍的蛋白酶体的形式是 26 $S$ 蛋白酶体，是由 20 $S$ 核心颗粒、11 $S$ 调控因子和 2 个 19 $S$ 调节颗粒组成的 ATP 依赖性蛋白水解酶复合体。20 $S$ 核心颗粒由 4 个堆积在一起的环所组成，每一个环有 7 个蛋白质分子亚基。构成这些环的是两种不同的亚基：7 个 α 亚基组成 α 环，7 个 β 亚基组成 β 环。α 亚基为结构性蛋白，β 亚基则发挥主要的催化作用。核心颗粒两端的两个 α 环一方面作为调节颗粒的结合部位，另一方面发挥"门户"的作用，阻止蛋白质不受调控地进入核心颗粒的内部。内部的两个 β 环含有 6 个蛋白酶的活性位点，用于蛋白质水解反应（图 3-43）。

蛋白酶体是一个桶状的复合物，核心中空，形成一个空腔。蛋白酶体的大小在不同物种之间相当保守，其长和宽分别为约 15 nm 和 11.5 nm，内部孔道直径近 5.3 nm，而入口处则只有 1.3 nm 的宽度，这就提示蛋白质要进入其中，至少需要先被去除部分二级或三级结构。

原核细胞和真核细胞的 20 $S$ 核心颗粒中，亚基的数量和种类都有所不同。就亚基种类而言，真核生物比原核生物多，多细胞生物比单细胞生物要多。同一种原核细胞中，核心颗粒的 α 亚基与 β 亚基都一致，但是真核细胞的 α 亚基与 β 亚基种类繁多，比较复杂。

（2）蛋白酶体与蛋白质降解系统

蛋白质是细胞的基本构成物质，参与并调节各种细胞的生理活动，包括催化体内各种生物化学反应，调节细胞生长繁殖，抵御外来细菌病毒的入侵，负责重要代谢物质的运载等等。它们完成了一定功能作用后需要被及时降解，否则就会扰乱有序的生命活动，导致各种病理性变化。同时，当机体需要时，蛋白质还可以被代谢分解，释放出能量。另外，当氨基酸供应出现问题时，细胞中持续的蛋白质合成依靠蛋白酶体分解无用蛋白质获得氨基酸来维持。

在真核细胞发现泛素 - 蛋白酶体系统之前，细胞内的蛋白质降解被认为主要依赖于溶酶体。但是后来的研究证

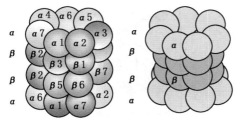

⤒ 图 3-43　原核细胞和真核细胞的 20 $S$ 核心颗粒的结构模式

原核细胞（右）20 $S$ 核心颗粒由 4 个含有 7 个蛋白质分子亚基的环组成，α 亚基与 β 亚基分别只有一种；而真核细胞（左）20 $S$ 核心颗粒由 4 个含有 7 个蛋白质分子亚基的环组成，α 亚基与 β 亚基分别有多种。

实，在真核细胞里**泛素介导的蛋白质降解通路**（ubiquitylation-proteasome pathway）控制着绝大多数蛋白质的选择性降解，并影响几乎所有动植物的生命活动。蛋白酶体对蛋白质的降解作用分为两个过程：一是首先需要给待降解的蛋白质加上**泛素**（ubiquitin）标记。泛素是一种存在于真核生物中且在进化中高度保守的小分子蛋白，由 76 个氨基酸残基组成的小肽。二是将这种泛素标记的蛋白质送入蛋白酶体中进行降解，由蛋白酶体催化。以上两步总称为泛素 – 蛋白酶体降解途径。蛋白酶体的底物蛋白的**泛素化**（uhiquitylation）过程依赖一个复杂的系统，包括泛素活化酶（E1）、泛素结合酶（E2）和底物识别蛋白酶（E3）。其过程是，首先在 ATP 供能的情况下，E1 黏附在泛素分子尾部激活泛素，接着 E1 将激活的泛素分子转移到 E2 酶上，E2 酶和一些种类不同的 E3 酶共同识别靶蛋白，对其进行泛素化修饰，可以将靶蛋白**单泛素化修饰**或**多聚泛素化修饰**。泛素共价结合于底物蛋白质的赖氨酸残基，被泛素标记的蛋白质将被特异性地识别并迅速降解（图 3-44A）。由此可见，真核细胞蛋白的降解是一个复杂的、被严密调控的过程，此过程在细胞疾病和健康状态、生存和死亡的一系列基本过程中（细胞凋亡、DNA 修复等）扮演重要角色，蛋白质降解异常与许多疾病（恶性肿瘤、神经退行性疾患等）的发生密切相关。2004 年，三位科学家 Aaron Ciechanover、Avram Hershko 和 Irwin Rose 因发现了泛素调节的蛋白质降解过程而获得了诺贝尔化学奖。

　　原核细胞也含有蛋白酶体，但是没有泛素 – 蛋白酶体降解途径，因此原核生物一直被认为是经过非泛素途径来降解蛋白。后来的研究发现原核细胞虽然缺乏泛素，但是有**原核类泛素蛋白**（prokaryotic ubiquitin-like protein，Pup）。原核类泛素蛋白是一种专门与蛋白酶底物相结合的蛋白质，通过原核**类泛素化**（pupylation）标记等待降解的蛋白质分子，进而在蛋白酶体中选择性地降

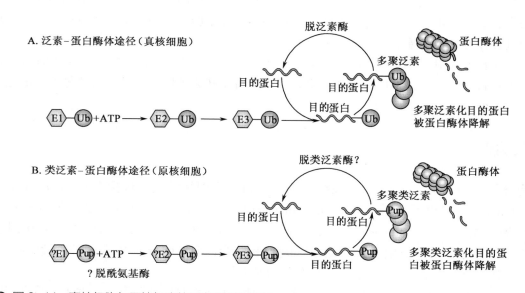

🔺 图 3-44　真核细胞与原核细胞的蛋白质降解途径

A. 真核细胞泛素 – 蛋白酶体降解途径的三个步骤：

① 泛素的活化：泛素连接到泛素活化酶 E1，这个步骤需要以 ATP 作为能量，最终形成一个泛素和泛素活化酶 E1 之间的硫酯键。

② E1 将活化后的泛素通过交酯化过程交给泛素结合酶 E2。

③ 底物识别蛋白酶 E3 将结合 E2 的泛素连接到目标蛋白上，当蛋白上已经存在泛素的时候，结合了 E2 的泛素可以直接连接在其上而不通过 E3。最终，被泛素化标记的蛋白质被蛋白酶分解为较小的多肽、氨基酸以及可以重复使用的泛素。

B. 原核细胞类泛素 – 蛋白酶体降解途径基本与真核细胞泛素 – 蛋白酶体降解途径相似，但是原核类泛素代替泛素。

解，称为原核类泛素 – 蛋白酶体降解途径（pupylation-proteasome pathway）。泛素的原核同源蛋白与原核 E1 连接酶研究加深了我们对原核类泛素化途径的了解。原核类泛素化虽然类似于真核泛素化作用，但反应过程不同，还有许多问题需要进一步明确（图 3-44B）。

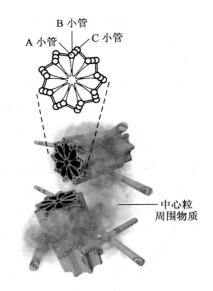

B 小管
A 小管  C 小管
中心粒周围物质

**🔼 图 3-45　中心体**
中心体由两个互相垂直排列中心粒组成，中心粒直径 0.2 μm，长 0.4 μm，由 9 组三联微管构成。

### 3. 中心体

**中心体**（centrosome）只见于动物细胞，可能也见于某些低等植物细胞，但是高等植物细胞中没有中心体。中心体是细胞的主要的**微管组织中心**（microtubule organizing center，MTOC），位于细胞核一侧。由一对互相垂直排列的**中心粒**（centriole）及其周围一团透明的电子密度高的无定形的中心粒周围物质所组成（图 3-45）。中心体是细胞中的一个较小的细胞器，作为主要的微管组织中心，决定了微管在生理状态或实验处理解聚后重新组装的结构。

中心体是直径约 0.2 μm、长约 0.4 μm 的圆筒状小体，筒壁由 9 组径向成 45° 倾斜排列的三联体微管围成（图 3-45）。在动物细胞中，中心粒随细胞周期完成其本身的发育周期。$G_1$ 晚期，两个中心粒稍微分开；在 S 期，在每个母中心粒旁与其垂直的方向长出一个子中心粒，子中心粒不断延长；在 $G_2$ 期，每个中心体内含有两对中心粒。在有丝分裂早期，中心体分成两部分，各自形成两个中心体，并从其周围发出微管形成星状体，星状体不断向两极移动，形成纺锤体的两极。经过有丝分裂期，每个子细胞的中心体各获得一对中心粒。在细胞周期中，中心体经过复制、分离、复制的周期过程称为**中心体循环**（centrosome cycle）。

中心体对真核细胞的分裂至关重要，在细胞分裂成两个子代细胞前，中心体向细胞的两极运动。中心体锚定在被复制染色体上的蛋白质链上，并帮助将姐妹染色体拉开，从而使每个新细胞只有每条染色体的一个拷贝。

## 六、细胞骨架

**细胞骨架**（cytoskeleton）是指真核细胞中的蛋白纤维网络结构，包括**微管**（microtubule）、**微丝**（microfilament）和**中间纤维**（intemediate filament）三类。广义的细胞骨架还包括核骨架、核纤层和细胞外基质（extracellular matrix），形成贯穿于细胞核、细胞质、细胞外一体化网络结构（图 3-46A）。细胞骨架的功能包括：①维持细胞结构，为许多细胞器提供附着支架；②参与细胞运动；③在细胞繁殖过程中，是细胞正常有丝分裂所必需的。

另外，细胞骨架活性与细胞凋亡也有关联。细胞发生凋亡时，细胞形态会发生一系列特征性的改变，细胞骨架也会发生相应的变化，包括细胞骨架网状结构降解、凝聚和分布不均等。同时信号传导与细胞骨架的研究表明，细胞骨架是细胞主要的力学信号传导位点，可以直接将作用于细胞表面的应力传导到细胞内各区。而且细胞骨架与整合素的相互作用，也参与了力学信号向化学信号传导的过程。

### 1. 微管

微管在所有哺乳类动物细胞中都存在，由**微管蛋白**（tubulin）组成。微管蛋白是一类含有多个成员的蛋白质家族。微管蛋白是球形分子，对于保持细胞形状、运动、胞内物质运输不可缺少。长

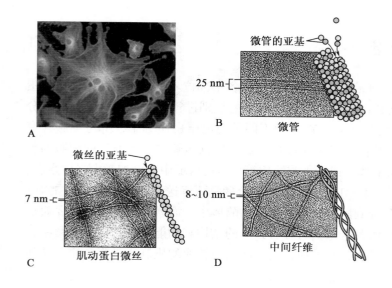

🔄 图 3-46　细胞骨架

A. 内皮细胞的肌动蛋白纤维和微管的分布和结构。

B. 微管是由 13 条原纤维构成的中空管状结构，组成微管的两种亚基为 α- 微管蛋白和 β- 微管蛋白。

C. 肌动蛋白微丝是由肌动蛋白组成的直径约 7 nm 的骨架纤维。微丝和它的结合蛋白以及肌球蛋白（myosin）三者构成化学机械系统，利用 ATP 储存的化学能产生机械运动。

D. 中间纤维成分较为复杂，不同类型细胞含有不同中间微丝蛋白质。

期以来，微管蛋白被认为只存在于真核生物中，但原核细胞分裂蛋白 FtsZ 被发现在进化上与微管蛋白有联系。在细菌中，FtsZ 在预期分裂位点处形成一个环，然后募集分裂所需的所有其他成分，为整个分裂过程提供了支架（图 3-46B）。

微管由约 55 kDa 的 α- 及 β- 微管蛋白组成，正常时以 αβ 二聚体形式存在（110 kDa），并以头尾相连的方式聚合，形成**微管蛋白原纤维**（protofilament），由 13 根这样的原纤维构成一个中空的微管。微管可以固定膜性细胞器（membrane-enclosed organelle）的位置，并作为膜泡运输的导轨。

从各种组织中提纯微管蛋白可以发现还存在一些其它蛋白质成分（5% ~ 20%），称为**微管结合蛋白**（microtube-associated protein）。这些蛋白质具有组织特异性。

**2. 微丝**

**微丝**（microfilament）普遍存在于所有真核细胞中，是一个实心状的纤维。一般细胞中含量约占细胞内总蛋白质的 1% ~ 2%，但在活动较强的细胞中可占 20% ~ 30%。微丝确定细胞表面特征，使细胞能够运动和收缩。微丝的主要化学成分是**肌动蛋白**（actin）（图 3-46C）。与微管蛋白类似，肌动蛋白的基因组成一个超家族，由结构极为相似的众多成员组成。根据等电点的不同，可将高等动物细胞内的肌动蛋白分为 3 类，α 分布于各种肌肉细胞中，β 和 γ 分布于肌细胞和非肌细胞中。

骨骼肌肌动蛋白的细丝与肌球蛋白的粗丝相互作用产生肌收缩，肌球蛋白可以起到激活肌动蛋白的 ATPase 的作用。肌球蛋白也存在于哺乳动物的非肌细胞中（但以非聚合状态存在）。微丝在肌细胞中参与形成肌原纤维，在非肌细胞中还具有形成**应力纤维**（stress fiber）、形成微绒毛、参与细胞的变形运动等功能。总之，微丝具有多种功能，在不同细胞的表现不同，在肌细胞中组成粗肌丝、细肌丝，可以收缩（收缩蛋白），在非肌细胞中主要起支撑作用、非肌性运动和信息传导作用。

**3. 中间纤维**

**中间纤维**（intemediate filament）又叫中间丝，主要起支撑作用，使细胞具有张力和抗剪切力，是最稳定的细胞骨架成分。在细胞内围绕着细胞核分布，成束成网，并扩展到细胞质膜，与质膜相连结。其成分比微丝和微管都复杂，包括角蛋白（keratin）、结蛋白（desmin）、胶质细胞原纤维酸性蛋白（glial fibrillary acidic protein）、波形纤维蛋白（vimentin）、神经丝蛋白（neurofilament protein）。但是中间纤维具有组织特异性，不同类型细胞含有不同中间纤维蛋白质（图 3-46D）。

## 第五节   真核细胞的蛋白质分选

蛋白质在核糖体合成之后，必须被准确无误地运送到细胞的各个部位。在进化过程中，每种蛋白质形成一个明确的"地址标签"，细胞通过对蛋白质地址标签的识别进行运送，这就是**蛋白质分选**（protein sorting）。一个典型的动物细胞含有 10 000 多种不同种类的蛋白质分子，酵母细胞含有约 5 000 种蛋白质。为了保证细胞的正常功能，必须保证这些蛋白质都能够定位到准确的细胞的膜部位，以及线粒体基质、叶绿体基质、溶酶体腔或者细胞溶质等含水的区域中。例如激素受体蛋白、离子通道蛋白等膜蛋白需要定位到细胞质膜上，RNA 和 DNA 聚合酶需要运送到细胞核里，蛋白水解酶、水溶性酶和过氧化氢酶类必须分别分选到溶酶体与过氧化物酶体中，而激素等蛋白质将要通过细胞膜分泌到细胞外周。显然，内膜系统的各区室具有各自独立的结构和功能，但它们又是紧密相关的，尤其是它们的膜结构相互联系，又可以相互转换，这种联系与转换的机制通过蛋白质分选和膜运输来实现。

### 一、蛋白质分选信号

细胞内的蛋白质定位由蛋白质分子上的"地址标签"即**分选信号**（protein sorting signal）来引导，一般可以把分选信号分为两类：①**信号肽**（signal peptide），蛋白质多肽链上的一段连续的特定氨基酸序列，具有分选信号的功能。新合成蛋白质的 N 端有一段信号序列，叫信号肽，其作用是将肽链在合成过程中引导至内质网膜上，并在内质网中完成蛋白质合成，信号序列本身则在蛋白质合成完成前在内质网中被切除。②**信号斑**（signal plaque），位于多肽链不同部位的几个特定氨基酸序列经折叠后形成的斑块区，具有分选信号的功能，完成分选任务后仍然存在。

根据信号序列介导的运输方向不同，分选信号也可以分为三种类型，即入核信号肽、引导肽和信号肽。入核信号肽指导核蛋白的运输，引导肽指导线粒体、叶绿体和过氧化物酶体蛋白的运输，信号肽则指导内膜系统内的蛋白质运输。在研究一个蛋白质的细胞内定位时，可以根据前体多肽的氨基酸序列，采用生物信息学方法进行预测（表 3-3）。

表 3-3   细胞内某些典型蛋白质运输信号及功能

| 功能 | 信号序列组成 |
| --- | --- |
| 输入内质网 | $^+H_3N$–Met–Met–Ser–Phe–Val–Ser–Leu–Leu–Leu–Val–Gly–Ile–Leu–Phe–Trp–Ala–Thr–Glu–Ala–Glu–Gln–Leu–Thr–Lys–Cys–Glu–Val–Phe–Gln |
| 滞留内质网 | –Lys–Asp–Glu–Leu–$COO^-$ |
| 输入线粒体 | $^+H_3N$–Met–Leu–Ser–Leu–Arg–Gln–Ser–Ile–Arg–Phe–Phe–Lys–Pro–Ala–Thr–Arg–Thr–Leu–Cys–Ser–Ser–Arg–Tyr–Leu–Leu– |
| 输入细胞核 | –Pro–Pro–Lys–Lys–Lys–Arg–Lys–Val– |
| 输入过氧化物酶体 | –Ser–Lys–Leu– |

（$^+H_3N$ 代表氨基端，$COO^-$ 代表羧基端。）

## 二、细胞中蛋白质的运输方式和途径

　　蛋白质的合成与分选有两种模式，一种是先合成再分选，另一种是一边合成一边分选。为了适应蛋白质分选的时间上的需要，合成蛋白质的核糖体以在细胞质内游离和与内质网结合的两种状态存在。从蛋白质合成的细胞内空间部位定位来看，蛋白质的运输有两种机制：**共翻译运输**（co-translational translocation）属于一边合成一边分选；**翻译后运输**（post-translational translocation）属于先合成再分选。

　　**共翻译运输**：膜蛋白和分泌蛋白的肽链在位于粗面内质网外面的膜结合核糖体中，边合成边转移至内质网腔中，进行必要的修饰，包括 N 端信号肽的切除和二硫键形成，使线形多肽呈现一定空间结构以及糖基化修饰。通过在粗面内质网内的加工，膜蛋白与分泌蛋白被膜包裹形成小泡，再转运至高尔基体，然后再转运至细胞表面或溶酶体中，这是分泌蛋白质分选的主要机制，主要见于内质网、高尔基体、溶酶体、细胞质膜的蛋白质分选与外分泌蛋白排出。

　　**翻译后运输**：在游离核糖体合成的蛋白质，被送到细胞器中。在这一过程中，为了跨过细胞器的膜，这些蛋白质需要通过**多肽链结合蛋白**（polypeptide chain binding protein，PCB）的帮助进行去折叠。主要见于核蛋白、线粒体、叶绿体、过氧化物酶体的蛋白质转运。蛋白质往线粒体进行的翻译后运输还需要 ATP 和质子梯度，以帮助蛋白质去折叠和跨膜。从蛋白质的类型和分选的机制来看有四个分选途径（图 3-47）：

### 1. 囊泡运输

　　**囊泡运输**（vesicle transport）是特异性的蛋白质运输过程，涉及多种蛋白质识别、组装、去组装的复杂调控，普遍存在于真核细胞中。在细胞的囊泡运输中，由游离核糖体和粗面内质网的核糖体上合成的蛋白质通过囊泡运输进入高尔基体，而高尔基体是重要集散与加工中心，成熟的蛋白质以囊泡形式转运到溶酶体、分泌泡、细胞质膜、细胞外等部位。蛋白质从内质网转运到高尔基体，以及从高尔基体转运到定位细胞器，都是由小泡介导的，这种小泡称为**运输小泡**（transport vesicle）。运输小泡具有定向转移能力，这种定向能力常取决于小泡膜外包裹的蛋白质种类。

### 2. 跨膜运输

　　**跨膜运输**（transmembrane transport）中，胞质溶胶中合成的蛋白质进入到完全封闭的、有膜被的内质网、线粒体、叶绿体和过氧化物酶体等部位，需要膜上特定运输蛋白（protein translocator）的帮助。跨膜运输的特点是，被运输的蛋白质要有信号肽或引导肽，需要 ATP 能量来源，膜上有相应的通道蛋白或受体的参与，蛋白质处于非折叠状态。

### 3. 门控运输

　　**门控运输**（gated transport）指胞质溶胶中合成的蛋白质，穿过细胞核内外膜形成的核孔进入细胞核。细胞核有膜障碍，但是膜上有孔，被运输的蛋白质需要有核

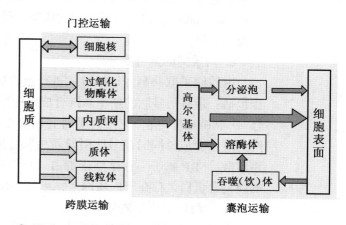

⊙ 图 3-47　蛋白质的分选途径

① 囊泡运输：细胞质游离核糖体与粗面内质网核糖体上合成的蛋白质，通过囊泡运输进入高尔基体，在高尔基体加工之后，成熟的蛋白质以囊泡形式转运到溶酶体、分泌泡、细胞质膜、细胞外等部位。

② 跨膜运输：细胞质核糖体上合成的蛋白质穿过膜结构，进入内质网、线粒体、质体（植物）和过氧化物酶体。

③ 门控运输：蛋白质穿过细胞核内外膜形成的核孔进入细胞核。（细胞质中蛋白质的转运未标明）。

定位信号才能实现蛋白质分选。

#### 4. 细胞质中蛋白质的转运

**细胞质中蛋白质的转运**（transport in cytoplasm）过程没有膜障碍，包括胞质溶胶中的非膜结合型蛋白质——细胞骨架蛋白和各种酶及蛋白质分子的转运。这些蛋白质常在核糖体中合成后被释放到胞质中，一些蛋白质以半溶形式游离于胞质中，例如胞质中存在的一些与细胞内信号转导有关的蛋白质及激酶；另一些蛋白质与胞质中的大分子结构结合，例如微丝、微管和中心粒等。但是由于细胞质基质的结构与成分尚不完全清楚，因此目前对细胞质里的蛋白质转运，特别是对信号转导途径中的蛋白质分子的转运信号及转运方式了解很少。

### 三、各类细胞器的蛋白质分选

细胞合成新蛋白质后从胞质溶胶进入内质网、线粒体、叶绿体和过氧化物酶体，也可以从细胞核进入细胞质或从高尔基体进入内质网。

#### 1. 核蛋白分选

在细胞核和细胞质之间不断地进行着双向的物质运输，这种运输是通过核孔复合体进行并受其调控的，因此称为门控运输。如组蛋白、DNA 和 RNA 聚合酶、基因调节蛋白等重要的核蛋白都是在细胞质内合成后，通过门控运输的主动运输过程运输到细胞核。这些蛋白质的核定位信号可以是信号肽，也可以是信号斑。与核定位信号结合的受体称为**核输入受体**（nuclear import receptor），核输入受体具有一个基因家族，每一个家族成员编码一种核输入受体，并可识别一组具有相似核定位信号的细胞核蛋白质。核输入受体是可溶性的细胞质基质蛋白，它既能与输入蛋白的核定位信号结合，又可与核孔复合体结合，介导了蛋白质通过核孔通道的运输。

细胞核内大分子从细胞核输出到细胞质，如新装配的核糖体亚基和各种 RNA 分子的输出，同样要依靠选择性的运输系统来通过核孔通道。这种运输系统的核心是位于输出大分子上的**核输出信号**（nuclear export signal）及其相应的**核输出受体**（nuclear export receptor）。门控运输的主动运输过程需要消耗能量。

#### 2. 内质网的蛋白质分选

内质网采取共翻译运输方式进行蛋白质转运，肽链边合成边向内质网腔转移。一般认为这个过程包括：带有信号肽的新生肽链合成 → 信号肽与**信号识别颗粒**（signal recognition particle，SRP）结合 → 肽链延伸终止 → 与内质网上 **SRP 受体**（SRP receptor）结合 → SRP 脱离信号肽 → 肽链在内质网上继续合成，同时信号肽引导新生肽链进入内质网腔 → 信号肽被切除 → 肽链延伸至终止 → 翻译体系解散。SRP 属于一种核糖核蛋白，与信号序列结合，导致蛋白质合成暂停。SRP 受体是异二聚体的膜整合蛋白，存在于内质网上，可与 SRP 特异结合。

#### 3. 线粒体的蛋白质分选

大量线粒体蛋白在细胞质中由游离核糖体合成，定向转运到线粒体。这些蛋白质在运输以前，以未折叠的前体形式存在，与分子伴侣（热激蛋白 Hsp70 家族）结合以保持前体蛋白质处于非折叠状态。在信号肽的引导下，通过与线粒体外膜的线粒体蛋白转运子 TOM 复合体、TIM 复合体和 OXA 复合体结合，使蛋白质在线粒体中定位。TOM 复合体介导线粒体蛋白的信号肽进入线粒体膜间腔，随即信号肽被切除而插入线粒体外膜；TIM 复合体和 OXA 复合体帮助跨膜蛋白插入线粒体内膜，需要 ATP 作为能量来源。

### 4. 叶绿体的蛋白质分选

叶绿体大量的蛋白质也是由核基因编码，在细胞质中合成，然后定向转运到叶绿体。叶绿体蛋白的转运机理与线粒体的相似，前体蛋白质主要由细胞质中的游离核糖体合成，N 端具有信号序列，转运入叶绿体后被信号肽酶切除。分选需要 ATP。但是叶绿体蛋白转运体系中除了某些热激蛋白分子与线粒体的相同外，转运子复合体是不同的。叶绿体外膜的转运子被称为 TOC 复合体，内膜的转运子被称为 TIC 复合体。

## 第六节　细胞连接和细胞通信

### 一、细胞连接

细胞与细胞间或细胞与细胞外基质的联结结构称为**细胞连接**（cell junction）。细胞连接的体积很小，只有在电镜下才能观察到。可分为**封闭连接**（occluding junction）、**锚定连接**（anchoring junction）和**通信连接**（communicating junction）（图 3-48）。

#### 1. 封闭连接

**紧密连接**（tight junction）是细胞间封闭连接的主要形式，一般存在于上皮细胞之间，相邻的细胞质膜紧紧靠在一起，中间没有空隙，黏着牢固，细胞不容易分开，是由围绕在细胞四周的焊接线（嵴线）网络而成。紧密连接可阻止可溶性物质从上皮细胞层一侧扩散到另一侧，甚至可阻止水分子通过，因此起重要的封闭作用。

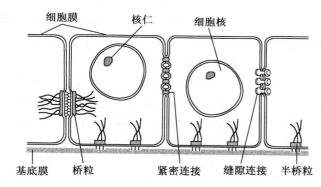

**图 3-48　上皮细胞的细胞连接**
上皮细胞成长立方形，上端为游离面，下端黏附于基底膜，两侧细胞间的连接包括紧密连接、缝隙连接和桥粒，与基底膜连接为半桥粒。

另一种较为少见的封闭连接称为**间壁连接**（septate junction），是存在于无脊椎动物上皮细胞的紧密连接，连接的细胞内骨架成分为肌动蛋白纤维。

#### 2. 锚定连接

锚定连接在机体组织内分布很广，包括由中间纤维相连的**桥粒**（desmosome）和**半桥粒**（hemidesmosome），以及以肌动蛋白纤维相连的**黏着带**（adhesion belt）与**黏着斑**（adhesion plaque）。相邻两细胞间的连接称为桥粒，细胞同细胞外基质相连称为半桥粒。黏着带与黏着斑的根本区别在于，前者是细胞与细胞间的黏着连接，而后者是细胞与细胞外基质进行连接。

#### 3. 通信连接

通信连接包括**缝隙连接**（gap junction）、**胞间连丝**（plasmodesmata）和**突触**（synapse）三种形式。

缝隙连接处相邻细胞质膜有约 2～3 nm 构成间隙，连接的基本单位称**连接子**（connexon）。每个连接子由 6 个相同或相似的跨膜蛋白亚基环绕，中心形成一个直径约 1.5 nm 的孔道。相邻细胞质膜上的两个连接子相对便形成一个缝隙连接单位。**胞间连丝**是植物细胞特有的通信连接。**突触**是神经元与神经元之间、或神经元与非神经细胞（肌细胞、腺细胞等）之间的一种特化的细胞连接，分为**化学性突触**（chemical synapse）和**电突触**（electrical synapse）两类。

## 二、细胞通信

细胞通信，即细胞间的信号传递极为常见，细胞群体内部细胞之间行为的协调需要细胞间的信号转导，而不同细胞群体间的信息交流也需要细胞间的信号转导。**细胞信号**（cell signaling）转导是细胞识别并结合信号分子，做出相应反应的复杂系统。正是由于如此复杂的系统，多细胞生物体才能有效地协调不同细胞群体的功能。细胞对微环境进行准确反应的能力是个体发育、组织修复、免疫以及维持正常的组织**内环境稳定性**（homeostasis）的基础。

单细胞生物只需要与环境交换信息，多细胞生物则根据自身需求进化出一套精细的通信系统，以保持所有细胞行为的协调统一。根据通信距离的长短常把细胞通信分为**短距离通信**（short-range communication）与**长距离通信**（long-range communication）两种方式。细胞的短距离通信是指细胞在局部范围内进行的信息交流，因此又可分为**直接接触**（direct contact）与**非直接接触**（indirect contact）这两种情况。前者通过细胞表面的膜蛋白直接接触进行通信，后者则需要借助分泌蛋白的扩散交流信息，例如旁分泌与化学突触。长距离通信主要指多细胞生物通过内分泌**激素**（hormones）和神经元轴突进行的信号传递。

细胞可以分泌化学物质——蛋白质或小分子有机化合物至细胞外，这些化学物质作为**化学信号**（chemical signaling）作用于其他的靶细胞，调节其功能，这种通信方式又称为**化学通信**（chemical communication），包括**旁分泌**（paracrine）、**自分泌**（autocrine）、**内分泌**（endocrine）和**突触**（synapase）（图 3-49）。

### 1. 旁分泌

细胞分泌的信号分子通过扩散作用于邻近的细胞。这些信号分子以各种生长因子、细胞因子为主，也包括以一氧化氮（nitric monoxide，NO）为代表的气体信号分子。它们主要作用于局部的细胞。这些蛋白质和气体分子在局部扩散，作用距离以毫米计算。信号分子作用于靶细胞的细胞表面受体或细胞内相应的结合蛋白，通过一定的信号转导途径诱导靶细胞产生反应。在数百种旁分泌信号中比较重要的有成纤维细胞生长因子（fibroblast growth factor，FGF）、表皮生长因子（epidermal growth factor，EGF）、Hedgehog（Hh）分子、Wnt（wingless）分子、转化生长因子（transforming growth factor，TGF）等。旁分泌常用于胚胎发育以及免疫细胞的激活。

### 2. 自分泌

自分泌指分泌信号和接受信号的细胞为同一个细胞或者同一类细胞，分泌到局部介质中的某些信号分子也作用于分泌细胞本身。例如前列腺素（prostaglandin，PG）是由前列腺细胞合成分泌的，它不仅能够控制邻近细胞的活性，也能作用于前列腺细胞自身。在人类中自分泌也常见于癌细胞。例如：大肠癌细胞可自分泌产生胃泌素，调节多种癌基因表达，从而促进自身癌细胞的增殖。

### 3. 内分泌

内分泌信号多为激素分子，可以通过血液循环

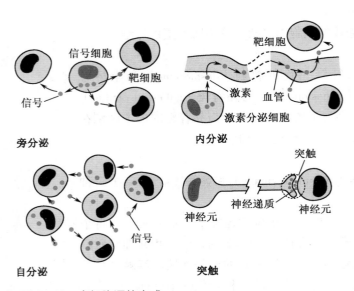

⬆ 图 3-49　多细胞通信方式

在多细胞生物体内一般有旁分泌、自分泌、内分泌与突触通信等四种方式。

长距离作用于靶细胞。在靶细胞表面有水溶性多肽类激素的特定受体，例如促乳素（prolactin）和生长激素（growth hormone）受体；在靶细胞的胞质里还有脂溶性固醇激素分子的特定受体，例如雌激素（estrogen）和睾丸素（testosterone）的受体。激素的作用具有长时效性，产生后经过漫长的运送过程才起作用，而且血流中微量的激素就足以维持长久的作用。植物也可以产生植物激素，它们都是些简单的小分子有机化合物，从产生之处运送到作用部位，对植物的生长发育产生显著的作用，包括生长素（auxin）、赤霉素（gibberellin）、细胞分裂素（cytokinin）、脱落酸（abscisic acid）和乙烯（ethylene）等几类。这些植物激素的生理效应非常复杂多样，可影响植物的细胞分裂、生长、分化、发芽、生根、开花、结实、性别决定、休眠和脱落等。

### 4. 突触

突触信号以神经递质为主。神经递质（如乙酰胆碱）由突触前膜释放，经突触间隙扩散到突触后膜，作用于特定的靶细胞，其作用局限于突触内，作用距离在 100 nm 以内。

## 三、细胞信号转导

**细胞信号转导**（cell signal transduction）是指细胞外部的信号通过与细胞膜上的受体或配体蛋白结合，并将信息传递到细胞内部，诱导细胞功能发生改变的过程。信号转导的最终结果是激活具有转录因子功能的蛋白质分子，它们作用于靶基因，改变靶基因的转录水平，进而引起细胞结构与功能的改变。细胞信号转导的基本特点是：①细胞信号转导首先是"转导"，细胞外信号分子多数不能进入细胞内，而是把信息导入到细胞内。②细胞信号转导必须经过多个步骤的级联反应，共同组成**信号转导途径**（signal transduction pathway）。③细胞信号转导的最终结果是引起细胞对外界信号的特异性反应。④信号转导过程具有放大功能，使得少量的细胞信号分子可以引发靶细胞显著的反应。⑤单细胞生物与多细胞生物中的细胞信号转导机制存在许多相似性，提示信号转导途径早在多细胞生物出现之前就已经开始出现，具有进化上的保守性。

### 1. 细胞信号转导的步骤

细胞之所以能够对外部信号作出反应，是因为细胞有一套行之有效的信号转导系统，包括信号接收装置、信号转导装置和信号反应系统。细胞信号转导途径包括了**信号接收**（reception）、**信号转导**（transduction）和**细胞反应**（response）这三个步骤（图 3-50），涉及信号分子、受体分子、受体偶联酶分子、第二信使、磷酸化级联反应、终效应分子等多种成分的协调作用。

（1）信号接收

信号接收是指受体蛋白与信号分子结合并引起受体分子结构发生改变。与受体特异性结合的信号分子称为**配体**（ligand）。配体分子与受体分子结构形状互补，类似于酶分子与底物分子在分子结构上的互补。

（2）信号转导

信号分子与受体结合后将信息转入细胞内，并转化成细胞的实际反应，这个过程称为信号转导途径。但是有些信号分子本身可以穿过细胞膜进入细胞内，引起细胞反应，例如脂溶性小分子激素分子等。信号转导途径中的分子称为**传递分子**，传递分子常常是具有激酶活性的蛋白质。受体的蛋白质激酶活性使传递

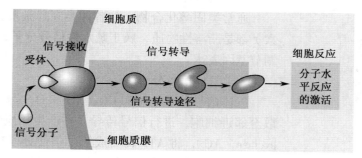

↑ 图 3-50　细胞信号转导途径模式图

细胞信号转导途径包括了信号接收、信号转导和细胞反应等三个步骤。

分子**磷酸化**并激活，同时自身**去磷酸化**恢复非激活状态。被激活的传递分子再磷酸化下游分子，如此循环产生连续的**级联反应**（cascade reaction）保证了信号转导的准确性和特异性。同时在信号转导途径中由**第二信使分子**（second messenger）对信号进行放大。信号转导途径的最后一步是通过蛋白质磷酸化激活**转录因子**（transcription factor），后者进入细胞核作用于基因表达调控元件上，使信号响应基因的表达被激活或者抑制。

（3）细胞反应

指通过基因表达改变所导致的细胞特异性反应，细胞反应的形式多种多样，几乎涉及细胞的所有生理活动，包括细胞的**染色质结构重排**、**有丝分裂**、**分化**、**细胞骨架运动**、物质**代谢**和**凋亡**（apoptosis）等。

**2. 信号分子**

细胞所接受的信号可以是物理信号（光、热、电流），但是在细胞间通信中运用最为广泛的信号还是化学信号。从化学成分来看细胞信号分子包括短肽、蛋白质、气体分子以及氨基酸、核苷酸、脂类和胆固醇衍生物等等，其中在神经系统中传递的信号分子称为**神经递质**（neurotransmitter），而在内分泌系统则称为**激素**（hormone）。能与受体特异性结合的信号分子（配体）常常可以结合一种或者一种以上的受体。配体分子特异性结合受体，并诱导受体分子的立体构象改变，使受体分子在细胞膜一定部位聚集而启动信号转导过程。

信号分子的共同特点是：①特异性，只能与特定的受体结合；②高效性，几个分子即可产生明显的生物学效应，这一特性有赖于细胞的信号逐级放大系统；③可被灭活，完成信息传递后可被降解或修饰而失去活性，保证信息传递的时效性和避免细胞信号途径过度激活引起的功能异常。

已知的细胞外信号分子（包括光、电、化学分子）有数百种，大体可分为三类：第一类是为数众多的亲水性信号分子，只能作用于细胞膜表面受体或起受体样作用的蛋白质，再通过细胞内的一系列以构象和功能变化为基础的蛋白质级联反应来产生生物学效应。第二类是疏水性的类固醇激素、维生素 D 和甲状腺激素等，它们可直接扩散透过细胞膜，与胞内受体结合而发挥作用。第三类是以一氧化氮（NO）和一氧化碳（CO）为代表的气体性信号分子。

（1）亲水性信号分子

神经递质、细胞因子、生长因子、代谢产物、药物、毒素和水溶性激素等都属于**亲水性信号分子**。它们不能直接穿过靶细胞的细胞膜，只能与膜上的受体或者膜表面分子结合，经信号转换机制，通过胞内信使（如 cAMP）或激活膜受体的激酶活性（如受体酪氨酸激酶），引起细胞的应答反应。所以这类信号分子又称为**第一信使**（primary messenger），而 cAMP 这样的胞内信号分子被称为**第二信使**（secondary messenger）。

（2）疏水性信号分子

通常类固醇化合物，如各种类固醇激素和甲状腺激素，某些维生素和脂肪酸衍生物（如前列腺素）都是脂溶性物质，属于**疏水性信号分子**，可直接穿膜进入靶细胞，与胞内受体结合形成复合物，调节基因表达。

（3）气体信号分子

气体信号分子，例如 CO、NO 和 $H_2S$ 等，可以直接穿过靶细胞的细胞膜，从产生气体的细胞扩散至邻近细胞，进行信号传导，并产生相应的生理功能。它们都能够激活腺苷酸环化酶（adenylate cyclase，AC），将 ATP 转变成第二信使分子环磷酸腺苷（cAMP），进而引起细胞的信号应答，发挥舒张血管、抑制平滑肌细胞增殖等生物学效应。

越来越多的证据表明，植物体内的 $H_2O_2$ 可以作为信号分子发挥作用，是调节细胞程序性死亡的关键因子。$H_2O_2$ 可以在环境胁迫防御反应中发挥信号作用。同时 $H_2O_2$ 还影响和修饰第二信使（例如钙信号）的作用，在 $H_2O_2$ 信号和钙信号之间进行交互作用，共同调节植物对多种胁迫的耐受性。

### 3. 受体

受体指细胞膜上或细胞内能识别并与信号分子特异性结合，引起细胞功能变化的生物大分子。受体绝大多数是蛋白质。受体与相应配体的结合具有高度的亲和性、特异性以及可以被配体饱和等三个特点。

在细胞通信中，由信号转导细胞送出的信号分子必须被靶细胞接收才能触发靶细胞的应答，受体的功能就是接收配体。每种细胞都有独特的受体和信号转导系统，细胞对信号的反应不仅取决于受体的特异性，而且与细胞的固有特征有关。相同的信号可产生不同的效应，例如：同样是乙酰胆碱，作用于骨骼肌可引起骨骼肌细胞收缩，作用于心肌则可以降低心肌细胞收缩频率，作用于唾液腺细胞则引起唾液腺细胞分泌唾液。与之对应，有时不同信号可以产生相同的效应，例如肾上腺素和胰高血糖素都能促进肝糖原降解。

据受体的亚细胞定位，受体可分为**膜受体**（membrane receptor）和**核受体**（nuclear receptor）。

膜受体位于细胞膜上，主要介导不能够穿过细胞膜的亲水性信号分子的信息传递，根据其作用的分子机理可分**离子通道偶联受体**（ion-channel linked receptor）、**G 蛋白偶联受体**（G-protein coupled receptor）和**酶联受体**（enzyme-linked receptor）三个主要大类。

（1）离子通道偶联受体

离子通道偶联受体又称**配体门控离子通道**（ligand-gated ion channel），它们主要受到神经递质等信号分子的调节，当神经递质与这类受体结合后，可使离子通道打开或关闭，从而改变膜的通透性，诱导细胞内的信号转导。这种受体常见于神经元间的突触信号传导，产生一种电效应，如乙酰胆碱受体（nAChR）、$\gamma$- 氨基丁酸受体（GABAR）和甘氨酸受体等都是离子通道偶联受体（图 3–51）。

（2）G 蛋白偶联受体

G 蛋白偶联受体的基本结构包括跨膜受体分子、G 蛋白分子、酶或者离子通道组成的效应分子。G 蛋白偶联受体与配体的结合后发生立体构象的改变，激活 G 蛋白异源三聚体，$\alpha$ 亚基和 $\beta/\gamma$ 亚基分别结合到效应分子上并使其激活。效应分子进而合成第二信使分子推进信号转导过程，最终通过对转录因子的磷酸化调节基因的表达（图 3–52）。

（3）酶联受体

酶联受体既是受体也是酶。它们通常包含两个重要的结构域，细胞外结构域主要承担与配体结合的功能，而细胞内结构域具有酶催化功能，因配体与受体结合时可激活酶活性，故称为酶联受体。与 G 蛋白偶联受体相比，酶联受体信号转导的反应比较慢，并且需要多个细胞内的转换步骤，但是其特异性与精确性对细胞的常规活动具有重要意义。这一类受体转导的信号通常与细胞的生长、繁殖、分化、生存有关。但是并非所有酶联受体的细胞内结构域都具有酶活性，所以按照受体的细胞内结构域是否具有酶活性将此类受体分为具有细胞内催化活性的酶联受体和缺乏细胞内催化活性的

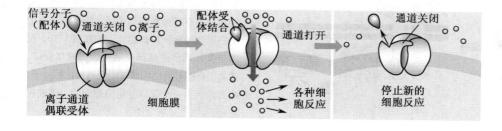

● 图 3-51 离子通道偶联受体

离子通道偶联受体与配体结合使得通道打开，离子通过通道。当配体脱离受体后通道关闭。

酶联受体两大类（图 3-53）。

（4）核受体

**核受体**是一大类在生物体内广泛分布的、配体依赖的转录因子，由 200 多个成员构成的大家族。核受体蛋白具有高度保守的**配体结合结构域**（ligand binding domain，LBD），可以选择性地与配体结合。它们还含有一个配体依赖性的 DNA 结合结构域，可以与基因调控区序列结合，发挥转录激活作用。同时**核受体辅激活因子**（nuclear receptor coactivator）是由多个蛋白家族组成，如 p300、P/CAF 和 SRC 等蛋白家族，它们结合到配体活化的核受体上可增强核受体介导的转录活性。**核受体辅抑制因子**（nuclear receptor repressor）以配体非依赖的方式与一些核受体结合，在未结合配体的核受体介导的转录抑制过程中发挥作用（图 3-54）。

核受体与相应的配体以及辅调节因子相互作用，调控基因的表达，从而在机体的生长发育、新陈代谢、细胞分化及体内许多生理过程中发挥重要的作用。核受体一般位于细胞质内，与配体结合时被激活为转录调控因子进入细胞核，例如雌二醇、孕酮、睾酮、肾上腺皮质激素等甾体激素的受体。个别核受体位于细胞核内，也是配体依赖的转录调控因子（图 3-54）。

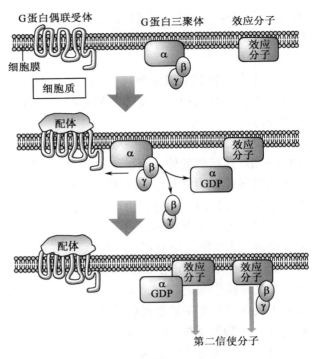

🔼 图 3-52　G 蛋白偶联受体

与 G 蛋白分子偶联的受体称为 G 蛋白偶联受体。G 蛋白由 α、β、γ 三个亚基组成。受体与配体结合后的细胞内区域结构改变使之募集 G 蛋白，G 蛋白三聚体解聚形成 α 与 β/γ 两个功能基团，分别与效应分子结合并使其激活，后者又产生第二信使推动信号转导。

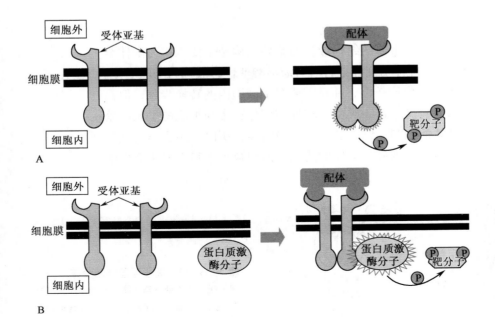

◀ 图 3-53　酶联受体

酶联受体可以分成两类，一类是受体的胞内端具有蛋白质激酶结构域（A），另一类是受体自身并不带有激酶结构域，但是与另一个蛋白质激酶分子具有功能上的联系（B）。配体与受体结合形成具有活性的二聚体受体，或者自身的激酶结构域作用而磷酸化靶分子，或者激活另一个偶联的蛋白质激酶，磷酸化靶分子。

#### 4. 第二信使

第二信使学说由 E. W. Sutherland 于 1965 年首先提出。他认为人体内各种含氮激素（蛋白质、多肽和氨基酸衍生物）都是通过细胞内的 cAMP 发挥作用的，首次把 cAMP 叫作第二信使。第二信使是胞内信号分子，负责细胞内的信号转导。第二信使至少有四个基本特性：①有效地放大细胞通过受体与信号分子结合的信息。②第二信使在细胞内的浓度受第一信使的调节，它可以瞬间升高且能快速降低。③第二信使分子一般有两种的作用方式——直接作用和间接作用，间接作用是它们的主要作用方式。④细胞外膜上的受体结合配体后，引发细胞内第二信使的合成。第二信使多数在细胞内膜上进行，其合成酶多数是细胞膜结合蛋白，但也有第二信使由位于细胞质中的游离蛋白合成。

虽然第二信使都是小分子或离子，但是可以在细胞信号转导中发挥重要的作用。它们能够激活级联系统中酶的活性，以及非酶蛋白的活性，并由此调节细胞内代谢系统的酶活性，控制细胞的生命活动，包括糖的摄取和利用、脂肪的储存和移动、细胞分泌、细胞增殖、分化和生存，并参与基因转录的调节。目前已知最重要的细胞内第二信使有 cAMP、**环鸟苷磷酸**（cGMP）、**1,2- 二酰基甘油**（diacylglycerol，DAG）、**1,4,5- 三磷酸肌醇**（inosositol 1,4,5–trisphosphate，$IP_3$）、$Ca^{2+}$ 等。

（1）环磷酸腺苷（cAMP）

环磷酸腺苷（3′,5′-cyclic adenosine monophosphate，cAMP）又叫环腺苷酸，由腺苷酸环化酶催化 ATP 环化生成，引起细胞的信号应答。腺苷酸环化酶是膜整合蛋白，它的氨基端和羧基端都朝向细胞质，但是也有溶解状态的腺苷酸环化酶位于细胞质里。

在 G 蛋白受体与激素等配体分子结合时，G 蛋白的 α、β 和 γ 三个亚基分成 α 和 β/γ 两部分，结合了 GTP 的 α 亚基向朝向细胞膜内表面的效应物腺苷酸环化酶移动并与之结合，激活的腺苷酸环化酶产生 cAMP 并在细胞内扩散，作用于下游靶蛋白分子（图 3–55）。腺苷酸环化酶一方面起着转导器的作用，同时也像一个放大器，使单个激素分子可以产生放大的效应。

（2）环鸟苷磷酸（cGMP）

**环鸟苷磷酸**（3′,5′-cyclic guanosine monophosphate，cGMP）又叫环鸟苷酸，跟 cAMP 一样，是一种具有细胞内信息传递作用的第二信使，在**鸟苷酸环化酶**（guanylyl cyclase，GC）催化下由 GTP 环化生成。鸟苷酸环化酶有膜整合蛋白的形式，通常也是由 G 蛋白的 α 亚基激活。此外鸟苷酸环化酶还有溶解状态，一氧化氮分子可以激活游离型的鸟苷酸环化酶合成环磷酸鸟苷。

（3）三磷酸肌醇（$IP_3$）与二酰基甘油（DAG）

胞外信号分子与细胞表面的 G 蛋白偶联受体结合，激

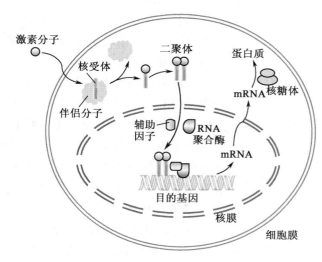

**↑ 图 3-54 核受体介导基因转录模式图**

核受体包含两个重要的结构域，与配体结合的结构域与 DNA 结合结构域。激素等脂溶性配体直接进入细胞与核受体的配体结合结构域互相作用，使核受体活化并进入细胞核与靶基因的转录调控序列 DNA 结合，在 RNA 聚合酶作用下使靶基因转录表达，合成 mRNA 回到细胞质，在核糖体上翻译成蛋白质，引起细胞反应。

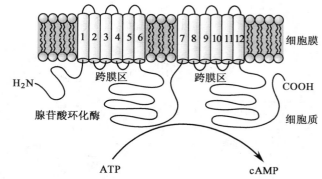

**↑ 图 3-55 腺苷酸环化酶**

腺苷酸环化酶是跨膜蛋白，催化第二信使 cAMP 的生成。

活细胞膜上的磷脂酶 C，使膜上的 **4,5- 二磷酸磷脂酰肌醇**（PIP$_2$）水解成 1,4,5- 三磷酸肌醇（IP$_3$）和二酰基甘油（DAG）这两类第二信使，活化与质膜结合的蛋白激酶 C，使胞外信号转换为胞内信号，所以这一信号系统又称为**双信使系统**（double messenger system）。

（4）钙离子（Ca$^{2+}$）

钙在体内以两种形式存在：结合状态和离子状态，只有离子状态的 Ca$^{2+}$ 才具有生理活性。Ca$^{2+}$ 又分为胞内 Ca$^{2+}$ 和胞外 Ca$^{2+}$ 两种。Ca$^{2+}$ 不仅单独作为第二信使起作用，而且也参与或协调其他第二信使的代谢和对细胞生理功能的调节。在细胞质中动员细胞内质网中的内源钙转移至细胞质基质，使胞质中游离的钙浓度提高。Ca$^{2+}$ 参与广泛的生理过程，例如生物膜通透性、肌肉收缩、细胞移动、激素分泌、消化酶类释放、神经递质释放、细胞代谢、细胞形态的维持、细胞周期调控、生殖细胞的成熟和受精等，提示了钙信号的广泛性和复杂性。

### 5. 磷酸化级联反应

不能穿过细胞膜的信号分子通过与细胞膜表面受体结合，激活细胞内蛋白的级联反应，进而调节胞内特定蛋白的活性或诱导特定的基因表达。组成级联反应的各个成员称为级联系统，主要是由催化**磷酸化**（phosphorylation）和**去磷酸化**（dephosphorylation）的酶组成。**磷酸化级联反应**（phosphorylation cascade）具有信号放大作用，可以使原始信号变得更强、更具激发作用，引起细胞的强烈反应。无疑级联反应中的各个步骤都能受到一些因子的调节，使细胞信号转导更准确有效。

蛋白质磷酸化是指由蛋白激酶催化，把 ATP 或 GTP 的 $\gamma$ 位磷酸基团转移到蛋白质底物上，使下游蛋白质分子磷酸化而被激活的过程，是信号转导过程中一个重要的信号传递、放大、调节机制。被激活的分子如果是蛋白质激酶，它又可以磷酸化下游蛋白质，实现逐级磷酸化激活。被激活的分子如果是转录因子，就会进入细胞核结合在 DNA 上，使基因启动转录表达，实现对信号分子的细胞反应。蛋白质磷酸化的逆过程是蛋白质去磷酸化，由**蛋白磷酸酶**（phosphatase）催化。蛋白质的磷酸化和去磷酸化过程，受蛋白激酶和磷酸酶的协同作用控制，所以级联反应的本质是蛋白质磷酸化级联反应（图 3-56）。

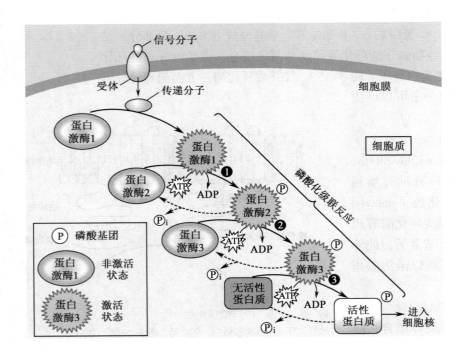

● 图 3-56　磷酸化级联反应

细胞外信号分子与细胞膜受体结合，并不进入细胞。细胞在把细胞外信号转变为细胞内信号是需要经过一系列由蛋白激酶催化的磷酸化反应，使信号逐级放大而又避免失误。最后被磷酸化的活性蛋白质分子一般是转录调控因子，进入细胞核调节基因表达。

## 四、细胞与外基质的连接与通信

　　**细胞外基质**（extracellular matrix，ECM）是由细胞分泌到细胞外间质中的大分子物质，包括糖蛋白和蛋白多糖。它们构成复杂的网架结构，起着支持组织结构、调节组织发生和细胞生理活动的功能（图 3-57）。细胞外基质的成分、含量和存在形式的差异赋予各种组织截然不同的特性，例如基质的钙化使骨组织坚硬如石头，基质中大量成索的胶原纤维使肌腱、韧带具有强大的张力，上皮组织和结缔组织之间的细胞外基质特化为基膜，对控制细胞的行为起着重要的作用。

　　构成细胞外基质的大分子种类繁多，可大致归纳为三大类：① 糖胺聚糖和蛋白聚糖，它们能够形成水性的胶状物，其中包埋有许多其他的基质成分；②结构蛋白，如胶原和弹性蛋白，它们赋予细胞外基质一定的强度和韧性；③ 黏着蛋白，如纤连蛋白和层粘连蛋白，它们促使细胞同基质结合。植物细胞外基质还含有以纤维素为代表的各种糖类。

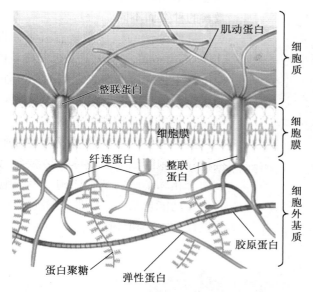

**↑ 图 3-57　细胞外基质**
细胞外基质包括了蛋白聚糖、黏着蛋白、胶原和弹性蛋白等，常与细胞跨膜蛋白整合素连接。

　　细胞外基质不仅对个体发育过程中细胞的迁移有导向作用，而且可以诱导细胞的分化，同时影响细胞的形态、凋亡、增殖、分化等。脱离基质的上皮细胞可以激活**失巢凋亡**（anoikis），是细胞外基质功能的最好例证，即细胞与细胞外基质失去接触可以诱导程序化死亡也就是**凋亡**（apoptosis）。细胞外基质对细胞分化的作用表现为成肌细胞在纤黏连蛋白上增殖并保持未分化的表型，而在层粘连蛋白上则停止增殖，进行分化，融合为肌管。

　　细胞与细胞外基质的相互作用是通过细胞表面受体与细胞外基质成分的特异性结合来实现的，这种细胞表面受体主要是整联蛋白家族的各个成员。细胞表面受体与细胞外基质成分的结合不仅介导了细胞与细胞外基质的黏附，而且介导了细胞的信号转导途径，使细胞产生一系列的反应。

## 五、植物细胞间通信

　　植物的组织方式与动物不同，植物细胞被局限在刚性的细胞壁内，而细胞壁含有丰富的纤维素和其他多糖，将细胞牢固地黏合在一起。所以对植物细胞来说不需要锚定结合来固定细胞，但是需要有效的细胞间通信。目前认为植物细胞只有一种细胞间连接——**胞间连丝**（plasmodesma），类似于动物细胞的缝隙连接，可以造成邻近细胞的细胞质之间直接接触。植物细胞借助细胞信号转导途径协调对光线、暗度与温度变化的反应；协调叶子、茎秆和花等植物各部分的生理功能。

### 1. 植物激素介导的细胞间通信

　　植物细胞间的通信通过产生并分泌植物激素来实现，所以植物细胞通信较为简单，与动物细胞间丰富多彩的通信方式形成鲜明的对比。植物激素只是植物体内的痕量信号分子，但是它们的生理效应却非常复杂多样，从影响细胞的分裂、生长、分化，到影响植物发芽、生根、开花、结实、性别决定、休眠和脱落等。因此，植物激素对于调节植物的各种生长发育过程和对于环境的应答具有十分重要的意义。植物激素的特点包括：①植物激素一般以多种衍生物或修饰形式存在，是调节激素在体内平衡与生物学活性的主要方式。②一些激素对植物的生长常有促进和抑制两方面的作用，取决于浓度的高低及不同的靶器官。③植物激素是植物自身产生的物质，极低浓度（甚至低于 1 μM）就能调节植物的生理过程。④一般可由其产生的部位移向其作用的部位，移动性的大小和方向，随激素的种类而不同。

目前公认的植物激素有五类，即生长素、赤霉素、细胞分裂素、脱落酸和乙烯。油菜素甾醇（brassinosteroid，BR）是最近新确认的植物激素。多种植物激素作为植物细胞间通信的介质，共同调控植物生长，这些激素之间的相互作用协调整个植物生长发育的复杂过程，使之有序进行。激素间的互作点和互作机制在未来是一个具有重要意义的研究领域。

**2. 胞间连丝介导的通信**

植物的胞间连丝代替了动物细胞中的缝隙连接（图 3-58），它是穿越细胞壁的原生质细丝，连接相邻细胞间的原生质体，是多细胞植物体结构和功能统一的重要保证。胞间连丝作为植物体内连接两个相邻细胞的细胞结构，为细胞之间的物质和通信联络提供了直接便捷的交流途径。胞间连丝的主要功能包括：①细胞间物质的运输和转移，包括囊泡运输；②信息、刺激的传导；③调节细胞的生长、发育和分化。

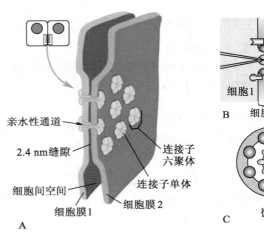

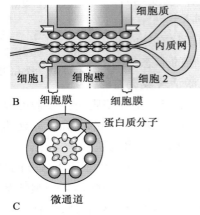

◆ 图 3-58　植物细胞胞间连丝
A. 显示动物细胞的缝隙连接结构，相邻细胞分别以六个缝隙连接蛋白亚基组成半连接子，对应连接成为完整的连接子。
B，C. 分别显示植物细胞胞间连丝的中轴垂直断面和横断面，细胞质膜与跨细胞壁内质网共同组成胞质通道（cytoplasmic channel），规则排列的蛋白质分子把这个通道分隔成微通道（microchannel），供分子通过。

📝 **小结**

细胞是生命活动的基本单位，也是生物体结构与功能的基本单位。有的生物由单细胞组成，有的由多细胞组成，对细胞的研究需要从显微水平、超微水平和分子水平等不同层次探索细胞的结构、功能及生命活动。细胞作为生命活动的基本结构与功能单位，具有共同的物质基础，是代谢、生物体生长发育和遗传的基本单位。

细胞可分为原核细胞和真核细胞两类。真核细胞包括动物细胞和植物细胞，动物细胞具有细胞核和有界膜的细胞器如内质网、高尔基器、溶酶体、过氧化物酶体、线粒体等，也有非膜结构的细胞骨架、核糖体、蛋白酶体、中心体。植物细胞结构与动物细胞十分相似，但是没有中心体（高等植物），同时还具有植物细胞特有的细胞壁、叶绿体和液泡。内膜系统是完成真核细胞生命活动过程的必需结构。为了保证细胞的正常功能，原核细胞和真核细胞内具有独特的蛋白质分选和运输系统。

生物膜是细胞基本结构之一，生物膜与生命起源有密切关系，它的长期进化出现了各种结构与功能的差异。生物膜的化学组成主要是脂类、蛋白质和糖类。目前公认的生物膜液态镶嵌模型。以结合有蛋白质的脂质双分子层为主体。细胞中的各种膜结构，包括细胞质膜、包裹细胞器的膜、内质网膜和核膜等都具有相同的结构与化学成分。细胞膜参与细胞的能量转换、物质运送、信号识别与信息传递。细胞膜具有高度选择性，通过被动转运和主动转运方式与细胞外环境进行物质交流，也包括细胞的胞吞和分泌。

细胞之间通过信号分子相互影响并实施调控，以适应细胞的外环境。细胞的化学通信包括旁分泌、自分泌、内分泌和突触通信。细胞信号转导途径是细胞外部的信号通过与细胞膜受体结合，将信息传到细胞内部，诱导细胞功能改变的过程。细胞与细胞间的通信对于个体发育具有关键性作用，进化上细胞信号转导途径早于或者同于多细胞生物的起源。细胞信号转导途径包括了信号接收、信号转导和细胞反应三个步骤，涉及信号分子、受体分子、受体偶联酶分子、第二信使、磷酸化级联反应、终效应分子等成分。同时信号转导途径间通过一些枢纽分子在多个层面进行对话，有的信号转导途径配体与受体种类繁多，并且具有各种分支信号途径，形成复杂的信号网络。

植物细胞与动物细胞一样需要细胞间通信，植物细胞借助细胞信号转导途径协调对光线、暗度与温度等环境因素的反应，协调叶子、茎秆和花等植物各部分的生理功能。但是植物的细胞通信与动物细胞间通信有很大的差异，植物细胞采用胞间连丝结构代替了动物细胞中的缝隙连接，并且借助产生并分泌植物激素来实现细胞间通信。

## 思考题

1. 为什么说细胞是生物体的基本单位？
2. 生物学的细胞有哪些共同的特点？
3. 细胞的基本结构与功能之间由哪些联系？
4. 何为细胞内膜系统？包括哪些结构？
5. 分泌蛋白的合成与运输途径是怎样的？怎样证明该过程？
6. 细胞内外的物质交流有哪些形式？细胞如何调节？
7. 何为细胞通信？有哪些方式？
8. 什么是细胞内信号转导？
9. 植物细胞通信与动物细胞通讯有哪些异同？

## 相关教学视频

1. 细胞膜
2. 蛋白质分选
3. 跨膜物质运输
4. 细胞骨架
5. 细胞器
6. 细胞通信

（吴超群、朱炎）

# 第 四 章
# 细胞的分裂与繁殖

　　人类16世纪初发明了显微镜以后，生物学开始了细胞水平的研究。1822年德国生物学家Walther Flemming观察到了蝾螈细胞分裂现象，提出了"有丝分裂"（mitosis）一词。1841年波兰生物学家Remak Robert的论文描述了鸡幼胚内有核红血细胞分裂成为两个子细胞的过程，这是第一个细胞分裂机制证据的实验。1842年瑞士植物学家Karl Wilhelm Von Nageli发现了百合和紫露草细胞核在分裂过程中的微结构，这就是后来被称为染色体的最初认识。1848年，W. Hofmeister观察到了紫露草、西番莲科和松树中染色体的有丝分裂，并对细胞分裂各个时期细胞核型的变化以及子细胞核膜的形成做了清晰的论述。随后至1871年生物学家Kowalevski Alexander通过对线虫、蝴蝶和其他节肢动物的胚胎发育的研究，绘出了动物有丝分裂后期纺锤体和染色体的结构图。至此，细胞分裂与染色体分裂之间的关联被大量的动物和植物实验所证实。

　　1882年，《细胞成分、细胞核和细胞分裂》一书中描述了染色体的纵向分裂（langsspaltung）。当时生物学家用prophase、metaphase、anaphase、telophase、interphase来表示有丝分裂的前期、中期、后期、末期和间期五个时期。这样的划分虽然有明显的主观性，却相对容易区分和确定。1883年，比利时胚胎学家Van Beneden以马蛔虫为材料，发现其精子和卵细胞各自只有体细胞染色体数目的一半，受精卵又恢复了两对染色体（马蛔虫体细胞有两对染色体）。生殖细胞染色体的分裂行为受到当时学者的普遍关注，随后又有学者发现植物生殖细胞也有同样的染色体减半的现象，细胞的减数分裂也被实验所证实。这样，经过近一百年，生物学家完成了染色体分裂行为伴同细胞分裂的全过程探索。

# 第一节 染色体

## 一、染色体结构

1888 年，W. Waldeyer 将细胞分裂时期观察到的细胞核内能被染色的丝状体称为**染色体**（chromosome），并猜测染色体与遗传有关。1902 年，在孟德尔定律重新发现以后，T. Boveri 和 W. S. Sutton 提出染色体在细胞分裂中的行为可能与孟德尔的遗传因子平行，摩尔根（Thomas Hunt Morgan）在 1910 年通过果蝇杂交实验证实了这一推测。从此染色体的分裂与生命的繁殖就紧紧联系在一起。

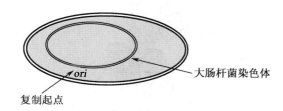

● 图 4-1 原核生物大肠杆菌环状染色体

染色体是细胞中不可缺少的重要组分，是遗传信息的载体。原核生物的染色体有环状与线状的 DNA（图 4-1）。真核生物的染色体通常都是线状，包含在有核膜的细胞核中（图 4-2）。

生物体内的染色体虽然大小不一，形态各异，功能也不相同，但它们基本结构是一样的。细胞未分裂时期，细胞核内的易被碱性染料染色的物质称为染色质。染色质在细胞分裂时高度折叠螺旋化，形成了较为粗大的结构形态。此时的染色质通常称为染色体。染色体是染色质的另外一种形态，它们的组成成分是一样的。但是每个特定的染色体空间构象已经发生了改变，所以这个时期的染色体的功能已经与原来不一样。

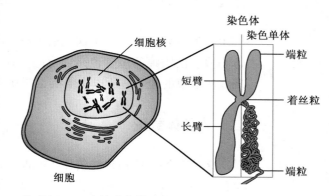

● 图 4-2 真核生物的染色体结构

染色体的化学成分主要是脱氧核糖核酸（DNA）和蛋白质，DNA 分子是双螺旋结构，一条染色体就是一个 DNA 分子。由蛋白质与 DNA 分子构成的核小体是染色体结构的最基本单位，每个核小体的核心由 8 个组蛋白分子，即 H2A、H2B、H3 和 H4 各两个分子组成。DNA 双链环绕在核心的外面，核小体由 146 个碱基对的 DNA 双螺旋在每个组蛋白的表面盘绕，相邻的两个核小体之间，有不等长度的碱基对的 DNA。成串的核小体形成了染色体的初始结构。细胞分裂时期，DNA 分子螺旋化和折叠盘绕后，形成一条显微镜可见的染色体。染色体在细胞分裂之前才形成。在细胞的代谢期或间期，染色体去折叠和解螺旋，组成细胞核内的染色质或核质（图 4-3）。

细胞分裂中期的染色体是染色体形态最清晰的时期。此时的染色体经染色后，可在显微镜下看到染色体的基本形态结构。根据染色体**着丝粒**（centromere）的位置，将染色体分为中着丝粒、近中着丝粒、近端着丝粒以及端着丝粒染色体。着丝粒间隔的染色体臂分为长臂（以 q 表示）和短臂（以 p 表示）。每一物种的染色体的数目和结构是固定的，一种生物的全部染色体的组成称为**染色体组**。为了便于研究和区分，有时会将生物的染色体组按照染色体的大小和着粒位置，人为地划分为几个染色体亚组，对染色体结构和数量的研究被称为**染色体组型分析**（图 4-4）。

细胞分裂期间，染色体复制成以着丝粒连在一起的纵向并列的两个**染色单体**（chromatid），着丝粒所在的地方往往表现为一个缢痕，所以着丝粒又称**主缢痕**（primary constriction）。有些染色体上除

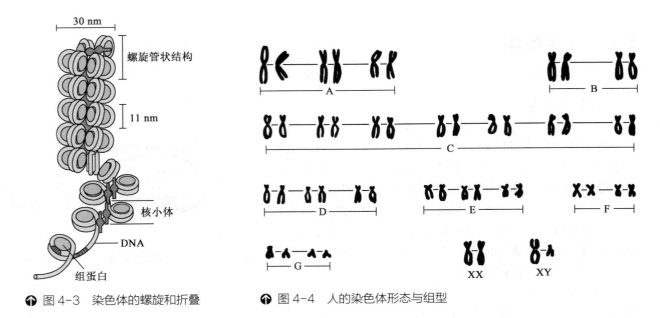

🔼 图 4-3    染色体的螺旋和折叠      🔼 图 4-4    人的染色体形态与组型

了主缢痕（secondary constriction），连上一个叫作**随体**（satellite）的远端染色体小段。次缢痕的位置也是固定的。在细胞分裂将结束时，核内出现一个到几个核仁，核仁总是出现在次缢痕的地方，所以次缢痕也叫作**核仁组织区**（nucleolar organizer region）。

## 二、染色体数量

多数高等动植物是**二倍体**（diploid），二倍体生物的配子只有体细胞染色体数目的一半，称为**单倍体**（haploid，用 $n$ 来表示）。两个配子结合后组成二倍体（用 $2n$ 表示）。例如玉米的二倍体染色体数是 20（$2n=20$），有 10 对染色体。人的染色体数是 46（$2n=46$），有 23 对染色体（图 4-4）。人的精子和卵细胞都是单倍体，染色体数目是 23（$n=23$）。真核生物的染色体分为常染色体和性染色体。性染色体与生物的性别分化有关。哺乳动物雄性个体细胞的性染色体对为 XY，雌性则为 XX。鸟类的性染色体与哺乳动物不同：雄性个体是 ZZ，雌性个体是 ZW。也有一些真核生物以单倍体形式存在，例如脉孢霉的单倍体菌丝体的染色体数就是 $n=7$。

# 第二节    有丝分裂

## 一、细胞分裂

细胞的生长和分裂是生命体一切生命活动的基础。通过细胞分裂，一个母细胞可以产生两个子细胞，子细胞经过生长成熟又可以继续分裂产生下一代细胞。对于低等的单细胞生物而言，一次细胞分裂就可以形成一个新的个体，而在高等的多细胞生物体内，细胞分裂是实现组织发育、器官形成和个体生长等宏观生命活动的前提和基础。母细胞完成自我复制后精确地将所有遗传物质均匀地分配到子代细胞中去的过程为**细胞周期**（cell cycle）。细胞周期从一次细胞分裂结束形成子细胞开始计算，到该子细胞下一次细胞分裂结束为止。

原核（prokaryote）细胞中通常只有一个裸露的 DNA 分子组成染色体。这类生物的细胞分裂是延长并分裂时，染色体同时复制并均衡分至子细胞（图 4-5）。原核生物的细胞周期相对简单，DNA 复制和细胞生长在整个细胞周期中进行。同时，因为没有细胞核，复制后形成的染色体是通过与质膜相连从而完成分离的。

相比较之下，真核生物的细胞增殖是通过**有丝分裂**（mitosis）来完成的。有丝分裂把一个细胞的两套染色体复制后均等地分向两个子细胞，所以新形成的两个子细胞在遗传物质上跟原来的细胞是相同的。真核细胞的周期要复杂得多，细胞生长、复制、分裂等都发生在特定的阶段，顺序进行。在早期的研究中，人们根据光学显微镜下的观察将细胞周期简单地分为两个时相，即**分裂期**（mitosis）和**分裂间期**（interphase）。顾名思义，分裂期是细胞完成 DNA 分离和胞质分离的过程，而分裂间期即非分裂期细胞的时相。当时人们还发现，在整个细胞周期的过程中，分裂期所占的时间比例很小，仅 5% 左右，显微镜下的细胞大多处在分裂间期。后来，借助于更多的研究手段人们才逐渐认识到在光镜下没有显著变化的细胞间期同样包含了一系列复杂的分子变化和细胞行为。

依据生存与繁殖的功能不同，生物的细胞分为**生殖细胞**（germ cell）和**体细胞**（somatic cell）。生殖细胞是多细胞生物体内能繁殖后代的细胞的总称，包括从原始生殖细胞直到最终已分化的生殖细胞。物种主要依靠生殖细胞延续和繁衍。体细胞是一个相对于生殖细胞的概念，高等生物的细胞差不多都是体细胞，除了精子和卵细胞以及它们的母细胞之外，体细胞的遗传信息不会像生殖细胞那样遗传给下一代。体细胞遗传信息的改变不会对下一代产生影响。不管是体细胞还是生殖细胞，细胞分裂都是与染色体分裂有关。但是体细胞不会出现减数分裂，而生殖细胞在配子形成时，具有典型的染色体数目减半的减数分裂行为。

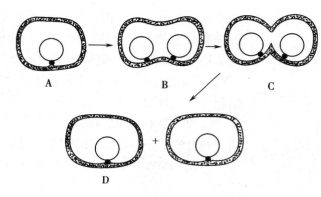

🔺 图 4-5　细菌的染色体分裂

## 二、有丝分裂过程

细胞的分裂主要是染色体的分裂行为，真核细胞由于染色体数目多以及细胞中含有更多的细胞器，它的细胞分裂机制较为复杂。参与细胞分裂的细胞器有中心粒、纺锤体和细胞核等。有丝分裂是常见的细胞分裂方式，这是一个核分裂和胞质分裂的连续过程。

根据发生事件的不同和顺序的先后，真核生物的细胞周期分为四个时相，即 $G_1$ 期（gap 1 phase）、S 期（synthetic phase）、$G_2$ 期（gap 2 phase）和 M 期（mitotic phase）（图 4-6）。为了染色体分裂行为的研究，通常人为地把 M 期划分为**前期**（prophase）、**中期**（metaphase）、**后期**（anaphase）和**末期**（telophase）四个时期。有丝分裂各期的过程如下：

**1. 间期**

间期是指细胞两次分裂的中间时期，间期的细胞核中

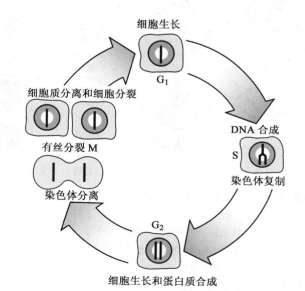

🔺 图 4-6　真核细胞细胞周期的四个时相

细胞在 $G_1$ 期生长，达到一定大小后进入 DNA 合成期，即 S 期。在 $G_2$ 期，细胞继续为分裂做准备。M 期细胞完成染色体和胞质分裂。分裂产生的子细胞随后进入下一个周期的 $G_1$ 期。

看不到染色体结构，但是这时的细胞核并不是没有生物活动。染色体作为基因载体正在进行有关细胞分裂基因的旺盛表达，DNA 开始合成与复制。基因在进行着编码细胞分裂时所需的蛋白质以及有关染色体分裂的细胞结构调控准备。染色质也成为由着丝粒相连的两条并列的染色单体。根据 DNA 复制的时期，细胞间期又可细分为 $G_1$ 期、S 期和 $G_2$ 期。$G_1$、S 和 $G_2$ 期共同构成了分裂间期，细胞在整个分裂间期生长，但这三个阶段各有不同。

$G_1$ 期（DNA 合成前期）：是上一次细胞分裂结束至下次 DNA 合成开始的过渡时期，RNA 和蛋白质开始合成。在 $G_1$ 期，细胞代谢旺盛，不断生长。

S 期（DNA 复制期）：RNA 和蛋白质继续合成，每个 DNA 分子复制成 2 个分子，为细胞分裂做准备。

$G_2$ 期（DNA 合成与复制结束期）：是有丝分裂开始前的过渡时期，有丝分裂所需要的纺锤体微管在这时期合成。细胞继续生长，同时进行蛋白质复制，完成分裂前的其他准备。间期结束后，进入分裂期前期（图 4-7）。

### 2. 前期

细胞分裂的前期开始时，核内的染色质细丝开始螺旋化并变得短而粗。形成显微镜下可见的染色体。此时的核仁解体，核膜破裂以及纺锤体开始形成。

### 3. 中期

核膜崩解，核质（nucleoplasm）与胞质混合。纺锤体的**纺锤丝**（spindle fiber）与染色体的着丝粒区域连接。染色体向赤道面移动，并排列在赤道板上。

### 4. 后期

每一染色体单体的着丝粒分裂，并被纺锤丝拉向两极，最终形成 2 条完全等同的子染色体。

### 5. 末期

两组子染色体到达两极，染色体解螺旋，核膜开始重建，核仁重新出现，纺锤体逐步消失。

从前期到末期合称分裂期。分裂期经过的时间，也随生物的种类而异。核分裂后期，染色体接近两极时，细胞质分裂开始。在植物细胞中，在两个子核之间的连续丝中增加了许多短的纺锤丝，形成一个密集纺锤丝的成膜体。成膜体按照微管引导方向，构成与母细胞壁相连的细胞板，逐渐成为新细胞壁，割断了两个新形成的细胞核和它们周围的细胞质，这样一个细胞被分裂成 2 个子细胞。

在生物进化中，有丝分裂形成的分裂模式使得每一个母细胞可以分裂成两个子细胞，而且每个子细胞的染色体数目一样，每一染色体所含的遗传信息与母细胞相同，使子细胞与母细胞具有相同的遗传信息，使物种保持了相对稳定的染色体组型。

通常，人的细胞周期大约是 24 小时，其

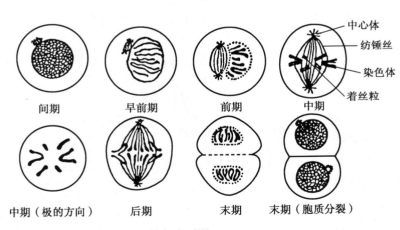

❶ 图 4-7　动物细胞分裂的各个时期
间期：不分裂的细胞。
早前期：染色体出现，呈细线状，中心粒分开。
前期：染色体缩短变粗，核膜将近消失，纺锤体形成。
中期：核膜消失，染色体排列在赤道板上。
中期：从极的方面看 (polar view)。
后期：并列的两染色单体分别向两极移动。
末期：染色体到达两极。核膜渐次出现，胞质分割。
核进入休止状态，胞质分割将近完成，一个细胞分裂为两个子细胞，子细胞的染色体数目跟原来细胞一样。

中，分裂期最短，仅 1 h，G₁ 期、S 期和 G₂ 期分别为 11 h、8 h 和 4 h。但是，细胞周期各相的时间分布在不同类型的细胞中有所不同。如仓鼠成纤维细胞的细胞周期约 11 h，出芽酵母的细胞周期仅有 90 min。受精后的蛙卵细胞的细胞周期更短，平均只有 30 min。受精卵在每个周期中仅进行 DNA 复制，生长停止，没有 G₁ 和 G₂ 期，DNA 复制完成后快速进行分裂。这种特殊的细胞分裂方式和周期速度能够在 1～2 天内使单细胞的受精卵发育成一个多细胞的蝌蚪。相反，也有细胞周期非常长的细胞，人组织器官中各种分化末端的细胞就是很好的例子。比如皮肤、肝脏和肾脏等器官的组成细胞只偶尔进行细胞分裂。更典型的例子是神经元细胞，成人的神经元细胞在从形成到死亡的整个过程中几乎不发生细胞分裂。对于这些细胞而言，它们往往在 G₁ 期后进入到另一个特殊的细胞周期时相 G₀ 期，即细胞静息期。在 G₀ 期，细胞代谢活跃。但是，除非受到特定的细胞外信号刺激，否则细胞将不再生长和分裂。

## 第三节  细胞周期调控

细胞周期看似是一个简单的循环，但实际上却是一个非常复杂和严格有序的过程。在分子水平，一系列关键分子构成了复杂的调控网络，维持着有序、精准的细胞周期。反之，一旦细胞周期的某一环节出现了差错或缺陷，调控网络会及时做出反应，根据外界环境或自身基因组的变化适时调控细胞行为。

在真核细胞周期的特定时间点上，细胞会对前序环节的完成情况进行检测，一旦发现错误或缺陷就启动反馈机制，或者阻滞细胞周期或者启动细胞凋亡。也就是说，细胞周期可以在一个特殊的时刻暂停，这个特殊时刻被称作"**检验点**"（checkpoint）。细胞周期调控的检验点机制一方面保证了细胞复制分裂的高度保真性，避免了复制错误和分离错误，另一方面，检验点机制通过对细胞内状态和细胞外信号的监控，可以及时调节细胞周期，使细胞适应自身和环境的变化。如图 4-8，细胞周期主要有三个检验点，即 G₁/S、G₂/M 和纺锤体检验点。

G₁/S 检验点是决定细胞是否分裂的主要检验点，也是细胞外环境影响细胞周期的关键检验点。酵母中的 G₁/S 检验点被称作"START"。动物细胞中，G₁/S 检验点又被称作**限制点**（restriction point）。在这个阶段，生长因子对细胞周期发挥调控作用，是协调细胞分裂和细胞生长的阶段。细胞一旦开启 G₁/S 检验点进行基因组复制，细胞进入分裂就是个不可逆的过程。检验点的开启与否取决于外界信号如生长因子，内部信号如营养状态，同样还取决于基因组的完整与否。DNA 损伤、细胞饥饿、缺乏生长因子等因素能够利用 G₁/S 检验点阻止细胞周期。

G₂/M 检验点决定是否启动有丝分裂，最早在蛙的卵母细胞中发现。当蛙的卵母细胞停留在减数分裂的 G₂ 期时，加入"成熟促进因子"后可以使卵母细胞从 G₂ 期阻滞中迅速释放出来进入分裂。G₂/M 检验点主要负责监测 DNA 复制的完整性和准确性，如果发现 DNA 复制有误就会中断细胞周期，而通过这一个检验点的细胞可以顺利地进入有丝分裂阶段。

纺锤体检验点是确保在分裂后期所有染色体正确连接到纺锤体上的检验点。只有姐妹染色单体在纺锤体牵引下正确地排列在赤道板上，才

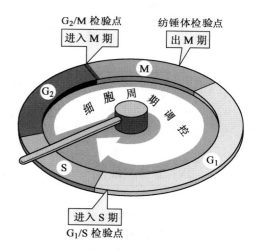

🔺 图 4-8  细胞周期的三个检验点

G₁/S 检验点负责监测外界环境是否适宜进入 S 期以及 DNA 复制。G₂/M 检验点主要是检测 S 期和 G₂ 期的复制准备工作，DNA 复制是否准确和完整，外界环境是否适宜进入分裂也是重要的影响因素。细胞进入 M 期后，位于分裂后期和末期之间的纺锤体检验点负责监测姐妹染色单体有无正确连接到纺锤体上。

能保证姐妹染色单体能够正确分离，平均分配到两个子细胞中去。如果纺锤体检验点通过感应分子发现有染色体的动粒未结合到纺锤体上，就会中止细胞周期从分裂后期向分裂末期过渡。

　　尽管人们很早就意识到细胞周期的规律性必然来自特定的分子调控机制，但是，直至20世纪70~80年代，人们才开始借助于各种模式生物和分子生物学手段对细胞周期的调控机制进行了初步的研究。由于细胞周期调控的重要性，2001年的诺贝尔生理学或医学奖授予了三位发现真核细胞周期调控关键因子的科学家。这三位科学家分别是最早在酵母中发现**细胞分裂周期基因**（cell division cycle genes，Cdc）的美国西雅图癌症研究中心（Fred Hutchinson Cancer Research Center）的L. H. Hartwell；最早在海胆中发现**细胞周期蛋白**（cyclin）的帝国癌症研究基金会（Imperial Cancer Research Fund，ICRF）的R. T. Hunt和最早鉴定并克隆出**细胞周期蛋白依赖性激酶**（cyclin-dependent kinase，Cdk）的同是英国伦敦帝国癌症研究基金会的P. M. Nurse。在这三位科学家的开创性工作之后，人们对细胞周期调控机制进行了广泛深入的探索。目前认为细胞周期调控的分子机制在进化上高度保守，以**细胞周期蛋白/细胞周期蛋白依赖性激酶**（cyclin/Cdk）**复合物**为核心的一系列调控因子是细胞周期调控的分子机制所在。在细胞周期的运转中，cyclin/Cdk复合物的活性有上升有下降，呈现周期性的变化，而这种变化正是细胞周期各个时相的事件有序进行的重要保障。

　　cyclin/Cdk复合物由cyclin和Cdk这两个亚基组成，cyclin是调节亚基，因其含量在细胞周期中发生周期性的变化而得名。cyclin有很多种，在细胞周期的不同阶段分别与不同的Cdk分子结合。Cdk是催化亚基，单独的Cdk分子不具有激酶活性，且在细胞周期的整个过程中蛋白质水平较稳定。但是，Cdk分子与周期性表达的cyclin结合后，cyclin/Cdk复合物就获得了蛋白激酶活性，活化的Cdk可以磷酸化多种蛋白底物，从而启动或调控细胞周期的某个特定事件。当事件结束后，完成任务的cyclin分子会被快速降解，相应的cyclin/Cdk复合物失活，细胞周期结束当前阶段并向下一个时期过渡。因此，在细胞周期的不同阶段，不同的cyclin/Cdk复合物发挥阶段性的调节活性，协同调控细胞周期。按照活化时期的不同，真核细胞的cyclin/Cdk复合物通常可以分为三类，但在不同物种中，cyclin分子和Cdk分子有所不同（表4-1）。

表4-1　动物细胞和出芽酵母的主要cyclin/Cdk复合物

| cyclin/Cdk 复合物 | 动物细胞 | | 出芽酵母 | | 应答刺激 |
|---|---|---|---|---|---|
| | cyclin | Cdk | cyclin | Cdk | |
| $G_1$/S-Cdk | cyclin E | Cdk2 | Cln1/2/3 | Cdc28 | 环境因素，DNA损伤和分裂原刺激 |
| S-Cdk | cyclin A | Cdk2 | Clb5/6 | Cdc28 | DNA损伤，DNA复制和分裂原刺激 |
| M-Cdk | cyclin B | Cdk1 | Clb1/2/3/4 | Cdc28 | DNA复制和损伤 |

　　不论是酵母细胞还是动物细胞，cyclin/Cdk复合物的生物学活性都具有显著的时相特异性，在细胞周期的不同时相，不同的cyclin/Cdk复合物发挥作用，驱动细胞从一个时期进入另一个时期。同时，每当完成一次过渡，该时期的cyclin/Cdk的活性就会被抑制，取而代之的是下一个时期的cyclin/Cdk复合物继续调控细胞周期的运转。在这样一个模型之下，不难想象，复合物活性的及时"开"与"关"是细胞周期运转的前提所在。

　　周期蛋白是活化cyclin/Cdk复合物的第一类重要分子，周期蛋白的降解和表达在细胞周期的全过程中受到了严格的调控。周期蛋白主要是通过泛素–蛋白酶体途径进行蛋白质降解。在这个蛋白质降解途径中，**泛素连接酶**（ubiquitin ligase，E3）负责将多泛素链连接到特定的底物蛋白上，被泛素链修饰的蛋白质随后被蛋白酶体复合物识别并降解。因此，泛素连接酶是识别待降解蛋白质的关键酶。

此外，cyclin/Cdk 复合物的活性还受到另外两种途径的调控。首先，Cdk 的磷酸化水平可以影响其激酶活性，Cdk 的活性区域的表面位点如果发生了磷酸化，其激酶活性降低，这主要是因为磷酸化的蛋白构象不利于周期蛋白的结合。其次，**Cdk 抑制蛋白**（Cdk inhibitor protein，CKI）是另一类重要的 cyclin/Cdk 活性调控因子。CKI 的种类多样，作用机制也有所不同。

更重要的是，细胞周期调控途径中还存在许多交叉和反馈，以放大或限制这些分子的调控效应。比如说，许多 CKI 分子同时受到泛素连接酶的降解调控，而被 CKI 抑制的 cyclin/Cdk 一旦受其他途径激活，又可以反过来磷酸化 CKI，封闭其抑制活性。因此说，细胞周期调控网络非常错综复杂，但这样的复杂网络是细胞周期有序运转的重要保证。

# 第四节　减数分裂

## 一、减数分裂的两次连续分裂

**减数分裂**（meiosis）是生殖系统配子形成过程中的特殊细胞分裂，在这一过程中染色体复制 1 次，但是染色体分裂 2 次，结果形成四个子核，每个子核只含有单倍数的染色体，这种分裂使得细胞的染色体数减少一半，称为减数分裂。

减数分裂过程可分为第一次减数分裂和第二次减数分裂。

## 二、第一次减数分裂

配对的同源染色体中，各个染色体复制形成着丝粒连接的 2 个染色单体后，同源染色体被纺锤丝拉开，染色体减半数的分裂过程，称为第一次减数分裂（图 4-9）。

1. **前期 I**：

（1）**细线期**（leptotene）分裂开始时，染色质浓缩为几条细长的线，每一染色体经过 DNA 复制已含有 2 个由着丝粒连接的染色单体（即**姐妹染色单体**，sister chromatid）。

（2）**偶线期**（zygotene）的**同源染色体**（homologous chromosome）开始配对，同源染色体全长的各个不同部位开始配对。配对的同时也出现了染色体的同源片段交换。

（3）**粗线期**（pachytene）染色体继续缩短变粗，两条同源染色体配对完毕。这种配对的染色体叫作**双价体**（bivalent）。粗线期的后期，可在显微镜下看到每一染色体的复制的姐妹染色单体的双重性。

（4）**双线期**（diplotene）双价体中的两条同源染色体开始分开，但是在两个同源染色体之间仍有若干处发生交叉而相互缠绕。

（5）**终变期**（diakinesis）又叫浓缩期，染色体螺旋化达到最高

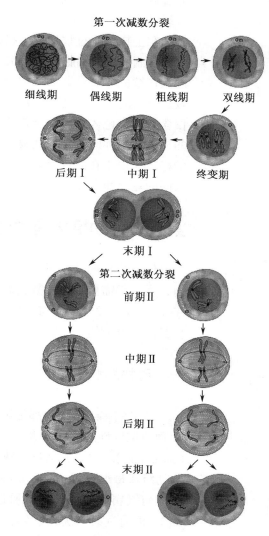

第一次减数分裂

细线期　　偶线期　　粗线期　　双线期

后期 I　　中期 I　　终变期

末期 I

第二次减数分裂

前期 II

中期 II

后期 II

末期 II

🔼 图 4-9　减数分裂过程的图解

程度，染色体粗大。这时核仁和核膜开始消失，纺锤体开始形成。分裂开始进入第一次中期。

**2. 中期 I：**

纺锤丝把着丝粒连向两极。同源染色体开始分离，交叉数目减少并移向端部。

**3. 后期 I：**

两条同源染色体分别向两极移动，每一同源染色体的两条姐妹染色单体由于着丝粒连接，此时的染色体仍然属于一条染色体。这样，每一极的染色体数目就是母细胞的一半。

**4. 末期 I：**

核膜与核仁重新形成，细胞质均衡分裂，两个子细胞形成。

### 三、第二次减数分裂

第一次减数分裂完成以后，有些生物没有细胞分裂的间期，直接进入了下一阶段的减数分裂，染色体仍旧保持原来的浓缩状态，两次减数分裂之间都没有 DNA 合成与复制的 S 期。细胞继续开始分裂以后，第二次减数分裂的方式与有丝分裂的几个时期基本相同，所不同的就是染色体在第一次分裂过程中已经减数。

在生物进化过程中，生物的有性生殖通常都是经过了这样的细胞分裂。在细胞分裂过程中，染色体复制一次，细胞分裂两次。这样形成的配子染色体数目就是母细胞的一半。需要特别注意的是，两次连续的分裂合称为减数分裂，但是真正的减数过程是在第一次减数分裂时期，第二次分裂只是减数分裂的下一个过程，并没有再次的染色体减数。在双倍体生物中，只有母细胞一半染色体数目，仅含一套染色体组的配子被称为单倍体。正是由于配子染色体的数目减半，才使得配子结合形成新的二倍体个体时，重新回复到了二倍体的特征，保持了物种基因信息的稳定性，也就是保持了物种的稳定。由于在减数分裂中出现了同源染色体配对、分离和交换现象，也就形成了下一代生物个体之间的差异和多样性。

## 第五节    动植物有性生殖的配子形成

绝大多数的动物以及多数的植物，都是二倍体的物种。进行有性生殖的动物和植物在繁殖后代时，通常都需要经过减数分裂形成单倍体的雌雄两类**配子**（gamete），进而两种配子结合，形成的**合子**（zygote）发育成为与亲代类同的子代。尽管动物与植物的配子形成过程有同样的减数分裂过程，但是配子形成的生活史方式还是有较大的差别。

### 一、动物的配子形成

常见的多细胞动物都是雌雄异体的，动物具有雌性和雄性的生殖器官，生殖器官中有性原细胞。动物的雄性性腺（即睾丸）中有**精原细胞**（spermatogonium），在雌性性腺（即卵巢）中有**卵原细胞**（oogonium），它们的染色体数目与体细胞一样。在动物性发育成熟阶段，雌、雄性原细胞分别分化为**初级卵母细胞**（primary oocyte）和**初级精母细胞**（primary spermatocyte），此时染色体依然是为 $2n$。

初级精母细胞（$2n$）通过第一次减数分裂而产生两个**次级精母细胞**（secondary spermatocyte）（$n$），再通过第二次减数分裂而产生 4 个**精细胞**（spermatid）（$n$）。精细胞继续发育最后成为含有一套染色体的单倍体成熟精子。

初级卵母细胞（2n）第一次减数分裂，产生两个体积不均等的细胞，大的细胞是**次级卵母细胞**（secondary oocyte）（n），小的细胞是**第一极体**（first polar body）（n）。次级卵母细胞进入第二次减数分裂，再次产生两个体积不等的细胞，大的细胞是卵细胞（n），小的细胞是**第二极体**（second polar body）（n）。第一极体仍然会继续第二次分裂，但产生的后代极体与第二极体一样，通常都会退化消失。因此每个初级卵母细胞经过两次减数分裂，只产生一个有效的配子——卵细胞（n）。

动物有性生殖时，雌雄动物交配，进行卵的受精过程。单倍体的精子进入单倍体的卵细胞内，成为受精卵，也称为合子。两种配子的细胞核融合成为二倍体的合子细胞核。受精卵分化与个体发育，形成该双亲的子一代。子一代性发育成熟后，会延续同样的生活史（图4-10）。

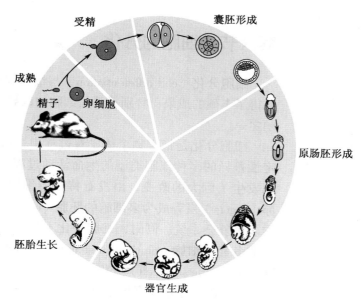

↑ 图4-10 小鼠的生活史

## 二、植物的配子形成

植物多是雌雄同体。被子植物的生殖器官雄蕊花药的孢原细胞分化成为**小孢子母细胞**（microsporocyte）（2n）。小孢子母细胞经过第一与第二次减数分裂，形成4个单倍体的小孢子——花粉粒（n），最终形成可以交配的雄性配子。而植物生殖器官雌蕊中的孢原细胞分化成为**大孢子母细胞**（macrosporocyte）（2n）。大孢子母细胞经过第一与第二次减数分裂，形成4个单倍体的大孢子。最终发育成可以交配的雌配子。

植物的雌配子的形成有更复杂的形式。例如玉米雌配子的形成中，玉米雌蕊的大孢子母细胞经过两次减数分裂，产生4个单倍体核（n），其中3个退化。留下来的一个大孢子又经过3次有丝分裂，形成有8个单倍体核的胚囊。胚囊中的8个核中，3个核移至顶端成为反足细胞（antipodal cell），2个核移至中部，成为极核（polar nucleus），还有3个核移至胚囊底部，构成2个助核和1个卵核（female gametic nucleus）。玉米的雌雄配子交配时，花粉粒分裂成2个单倍体雄核，其中1个雄核跟卵核结合，产生二倍体核（2n），最后发育成为胚（2n），另一雄核跟2个极核结合，产生1个三倍体核（3n）。最后发育成胚乳（3n）。一个玉米种子中同时存在含有不同的染色体数目的细胞。三倍体的胚乳是种子发芽的营养，二倍体的胚相当于动物中的受精卵，是发育为个体的基础（图4-11）。

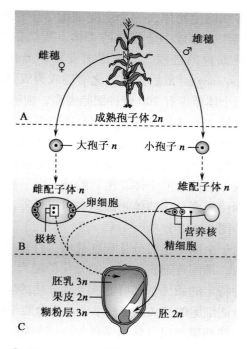

↑ 图4-11 玉米的生活史

## 第六节　细胞的分化

**细胞分化**（cell differentiation）与**细胞凋亡**（cell apoptosis）是近年来生物医学研究的焦点之一，取得了丰硕的成果，特别是肿瘤细胞的诱导分化及促细胞凋亡的研究是多年来医学界一直关注的课题之一。

细胞分化是指生物个体发育过程中，由于遗传信息表达的差异而产生形态结构功能上具有稳定性差异的多种细胞类型的生命活动过程。细胞体积、形状、极性、代谢、对环境反应的模式等都发生了巨大的改变，由没有特化的细胞转变为具有特殊的结构与功能。例如一个合子或**受精卵**（zygote）发育成为多细胞的**胚胎**（embryo），进而发育成胎儿，胎儿就有了由不同类型细胞组成的多个复杂系统。同时，细胞分化不仅发生在个体发育中，而且见于多细胞生物体中，各种组织中的**多能干细胞**（pluripotent stem cell）向不同的成熟细胞分化，其中最典型的例子是**造血干细胞**（hematopoietic stem cell）分化为不同血细胞的过程。

单细胞的原核和真核生物缺乏如我们在许多植物和动物中发现的特化结构，单细胞生物需要在一个细胞中完成每个生命的功能。然而多细胞生物由多种细胞组成，因此拥有针对特殊功能的特化细胞。打比方来说，一个肝脏细胞不需要参与眼睛视网膜细胞要承担的化学反应以及同其他细胞联系的工作。在胚胎发育期间细胞分化带来的分化潜能逐渐限制，不断提高的功能特化程度导致特化细胞、组织和器官的形成。一些细胞提供保护功能，另一些提供结构支持运动协助，其他则可以负责提供营养传输。所有细胞的发育和功能是作为有组织系统生命体的一部分，细胞分化的结果使得不同的细胞各尽其能，有效地提高效率，共同维持生物体的生命活动。

### 一、细胞的分化潜能

多细胞生物体由一个全能细胞（合子或者受精卵）起源。合子或者受精卵能够分化出各种细胞、组织，形成一个完整的个体，所以把合子或受精卵的分化潜能称为**全能性**（totipotency）。随着分化发育的进程，细胞逐渐丧失其分化潜能。从全能性到**多能性**（pluripotency），再到**专能性**（multipotency），最后失去分化潜能成为成熟定型的特化细胞。人体的发育过程涉及细胞分化，最终形成的个体至少有200余种细胞类型，细胞的总数约 $10^{14}$ 个（图 4–12A）。

值得注意的是，细胞分化的研究结果似乎模糊了细胞的全能性、多能性、专能性的界限。如果一个细胞可以独立地发育成为一个完整的个体时，其被称为全能细胞。对哺乳动物来说，全能细胞仅为受精卵和起初的 4 个或者 8 个细胞期的细胞，收取单个细胞都可以形成一个完整的胚胎，进而发育成一个健康的个体。植物的枝、叶、根细胞都有可能长成一株完整的植株，细胞培养的结果也证明即使高度分化的植物细胞也可以培养成一个完整的植株，因此可以说绝大多数植物细胞具有全能性（图 4–12B）。

由于全能细胞的分化程度最低，特化成各种细胞的能力最强。事实上随着受精卵的分裂与胚胎的发育，细胞逐渐丧失了全能分化的能力，但是没有丢失这种信息。因此理论上说，无论何种细胞在某种特定的条件下都可能恢复其分化的全能性，这个观点已经被动物的"克隆"实验所初步证实。关于全能细胞的定义，有些学者认为全能细胞不是真正的干细胞，如同受精卵不能称为干细胞一样。

有些细胞可以分化出多种类型的细胞，但它不可能分化出足以构成完整个体的所有细胞，这种分化潜能称为多能性。例如人体的多能细胞具有分化成各种人体器官中各种不同的细胞的能力，但

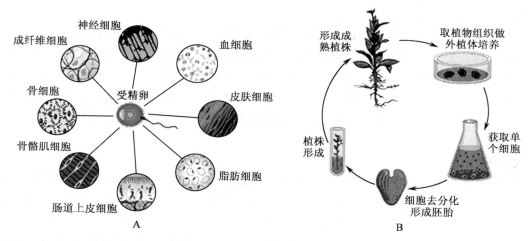

❶ 图 4-12 全能细胞的分化

A. 一个受精卵可以通过有丝分裂和分化形成各种类型的细胞，独立地发育成为一个完整的个体。

B. 植物的枝、叶、根组织经过细胞培养都可以发育成一个完整的植株。

是不能依靠自身形成一个胚胎，不能发育成完整的胎儿。

　　与全能细胞不同的是，多能细胞具有更为受限的分化能力，将多能细胞导入不同的组织中它们可以诱导分化为周围细胞。然而，多能细胞可以通过核移植重转化为全能细胞，也可以通过与多能性有关基因的导入使已分化细胞恢复分化的多能性，这些细胞命名为**诱导性多能干细胞**（induced pluripotent stem cell，iPS cell），在干细胞研究中多能干细胞对于科学家来说具有重大的意义。

　　专能细胞的分化潜能受到进一步的限制，只能够分化成数目有限的细胞类型。它们被发现于成体动物中。人体中大约所有的器官（例如，脑、肝脏、骨髓和皮肤）含有专能细胞来代替各器官中死亡或者损坏的细胞。例如，造血干细胞只能够产生成熟血细胞。专能细胞有时候也称为成体干细胞，例如脐带血干细胞样细胞也可以出现在新生儿、儿童和成年人的器官中。不同专能干细胞的活跃程度存在差别，例如皮肤和骨髓中的专能细胞不但可以分化出皮肤与骨髓组织的各种细胞，还可以**转分化**（trans-differentiation）成其他的组织与细胞，骨髓中的专能细胞——造血干细胞，可以在体外培养条件下被诱导分化成肝细胞、神经元或者心肌细胞等。

　　所有终末分化细胞具有呼吸、生长和合成等功能，大多具有特化的功能，通常会具有独特的结构特征。这些终末分化细胞的特点是无分化潜能，不增殖，不进行有丝分裂，无更新能力，具有较长的寿命，并受到周围环境的保护。

　　如今科学家发现了某些终末分化细胞也有例外情况，它们可以规则地间性断更新。实验观测发现，因为严重损伤而导致细胞大量减少时，终末分化细胞活化可以重新进入细胞周期而分裂增殖，产生相同类型的子代细胞。例如，通常情况下肝脏细胞增殖的特点是以非常缓慢的速率进行的，而在肝脏切除模型中肝细胞的增殖速度可以急剧提高。手术切除 2/3 大小的肝脏后，剩下的肝脏细胞会离开 $G_0$ 期，进入细胞周期，通过细胞分裂恢复肝脏原有规模。近年来对神经细胞的研究发现了一些证据支持神经细胞可能具有同样的特性。

## 二、干细胞

　　**干细胞**（stem cell）是一类具有自我更新和分化潜能的细胞，包括**胚胎干细胞**（embryonic stem cell）和**成体干细胞**（adult stem cell）等。

干细胞具有以下特点：①终生保持未分化或低分化特征；②在机体中的数目、位置相对恒定；③具有自我更新能力；④能无限制地分裂增殖；⑤具有多向分化潜能，能分化成不同类型的细胞。造血干细胞、骨髓间充质干细胞、神经干细胞等成体干细胞可以具有一定的跨细胞系、甚至跨胚层分化的潜能；⑥绝大多数干细胞处于 $G_0$ 期，需要时才进入有丝分裂周期；⑦两种方式分裂，可以对称分裂形成两个相同的干细胞，也可以不对称分裂形成一个相同的干细胞和一个定向分化的祖细胞。

### 1. 胚胎干细胞

胚胎干细胞是一群来源于**囊胚**（blastocyst）的**内细胞团**（inner cell mass）的多能细胞，在体外可持续自我更新，并具有分化为包括生殖细胞在内的多种细胞的能力。就如它名称所显示的那样，胚胎干细胞源于胚胎，人类胚胎干细胞典型上是来源于 4 或者 5 天的胚胎囊胚，囊胚由 3 个结构建成：滋养层细胞是位于囊胚外部的细胞层，囊胚腔是在囊胚中间中空的部分，内细胞团位于囊胚的一端，在囊胚期结束时大约是 30 个细胞的群体（图 4-13）。

胚胎干细胞具有的无限制自我更新和分化能力打开了其在生物医学研究和再生医学的广泛应用局面，提供了打破缺少器官提供者窘境的可能性，也可以使得细胞与受体和移植注射得到免疫兼容性。胚胎干细胞在分化阶段开始转变成不同类型的细胞，组成生物体的不同组织和器官。在脊椎动物中，胚胎干细胞分化开始于称为原肠胚的时期，这个时候第一次形成不同的组织层。如同大多数其他发育过程一样，细胞分化是由基因控制的，基因指导每个细胞建立蛋白质谱，接着创造结构，最终形成细胞特定的功能。

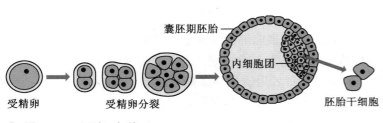

🔼 图 4-13  胚胎干细胞

胚胎干细胞来源于囊胚内细胞团，囊胚是由细胞组成的囊泡结构，周围是滋养层细胞，囊泡一侧为内细胞团，由内细胞团可以分离得到胚胎干细胞。

### 2. 成体干细胞

成体干细胞是成体组织中存在的多能干细胞的统称，它们具有自我更新的能力，并且可以分化成与其来源相同或者不同组织类型的细胞，一种组织来源的成体干细胞可分化成各种类型的细胞。

目前在许多器官和组织中都鉴定出了成体干细胞，但是每个组织中仅有很少数量的干细胞，位于每个组织的特定区域，在那里它们长期保持静止（非分裂），直至它们被疾病或者组织损伤所活化。目前已经了解的含有干细胞的成体组织包括脑、内脏上皮细胞、骨髓、外周血、血管、骨骼肌、皮肤、胰腺、结缔组织、肝脏等。

成体干细胞来自成熟个体，也可以称为专能干细胞，它们所能够分化成的细胞种类有限，活体生物中成体干细胞作为成熟细胞的新来源，在生物组织中有规则地代替衰老和死亡的细胞，例如人体血液的细胞大概 120 天就全部被更新一遍，结缔组织细胞也同样有规律地更新。

## 第七节  细胞凋亡

2002 诺贝尔生理学或医学奖分别授予了英国科学家 Sydney Brenner、美国科学家 H. Robert Horvitz 和英国科学家 John E. Sulston，以表彰他们发现了在器官发育和"程序性细胞死亡"过程中的基因规则。他们通过对于秀丽隐杆线虫（图 4-14）的深入研究，发现了其中隐藏的奥秘。现在，在这个小小多细胞生物体上的重要发现为人类的健康作出了重大的贡献。

生物体的生命过程中会不断产生新的细胞，老的细胞不断地被清除，以保证生物体的健康和正常功能，其中**细胞凋亡**（apoptosis）起着重要的作用。细胞凋亡又被称为**程序性细胞死亡**（programmed cell death，PCD），是细胞的一种基本生物学现象，是多细胞生物中去除不需要的或异常的细胞所必需的过程。细胞凋亡在生物体的进化、内环境的稳定以及胚胎发育中起着重要的作用。因此细胞凋亡不仅是一种特殊的细胞死亡类型，而且具有重要的生物学意义与复杂的分子生物学机制。

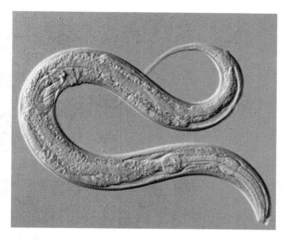

❶ 图4-14 秀丽隐杆线虫

细胞分裂与细胞死亡是每一个细胞必经之道，而细胞凋亡是最常见的生理性细胞死亡机制。例如胚胎发育过程的胎儿的形体形成过程中，一些细胞与组织逐渐退化，另一些细胞与组织形成，最后成为一个完整的个体。细胞凋亡不仅在多细胞个体中不可缺少，甚至有一些单细胞个体也会显现或多或少的细胞凋亡特征。许多研究表明，细菌同其它生物一样，其死亡并不是单纯的由于生物功能衰竭而导致的被动过程，而是通过有序的可控制的方式激活细胞内的类似凋亡程序而导致细胞的死亡，例如大肠杆菌、黏霉菌（*Dictyostelium discoideum*）、鞭毛菌（*Tetrahymena thermophila*）及酵母菌。这个事实显示在生命演化史上，细胞凋亡可能出现于20亿年前，甚至早于7亿年前多细胞生物的出现。

## 一、细胞凋亡的主要特点

细胞死亡有两种形式，即凋亡和**坏死**（necrosis）。细胞凋亡是由于细胞内外因子诱发了细胞内特殊的生物化学反应而发生的有序死亡，常常是生理性的。显然，细胞凋亡是属于生命活动过程中的一种自然生理现象，是保持细胞功能与细胞数量呈现恒定所必需的。有时细胞凋亡也成为细胞受到不利或有害环境因子诱发的一种极端反应方式。细胞坏死是由于有害刺激或细胞内环境的严重紊乱导致细胞急剧死亡，属于病理现象。上述两种细胞的死亡原因不尽相同，它们在形态学和生物化学方面的差异也很大。

细胞凋亡的形态学特点：细胞凋亡的发生常以单个细胞为单位，细胞膜泡样变但仍完整，细胞皱缩，细胞质、细胞器溶酶体完整固缩。细胞核逐渐固缩，染色质固缩成为匀质的高密度块，最后形成**凋亡小体**（apoptotic body），最终固缩的细胞碎裂成致密小块，被邻近的正常细胞和巨噬细胞所吞噬，不引起局部的炎症反应。而坏死常同时发生在成群细胞，细胞膜失去完整性，水分大量进入细胞，细胞与细胞器、细胞核发生肿胀，最终细胞破裂，溶酶体破裂，酶漏出进而溶解周围组织引起严重的炎症反应（图4-15）。

细胞凋亡与细胞坏死的生物化学反应之间有本质的区别（表4-2），主要的不同是细胞凋亡属于细胞主动的过程，而细胞坏死则是一个被动破坏的过程。细胞凋亡过程中阶梯状DNA的形成与半胱天冬酶级联反应是特征性的生化反应。

### 1. 阶梯状DNA

在细胞发生凋亡时，核酸内切酶被激活，选择性降解染色质DNA，先形成50~300 kb的大片段，并进而在核小体连接处断裂，形成大小为180~200 bp或其整倍数的**阶梯状DNA片段**（DNA

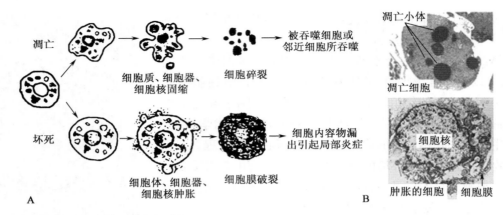

🔼 图 4-15　细胞凋亡与细胞坏死

A. 细胞凋亡与细胞坏死的不同形态。

B. 上图显示凋亡细胞的凋亡小体，下图为早期坏死的细胞（透射电镜 2 000×）。

表 4-2　细胞凋亡与细胞坏死的生物化学反应比较

| 细胞凋亡 | 细胞坏死 |
| --- | --- |
| 生理性的过程 | 非生理性的过程 |
| 有严密调控的分子合成和激活的过程 | 失去细胞内外离子平衡的调控 |
| 需要消耗能量 | 不需要消耗能量 |
| 需要相关基因编码蛋白和蛋白质复合物的合成 | 无蛋白质和核酸的合成 |
| 发生新的凋亡相关基因的表达和转录 | 无基因的表达和转录 |
| 降解后 DNA 片段的长短有规律性（180～200 bp 的倍数） | DNA 被消化成大小不一的片段 |
| 有半胱天冬酶级联反应 | 无半胱天冬酶级联反应 |

ladder，又称 apoptosis DNA fragmentation）（图 4-16）。这些 DNA 片段可从细胞中提取出来，通过琼脂糖凝胶电泳，溴化乙啶染色呈现为梯状条带，据此可以判断细胞凋亡的产生。

### 2. 半胱天冬酶级联反应

**半胱天冬酶**（cysteine aspartate-specific proteinase，caspase）是一类存在于细胞内的天冬氨酸特异性的半胱氨酸蛋白酶，迄今在哺乳动物中已发现至少 13 种成员。它们是凋亡过程的执行蛋白酶，与靶蛋白分子中的天冬氨酸残基结合后，能裂解其底物。尽管不同的成员在细胞凋亡过程中扮演的角色不同，但是它们之间的**级联反应**（cascade）是导致细胞凋亡的必需步骤。半胱天冬酶级联反应主要由一组上游的启动酶（initiator）和一组下游的凋亡效应酶（effector）组成。

例如半胱天冬酶 -8 被激活后，以自身催化分解方式产生具有活性的半胱天冬酶 -8，激活下游的效应半胱天冬酶，这样便引发了一个半胱天冬酶的级联反应。其中有些效应半胱天冬酶激活后能够分解细胞成分，例如细胞的结构蛋白、信号蛋

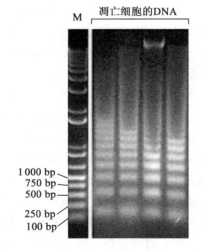

🔼 图 4-16　凋亡细胞 DNA 的琼脂糖凝胶电泳结果

凋亡细胞的 DNA 被有规律地降解成大小为 180～200 bp 或其整倍数的 DNA 片段。M 泳道为 DNA 分子标志。

白以及 DNA 分解蛋白的抑制物，最后产生凋亡所特有的生化指标和形态变化，导致细胞凋亡。半胱天冬酶的级联反应不但放大了凋亡信号的效应，还可以实现对凋亡过程的精确控制（图 4-17）。

## 二、凋亡的分子机制

细胞凋亡涉及多种细胞信号传导通路，**死亡受体途径**（外源性途径，extrinsic apoptotic pathway）和**线粒体途径**（内源性途径，intrinsic signaling pathway）是两个经典的细胞凋亡信号传导通路，近来研究发现过度**内质网应激**（endoplasmic reticulum stress）可启动细胞凋亡，也证实了细胞的失巢凋亡现象。

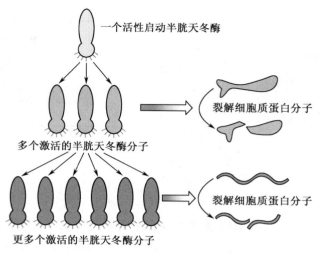

⬆ 图 4-17　半胱天冬酶的级联反应模式图
上游启动半胱天冬酶被激活，通过级联反应激活下游的半胱天冬酶，下游效应酶负责执行细胞凋亡有关的蛋白质底物裂解功能。

细胞的凋亡都由凋亡信号的作用所致，外源性信号包括受体的配体，如 TNF-α、Fas 配体等，也包括跨膜蛋白（如 Granzyme B）和非蛋白激活物（如 $Ca^{2+}$、射线等）；内源性信号，如活性氧（reactive oxygen species，ROS）可特征性地引起细胞内损伤而诱发发生在线粒体膜上的凋亡；内质网应激途径的启动信号包括非折叠蛋白反应和钙离子平衡失调等；而失巢凋亡是由于细胞与细胞外基质脱离接触而诱发。但不论细胞凋亡是由外源性信号、内源性信号，还是内质网应激途径信号启动，细胞凋亡均具有三个典型特征：①线粒体膜电位的丧失；② 细胞膜磷脂酰丝氨酸的外翻；③细胞核凝缩和断裂。同时各种细胞凋亡信号传导通路之间存在着相互的交叉。

细胞凋亡普遍存在于生物界，既发生于生理状态下，也发生于病理状态下。细胞凋亡的异常可能导致疾病。细胞凋亡在机体免疫反应、病毒感染引起的细胞损伤、老化、肿瘤的发生进展起着重要作用，并具有潜在的治疗意义，至今仍是生物医学研究的热点。

# 第八节　DNA 损伤与肿瘤

生长失控，无限增殖是肿瘤细胞的一大基本特征。同正常细胞一样，肿瘤细胞也经历细胞周期的各个时期。但不同的是，肿瘤细胞的分裂旺盛，完成一次细胞周期的时间短，且不受到外界环境和自身基因组变化的调控。迄今，大量的研究结果已经充分表明肿瘤细胞的细胞周期调控机制发生了改变，而这种改变也往往是细胞癌变的原因所在。许多参与细胞周期调控的基因就是肿瘤相关基因，*Rb* 和 *p53* 就是其中研究较早也较全面的两个肿瘤抑制基因。

*Rb* 抑癌基因最早是在家族性**视网膜母细胞瘤**（retinoblastoma）中发现的，也因此得名。双拷贝 *Rb* 基因的丢失导致儿童的视网膜出现恶性增殖的细胞群，提示了 *Rb* 基因在细胞周期调控中的作用。后续的研究逐渐发现，Rb 蛋白是 $G_1/S$ 期的重要调控因子，通过磷酸化周期蛋白转录因子 E2F 抑制其转录活性，从而抑制了 $G_1/S$ 期和 S 期相关周期蛋白（主要是 cyclin E 和 A）的表达以及相应的 cyclin/Cdk 复合物的活性，实现 $G_1$ 期阻滞从而控制细胞周期（图 4-18）。

*p53* 基因是另一个更著名的肿瘤抑制基因。据临床的不完全统计，超过 50% 的肿瘤中出现了 *p53* 的异常，包括各种类型的基因突变和丢失。p53 通过检测基因组的 DNA 损伤调控细胞周期，防止细胞积累错误的遗传信息并传递到下一代。如图 4-19，在 $G_1/S$ 期的过渡阶段，细胞内 DNA 损伤

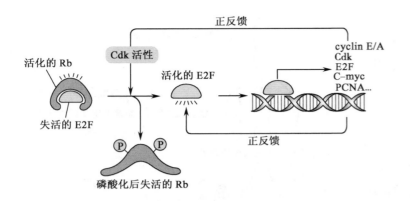

● 图 4-18　Rb 调控细胞周期的作用机制
Rb 通过结合 E2F 抑制细胞周期。当 Rb 发生磷酸化后，E2F 被释放，发挥转录激活作用，促进一系列下游基因的表达，包括周期蛋白 cyclin E 和 cyclin A，促进细胞周期。同时，E2F 还转录激活自身，起到正反馈的作用。Cdk 分子也是 E2F 的下游基因的编码产物，活化的 Cdk 可以进一步促进编码 Rb 的基因磷酸化，激活 E2F，这是另一条正反馈性质的调节途径。

可以通过磷酸化作用激活 p53，p53 随后转录激活下游的其它调控因子，如 p21。p21 是一个 CKI 分子，可以结合 $G_1$/S 和 S 期的 Cdk 分子并抑制它们的活性，从而实现细胞周期停滞在 $G_1$ 期。事实上，p53 参与肿瘤调控的方式不仅仅是细胞周期这一条途径，另一条可能更重要的途径是细胞凋亡。当细胞内出现了大量的 DNA 损伤，无法完成全部修复时，多细胞生物会指导这些细胞走上细胞凋亡的途径以保护机体的其它组织器官，p53 在这些细胞凋亡的过程中同样扮演了重要的角色，这也是机体对抗肿瘤发生的关键步骤。有趣的是，单细胞生物仍然会选择继续复制和分裂，因为如果不继续复制和分裂，就意味着整个个体的死亡。

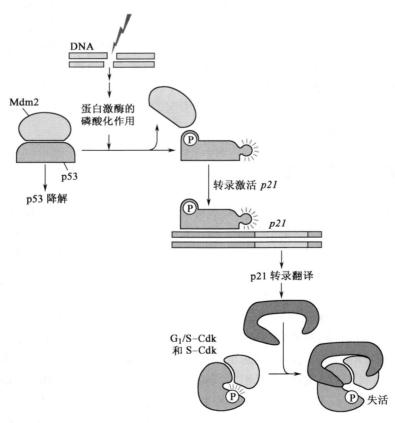

● 图 4-19　p53 调控细胞周期的作用机制
在 DNA 损伤的刺激下，p53 降解被抑制，转录激活下游的 p21 基因的表达，p21 发挥 CKI 作用，和 Cdk 分子结合后抑制其活性，实现细胞周期阻滞。

## 📄 小结

　　活细胞也和生物体一样，经过生长、衰老、死亡几个阶段。细胞本身的繁殖是以细胞分裂方式进行的，细胞分裂和繁殖的过程又与染色体的变化直接相关。细胞分裂具有周期性，细胞从一次分裂开始到第二次分裂开始所经历的全过程称为一个细胞周期，细胞周期一般分为两个阶段：分裂间期和分裂期。在细胞分裂期细胞分裂与染色体的分裂是同步的。生物的细胞分为体细胞和生殖细胞，体细胞的增殖是通过有丝分裂来完成的。有丝分裂把一个细胞的两套染色体复制后均等地分向两个子细胞，所以新形成的两个子细胞在遗传物质上跟原来的细胞是相同的。在有丝分裂的分裂间期细胞中的遗传物质即DNA以染色质的状态存在于细胞核中，在分裂期的染色体经过螺旋缠绕、收缩、分裂、两极移动均匀分配到两个子细胞中。生殖细胞的形成是通过减数分裂过程完成的，减数分裂是生殖系统配子形成过程中特殊的细胞分裂，在这一分裂过程中染色体复制一次，染色体分裂两次，结果形成四个配子，每个配子只含有单倍数的染色体，这种分裂使得细胞的染色体数减少一半，称之为减数分裂。减数分裂产生染色体倍数减半的生殖细胞，这是有性生殖的必要条件。减数分裂是生物有性生殖的基础，是生物遗传、生物进化和生物多样性的重要基础保证。

　　细胞周期是一个非常复杂和严格有序的过程。在分子水平，一系列关键分子构成了复杂的调控网络，维持着有序、精准的细胞周期。反之，一旦细胞周期的某一环节出现了差错或缺陷，调控网络会及时做出反应，根据外界环境或自身基因组的变化适时调控细胞行为。

　　细胞分化是指生物个体发育过程中，由于遗传信息表达的差异而产生形态结构功能上稳定性差异的多种细胞类型的生命活动过程。根据干细胞的分化能力，可以分为全能干细胞、多能干细胞和专能干细胞。细胞凋亡又被称为程序性细胞死亡，是细胞的一种基本生物学现象，在生物体的进化、内环境的稳定以及胚胎发育中起着重要的作用。死亡受体途径（外源性途径）和线粒体途径（内源性途径）是两个经典的细胞凋亡方式。

## 📝 思考题

1. 什么是有丝分裂，什么是减数分裂？简述这两种染色体分裂的生物学意义。
2. 马蛔虫有2对中着丝粒染色体，请画出马蛔虫的减数分裂模式图。
3. 简述细胞周期的几个时期。
4. 什么是细胞周期的检验点，简述检验点的细胞学意义。
5. 何为细胞的分化潜能？细胞分化的分子机理是什么？
6. 干细胞有什么特点？可以分哪些种类？
7. 细胞凋亡的特点是什么？与细胞坏死有何不同？
8. 细胞凋亡的分子机理是什么？
9. 什么是半胱天冬酶级联反应，有何生物学意义？
10. 简述玉米的染色体生活史。

## 🖥 相关教学视频

1. 细胞周期与有丝分裂
2. 减数分裂：有性生殖的基础
3. 癌细胞
4. 干细胞与细胞分化

（乔守怡、吴燕华）

# 第 五 章
# 能量与代谢

生命是由一系列重要属性来定义的。包括高度有序性、生长、繁殖、应答和调控在内的所有特性的维持，都需要稳定的能量供应，细胞需要能量来完成所有的功能。生物体内的能量流动，即能量的产生、贮藏和利用使生命系统生生不息。所有生物体都需要用能量来支持生命，这些能量的来源是贮藏在有机分子中的化学键。植物、藻类以及某些细菌能通过光合作用捕获太阳光能量，并把辐射能转化为化学能贮藏在糖类的化学键中。由于它们能利用太阳能，以无机原料生产糖类这样含有能量的有机物分子来喂养自己，这类生物被称为自养生物（autotroph）。所有其他以自养生物为食物，依赖自养生物生产的能量分子来维持生命的生物称为异养生物（heterotroph）。地球上95％的物种是异养生物，包括所有的动物和霉菌、大多数原生生物和原核生物。异养生物从糖类、蛋白质和脂肪这些食物分子的化学键中获取能量。食物分子中拥有许多碳氢键和碳氧键，我们将用葡萄糖为代表来讨论异养生物是怎样从中获取能量并转化到 ATP 中。

## 第一节　能量的改变

能量有多种存在形式，如机械能、热能、声能、光能和化学能等等，所有能量形式间都可以互换。例如在光合作用中我们看到太阳光能转变成糖或淀粉中原子间共价键的化学势能，动物获取贮存在植物中的化学能而变成自己体内的能量（图 5-1），靠食物获取能量的提琴演奏家拉动琴弦使机械能转变为声能，声能使空气振动，声波传入听众耳内，鼓膜的振动转换成生物的电讯号，让我们得到美好的音乐享受（图 5-2）。在能量转换中，一部分能量以热的形式消散到周围环境中。热量是分子随机运动的度量，它也是对动能的一种形式的度量。能量不断地从一个方向流经生物界，即新的能量从太阳恒定地进入生物系统来补偿以热量形式散失的能量。热能若要做功，必须从分子运动速度快的温度较高的区域流向温度较低的区域。通常细胞内外环境之间温度不同，然而细胞不能利用这种温度的差异来做功，因为温血动物有热调节机制，分子的动能主要用来维持体温。所有能量形式间是可以转换的，因此可以用同样的单位来计量，这就是卡路里（cal）或千卡（kcal）。使 1 g 水的温度上升 1℃的热量为 1 cal，另一个常用单位是焦耳（J），1 J 相当于 0.239 cal。

　　分子随机运动的热是一种无序的形式，就是说势能变成动能或化学能变成随机的分子运动就伴随着无序度的增加。**熵**（entropy）是对系统无序度的度量，熵值增加是天然过程。在宇宙形成时已具备了它所能有的一切能量，以后每次能量转换过程都伴随熵的增加，即无序度的增加。在生物系统中，许多生物学反应可以导致有序性增加，熵值减少。把氨基酸连接成蛋白质的聚合反应使蛋白质中任何一个氨基酸的自由运动都受到限制。但是系统变得有序必须依靠能量的输入（图 5-3）。就热力学意义而言，细胞或生物体是随机性不断增大的宇宙中一个低熵值的孤岛。

　　**自由能**（free energy）是任何一个系统中可以用于做功的能量。生命过程是一系列化学反应的过程，生物系统一般处在恒温恒压条件下，这时的自由能称 $G$（吉布斯自由能，美国化学家 J. Gibbs 是热力学奠基人之一）。可把自由能定义为：

$$G = H - TS$$

　　其中 $H$ 是一个系统中化学键所包含的能量或称**焓**（enthalpy），$S$ 是熵，即反应中因无序而不可用的能量，$T$ 是热力学温度。

　　生物学家关注的是当一个分子或结构变成另一个分子或结构时，自由能的变化是怎么样的。化学反应中反应物的一些化学键需要被打断，产物中又形成新的化学键，这个过程往往需要热量，因为热量加强了原子运动，使原子更易分离导致键的断开，产物中形成的新化学键使有序度增加。当大部分生物化学反应在恒温恒压和恒体积情况下进行时，自由能的变化可以表示为：

$$\Delta G = \Delta H - T\Delta S$$

反应物和产物间键的变化（$\Delta H$）和系统无序程度的变化两个因素决定了自由能的变化 $\Delta G$，

↑ 图 5-1　蜜蜂采花蜜为食，获取能量物质

↑ 图 5-2　令人陶醉的演奏
欣赏美妙的音乐涉及多种能量的转换。

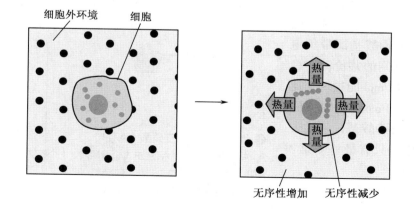

← 图 5-3　生物体系与环境的关系
随着细胞内合成的有序分子的增加，周围环境的无序程度增加。

它可以帮助判断反应的自发性。当 $\Delta G$ 为正值时反应不能自发进行。这意味着反应产物的键能比反应物的高，或反应产物的无序度比反应物低，即产物比反应物有更高的自由能，所以反应不能自发进行，必须有外界提供能量才行，这类反应也称**吸能反应**（endergonic reaction）。反之，当 $\Delta G$ 为负值时，反应产物自由能比反应物低，产物的键能比反应物的低或无序度比反应物高，或两者皆有之，这样的反应趋向自发进行，反应过程多余的自由能以热的形式释放，这类反应又称**放能反应**（exergonic reaction）。就像水从高处向低处流是自发过程，但是势能随着水所处的水平高度降低而降低了；反之水从低处向高处流就不是自发过程，必须靠水泵供能帮助克服水的重力才行。需注意的是，有些 $\Delta G$ 为负值的反应因为没有使反应物转变的合适温度而不会发生，这时可以加催化剂来获得一种途径让反应发生，但是 $\Delta G$ 是化学变化的一个基本属性，因此加催化剂后的反应的 $\Delta G$ 不变。

　　细胞中有许多化学反应在能量上是不适宜的（$\Delta G > 0$），因而不能自发进行，必须供给能量才能发生反应，如各种多聚物的合成。但是细胞通过把这种 $\Delta G > 0$ 的反应与一个 $\Delta G$ 负值大的反应偶联，使两个反应的总和是负值。细胞中能量不宜的反应常与 ATP 水解偶联获得能量而使反应发生成为可行。

## 第二节　ATP 是能量的流通货币

　　生物体要维持生命的特质，细胞要完成所有功能，如运动、生长、物质转运等，都需要有能量的供应，腺苷三磷酸（ATP）就是细胞的能量供应者。细胞活动由一系列放能反应和吸能反应组成，它们表现出总 $\Delta G$ 为负值。生物反应不允许放能反应中的自由能以热量形式散发掉，而是获取这些能量形成新的化学键为细胞继续使用。把放能反应和吸能反应偶联起来的关键分子就是 ATP。ATP 像能量市场上流通的货币，细胞把从放能反应获得的能量贮于 ATP 分子中，继而又把能量用于驱动各种吸能反应。

　　ATP 是由三部分组成的核苷酸分子，第一部分是五碳核糖，第二部分是含氮碱基腺嘌呤，第三部分是 3 个相连的磷酸基（图 5-4）。如果此处是 2 个磷酸基就称 ADP，1 个磷酸基就是 AMP。在 2 个磷酸基之间脱去 1 分子水缩合成的是磷酸酐键（或焦磷酸键），它是一种高能键。1 个 ATP 中有 2 个磷酸酐键，由于磷酸基团带负电性，它们之间有强的排斥力，使磷酸基间的共价键不稳定易断裂，磷酸酐键水解可放出 30.51 kJ/mol 能量。相比之下 AMP 中磷酸酯键水解仅释放 8.36 kJ/mol。有时我们可把 ATP 写成 A–P～P～P，此处 P 代表磷酸基，～ 代表高能键。一般在与 ATP 有关的反应中，只有最外侧第 3 个高能磷酸键被水解，使 ATP 变成 ADP。

$$ATP + H_2O \rightarrow ADP + P_i \qquad \Delta G = -30.51 \text{ kJ/mol}$$

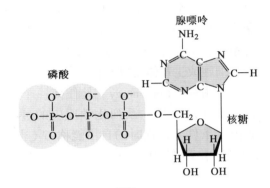

A                    ATP

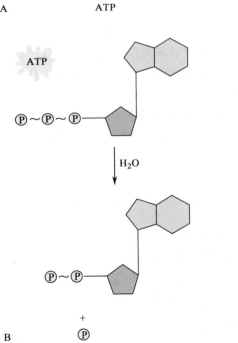

B

⊕ 图 5-4　腺苷三磷酸（ATP）

A. ATP 的分子式。ATP 由 1 个腺嘌呤、1 个核糖和 3 个磷酸分子组成。～ 表示高能键。

B. ATP 的水解。ATP 水解生成 ADP 和磷酸。

　　如果 ATP 末端的磷酸酐键水解产生 ADP 和 $P_i$ 的反应在试管中进行，那么产生的能量会以热的形式释放出来。但是在细胞内则不然，那里有各种酶，它们会把 ATP 水解释放的能量与其它反应偶联起来，使能量转变成各种有用的形式。如用于合成蛋白质、核酸和多糖等大分子并用来组合装配细胞的复杂结构。ATP 提供能量可使动物的肌肉收缩而运动，使原生动物在水塘中游动，使细胞分裂时染色体移向纺锤体两极，ATP 的水解使嵌入细胞膜内称为离子泵的蛋白质让 $Na^+$ 和 $K^+$ 克服生物膜两侧的离子梯度从而穿膜转运。细胞在做这些化学功、机械功和转运功的过程中，都是 ATP 释放的磷酸基转移到要行使功能的分子上，使这些分子磷酸化而获得能量，这个能量比下一步反应所消耗的能量更多，所以是可以自发进行的放能反应（图 5-5）。

　　ATP 分子由于做功因而失去高能磷酸基，但 ADP 从放能反应中吸收能量重又被磷酸化成 ATP，就这样 ATP 获得再生并贮存高能量。在这个过程中，ATP 的第三个磷酸基作为能量运载工具穿梭于吸能反应和放能反应中间，使能量与介导的反应发生偶联，同时 ATP 水解和合成也不断循环复始（图 5-6）。细胞中几乎所有吸能反应所需能量都比 ATP 水解释放的能量少，所以细胞所需的能量几乎全由 ATP 供给。

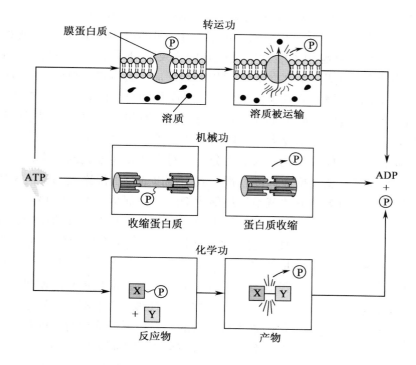

❸ 图 5-5　细胞中分子依赖 ATP 水解释放的磷酸基转移获得能量做功

物质的主动运输、运动和生物分子的合成都是需能过程。

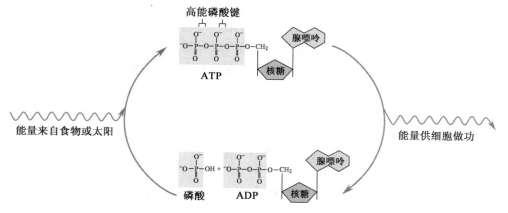

❸ 图 5-6　ATP 循环

ATP 分子是细胞的能库。ATP 水解成 ADP 和无机磷为许多重要的细胞反应提供能量。反之，从 ADP 和无机磷形成 ATP 的反应是与吸收光能或食物分子氧化的放能反应相偶联的。

细胞内 ATP 持续不断的供应使生命得以持续，ATP：（ADP+AMP）以 10：1 的高比例存在保证了放能反应顺利进行。ATP 的周转率也非常高，细胞 ATP 库约 1 min 就可以更新一次。显然，如果突然失去 ATP 供给，细胞只能生存几秒至几分钟。ATP 分子结构决定了它的不稳定性，所以它只能成为能量供体，不能作为能量的贮存者。长期贮能任务则由脂肪和糖类来担当。太阳是一切化学能的来源，植物和一些微生物经光合作用捕获光能合成 ATP，并在将二氧化碳转化成葡萄糖时把大量能量贮存在葡萄糖内，葡萄糖是细胞重要的能量来源。动物把来源于食物的糖和其它分子的能量在细胞呼吸过程中释放出来供维持生命活动之用。

## 第三节　酶是生物催化剂

### 一、活化能和反应速度

当反应的 $\Delta G < 0$ 时，反应能自发进行，但是很多反应速度极慢，实际上反应不能进行。如 $H_2$ 和 $O_2$ 反应形成水，同时放出大量自由能。此反应在室温下不能发生，但是一旦温度升高，例如点火，反应可以伴随着强烈爆炸迅速发生。室温中不能发生反应是因为反应分子不能克服反应"能垒"，"能垒"是一定量的能量，反应物必须吸收一定的能量才可以开始反应。具有最高自由能的可以克服能垒的分子是过渡态分子，它们互相碰撞才能真正发生反应。反应物的自由能和反应物在变成产物之前必须达到最高自由能之间的差就是**活化能**（activation energy）。具有最高自由能的状态叫过渡态中间物。它们具有的自由能比反应物和产物都要大。反应活化能就等于过渡态中间物和反应物之间自由能之差。非活化分子必须获得足够能量才能称为活性分子。对于活化能较大的反应，由于在任何时刻只有小部分分子可以克服能垒，整个反应速度就慢。我们可以通过加温来提高反应速度，这是许多化工厂使用的方法。另外一种有效的方法就是使用催化剂。催化剂是一类化学物质，它的功能是通过降低反应需要的活化能来加速反应，使反应加快达到平衡（图 5-7）。催化剂的使用可以克服反应能垒，而反应结束时它们在数量上和化学性质上都没有改变。这里务必注意，催化剂只能使热力学上认为可能的反应加快，对热力学上不可能发生的反应催化剂是无济于事的。对可逆反应而言，催化剂使正向反应和逆向反应速率增加相同程度，因此它不会改变化学平衡，反应物变成产物的比例也不变。

蛋白质、核酸和淀粉等细胞中许多化合物分子的自由能很高，有自发分解的潜力，但是要达到活化能水平需要加温，对生物而言，高温会杀死细胞，温度的限制使这些分子的自由能不可能达到活化能水平，所以生物体内这类分子的分解必须由酶来催化。

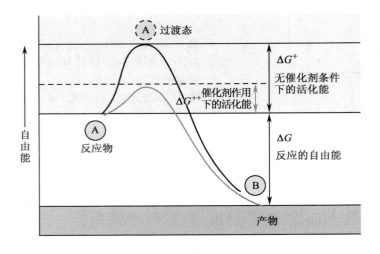

● 图 5-7　催化剂降低化学反应需要的活化能

无催化剂存在下反应所需活化能为 $\Delta G^+$，催化剂使反应所需的活化能降低 $\Delta G^{++}$，可进行反应的活性分子增加，加速了反应速度。催化剂不会改变反应物和产物的自由能，也不会改变反应的自由能。

### 二、酶是生物催化剂

生物体必须在十分短的时间内获得大量能量和构

建细胞的材料才能存活。日常生活中蔗糖是由葡萄糖和果糖构成的双糖，它可以为我们提供能量和合成大分子的原料。但是让蔗糖自发分解放出单糖和能量需花费几百万年，显然生物是不能等待的。当然提高温度可以加速反应进行，然而加温对生物体来讲可能是致命的。细胞的干物质中一半是蛋白质，升温会导致蛋白质因变性而失去活性。若人体受感染发高烧持续时间过久，可引起蛋白质变性，使细胞功能紊乱而病危。细胞为催化反应而产生一类特殊的蛋白质称为**酶**（enzyme），酶是一类有催化功能的蛋白质。细胞内众多反应能快速精确而有条不紊地进行是依靠酶来完成的。酶催化的反应中的反应物有一个特有的名字称**底物**（substrate）。酶与底物的结合降低反应活化能，加快反应速度，而酶蛋白本身在反应前后不变也不消耗，而且酶在被破坏或降解前可以反复使用。

### 1. 酶作用特点

作为生物催化剂，酶具有一些十分适于生物体的特点。

（1）作用条件温和

酶催化作用发生在细胞中，所有反应都在常温、常压和中性 pH 这些温和条件下进行。

（2）高的催化效率

细胞内的许多化学反应在体外没有酶存在的情况下几乎不能进行，但是在细胞内却以极高的速度进行着。酶的催化活性比非生物催化剂的活性可以高出 $10^6 \sim 10^{13}$ 倍。在脊椎动物红细胞中有一种酶称为碳酸酐酶，它催化 $H_2O + CO_2 \longrightarrow H_2CO_3$ 的反应，每个细胞每秒钟可催化 600 万个 $CO_2$ 分子水合生成碳酸，若没有酶，细胞每小时仅能生成 200 分子的碳酸，酶使反应速度提高了 $10^8$ 倍。这对维持血液正常酸碱度和排出 $CO_2$ 是十分有效的，也是必需的。如此高的催化效率使细胞只需少量酶就可以催化大量反应。例如，每人每天消耗的能量分子 ATP 累积起来与人的体重相仿，这就是由酶介导 ATP 水解和再生的高效性来保障的。

（3）高度专一性

酶对它所催化反应的严格选择既反映在催化的反应上，也反映在它对底物的选择上。在体外，氢离子可以催化蔗糖、淀粉、脂肪和蛋白质等各种分子水解。在细胞内则不然，每种分子需要专门的酶来水解，也就是说一种酶只能催化一种反应或一类相关反应。酶有反应专一性。如蔗糖酶水解蔗糖，淀粉酶水解淀粉，脂肪酶水解脂肪而蛋白酶则水解蛋白质等。脂肪酶可以把各种脂肪水解成甘油和脂肪酸，它对脂肪中脂肪酸组成没有要求。蛋白酶水解蛋白质是催化肽键的断裂，然而不同的蛋白酶对其作用的肽键又有不同要求，这就是酶的底物专一性。我们熟知的消化蛋白质的胰蛋白酶由胰脏分泌，它只能在精氨酸或赖氨酸的羧基端水解肽键；血液凝固中重要的凝血酶只水解精氨酸和甘氨酸之间的肽键。有些酶除选择底物外，还有对底物立体专一性的要求。上面讲到的蛋白酶仅作用于 L– 氨基酸残基组成的肽键。淀粉酶之所以不能作用于纤维素的原因在于淀粉是葡萄糖以 $\alpha$– 糖苷键相连，而纤维素中葡萄糖是以 $\beta$– 糖苷键相连。酶作用的高度专一性是最重要的特征，它保证了生命活动高度有序。在基因调控下，不同类型细胞含有的酶不同，造成细胞在结构和功能上的差异，使细胞在特定时间、特定地点进行的特定反应可以井井有条地持续着。

（4）作用的可调控性

区分酶和非生物催化剂的一个重要特征是酶的催化活性是可调控的。细胞和生物体要行使各种生理功能，需要不断对外界环境条件的变化做出反应进行自我调节，从根本上讲就是对酶的调节。这是通过调节酶的活性大小和控制酶的合成与分解来达到的。许多酶有活性和无活性两种形式，它们之间可以互换。如真核生物中的糖原合成酶，当酶分子加上磷酸基被磷酸化时，酶的活性就被抑制，一旦去磷酸化脱去磷酸就变成活性状态。生物体内还有一些酶，在体内合成并被分泌时以没有活性的前体——**酶原**（zymogen）存在，在适当的生理条件下被其它蛋白酶水解成有活性的状态。胰蛋白酶在胰脏中产生时以酶原形式存在，进入小肠后被蛋白酶从它的氨基端切去一段小肽后就成了有活性的胰蛋白酶。这是一种很有效的调节机制。

### 2. 酶的作用机制

作为蛋白质，每一种酶有其独特的三维结构，分子的疏水区域在内，外部是亲水区。人们利用X射线晶体衍射技术分析了许多酶分子结构，发现酶折叠扭转成球状，分子内部是一个疏水核心，外部的亲水性使酶能很好地溶于水。酶分子表面会有内陷的空穴或槽，它们有独特的几何结构，其形状恰与底物结构匹配。酶表面的空穴或槽是底物的结合部位，称为**活性位点**（active site），活性位点的构象仅适于一种底物分子或一类分子，这正是酶作用的专一性原因所在。需注意的是蛋白质分子有一定的柔性，活性位点的构象有一定灵活性。当底物与酶结合时，酶受底物的诱导，构象发生变化导致酶分子与底物互相结合更紧密，这个过程是"**诱导契合**"（induced fit）作用，它使活性位点处在促进底物反应的最佳状态，一旦酶与底物结合，瞬间就会形成酶-底物复合物，这是从底物到产物的途径中短暂形成的一种过渡态**中间物**（intermediate），它使底物分子的化学键变得较不稳定，易改变成新的键，或者酶使结合的不同底物间靠得足够近而易于发生反应，这些情况都降低反应活化能，加快底物变成产物的反应速度。X射线晶体衍射分析可以观察到酶与底物结合前后形状的变化。这里以蔗糖酶为例进一步说明酶是怎么工作的（图5-8）。蔗糖酶的底物是蔗糖（食糖），它催化蔗糖水解为葡萄糖和果糖的反应。蔗糖酶上一个空穴是它的活性位点，蔗糖进入活性位点，与酶结合的蔗糖诱导酶的结构稍有变动，活性部位氨基酸残基与蔗糖分子"契合"，把蔗糖固定在适合反应的地方，最后底物变成产物，酶释放出葡萄糖和果糖，而酶本身又恢复成反应前未改变过的构象，新一轮的催化循环重新开始（图5-9）。如此反复循环，1个酶分子平均每秒钟可催化几千到几百万个底物分子变成产物。如此高的效率，使酶的需用量很少。

### 3. 影响酶活性的因素

酶对周围环境十分敏感，它的活性受多种因素影响。一个酶催化的反应除受底物浓度影响外，凡是可以影响酶构象的化学和物理因素都能影响酶的作用效率。

#### （1）温度

温度的提升使分子随机运动增强，可导致反应速度加快，酶催化反应也一样，如图5-10，每一种酶反应都有最适温度，例如人类的酶，最适温度在35℃到40℃之间，在最适温度下，随温度升

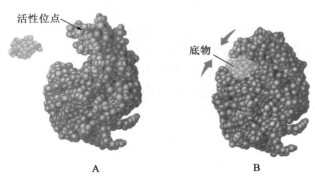

**⬆ 图5-8　酶的活性位点和诱导契合作用**
A. 酶的活性位点呈现为一个凹槽，与底物的结构相吻合。
B. 底物的进入诱导酶蛋白的构象稍有变化，使底物埋入酶中与酶紧密结合，利于酶的催化反应。

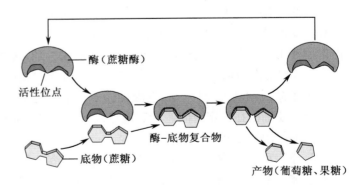

**⬆ 图5-9　酶的催化循环**
反应底物蔗糖首先与蔗糖酶的活性位点结合形成酶-底物复合物，诱导酶的构象稍有变化使活性位点接近葡萄糖和果糖间的共价键，水解打断共价键，酶释放出产物葡萄糖和果糖后又可与蔗糖结合开始新一轮催化反应。酶增加了反应速度，但是自己没有发生变化。

高，酶催化的反应速度也随之加快。如若反应温度低于最适温度，维持酶分子构象的氢键和疏水作用还不能使酶分子具有在诱导契合过程中所需要的柔韧度。如果温度超过最适温度，次级键的作用又太弱，不足以对抗酶分子中原子的热运动来维持酶的构象不变，所以高温下酶会变性，绝大多数酶在 60℃ 以上就失去活性。

　　进化早期，生物生活在温度较高的环境中，必须在高温下才能达到所需要的酶反应速率，如古菌中的嗜热菌现今仍生活在温泉中，它们的酶可以耐高温，最适温度可以达 70℃ 以上。几十亿年的进化过程中，不断的突变和遗传选择使酶的催化效率变得愈来愈高，可以在常温下有效地催化反应。

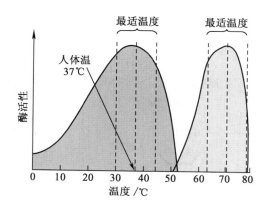

⬆ 图 5-10　温度对酶活性的影响
左侧为常温酶的最适温度，右侧为热泉原核生物酶的最适温度。

　　（2）pH 和盐浓度

　　溶液 $H^+$ 浓度对酶的影响很大。在不同 pH 条件下测到的酶活性是不同的，但是每一种酶都有自己的最适 pH（图 5-11）。酶蛋白分子中有带正电荷或负电荷的氨基酸，它们的带电状况受溶液氢离子浓度影响很大。相反电荷氨基酸间的作用有助于稳定蛋白质的三维构象，pH 的改变导致酶蛋白带电状况改变会使结构不稳定，甚至变性。此外酶活性中心氨基酸带电状况变化就直接影响了酶与底物的结合和催化作用的效率。许多酶的最适 pH 在近中性的 6 到 8 之间。也有一些例外，如肝脏中精氨酸酶作用的最适 pH 是 9.5，而胃液中的胃蛋白酶则在 pH 2 的胃环境中消化蛋白质最有效，这些酶都有在 $H^+$ 浓度偏高或偏低条件下仍稳定蛋白质三维结构的能力。

　　合适的离子浓度有利于蛋白质构象中化学键的形成与稳定，同时特定的盐离子可能是酶发挥功能所必需的，比如 $Mg^{2+}$ 是 DNA 聚合酶所必需的离子。因此合适的盐浓度有利于酶的作用。但很少有酶可以忍受极端盐浓度，在这样的条件下，高盐环境可能会干扰蛋白质的正确折叠与构象形成。

　　（3）酶的辅因子

　　许多酶需非蛋白质分子存在才有催化活性，这些非蛋白质的分子称为**辅因子**（cofactor）。辅因子可以是无机离子，约三分之一的酶在催化过程中需要金属离子。有些酶的活性部位有金属离子，它们的存在有助于从底物分子中夺取电子，改变底物化学性质来发挥催化效率。羧肽酶利用活性位点中的 $Zn^{2+}$ 来除去连接氨基酸肽键的电子，从而从蛋白质的羧基端开始降解蛋白质。有些离子与酶结合较松，作为反应激活剂，它们必不可少。消化淀粉的唾液淀粉酶的活性需要 $Cl^-$ 激活。这里微量元素对健康的重要性可见一斑。当辅因子是有机分子时就称为**辅酶**（coenzyme），大部分辅酶是**维生素**的衍生物，最初是在营养学和药物研究中发现的。辅酶在能量传递中起着极其重要的作用，在无

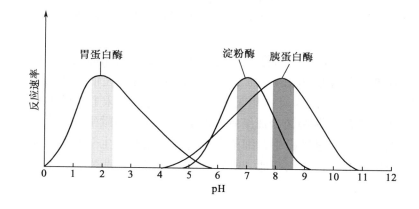

⬅ 图 5-11　pH 对酶活性的影响
涂色处为最适 pH 范围。

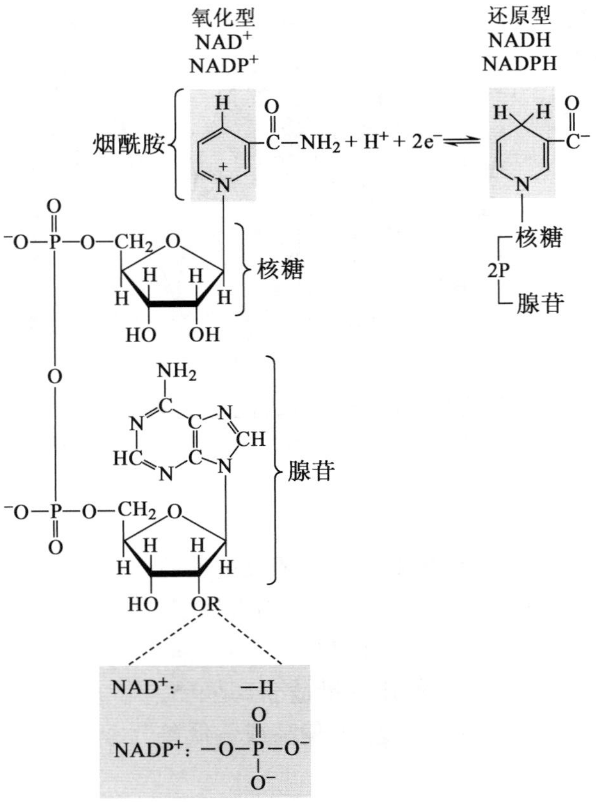

**图 5-12** 烟酰胺腺嘌呤二核苷酸（辅酶 I，NAD⁺）和烟酰胺腺嘌呤二核苷酸磷酸（辅酶 II，NADP⁺）的化学结构

氧化型 NAD⁺ 和 NADP⁺ 接受电子和质子后分别成为还原型 NADH 和 NADPH。

数由酶催化的氧化还原反应中电子从酶的活性部位传递给作为电子受体的辅酶，然后辅酶把电子传给不同的酶，接着酶又把电子和它们的能量传递给另一个反应的底物。通常电子和质子结合成氢原子。细胞就这样，通过辅酶使能量以电子形式从一种酶到另一种酶之间穿梭。烟酰胺腺嘌呤二核苷酸（辅酶 I，$NAD^+$）和烟酰胺腺嘌呤二核苷酸磷酸（辅酶 II，$NADP^+$）都是氢受体，也是最重要的辅酶。$NAD^+$ 和 $NADP^+$ 分子均由 2 个核苷酸分子以磷酸基相连而成（图 5-12）。核苷酸是由核糖及其两侧的碱基和 1 个或多个磷酸组成。$NAD^+$ 和 $NADP^+$ 中两个核苷酸分别是烟酰胺一磷酸（NMP）和腺苷一磷酸（AMP），它们有不同的功能：AMP 作为核心为许多酶提供一种可识别的形状；NMP 则是分子的活性部分，它提供了一个容易接受电子而被还原的位点。当氧化型 $NAD^+$（$NADP^+$）从酶分子获得一个电子和氢原子（实质上是 2 个电子和 1 个质子）时，它就被还原成 NADH（NADPH）。还原型 NADH（NADPH）带有的两个高能电子和质子可以供给其它分子，使那些分子被还原，同时 NADH（NADPH）被氧化成为氧化型 $NAD^+$（$NADP^+$）。那些获得能量的分子再氧化为细胞提供了能量，这个过程中从分子取出的电子重又提供给 $NAD^+$（$NADP^+$）。$NAD^+$ 在细胞的能量传递中的作用以及 $NADP^+$ 在光合作用中的作用后文介绍。

（4）抑制剂

酶的活性可以由于一些分子的存在而受到影响。有些分子与酶结合引起酶的构象发生改变而降低酶活性，这类分子称为**抑制剂**（inhibitor）。有些酶和抑制剂因形成共价键而成永久性复合物，它们可以使酶再也不能发挥作用，这种是不可逆抑制剂；如果抑制剂与酶以弱键相结合，可以通过加大底物量来克服抑制剂的干扰，这就是可逆抑制剂。可逆的酶抑制剂有两类：一类是**竞争性抑制剂**（competitive inhibitor），它们的结构与酶的正常底物相似，能与底物竞争酶的活性部位，由于酶不能区分它们，抑制剂的结合使酶丧失正常功能；另一类是**非竞争性抑制剂**（noncompetitive inhibitor），它们结合在酶活性部位外的某一个位置上，它的结合导致酶构象的变化，使酶的活性位点不再适于底物的结合了（图 5-13）。细胞中通过抑制剂调节酶的活化或失活可以有效地控制酶催化的反应速度。

酶的抑制剂很重要，有时生物体仅一种关键酶被抑制就会出现病态甚至死亡，因此抑制剂常用作杀虫剂、灭菌剂和临床药物。常见的有机磷农药抑制胆碱酯酶活性，使神经细胞传递信号的功能紊乱而杀死昆虫，对人畜而言也是神经毒药，但是因为对植物无害而作为农药。临床上用的许多抗生素也是通过抑制酶活性起作用的，青霉素能抑制细菌合成细胞壁的酶而杀死致病微生物，人体内没有这种酶因而使用青霉素无害。长期使用抗生素过程中，细菌会通过各种途径产生一些能耐受药物的突变体并能遗传下去，这实际上是生命的一种进化特征，所以抗性总是缓慢地产生着，不会停止。

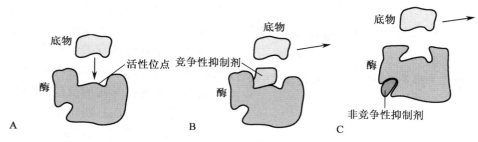

↑ 图 5-13 酶与抑制剂

A. 底物与酶的活性位点结合。

B. 竞争性抑制剂干扰酶的活性位点，底物不能结合。

C. 非竞争性抑制剂与酶的非活性位点结合，改变了酶的构象使其不能与底物结合。

### 4. RNA 生物催化剂

1981 年美国科学家 Tom Cech 和他的同事们报道某些与 RNA 有关的反应是由 RNA 催化的，酶的概念得以扩展。一些折叠成特殊结构的 RNA 有催化能力，称为**核酶**（ribozyme），它们能切开 RNA 链（图 5-14）。在真核细胞中，核酶起着重要作用，它们负责除去从基因拷贝而来的各种 RNA 分子中的多余部分。细胞中基因首先拷贝出 mRNA、tRNA 和 rRNA 的前体，在除去分子中的多余部分后才变成有功能的各种 RNA，核酶参与了这个过程。核糖体是蛋白质合成的场所，核糖体大亚基中的 rRNA 可以催化蛋白质合成中肽键的形成。有催化能力的 RNA 的发现为探索生命起源过程中蛋白质和核酸究竟是谁出现得更早这个问题给予提示，可能进化中先产生的是 RNA，然后 RNA 催化出现原始蛋白质。

### 5. 酶促代谢及其调控

**新陈代谢**（metabolism）或称代谢是生物体内进行的全部物质和能量变化的总称，它是生命的基本特征之一。生物体与它所处的环境不断地进行着物质与能量的交换，通过代谢生物体从环境中取

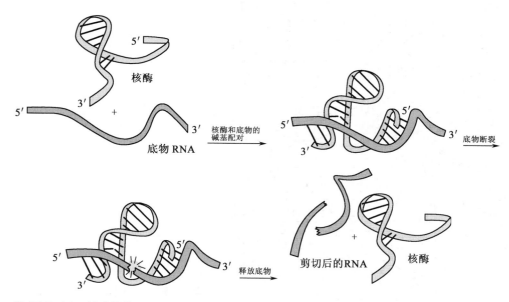

↑ 图 5-14 核酶催化 RNA 水解

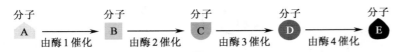

**分子** A ───由酶1催化───> **分子** B ───由酶2催化───> **分子** C ───由酶3催化───> **分子** D ───由酶4催化───> **分子** E

⬆ 图 5-15　细胞中的生物化学途径
最初的底物分子 A 经酶 1 催化变成可以被酶 2 识别并作用的分子 B。途径中的每个酶的底物是前一步反应的产物，直到最终形成分子 E。

得能量和必需的物质来维持它们的有序结构，进行生长、繁殖和运动等一切生命活动；同时生物又不断分解自身的组成物质，释放能量并把废物排出体外。在新陈代谢中，消耗能量用于创造和改变化学键的反应称为合成反应，或称合成代谢；而在打断化学键时可获取能量的反应称为分解反应，又称分解代谢。合成代谢和分解代谢中的反应都是通过酶的催化进行的。尽管反应数量众多而且关系错综复杂，但是酶作用的高效性、专一性和可调控性使这一切都在有序地进行着，同时还以最大效率不断获得支持生命所需的能量。

细胞中按次序进行的一系列反应称之为生物化学途径，在这途径中上一个反应的产物是下一个反应的底物（图 5-15），一种化合物也可能是不同酶的底物。各种生物化学途径交织成完整的新陈代谢网络（图 5-16）。代谢网络中不计其数的反应受到细胞精密调控，它们以一种合适的顺序协调地进行，同时按细胞需要以合适的速度进行。生化途径中大部分酶在细胞内布局的区域化保证了有序的酶反应在细胞的特殊部位发生，如 Krebs 循环（三羧酸循环）各步反应仅在线粒体基质内发生，而氧化磷酸化则在线粒体内膜上进行。反应产物量同样受到细胞严格控制，当一种化合物在细胞中已经存在时，过多的合成不仅是不必要的，而且还浪费了可以用在别处的能量和原材料，甚至可能是有害的。细胞通常采用一种反馈机制在分子水平上控制产物量，当终端产物量增加时，此产物可

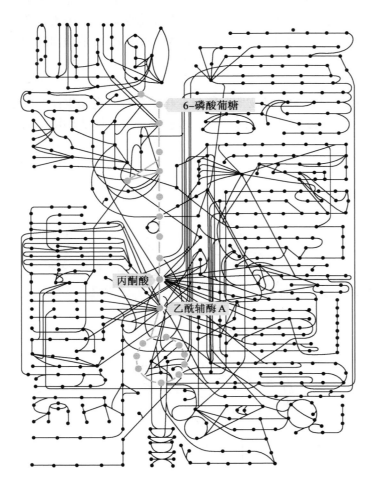

6-磷酸葡糖

丙酮酸

乙酰辅酶 A

⬅ 图 5-16　细胞中的代谢网络图
图中灰色标记的是葡萄糖的糖酵解和三羧酸循环途径。

以用反馈作用抑制反应过程中第一个酶的活性而关闭整个过程（图5-17），随着终端分子浓度下降，反馈作用消失，此途径恢复工作，这种调节方式称为**反馈抑制**（feedback inhibition）。

# 第四节　细胞呼吸的过程

通过消化作用，一些酶把大分子分解成较小的分子，然后在分解代谢过程中其他各种酶每次从分子中除去一部分结构，并从C–H键和其他化学键中获取能量，这个过程需要氧气。生物学家把细胞氧化食物中的葡萄糖、脂肪酸和其他有机物分子获得能量产生$CO_2$的过程称为**细胞呼吸**（cellular respiration）。在真核细胞中，葡萄糖氧化释放能量的过程在细胞质中开始，在线粒体中完成。细胞呼吸全过程可分为4阶段，下面逐一介绍。

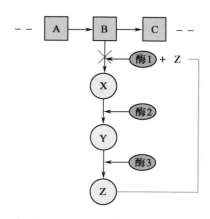

⬆ 图5-17　反馈抑制
B→Z生化途径中的终产物Z成为催化该途径第一个酶的抑制剂。

## 一、糖酵解通过氧化葡萄糖生成丙酮酸获取化学能

**糖酵解**（glycolysis）是一个由10步有序的化学反应组成的生物化学途径（图5-18）。它发生在细胞质中，从1个葡萄糖分子开始，最终得到2个三碳的丙酮酸分子。这个阶段的反应不需要氧气，是一个厌氧过程。葡萄糖是十分稳定的分子，不会自动降解释放能量，2个ATP分子提供了能量使反应得以起始。前五步反应把葡萄糖分子"劈开"并加以分子重排，最终转换成2个三碳的磷酸化分子——甘油醛–3–磷酸（G3P）。G3P被氧化，从碳骨架上拆下的2个氢原子结合到$NAD^+$上形成NADH，接着由细胞质提供磷酸使G3P变成1,3–二磷酸甘油酸（BPG），随后通过多步反应转换成另一种三碳分子**丙酮酸**。在这个转换过程中，通过**底物水平磷酸化**（substrate-level phosphorylation）生成2个ATP。底物水平磷酸化是通过酶把一种有机物底物分子上的磷酸基转移到ADP上形成ATP和另一种新的有机分子（图5-19）。转移的磷酸基与ADP形成的磷酸酐键比原有分子中的磷酸键要稳定，这使磷酸化反应能够发生，但是底物水平磷酸化产生的ATP在细胞生成的ATP中只占少量。

因为每个葡萄糖分子被劈为2个G3P分子，所以下半阶段共获得2个NADH和4个ATP，总反应净得2个ATP分子、2个NADH分子和2个丙酮酸分子。

图5-18列出了糖酵解整个化学反应过程，酶催化了每一步反应。我们把前五步看作第一相期，这是吸能期，利用ATP把葡萄糖拆成2个小的糖分子，为以后释放能量做准备。后五步是第二相期，细胞从中收获能量，与前面消耗的ATP相抵后1个葡萄糖分子净得2个ATP和2个NADH。

按葡萄糖分子内化学键总能量是2867.48 kJ/mol计算，糖酵解仅得到葡萄糖化学能的3.5%。2个NADH分子携带有能量，但是在无氧条件下这些能量是不可利用的，只有进入电子传递链才能逐步释放可被细胞捕获的能量。大部分生物对能量有很高的要求，仅有糖酵解是不能生存的。我们会看到，在以后的步骤中细胞将通过有氧呼吸从2个丙酮酸分子中获得大量能量。

## 二、丙酮酸氧化脱羧生成乙酰辅酶A

在有氧存在条件下，丙酮酸继续氧化并进入三羧酸循环完成氧化。真核生物中有氧呼吸阶段在线粒体内完成。丙酮酸分子进入线粒体后不能直接进入三羧酸循环。如图5-20所示，它首先在一次脱羧反应中被氧化。这个反应除去1个碳并以$CO_2$作为废物从生物体排出，余下1个二碳片段称为

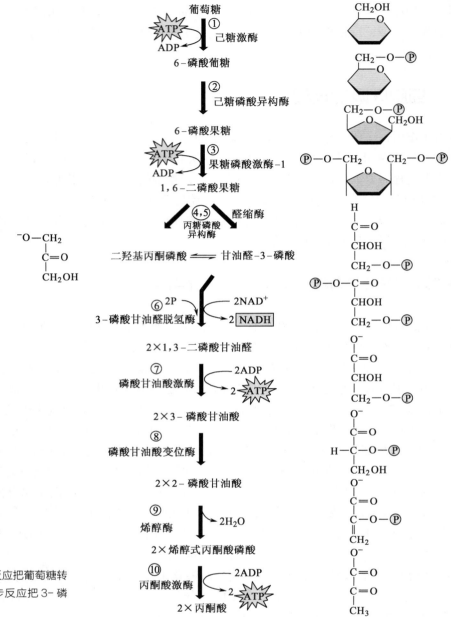

🔿 图 5-18    糖酵解途径
一系列反应发生在细胞质中，前五步反应把葡萄糖转变成 2 个 3- 磷酸甘油醛分子，后五步反应把 3- 磷酸甘油醛转变成丙酮酸。

**乙酰基**。从维生素 B 衍生而来的**辅酶 A（CoA）**分子与乙酰基结合形成乙酰 CoA。丙酮酸氧化时脱下的氢把 NAD⁺ 还原成 NADH，以后用于产生 ATP。总反应如下：

$$丙酮酸 + NAD^+ + CoA \longrightarrow 乙酰\ CoA + NADH + CO_2$$

丙酮酸氧化脱羧反应由线粒体内一个多酶复合体催化，复合体保证了一系列反应依次进行，反应中间物既不会扩散离开，也不会进行其他反应，乙酰 CoA 随即进入三羧酸循环继续被氧化生成 ATP。乙酰 CoA 不仅来自葡萄糖酵解产物丙酮酸的氧化，而且在蛋白质、脂肪和其他脂质分子的分解代谢中都会产生乙酰 CoA，它是真核生物细胞分解代谢的关键点（图 5-21）。生物体根据对能量的需求将决定乙酰 CoA 是进入 ATP 产生途径还是用于合成脂肪贮备能量，这也是为什么动物或人超过身体需要消耗过多食物时就会有脂肪积贮的缘故。

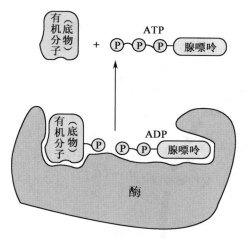

⬆ 图 5-19 底物水平磷酸化合成 ATP
一些分子具有高能磷酸键，当酶把高能磷酸键转移到 ADP 上形成 ATP 时，ATP 保存了磷酸键的高能量。

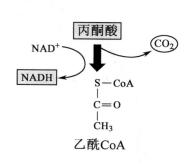

⬆ 图 5-20 丙酮酸氧化脱羧和乙酰 CoA 生成
这个反应有 $NAD^+$ 参与，是代谢能量来源之一，产物乙酰 CoA 将进入三羧酸循环。

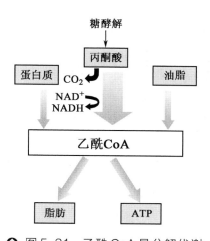

⬆ 图 5-21 乙酰 CoA 是分解代谢的关键点
几乎所有与能量代谢有关的分子都会转化成乙酰 CoA，然后它进入 ATP 生成或脂肪合成。

## 三、Krebs 循环

葡萄糖经糖酵解转化的丙酮酸继续被氧化脱羧形成乙酰 CoA 后，进入葡萄糖氧化的最后阶段，这是在线粒体中进行的由 9 个反应组成的生化途径，此途径以循环方式进行。在循环过程中细胞降解乙酰 CoA 提供的二碳单元，从中获得 8 个能量电子，并以 $CO_2$ 形式放出 2 个碳原子。因为 Hans Krebs 在 20 世纪 30 年代研究阐明了这个循环中的大部分反应，所以此循环被命名为 **Krebs 循环**（Krebs cycle）。由于循环中的关键中间代谢物柠檬酸是一种三羧酸，也常称此循环为三羧酸循环或柠檬酸循环。Krebs 循环总反应式为：

$$乙酰 CoA + 3NAD^+ + FAD + GDP + P_i + 2H_2O \longrightarrow$$
$$2CO_2 + 3NADH + FADH_2 + GTP + 3H^+ + HS\text{-}CoA$$

如图 5-22 所示，Krebs 循环开始于从乙酰 CoA 来的二碳乙酰基团与四碳分子草酰乙酸缩合成六碳的柠檬酸。在反应④和⑤中释放出 2 个 $CO_2$ 分子；反应④、⑤、⑦和⑨的循环中间物氧化产生还原型电子载体，3 个 NADH 分子和 1 个黄素腺苷二磷酸（$FADH_2$）分子；反应⑥底物琥珀酰 CoA 中高能硫脂键的水解与底物水平鸟苷三磷酸（GTP）合成偶联，琥珀酰 CoA 水解生成四碳的琥珀酸同时使鸟苷二磷酸（GDP）磷酸化形成 GTP，GTP 极易转化成 ATP，这个反应与糖酵解中底物水平生成 ATP 反应类似；最后一步反应⑨又产生草酰乙酸使循环再次开始。

Krebs 循环在线粒体基质中进行，参与循环的大部分酶和分子是水溶性的。循环中 6 个非膜结合蛋白以巨大的多蛋白复合体形式存在，这样可以使一个酶的反应产物不需要通过溶液扩散就可直接传递给下一个酶。

六碳的葡萄糖分子经糖酵解切割成 2 个三碳的丙酮酸分子；在丙酮酸转化为乙酰 CoA 过程中失去 1 个碳并以 $CO_2$ 形式释放；Krebs 循环使 2 个碳以 $CO_2$ 形式失去，此时葡萄糖分子中的碳已完全氧化成 6 个 $CO_2$ 被释放，留给细胞的是葡萄糖分子的能量。这些能量中的大部分保存在还原型电子载体，即 10 个 NADH 分子和 2 个 $FADH_2$ 分子中。在整个过程中也以底物水平磷酸化方式生成 4 个 ATP 分子，但是这仅是葡萄糖分子完全氧化释放的可获得能量中的小部分。要得到 NADH 分子和

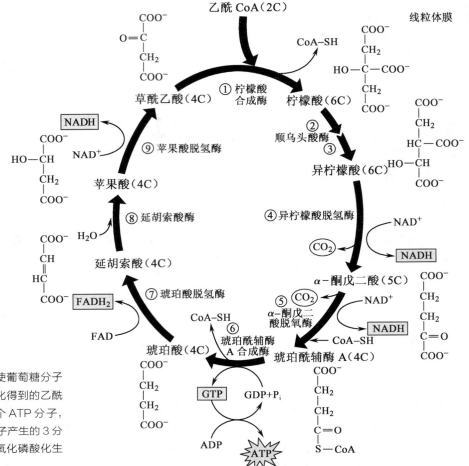

**⊃ 图 5-22　Krebs 循环**
一系列发生在线粒体基质中的反应使葡萄糖分子完全分解。葡萄糖酵解和丙酮酸氧化得到的乙酰CoA 分子通过这个循环，生成 1 个 ATP 分子，释放 2 个 $CO_2$ 分子，由 8 个能量电子产生的 3 分子 NADH 和 1 分子 $FADH_2$ 将通过氧化磷酸化生成大量 ATP。

$FADH_2$ 分子中的能量，必须把这些能量转移并贮存在 ATP 中。我们看到，在前述的葡萄糖氧化的三个步骤中没有 $O_2$ 的加入。只有在随后通过电子传递链把 NADH 和 $FADH_2$ 分子携带的电子最终送达 $O_2$，细胞才获得大量能量。

　　需要注意的是，各种生物的细胞呼吸都有 Krebs 循环过程，各种生物细胞代谢上的共性是生物进化的一个有力证据。Krebs 循环贮存能量时仅有 $CO_2$ 一种"废物"这个特点也充分体现出生物中该系统的经济有效性。

## 四、电子传递链和氧化磷酸化

　　有氧呼吸前三个阶段中获得的 NADH 和 $FADH_2$ 分子分别是 $NAD^+$ 和 FAD 获得电子被还原而成。NADH 和 $FADH_2$ 把它们的高能电子带到线粒体内膜，在那里再把电子转移给结合在膜上的电子载体，一系列电子载体组成了电子传递链。高能电子沿电子传递链上各电子载体的氧化还原反应从高能水平向低能水平传递，最后到分子氧。图 5-23 所示，接受电子的第一个蛋白质是嵌在线粒体膜中的蛋白质复合物，称为 NADH 脱氢酶，然后称为辅酶 Q 的载体把电子传给 $bc_1$ 复合物，接着电子被另一个载体细胞色素 c 携带到细胞色素氧化酶复合物，最后这个复合物用 4 个电子还原 1 个氧分子，然后每个氧原子从周围环境中结合 2 个 $H^+$ 形成 $H_2O$。因为在细胞中可以获得充裕的氧气使有氧呼吸

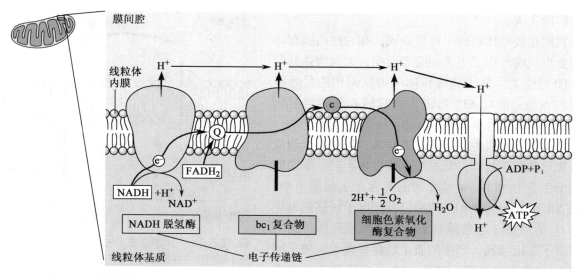

🔼 图 5-23　电子传递链和 ATP 的化学渗透合成

从葡萄糖酵解中捕获的高能电子，沿着位于线粒体内膜的蛋白质组成的电子传递链传递，最后被氧气吸收形成水。释放的能量部分用于把质子从线粒体基质泵出到膜间腔，形成跨膜的质子梯度。经 ATP 合酶的质子通道回流到基质的质子驱动 ATP 的合成。

成为可能。

　　NADH 总是把它的电子供给 NADH 脱氢酶，这是电子传递链上的第一个蛋白质，而 $FADH_2$ 带的电子能量稍低，只能递给辅酶 Q。随着电子的释放，$NAD^+$ 和 FAD 再生而再度被利用。当 NADH 和 $FADH_2$ 携带的电子通过电子传递链时，它们释放的能量把质子从基质转送到膜间腔。电子传递链中有 3 个跨膜蛋白质复合物有质子泵功能，电子流诱导泵蛋白构象发生变化，使它们可以把质子泵过线粒体内膜进入膜间腔。由 NADH 提供的电子可以使 3 个质子泵全活化，而 $FADH_2$ 仅活化后 2 个质子泵。因质子不能自由透过内膜，结果导致膜间腔质子浓度上升并超过基质内质子浓度，膜间腔的正电荷也强于基质。于是最初葡萄糖中具有的大量能量用于形成跨线粒体内膜的电化学梯度和质子梯度，这驱使质子通过扩散由膜间腔重新返回基质，但是线粒体内膜是不允许 $H^+$ 自由出入的。

　　$H^+$ 是通过 ATP 合酶提供的 $H^+$ 通道进入基质。ATP 合酶（图5-24）是一种蛋白质复合物，它利用贮存在跨膜的 $H^+$（质子）梯度的能量来合成 ATP。它埋入线粒体内膜部分有一个通道供 $H^+$ 穿越过膜，$H^+$ 穿越膜降低了质子浓度梯度，从中释放出的能量驱动 ATP 合酶的部件转动，然后转动的机械能转化成化学能，即供 ATP 磷酸化酶催化 ADP 磷酸化成 ATP。就这样，$H^+$ 的流动驱动了 ATP 合酶以微妙的分子机制完成 ATP 的生成。细胞通过**化学渗透**（chemiosmosis）把电子传递的放能反应与吸能的 ATP 合成反应很好地偶联了起来（图 5-25）。细胞线粒体内膜把电子传递链释放的能量和 ATP 吸能合成偶联的过程又称为**氧化磷酸化**（oxidative phosphorylation）。从葡萄糖有氧呼吸捕获能量大部分在

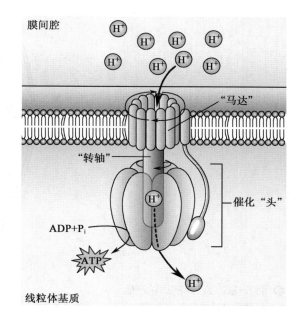

🔼 图 5-24　线粒体内膜上 ATP 合酶的结构

这一阶段完成。

我们在线粒体结构中可以看到，在它的内膜有许多折叠形成嵴产生了更大的膜表面积，大大增强其产生 ATP 的能力。肝细胞线粒体中内膜面积约是外膜面积的 5 倍，而对 ATP 有极大需求的心脏和骨骼肌细胞线粒体嵴比肝细胞的多 3 倍。

细菌属于原核生物，缺乏线粒体，但是需氧细菌也有氧化磷酸化过程，只是与真核生物不同。细菌催化糖酵解途径和 Krebs 循环的酶都存在于细胞质中，而把 NADH 氧化成 $NAD^+$ 的酶以及把电子转移到最终受体 $O_2$ 的酶位于细菌质膜上。电子经膜载体传递同时把质子泵出细胞，产生的质子跨膜梯度引起质子回流并与 ATP 合成偶联。细菌 ATP 合成酶的结构和功能与线粒体的基本一致。

⊕ 图 5-25　化学渗透产生 ATP

质子泵把质子泵到线粒体膜间腔，质子向着浓度低的方向通过 ATP 酶的质子通道穿膜移动进入线粒体基质，释放的能量引起"马达"和"转轴"的转动，伴随着机械能转化为化学能，ATP 生成。

## 五、有氧呼吸的产率

1 个葡萄糖分子经过上述糖酵解、Krebs 循环、电子传递链和氧化磷酸化等细胞呼吸全过程，共生成多少个 ATP 分子呢？如图 5-26，糖酵解在细胞质内进行，Krebs 循环在线粒体中进行，每个葡萄糖分子在两个场所通过底物水平磷酸化净得 4 个 ATP 分子，而细胞从 NADH 和 $FADH_2$ 分子则获得多得多的能量。化学渗透模型提出，电子传递链上的质子泵每激活 1 次产生 1 个 ATP 分子。NADH 的电子在传递中激活 3 个质子泵，可产生 3 个 ATP 分子；$FADH_2$ 激活 2 个质子泵生成 2 个 ATP 分子。真核生物细胞糖酵解过程中产生的 2 个 NADH 分子不能穿过线粒体膜，但是它携带的电子可以从细胞质到线粒体穿梭，这里要消耗 2 个 ATP 分子。

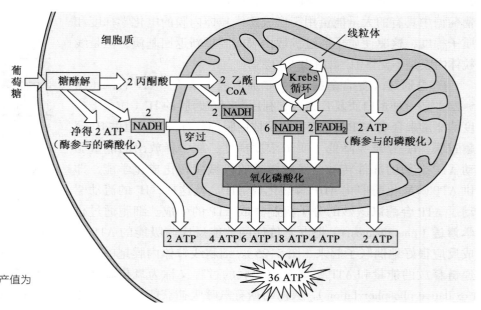

⊃ 图 5-26　ATP 的理论产值

1 分子葡萄糖通过有氧呼吸得到的 ATP 理论产值为 36 分子。

因此，从理论上计算，葡萄糖有氧呼吸产生的 ATP 总量是：

$$4 \quad + \quad 10 \times 3 \quad + \quad 2 \times 2 \quad - \quad 2 \quad = 36$$
（底物水平磷酸化）　（NADH）　（FADH$_2$）　（糖酵解 NADH 转运）

有些细胞在 NADH 分子从细胞质到线粒体穿梭时使用一种不消耗能量的机制，那么每个葡萄糖分子可产生 38 个 ATP 分子。

实际上真核细胞在有氧呼吸中产生的 ATP 数量稍低于 36 这个理论值。首先线粒体内膜对质子稍有点"渗漏"，使有些质子并不穿过 ATP 合酶而进入基质，其次线粒体内膜两侧质子梯度并没有完全用于合成 ATP，常用于其他目的，如把丙酮酸转运到基质。于是由每个 NADH 和 FADH$_2$ 分子产生 ATP 的实际值分别约是 2.5 和 1.5。

经校正后，从 1 个葡萄糖分子捕获的 ATP 总量是：

$$4 \quad + \quad 10 \times 2.5 \quad + \quad 2 \times 1.5 \quad - \quad 2 \quad = 30$$
（底物水平磷酸化）　（NADH）　（FADH$_2$）　（糖酵解 NADH 转运）

1 mol 葡萄糖氧化共释放 2 867.48 kJ 能量，得到 30 mol ATP 共贮能 915.3（＝30.51×30）kJ，故能率为 32%。与其他能量转换系统相比，生物细胞葡萄糖有氧呼吸的能率非常高。例如，我们熟悉的汽车引擎一般只能把汽油能量的 25% 转化为汽车动能，而细胞可得到葡萄糖能量的 32%。这种生成 ATP 的机制使异养生物氧化分解其他生物体获得驱动代谢的能量成为可能。高效率的有氧呼吸也是促进异养生物进化的关键因素。只要有些生物能利用光合作用摄取能量，那么其他生物就可以依靠吃它们来生活。

## 六、细胞呼吸的调控

在细胞所有代谢途径中催化每一步反应的酶都受到调控，绝不使所需要的代谢量过度。细胞呼吸中葡萄糖氧化到 CO$_2$ 产生大量 ATP。当存在大量 ATP 时，代谢途径中的关键反应被抑制，使 ATP 的生成变慢；而当 ATP 的水平下降，ADP 的量增加时，ADP 又会促进酶的活性提高产生更多的 ATP。ATP 和 ADP 的反馈是重要的调节机制。葡萄糖酵解途径中，催化第三步反应的磷酸果糖激酶是主要的速度限制因子，这个酶的反应速度会影响整个糖酵解速率，高水平 ATP 可以抑制这个酶的活性，而高水平的 ADP 有激活酶活性的作用。同时在 Krebs 循环中的第一个产物柠檬酸的合成因高水平的 ATP 而被抑制，而柠檬酸的积累也会抑制磷酸果糖激酶活性，使糖酵解按实际需要调整（图 5-27）。磷酸果糖激酶活性受柠檬酸浓度的反馈抑制使糖酵解活性与 Krebs 循环能够有效地协同起来。

至此我们讨论了生物利用葡萄糖有氧呼吸来获得能量，但是葡萄糖并不是唯一的能源，实际上当细胞在缺乏足够的糖类供应时，它们也可以从脂肪和蛋白质获得能量（图 5-28）。我们摄取的食物提供淀粉、蛋白质和脂肪。通过消化酶作用，淀粉水解成葡萄糖，葡萄糖在糖酵解和 Krebs 循环中被分解。要利用蛋白质，首先必须把它水解为组成它们的氨基酸，此后大部分氨基酸被细胞用于制造新的蛋白质分子。过量的氨基酸经过酶的作用除去它的氨基，留下的碳骨架经过一系列反应转换

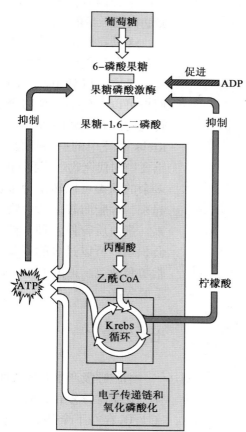

**↑ 图 5-27　葡萄糖代谢的调控**
ATP 和 ADP 的相对量、柠檬酸的量均可调节磷酸果糖激酶的活性，以此来调控催化途径。

成丙酮酸、乙酰 CoA 或 Krebs 循环中的有机酸，它们包含的能量进一步经细胞呼吸途径被摄取。脂肪富含 C–H 键，能为细胞提供丰富的能量。脂肪首先被酶水解成甘油和脂肪酸，甘油被转化成 3-磷酸甘油醛（G3P），这是糖酵解的中间物；脂肪酸分子经 $\beta-$ 氧化作用从羧基末端开始连续水解，逐步除去二碳片段以乙酰 CoA 形式进入 Krebs 循环。结果 1 个六碳的脂肪酸分子经呼吸可得 36 个 ATP 分子，而六碳葡萄糖分子只得 30 个 ATP 分子。然而六碳脂肪酸重量不及葡萄糖的 2/3，所以 1 g 脂肪酸获得的能量是 1 g 葡萄糖的 2 倍。许多动物把过剩的能量贮存在脂肪组织里可以有效地减轻重量，利于行动。反之，要减去过多的脂肪十分困难，因为减肥必需消耗贮在脂肪内的大量能量。

这里我们主要讲了从食物消化、分解氧化获得能量的过程，一旦糖类消耗完，机体可以利用贮存的脂肪获能。然而也可以看到不同食物分子是可以相互转化的。其中磷酸甘油醛、乙酰 CoA 和 Krebs 循环中的一些酮酸是进行转化的重要中间代谢物。当我们的饮食过量时，多余的糖类可以转化为多糖和脂肪贮存起来，含脂肪较多的食物导致脂肪的积累。蛋白质行使各种功能，在细胞中不会积累，所以过多的氨基酸也将转化成脂肪和糖类。正由于此，如果生物体不能从食物中获得必需的蛋白质将会给生长发育和健康带来严重的危害。

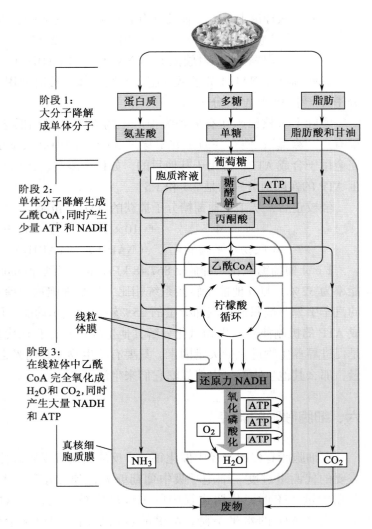

**↑ 图 5-28　细胞从食物中获取能量**
生物首先把它们从摄取的食物中得到的各种有机大分子降解成各自的单体；单体经氧化和有氧呼吸获得大量 ATP，同时产生的 $H_2O$、$CO_2$ 和 $NH_3$ 作为废物排出。

## 七、发酵

细胞呼吸产生大量 ATP 依赖于细胞获得充分的氧气，如果没有 $O_2$ 作为电子传递链最后的电子受体，化学渗透停止，需氧代谢不能进行将使生物体能量匮乏，严重则影响生命。然而有些细胞可以在无 $O_2$ 存在下全部依赖酵解产生的 ATP 存活。酵解产生的氢原子（NADH）提供给某些有机分子，而再生的 $NAD^+$ 可供糖酵解继续进行，这种厌氧过程称**发酵**（fermentation）。有十几种细菌可以发酵，它们利用不同形式有机物作为电子受体，一般按末端产物（受体的还原形式）给发酵命名。通常被还原的有机分子是乙醇或有机酸，如乙酸、丁酸、丙酸、乳酸。发酵的反应式如下：

$$有机分子 + NADH \longrightarrow 还原型有机分子 + NAD^+$$

### 1. 酒精发酵

酵母菌是我们日常生活中非常熟悉有用的微生物，它们兼性厌氧，可在有氧或无氧条件下生长。在无氧条件下，酵母菌从葡萄糖产生乙醇（酒精），称为酒精发酵，这是啤酒和葡萄酒等酿酒工业的基础。酒精发酵时，糖酵解产生的丙酮酸除去 $CO_2$ 得到乙醛，乙醛还原产生乙醇，同时 NADH 被氧化成 $NAD^+$，它可供细胞重新使用（图 5-29）。释放的 $CO_2$ 是啤酒泡沫的来源，也是发酵面团蓬松原因所在。酒精发酵的副产品对酵母菌而言是一种有毒分子，酵母菌会把它分泌到周围环境中去。当酒精浓度达到 12% 时会杀死酵母菌本身，这就是为什么天然酿造葡萄酒仅含 12% 酒精的原因。

对兼性厌氧生物而言，丙酮酸是代谢途径的分叉点。只要有 $O_2$ 供应，生物总是采用有氧呼吸，更有效地获取能量。在发酵工业中为获得乙醇，必须使酵母菌在厌氧条件下生长，所以酒精发酵罐总是把空气隔绝在外，唯一的通路是供 $CO_2$ 排出之用。

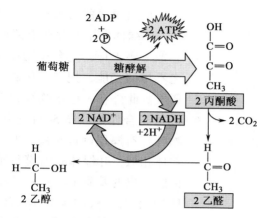

♠ 图 5-29　酵母菌的酒精发酵

### 2. 乳酸发酵

丙酮酸因为糖酵解产生的 NADH 被氧化而生成乳酸，我们就称它为乳酸发酵（图 5-30）。乳酸是三碳有机分子，乳酸发酵中没有 $CO_2$ 的释放。厌氧的乳酸菌可以使牛奶"变质"成更易被人体吸收的酸奶。人在剧烈运动时，骨骼肌连续收缩，$O_2$ 供应受限的情况下，肌肉细胞发酵葡萄糖得 2 分子 ATP，产生 2 分子乳酸。乳酸可以引起肌肉疲劳和酸痛，乳酸被分泌到血液，进入肝脏后可以被重新氧化成丙酮酸，进一步代谢成 $CO_2$ 或转化成葡萄糖。在心脏，乳酸可以完全被代谢到 $CO_2$。

发酵使葡萄糖最终不能完全转化成 $CO_2$，而只能转化成二碳或三碳分子，能量利用率远比有氧呼吸低。但是从生物进化过程来看，当大气中还没有氧气时，原始生物必然靠无氧呼吸获得能量。毫无疑问，糖酵解使葡萄糖初步降解获得 ATP 是所有生命都拥有的生物化学途径，它在地球上生命进化早期就出现了，而且 20 亿年来未有改变。

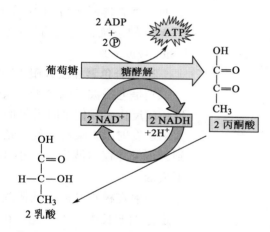

♠ 图 5-30　乳酸发酵途径

## 第五节　光合作用——光反应

糖的分解代谢为细胞做功提供了能量，那么最初的糖又是从何而来的呢？在生命进化过程中出现能进行光合作用的自养生物完成了这个使命。分布于地球各处的植物、藻类和光合细菌这类光能自养生物捕获太阳光的能量，把它们转化成化学能并贮藏在由 $CO_2$ 和 $H_2O$ 制造的有机物（糖类）中，同时放出氧气。光合作用的总反应式可写成：

$$6CO_2 + 6H_2O \xrightarrow{\text{光}} C_6H_{12}O_6 + 6O_2$$

20 亿年前，地球上形成可产生氧气的光合作用，使氧气在大气中逐渐积累，至今大气中的氧气体积分数达五分之一。来自光合作用的氧气使地球状态发生了根本性变化。光合自养生物是生物圈的食物供应者。当前自然界生物消耗的食物，我们生活中使用的各种能源，如煤、汽油、天然气等或直接或间接都是光合作用的产物。光合作用使地球上丰富多彩的物种得以生存繁衍。

### 1. 叶绿体的结构

叶绿体是主要存在于植物叶细胞中的一种大细胞器，它像一座工厂，光合作用在其内进行。它利用大自然取之不尽的光能，把二氧化碳和水合成为糖类，同时放出氧气。此外在一些植物绿色茎、穗或果的叶绿体中也可进行光合作用。图5-31是植物叶片各层次结构图。植物叶片有厚层叶肉细胞，叶肉细胞中富含叶绿体。与线粒体相似，叶绿体有内膜和外膜，内外膜之间是膜间腔，内膜围出的**基质**（stroma）空间内充满了黏稠的液体，液体内有介导从 $CO_2$ 和 $H_2O$ 合成糖的酶。悬在基质中的盘状囊膜系统是**类囊体**（thylakoid），类囊体堆积而成的圆柱状结构是**基粒**（granum），它的内部空间是相互连通的。类囊体膜上分布着捕获光能的光合作用色素和生产 ATP 的系统，膜上的光合作用色素成簇排列成**光系统**（photosystem）。

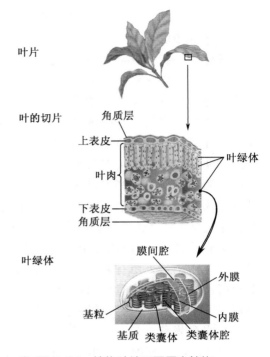

🔺 图 5-31　植物叶片不同层次结构

### 2. 光合色素捕获太阳光中的能量

光是电磁波，以光子形式传播能量。太阳光包含着各种不同能量等级的光子，光子的能量与光波长成反比。我们平时看见的太阳光是人的眼睛所能感受的光波，那是可见光。实际上除可见光外，太阳还发射出人眼看不到的光，如红外线、X 射线等，光的波长用纳米（nm）表示。从图5-32可看到，可见光仅占波谱的一小部分，其中紫光波长最短，光子能量最高，而红光波长最长，光子能量则最低。

照射在植物叶面上的阳光并不能全部被吸收，叶绿体类囊体膜上捕获光能的光合色素只能吸收一定范围波长内的可见光。在进化过程中，生物具有不同类型的色素，但用于光合作用的色素只有两种：**叶绿素**（chlorophyll）和**类胡萝卜素**（carotenoid），其中叶绿素又有叶绿素 a 和叶绿素 b 两种，两者的区别仅在于卟啉环上一个基团的差异（图5-33，上）。叶绿素结构较复杂，它有一个由交替的单键和双键构成的卟啉环，中心是镁原子，这就是接受光子的部位，随着环外旁侧基团的不同改变着分子的光吸收特征。叶绿素分子上一个长的碳氢链与类囊体膜内蛋白质的疏水区域相结合，使叶绿体埋入类囊体膜中。叶绿素吸收的光子能量范围很窄，主要是蓝光和红光部分，但是吸收的效率很高。叶绿素 a 是主要的光合作用色素，它是唯一能直接把光能转化为化学能的色素。所有植物、藻类和蓝细菌都把叶绿素 a 作为首要的色素。叶绿素 b 是补充并增加叶绿素 a 光吸收的辅助光吸收色素，它的吸收光谱向绿色偏移，能吸收叶绿素 a 不能吸收的光子并把能量传递给叶绿素 a。类胡萝卜素是重要的辅助色素，它吸收的光谱较宽，能捕获两种叶绿素都不能吸收的光波长的能量并传递给叶绿素 a。β 胡萝卜素是典型的类胡萝卜素，它是 18 碳链两端各连接一个碳

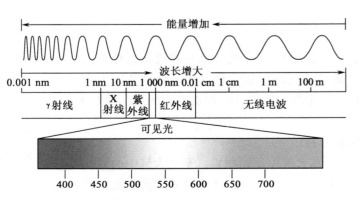

🔺 图 5-32　电磁波谱

叶绿素 a

叶绿素 b

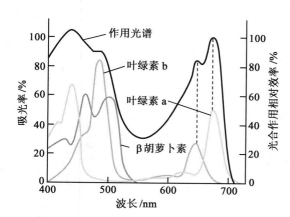

➔ 图 5-33 光合作用色素的化学结构

β 胡萝卜素

环而成的分子（图 5-33，下）。若把 β 胡萝卜素分子平均分解就得到 2 个维生素 A 分子。维生素 A 氧化后成为视网膜色素，它是脊椎动物视觉中使用的色素。这就是食用富含 β 胡萝卜素的胡萝卜或其他蔬菜有利于视觉的原因。通过测量不同波长光照下光合作用能力发现，叶绿素和类胡萝卜素的吸收波长与光合作用光谱相似（图 5-34），这也有力地证明了正是这些色素参与了光合作用。

### 3. 光系统

叶绿体捕获光能并转化成化学能是由光系统完成的。光系统是在类囊体表面的多蛋白复合物构成的网络结构，包括两个紧密连接的组分：天线复合物和反应中心。天线状复合物由几百个叶绿素分子和一定量类胡萝卜素分子聚集在一起组成并被蛋白质基质紧固在类囊体膜上，色素分子按最适于能量转移的方向排列，它们吸收光子后所激发的能量通过网络从一个色素分子传递到另一个色素分子，直到反应中心（图 5-35）。能量转移后，色素分子中激发的电子又回到它吸收光子前所处的能量较低的基态。反应中心是一个跨膜的叶绿素 – 蛋白质复合物，它捕获光子的能量，激发出高能电子传给相邻的初级受体并引发电子转移，从光合系统转移出来的能量将用来驱动 ATP 和其他分子的合成。植物中已确定了两种光系统，它们是光系统 I 和光系统 II。光系统 I 反应中心的叶绿素 a 吸收最强的是 700 nm 波长的光，故称为 $P_{700}$；光系统 II 的最大吸收波长是 680 nm，所以反应中心叶绿素称为 $P_{680}$。两个光系统间经电子传递链相连接并行使了光反应功能。

➔ 图 5-34 光合作用光谱与光合作用色素的吸收光谱

黑色曲线为光合作用光谱，以不同波长下的光合作用相对效率表示。其余三条曲线分别表示不同光合色素的吸收光谱。

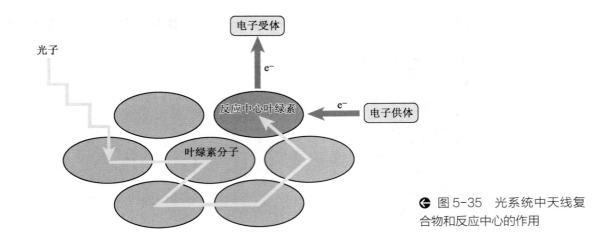

电子受体

光子

反应中心叶绿素    ← e⁻    电子供体

叶绿素分子

🔄 图 5-35    光系统中天线复合物和反应中心的作用

在类囊体膜上进行的依赖于光的光反应由下述几个关键事件组成：①吸收光子；②反应中心叶绿素 a 电子被激发；③激发电子沿排列在类囊体膜上一系列电子载体组成的电子传递链传递（最终到达受体 $NADP^+$ 并使其还原成 NADPH），电子传递诱发质子泵工作形成跨膜的质子浓度梯度；④质子回流，以化学渗透方式合成 ATP。

（1）线性非循环电子传递链

植物依次利用光系统 I 和光系统 II 制造 ATP 和 NADPH。其中从光系统激发的电子传递过程是一个非闭合环，激发的电子不返回而是终结在 NADPH 分子处，这是线性非循环电子传递链，又称 Z 方案（图 5-36）。光系统 II 天线复合物捕获的光子能量传递给反应中心 $P_{680}$ 分子，激发出的高能电子传给初级电子受体质体醌，通过级联的氧化还原反应，电子在电子传递链的载体间穿梭。其中质体蓝素（PC）携带电子到达光系统 I，填补了光系统 I 的 $P_{700}$ 分子失去的电子。$P_{700}$ 获得光子能量后跃出的高能电子经不同的电子载体传递最后到达 $NADP^+$，在膜结合蛋白 NADP 还原酶催化下，$NADP^+$ 还原成 NADPH。反应发生在膜的基质一侧，由于 $NADP^+$ 从基质得到 1 个质子和 2 个电子，其结果

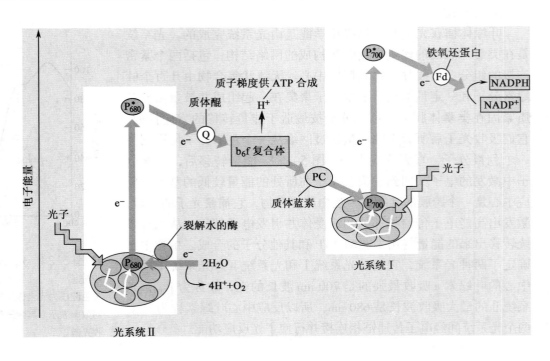

🔄 图 5-36    光系统 I 和 II 的 Z 方案（线性非循环电子传递链）

电子能量

质子梯度供 ATP 合成

质体醌

$H^+$

$b_6f$ 复合体

铁氧还蛋白

Fd

NADPH

$NADP^+$

$P_{700}^*$

e⁻

光子

PC

质体蓝素

$P_{700}$

光系统 I

$P_{680}^*$

e⁻

Q

e⁻

光子

e⁻

$P_{680}$

裂解水的酶

e⁻    $2H_2O$

$4H^+ + O_2$

光系统 II

加大了光合电子传递链中形成的质子梯度，即基质侧的质子浓度较低。

光系统通过分解水来补充电子，光系统 Ⅱ 反应中心有一种酶，它能裂解水，一次从水中除去 1 个电子，这个电子将填补反应中心 $P_{680}$ 分子由于光激发后电子离去而留下的空穴。当从 2 分子水中除去 4 个电子时，就有 1 个 $O_2$ 分子扩散到细胞外经气孔从叶片释放出去。

（2）光反应中 ATP 的化学渗透生成

叶绿体的类囊体腔是封闭的，它不允许质子通过。光系统 Ⅱ 电子传递链中的 $b_6f$ 复合物埋在类囊体膜上，是一个质子泵，在电子传递过程中它把质子泵入类囊体腔，同时由 $H_2O$ 裂解产生的质子又增加了质子浓度。与细胞呼吸中氧化磷酸化过程一样，通过类囊体膜中 ATP 合酶的质子通道，质子从类囊体进入基质，同时驱动 ADP 被磷酸化生成 ATP（图 5-37）。这里，来源于太阳的能量激发叶绿素分子的电子达到高能水平，而电子的能量又供 ADP 与磷酸结合形成 ATP 的过程称为**光合磷酸化**（photophosphorylation）。

（3）循环电子传递链

电子从水传递到 NADPH 的线性非循环光合磷酸化产生 1 个 NADPH 分子和略多于 1 个的 ATP，但是暗反应固定碳时，凡消耗 2 个 NADPH 就要 3 个 ATP。为了制造出更多的 ATP，植物会使用光系统 Ⅰ 进行循环电子传递（图 5-38），使光系统 Ⅰ 被光激发的电子用于制造 ATP 而不是 NADPH。高能电子经 $b_6f$ 复合物传递返回到 $P_{700}$，$b_6f$ 复合物泵出质子使质子梯度增大，驱动了化学渗透 ATP 的合成。植物可以根据碳固定合成有机分子中所需的 NADPH 和 ATP 的量来调节循环和非循环光合磷酸化的比例。植物光合作用经光反应释放了 $O_2$，同时得到了 NADPH 和 ATP，它们将被用来在卡尔文循环中制造糖类。

### 4. 碳反应利用 ATP 和 NADPH 把 $CO_2$ 转化成糖

光合作用从 $CO_2$ 制造出富含 C–H 键的糖类的一系列反应在叶绿体基质内进行，它们利用光反应中产生的 ATP 和 NADPH 提供能量，使 $CO_2$ 被还原成糖类。长期以来认为这个阶段的反应不依赖

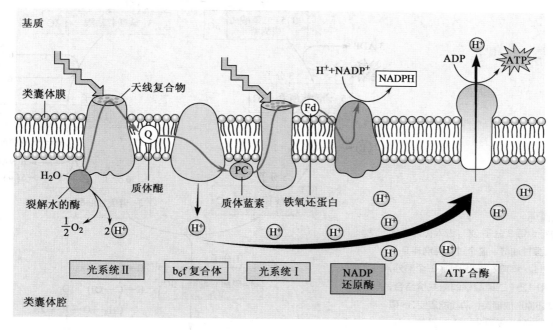

⬆ 图 5-37　类囊体膜中电子和质子的转移以及 ATP 的合成

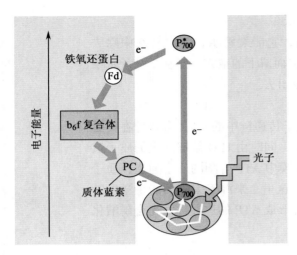

**⬆ 图 5-38 循环电子传递**
被光能激发的电子从光合系统反应中心跃出，经过一个循环又回到反应中心。

于光，故被称为**暗反应**（dark reaction）。然而，这个合成反应依赖于光化学反应的产物 ATP 和 NADPH，并且相关的酶活性受光的调控，所以现在称这些反应为光合作用的**碳反应**（carbon reaction）更妥。此外，碳反应并不限于在暗中进行，它主要发生在光亮下。

（1）卡尔文循环

在叶绿体基质中，固定来自大气中的 $CO_2$ 并转化成糖的一系列需能反应由酶催化，而且形成一个循环。为了纪念它的发现者——美国科学家 Melvin Calvin，故称此循环反应为**卡尔文循环**（Calvin cycle）。

图 5-39 是卡尔文循环简图，固定 $CO_2$ 反应由 1,5- 二磷酸核酮糖羧化酶 / 加氧酶（通常称为 Rubisco）催化，Rubisco 是一个分子质量达 500 kDa 的酶，每秒钟仅固定 3 分子 $CO_2$。植物细胞为弥补低效的缺陷而产生大量的 Rubisco，它几乎占了叶绿体蛋白质总量的 50%，因而可以被认为是含量最丰富的蛋白质。

在暗处，Rubisco 的活性受到抑制，这也是碳反应主要发生在光亮下的原因。

Rubisco 把 $CO_2$ 加到 1,5- 二磷酸核酮糖（RuBP）这个五碳糖上，形成一个不稳定的六碳分子，这种六碳分子马上分解为 2 个三碳分子，即 2 个 3- 磷酸甘油酸分子（3-phosphoglycerate，PGA）。第

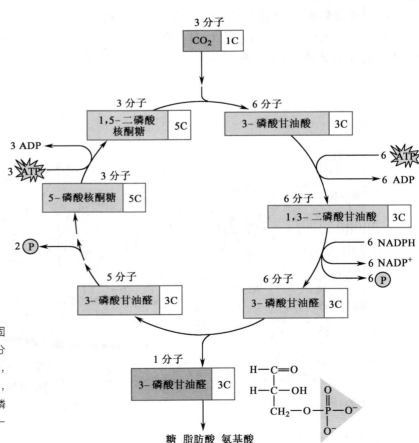

**➡ 图 5-39 卡尔文循环**
反应在叶绿体基质中进行，每 3 分子 $CO_2$ 进入循环被固定，净产生 1 分子 3- 磷酸甘油醛，这个过程需消耗 9 分子 ATP 和 6 分子 NADPH。卡尔文循环包括了三个部分，依次为：①羧化，$CO_2$ 和 1,5- 二磷酸核酮糖共价结合，产生 3- 磷酸甘油酸；②还原形成糖类，消耗能量使 3- 磷酸甘油酸生成 3- 磷酸甘油醛；③再生，$CO_2$ 受体 1,5- 二磷酸核酮糖的重新合成。

一步反应产生的 PGA 有两种去路，一部分最终转换成糖，另一部分是重建 1,5-二磷酸核酮糖。经过 3 次卡尔文循环，中间产物收支平衡，3 个 $CO_2$ 分子被 Rubisco 固定生成 6 个 PGA（共 18 个碳原子，其中 3 个来自 $CO_2$，15 个来自 RuBP），经循环反应后，18 个碳原子重新生成 3 个起始反应的 RuBP 分子（共 15 个碳原子），同时 3 个碳原子转化为产物 3-磷酸甘油醛（G3P）。这个过程可以用下述反应式来表示：

$$6CO_2 + 18ATP + 12NADPH + 11H_2O \longrightarrow C_6H_{12}O_6 + 18P_i + 18ADP + 12NADP^+ + 6H^+$$

由上式可以知道 2 个 G3P 转化出 1 个己糖分子需固定 6 个 $CO_2$，同时消耗 18 个 ATP 和 12 个 NADPH。ATP 和 NADPH 在光反应中产生，ATP 为卡尔文循环提供能量，NADPH 提供氢原子和高能电子，它们使 H 结合到 C 原子上，这样被光合作用捕获到的光能大部分被用于合成糖的高能 C–H 键了。

（2）光合作用的产物是 3-磷酸甘油醛

3-磷酸甘油醛是光合作用的直接产物，因为它有 3 个碳原子，所以卡尔文循环也称 $C_3$ 循环或 $C_3$ **途径**（$C_3$ pathway）。3-磷酸甘油醛是糖酵解的关键中间物，它从叶绿体转运到细胞质，在那里糖酵解一些反应的逆反应把 3-磷酸甘油醛转化为 6-磷酸果糖和 1-磷酸葡糖，并进一步转化成蔗糖。蔗糖可以从细胞质输出，它是植物中主要的转运糖。光合作用中形成过多的那些 3-磷酸甘油醛，一部分经历一系列反应形成淀粉贮存在叶绿体的淀粉颗粒或植物的根、茎、果实中，这些多糖是其他动物食物的主要来源。3-磷酸甘油醛还可以转化成许多别的有机分子（图 5-40），分别可作为细胞的构建单位，RNA 和 DNA 的组成材料，可转化成油、磷脂和固醇等脂质，也可以作为合成蛋白质的氨基酸的骨架等等。3-磷酸甘油醛在细胞

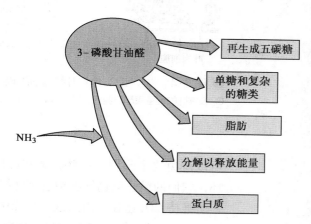

● 图 5-40　3-磷酸甘油醛的去路

呼吸中降解并把能量转换成 ATP 的能量，就这样光合作用产物源源不断地为植物细胞和所有生物细胞做功提供着化学能。

（3）光呼吸消耗 $O_2$ 并释放 $CO_2$

光合作用总是伴随着**光呼吸**（photorespiration）。Rubisco 催化着两个矛盾的反应：一个是催化卡尔文循环中固定碳的羧化反应；另一个是催化加氧反应，把 $O_2$ 加在 RuBP 分子上经一系列反应释放 $CO_2$，这就是光呼吸。光呼吸对植物的能源生成是一种浪费，它消耗 ATP 和 $O_2$ 产生 $CO_2$，与 $CO_2$ 还原生成糖类的卡尔文循环背道而驰。对 RuBP 的羧化或加氧是由 Rubisco 上同一个位点催化的，$CO_2$ 和 $O_2$ 能竞争这个位点。在正常情况下，如 25℃时，羧化反应的速率是加氧反应的 4 倍，但随着温度的升高，光呼吸加强。叶片中相对低的 $CO_2$ 浓度和相对高的 $O_2$ 浓度也会使光呼吸增强。因此 $C_3$ 植物光合作用固定的碳有 25%～50% 会在光呼吸中损失掉。水稻、小麦和大豆等重要的粮食和经济作物都属于 $C_3$ 植物，干旱高温时，植物关闭叶表面的气孔防止水分丢失，但是同时 $CO_2$ 也不再能进入叶内，$O_2$ 则被滞留在叶内，其结果是直接影响这些作物的光合作用效率而导致减产，所以抗干旱是农业生产面临的一个大问题。

（4）热带植物用 $C_4$ 途径固定 $CO_2$

在热和干旱环境中，植物在大部分时间内关闭叶片中的气孔来防止水分过量丢失，但是与此同时也阻止了 $CO_2$ 进入和 $O_2$ 释放。叶中 $CO_2$ 浓度降低和 $O_2$ 浓度的升高导致光合作用速率变慢，而光呼吸却加强。玉米、甘蔗、高粱和其他甚至可以生长在高温和干旱环境中的植物进化出另一种途径

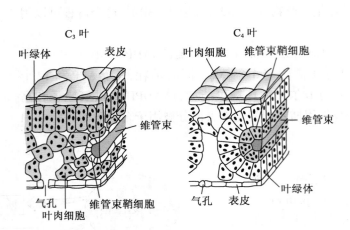

**图 5-41　$C_4$ 和 $C_3$ 植物叶结构的比较**
$C_4$ 植物叶的维管束鞘细胞内有叶绿体，可行光合作用。

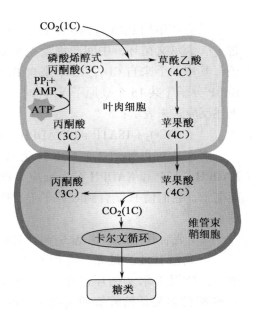

**图 5-42　$C_4$ 植物的碳固定**
细胞吸收 $CO_2$ 首先形成草酰乙酸这种四碳化合物，因此称 $C_4$ 途径。

可以避免这个问题。这些植物在叶肉细胞中进行 $C_4$ 光合作用，而在维管束鞘细胞中进行卡尔文循环，它们的维管束鞘细胞中也有叶绿体（图 5-41）。它们用两个步骤来固定 $CO_2$，在卡尔文循环前有一个维持 $CO_2$ 途径，因为这个途径中光合作用形成的第一个产物是四碳化合物，所以称之为 $C_4$ **途径**（$C_4$ pathway）（图 5-42）。实行 $C_4$ 途径的植物称为 $C_4$ 植物，它们叶肉组织中固定 $CO_2$ 的磷酸烯醇丙酮酸羧化酶与 Rubisco 不同，它对 $O_2$ 不敏感，而对 $CO_2$ 亲和力很高，所以即使 $CO_2$ 浓度很低也能被固定。然后，四碳化合物转运到维管束鞘细胞，在那里 $CO_2$ 被脱羧酶释放并进入卡尔文循环。由于有四碳化合物提供 $CO_2$，使 $CO_2$ 相对于 $O_2$ 的浓度提高而抑制了光呼吸作用，最终 $C_4$ 植物光合作用净速率可以比 $C_3$ 植物高 2～3 倍。

大气 $CO_2$ 的浓度不断增加，可以给 $C_3$ 植物带来更多利益，相对而言，$C_4$ 植物的光合作用在低 $CO_2$ 浓度条件下就达到了饱和，因此大气 $CO_2$ 浓度增加不会给 $C_4$ 植物带来收益。事实上，$C_3$ 途径是最初的起源途径，$C_4$ 是随后产生的衍生途径。$C_4$ 途径的进化过程是一个克服 $C_3$ 限制的生物化学适应性调节过程。在地球发展历史中，当大气 $CO_2$ 浓度比现在高许多的时候，$C_3$ 植物可以产生较大的光合速率，当今世界近 70% 的初级生产力仍然由 $C_3$ 植物产生。当全球大气中 $CO_2$ 的浓度降低到某个临界点，估计在 1 000 万～1 500 万年前，在地球最温暖的生长区 $C_4$ 途径进化成为陆地生态系统中主要的光合作用途径。在大气浓度比现在低的冰川时期，$C_4$ 途径尤为重要。

很多生活在沙漠的仙人掌科、兰科和凤梨科植物以及其它肉质植物适应于十分干旱的天气，它们用**景天酸代谢**（crassulacean acid metabolism，CAM）来固定碳。与大多数植物不同，这类植物的气孔在白天关闭，仅在夜晚打开让大气 $CO_2$ 扩散进入植物，利用 $C_4$ 途径固定吸入的 $CO_2$。在夜晚合成的有机物贮存 $CO_2$，到白天脱羧提供 $CO_2$ 驱动卡尔文循环，并使光呼吸降到最低。仙人掌植物的叶状枝从植株上剥离数月而没有水的情况下，依然可以存活下来，因为它们的气孔在任何时候都是关闭的，同时呼吸作用释放的 $CO_2$ 被再次固定进入苹果酸，这种机制使完整的植株在长的干旱期里，明显地减少水分的丧失而存活下来。CAM 植物的一个特点是在时间上把 $C_3$ 途径和 $C_4$ 途径隔离开来，在相同的细胞内白天进行 $C_3$ 途径，晚上进行 $C_4$ 途径。上面述及的 $C_4$ 植物则不同，$C_4$ 植物中 $C_3$ 和 $C_4$ 两个途径发生在不同的细胞内，即在空间上把两个途径隔离开来（图 5-43）。

### 5. 光合作用的意义

地球这个丰富多彩的有生命的星球正是靠太阳提供能量生存着，每天地球接受太阳的辐射能相当于一百万个投在广岛的原子弹能量的总和。但是由植物、藻类和光合细菌进行的光合作用仅捕获了其中的 1% 供生物所用。正是这 1% 的太阳光能，使每年有 $10^{11}$ 吨的碳转化为有机物，同时产生了约 $10^{11}$ 吨 $O_2$。

植物为动物生活提供 $O_2$ 和糖类、蛋白质及脂肪等基本食物，植物光合作用所需的原料是从环境中摄取的 $CO_2$ 和 $H_2O$，而这正是细胞有氧呼吸中排放到环境中去的废物，同时动物消化后排放的氮源又可为植物生产氨基酸所利用。这种植物和动物互相提供原材料的循环维持了地球上的所有生命，保持了太阳光、植物和动物之间的平衡，这对维持食物循环连续正确的运转具有十分重要的意义。

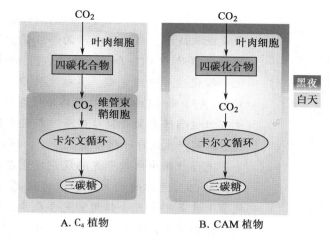

↟ 图 5-43　$C_4$ 和 CAM 植物的碳固定比较
A. $C_4$ 植物的 $C_4$ 途径在叶肉细胞内进行，而卡尔文循环在维管束鞘细胞内进行，两个过程在空间上分离。
B. CAM 植物的 $C_4$ 途径和卡尔文循环均在叶肉细胞内进行，但在时间上分离，前者发生在黑夜，后者则在白天。

### 📝 小结

能量就是做功的能力。自由能是可以用于做功的能量。细胞中自由能的变化（$\Delta G$）是由反应物和产物间键能的变化和系统无序程度的变化决定的。任何反应当它的产物的自由能比反应物低时（$\Delta G$ 是负值）是放能反应，趋向于自发过程；反之是吸能反应，需外界供能。生物体中把放能反应和吸能反应偶联起来的关键分子是 ATP，ATP 的磷酸键不稳定使它成为极好的能量载体。

反应速率取决于使反应开始所需的活化能，催化剂因降低活化能而提高反应速率，但并不改变最后反应物与产物的比例。细胞利用称为酶的蛋白质作为催化剂来降低活化能，还有些生物催化剂是 RNA。酶的活性位点有一定的形状，只允许与之相适配的分子进入，这决定了酶有底物专一性。酶在最适温度和最适 pH 条件下作用最有效；酶的活性常由非蛋白质的辅助因子促进，辅助因子可以是金属离子或称为辅酶的有机分子；抑制剂会降低酶活性。生物化学途径是一个有序的反应序列，各种生物化学途径交织成的新陈代谢网络受到细胞精细调控，反馈抑制是十分有效的调节方式之一。

在生物体中葡萄糖代谢成二氧化碳和水同时释放能量，这个能量被捕获并贮于 ATP 的磷酸酯键中，当 ATP 的磷酸酯键水解时，能量被释放并可用来做功。有氧呼吸时，细胞从葡萄糖获取能量依次通过 4 个主要途径——糖酵解、丙酮酸氧化脱羧、Krebs 循环和电子传递链，氧气是最后的电子受体。厌氧呼吸是把捕获的电子供给其它无机物。若捕获的电子给其它有机物就是发酵。

糖酵解在细胞质中进行，每个葡萄糖分子以底物水平磷酸化方式产生 2 个 ATP，同时 2 分子 $NAD^+$ 被还原成 NADH，为了酵解连续不断地进行，$NAD^+$ 必须再生。丙酮酸氧化脱羧产生乙酰 CoA、NADH 和 $CO_2$，这个过程发生在线粒体内。在线粒体基质完成的 Krebs 循环中，每分子葡萄糖产生 2 个 ATP，重要的是此循环捕获许多能量电子，产生的 6 个 NADH 和 2 个 $FADH_2$ 将直接进入电子传递链得到多得多的 ATP。位于线粒体内膜上的电子传递链，由一系列与膜相连的蛋白质电子载体组成，被 NADH 和 $FADH_2$ 递送的电子通过一系列氧化还原反应逐步释放能量，直到被分子氧吸收成水。被传递电子的部分能量用于把质子泵到线粒体基质外形成跨膜质子梯度，质子重回到基质驱动了 ATP 合酶，执行 ATP 的化学渗透合成。细胞从葡萄糖有氧呼吸捕获能量大部分在氧化磷酸化这一阶段完成。真核生物中，每分子葡萄糖有氧呼吸可获得约 30 个 ATP 分子，能率大于 30%。ATP 和 ADP 的相对量作为代谢关键产物来调节葡萄糖的有氧呼吸。蛋白质、脂肪和其他分子也可以被酶降解氧化供给能量，而且不同分子间是可以转化的。在无氧情况下发生发酵，这时从葡萄糖酵解产生的电子供给有机分子，同时 NADH 重又氧化成 $NAD^+$。

光合作用中依赖于光的反应发生在植物叶细胞中叶绿体内的类囊体的膜上。光合作用劈开水分子，把 $CO_2$ 气体的 C 原子和水的 H 原子掺入到有机分子中并释放出氧气。叶绿素 a、叶绿素 b 和类胡萝卜素是用于光合作用的光合色素，它们是吸收光的分子。不同的色素吸收可见光的波长范围不同。植物有光系统Ⅰ和光系统Ⅱ两种光合系统，两者间经电子传递链相连接并进行光反应。

类囊体膜上进行的光反应把光能转化为化学能，制造 ATP 和 NADPH。光合系统中的色素能捕获光子并把光子的能量传给反应中心，在那里能量使电子激发离开轨道去做化学功。植物利用光系统Ⅰ和光系统Ⅱ的线性非循环电子传递链，使激发的电子终结在 NADPH 分子处，其中光合系统Ⅱ电子传递链中还经光合磷酸化产生 ATP。电子激发后留下的空穴则通过光合系统Ⅱ裂解水得到的电子来补充。光系统Ⅰ激发的电子从反应中心跃出，经过一个循环电子传递途径，驱动一个质子泵和化学渗透 ATP 的合成，然后又回到原来的光合系统。植物能按需采用两种光合系统。

叶绿体基质中进行的暗反应通过卡尔文循环把 $CO_2$ 固定到糖，这是由光反应产生的 ATP 和 NADPH 驱动的，由此光合作用捕获到的光能大部分被用于合成糖的高能 C–H 键。光呼吸导致 $C_3$ 植物的光合作用产率降低，$C_4$ 和 CAM 植物通过修饰叶的结构和光合作用的化学反应规避了光呼吸这个问题。

## 思考题

1. ATP 在生物的能量转化中起什么作用？

2. 什么是活化能？为什么酶能高效地加速生物化学反应的速度？

3. 试述影响酶活性的因素以及它们是如何影响酶的催化活性的。

4. 细胞呼吸各阶段反应发生在细胞的什么部位？

5. 什么是电子传递链，它的组成和排列顺序的依据是什么？

6. 氰化物是剧毒品，是因为它能阻断电子传递链，使糖酵解和 Krebs 循环很快就终止。你认为细胞呼吸停止的具体原因是什么？

7. 为了了解在细胞呼吸中底物的利用和它们的转化，研究者在实验中让实验鼠吸入部分被氧同位素标记的氧气（使用量对鼠无害），你认为最早出现的带同位素氧标记的化合物是什么？

8. 卡尔文循环的暗反应并不直接依赖光，但是通常在黑暗时不会发生这些反应，为什么？

9. 比较叶绿体类囊体膜中电子传递链和线粒体膜上电子传递链的异同。

10. 为什么抑制卡尔文循环的毒物也能抑制光反应？

## 相关教学视频

1. 新陈代谢与能量货币 ATP

2. 生物催化剂——酶

3. 糖酵解与三羧酸循环

4. 氧化磷酸化
5. 光反应中的电子传递
6. 光合作用（暗反应与 $C_4$/$C_3$）

（曹凯鸣、朱炎）

# 第 六 章
# 遗传与基因

　　1866 年《布隆自然科学协会会刊》杂志上刊登了世界上第一篇关于遗传因子（1909 年后被称为基因）的遗传规律论文，这就是遗传学的奠基人孟德尔（Gregor Johann Mendel，1822—1884）发表的有关豌豆杂交实验的论文。虽然早于孟德尔多年的许多学者早已开展过类似的杂交实验，也曾得到过与孟德尔实验相似的数据，但是他们都没有发现遗传因子的传递规律，这是他们的悲哀也是时代的局限。孟德尔对获得的数据做了统计学的处理，发现了遗传因子的分离定律和自由组合定律。

　　在豌豆以外的植物、动物、人类等更深入的遗传学研究中，证实了孟德尔式的遗传方式广泛存在。生物的很多性状符合显隐性的孟德尔遗传方式，是否属于孟德尔式遗传的判断是根据基因显性和隐性以及亲代之间杂交的形式，可以预测后代基因型（genotype）和表型（phenotype）比例。能在实验结果得到之前预测出后代表型结果的信息，在孟德尔之前很难做到。很遗憾孟德尔的伟大工作在他的论文被淹没了 35 年以后才被科学家重新发现和接受。

　　1903 年 Sutton 提出了孟德尔的遗传因子与染色体行为相关的假说，完成这个假说的科学家是遗传学界的又一个里程碑式人物——摩尔根（T. H. Morgan，1866—1945）。摩尔根利用果蝇杂交实验，将决定性状的基因定位在染色体上，从而开创了细胞遗传学的理论。至此，遗传因子已经不再是孟德尔时期的推测，被称为基因的遗传因子得到了实验的证实，并确定为与染色体行为具有平行的关系。摩尔根的发现使遗传学作为生物学中一门新兴的分支学科展现在世人面前。

　　1953 年沃森和克里克发现的 DNA 双螺旋结构是 20 世纪最伟大的发现之一。DNA 结构的解析为遗传密码和以后分子生物学的进展奠定了基础。人类以及许多模式生物基因组序列的解析，使得人们对基因的结构和调控有了进一步的认识。

　　现代遗传学科的发展对经典的遗传学理论做了新的诠释：基因不仅仅是像念珠一

样固定串连在染色体上，基因是可以转座的；基因内部结构不完全是编码序列，基因内有内含子和外显子之分；基因组 95% 以上的非编码序列并不是垃圾 DNA，它们以干涉等形式参与了基因调控；遗传性状的改变并不一定意味着基因组序列的改变，基因表达的时间、空间和剂量调节在发育中起着重要的作用。多学科的发展以及与生物学的学科交叉，促进了遗传学的发展，开拓了遗传学研究的新领域。

# 第一节　经典遗传学

## 一、孟德尔遗传方式

### 1. 分离定律

1865 年孟德尔在布隆博物学会上做了《植物杂交实验》的报告，1866 年该论文在《布隆自然科学协会会刊》杂志上发表，很可惜这项杰出的科学成果没有引起学术界的重视。直到 1900 年，荷兰的 De Vries 和德国的 Correns 分别用月见草和玉米为材料，获得了与孟德尔实验相同的结果，孟德尔定律才得以被再发现和重视。

豌豆是自花授粉、品系纯合、性状丰富而且容易观察和栽培的田园植物。豌豆品种中有开红花的和开白花的品系。把这两个品系作为**亲代**（parent generation）杂交，记作 P。实验选取未开花的红色或者白色植株作为母本，用镊子除去一朵花的全部雄蕊，从另一颜色的花朵上取下成熟花药，放到去雄花朵的柱头上，授粉后套好纸袋，这样就完成了不同花色的豌豆杂交。这朵花杂交后产生的豆荚中结的种子就是**子一代**（first filial generation）记作 F₁。如果用红花做母本、白花做父本定为正交，那么，以红花为父本、白花为母本就算是反交。孟德尔发现，**正反交**（reciprocal cross）结果是一样的，子一代植株全部开红花。从花的颜色上比较，红花对白花是**显性性状**（dominant character），白花对红花是**隐性性状**（recessive character）。以子一代种子栽培后获得的植株叫作子二代（F₂）。子二代中出现了红花和白花两种植株，其中红花有 705 株，白花 224 株，比例接近 3:1（图 6-1）。

孟德尔在豌豆杂交实验中还研究了花开的位置、豆粒的颜色和植株的高矮等相对性状，结果在子一代中都表现显性现象，在子二代中出现分离现象，而且在子二代显性性状与隐性性状都出现 3:1 的比例。孟德尔对实验的结果提出了假设：

（1）遗传性状由**遗传因子**（hereditary factor）决定。

（2）植株每个性状的遗传因子是成对存在的，生殖细胞只含有每对遗传因子中的一个。

（3）成对的遗传因子中，一个来自父本，一个来自母本。

（4）生殖细胞的结合（形成一个新个体或合子）是随机的。

（5）遗传因子有显性和隐性之分。

根据孟德尔的假说解释，红花性状是显性性状，红花遗传因子用符号 C 来表示；白花性状是隐性性状，白花遗

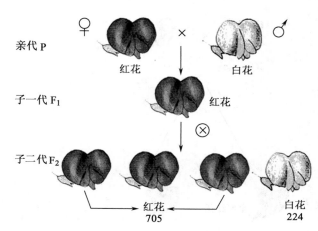

图 6-1　豌豆花冠颜色的遗传

传因子用符号 *c* 来表示。亲代红花植株品系有两个红花因子，写作
*CC*，亲代的白花植株品系有两个白花因子，写作 *cc*。红花植株产生
的配子有一个 *C* 因子，白花植株产生的配子有一个 *c* 因子。雌雄配
子结合后成为**合子**（zygote）的子一代植株，遗传因子为 *Cc*。因为
红花因子 *C* 对白花因子 *c* 是显性，所以子一代的植株都开红花。子
一代产生配子 *C* 和 *c*，并且两种配子的数目各占 50%，杂交时不同
配子随机组合，所以子二代植株中，1/4 是 *CC*，1/2 是 *Cc*，1/4 是
*cc*。由于 *C* 对 *c* 是显性，带有 *C* 因子的植株都是开红花的，只有
*cc* 是开白花的。所以子二代中红花植株与白花植株的比数是 3∶1
（图 6-2）。

　　孟德尔的遗传因子在 1909 年被丹麦学者约翰逊（W. Johannsen）
命名为**基因**（gene）。1911 年摩尔根通过果蝇杂交试验提出基因在
染色体上呈直线排列，后来遗传学研究逐渐衍生出了一些新的词汇。
在同源染色体上处于相同位置的不同形式称为**等位基因**（allele）。
例如，红花基因 *C* 与白花基因 *c* 就是一对等位基因。如果一种基
因的表现形式掩盖它的等位基因的表现形式，这种基因被称为**显**
**性基因**，被掩盖的基因称为**隐性基因**。构成生物性状的遗传结构
组成称为**基因型**（genotype），或称遗传型。亲代红花植株基因型
是 *CC*，白花植株基因型是 *cc*，子一代红花植株基因型是 *Cc*。基
因型需要通过杂交实验或基因检测才能鉴定。观察到的生物性状

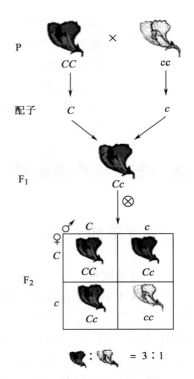

**⬆ 图 6-2　豌豆花冠颜色的分离**

称为**表型**（phenotype）或表现型。由两个同是显性或同是隐性的基因结合而成的个体称为**纯合体**
（homozygote），由不同的等位基因结合而成的个体称为**杂合体**（heterozygote）。在一定的条件下，不
同的基因型表现为不同的表型，也有不同的基因型表现为相同的表型，如基因型 *CC* 和 *Cc* 有相同的
表型。

　　基因型可以通过杂交方法获知，这种杂交的方法通常是用已知基因型是纯合体的个体与待测的
个体杂交，然后分析子代的表型就可以推断待测个体的基因型，这种杂交的方式被称为**测交**（test
cross）。例如：豌豆表型是红花的植株跟纯合亲代白花植株杂交，可以测定红花植株的基因型。待测
的红花个体基因型可能是 *CC*，也可能是 *Cc*，用基因型是
*cc* 的隐性纯合体白花植株测交，分析子一代植株的花色
比例。如果子一代出现全部是红花植株，那么，待测的
红花植株基因型是 *CC*。如果子一代中出现红花和白花两
种表型，并且比例是 1∶1，那么待测的红花植株的基因
型是杂合体 *Cc*。这是因为子一代的基因型是 *Cc*，可以形
成两种配子（*C* 和 *c*），数目相等。亲代白花植株的基因
型是 *cc*，只产生 *c* 的配子。所以子一代红花植株与亲代
白花植株交配，后代应该一半的基因型是 *Cc*，开红花，
一半的基因型是 *cc*，开白花。实验结果共得 166 个后代
植株，其中 85 个开红花，81 个开白花，与所预期的完
全符合，说明杂合体的确产生两种配子，而且数目相等
（图 6-3）。

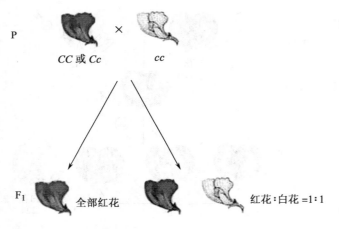

**⬆ 图 6-3　测交检测基因型**

### 2. 自由组合定律

孟德尔在研究了一对相对性状的遗传规律后，也研究了两对相对性状之间的关系问题，实验用的一个亲本是黄色和饱满的豆粒，另一亲本是绿色和皱缩的豆粒。这两个亲本杂交，获得的子一代豆粒全部黄色和饱满的。然后进一步自交（子一代自花授粉），得到 556 粒子二代种子，其中有黄色饱满和绿色皱缩两种是亲本原有的性状组合，称为**亲组合**（parental combination），另外还出现了黄色皱缩和绿色饱满两种原来所没有的性状组合，称为**重组合**（recombination）（图 6-4）。

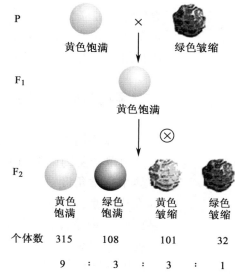

❶ 图 6-4　豌豆的两对性状的杂交实验

将涉及的两对性状分开分析，豌豆豆粒的黄色和绿色是一对相对性状。其中黄色对绿色是显性，子一代应全是黄色，子二代应该 3/4 是黄色，1/4 是绿色。实验结果子二代 556 粒豆粒中，416 粒是黄色，140 粒是绿色，分离比的确是 3：1。另一对相对性状饱满和皱缩，饱满对皱缩是显性，子一代应该全是饱满，子二代中应该 3/4 是饱满，1/4 是皱缩。子二代实验结果的 556 粒豆粒中，423 粒是饱满，133 粒是皱缩，分离比的确是 3：1。这说明如果把两对相对性状分开分析，与单个性状的遗传规律是一样的。

如果合起来看，黄色豆粒中既有饱满的，也有皱缩的，绿色豆粒中也是既有饱满的，也有皱缩的，而且两种性状组合是随机的。即

黄满 = 3/4 × 3/4 = 9/16

绿满 = 1/4 × 3/4 = 3/16

黄皱 = 3/4 × 1/4 = 3/16

绿皱 = 1/4 × 1/4 = 1/16

在获得的子二代 556 粒豌豆中：黄满 315 粒，绿满 108 粒，黄皱 101 粒，绿皱 32 粒。其比例接近 9：3：3：1。

为什么会出现这样的比例？现在用 $Y$ 和 $y$ 分别表示黄色和绿色基因；用 $R$ 和 $r$ 分别表示饱满和皱缩基因。亲本黄满的基因型是 $YYRR$，产生的配子全为 $YR$；亲本绿皱的基因型是 $yyrr$，产生的配子全是 $yr$。$YR$ 配子与 $yr$ 配子结合，产生的子一代基因型是 $YyRr$，表型是黄色饱满。子一代自花授粉形成配子时，产生 4 种配子，雌雄配子都一样，配子的基因型是 $YR$、$Yr$、$yR$、$yr$，而且数目相等，比例是 1：1：1：1。这样，雌雄配子随机组合，可有 16 种组合。表型有 4 种：黄色饱满、黄色皱缩、绿色饱满、绿色皱缩。表型比例是 9：3：3：1（图 6-5，表 6-1）。

表 6-1　非等位基因的自由组合

| 雄配子 | 雌配子 | | | |
|---|---|---|---|---|
| | $YR$ | $Yr$ | $yR$ | $yr$ |
| $YR$ | $YYRR$ 黄满 | $YYRr$ 黄满 | $YyRR$ 黄满 | $YyRr$ 黄满 |
| $Yr$ | $YYRr$ 黄满 | $YYrr$ 黄皱 | $YyRr$ 黄满 | $Yyrr$ 黄皱 |
| $yR$ | $YyRR$ 黄满 | $YyRr$ 黄满 | $yyRR$ 绿满 | $YyRr$ 绿满 |
| $yr$ | $YyRr$ 黄满 | $Yyrr$ 黄皱 | $yyRr$ 绿满 | $Yyrr$ 绿皱 |

孟德尔关于两对性状的实验，发现了遗传学的自由组合定律（独立分配定律），即两对或者多对的等位基因在形成配子时，非等位基因随机组合形成一系列配子，配子的随机组合形成了具有可以预见表型和基因比例的后代。

## 二、孟德尔遗传拓展

### 1. 单基因遗传和复等位基因

由单个基因改变引起的遗传变异称为单基因遗传。从整体生物学角度来讲，所谓的单基因遗传，就是一个单基因在代谢途径中的作用。单基因遗传具有可预期的表型和基因型的理论比例，这种遗传方式称为孟德尔遗传方式，孟德尔的研究工作就是典型的单基因遗传，他对豌豆的多个基因分析其实也是单基因遗传，是一类单基因遗传的随机组合。在人类中有很多疾病都是属于单基因遗传病，致病基因通过生殖细胞遗传给后代，也可能由亲代生殖细胞发生新的突变传给后代。在人类中白化病、地中海贫血症、苯丙酮尿症、半乳糖血症、抗维生素 D 佝偻病等都是单基因遗传病。目前已经发现了 6 000 多种人类单基因遗传病。它们的遗传方式符合孟德尔遗传，例如白化病的遗传（图 6-6）。

孟德尔实验涉及的等位基因都是一对，群体中可以有三种不同基因型。豌豆花色的基因型有 *CC*、*Cc*、*cc* 三种类型。生物界中也有的等位基因多于 2 个，如有 3 个、4 个，甚至数百个的现象。这种具有 3 个或以上的等位基因称为**复等位基因**（multiple alelles）。人类 ABO 血型就是常见的复等位基因现象。按 ABO 血型系统，所有人分 A 型、B 型、AB 型和 O 型。ABO 血型由 *A*、*B*、*O* 3 个复等位基因决定，其中 A、B 对 O 均为显性，A、B 之间是**共显性**的。它们可以组成 $n(n-1)$ 共 6 种基因型，其中 A 型血基因型有 *AA*、*AO*，B 型血基因型有 *BB*、*BO*，AB 型血基因型只有 *AB* 一种，O 血型也只有 *OO* 一种基因型（表 6-2）。这种等位基因都在杂合的个体中表现出的现象称为**共显性遗传**。

根据 ABO 血型复等位基因的遗传方式，父母有一方是 AB 血型的，子女不会出现 O 型血型。父母分别是 A 型和 B 型的，在双方都是杂合体的条件下，有可能生有 O 型血的子女，理论比例是 1/4。

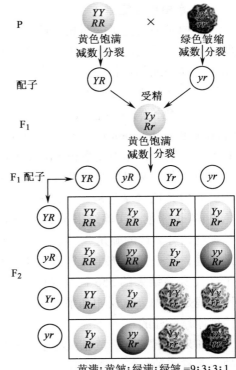

黄满：黄皱：绿满：绿皱 =9：3：3：1

🡑 图 6-5　两对性状的杂交实验中有关两对基因的自由组合

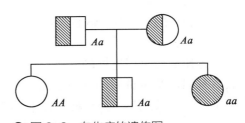

🡑 图 6-6　白化病的遗传图

表 6-2　ABO 血型的复等位基因遗传

| 基因 | *A* | *B* | *O* |
|---|---|---|---|
| *A* | *AA* | *AB* | *AO* |
| *B* | *AB* | *BB* | *BO* |
| *O* | *AO* | *BO* | *OO* |

这与孟德尔的遗传规律是一样的。

例如鞘翅目的昆虫鞘翅有很多色斑变异，不同的色斑类型在底色上呈现不同的斑纹，一种瓢虫鞘翅的黑斑在前缘（基因型 $S^{Au}S^{Au}$），另一种瓢虫鞘翅的黑斑在后缘（基因型 $S^{E}S^{E}$）。若把这两种纯种瓢虫杂交，子一代杂种（$S^{Au}S^{E}$）全部都是鞘翅前缘和后缘均出现色斑的类型（图6-7）。

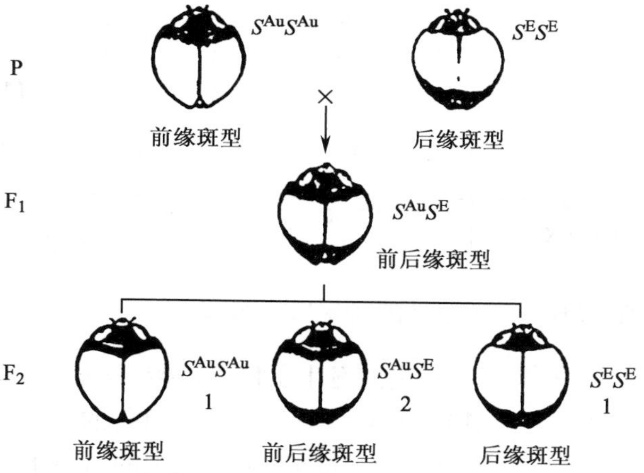

### 2. 特殊的遗传现象

由于基因的表达与个体的发育、生存的环境等很多因素相关，所以一定的基因型是否能准确表现出来是有差异的。这种个体间基因表达的变化的程度称为**表现度**（expressivity）。人类中成骨不全（osteogenesis imperfecta）是显性遗传病，杂合体患者可以同时有多发性骨折、蓝色巩膜和耳聋等症状，也可只有其中一种或两种临床表现，因为表现度的不同，相同的基因型也会有不同的表型。另外，由于调节基因的存在，或者由于外界因素的影响，也存在着有关基因的预期性状没有表达出来的**外显率**（penetrance）现象。外显率是某一基因型个体显示预期表型的比率。例如：人类颜面骨发育不全症由显性基因决定，如果一个家系的成员带有这个显性基因，但是没有表现出来，而这样也有可能传给其后代，使子女患病，这就是外显率不完全。根据群体的样本调查，可以计算出某个显性基因的外显率。如果调查了100个携带有人类颜面骨发育不全症显性基因的个体，但是其中有10个人没有表现出来病症，那么该基因的外显率就是0.9。

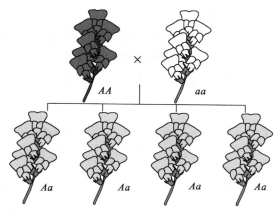

● 图6-7　瓢虫色斑的并显性遗传

● 图6-8　不完全显性

显隐性关系具有相对性。上述的豌豆的7对相对性状中，显性现象都是完全的，杂合体（例如 $Cc$）与显性纯合体（例如 $CC$）在性状上几乎完全不能区别。但后来发现有些相对性状中，显性现象是不完全的。例如在紫茉莉的花色遗传中发现，紫色花对白色花是显性的，但是这两种纯合体的杂交，子一代不是紫色，而是粉红色。这说明紫色基因 $A$ 对白色基因 $a$ 是不完全显性（图6-8）。

## 三、染色体遗传

### 1. 基因位于染色体上

1910年现代遗传学奠基人摩尔根在其建立的黑腹果蝇"蝇室"中意外发现一只白眼雄果蝇。正常野生的果蝇眼色是红色的，白眼果蝇属于基因突变品种。当摩尔根用这只白眼雄蝇与普通的红眼雌蝇交配时，子一代的果蝇都是红眼。按孟德尔比例解释，红眼是显性性状，白眼是隐性性状。继续将子一代的果蝇交配产生子二代，雌果蝇全是红眼，雄果蝇一半是红眼、一半是白眼。全部红眼果蝇与白眼果蝇的比例是3：1，仍符合孟德尔定律。可是为什么白眼都出现在雄果蝇身上呢？摩尔根继续做了回交试验，让子一代的红眼雌蝇与最初发现的白眼雄蝇交配，结果生出的果蝇无论雌雄都是红眼白眼各占一半，这个比数也符合孟德尔定律。

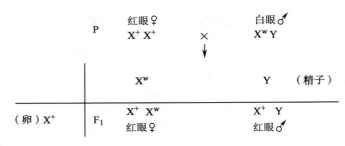

| | 红眼♀<br>X$^+$X$^+$ | | 白眼♂<br>X$^w$Y |
|---|---|---|---|
| P | | × | |
| | | ↓ | |
| | X$^w$ | | Y　（精子） |
| （卵）X$^+$ | F$_1$　X$^+$X$^w$<br>红眼♀ | | X$^+$Y<br>红眼♂ |

⬆ 图 6-9　野生型红眼雌蝇和白眼雄蝇交配

由此诞生了**伴性遗传**（sex-linked inheritance），即定位在性染色体上的基因和性别相联系的一种特殊的遗传方式。伴性遗传的假设可以完美地解释摩尔根发现的眼色遗传规律。如图 6-9，当红眼的野生雌果蝇和最初发现的白眼雄蝇交配时，子一代雌蝇为 X$^+$X$^w$，为红眼，子一代雄蝇为 X$^+$Y，也是红眼。子一代的雌蝇和雄蝇交配后，如图 6-10，子二代中的雌蝇基因型是 X$^+$X$^w$ 或者是 X$^+$X$^+$，但性状上都是红眼。但在子二代雄蝇中，基因型为 X$^+$Y 的果蝇为红眼，而 X$^w$Y 的果蝇为白眼，比例为 1∶1。

回交试验的结果同样符合这一假设。如图 6-11，子一代雌蝇 X$^+$X$^w$ 和亲代的白眼雄蝇 X$^w$Y 交配，得到的子代果蝇中雌蝇或者是 X$^+$X$^w$（红眼）或者是 X$^w$X$^w$（白眼），比例为 1∶1，雄蝇或是 X$^+$Y（红眼）或者是 X$^w$Y（白眼），比例亦是 1∶1。

该研究成果以《果蝇的限性遗传》为题发表在《科学》杂志上。摩尔根提出假设：控制白眼性状的突变基因 w 位于 X 染色体上，且为隐性，记作 X$^w$。正常红眼果蝇记作 X$^+$。由于果蝇的 Y 染色体较小，不含有这个眼色基因的等位基因，记作 Y。因此在雄蝇中，只要 X 染色体上带有一个 w 白眼基因就能表现出白眼的突变性状。但在雌蝇中，只有两条 X 染色体都携带 w 突变基因，雌蝇才表现出突变性状。

| | 红眼♀<br>X$^+$X$^w$ | | 红眼♂<br>X$^+$Y |
|---|---|---|---|
| F$_1$ | | × | |
| | | ↓ | |
| | X$^+$ | | Y　（精子） |
| （卵）X$^+$ | F$_2$　X$^+$X$^+$<br>红眼♀ | | X$^+$Y<br>红眼♂ |
| X$^w$ | X$^+$X$^w$<br>红眼♀ | | X$^w$Y<br>白眼♂ |

⬆ 图 6-10　子一代雌果蝇和雄果蝇交配

| | F$_1$ 红眼♀<br>X$^+$X$^w$ | | P 白眼♂<br>X$^w$Y |
|---|---|---|---|
| | | × | |
| | | ↓ | |
| | X$^w$ | | Y　（精子） |
| （卵）X$^+$ | X$^+$X$^w$<br>红眼♀ | | X$^+$Y<br>红眼♂ |
| X$^w$ | X$^w$X$^w$<br>白眼♀ | | X$^w$Y<br>白眼♂ |

1 红眼♀∶1 白眼♀∶1 红眼♂∶1 白眼♂

⬆ 图 6-11　子一代雌蝇和亲本的白眼雄蝇回交

1910 年，在发现了果蝇的白眼性状的伴性遗传之后，摩尔根又发现了另外几个性状，如体色、翅形等，同样具有伴性遗传的特征，并且用实验证明，这些伴性遗传的基因相互之间是连锁的。所谓基因**连锁**（linkage），是指同一染色体上的某些基因以及它们所控制的性状结合在一起进行传递的现象。这项发现以《孟德尔遗传中的随机分离与互引》为题发表在《科学》杂志上，文章中首次提出，"互引"的基因呈线性排列于染色体上，对连锁遗传的现象做出了科学的解释。两年后，摩尔根的学生斯蒂文特在《实验动物学杂志》上发表论文《果蝇 6 个性连锁因子由其关联方式所表示的直线排列》，首次推出果蝇 X 染色体上若干基因的连锁图谱，这就是现代遗传学史上第一张染色体图。

随后，摩尔根进一步发现连锁可分为两类：完全连锁和不完全连锁。所谓完全连锁，是指同一同源染色体上的两个非等位基因总是联系在一起进行遗传的现象；而不完全连锁则是指位于同源染色体上的非等位基因的杂合体在形成配子时除有亲本型配子外，还有少数的不同于亲本的重组型配子产生的现象。

### 2. 连锁距离和遗传学图

如果相互连锁的基因处于染色体的同一位置，那为什么存在不完全连锁？连锁的基因之间为什么仍然有一定比例的重组事件呢？这是因为在连锁的基因之间发生了交换，导致连锁基因的**重组**（recombination）。

这一理论最早源于 Janssens 于 1909 年在研究两栖类和直翅目昆虫的减数分裂时提出的假设，以后的实验证实了这一假设。连锁基因的重组发生在减数分裂的前期，配对中的非姐妹染色单体相互交叉和缠结，形成多个**交叉点**（chiasma），同源染色体在这些位置通过同源重组的方法相互交换染色单体。位于同一染色体不同位置的连锁基因，可能因为染色体在这些位置上的交换发生基因重组，得到与亲代不同的基因型（图 6-12）。

我们把杂交子二代中的重组型个体的数目与全部个体总数的比值称作重组频率，公式如下：

重组频率（recombination frequency，RF）= 重组型数目 /（亲本型数目 + 重组型数目）

连锁基因的重组频率在遗传学研究中具有重要的理论价值，人们依据连锁基因的重组值计算基因在染色体上的相互距离，由此得到的基因距离图称作**遗传图**（genetic map）（图 6-13）。

如果在 100 次减数分裂中发生一次重组事件，那么重组率为 1%，两个连锁基因之间的距离定义为一个基本单位，称一个厘摩，记作 1 cM，它相当于物理距离上的 1 Mb。因此，重组率越大，说明两个连锁基因在同一染色体的位置上的距离越远，反之，距离越近。位于不同染色体上的两个非连锁基因的重组率是 50%，这也是重组率的最大值，位于同一染色体上的完全连锁的基因之间的遗传距离为 0。

### 3. 连锁群和连锁图

连锁群，又称基因连锁群，是指位于一对同源染色体上的具有一定连锁关系的基因群。连锁群数目等于单倍体的染色体数（n）。根据染色体上基因之间的相互交换值和排列顺序制定的、表明连锁基因的位置和相对距离的线性图谱称作连锁图，它也是遗传学图的一种，又称为连锁遗传图。

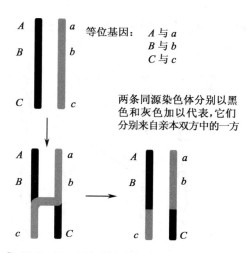

● 图 6-12 同源染色体重组交换

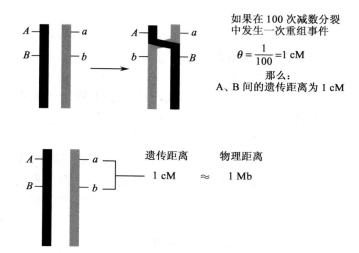

● 图 6-13 遗传距离的定义

## 四、性别决定

### 1. 性别遗传的发现和机制

自然界中的生物性别类型分为三种：①雌雄同体：个体中含有雌雄两种性腺的生物；②雌雄异体：个体中仅含有雌雄一种性腺的生物；③性别转换：性别决定以后可以转换。而决定性别的因素也有多种：①环境决定性别：温度、光照和栖息地的不同可以影响爬行类、两栖类和鱼类的性别决定；②染色体数目可以决定昆虫类的性别；③哺乳动物的性别是由基因决定的。

1901 年 McClung 在研究直翅目昆虫时首先发现了性染色体，从此提出了性别由性染色体决定的假说。**性染色体**（sex-chromosome）最初是因为在减数分裂产生的不同配子形态不完全一致而发现的，后来因为和性别决定有关，就此得名。性染色体以外的染色体称为**常染色体**（autosome）。

### 2. 性染色体和常染色体套数之比决定性别

黑腹果蝇（*Drosophila melanogaster*）的性染色体组成属于下文所述的 XY 型，但是果蝇的性别决定并非取决于 Y 染色体的存在与否，Y 染色体只决定雄蝇的育性能力。Y 染色体在体细胞中会发生丢失，XO 雄蝇的精子发生受到严重干扰，导致不育。

果蝇的性别决定取决于**性指数**（sex index），即 X 性染色体和常染色体组数 A 的比值。当性染色体数目和常染色体组数之比为 2∶2 时，为雌蝇；当性染色体仅有一条，和常染色体组数之比为 1∶2 时，为雄蝇。从分子机制上，果蝇的性别决定是由 X 染色体的雌性决定因子同常染色体的雄性决定因子之间的平衡关系所决定的（图 6-14）。

|  | XX | XY | XXY | XO |
|---|---|---|---|---|
| X∶A | 2∶2 | 1∶2 | 2∶2 | 1∶2 |
| 性别 | 雌 | 雄 | 雌 | 雄蝇不育 |

⊙ 图 6-14　黑腹果蝇的性别决定

### 3. 性染色体的差异决定性别

（1）XY 型性别决定

以人为例，人的体细胞含有 46 条（23 对）染色体，其中 22 对属于常染色体，在男女中一样，另外一对为性染色体，在女性中为 XX，在男性中为 X 和 Y，Y 染色体相对于 X 染色体体型较小。女性产生的配子组成一样，均为 22 条常染色体 + X 染色体，而男性产生的配子有两种，22 条常染色体 +X 染色体或 22 条常染色体 + Y 染色体。如果 X 和 X 配对则发育成女性后代，如果 X 和 Y 配对则发育成男性后代。

这种 XY 型性别决定在生物界中较为普遍，很多雌雄异株的植物，全部的哺乳类，一部分昆虫、鱼类和两栖类都是 XY 型（图 6-15）。

（2）ZW 型性别决定

家蚕是 ZW 型性别决定的代表生物。家蚕的体细胞染色体数是 27 对常染色体 + 1 对性染色体。和 XY 型性别决定相反，雌蚕中性染色体组成是 ZW，可以产生含有 Z 或 W 两种不同性染色单体的配子，而雄蚕则含有两条一样的性染色体，ZZ，只产生一种类型的配子。除了家蚕，多数鳞翅目昆虫、少部分两栖类、爬行类和鸟类也都参用这种性别决定方式（图 6-16）。

### 4. 染色体数目决定性别

蜜蜂（*Apis mellifera*）的性别决定由染色体数目和环境

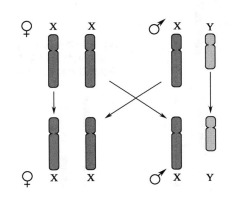

⊙ 图 6-15　XY 型性别决定

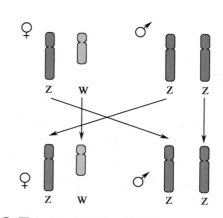

↑ 图6-16　ZW 型性别决定

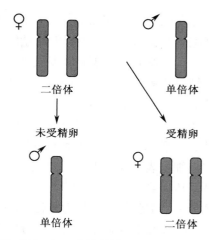

↑ 图6-17　蜜蜂的性别决定方式

共同决定。如图 6–17，在蜜蜂的繁殖中，蜂王和雄蜂进行交配，每窝产生出的卵中有受精卵（2n 条染色体）和未受精卵（n 条染色体）。后者发育成雄蜂，它们的体细胞染色体数目仅为 n = 16，雄蜂通过假减数分裂（减数第一次分裂出现单极纺锤体，产生一个无核的胞质芽体和 n = 16 的正常初级精母细胞）产生含有 16 条染色体的配子。含有 2n 条染色体的受精卵均可发育成雌蜂，包括蜂王和工蜂两种。

雌蜂中，只有蜂王具有生殖能力，其余不具备生殖能力的雌蜂称作工蜂。决定这种分化的主要因素则是发育过程中幼虫取食蜂王浆的天数和质量，蜂王能吃五天的蜂王浆并且质量上乘，而工蜂仅能吃质量差而且量少的蜂王浆 2 ~ 3 天。

# 第二节　遗传的分子基础——DNA

当人们认识到生物的遗传模式可以通过染色体在细胞减数分裂时的行为加以解释时，立即产生了一个问题：遗传特征与染色体之间究竟存在何种联系，其本质是什么？这个问题困扰了生物学家近半个世纪。本节将叙述若干重要的探索实验，这些实验最终使我们了解到 DNA 的分子结构以及遗传的分子机制。它们是现代自然科学中最为引人瞩目的发现之一。

## 一、什么是遗传物质

### 1. Griffith 实验：遗传信息可在生物体之间传递

在经典遗传学研究中已经证实，作为遗传单元的基因是以线性排列的方式位于染色体上。那么究竟什么是基因呢？生物化学的分析表明，染色体含有两种生物大分子：蛋白质和脱氧核糖核酸（DNA）。那么基因由哪种大分子组成呢？从 20 世纪 20 年代末开始，科学家花了大约 30 年的时间，通过一系列的实验探索逐渐揭开了基因的谜底。

1928 年，英国微生物学家 Frederick Griffith 利用致病细菌进行遗传学实验，获得了一系列未曾预料的结果。Griffith 将一种致病的肺炎链球菌（Streptococcus pneumoniae）接种到小鼠体内，结果老鼠因血液中毒死亡。当他将致病肺炎链球菌的另一种突变型菌株接种小鼠时，由于突变菌株缺少可以致病的细胞表面多糖，接种的小鼠仍然存活。显然细菌细胞的表面多糖是造成小鼠死亡的致病源。

肺炎链球菌的致病菌在培养皿上生长时形成外表光滑的克隆，称为品系 S（smooth）；突变品系缺少合成细胞表面多糖的酶，形成的克隆外表粗糙，称为品系 R（rough）。

为了确定细胞表面多糖本身是否具有致病效应，Griffith 将致病菌 S 品系高温杀死后注射到小鼠体内，结果小鼠健康成长。Griffith 为此做了另一个对照实验，他将高温杀死的致病菌 S 品系和无毒害的活的 R 品系混合接种老鼠。照常理推测，高温杀死的 S 品系和无毒害的活的 R 品系对小鼠都是非致病的，它们混合一起接种也不会毒杀老鼠。但未曾预料的是，上述混合接种后的小鼠出现了类似活性 S 品系接种所产生的致病症状。在死亡的小鼠体内分离出高致病性的 S 型肺炎链球菌，而且发现在其细胞表面还有 R 品系特有的蛋白质。显然与细胞表面蛋白质相关的遗传信息已经从死亡了的 S 品系传递到无毒的活的 R 品系，从而使 R 品系转变成 S 品系（图 6-18）。遗传物质从一个细胞转移到另一个细胞的现象称为**转化**（transformation），它可以改变受体细胞的遗传组成。

### 2. Avery 和 Hersher-Chase 实验：转化成分是 DNA

在肺炎链球菌的转化实验中起关键作用的成分直到 1944 年才被发现。Oswald Avery 和他的同事 Colin MacLeod、Maclyn McCarty 在一系列经典实验中确证了 Griffith 转化实验中未能确定的起作用的"转化成分"（transforming principle）是 DNA。他们的实验设计如下：首先从被杀死的 S 品系中提取高纯度的 DNA（99.98%），然后将纯化的 DNA 样品与 R 品系混合，随后加入特异性沉降 R 品系细胞的血清，再分别用脱氧核糖核酸酶（DNase）、核糖核酸酶（RNase）和蛋白酶处理上述混合物，最后依次检测不同处理条件对 R 品系转化的影响。由于天然的 R 品系和被转化的 R 品系在培养皿上生长形成的克隆外表不同，很容易鉴别。而 DNase、RNase 和蛋白酶可以分别降解样品中的 DNA、RNA 和蛋白质，可以在处理后确定哪种成分在转化中起作用。结果证实，除了 DNase 处理的实验外，其他处理均不影响 R 品系的转化。这一综合性实验表明，DNA 就是肺炎链球菌转化实验中的"转化成分"。

### 3. Hersher-Chase 实验

遗憾的是，Avery 的实验结果一开始并未被广泛接受，当时大多数生物学家更相信蛋白质才是遗传物质。因为 DNA 只有 4 种碱基，而蛋白质有 20 种氨基酸，后者的复杂性要远远高于前者。促使

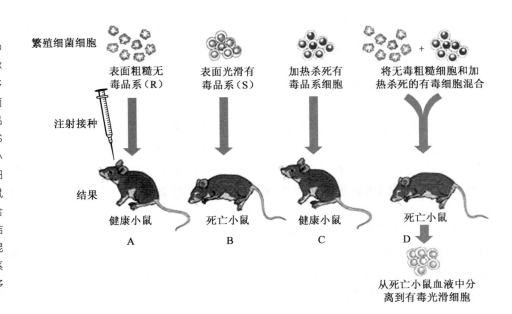

◆ 图 6-18　Griffith 细菌转化实验
可感染小鼠的肺炎球菌有两种菌系，一种菌系的细胞表面覆盖了一层多糖分子，称为 S 品系。另一种菌系细胞表面缺少了多糖分子，称为 R 品系。（A）将 R 品系细菌注射接种小鼠，小鼠正常生长。（B）将 S 品系细菌注射接种小鼠，小鼠死亡。（C）将 S 品系细菌加热杀死后再注射接种小鼠，小鼠正常生长。（D）将加热杀死的 S 品系细菌与 R 品系细菌混合注射接种小鼠，小鼠死亡，并可从死亡小鼠的血液中分离到含有多糖包被的细菌细胞。根据上述实验结果 Griffith 认为，无毒性的 R 品系细胞混合接种后在小鼠体内被加热死亡的 S 菌系的遗传物质转化，获得了合成细胞表面多糖分子的功能。

繁殖细菌细胞

表面粗糙无毒品系（R）　　表面光滑有毒品系（S）　　加热杀死有毒品系细胞　　将无毒粗糙细胞和加热杀死的有毒细胞混合

注射接种

结果

健康小鼠　　死亡小鼠　　健康小鼠　　死亡小鼠

A　　B　　C　　D

从死亡小鼠血液中分离到有毒光滑细胞

大多数人接受 DNA 是遗传物质的实验是由 Alfred Hershey 和 Martha Chase 完成的，他们采用的实验材料是一种可以感染细菌的**噬菌体**（bacteriophage），也是一种病毒。病毒一般只由蛋白质和 DNA 或 RNA 组成。噬菌体感染细菌细胞时，首先附着在细胞表面，然后将遗传物质注入细胞内部。进入细菌细胞内部的遗传物质可以指令噬菌体的生长与繁殖，最终杀死寄主细胞，释放大量的病毒颗粒。

为了检测噬菌体注入细菌细胞内部的究竟是蛋白质还是 DNA，Hershey 和 Chase 将 DNA 噬菌体 T2 分别置于含有同位素 $^{32}P$ 和 $^{35}S$ 的培养基上繁殖。当 DNA 复制时，$^{32}P$ 标记的脱氧核糖核苷酸可以掺入到新合成的 DNA 链中。由于 DNA 不含硫元素，因此 $^{35}S$ 不会掺入到 DNA 中。反之，在蛋白质合成时，$^{35}S$ 标记的氨基酸可以掺入到蛋白质中。而蛋白质几乎不含磷元素，$^{32}P$ 也不可能出现在蛋白质中。

将 $^{32}P$ 和 $^{35}S$ 标记的噬菌体分别感染细菌细胞，当噬菌体吸附在细胞表面并将遗传物质注入细胞内部后，再将噬菌体和细菌的混合物进行振荡，使附着在细胞表面的病毒外壳脱落。离心后将收集的细菌细胞进一步培养，然后检测细胞中含有哪种同位素。实验结果证实，噬菌体注入细菌细胞内部的遗传物质是 DNA 而不是蛋白质（图 6-19）。

## 二、DNA 如何复制

### 1. Meselson-Stahl 实验：DNA 的半保留复制

Watson 和 Crick 的模型本身已经蕴涵着遗传信息如何拷贝传递的结构基础，即互补性。虽然 DNA 分子的一条单链可以具有任意的排列顺序，但在双螺旋结构中，另一条单链的顺序总是与之匹配的。例如一条单链的顺序为 5′-ATTGCAT-3′，另一条互补单链一定是 3′-TAACGTA-5′。

DNA 双螺旋的互补结构提供了 DNA 分子复制机制的备选方式。如果将 DNA 分子视作一条拉链，将拉链分开后，只要在每条单链上添加合适的互补的核苷酸就可形成和母链完全相同的子代双螺旋

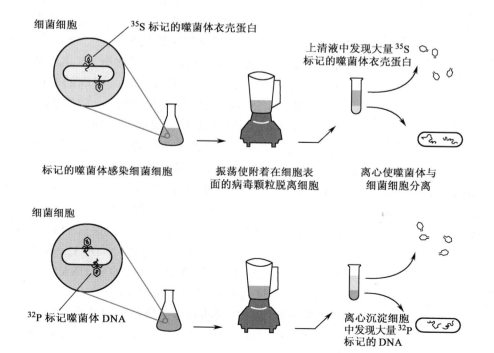

细菌细胞　$^{35}S$ 标记的噬菌体衣壳蛋白

上清液中发现大量 $^{35}S$ 标记的噬菌体衣壳蛋白

标记的噬菌体感染细菌细胞　　振荡使附着在细胞表面的病毒颗粒脱离细胞　　离心使噬菌体与细菌细胞分离

细菌细胞

$^{32}P$ 标记噬菌体 DNA

离心沉淀细胞中发现大量 $^{32}P$ 标记的 DNA

● 图 6-19　DNA 转化实验
Hershey 和 Chase 发现含有放射性同位素 $^{35}S$ 的蛋白质不能进入被侵染的细菌细胞，而含有放射性同位素 $^{32}P$ 的 DNA 可以进入细菌细胞。他们的结论是，病毒 DNA 决定了新病毒的增殖，遗传物质是 DNA 而不是蛋白质。

分子。这种 DNA 的复制方式称为**半保留复制**（semi-conservative replication）。因为在新生的双链 DNA 中，有一条单链被完全保留，另一条单链重新合成。

从理论上看半保留复制并非 DNA 复制方式的唯一选择，因此在 DNA 双螺旋模型提出后，还设想有另外两种复制机制：全保留（conservative）复制和分散（dispersive）复制。全保留复制认为，亲代的双螺旋 DNA 在复制后完全保留，另外产生一条全新的双链 DNA。分散复制模型则主张，亲链 DNA 的部分顺序保留在新生的 DNA 链中，或者说新生的 DNA 链是部分亲链和部分新链的混合物。

1958 年美国加州理工大学的 Matthew Meselson 和 Franklin Stahl 设计了一个巧妙的实验对上述三种假设进行检测。他们将细菌培养在含有重同位素 $^{15}N$ 的培养基中，使这些 $^{15}N$ 同位素掺入到细菌的 DNA 中。经过几个世代（generation）后，培养在 $^{15}N$ 培养基中的细菌体内的 DNA 比重就高于一直培养在 $^{14}N$ 同位素培养基的细菌。随后他们又将培养在 $^{15}N$ 培养基中的细菌转移到 $^{14}N$ 的培养基中，每间断一定的时间收集细菌样品中的 DNA。

为了分辨在不同氮元素培养基中生长的细菌所含 DNA 的组成，Meselson 和 Stahl 通过氯化铯密度梯度离心收集不同培养来源的细菌 DNA。氯化铯溶液在超速离心时，铯离子（$Cs^+$）会随着离心产生的离心力向离心管的底部沉降从而形成一个向下密度逐渐增大的梯度溶液。在不同的位置氯化铯密度是不同的，当 DNA 溶液加在氯化铯溶液中一起离心时，就会在一定的密度层停留。如果 DNA 分子是密度不同的混合样品，在氯化铯密度梯度超速离心时，不同分子密度的 DNA 分子在离心力作用下将到达氯化铯密度梯度溶液的不同层面，从而彼此分开。因为含 $^{15}N$ 的 DNA 密度高于含 $^{14}N$ 的 DNA，因而 $^{15}N$ DNA 的沉降位置低于 $^{14}N$ DNA。

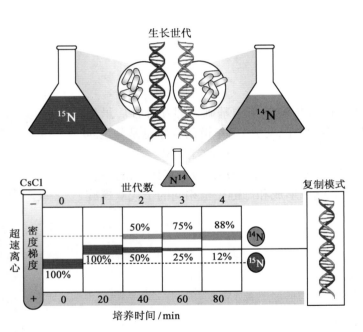

● 图 6-20　DNA 半保留复制模式

大肠杆菌细胞每 20 min 繁殖一代，即每 20 min DNA 复制一次。细菌在含有 $^{15}N$ 放射性同位素的培养基中生长若干世代，再将其转入含有 $^{14}N$ 的培养基中。20 min 后，收集细菌样品并提取其 DNA，然后混入氯化铯溶液，再转移到离心管中。含有 DNA 样品的氯化铯溶液在超速离心作用下形成一个渐变的氯化铯浓度梯度，DNA 分子沉入与其密度相同的密度层。含有 $^{15}N$ 的 DNA 分子比含有 $^{14}N$ 的 DNA 分子密度大，所以会沉入相对底层的氯化铯密度层。在 $^{14}N$ 培养基中繁殖一代后，细菌 DNA 分子的密度介于 $^{15}N$-DNA 和 $^{14}N$-DNA 之间，表明每条 DNA 双链中只有一条单链含有 $^{15}N$。而在 $^{14}N$ 培养基中繁殖两代后，可获得两条不同的沉降带：一条沉降带为中间密度（只有一条 DNA 单链含有 $^{15}N$），另一条沉降带为低密度（两条 DNA 单链均含有 $^{14}N$）。上述结果表明，DNA 双链的复制方式是：首先两条单链彼此分开，然后以每条单链为模板分别合成互补链。

将 $^{15}N$ 培养基上生长若干代的细菌转移到含有 $^{14}N$ 培养基上后很快就提取细菌的 DNA 进行离心，结果发现所有 DNA 都位于氯化铯溶液高密度层。当在 $^{15}N$ 培养基上已生长若干代的细菌转移到含有 $^{14}N$ 培养基上完成一个世代后，经离心分离发现，提取的 DNA 样品密度位于 $^{15}N$-DNA 和 $^{14}N$-DNA 之间。如果细菌 DNA 在 $^{14}N$ 培养基中复制两代，提取的 DNA 就会在氯化铯密度梯度溶液中形成两个沉降带，一个位于中间带，一个位于 $^{14}N$-DNA 沉降带（图 6-20）。

Meselson 和 Stahl 对上述结果解释如下：在第一次 DNA 复制之后，每条子代 DNA 都是重链（$^{15}N$）和轻链（$^{14}N$）的杂合分子。其中一条单链是来自亲代的 $^{15}N$-DNA，另一条单链是新合成的 $^{14}N$-DNA。当杂合分子再一次完成 DNA 复制时，一条重链 DNA 将与新合成的一条轻链 DNA 组成新的双链杂合分子，而另一条轻链则与新合成的轻链组成新的双螺旋轻链分子。显然，根据这一实验结果，由 Watson-Crick 模型推测的 DNA 复制是按半保留方式进行的。

### 2. 复制过程

DNA 的复制过程非常迅速、精确和高效。研究 DNA 复制的方法和手段涉及几乎所有现代生物学技术，包括生物化学、遗传学和电子显微镜技术等。在过去的 40 年中，以大肠杆菌和病毒为实验对象，已经获知 DNA 复制的主要情节，并已描绘出整个 DNA 复制的详细过程。

（1）复制起始点

大肠杆菌 DNA 的复制在特定的位置（*OriC*）起始，在特定的位置终止。DNA 的复制必须和细胞的分裂彼此协调，因此在复制起始点应该有一种机制用来控制 DNA 复制的起始和复制的次数。*OriC* 由重复的核苷酸顺序组成，它们可与起始复制的蛋白质结合。*OriC* 位置含有簇集的富含 A/T 的序列。在 DNA 复制起始阶段的早期，A/T 序列可解链形成开放状态（A–T 碱基对有两对氢键，G–C 碱基对有三对氢键，因此 A–T 碱基对更易解链）。复制起始后，DNA 的两个复制叉朝左右两个方同时延伸，称为双向复制。双向复制的 DNA 复制叉随后在特定的位置相遇（图 6-21）。大肠杆菌整条染色体及其复制起始点和终止位点合称为**复制子**（replicon）。

（2）聚合酶

第一个从大肠杆菌中分离到的合成核酸的聚合酶称为 DNA 聚合酶 I（pol I）。最初人们以为 pol I 负责 DNA 复制时所有 DNA 的合成。后来在大肠杆菌的一个 *pol I* 基因突变体中发现，虽然该基因已失去活性，但 DNA 的合成仍然正常。随后在这个突变体中又分离到另外两个 DNA 聚合酶，分别称为 DNA 聚合酶 II（pol II）和 DNA 聚合酶 III（pol III）。这三种聚合酶有一些共同的特点，如都能合成多聚核苷酸链，但也有一些未曾预料到的活性。第一，所有三种 DNA 聚合酶在合成 DNA 时都需要一段**引物**（primer），它们是一小段单链 DNA 或 RNA，可与互补的模板链结合。如果没有引物，DNA 聚合酶是不能合成新链的。其次，这些酶只能起始和执行 $5' \rightarrow 3'$ 的新链合成，不能执行 $3' \rightarrow 5'$ 的新链合成，或者说只能以 $3' \rightarrow 5'$ 的单链为模板单向合成互补新链（图 6-22）。DNA 聚合酶的功能是将单核苷酸连接到引物的—OH 位置。第三，这些 DNA 聚合酶还具有核酸酶的功能，可以切除核苷酸。核酸酶有两种类型，一种叫**内切核酸酶**（endonuclease），可以在核酸分子内部切断 DNA。另一种称为**外切核酸酶**（exonuclease），可在 DNA 分子末端切除核苷酸。DNA 聚合酶具有 $3' \rightarrow 5'$ 内切核酸酶的活性，这种功能又称为**校读功能**（proofreading function）。当出现错配的碱基时，DNA 聚合酶可以向后退一步，切除错配的碱基，从而提高了 DNA 复制的精确度。此外，DNA 聚合酶 I

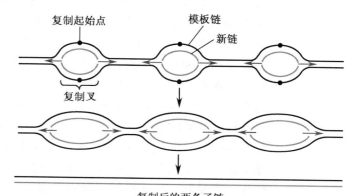

**↑ 图 6-21　DNA 的复制起始点**
在 DNA 复制起始点，DNA 双链解旋形成两条彼此分开的单链，每条单链均可作为模板合成互补新链。

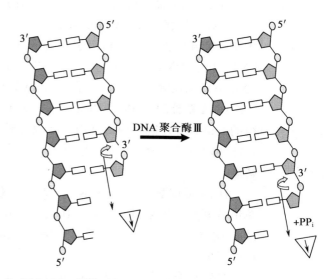

**↑ 图 6-22　核苷酸加入 DNA 新链**
DNA 聚合酶 III 与其他酶一起催化核苷酸加入正在合成的 DNA 新链中，DNA 新链的延伸按 $5' \rightarrow 3'$ 方向进行。

还具有 3′ → 5′ 外切核酸酶的活性，它们在 DNA 复制中也具有重要作用。

　　长久以来，人们以为大肠杆菌中只有这三种 DNA 聚合酶，但近年来已陆续发现其他新的 DNA 聚合酶成员。目前已知 5 种 DNA 聚合酶，但并非所有成员都参与 DNA 的复制。

　　由于 DNA 聚合酶只能执行 5′ → 3′ 的新链合成，而 DNA 分子的两条单链又是反向平行，这就产生了一个问题，即 DNA 两条单链在复制时，必须朝两个相反的方向合成新链。当 DNA 双螺旋分开准备复制时，就面临一个矛盾：如何解决两条单链在两个相反的方向上合成互补的新链？

　　（3）前导链和后随链

　　DNA 复制时，首先以分开的 3′ → 5′ 单链为模板，并在其 3′ 端合成一段互补的引物，然后按 5′ → 3′ 的方向延伸，合成互补的新链。这条以 3′ → 5′ 单链为模板合成的新链称为**前导链**（leading strand）。另一条 5′ → 3′ 单链的复制也是按照 5′ → 3′ 的方向合成新链，它的合成比较复杂。原因是 DNA 单链的合成是有极性的，只能按 5′ → 3′ 方向合成。因此作为模板的 5′ → 3′ 单链必须在前导链合成一段距离之后，暴露出足够的单链长度才能在其 3′ 端合成互补的引物，随后按 5′ → 3′ 的方向合成新链。这条新链的合成总是一段接一段地进行，因而称为间断复制。间断复制的新链又称为**后随链**（lagging strand），它和前导链的延伸方向正好相反（图 6-23）。日本科学家冈崎（Okazaki）首次通过实验检测到 DNA 复制时产生的后随链间断复制片段，因此这些复制片段又称为**冈崎片段**（Okazaki fragments）。

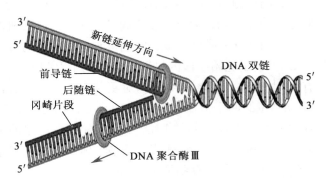

🔺 图 6-23　前导链和后随链的合成

DNA 聚合酶 Ⅲ 和其他酶一起参与 DNA 新链的合成。DNA 复制时合成的两条互补新链不是同步进行的，而是有先有后。先合成的新链称为前导链，以连续形式合成。后合成的新链称为后随链，以间断方式合成，或者说是一段一段合成。间断合成的新链称为冈崎片段，每个冈崎片段的合成都需要引物。

　　（4）DNA 复制中的其他酶

　　除了 DNA 聚合酶之外，DNA 的复制还必须有其他一系列酶的参与（图 6-24）：

　　**DNA 引发酶**（DNA primase）　前导链合成时，在模板链的 3′ 端必须合成一段互补的引物，然后才能延续新链的合成。负责引物合成的酶称为 DNA 引发酶，这个酶可在模板的引物位置合成一段 RNA，因此 DNA 引物其实是一段 RNA。需要注意的是，RNA 聚合酶可以复制 RNA，但不需要引物。DNA 引发酶在酶活性上其实是一个 RNA 聚合酶。

　　**DNA 解旋酶**（DNA helicase）　因为 DNA 是两条单链彼此缠绕的双螺旋分子，因此必须将两条缠绕的双链解开才能将单链暴露从而成为模板。DNA 两条单链之间有许多氢键连接，只有将氢键破坏才能使两条单链分开。负责解开 DNA 双链的酶称为 DNA 解旋酶，它可利用 ATP 释放的能量使 DNA 解旋。

　　**DNA 促旋酶**（DNA gyrase）　天然 DNA 分子的两条单链彼此缠绕，按顺时针方向旋转。当两条单链分开后，如果没有外力的作用，分开的单链又会在分子内部自发配对。因此必须有一种酶用来消除 DNA 单链内部的扭曲力，以保证暴露的单链成为线性模板。DNA 促旋酶的作用就是阻止扭曲单链的形成。

　　**单链结合蛋白**（single-strand binding protein，SSB）　DNA 单链的碱基具有很强的亲水性，在细胞水溶液环境中很不稳定。细胞中有一种单链结合蛋白可与暴露的 DNA 单链结合，使 DNA 单链免受环境因素的影响。

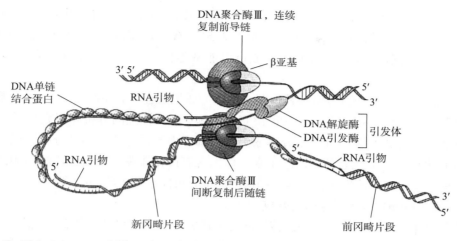

DNA聚合酶Ⅲ，连续
复制前导链

β亚基

3′ 5′

DNA单链
结合蛋白

RNA引物

5′

3′

DNA解旋酶
DNA引发酶

引发体

RNA引物

5′

DNA聚合酶Ⅲ
间断复制后随链

5′

RNA引物

3′
5′

新冈崎片段

前冈崎片段

🔺 图 6-24　DNA 复制所需的酶及其功能

解旋酶将 DNA 双螺旋解开，单链结合蛋白随之结合暴露的单链以维持解链状态。复制过程涉及
两种机制：

① 连续复制：引物合成酶将一小段 RNA 引物合成后，DNA 聚合酶Ⅲ将核苷酸加入引物的 3′ 端，
逐步延伸前导链。前导链的 RNA 引物随后被切除，然后 DNA 聚合酶Ⅰ合成互补 DNA。

② 间断复制：每个冈崎片段合成时都要合成 RNA 引物，随后 DNA 聚合酶Ⅲ将核苷酸加入引物
的 3′ 端延伸新链。在接近前一个冈崎片段时，前面冈崎片段的 RNA 引物将被切除，由 DNA 聚
合酶Ⅰ合成 DNA 取代。两个冈崎片段之间的缺口将由 DNA 连接酶缝合。

**DNA 连接酶**（DNA ligase）　前导链和后随链的合成都需要引物，这些引物在新链合成后都必须
清除。在后随链的合成中，有许多内部的引物被清除后，在前后两段冈崎片段之间会有空隙需要填
补。这一任务由 DNA 聚合Ⅰ执行。因为 DNA 聚合Ⅰ酶具有 5′ → 3′ 外切核酸酶活性以及聚合酶活
性，因此该酶可以先清除 RNA 引物，然后合成互补的 DNA 区段。当引物清除并填补 DNA 之后，在
相邻的冈崎片段之间仍然有一个缺口，这个缺口由 DNA 连接酶负责缝合，它可在两个冈崎片段之间
催化磷酸酯键的形成。

（5）复制叉

DNA 复制时双链必须逐步解开。分开的两条单链和尚未解开的双链之间交汇的位置即是 DNA 新
链复制的主要场所，又称**复制叉**（replication fork）。在复制叉中，前导链和后随链的合成方向相反，
但它们必须与复制叉前进的方向一致。这一矛盾如何解决呢？在 DNA 实际复制时，后随链的模板单
链回旋了 180°，这样两条链在复制时即可同向而行。图 6-24 显示 DNA 复制时有关的酶所在的位置
及其相关的活性。必须注意的是，DNA 复制和细胞中所有其他生理生化过程一样，都是按部就班地进
行。与 DNA 复制有关的酶和蛋白质在工作时彼此协调，有条不紊地执行各自的功能。

## 三、什么是基因

在确证 DNA 为遗传物质之后，很多生物学家试图了解孟德尔所提到的遗传因子与 DNA 分子之
间的关系。他们想知道，在分子水平基因型究竟是怎么回事，基因型如何决定表型。

### 1. Garrod：代谢遗传缺陷症

最早观测到人类代谢遗传缺陷症的科学家是一位英国医生 Archibald Garrod。1902 年，Garrod

与一位早期的孟德尔遗传学家 William Bateson 一道工作时注意到，有些疾病在某些家族中有频繁发生的倾向。对这些家族不同代际的成员检测发现，有些疾病的传递行为类似隐性等位基因。因此 Garrod 推测，这些家族中患有疾病的成员可能从他们的祖先那儿继承了已经发生改变的遗传因子。

Garrod 详细地研究了几种遗传病，其中有一种称为尿黑酸症（alkaptonuria）。尿黑酸症患者的尿液中含有一种物质，它们在体外遇到氧气很快变成黑色。经过仔细的分析和研究之后 Garrod 得出结论，尿黑酸症患者的体内缺少一种可以分解尿黑酸的酶。由于尿黑酸不能被分解，当它们排出体外时很快与氧气发生反应，形成黑色物质。正常人体内含有催化尿黑酸转变为乙酰乙酸的酶，因而尿液中没有尿黑酸。Garrod 由此推测，其他一些遗传病也有可能起源于酶的缺陷。

### 2. Beadle 和 Tatum：基因指令酶的合成

由于时代的局限，Garrod 对于代谢遗传缺陷症的研究还不能提供实验依据。直到 1941 年，当时在美国斯坦福大学工作的两位遗传学家——George Beadle 和 Edward Tatum，才通过一系列实验确证，基因确实可以指令特定的蛋白质。他们使染色体上的基因发生孟德尔式突变，然后研究这些突变对生物表型的影响（图 6-25）。

（1）生长缺陷型的实验系统

Beadle 和 Tatum 之所以能获得确切无疑的结果得益于他们选择的实验系统。他们以一种链孢霉 Neurospora 为实验材料，将链孢霉真菌的孢子接种在合成培养基上。这种合成培养基中的成分是已知的，含有葡萄糖和氯化钠等。在接种之前，将链孢霉真菌的孢子暴露在 X 射线下。当 X 射线穿越孢子时可使细胞中的 DNA 受到损伤，有可能使某些与代谢有关的 DNA 区域发生突变。这种突变会产生代谢缺陷型孢子，它们只能在含有特定营养成分的培养基上生长（图 6-25），而野生型孢子无须提供特定的营养成分。

（2）生长缺陷型突变体的分离

为了找到经辐射处理的链孢霉子代孢子中的突变体，Beadle 和 Tatum 将这些真菌细胞培养在一种称为"基本"培养基的平板上。所谓"基本"，是指培养基只含有糖类、氨、盐、几种维生素和水。如果细胞因辐射处理丧失了合成其他必需有机物的能力，那么这些细胞在基本培育基上就不能生长。采用这一方法，Beadle 和 Tatum 鉴别和分离到许多生长缺陷型突变体。

（3）生长缺陷型突变体的鉴定

一旦获得生长缺陷型突变体，接下来就是研究这些突变体属于何种突变。鉴定的方法是，在基本培养基中分别添加不同的营养物质，然后将突变的菌株接种在已知添加物的基本培养基上。如果某个突变体能

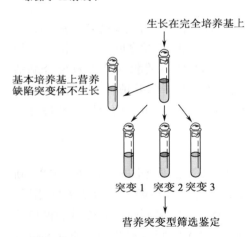

🔺 图 6-25　营养突变体诱变实验

收集在基本培养基上旺盛生长的链孢霉菌株的单倍体孢子，然后将 X 射线照射诱导孢子突变。将诱变处理的链孢霉孢子在基本培养基上产生菌丝体，并使之与野生型菌丝体杂交。待杂交的二倍体菌丝成熟经减数分裂产生子囊孢子时，将子囊孢子接种在完全培养基上。随后将完全培养基上形成的菌落分别接种到缺陷培养基上，逐个筛选不能生长的突变菌落。这些突变菌落因基因突变不能合成某种营养物质，所以无法生长。为了确定菌体中哪个基因发生了突变，可在缺陷培养基中加入特殊的营养物。例如合成精氨酸的基因发生突变，菌体就不能自身合成精氨酸，不能在缺陷培养基中生长。但在缺陷培养基中加入精氨酸，突变菌体即可在添加精氨酸的缺陷培养基中生长。

在含特定添加物的基本培养基上生长，即可确定生长缺陷型的突变类型。例如某个突变体只能在含有精氨酸的培养基上生长，说明该突变体的精氨酸合成基因发生了突变。

（4）一个基因一条多肽链

细胞中精氨酸的合成路线涉及一系列的酶，它们控制不同的反应步骤。Beadle 和 Tatum 在生长缺陷型实验中已经鉴定了许多突变体，每个突变体都只发生一个突变，指间一个功能缺陷的酶。根据这些实验结果，Beadle 和 Tatum 认为，每个基因都可编码一个特定的酶。他们将这种关系称之为**一个基因一个酶**（one-gene/one-enzyme）**假说**。实际上，有许多酶是由多个亚基组成的，每个亚基分别由不同的基因编码。因此 Beadle 和 Tatum 提出的一个基因一个酶的假说已经由一个基因一条多肽链所取代。一个基因一条多肽链也是基因型和表型关系最为简洁的描述（图 6-26）。

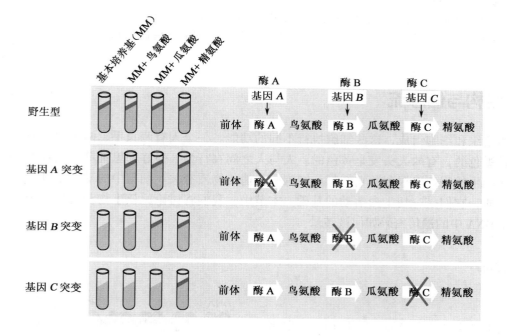

⊖ 图 6-26 "一个基因一条多肽链"学说的证据

从前体分子合成精氨酸必须经过 3 个代谢步骤，分别由 3 个酶——A、B 和 C 催化。3 个催化酶由 3 个对应的基因编码，当编码某个酶的基因发生突变时，精氨酸合成路线受阻，突变菌株不能生长。因为精氨酸代谢的中间产物是已知的，因此在缺陷培养基中分别加入已知的代谢产物，如鸟氨酸、瓜氨酸或精氨酸，然后将突变菌株接种其上，即可获知控制哪个代谢步骤的基因发生了突变。

### 3. 单个氨基酸的改变可引起严重的疾病

1956 年，Vernon Ingram 发现，一种表现为典型的孟德尔遗传行为的人类疾病——镰状细胞贫血，其原因在于患者细胞中编码血红蛋白的基因发生了突变。镰状细胞贫血患者的血红蛋白 β 链第 6 个氨基酸的密码子发生了错义突变，使该位置原本正常的谷氨酸更换为缬氨酸。缬氨酸为非极性氨基酸，谷氨酸为极性氨基酸，这一更换使血红蛋白的理化性质发生改变，造成突变的血红蛋白分子之间的异常聚合，并出现镰刀形细胞表型（图 6-27）。

原则上一个基因一条多肽链的表述是大体正确的。但是随着人们对基因组结构和基因表达调控认识的深化，一个基因一条多肽链的关系并不完全符合实际情况。大量分子生物学实验结果表明，由于 mRNA 的可变剪接，一个基因可以产生多个 mRNA，它们可编码不同的蛋白质。在后续的章节中，我们将详细讨论。

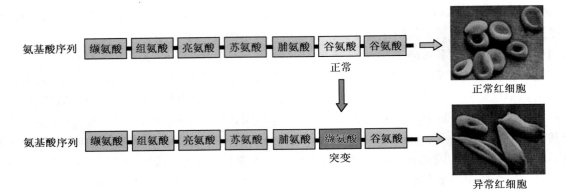

⬆ 图 6-27　血红蛋白的氨基酸突变

镰刀形细胞的产生是由于编码 β 血红蛋白多肽链的基因发生了隐性突变。这一过程涉及单个核苷酸的改变，多肽链第六位的谷氨酸转变为缬氨酸，导致 β 血红蛋白的高级结构发生改变，降低了其携带氧分子的能力。

# 第三节　基因的结构与信息流

人体由许多不同的组织和细胞组成，这些细胞执行不同的功能。一个人有两只手、两条腿、一个大脑。有的人头发是黑色的，有的人头发是黄色的。人与人之间在行为、爱好和思维等方面各不相同。这些特征是如何产生的呢？追根溯源它们都与细胞中的遗传物质有关。细胞中的基因通过转录和翻译合成酶或蛋白质，它们是一切生命活动的基础。本节中，我们将讨论原核生物和真核生物基因如何表达，储存在 DNA 中的遗传密码如何被转录。

## 一、中心法则与信息流

### 1. 中心法则

所有生物包括原核生物和真核生物都是采用相同的机制解读和表达基因，这些机制整个地可以概括为**中心法则**（central dogma）（图 6-28）。中心法则又称为遗传信息流，它的主要内容是：储存在 DNA 中的遗传信息最初流向 RNA，然后从 RNA 流向蛋白质。遗传信息从 DNA 转移到 RNA 的过程称为转录，从 RNA 转移到蛋白质的过程称为翻译。

### 2. 转录概况

中心法则的第一步是以 DNA 为模板合成 RNA，又称为**转录**（transcription）。转录由 **RNA 聚合酶**（RNA polymerase）执行，该酶可与基因 5′ 端的启动子结合，起始转录。转录起始后，RNA 聚合酶沿着 DNA 链滑行进入基因内部，然后根据碱基互补原则合成 RNA。模板 DNA 的碱基 G（鸟嘌呤）、C（胞嘧啶）、T（胸腺嘧啶）和 A（腺嘌呤）分别与 RNA 的碱基 C、G、A 和 U（尿嘧啶）对应互补。当 RNA 聚合酶遇到 DNA 模板中的转录终止信号时，转录停止。此时 RNA 聚合酶离开

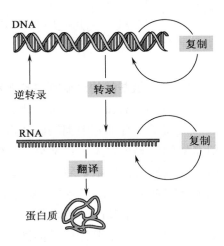

⬆ 图 6-28　中心法则

早期的中心法则仅指DNA转录产生mRNA，mRNA继而翻译为蛋白质的遗传信息流过程。现在人们已知，RNA 分子也可复制为 RNA，RNA 还可逆转录为 DNA，但遗传信息流的方向仍然是 DNA→RNA→蛋白质。

DNA 模板，并释放已合成的 RNA。

### 3. 翻译概况

中心法则的第二步是以 mRNA 为模板合成蛋白质，又称为**翻译**（translation）。翻译在核糖体中进行。携带氨基酸的 tRNA 进入核糖体后，位于 tRNA 分子内的反密码子可与核糖体中的 mRNA 所含的密码子相互识别（图 6-29）。糖体内的 rRNA 分子可以识别 mRNA 并与之结合，随后核糖体沿着 mRNA 移动。核糖体每移动一次前进三个核苷酸，同时将这三个核苷酸指令的氨基酸连接到生长中的多肽链上。mRNA 序列中连续三个核苷酸组成的密码子与多肽链的氨基酸顺序一一对应，使遗传信息准确地转移到蛋白质中。当核糖体遇到 mRNA 分子的翻译终止信号时，翻译停止。此时整个核糖体与 mRNA 分开，同时释放已合成的多肽链。

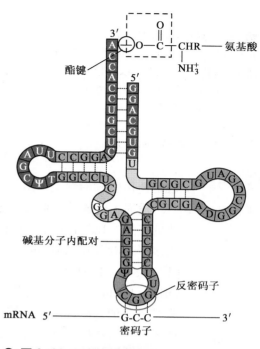

**↑ 图 6-29 tRNA 图解**
tRNA 分子有三个茎环结构，其中两个茎环结构在多肽链合成过程中与核糖体结合，第三个茎环含有反密码子，可与 mRNA 上的三联体密码子互补。tRNA 分子的单链 3′ 端为氨基酸结合位置。

## 二、遗传密码

当确证遗传物质由 DNA 组成之后，人们的兴趣很快就转向 DNA 是如何储存遗传信息的。核心的问题是：DNA 中核苷酸的排列顺序与其所指令的蛋白质中氨基酸顺序之间存在何种关系。

### 1. 三联体密码子

1954 年物理学家 George Gamow 在研究蛋白质的 20 种氨基酸和 mRNA 中 4 种核苷酸之间的关系时猜想，核苷酸可能以字母排列的方式指令蛋白质的氨基酸顺序。

Gamow 推测，如果每 2 个核苷酸编码一个氨基酸，则有 $4^2 = 16$ 种组合方式，不能满足 20 种氨基酸的编码要求。若每 3 个核苷酸编码一个氨基酸，则有 $4^3 = 64$ 组合方式，可满足 20 种氨基酸的编码要求，并有冗余。因此 Gamow 认为遗传密码子的组成方式很可能是三联体密码。

理论上三联体密码子的排列可以是连续的，也可以是间隔或重叠的。实际的密码组成方式直到 1961 年 Crick 和他的同事采用遗传突变的实验方法才给予明确回答。他们利用二氨基哑啶（proflavin）诱导噬菌体病毒 T4 的 γⅡ 位点产生一种称为 FCO 的突变，使碱基插入或缺失。他们发现正向突变（如插入，+）可由反向突变（如缺失，-）回复。一个或两个正向突变不能回复同样的一个或两个正向突变，负向突变也出现相同的现象。当发生连续三个正向突变或三个负向突变时则能恢复野生型表型，表明遗传密码是由连续的三对核苷酸组成的（图 6-30）。

### 2. 密码子破译

就在 Crick 和他的同事研究遗传密码子组成方式的同时，N. Nirenberg 也在采用体外合成的办法

野生型：
基因　　ATG TTT CCC AAA GGG TTT ⋯ CCC　TAG
蛋白质　Met－Phe－Pro－Lys－Gly－Phe ⋯ Pro　终止

突变型：
基因　　ATG ATT GTA CCC AAA GGG TTT ⋯ CCC　TAG
蛋白质　Met－Ile－Val－Pro－Lys－Gly－Phe ⋯ Pro　终止

增加一个　　与野生型氨基酸序列一致
氨基酸

**↪ 图 6-30 三联体密码子的确定**
在 DNA 编码区的某一位点插入一个核苷酸（ATG TTT → ATG ATT）后，再在其附近位点连续插入 2 个核苷酸（ATG TTT CCC → ATG ATT GTA）并不改变插入位置其后的密码子顺序。这说明密码子是由 3 个连续字母或者说 3 个连续碱基组成的。

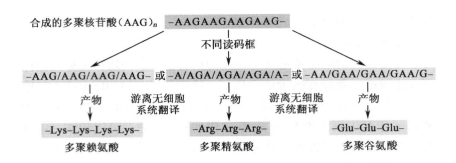

● 图 6-31　多聚核苷酸体外翻译破译密码子
将三核苷酸重复单元（AAG）聚合的 mRNA 分子
用于指令蛋白质的合成可以获得 3 种寡聚多肽链，
即 -Lys-Lys-Lys-Lys-，-Arg-Arg-Arg-Arg-
和 -Glu-Glu-Glu-Glu-。由氨基酸序列可推知，
AAG 为赖氨酸密码子，AGA 为精氨酸密码子，
GAA 为谷氨酰胺密码子。

破解遗传密码的含义。Nirenberg 制备了一个游离细胞系统，该系统含有蛋白质翻译所必需的成分。将一段人工合成的多聚尿苷酸（polyU）mRNA 加入游离细胞系统中，获得了一段全部由苯丙氨酸组成的多肽。比较这段 polyU 和苯丙氨酸多肽发现，每三个尿苷酸（-UUU-）指令一个苯丙氨酸。如果多聚 mRNA 由 AAG 重复序列组成，则可获得多聚赖氨酸，多聚精氨酸和多聚谷氨酰胺三种多肽（图 6-31）。1964 年，Nirenberg 和 P. Leder 又进一步发明了可直接破译密码子的三联体结合检测法（triplet binding assay）。他们按三联体密码子的排列组合，分别合成由三个核苷酸组成的密码子，并将其逐一加入游离细胞系统中。该系统含有同位素标记的氨基酸以及 tRNA 和核糖体。当单个三联体密码子与对应的携带标记氨基酸的 tRNA 分子结合后，可与核糖体组成体积很大的复合物。通过薄膜过滤，可筛查已知的三联体密码子及其指令的标记氨基酸。采用人工合成的 mRNA 在体外翻译系统检测其合成的多肽，另外 17 个氨基酸密码子也被破译（图 6-32）。

### 3. 密码子的通用性

遗传密码字典总共有 64 个密码子，其中 3 个为终止密码子，又称**无义密码子**。其余 61 个密码子编码 20 种氨基酸，除色氨酸和甲硫氨酸只有一个密码子外，其余 18 种氨基酸都有多个密码子

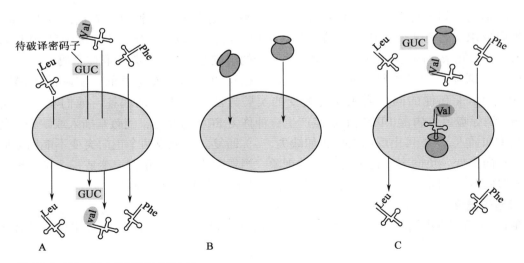

● 图 6-32　最小密码子破译方法
采用单个三联体密码子破解遗传密码。单三联体密码子（GUC）、携带氨基酸的 tRNA 分子（tRNA$^{Val}$、tRNA$^{Leu}$ 和 tRNA$^{Phe}$）体积小可通过微孔薄膜（A），核糖体分子体积大不能通过微孔薄膜（B）。将单三联体密码子（GUC）、携带氨基酸的 tRNA 分子和核糖体混合。如果混合物中存在单密码子 GUC 对应的 tRNA$^{Val}$ 分子，核糖体即可与单密码子 GUC 和 tRNA$^{Val}$ 结合。与核糖体结合的单密码子 GUC 和 tRNA$^{Val}$ 复合物在用薄膜过滤时被滞留在膜上（C）。分析滞留在膜上的样品即可获知单密码子与其编码的氨基酸。

第二个字母

| | | U | C | A | G | |
|---|---|---|---|---|---|---|
| 第一个字母 | U | UUU<br>UUC 苯丙氨酸<br>UUA<br>UUG 亮氨酸 | UCU<br>UCC<br>UCA<br>UCG 丝氨酸 | UAU<br>UAC 酪氨酸<br>UAA<br>UAG 终止密码子 | UGU<br>UGC 半胱氨酸<br>UGA 终止密码子<br>UGG 色氨酸 | U C A G |
| | C | CUU<br>CUC<br>CUA<br>CUG 亮氨酸 | CCU<br>CCC<br>CCA<br>CCG 脯氨酸 | CAU<br>CAC 组氨酸<br>CAA<br>CAG 谷氨酰胺 | CGU<br>CGC<br>CGA<br>CGG 精氨酸 | U C A G |
| | A | AUU<br>AUC<br>AUA 异亮氨酸<br>AUG 甲硫氨酸 | ACU<br>ACC<br>ACA<br>ACG 苏氨酸 | AAU<br>AAC 天冬酰胺<br>AAA<br>AAG 赖氨酸 | AGU<br>AGC 丝氨酸<br>AGA<br>AGG 精氨酸 | U C A G |
| | G | GUU<br>GUC<br>GUA<br>GUG 缬氨酸 | GCU<br>GCC<br>GCA<br>GCG 丙氨酸 | GAU<br>GAC 天冬氨酸<br>GAA<br>GAG 谷氨酸 | GGU<br>GGC<br>GGA<br>GGG 甘氨酸 | U C A G |

第三个字母

⊖ 图 6-33 密码子字典

一个密码子由三个碱基组成。如 ACU 编码苏氨酸，第一个字母 A 在密码子的第一位，C 在第二位，U 在第三位。mRNA 上的每一个密码子都被带有相应反密码子的 tRNA 识别。大多数氨基酸可由一种以上的密码子编码。如苏氨酸就可以由四种密码子编码，这些密码子之间只有第三位的碱基不同（ACU、ACC、ACA 和 ACG）。密码子字典中有三个密码子不编码任何氨基酸，被称为终止密码子（UAA、UAG、UGA）。

（图 6-33）。多个密码子具有同一含义的现象称为**简并**（degeneracy），简并性是密码子的一个重要特征，在所有现存的生物种属中，不管是多细胞高等生物还是单细胞低等生物，它们都采用同一套遗传密码，或者说密码子具有**通用性**（universal）。密码子的通用性表明，来自动物的基因也可在植物细胞中表达。例如将萤火虫的荧光素酶（luciferase）编码基因导入烟草细胞，转化的烟草植株可以发出荧光（图 6-34）。

### 4. 密码子的偏离

1979 年英国剑桥大学 Sanger 小组发现，一些人体细胞线粒体基因中原本为终止密码子的 UGA 用来编码色氨酸，而异亮氨酸密码子转变为编码甲硫氨酸，精氨酸密码子 AGA 和 AGG 转变为终止密码。此外在植物线粒体中原本编码精氨酸的密码子 CGG 却用来编码色氨酸。这种同一密码子在不同场合所具有的不同编码含义称为**密码子偏离**。其原因可能是，线粒体基因组中 tRNA 的基因数目十分有限，为了维持必需的编码功能，所以出现"借用"密码子的现象。

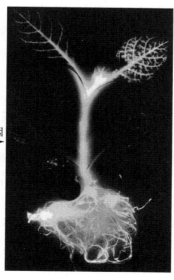

荧光素酶基因
转化烟草

⊖ 图 6-34 密码子的通用性

动植物的密码子是通用的。将来自昆虫萤火虫的荧光素酶基因导入烟草，转化的烟草植株可表达荧光素酶基因。在添加反应底物后，转化的烟草可发出荧光。

### 三、基因转录

#### 1. 原核生物基因转录

（1）RNA 聚合酶

基因的转录由 RNA 聚合酶执行。原核生物的 RNA 聚合酶由 5 个亚基组成：2 个 α 亚基、1 个 β 亚基、1 个 β′ 亚基和 1 个 σ 亚基（图 6-35）。两个 α 亚基与转录调控蛋白结合，β 亚基与 RNA 核苷酸结合，β′ 亚基与 DNA 模板结合，σ 亚基与基因启动子结合并起始转录。DNA 的两条单链中只有一条单链被转录，称为**模板链**（template strand）。合成的 RNA 序列与模板链互补，与非转录链序列一致。因此非转录链又称为**编码链**（coding strand）。RNA 转录物的碱基顺序中，除了 T 由 U 代替外，其他碱基顺序与 DNA 编码链完全相同。习惯上 DNA 的编码链又称为正义链（+），而模板链则称为负义链（–）。

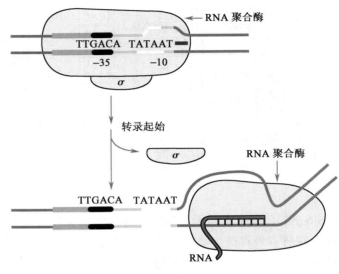

图 6-35　原核生物基因转录
RNA 聚合酶全酶在 DNA 分子上滑行，直至识别并结合启动子序列。σ 亚基将 DNA 双链在 –10 区解旋，使 DNA 模板链暴露，可开始转录。

基因转录不需要引物，RNA 聚合酶在转录起始后直接将核苷酸添加到 RNA 链的 3′ 端。RNA 的合成也有方向性，即只能由 5′ → 3′ 方向合成。

（2）启动子

在基因的转录起始位置与 RNA 聚合酶结合的碱基序列称为**启动子**（promoter）。启动子本身是不转录的，它只是 RNA 聚合酶结合的平台。原核生物启动子的组成非常相似，它们在转录起始点上游（5′ 方向）–35 碱基位置和 –10 碱基位置都分别有特定的碱基序列。大肠杆菌中大多数基因启动子位于 –35 的碱基序列为 TTGACA，位于 –10 的碱基序列为 TATAAT。

启动子在转录效率上有强弱之分。一般强启动子大约每秒钟可起始一次转录，而弱启动子转录起始的间隔可达 10 min，相差 600 倍。强启动子上游的 –35 和 –10 位的碱基序列组成基本相同，而弱启动子在这两个序列中有碱基的代换。

（3）转录起始

原核生物 RNA 聚合酶全酶的 σ 亚基可识别启动子中 –10 序列，随后 RNA 聚合酶与之结合。RNA 聚合酶一旦与 DNA 结合即可将双链 DNA 解旋。解旋的区段长约 17 个碱基，接近两轮 DNA 螺旋双链。DNA 双螺旋解旋后，RNA 聚合酶开始合成互补 RNA。

（4）转录延伸

原核生物基因的转录起始一般都是以 ATP 或 GTP 为第 1 个核苷酸，然后以 5′ → 3′ 方向延伸 RNA 链。由解旋的 DNA、RNA 聚合酶以及生长中的 RNA 组成的区域称为**转录泡**（transcription bubble），其特征是含有一段解旋的 DNA（图 6-36）。在转录泡中，开始合成的 12 个核苷酸 RNA 链与模板 DNA 形成双螺旋结构。这种 RNA/DNA 的双螺旋可稳定新生 RNA 链的 3′ 端，便于和新添加的核苷酸互作。每当新生 RNA 分子的末端添加一个核苷酸，RNA/DNA 双螺旋便随之朝前旋转移动一步。

转录泡以恒定的速度前移，细菌中约每秒合成 50 个核苷酸。在 RNA 分子的 3′ 端延伸时，5′ 端的 RNA 链则伸出转录泡。随着转录泡的前移，转录泡后的 DNA 又恢复到双螺旋状态。

RNA 聚合酶没有校正机制，因此转录合成的 RNA 分子中会含有错配的碱基，但比率较低。一般每个基因转录时都会拷贝多个 RNA 分子，这些分子中少量的错配碱基不会造成严重后果，也不会传递给子代。

（5）转录终止

转录延伸不会无限制持续，当转录泡遇上转录终止信号时便停止前移。与此同时，RNA 聚合酶离开 DNA 模板，RNA/DNA 杂合分子彼此分离，RNA 分子被释放，转录泡 DNA 单链恢复为双螺旋。原核生物转录终止信号是一段富含 G/C 的序列，在其后有一段 A/T 碱基序列。RNA 转录物中的 G/C 碱基可以分子内配对，形成一个类似茎环的发夹结构，在其后连着一段 4 个或更多个 U 组成的序列。RNA 分子的发夹结构可使 RNA 聚合酶停止工作，后面连续的 4 个 U 和 DNA 模板的碱基配对形成的氢键较弱，使得 RNA/DNA 杂合分子很易分开。当 RNA 分子离开 DNA 模板后，转录立刻停止。

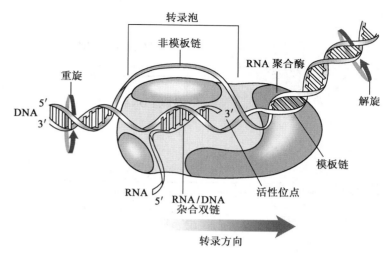

🔺 图 6-36 转录泡
在 RNA 聚合酶复合体的作用下，DNA 双螺旋部分解旋。在 RNA 聚合酶复合体离开后，该区段 DNA 又恢复双螺旋。转录泡内解链的双螺旋 DNA 有一条单链为模板链，RNA 聚合酶以该链为模板合成 RNA 分子。

**2. 真核生物的转录**

真核生物的转录基本上与原核生物的转录类似，但在具体过程及细节上有不少重要差别。这里我们着重讨论两者不同之处。真核生物细胞器如线粒体和叶绿体基因的表达采取类似原核生物的转录机制，这里不作专门叙述。

（1）真核生物有多种 RNA 聚合酶

真核生物有三个 RNA 聚合酶，它们在结构和功能上各不相同。RNA 聚合酶Ⅰ只转录 rRNA 基因，而且只能识别 rRNA 基因的启动子。RNA 聚合酶Ⅱ转录编码蛋白质的基因和编码小核 RNA 基因，后面我们将重点讨论这类基因的转录。RNA 聚合酶Ⅲ转录 tRNA 基因和其他小 RNA 基因，它们也有专一性的只能被 RNA 聚合酶Ⅲ识别的启动子。上述所有三种 RNA 聚合酶的转录场所均在细胞核。

（2）启动子

真核生物基因的转录调控主要与启动子有关。三种 RNA 聚合酶所识别的启动子在结构上各不相同。RNA 聚合酶Ⅰ启动子非常特别，它们具有物种专一性。虽然物种之间 rRNA 基因的结构基本相同，但每个物种 rRNA 基因的启动子在组成上差别很大。因此物种之间的 rRNA 基因启动子不能交叉利用。

在真核生物三种 RNA 聚合酶启动子之间，最复杂的属 RNA 聚合酶Ⅱ启动子，这可能同蛋白质编码基因结构的多样性和表达的复杂性有关。RNA 聚合酶Ⅱ启动子有一个核心成分，又称 **TATA 盒**（TATA box）（图 6-37）。与原核生物启动子相似，真核 TATA 盒也在转录起始点上游 −10 碱基位置。此外，真核生物启动子还有另一些保守的成分，如 CAAT 盒，在很多基因中组成了第二个启动子核心成分。以 RNA 聚合酶Ⅱ为核心的转录复合物是在启动子的核心位置组装的。除此之外，在启动子

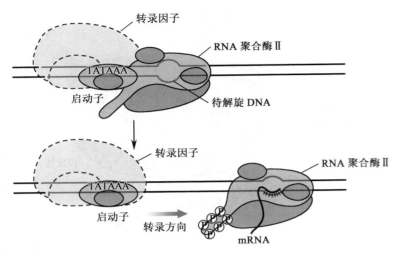

图 6-37　真核生物基因转录
真核基因转录与原核生物的转录不同。真核生物的转录需要一系列转录子与启动子结合，然后 RNA 聚合酶 II 再与 DNA 链结合。这一系列转录因子及 RNA 聚合酶 II 与 DNA 链结合形成的结构称为转录起始复合物。

的上游还有其他一些不可缺少的调控元件。它们与调控因子结合控制基因发育与组织专一性的表达。

RNA 聚合酶 III 的启动子结构非常特别。采用缺失扫描技术，将 RNA 聚合酶 III 转录的基因从其 5′ 端向 3′ 端连续逐段缺失部分核苷酸开展研究。发现当缺失的区段位于基因内部时才影响基因的转录起始，由此确证，RNA 聚合酶 III 启动子位于基因内部。

（3）转录起始

转录起始的核心内容是将 RNA 聚合酶安置在启动子位置，形成一个**转录起始复合物**（transcription initiation complex）。真核生物转录起始的过程比原核生物复杂得多，涉及一系列的转录因子及其与 RNA 聚合酶在启动子位置的互作。

（4）转录后修饰

原核生物基因的转录与翻译是偶联的，转录产物没有独立存在的时间与空间。真核生物基因的转录和翻译在时间上和空间上是两个彼此独立的过程。转录在细胞核内进行，翻译在细胞质中进行。RNA 聚合酶 II 转录起始后，复制的 mRNA 前体要进行一系列的加工与修饰才能转变为成熟的 mRNA。只有成熟的 mRNA 才能离开细胞核，在细胞质中翻译成蛋白质。

（5）5′ 帽

真核生物转录产物的 5′ 端是最早被修饰的位置。转录物的第一个碱基一般是腺嘌呤（A）或鸟嘌呤（G）。加工的第一步是将额外的一个 GTP 的 5′ 磷酸基团与转录产物第一个核苷酸的 5′ 磷酸基团连接形成酯键，这个被加上去的 GTP 称为 5′ 帽（5′-cap）（图 6-38）。5′ 帽 GTP 的碱基还要进一步修饰，将一个甲基基团连接到碱基上，称为甲基 -G 帽。5′ 帽结构可以阻止 RNA 分子的降解，也和 mRNA 的翻译起始有关。

（6）3′ 多聚 A 尾

真核生物与原核生物转录产物之间另一个显著差别是尾部结构。真核生物 RNA 聚合酶 II 的转录

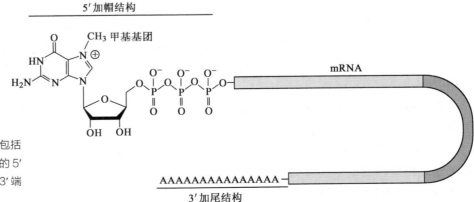

图 6-38　加帽与加尾
真核生物 mRNA 分子在细胞核内进行加工，包括加帽与加尾。甲基化的 GTP 连接到转录产物的 5′ 端，称为 5′ 帽（cap）结构。在转录产物的 3′ 端添加一长串腺苷酸分子，称为多聚 A 尾。

产物合成之后要在尾部切除一段序列，然后在经切除的 RNA 3′ 端连接一串腺嘌呤残基（A），即 3′ 多聚 A 尾（3′ poly-A tail）（图 6-38）。原核生物转录物没有尾部的加工。真核生物转录物尾部切除是在一个特定信号序列（AAUAAA）的下游位置进行，负责添加多聚 A 尾的酶称为 poly-A 聚合酶。多聚 A 尾的作用是防止 mRNA 的降解，增强 mRNA 的稳定性。

## 四、真核生物转录物的剪接加工

### 1. 发现内含子

第一个分离与克隆的基因来自原核生物。将原核生物基因的碱基序列与其转录产物 mRNA 的碱基序列比较时发现，这两者的碱基排列完全一致，或者说原核生物基因的碱基序列与转录物 mRNA 的碱基序列是一一对应的。当时人们猜想，真核生物基因的结构也可能与原核生物类似。1977 年，有两个研究小组将一种真核生物的腺病毒的基因片段与其编码的 mRNA 分子杂交，在电子显微镜下观测 DNA 与 mRNA 的杂交图像发现，DNA 与 mRNA 的杂合双链中有多个突出的单链 DNA 环。这一结果说明，基因的转录产物在转变为成熟的 mRNA 时内部有些碱基序列被切除，这些单链 DNA 环就是被切除的成分。这一发现动摇了从原核生物获得的关于基因结构的概念，表明在真核生物中，组成基因的 DNA 序列是由两部分组成：一部分是保留在成熟的 mRNA 中的序列，称为**外显子**（exon）；另一部分是从初始转录物中被切除的序列，称为**内含子**（intron）。当时人们又将这类基因称之为"断裂"基因，以表示它们和原核生物基因之间的差别。

虽然真核生物具有内含子的基因其编码序列被非编码序列隔开，但是真核生物成熟的 mRNA 的编码序列仍然是连续的，或者说，待翻译的 mRNA 与蛋白质产物是线性对应的。高等真核生物基因组中外显子所占的比例远低于内含子。人类基因组中编码蛋白质的外显子序列仅占 1% ~ 1.5%，内含子则为 24%。

### 2. RNA 剪接

真核生物蛋白质编码基因的初始转录产物中，间隔的内含子序列必须被切除，但 5′ 帽结构和 3′ 多聚腺苷酸尾依然保留。切除初始转录物的内含子并将两侧外显子彼此连接的过程称为 **RNA 剪接**（RNA splicing），RNA 的剪接加工在细胞核中进行。蛋白质编码基因的初始转录产物称为**信使 mRNA 前体**（pre-mRNA），加工好的转录产物才能输出细胞核，随后进入细胞质中蛋白质合成场所进行翻译。

mRNA 前体的剪接加工由细胞核中的**剪接体**（spliceosome）完成。一种称为 snRNP 的**小分子核内核蛋白**（small nuclear ribonuclearprotein）可识别外显子和内含子连接点，随后剪接体复合物附着在外显子和内含子连接处。前体 mRNA 剪接的第一步是在内含子的 5′ 端切割，然后将内含子 5′ 端与内含子内部的一个腺苷酸的 2′-OH 连接，形成一个称为**套马索**（lariat）的环突结构（图 6-39）。与此同时，外显子的 3′ 端取代内含子的 3′ 端并与下一个外显子的 5′ 端连接，随后释放内含子。基因的初始转录物中的所有内含子均按上述过程依次剪接，直到成熟 mRNA 产生。

真核生物基因的外显子和内含子的数目及其长度没有一定的规律。有些真核生物基因没有内含子，有些基因内含子数目可达 50 甚至更多。外显子的长度平均约为 300 个核苷酸，内含子的长度变化范围很大，从数十个到数万个核苷酸。

## 五、原核生物和真核生物基因表达的差异

原核生物和真核生物基因在表达方式上存在以下主要差别：

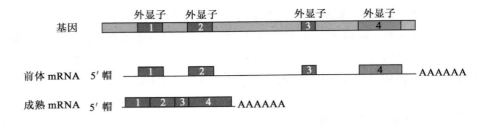

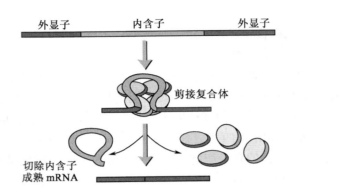

➡ 图 6-39　mRNA 剪接

真核生物的许多基因内部含有非编码序列，称为内含子，在转录后被切除。内含子的切除由剪接体执行。剪接体由细胞核小 RNA（snRNA）和一些专门的蛋白质组成。snRNP 复合物内的 snRNA 可与内含子的 5′ 端互作，多个 snRNP 复合物组成 mRNA 剪接复合体。内含子在切除时会形成一个类似套马索的环状结构并脱离前体 mRNA，两侧的外显子彼此连接。与此同时剪接复合体解离，成熟 mRNA 分子释放。

① 原核生物的转录与翻译在时间上和空间上是偶联的，同步进行。真核生物的转录在细胞核中，翻译在细胞质中，在时间上和空间上是分开的。

② 原核生物具有操纵子结构，许多功能上相关的基因位于同一个操纵子，受同一个启动子调控。绝大多数真核生物基因是单独组成，独立调控。

③ 除少数古菌（Archaebacteria）外，原核生物基因都没有内含子，而真核生物基因有内含子。

④ 真核生物 mRNA 在翻译之前必须加工，涉及内含子切除、5′ 加帽和 3′ 多聚腺苷酸加尾（poly-A）。原核生物基因转录后，mRNA 直接进入翻译，没有上述的加工。

⑤ 原核生物借助核糖体 RNA 的介导在 mRNA 的 AUG 密码子位置起始翻译。真核生物核糖体小亚基与 mRNA 的 5′ 帽结合，然后向 3′ 滑行寻找第一个 AUG 密码子起始翻译（图 6-40）。

## 第四节　基因的表达与调控

基因组中有许多不同的基因，它们执行不同的功能。有些基因在个体发育的所有阶段都必须表达，这些基因有一个名称叫**管家基因**（house-keeping gene）。有些基因只在某些发育阶段或某些组织细胞中表达，这些基因称为**组织特异性基因**（tissue-specific gene）。基因的时空表达模式是受细胞中预定的严格的过程控制的，如同交响乐演奏，乐手们必须服从乐队总指挥，按乐谱动静结合，张弛有度，才能演奏美妙的乐曲，有序地执行细胞正常的生物学功能。

### 一、基因的转录调控

基因的表达调控对所有生物都非常重要。原核生物是单细胞生物，它们的基因表达与调控主要是适应外界环境的变化。真核生物是多细胞生物，它们的基因表达与调控主要是控制个体的正常生长与发育，维持机体内部环境的稳定。

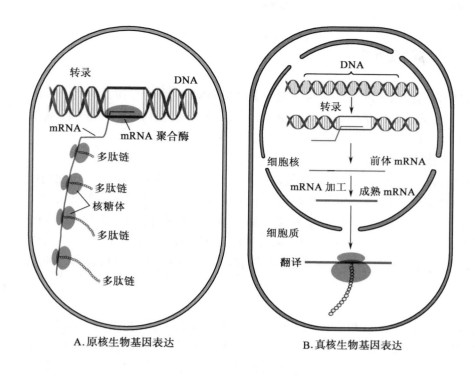

A.原核生物基因表达　　　　B.真核生物基因表达

● 图 6-40　原核生物与真核生物基因表达模式比较

A. 原核基因的转录与蛋白质的翻译是偶联的，DNA 序列的编码信息转录后立即转变为多肽链中对应的氨基酸序列。

B. 真核基因的表达与原核基因不同。真核生物基因转录后要紧过一系列的加工，只有成熟的 mRNA 才能输出细胞核，在细胞质中与核糖体结合进行翻译。

### 1. 原核生物基因表达调控

原核生物的基因表达调控主要围绕如何充分有效地吸收与利用环境中有限的短暂出现的小分子营养成分展开，其目的是使细胞尽快地生长与繁殖。原核生物的生长特点要求细胞内部的蛋白质能迅速地周转，以应对快速变化的外界环境。因此，原核生物的基因调控大多针对参与营养代谢的蛋白质基因。当某种特别的营养成分出现时，细胞能不失时机地产生专一性的蛋白质摄取和消化外界营养成分。由于外界环境变化无常，因此原核生物的基因调控又具有可逆性的特点，使专一性代谢酶基因表达水平能在短时间内波动消长。

### 2. 真核生物基因表达调控

绝大多数真核生物都是多细胞生物，食物来源更加多样，主要依靠内部环境消化摄取的食物。因此多细胞真核生物的基因调控主要集中在两个方面：生长发育与内部环境。

多细胞真核生物都是由受精卵发育而来的，参与组成个体的细胞不能脱离整体而存在。在个体生长与发育过程中，单个细胞的功能与活性必须服从整体的需要。因此真核生物细胞的基因调控在时间上与空间上是程序化的，必须确保基因在合适的场合与地点表达，具有明显的阶段发育的特点。当某些发育阶段已经完成后，与之相关的基因必须永久性关闭。如果发生错乱，就会出现诸如细胞癌变、组织缺损等这类无法逆转的事件，产生严重的后果。这一点与原核生物许多基因的可逆调控明显不同。

多细胞真核生物的单个细胞也能接受外界信号并对此做出反应，启动或关闭某些基因。这类信号是来自整体的需要，以便个体的各种组织细胞始终维持一个稳定的彼此协调的生理生化环境。

基因表达调控有不同的层次和水平，主要根据基因表达的过程来划分。原核生物和真核生物基因表达的程序大致相同，因此大体上可分为四个调控阶段：① **转录调控**，包括 RNA 聚合酶的转录起始与 RNA 合成；② **转录后调控**，包括 mRNA 加工以及 RNA 干扰、编辑、降解；③ **翻译调控**，包括翻译起始因子调控；④ **翻译后调控**，包括蛋白质前体加工以及蛋白质转运、折叠与降解。

## 二、转录因子如何识别基因表达调控元件

基因的表达调控涉及一类称为调控因子的蛋白质与基因上游区段 DNA 序列的互作，这些上游调控序列称为**调控元件**，可与专一性的转录因子结合启动转录。转录因子可以利用 DNA 不同区段碱基序列的差别和 DNA 双螺旋大小沟分布的化学基团来识别对应的调控元件并与之结合。

### 1. DNA 双螺旋大小沟的结构信息

双螺旋 DNA 有一大一小交替排列的凹槽，其中一个较深，称为**大沟**（major groove），一个较小，称为**小沟**（minor groove）。有一些碱基基团会突出并伸入到大小沟槽内，它们包括疏水性甲基基团、氢原子、氢键供体与受体（图 6-41）。其中大沟内含有更多的碱基基团，可提供更为丰富的结构信息。这些伸入大小沟槽内的基团有不同的组合方式，依相邻排列的碱基顺序而异。双螺旋大小沟槽内不同碱基基团的排列组合，为蛋白质识别 DNA 序列提供了结构基础。调控因子主要与大沟内的碱基基团互作，控制基因的表达。

### 2. 转录因子

所有与 DNA 结合的调控因子都有一段可与 DNA 互作的结构，又称 DNA **结合基序**（DNA-binding motif），或 DNA **结合域**（DNA-binding domain），可伸入 DNA 分子的大小沟内识别不同的碱基基团。调控因子如何识别基因的调控序列是一个极为活跃的研究领域，目前已经知道 30 多种调控因子 DNA 结合基序的空间结构，每种调控因子的 DNA 结合基序各有其特征，它们只能识别对应的 DNA 序列。

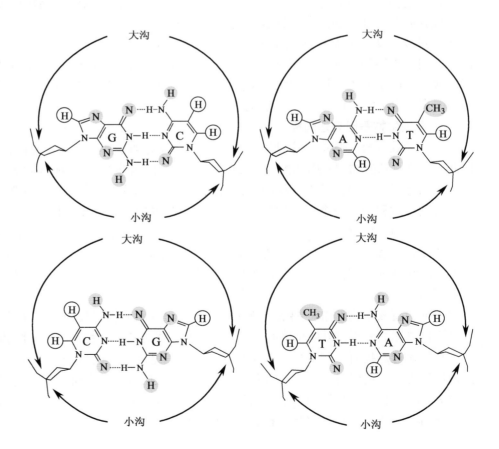

➲ 图 6-41　DNA 双螺旋大小沟
DNA 双螺旋交替排列着大小沟沟槽，与碱基连接的基团伸入大小沟沟槽中提供了空间位置信息。当蛋白质附着在 DNA 分子表面时，蛋白质氨基酸侧链可进入大小沟沟槽中与碱基基团互作。只有相匹配的蛋白质才能与特定的 DNA 序列结合。

　　不同的基因具有不同的生物学功能，因此它们的表达模式彼此各异。每个基因都含有各自特别的调控序列，可被不同的调控因子识别，从而启动基因的有序表达。为了避免张冠李戴的错误，调控因子与调控序列的结合具有很强的专一性，其基础在于，调控序列的碱基排列和调控因子的空间构型含有彼此吻合的结构信息。

　　（1）螺旋－转角－螺旋基序

　　最早分离与克隆的调控因子为**螺旋－转角－螺旋**（helix-turn-helix，HTH）蛋白，它有两个 α 螺旋，中间为一段弯曲的短肽。螺旋－转角－螺旋蛋白的两个 α 螺旋的空间位置接近垂直，其中一个嵌入 DNA 大沟，称为识别螺旋，另一个横架在 DNA 双链的磷酸骨架上，帮助识别螺旋准确定位（图 6-42A）。螺旋－转角－螺旋蛋白以二聚体的形式与两个调控序列结合，两个调控序列成回文对称，中间隔开 3.4 nm 距离，正好是一圈 DNA 螺旋，可以确保二聚体在同一侧面与 DNA 调控基序准确结合。这种对称二聚体的结合方式增加了蛋白质与 DNA 的接触面积，使调控因子与调控序列的互作更趋稳定。

　　（2）锌指蛋白基序

　　**锌指**（zinc finger）蛋白也是一类 DNA 结合蛋白，是真核生物中非常普遍的一种调控因子，哺乳动物中约 1% 的基因编码锌指蛋白（图 6-42B）。锌指蛋白的特征性基序是锌指，主要由一个 α 螺旋和一个 β 折叠组成。它们在蛋白质表面形成一个指状结构，指状内部有一个锌原子，与 2 个胱氨酸和 2 个组氨酸连接维持指状的空间构型。α 螺旋是与大沟接触的部位，它与大沟接触的方式由 β 折叠决定。有些锌指蛋白含有多个连续的锌指，每个锌指占据 5 个核苷酸的位置，与 DNA 形成一种簇状的结合。

　　（3）亮氨酸拉链基序

　　最后要介绍的一种调控因子为**亮氨酸拉链基序**（leucine zipper）蛋白。这类调控因子蛋白的活性状态总是二聚体，即由两个亚基组成。亮氨酸拉链基序的特征是，每隔 7 个氨基酸就出现一个亮氨酸。每个亮氨酸所占据的空间位置正好在每轮 α 螺旋同一侧面相同的位置，与亮氨酸相对的另一侧为带负电荷的氨基酸残基。这种空间构型将疏水性和亲水性氨基酸残基置于 α 螺旋的 2 个侧面，形成一个**两亲性**（amphipathic）的圆柱形蛋白质亚基。由于亮氨酸残基的疏水性作用，两个亚基的疏水性侧面相互聚集，尤如一条收拢的拉链。在拉链的 N 端，每个亚基各自延伸出一段带碱性的多肽，形成一个 Y 形的叉状结构。末端的两个叉臂可嵌入 DNA 的大沟内部与碱基互作，识别对应的调控序列（图 6-42C）。亮氨酸拉链二聚体的两个亚基可以是相同的，也可以是不同的，这种组合方式扩大

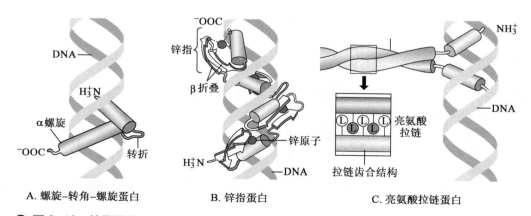

A. 螺旋-转角-螺旋蛋白　　　　B. 锌指蛋白　　　　C. 亮氨酸拉链蛋白

● 图 6-42　转录因子

每种转录因子蛋白都能嵌入 DNA 双链的沟槽中，与特定的 DNA 序列结合，启动基因的表达。

了可调控的范围。

## 三、原核生物基因转录起始调控

原核生物主要从周围环境中摄取小分子营养物质供给细胞的生长与繁殖，这种生存方式决定了原核生物基因调控的基本特点。由于环境中营养物质的种类和数量在不断变化，细胞内消化和利用营养物质的蛋白质也必须随之更换。例如，当环境中存在乳糖（lactose）分子时，细胞可以吸收乳糖作为碳源。此时，细胞内与乳糖代谢有关的基因就会顺势表达。当外界不提供乳糖分子时，合成与乳糖代谢相关的蛋白质就是一种浪费，细胞必须阻止相关基因的表达。因此原核生物基因的表达很大程度上是由外界诱导的。另一种情况如色氨酸合成：色氨酸是蛋白质合成所必需的原料，原核生物细胞有一条色氨酸合成路线，有一组色氨酸合成酶基因控制其中不同的代谢步骤。当环境可提供色氨酸时，细胞直接从外界吸收色氨酸，无需内部合成。当外界缺少色氨酸时，为了生存，细胞必须启动色氨酸合成酶基因的表达。因此细胞内乳糖代谢基因和色氨酸代谢基因总是处在两种状态之一：**诱导**（induction）或**阻遏**（repression）。

基因的诱导或阻遏是通过两种不同的机制实现的：一种称为正调控，即调控因子的结合促使基因转录；一种称为负调控，即调控因子的结合阻止基因转录（图 6-43）。

### 1. 启动子

大肠杆菌中所有基因的启动子具有相似的组成，它们代表了原核生物启动子的一般结构。大肠杆菌基因启动子由 2 段序列组成，都是 6 个核苷酸，分别为：

| | |
|---|---|
| −35 盒框 | 5′−TTGACA−3′ |
| −10 盒框 | 5′−TATAAT−3′ |

这些顺序被称为**共有序列**（consensus sequence），表示大肠杆菌中所有启动子的"平均"组成。

### 2. 原核生物转录调控因子

原核生物中与启动子专一性结合的调控因子均为一类称为 σ 因子的蛋白质，它们有许多不同的

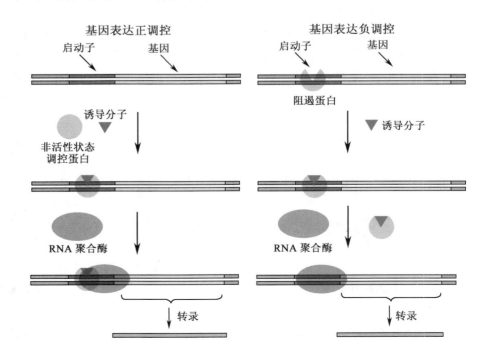

**➲ 图 6-43　原核生物基因转录的正调控与负调控**

原核生物基因有两种转录调控方式：正调控与负调控。正调控模式中，诱导分子可与非活性状态的调控蛋白结合使之活化。活化的调控蛋白与启动子结合，促使 RNA 聚合酶组装并启动转录。负调控模式中，阻遏蛋白与启动子结合阻止 RNA 聚合酶接触启动子，基因关闭。当诱导分子出现时可与阻遏蛋白结合使其构型改变脱离启动子，RNA 聚合酶随之与启动子结合，然后起始转录。

成员，可与不同基因的特异性启动子结合激活基因转录。在起始转录时，首先由 σ 因子寻找与之匹配的启动子序列并与之结合，随后 RNA 聚合酶再与 σ 因子结合组成转录起始复合物。当转录起始时，RNA 聚合酶脱离 σ 因子，在 DNA 解旋酶的协助下，以 DNA 单链（-）为模板，合成 mRNA。在起始转录后，σ 因子或者停泊在启动子位置，等待与下一个 RNA 聚合酶结合起始新一轮转录，或者离开启动子位置终止转录。

### 3. 操纵子

**操纵子**（operon）是原核生物特有的一种基因表达调控单元，由一组功能相关的结构基因和控制这些基因表达的元件组成（图 6-44）。位于操纵子内部的结构基因受同一个启动子控制，同时转录产生一个编码多个蛋白质的 mRNA。细菌中涉及同一代谢路线的基因很多都在同一个操纵子内，这种结构便于细胞对外界环境迅速作出反应。

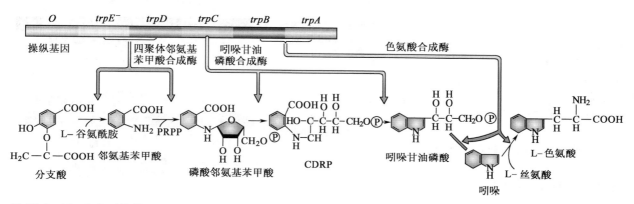

**↑ 图 6-44　色氨酸操纵子**
色氨酸操纵子含有 5 个彼此相连的基因，它们编码 5 个催化色氨酸合成的酶。在基因的上游有一个操纵基因，可调控下游 5 个基因的表达。

*lac* **操纵子**（乳糖操纵子）由一组涉及乳糖代谢的基因及其调控序列组成（图 6-45）。在 *lac* 操纵子的启动子下游有一段 DNA 序列称为**操纵基因**（operator），阻遏蛋白可与操纵子结合阻止 RNA 聚合酶与启动子接触起始转录。在无乳糖分子的情况下，阻遏蛋白始终与操纵子结合，基因处在关闭状态。出现乳糖分子时，有少量乳糖进入细胞生成异乳糖（allolactose）。异乳糖是一种效应物，可与阻遏蛋白结合并改变阻遏蛋白的构型，使其脱离操纵基因。一旦阻遏蛋白离开操纵基因，RNA 聚合酶即可与启动子结合起始转录。当外界乳糖分子减少时，异乳糖又逐渐脱离阻遏蛋白。失去异乳糖的阻遏蛋白又恢复原有的构型，并重新和操纵基因结合阻止转录。

## 四、真核生物基因远距离表达调控

### 1. 真核生物基因表达调控的特点

真核生物与原核生物基因表达调控的差别主要集中在三方面：① 真核生物 DNA 的染色质结构，使得转录因子与 DNA 的接触受到很大限制；② 转录在细胞核中进行，翻译在细胞质中进行，基因表达的两个主要步骤在时间上和空间上是分开的；③ 真核生物的生长与发育涉及一系列复杂的细胞分化与器官发生的过程，基因的表达有明显的组织专一性，受严格的程序调控。

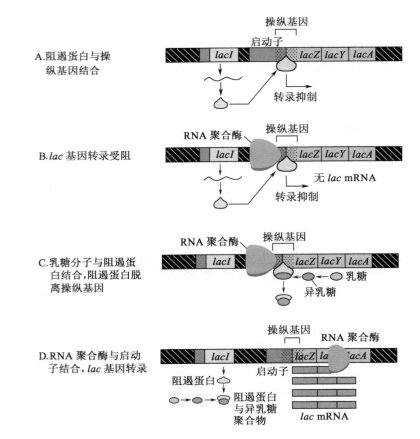

● 图 6-45　乳糖操纵子

乳糖操纵子含有启动子、操纵基因和三个编码乳糖代谢相关酶的结构基因 *lacZ*、*lacY*、*lacA*。

A. 基因 *lacI* 编码阻遏蛋白。

B. 阻遏蛋白可与操纵基因结合抑制整个乳糖操纵子的转录。

C. 当乳糖分子与阻遏蛋白结合时可促使阻遏蛋白脱离启动子。

D. 随后 RNA 聚合酶与启动子结合，启动基因转录。

### 2. 真核生物转录因子

真核生物的转录因子可分为两大类：一类是**基础转录因子**（basal transcription factor），一类是**专一性转录因子**（specific transcription factor）。基础转录因子的功能是负责转录起始复合物的组装，促使 RNA 聚合酶与启动子结合。专一性转录因子的功能是对转录信号作出反应，负责组织专一性的基因调控。

（1）基础转录因子

原核生物中 RNA 聚合酶不能直接与启动子结合，必需和 δ 因子组成一个**全酶**（holoenzyme）复合物才能与启动子结合。真核生物的情况比原核生物复杂得多。真核生物转录的第一步是，转录因子 TF ⅡD 与启动子 TATA 盒框结合，随后转录因子 TF ⅡE、TF ⅡF、TF ⅡA、TF ⅡB、TF ⅡH 和 RNA 聚合酶依次附着其上（图 6-46）。最后还有一个称为 TAF（transcription-associated factor，转录相关因

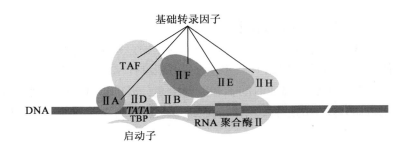

● 图 6-46　真核生物基础转录因子

真核生物基础转录因子一般有 7 种类型：TF ⅡD，TF ⅡE、TF ⅡF、TF ⅡA、TF ⅡB、TF ⅡH 和 TAF。TF ⅡD 首先与 TATA 序列结合，随后其他转录因子依次加入组成转录起始复合物。

子）的多蛋白聚合物也参与其中，由此组成一个庞大的转录起始复合物。转录起始复合物中 RNA 聚合酶位于转录起始位置，可以原位执行有限的 RNA 合成，如果没有专一性转录因子的指令，RNA 聚合酶不能脱离转录起始复合物进行全程转录。

（2）专一性转录因子

专一性转录因子决定基因何时何处以何种水平起始转录，在真核生物的基因表达调控中起关键作用。任何生物的多样性，最终都可追踪到基因及其表达的多样性。专一性转录因子种类繁多，功能各异，是分子生物学领域核心的研究内容之一。专一性转录因子在结构上有两个普遍的特征：**DNA 结合域**（DNA–binding domain）和**蛋白互作激活域**（activation domain）。DNA 结合域可以识别基因的调控序列并与其结合，激活域可以和其他转录因子以及转录起始复合物互作，决定基因是否转录。转录因子 DNA 结合域和激活域在结构和功能上是相对独立的，可以彼此分开，交换重组。分子生物学实验中经常采用基因工程手段将不同转录因子的 DNA 结合域和激活域彼此互换，构建杂种基因，用以研究转录因子的生物学功能。

（3）增强子

专一性转录因子所识别的基因调控序列称为**增强子**（enhancer），不同转录因子只与对应的增强子结合控制基因转录。真核生物基因的增强子位置不是固定的，有些靠近转录起始位点，有些距离启动子位置数十甚至数百千碱基对。与增强子结合的专一性转录因子必须和转录起始复合物物理接触才能发出是否转录的指令，当增强子的位置距离启动子很远时，这种接触不可能就近发生。为此，研究者猜想远距离的增强子可能通过 DNA 的自然弯曲接近启动子（图 6-47）。实验已经证实，利用 DNA 的弯曲促使增强子和激活蛋白质与转录起始复合物互作在真核生物基因调控中是一种极其普遍的现象。

**3. 转录后调控**

基因的转录产物在细胞核内合成之后，还必须经过一系列的加工与修饰才能转移到细胞质中进行翻译。在 mRNA 与核糖体结合之前或之后，细胞内还有其他一些机制可以影响或决定 mRNA 是否翻译以及 mRNA 在细胞内的寿命。

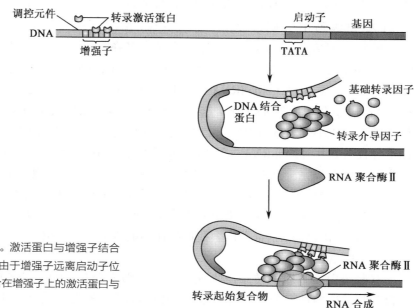

➲ 图 6-47　启动子与增强子的互作

增强子序列通常位于远离结构基因的位置。激活蛋白与增强子结合后与转录起始复合体互作才能起始转录。由于增强子远离启动子位置，因此必须通过 DNA 的环化才能使结合在增强子上的激活蛋白与转录起始复合体接触起始转录。

（1）可变剪接

有许多真核生物基因含有多个外显子和内含子。在内含子剪切加工时，细胞可以有选择地保留某些内含子或切除某些外显子，由此产生许多顺序不同的 mRNA，这种现象称为**可变剪接**（alternative splicing）（图 6-48）。mRNA 的可变剪接产物虽然来自同一个基因，但可编码不同的蛋白质。例如，人类有一个 *slo* 基因，编码听觉神经细胞中钾离子通道跨膜蛋白，与声波感应有关。人类 *slo* 基因含 35 个外显子，已检测到 8 个可变剪接位点，可以产生 500 多个不同的蛋白质，感应波长不同的声音。

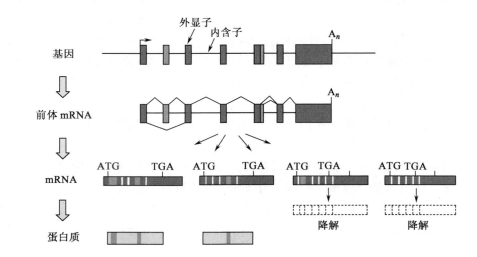

● 图 6-48　mRNA 可变剪接
同一基因转录产生的相同转录本可以通过可变剪接产生不同的 mRNA。有的 mRNA 可翻译成具有功能的蛋白质，有的 mRNA 则被降解。

根据人类基因组 DNA 顺序及其转录产物的组成分析发现，约有 50% 的人类基因发生了可变剪接。同一前体 mRNA 通过可变剪接产生不同的 mRNA，翻译成不同的蛋白质，这一点具有极其重要的生物学意义。例如人类基因的总数不超过 25 000，比低等生物线虫仅仅多出 5 000 个基因，但人的复杂程度是线虫无法比拟的。其原因之一是，人类基因的可变剪接极大地丰富了基因组遗传信息的内涵，使人类细胞蛋白质的种类扩大到 120 000 种。

（2）非编码 RNA 调控

近年来研究人员在真核细胞中发现许多在转录后调控中起重要作用的小分子**非编码 RNA**（non-coding RNA，ncRNA），它们种类繁多，功能各异。这些小分子 ncRNA 分为两大类：miRNA（microRNA，微 RNA）和 siRNA（small interfering RNA，干扰小 RNA）。miRNA 来源于一些前体 mRNA，由于分子内碱基互补，这些 miRNA 前体可以形成部分双链环突结构。miRNA 前体在细胞核中被剪切成小片段双链 RNA，然后输送到细胞质中。细胞质中的 miRNA 在 RISC 蛋白复合物的帮助下寻找与其互补的 mRNA，阻止后者的翻译或者使其降解。siRNA 来源于一些重复 DNA 顺序的转录产物，可形成完全互补的双链 RNA。这些双链 RNA 在细胞核中也被剪切成小片段双链 RNA，同样在 RISC 蛋白复合物的帮助下寻找与其互补的 mRNA 并与之结合促使靶 mRNA 降解。miRNA 和 siRNA 都能在 RNA 水平水上有效抑制靶 mRNA 使基因沉默，因此这类调控又称为 RNA **干扰**（RNA interference，RNAi）。这部分内容我们将在第七章进一步介绍。

（3）RNA 编辑

有些蛋白质基因的转录产物在合成之后细胞会在 mRNA 分子的内部添加一些核苷酸或更改某些核苷酸，这两种修饰都会改变原来 mRNA 的编码顺序，使之产生一个"正确"的 mRNA，这种现

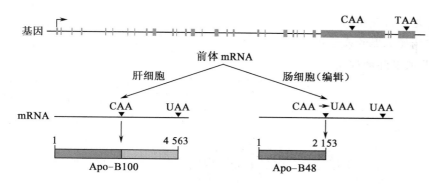

**图 6-49　mRNA 编辑**

人体载脂蛋白基因可在肝细胞和肠细胞中表达，但转录产物的命运各异。肝细胞中成熟的 mRNA 长 4 563 bp，编码 1 520 个氨基酸。肠细胞中的 mRNA 则要经编辑加工，将 2 153 位的胞嘧啶改变为尿嘧啶，使密码子 CAA 转变为终止密码子，蛋白质翻译提前终止，编码 750 个氨基酸。

象称为 RNA **编辑**（RNA editing）（图 6-49）。编辑后的 mRNA 顺序与基因的编码顺序不完全相同。RNA 编辑需要依赖一类称为**指导** RNA（guide RNA，gRNA）的帮助，gRNA 可为修改的 mRNA 提供模板，使 RNA 编辑酶在指定的位置插入或更换合适的核苷酸。RNA 编辑在线粒体和叶绿体基因中比较常见。

（4）RNA 降解

细胞质中的 mRNA 数量及其寿命与细胞内蛋白质的种类及数量密切相关。当细胞内某些蛋白质的任务已经完成时，必须及时终止其合成。最直接的方法就是清除不再需要的 mRNA。所有 mRNA 分子都有确定的半衰期，决定 mRNA 的稳定性。原核生物 mRNA 的半衰期约 3 min，真核生物 mRNA 的半衰期差别很大，从数分钟到 10 h 不等。有些 mRNA 分子自身含有半衰期信号，如靠近 poly-A 尾部有连续 A/U 序列的 mRNA 在细胞质中容易降解。在细胞进行 DNA 合成时，组蛋白 mRNA 半衰期约 1 h，因为在它的尾部有一个茎环结构可与有保护作用的蛋白质结合阻止降解。许多调控基因只在瞬间作用，它们的 mRNA 半衰期很短，必须及时清除，以保证细胞内环境的生理生化平衡。

## 小结

遗传学是研究遗传与变异的学科。经典遗传学主要阐述的是遗传因子（基因）的传递规律，可分为分离定律、自由组合定律和连锁互换定律。分离定律是单个遗传因子的传递规律，自由组合定律是两个（或多个）遗传因子的传递规律。肺炎链球菌致病性转化实验和噬菌体感染大肠杆菌实验表明，DNA 是细胞内携带遗传信息的物质。DNA 具有双螺旋的结构特征，两条单链的碱基顺序彼此互补。DNA 复制时以单链为模板合成互补的新链，称为半保留复制。DNA 含有的遗传信息可转录为 mRNA，mRNA 含有决定氨基酸排列顺序的密码子，指令蛋白质的合成。采用体外翻译系统破译的遗传密码字典由 64 个三联体密码子组成，其中有 3 个为终止密码子，61 个为氨基酸密码子。原核生物的编码基因与调控元件组成操纵子，操纵基因与调控蛋白互作控制基因表达。原核生物的基因转录与蛋白质翻译是偶联的，真核生物核基因的转录和蛋白质翻译分别在细胞核和细胞质中进行。绝大多数真核生物的基因是非连续的，由内含子和外显子组成。转录后内含子被切除，相邻外显子彼此连接。

## 思考题

1. 如何利用染色体的交换与重组绘制基因连锁图？
2. 高等生物有哪些决定性别的机制？

3. "一个基因一个酶"的概念是如何产生的？

4. *lac* 操纵子中操纵基因如何调控基因的表达？

5. 哪些突变会引起蛋白质氨基酸顺序的改变？

## 📺 相关教学视频

1. 孟德尔定律及其延伸
2. 基因位于染色体上
3. 欧洲王室与血友病
4. DNA 是遗传信息的载体
5. DNA 的半保留复制
6. 中心法则——遗传密码的破译
7. 中心法则——蛋白质合成翻译
8. 基因的结构与基因突变
9. 基因转录调控的奥秘

（乔守怡、杨金水、朱炎）

# 第七章
# 表观遗传学

　　多细胞生物个体不同组织的体细胞都是来自同一个受精卵，含有相同的基因组成。但基因的表达是有选择性的，由此在不同的组织中决定细胞的属性及其功能。例如人体组织中，肌肉细胞与神经细胞的基因表达模式各不相同。这种差异的表达模式可以传递给子细胞。在真核细胞中，DNA 与组蛋白结合形成核小体，并被进一步折叠成染色质。对组蛋白的共价修饰和对 DNA 本身的修饰，都可以影响局部甚至是整体的染色质结构，并进而影响相应基因的表达。当这种修饰从一代细胞遗传到下一代细胞时，可以导致基因表达的持久变化，被称为**表观遗传修饰**（epigenetic modification）。个体的生命不仅由其基因组决定，而且由其在发育过程中产生的众多**表观基因组**（epigenome）决定。此外，表观基因组也对环境影响做出反应，包括母亲护理、饮食、暴露于毒素和异种生物，表观基因组对环境刺激的反应可能会产生长期的后果，甚至影响到后代。

## 第一节　表观遗传学的范畴

　　**表观遗传**（epigenetics）是指在核苷酸序列不发生变化的背景下，基因表达出现了可遗传变化的一种遗传现象。经典遗传学为生命提供了所必需的遗传信息，而表观遗传学解释了如何应用遗传学信息的指令。基因组可以通过 DNA 复制、转录和翻译等过程，确保遗传信息在传递过程中的连续和稳定。在适应内外环境变化时，表观遗传学机制又能调控基因选择性表达，形成比较稳定的遗传体系。表观遗传学作为遗传学的一个重要分支，近些年来发展迅速，已成为生命科学的重要前沿。

　　**表观基因组**（epigenome）是指特定 DNA 和染色质修饰的全基因组模式，这种模式在整个生命周期中并不是持续不变，而是在连续的发育过程中经历可控的、精确的变化，这些转变有助于基因实现细胞谱系和组织特异性的表达。哺乳动物和植物的生殖谱系细胞会发生表观遗传修饰的重置，这个现象被称为**表观遗传重编程**（epigenetic reprogramming），为下一代生殖细胞的发育做准备。表观遗传修饰存在很多随机变化，通常没有明显的生物学意义。这种随机变化是由外在（环境）因素和内在因素共同作用的，但对于它们的相对作用，我们的理解仍然是不太清楚。

虽然同一个生物体内的所有体细胞具有相同的 DNA，但由于基因表达过程的不同，导致细胞类型和功能的分化与差异。分化细胞基因的表达模式在发育过程中逐渐形成，并在后续的细胞分裂中维持。表观遗传可以分为两种类型：一类是通过有丝分裂从细胞到细胞遗传，另一类是通过减数分裂从亲代到后代遗传。在有丝分裂中维持表观遗传状态是繁殖特定细胞谱系不可缺少的步骤。因此，除了遗传信息外，细胞还继承基因序列中的表观遗传信息。

虽然表观遗传学被定义为"非 DNA 序列的变化引起有丝分裂或者减数分裂过程中可遗传的基因表达变化"。然而，表观遗传学还具有一些比较宽泛的意义。例如，美国国立卫生研究院在 2009 年表观基因组学倡议会中指出："表观遗传学是指在细胞或个体的后代中基因活性和表达的可遗传变化，也可以指稳定的、长期的细胞转录潜能变化（不一定可遗传到后代）。"不论精确的定义如何，可以稳定改变基因表达模式的表观遗传过程主要包括：DNA 修饰，染色质重塑和组蛋白翻译后修饰，基于 RNA 的调控机制。大多数表观遗传机制是通过 DNA 和组蛋白的共价 / 非共价作用来改变染色质的组成和结构，赋予染色质不同的状态。在表观遗传机制的研究中，对 DNA 甲基化和组蛋白修饰的了解目前最为广泛和深入。

# 第二节　DNA 甲基化修饰

## 一、DNA 甲基化

最为常见的真核生物 DNA 修饰是胞嘧啶 5′ 位的甲基化，即 5- 甲基胞嘧啶。这是一种可逆的 DNA 共价修饰。人类基因组中约有 3% 的胞嘧啶被甲基化。在哺乳动物中，DNA 甲基化的修饰仅发生在位于鸟嘌呤 5′ 位的胞嘧啶上（通常标注为 CpG，中间的 "p" 代表连接核苷酸的磷酸二酯键）。这些甲基化修饰不会影响 DNA 碱基对的形成（图 7-1）。除了 5- 甲基胞嘧啶，胞嘧啶 5′ 位也可以发生一系列其他不同的修饰，其中包括 5- 羟甲基胞嘧啶、5- 羧基胞嘧啶和 5- 甲酰胞嘧啶，所有这些修饰产物都是 5- 甲基胞嘧啶的氧化衍生物。

DNA 的**可及性**（accessibility）指 DNA 序列被其他因子识别或结合的能力，是 DNA 转录、复制、修复和重组等多种代谢过程的重要前提和调控机制。启动子区域的胞嘧啶甲基化可以抑制基因转录调节因子对于靶位点的可及性；相反，这些 5- 甲基胞苷的去甲基化可以促进转录调节因子的可及性。因此，甲基化和去甲基化过程尽管不会改变基因的序列，但仍可以动态调节基因序列的结构和转录表达（图 7-2）。

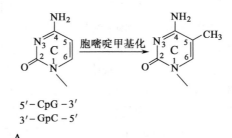
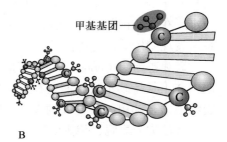

◉ 图 7-1　DNA 甲基化

A. 胞嘧啶甲基化后形成 5- 甲基胞嘧啶。

B. 由于甲基基团在碱基分子外侧，因此不会影响 G-C 碱基对之间氢键的形成。

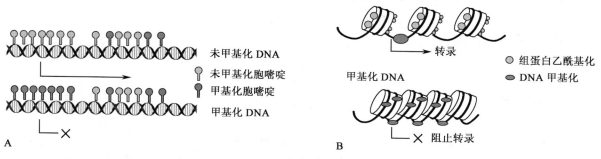

**图 7-2　DNA 甲基化与转录调控**

A. DNA 的甲基化提供了碱基排列之外的结构信息，可促使基因关闭。

B. DNA 双螺旋环绕着核小体蛋白复合体。组蛋白乙酰化降低组蛋白与 DNA 的结合，有利于转录发生；甲基化 DNA 可被调控蛋白识别导致核小体进一步折叠，阻止转录。

　　DNA 甲基化抑制基因转录的机制包括：干扰转录因子与 DNA 元件的识别和结合；将转录因子特异性识别的靶标 DNA 序列转换成阻碍蛋白的识别序列；DNA 甲基化可以调控染色质重塑或修饰蛋白的招募。

　　DNA 甲基化参与女性 X 染色体的失活和 DNA 印记，导致仅单个等位基因的表达。DNA 甲基化可以通过抑制转座子序列和重复易位的方式维持基因组的稳定性，在发育过程中起到动态调节的作用。CpG 双核苷酸在人类基因组中的分布很不均一，而在基因组的某些区段，CpG 保持或高于正常概率。对于 DNA 甲基化在全基因组的分布研究显示，在基因启动子周围长度较短且含有 CpG 的区域，这些区域可以躲避甲基化的修饰，称为 CpG 岛（CpG island）。CpG 岛常位于基因转录调控区附近，超过 50% 的转录基因编码区域内也含有 CpG 岛。在脊椎动物中，80% 以上位于 CpG 岛之外的 CpG 发生甲基化，相比之下，CpG 岛内的 CpG 通常不发生甲基化或者甲基化水平相对较低。

## 二、DNA 甲基转移酶

　　细胞对 DNA 具有甲基化和去甲基化修饰的能力，从而控制靶基因的表达。DNA 甲基化可以大致分为从维持型甲基化和从头型（de novo）甲基化。前者是作用在 DNA 复制之后，在子链上维持亲本 DNA 链的甲基化模式，而后者是指在 DNA 上形成新的甲基化标记。DNA 甲基转移酶家族介导 DNA 的甲基化修饰，是 DNA 甲基化修饰的"效应器"。在哺乳动物中发现了四种 DNA 甲基转移酶：DNMT1、DNMT2、DNMT3a 和 DNMT3b。DNMT1 可以将 DNA 母链的甲基化模式复制到新合成的子链上，从而在复制过程中维持原先的 DNA 甲基化修饰状态。DNMT3a 和 DNMT3b 是以未甲基化的 CpG 二核苷酸为靶点，介导 DNA **从头甲基化**（de novo methylation），同时可以与 DNMT1 共同作用，确保在 DNA 复制过程中甲基化模式的准确传递。DNMT2 在体外具有微弱的 DNA 甲基化能力，可能与 RNA 甲基化相关。然而，尽管去甲基化过程确切的分子机制尚未完全阐明，但是染色质区域可以迅速地发生"主动"去甲基化。

　　DNA 甲基化可以通过多种机制介导基因转录的沉默，其中有一种机制是 DNMT 与转录因子的特异性相互作用。某些转录因子既可以与特异性 DNA 序列结合，又可以与 DNMT 相互作用，从而促进靶基因启动子区域特异性位点的 DNA 甲基化，在这些位点**招募**（recruit）可以识别甲基化的复合物，改变染色质结构或者直接影响转录复合物的功能，进而影响基因正常的转录活性。

## 第三节　染色质重塑

### 一、染色质结构

在真核细胞中，**染色质**（chromatin）的基本单位是**核小体**（nucleosome），由 DNA 环绕球状的**组蛋白八聚体**（histone octamer）而成，是一类包含多种结构的动态分子。组蛋白八聚体包含各两个分子的**核心组蛋白**（core histones）H2A、H2B、H3 和 H4，它的结构是由两个 H2A–H2B 异源二聚体（dimer）以及两个 H3–H4 异源二聚体组装形成。其中两个 H3–H4 形成 (H3–H4)$_2$ 四聚体（tetramer）位于中央，两个 H2A–H2B 二聚体位于四聚体两侧，约 146 bp 长度的 DNA 以左手超螺旋环绕组蛋白八聚体 1.75 圈（图 7-3）。

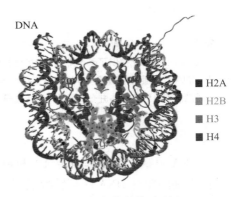

DNA

■ H2A
■ H2B
■ H3
■ H4

⬆ 图 7-3　核小体结构（引自 Karolin et al., 1997/PMID: 9305837）

位于核小体之间的 DNA 称为连接 DNA（linker DNA），它与连接组蛋白（linker histone）（最常见的 H1 或 H5 亚型）结合，起到锁定核小体的作用。核小体之间的典型距离在 10～50 bp 之间，这取决于不同生物体和细胞类型。组蛋白有助于折叠 DNA，同时组蛋白也参与调节基因表达。

核小体是真核生物 DNA 的基本结构单位，DNA 的可及性因而受到核小体结构的影响，如局部核小体的结构、位置和修饰。染色质结构的塑造与其动态调节，包括组蛋白的掺入（incorporation）和移除（eviction）、核小体的滑动（sliding）和核小体组蛋白组分的置换（exchange）等，控制着所有以 DNA 为底物的生理过程，如 DNA 复制、基因转录、DNA 修复等。真核细胞内存在一些染色质因子来动态调节染色质的结构，以满足细胞增殖、生长和适应环境变化的需求。这些因子主要分为三类：依赖于 ATP 的**染色质重塑因子**（chromatin remodeling factor），不依赖 ATP 的**组蛋白分子伴侣**（histone chaperone），介导组蛋白翻译后修饰的**组蛋白修饰酶**（histone-modifying enzyme）。这些因子相互关联，在真核细胞内形成复杂的染色质调控网络。

### 二、染色质重塑因子

胚胎的发育与细胞分化有关，其本质是细胞分裂产生的子细胞采取了各自不同的基因表达模式。在脊椎动物胚胎进入细胞分化时，整个基因组中的 DNA 开始全面甲基化，以此决定基因是否表达以及如何表达。这一过程称为**基因组编程**（genome programming），是绘制基因未来表达的蓝图，使每个基因的表达纳入预定的轨道。细胞根据 DNA 的甲基化状态，通过染色质结构的改变来控制基因的转录，因此活细胞中染色质的高级结构是动态的。染色质结构的改变称为**染色质重塑**（chromatin remodeling），是真核生物基因表达调控的重要方式。

染色质重塑因子广泛地参与到多种表观遗传过程。染色质重塑因子具有 ATP 酶活性，因而染色质重塑因子可以利用 ATP 水解释放出的能量，介导核小体的滑动、移除以及核小体组分的改变，调

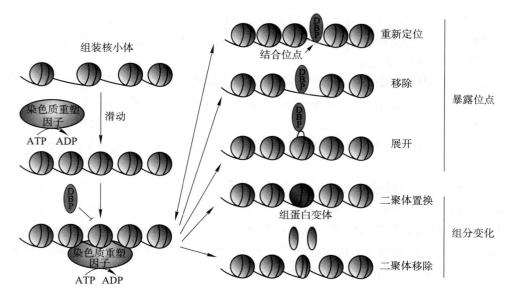

● 图 7-4　ATP 依赖的核小体重塑（改引自 Clapier and Cairns, 2009/PMID: 19355820）
DBP（DNA-binding protein, DNA 结合蛋白）需要合适的 DNA 可及性，即能够接触到裸露的 DNA，才能结合到靶位点，并发挥相应的功能。染色质重塑因子利用 ATP 水解的能量，通过对核小体的重新定位（repositioning）、移除（ejection）或者核小体展开（unwrapping）从而使 DNA 识别位点暴露，或者通过对组蛋白二聚体的置换或者移除，改变核小体组分。上述的过程都将改变核小体的状态，从而在染色质层面发挥调控的作用。

控染色质中 DNA 的可及性，在功能上重塑局部或整体染色质结构（图 7-4）。

　　目前已知的染色质重塑因子，从生物化学的角度，都属于 ATP 酶。这些 ATP 酶共享一个相似的 ATP 酶结构域，可以利用 ATP 水解的能量改变组蛋白与 DNA 的相互作用。根据蛋白质一级结构序列的比较，众多的染色质重塑因子可以大致分为四大类，分别是 SWI/SNF 家族、ISWI 家族、CHD 家族以及 INO80 家族（图 7-5）。很多染色质重塑因子可以特异性地结合其他蛋白，从而形成更为庞大而复杂的染色质重塑复合物。大多染色质重塑因子从酵母到人类高度保守。

　　所有的染色质重塑因子（或者复合物）有五个基本特性：与核小体的亲和力超越与 DNA 本身的

● 图 7-5　染色质重塑因子的蛋白质家族（改引自 Clapier and Cairns, 2009/PMID: 19355820）
所有的染色质重塑因子都包含一个 SWI2/SNF2 家族的 ATPase 结构域，其特征是 ATPase 结构域被分成两部分：SNF2_N 和 Helicase_C。每个家族的区别在于存在于 ATP 酶结构域内或与之相邻的独特结构域。SWI/SNF、ISWI 和 CHD 家族成员的 ATP 酶结构域内都有一个独特的短插入，而 INO80 家族成员则包含一个长插入。每一个家族通过侧翼结构域的不同组合进一步定义：SWI/SNF 家族的 Bromo 结构域和 HSA（helicase SANT）结构域，ISWI 家族的 SANT-SLIDE 模块，CHD 家族的串联 chromo 结构域，INO80 家族的 HSA 结构域。

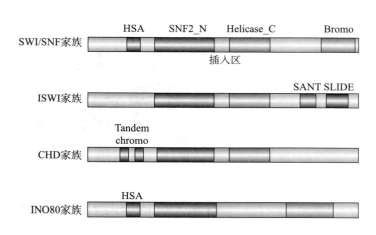

亲和力；识别组蛋白修饰的结构域；相似的依赖于 ATPase 的 DNA 结构域，用于充当 DNA 转运马达，破坏组蛋白与 DNA 的接触；调节 ATP 酶的结构域和 / 或蛋白质亚基；与其他染色质因子或转录因子相互作用的结构域和 / 或亚基。

所有的染色质重塑因子都包含有一个共同的 Snf2 结构域。这个结构域包含多个保守的螺旋酶相关序列基序（motif Ⅰ ~ Ⅵ），其中 motif Ⅲ 和 motif Ⅳ 之间的区间与其他的不同，使整个 ATP 酶结构域形成一个类似"分裂"的结构。因此，蛋白质结构数据库将 Snf2 域定义为 SNF2_N 和 Helicase_ C 二部分的、高度保守的组合，N 端的 SNF2_N 是解旋酶 ATP 结合域，它与 C 端的 Helicase_ C 由一个"插入区"分开。

关于染色质重塑因子的分类，也有研究人员将染色质重塑因子分为 6 个大类。每一大类都可以被细分为表现出特定性质的几个亚家族，其差异在于螺旋酶相关序列基序内不同类型的插入序列，以及分布于 Snf2 结构域以外的其他结构域，如 PHD domain、chromodomain、bromodomain、SANT 以及 RING domain 等等。在动物和植物中，这些染色质重塑因子的活性参与到干细胞维持和分化，以及发育阶段转变和对环境应答的各种生理过程。

## 三、组蛋白分子伴侣

**组蛋白分子伴侣**（histone chaperone）这类染色质因子没有 ATP 酶活性，不能利用 ATP，但可以特异性地结合组蛋白。在生理条件下，由于带负电的 DNA 与带正电的组蛋白分子间固有的强静电相互作用，核小体结构的有序形成需要组蛋白分子伴侣的参与从而屏蔽组蛋白与 DNA 的静电相互作用，阻止组蛋白和 DNA 之间非特异性的无序结合。组蛋白分子伴侣在核小体的组装与去组装过程中介导不依赖 ATP 的组蛋白掺入或移除，维持染色质的稳定性。

在**核小体组装**（nucleosome assembly）过程中，两个 H3-H4 二聚体先掺入到 DNA 上形成 (H3-H4)₂ 四聚体，然后两个 H2A-H2B 二聚体掺入并进一步组装成核小体。这个有序的过程在**核小体去组装**（nucleosome disassembly）的过程中是相反的，依次移除组蛋白 H2A-H2B 和 H3-H4 （图 7-6）。核小体的组装和去组装在以 DNA 为模板的过程中是非常动态的，比如转录、DNA 复制、修复和重组等等。值得注意的是，H3-H4 组蛋白能直接沉积在 DNA 上，但 H2A-H2B 组蛋白却不能，这是核小体有序结构形成的一个关键控制点。近期研究揭示了不常见的不对称性核小体以及亚核小体结构，如仅由单独 H2A-H2B 二聚体与 H3-H4 二聚体形成的半核小体，和 (H3-H4)₂ 四聚体和单个 H2A-H2B 二聚体形成的六聚体核小体，表明核小体结构存在着多种途径来进行细微的调节，

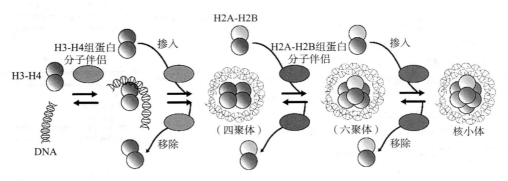

● 图 7-6　组蛋白分子伴侣介导的核小体组装与去组装
两个 H3-H4 二聚体和两个 H2A-H2B 二聚体在组蛋白分子伴侣的介导下逐步组装的过程。

而这些亚核小体结构可能作为转录的分子信标。

根据组蛋白分子伴侣与对应组蛋白的亲和性可大致分为 H3-H4 或 H2A-H2B 组蛋白分子伴侣。这两种组蛋白分子伴侣在核小体组装 / 去组装的不同步骤中发挥特定的作用。与染色质重塑因子不同，组蛋白分子伴侣没有统一的结构域或共同的序列结构，但大多数组蛋白分子伴侣在真核生物中是保守的。组蛋白八聚体能否完整移除或者发生组分改变，很大程度上取决于染色质重塑因子，以及它们与相关组蛋白分子伴侣的协作。

## 四、组蛋白变体

在细胞分裂增殖的过程中，为了配合 DNA 的合成，组蛋白的合成绝大部分发生在细胞周期的 S 期，确保新复制的子链 DNA 可以迅速组装成核小体，这类组蛋白称为**典型组蛋白**（canonical histone）。然而，S 期之外还存在有一些低水平表达的组蛋白，这些不受 S 期限制的特殊组蛋白，称为**组蛋白变体**（histone variant），包括 H3.3、H2A.X、H2A.Z 和 CENP-A 等，这些组蛋白变体在进化中很保守。一般来说，典型组蛋白的基因缺乏内含子，主要在细胞周期的 S 期表达，而组蛋白变体的基因则含有内含子，并在整个细胞周期中表达。根据它们合成的时间，这些组蛋白变体显然是通过与 DNA 复制不偶联的方式被组装到 DNA 上。在核小体层面，组蛋白变体可以与核小体内的典型组蛋白置换。由于组蛋白变体与典型组蛋白在蛋白质序列有一定的差异，含有组蛋白变体的核小体被赋予了独特的生理生化特性，从而标记特定染色质区域，或者作为一种信号，帮助招募激活 / 抑制转录的蛋白质因子，或者两者兼而有之。

### 1. 组蛋白 H2A 变体

常见的 H2A 组蛋白变体包括 H2A.Z、H2A.X、H2A.Bbd 和 MacroH2A 等，新的变体类型例如 H2A.W 等近期也被报道。它们可以与 H2B 形成二聚体，参与核小体的组装，但由于序列的不同，或者修饰的不同，包含这些组蛋白变体的核小体往往发挥着特定的生物学功能。

H2A.Z 广泛存在于不同物种中，主要功能是调节染色质稳定性和调控基因转录。在多个物种的全基因组分析显示，H2A.Z 主要富集在转录起始位点后面的第一个核小体前后，同时也分布在基因内部。有趣的是，在植物和动物中，H2A.Z 的富集和 DNA 甲基化的程度反向关联。H2A.Z 主要通过转录起始位点的掺入，而不是直接结合某些转录因子，激活或者抑制靶基因的表达。染色质重塑因子 SWR1（以复合物形式存在）是将 H2A.Z 掺入染色质的关键元件。研究报道显示，组蛋白分子伴侣 NAP1 和 Chz1 协同 SWR1 复合物介导组蛋白变体 H2A.Z 与核小体内典型组蛋白 H2A 的**置换**（exchange）。

组蛋白变体 H2A.X 的 C 端含有一个保守的 SQEF 基序。当 DNA 发生双链断裂，损伤位点周边的 H2A.X 组蛋白变体会被特定激酶催化该基序中丝氨酸的磷酸化。磷酸化的 H2A.X（即 $\gamma$-H2A.X）在 DNA 损伤途径中作为早期调控信号，主要招募 DNA 修复复合物从而参与 DNA 损伤修复途径。组蛋白 H2A.X 磷酸化与多种 DNA 损伤反应途径相关，包括非同源末端连接（NHEJ）、同源重组（HR）和复制偶联的 DNA 修复，可以发生在细胞周期的所有时期。在人类细胞中，组蛋白分子伴侣 FACT 参与组蛋白变体 H2A.X 在 DNA 损伤修复过程中的掺入。$\gamma$-H2A.X 会影响核小体结构的稳定性，同时可以促进 FACT 介导的 H2A.X 置换。

组蛋白变体 H2A.Bbd 与典型组蛋白 H2A 仅有 48% 的一致性，并且比典型组蛋白 H2A 短，缺乏后者的 C 端蛋白序列。体外研究表明，H2A.Bbd-H2B 二聚体与典型 H2A-H2B 二聚体相比，其与 $(H3-H4)_2$ 四聚体的相互作用受到了削弱，从而改变了核小体结构的构象。有意思的是，在哺乳动物细胞中，H2A.Bbd 广泛存在，但却不存在于失活的 X 染色体（巴尔小体）。体外分析证明 H2A.Bbd 变体参与转录激活。对人类细胞进行的全基因组研究表明，H2A.Bbd 变体与转录活性有着正向关联，并且与 mRNA 加工有关。

组蛋白变体 MacroH2A 与典型组蛋白 H2A 的一致性也比较低，它的 C 端区域由一个大的非组蛋白结构域组成。包含 MacroH2A 的重组核小体对 SWI/SNF 介导的染色质重塑有抗性，并抑制 RNA 聚合酶 II 转录起始，表明其在转录抑制中起作用。

### 2. 组蛋白 H3 变体

H3.3 是最常见的 H3 组蛋白变体。它的蛋白序列与典型组蛋白 H3 极为相似，只在若干个位置有所差异。虽然相似度很高，H3.3 组蛋白变体和典型组蛋白在控制染色质结构方面的作用却截然不同。

典型组蛋白 H3.1 和 H3.2 极为相似，仅有一个氨基酸残基的不同。两者仅在 S 期表达，通过复制偶联的方式掺入染色质，是 DNA 复制过程中染色质组装的主要组蛋白来源。典型组蛋白通过组蛋白分子伴侣 CAF-1 通过偶联 DNA 复制的方式掺入 DNA 组装核小体。

组蛋白变体 H3.3 在 S 期以外被掺入染色质。X 射线晶体学研究表明，含 H3.1、H3.2 或 H3.3 的核小体之间并没有主要的结构差异。然而，全基因组分析表明，组蛋白变体 H3.3 富集在转录活性基因和启动子区域，表明 H3.3 在转录活性相关。有趣的是，对来自不同物种的大量组蛋白 H3.1 和 H3.3 蛋白质修饰的分析表明，H3.3 富含与转录激活相关的表观遗传修饰标记。

## 第四节　组蛋白修饰

组蛋白修饰是另一种极为重要的表观遗传标记，有可能在细胞间以及亲代和后代间传播。核心组蛋白是高度保守的碱性蛋白质，具有能够组装成核小体结构的球状结构域，但其末端没有特定的结构，从球状的核小体突出形成柔性"组蛋白尾巴"。通过特异性抗体或质谱检测，人们发现在组蛋白上有超过 60 个不同的残基，受到各种**翻译后修饰**（post-translational modification，PTM）。其中最广泛和典型的是小分子量的共价修饰，如甲基化、乙酰化和磷酸化。其他修饰包括泛素化、类泛素化和 ADP 核糖基化等等。有些 PTM 与转录活性染色质区域相关，而有些与沉默区域相关。

大多数核心组蛋白 PTM 位于组蛋白的 N 端和 C 端尾部。然而，灵敏的质谱分析方法显示，也有多个 PTM 存在于组蛋白球状结构域，这些 PTM 经常影响核小体和 DNA 之间的相互作用。

大多数组蛋白 PTM 是动态的，由不同的蛋白酶家族成员促进或逆转相应的修饰。例如，组蛋白乙酰转移酶和组蛋白去乙酰化酶可以分别引入或者去除乙酰化修饰。各类修饰酶的调节机制，以及它们如何靶向特定基因的分子机制，是目前研究的热点。

组蛋白翻译后修饰和基因表达调控有如下的关联：① PTM 直接影响染色质的结构，调节其更高级别的构象，从而在顺式调控转录中发挥作用；② PTM 破坏与染色质相关的蛋白质结合（反式效应）；③ PTM 将某些效应蛋白吸引到染色质上（反式效应）。

组蛋白修饰并不是独立发生的，往往在特定组蛋白尾部的相邻残基上发生多个共价修饰。组蛋白尾上大量可被修饰的位点实现了组蛋白翻译后修饰之间的互作（图 7-7）。这种互作可能发生在几个不同的层次：首先，赖氨酸残基上可以发生许多不同类型的修饰，因为赖氨酸的不同类型的修饰是相互排斥的，这无疑会导致某些修饰形式在相同位点上的竞争。组蛋白 N 端氨基酸残基位点的不同修饰与激活或者抑制功能具有相关性。其次，能够识别特定修饰的蛋白质由于空间位阻可能会破坏相邻位点的修饰。最后，修饰酶的催化活性可能会因底物识别位点的改变而受到损害或者强化。这些互作可以发生在同一个组蛋白的尾部，也可以发生在不同组蛋白的尾部。

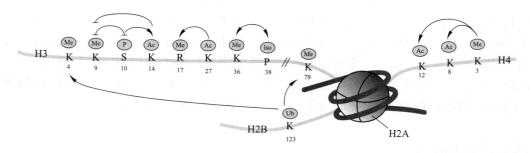

**图 7-7 组蛋白修饰之间的互作**

本图展现了集中较为常见的组蛋白修饰：K-Me（赖氨酸甲基化）、K-Ac（赖氨酸乙酰化）、S-P（丝氨酸磷酸化）、R-Me（精氨酸甲基化）、P-Iso（脯氨酸异构化）和 K-Ub（赖氨酸泛素化）。氨基酸残基下方的数字代表的是它在组蛋白一级序列中的位置。不同组蛋白修饰之间会有功能上的互作。在图中，一种组蛋白修饰的建立或者维持对另一种修饰有正面影响用箭头（→）表示，负面影响用抑制线（//）表示。

组蛋白修饰的功能可以分为两类：建立全基因组的染色质环境，例如常染色质和异染色质的建立与维持；在局部区域协调基于 DNA 的生物学功能，例如基因转录或 DNA 修复，或者是更广泛的基因组功能，如 DNA 复制或染色体浓缩。

## 一、组蛋白甲基化修饰

组蛋白含有丰富的碱性氨基酸赖氨酸和精氨酸。组蛋白甲基化修饰主要发生在赖氨酸或精氨酸残基上的氨基基团。这些包括组蛋白 H3 的 K4（第 4 位的赖氨酸）、K9、K27、K36 和 K79，组蛋白 H4 的 K20，以及 H3 的 R2（第 2 位的精氨酸）、R17 和 R26，以及 H4 的 R3 位点。两个残基都可以呈现未修饰状态或者不同程度的甲基化。赖氨酸残基可以是单、二或三甲基化修饰，而精氨酸残基由于是两个氨基，其单或二甲基化修饰可以是对称或不对称的。这些修饰不会改变氨基的基本电荷，然而，它们确实改变了疏水特性和修饰残基的整体大小。目前的高通量数据显示，H3K4、K36 和 K79 的甲基化修饰与基因转录激活有关，而 H3K9、K27 和 H4K20 的甲基化修饰则与基因转录抑制有关。组蛋白的甲基化作为染色质表面的标志，为各种染色质调控因子提供了识别平台，最终导致染色质的折叠、展开或重塑，调控基因的激活或抑制。组蛋白的甲基化同时参与了多种细胞功能，如 DNA 损伤修复、异染色质形成、X 染色体失活等。

催化甲基转移到赖氨酸和精氨酸残基的酶被称为组蛋白甲基转移酶（histone lysine methyltransferase，HMT）。大部分组蛋白甲基化酶在整个进化过程中高度保守。人们已经发现了多种催化不同组蛋白赖氨酸位点甲基化的酶，除了 H3K79 的甲基转移酶 DOT1 和 DOT1L 之外，其他组蛋白赖氨酸甲基转移酶均含有在进化上非常保守的、由 130 个氨基酸构成的 SET 结构域，从而构成了 SET 结构域蛋白质（SET-domain proteins）家族。SET 的命名来源于早期表观遗传学研究的三个果蝇基因，*Su*（*var*），*E*（*z*）和 *Trithorax* 的第一个英文字母。研究表明含有 SET 结构域的蛋白质具有组蛋白赖氨酸甲基转移酶的活性，它可以通过修饰不同的组蛋白底物来调节基因的表达。赖氨酸可以有不同程度的甲基化：被同一种酶催化单甲基化、二甲基化和三甲基化，或者在某些情况下被不同组的甲基化酶催化，它们可能具有不同的功能结果。甲基化逐渐增加赖氨酸残基的分子量，并增加其疏水性，从而产生能够特异性结合这些甲基化赖氨酸的蛋白质的结合位点。甲基化还阻断侧链氨基的氢键相互作用，因此表现出不同的功能结果。

如同其他翻译后修饰一样，组蛋白甲基化也是一个动态的、可逆的标记。有一些脱甲基化酶家族可以去除单、二或三甲基标记，并且改变相应的染色质浓缩和基因表达。组蛋白赖氨酸去甲基化酶分为两个功能性酶家族。第一个家族包括赖氨酸特异性去甲基化酶（LSD1 和 LSD2），它们由依赖黄素腺嘌呤二核苷酸（FAD）的胺氧化酶组成。第二个家族由含有 Jumonji C（JmjC）结构域的蛋白组成，该结构域利用加氧酶机制对特定的单、二和三甲基赖氨酸残基去甲基化。

## 二、组蛋白乙酰化修饰

组蛋白乙酰化修饰通常发生在蛋白质的赖氨酸残基的氨基基团上。乙酰化修饰可以中和掉氨基的正电荷，降低组蛋白尾部与带负电荷的 DNA 的结合强度，有助于松散染色质结构，促进 DNA 结合位点的暴露以及相应的转录水平。乙酰化和去乙酰化过程可以在组蛋白尾部迅速发生，组蛋白乙酰化修饰的平均半衰期只有几分钟。这种快速的修饰转换是由组蛋白乙酰转移酶和组蛋白去乙酰化酶介导的。这些组蛋白乙酰转移酶和组蛋白去乙酰化酶通常存在于具有多重酶活性的蛋白复合物中。这些蛋白质复合物中的每一个成员都具有协同功能，既可以识别染色质的特定区域，又能执行必要的修饰 / 调节功能。

组蛋白乙酰化修饰几乎总是与转录激活有关，因为乙酰基的添加削弱了组蛋白和 DNA 之间的结合，从而导致染色体松弛（见图 7-2）。除了转录，组蛋白赖氨酸残基的乙酰化还与其他细胞过程有关，包括 DNA 复制和 DNA 修复。例如，对于紫外线诱导的损伤，其修复会在含高度乙酰化组蛋白的染色质区域迅速发生。组蛋白的高度乙酰化可以允许 DNA 损伤修复蛋白进入受损区域，随后修复 DNA 并恢复相应的染色质结构。

迄今为止，绝大多数乙酰化位点均位于组蛋白的 N 端尾部，这些区域可能在空间上更容易被识别以及修饰。然而，核小体核心内部的某些位点，如 H3K56 位点，也发现了乙酰化修饰。早期的研究表明，组蛋白乙酰化与转录呈正相关。现在的观点认为，转录共激活因子（transcriptional coactivator）招募组蛋白乙酰转移酶对靶位点组蛋白进行乙酰化修饰，而转录共阻遏因子（transcriptional corepressor）则招募组蛋白去乙酰化酶对靶位点组蛋白消除这样的修饰。目前许多已知的共激活因子和共阻遏因子分别具有组蛋白乙酰转移酶和组蛋白去乙酰化酶活性，或者能与相应的酶相结合，这是它们影响转录的必要条件。

## 三、组蛋白磷酸化修饰

组蛋白磷酸化修饰发生在丝氨酸、苏氨酸或酪氨酸残基的羟基上，所有四种核小体组蛋白都有磷酸化修饰位点。作为表观遗传标记，组蛋白磷酸化中和了组蛋白自身所携带的正电荷，降低了组蛋白与 DNA 的亲和力，同时磷酸化的位点可以提供新靶点，招募其它蛋白质复合物的富集，涉及染色质重塑、基因调控、细胞周期进程和 DNA 损伤响应。组蛋白的磷酸化状态由组蛋白激酶（介导磷酸化）和蛋白质磷酸酶（介导去磷酸化）决定。与组蛋白乙酰化类似，H3 磷酸化修饰也是一个快速周转的动态过程。同位素脉冲标记研究表明，组蛋白磷酸化的半衰期约为 30 min 至 3 h。

组蛋白磷酸化最广为人知的功能是其在 DNA 损伤反应中的关键作用。如前文所介绍的，磷酸化的组蛋白变体 H2A.X（γ-H2A.X）在 DNA 损伤反应中起重要作用。磷酸化作用赋予组蛋白的负电荷增加可能改变核小体的结构，而磷酸化修饰也可以用来改变与染色质结合的蛋白质的亲和力。H3 磷酸化修饰，如组蛋白 H3S10 的磷酸化，也与响应多种类型的外界信号的特定基因转录有关。关于组蛋白磷酸化和基因表达调控相关的研究相对于甲基化和乙酰化较少。它们存在于特定基因的染色质上，对信号转导有重要意义。主导信号转导过程的蛋白磷酸化级联可能通过染色质的磷酸化作用对基因表达产生更直接的影响。

# 第五节  非编码 RNA

人类基因组含有超过 30 亿个碱基对，包含大约 20 000 个蛋白质的编码基因。超过 75% 的人类基因组被转录成 RNA，但只有不到 2% 会被翻译成蛋白质。因此，人类基因的转录组中包含了大量功能性的非编码 RNA（non-coding RNA，ncRNA）。非编码 RNA 从 20 世纪 90 年代开始被认识到是基因调控的重要参与者。目前大多已知的 ncRNA 在细胞中具有相对通用的功能。我们在表观遗传学章节简单介绍小 ncRNA 和长 ncRNA 两类。它们参与翻译和剪接，通过 RNA 底物的序列特异性识别和催化发挥作用。ncRNA 与一系列功能相关联，例如表观遗传调节、细胞衰老和老化、突触反应、生殖细胞发育以及凋亡。

## 一、小 ncRNA：siRNA 和 miRNA

近年来，人们发现有很多 20 ~ 30 nt 的 RNA，称为小 ncRNA。它们可以调节特定靶基因和基因组，包括染色质结构、染色体分离、转录、RNA 加工、RNA 的半衰期以及翻译。这些小 ncRNA 对基因表达和控制的影响通常是抑制性的，因此相应的调控机制被统称为 RNA 沉默（图 7-8）。它们通过碱基配对相互作用，作为特异因子引导效应蛋白的靶向。由于小 ncRNA 的靶向机制可以预测，并且在某些情况下可以受到控制，因此相关的沉默机制在应用领域具有重要意义。

RNA 病毒入侵、转座子转录、基因组中反向重复序列转录等原因可能导致细胞中出现双链 RNA（double-stranded RNA，dsRNA）。dsRNA 可以通过 RNA 干扰（RNA interference，RNAi）机制特异性地沉默基因。小干扰 RNA（small interfering RNA，siRNA）是 RNAi 过程中出现的一种约 21 ~ 25 nt 的小分子 RNA，一般由核糖核酸内切酶 Ⅲ（ribonuclease，RNaseIII）加工 dsRNA 而成。siRNA 双链结合核酶复合物，从而形成 RNA 诱导的沉默复合物（RNA-induced silencing complex，RISC）。RISC 是 RNAi 过程中的关键复合物。解成单链的 siRNA 引导激活的 RISC，通过碱基配对定位到同源 mRNA 转录本上并且切割 mRNA。Argonaute 蛋白是 RISC 复合物中的一个组分，其 RNaseH 结构域负责 mRNA 切割事件。转录后的 mRNA 因切割而被降解，从而抑制了相应基因的表达水平。siRNA 还可

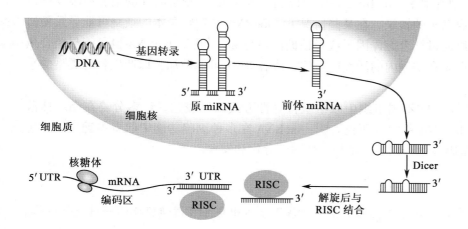

● 图 7-8  RNA 沉默

真核生物基因组的某些 DNA 可转录产生一类小分子 RNA，如 miRNA。miRNA 的前体 RNA 分子首先在细胞核中加工，然后输出细胞核并与细胞质中的 RISC 蛋白复合体结合。在 RISC 蛋白复合体的协助下，成熟的 miRNA 可识别靶子 mRNA 阻止其翻译。

以引导 DNA 甲基转移酶到与 siRNA 序列同源的基因组区域，参与转录基因沉默，特别是对转座因子的沉默。

Argonaute 和 Dicer 蛋白还参与了 microRNA（miRNA）的 RNA 沉默机制。miRNA 由一大类小 ncRNA（21~23 nt）组成。作为内源性的抑制因子，miRNA 主要通过与靶 mRNA 的 3′ 非翻译区的碱基互补配对从而发挥作用。当其与靶 mRNA 不完全配对时，抑制翻译过程；当完全配对时，则通过 RISC 复合物切割降解靶 mRNA。miRNA 基因在细胞核内由 RNA 聚合酶 Ⅱ 转录而来，最原始的是 pri-miRNA，长度为 300~1 000 nt；pri-miRNA 经过一次加工后，成为 pre-miRNA 即 microRNA 前体，长度为 70~90 nt，具有 1 个或多个茎环结构；pre-miRNA 输送到细胞质后，再经过核酸酶 Dicer 切割成约 22 nt 的双链，该双链迅速被引入 RISC 中，其中一条成熟的单链 miRNA 保留在这一复合体中。成熟的单链 miRNA 结合到与其互补的 mRNA 的位点，通过碱基互补配对抑制基因表达。每个 miRNA 可以有多个靶基因，而几个 miRNA 也可以调节同一个基因。这种复杂的调节网络既可以通过一个 miRNA 来调控多个基因的表达，也可以通过几个 miRNA 的组合来精细调控某个基因的表达。miRNA 在决定细胞表达或沉默基因方面具有重要的作用，miRNA 的遗传可以提供一种表观遗传记忆的形式，这种记忆可以从细胞传递到细胞，或者从父母传递到后代。根据其稳定性，遗传性 miRNA 有助于在子细胞中建立类似于母细胞的表达谱。

miRNA 和 siRNA 沉默机制很容易被重新编程。当变化的环境需要不同的内源基因表达模式时，沉默机制可以通过新 miRNA 的表达和旧 miRNA 的稀释或消除来重新定向。同样，当基因组面临来自新入侵者的新威胁时，它可以通过将外源序列与 siRNA 机制结合，从而抑制来自入侵基因的表达并对威胁做出适应性反应。

## 二、长 ncRNA

大于 200 nt 的 ncRNA 通常定义为长 ncRNA（long ncRNA，lncRNA）。lncRNA 根据其基因组位置可以简单地分为五类：①正义；②反义，在相同或相反的链上分别重叠另一转录本的一个或多个外显子时；③双向，当 lncRNA 和反义链上相邻的编码转录本在基因组的邻近位置开始表达；④内含子，完全来源于另一个转录本的内含子；⑤基因间，位于两个基因之间的区域。目前在多个物种中检测到了大量的 lncRNA，然后目前功能被注释的 lncRNA 只占了非常小的比例，对于 lncRNA 的理解目前还远远不够深入。

lncRNA 既可以通过序列互补的方式靶向基因，也可以通过反式作用调控远处的靶基因表达。lncRNA 调控靶基因的分子机制有很多。lncRNA 转录可以通过改变 RNA 聚合酶 Ⅱ 的招募或改变染色质结构和修饰，来调节下游启动子的转录。在某些情况下，lncRNA 与靶转录本的杂交可能导致靶转录本的剪接发生改变，也可以通过结合翻译因子或者核糖体参与翻译调控。lncRNA 也可能与结合蛋白质相互作用，调节这些蛋白质在细胞内的活性或定位，或者 RNA 可能被加工以产生各种类型的小 RNA。

lncRNA 在细胞中含量丰富，在不同组织中以组织特异性方式高度表达，许多分泌在循环体液中，包括血浆和尿液。对于 lncRNA 的深入研究表明，lncRNA 在多种细胞功能中起着关键作用，包括染色质折叠 / 动态调节、基因表达和调节、生长、代谢、分化和发育。

## 📝 小结

表观遗传是指在核苷酸序列不发生变化的背景下，基因表达出现了可遗传变化的一种遗传现象。

经典遗传学为生命提供了所必需的遗传信息，而表观遗传学解释了如何应用遗传学信息的指令。大多数表观遗传机制是通过 DNA 和组蛋白的共价 / 非共价作用来改变染色质的组成和结构，赋予染色质不同的状态。在表观遗传机制的研究中，对 DNA 甲基化和组蛋白修饰的了解目前最为广泛和深入。人类基因的转录组中，除了编码蛋白质的 mRNA，还包含了大量的功能性的 ncRNA。ncRNA 是基因调控的重要参与者。

## 思考题

1. DNA 甲基化的建立有哪两类？
2. 组蛋白末端的修饰和核小体内部的组蛋白位点修饰对于核小体的影响是否有差异？
3. ncRNA 在发育中的功能是什么？

（康惠嘉、朱炎）

# 第 八 章

# 基因工程与生命伦理

20 世纪末生物学领域最具影响力的进展之一是直接分离和操作遗传物质技术的诞生与发展。刚刚进入 21 世纪，我们就已经看见了人类自身的整个基因组。我们如何通过克隆单个基因来获取整个人类基因组的序列呢？为了回答这一问题，我们需要了解基因克隆（gene cloning）的一般原理以及如何进行操作的具体方法。此外，这一章将简要介绍一下基因工程的基本要素，以及它与生命伦理相关的讨论。

## 第一节 重组 DNA 操作与基因克隆

### 1. DNA 操作"工具箱"

1975 年第一个重组 DNA 分子问世，这一重大技术的突破标志着现代生物学已进入基因工程时代。从这些最初的探索开始，日新月异的 DNA 技术每时每刻都在改变生物学领域的研究现状。为了深入了解这项技术，我们首先要知道直接操作 DNA 的工具。通过一些简单的遗传工程实验，我们将会发现 DNA 操作的奥妙以及如何将其用于医学和农业领域的途径。

DNA 操作中必不可少的工具之一是一批用来切割 DNA 的酶，又称**限制性内切核酸酶**（restriction endonuclease），简称限制性内切酶。DNA 操作"工具箱"中装满了纷繁多样、功能各异的限制性内切酶。随着研究的深入，越来越多的限制性内切酶被挖掘与分离，DNA 操作"工具箱"也不断充实和更新。值得注意的是，这些限制性内切酶在自然状态所执行的功能也是切割 DNA，我们所进行的 DNA 操作只是一种自然的模仿。

（1）限制性内切核酸酶

限制性内切核酸酶是促使分子生物学发生革命性变化的催化剂。在限制性内切核酸酶发现之前，人们已经知道有些酶可以消化 DNA，被称为核酸酶。限制性内切核酸酶与核酸酶的差别在于，前者只在特定的 DNA 序列切割 DNA，而后者更多的是随机降解 DNA。限制性内切核酸酶的专一性是分子生物学家长久以来梦寐以求的一种活性，它们是在一项基础研究中被偶然发现的。研究人员在实验中观测到某些病毒只能感染某些特定的细菌，而不能侵染其他细菌。经研究发现，"限制"病毒感染的细菌会产生一种酶，可以在特定的 DNA 序列将侵染病毒的 DNA 降解从而消除危害。这些细菌自身的 DNA 因为甲基化而被保护，不受内源限制性内切酶的破坏。自从第一个限制性内切核酸酶被分离以后，数以百计的可以识别和剪切不同特异性位点的限制性内切核酸酶被分离和纯化。

限制性内切核酸酶在特定位点剪切 DNA 有两方面的重要意义：其一，可以绘制 DNA 物理图；其二，可以构建重组 DNA。绘制 DNA 物理图是指在 DNA 分子上将限制性内切核酸酶的酶切位点逐一标明，这样就为 DNA 操作提供了基本的数据。重组 DNA 是指来源不同的 DNA 片段彼此连接，组建成一个新的 DNA 分子。

限制性内切核酸酶如何实现 DNA 分子的重组呢？答案隐藏在其自身的特性之中。限制性内切核酸酶分为两种：Ⅰ型和Ⅱ型。其中Ⅰ型只是简单地在 DNA 的双链上进行切割，很少用于 DNA 的克隆和加工。重组 DNA 分子的构建主要依赖Ⅱ型限制性内切核酸酶。Ⅱ型限制性内切核酸酶能够识别由 4～12 个碱基对组成的特定 DNA 序列，并在这一序列中的某一特定位置将 DNA 切割。限制性内切酶识别的 DNA 序列具有 **"二重对称"**（dyad symmetry）的空间结构，其中一条链旋转 180° 可以和另一条链的序列完全重叠。因此，当限制性内切酶切割所识别的 DNA 序列时，会在左右两侧分别产生一段很短的突出的单链，即黏性末端（图 8-1）。

（2）连接酶

Ⅱ型限制性内切酶切割 DNA 后会产生两个互补的黏性末端，它们可以彼此配对形成互补双链。但是，两个互补的黏性末端配对之后，还会留下了切口。因为相邻的黏性末端还有游离的基团，不是一个稳定的重组 DNA 分子。两个 DNA 片段要形成一个稳定的结构，必须将两个黏性末端之间的切口缝合。这一工作可由 DNA **连接酶**（ligase）完成。DNA 连接酶可在切口处催化两个邻近核苷酸分子的磷酸基团和羟基基团形成磷酸二酯键，产生一个重组 DNA 分子（图 8-1）。

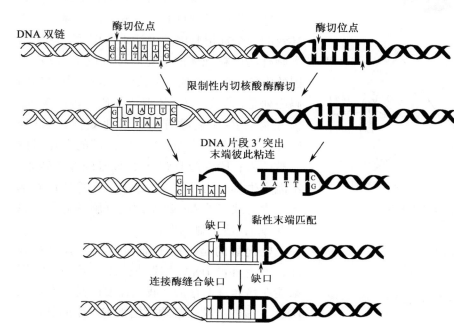

➔ 图 8-1　限制性内切核酸酶

限制性内切核酸酶 *Eco*R I 可识别碱基序列 GAATTC，在 G 和 A 之间将 DNA 切割，并留下两个单链突出的末端，称为"黏性末端"。当两个相互匹配的黏性末端相遇时，它们之间会发生复性形成双链 DNA。复性的单链末端仍保留两个缺口，DNA 连接酶可缝合缺口，产生一个重组的 DNA 分子。

### 2. 宿主 / 载体系统

为了在体外操作 DNA，必须获得足够数量的相同的 DNA 分子，特别是含有基因的较长序列的 DNA 分子。自然的细胞内有复制 DNA 的系统，因此在解决重组 DNA 的技术之后，就必须考虑如何在细胞中进行重组 DNA 分子的扩增问题。

在细胞中大量复制重组 DNA 分子主要依赖于载体 / 宿主系统的建立。所谓**载体**（vector）是指可以携带重组 DNA 并能在合适的宿主细胞中扩增的 DNA 分子，而宿主是指可以接纳外源 DNA 载体并能使其复制的受体细胞品系。

有两种载体在分子生物学研究中被广泛采用：质粒和噬菌体。质粒是一种染色体外的小分子 DNA，可在细胞中独立于染色体自主复制。噬菌体是一种病毒，可以感染宿主细胞并在其中扩增繁殖。无论何种载体，都必须含有可在培养条件下进行筛选的分子标记，以便选择所需的重组 DNA。

目前分子生物学实验中常用的扩增 DNA 的宿主主要是**大肠杆菌**（*E.coli*）。大肠杆菌既可作为质粒载体的宿主，也可用作噬菌体的宿主。此外，哺乳动物培养细胞、酵母细胞、昆虫细胞在某些特定的实验中也被广泛用作宿主。

#### （1）质粒载体

质粒载体一般被用于克隆相对较小的 DNA 片段，最大不超过 10 kb。一个质粒载体必须包括以下部件：①复制起始点，使质粒可以不依靠大肠杆菌染色体而独立复制；②选择性标记，通常是对某种抗生素的抗性；③多克隆插入位点，用于接纳需要扩增的 DNA 片段。通过选择性标记可以很容易地鉴别含有质粒载体的细胞：含有质粒载体的细胞能在抗生素培养基上存活，而不含质粒载体的细胞则被淘汰。图 8-2 中有用于 DNA 插入到载体的一段被称为**多克隆位点**（multiple cloning site）的区域。多克隆位点含有许多不同的限制性内切酶切位点，质粒 DNA 被其中任意一种限制性内切酶酶切之后将变成线形质粒。随后可将目的 DNA 片段整合到这一位置，再将重组质粒 DNA 转移进宿主细胞。

下一步就是筛选含有目的片段的质粒载体。这一步是通过目的片段插入多克隆位点所导致的一个标记基因的失活来鉴别的。常用的大肠杆菌质粒载体的多克隆位点位于 *lac Z'* 基因的内部。在没有插入片段时，*lac Z'* 基因的编码序列是正常的。*lac Z'* 基因编码一种以 X-gal 为底物的 β- 半乳糖苷酶，可使底物 X-gal 分解并显示蓝色。当 *lac Z'* 基因内部的多克隆位点被插入一段外源 DNA 时，该基因即被破坏，不能产生具有活性的 *lac Z'* 酶。在筛选培养基上，含有缺陷的 *lac Z'* 基因的细胞不能分解底物 X-gal，所以显示白色。

要提醒的是，宿主细胞只要含有质粒载体，不论外源 DNA 片段是否插入其中，它们都能在培养基上存活。我们需要的是含有插入 DNA 片段的质粒，必须根据细胞产生的颜色来

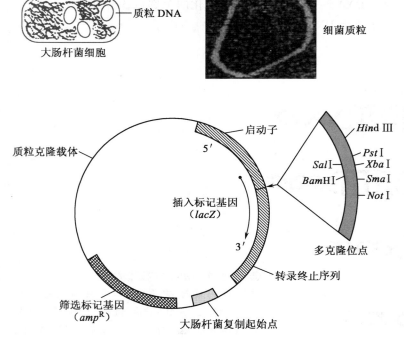

❶ 图 8-2　质粒载体

大肠杆菌的 DNA 克隆载体源自细菌的质粒 DNA，经改造添加了一些必需的成分：复制起始点、筛选标记基因和多克隆位点。

挑选所需的**克隆**（clone）。因此这是一个人为的有目的的筛选过程，不是根据存活与否进行培养选择。

（2）黏粒载体

**黏粒载体**（cosmid vector）比质粒载体要大，来源于经改造的噬菌体基因组 DNA，可用于克隆长度为 40 kb 的 DNA 插入片段（图 8-3）。目前这类载体主要用于 cDNA 文库的构建。黏粒载体与质粒载体有两点不同：①黏粒载体不能以裸露的 DNA 直接感染细胞，必须以装配的噬菌体形式才能进入细胞进行复制；②黏粒载体 DNA 是线性的，在具体操作时，首先将黏粒载体 DNA 切成两段，称为左臂和右臂，然后将插入的 DNA 片段与黏粒载体的两个"臂"连接，随后在体外将构建好的重组 DNA 与噬菌体头部蛋白质混合，使其包装到噬菌体内部用于感染大肠杆菌。

3. DNA 文库

如果想把某个基因或者某段 DNA 序列插入载体中，首先需要确定含有目标序列的 DNA 来源。一般来说，用于建库的 DNA 大都来自生物基因组的所有 DNA 片段。构建的 DNA 文库总是以某种可以在宿主细胞中繁殖的形式存在。当以质粒为载体时，DNA 文库系指含有重组质粒的宿主细胞的集合体，这些细胞中的重组质粒所插入的 DNA 片段覆盖了整个基因组。如以噬菌体为载体，DNA 文库则包括插入片段覆盖整个基因组的所有噬菌体（图 8-4）。

（1）基因组文库

最简单的一类 DNA 文库是基因组文库。首先将整个基因组 DNA 随机断裂，然后将产生的片段整合到载体中，随后将其导入宿主细胞。但实际操作要复杂得多，因为很难做到真正意义上的 DNA 随机断裂。目前常用的办法是超声波物理打断以及酶切打断法。基因组打断后，在断裂 DNA 片段两侧加上人工合成的接头，该接头含有限制性酶切位点，可使其插入载体的多克隆位点。基因组文库克隆的片段一般较大，因此常用 λ 噬菌体作为载体，插入的 DNA 片段可以覆盖整个基因组。

（2）cDNA 文库

cDNA 是英文 complementary DNA 的简称，即互补 DNA，专指与 mRNA 互补的 DNA。mRNA 是可翻译为蛋白质的基因转录后加工的产物，将其逆转录为 cDNA 后可以插入到载体中进行扩增。由于基因组中绝大部分的 DNA 是非编码序列，因此克隆 cDNA 可以直接获得编码蛋白质的基因。mRNA 的逆转录是通过逆转录酶完成的。逆转录酶来自逆转录病毒，这是一种 RNA 病毒。在逆转录病毒的生活史中有一步需要将 RNA 转变为 DNA，由病毒编码的逆转录酶执行。构建 cDNA 文库的第一步是分离细胞中的 mRNA，然后以其为模板利用逆转录酶合成 cDNA，往下的步骤则和构建基因组文库的程序类似。cDNA 文库非常实用，常用于研究只在特异组织或细胞中表达的基因（图 8-5）。

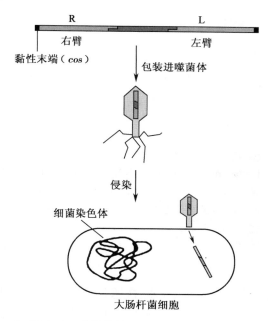

**图 8-3 黏粒载体**

将大肠杆菌质粒 DNA 和噬菌体 DNA 的一些成分经改造后组建成黏粒载体。黏粒载体有如下优点：插入容量大，侵染宿主细胞能力强，在宿主体内繁殖迅速。

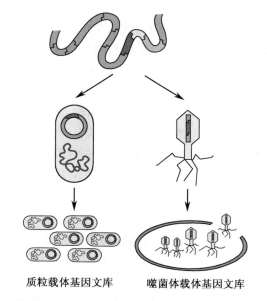

**图 8-4 DNA 文库**

可以用两种不同的载体构建 DNA 文库：质粒载体和噬菌体载体。

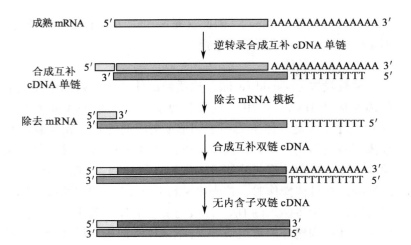

**●** 图 8-5  cDNA 文库
以成熟 mRNA 为模板，利用逆转录酶合成与其互补的 DNA 单链。再以新合成的 DNA 单链为模板合成双链 DNA 分子。该双链 DNA 分子无内含子，为 mRNA 分子的双链拷贝形式，称为 cDNA。

### 4. 快速获得大量 DNA 片段的方法——聚合酶链式反应

针对某个基因或者某段序列的研究，常常需要大量的 DNA 拷贝。**聚合酶链式反应**（polymerase chain reaction，PCR），是一种用于扩增特定 DNA 片段的分子生物学技术，可在很短的时间内将微量的 DNA 大幅增加。1983 年，美国 Cetus 公司的 Kary Mullis 博士采用 DNA 循环复制技术即 PCR 直接扩增 DNA，引发了一场 DNA 克隆技术的革命。Kary Mullis 博士发明的 PCR 技术对分子生物学研究做出了巨大贡献，为此获得了 1993 年的诺贝尔化学奖。

PCR 技术主要由三个步骤组成（图 8-6）：

1）**DNA 模板变性**。将过量的引物（长度为 20~30 核苷酸）与模板 DNA 混合，然后在 98℃下使模板 DNA 变性成为单链。

2）**模板与引物复性**（annealing）。将变性的模板 DNA 和引物的混合物溶液从 98℃逐渐降低到 50~60℃，在此过程中，过量的引物可以和单链 DNA 模板中互补的区段配对复性。DNA 模板中复性区段为双链 DNA，其他区段仍为单链。

3）**引物延伸**。有一种来自水生嗜热菌（*Thermus aquaticus*）的 DNA 聚合酶，又称 *Taq* 聚合酶，在高温下仍然具有活性。将这种酶和 4 种脱氧核糖核苷酸一起添加到上述混合样品中。*Taq* 聚合酶以单链 DNA 为模板，利用引物起始复制合成互补新链。复制后，溶液中的 DNA 拷贝数增加了一倍。

在完成第一轮 DNA 复制后，又将反应液加温到 98℃，再继续步骤 2 和 3 进行第二轮复制。每一轮 DNA 复制需 1~2 min，如此往复循环。在经过 20 次循环复制后，样品 DNA 的复制拷贝可达数百万（$2^{20}$）。如果反应进行一小时，复制 DNA 片段的拷贝数甚至可升至 1 000 亿。由于 PCR 反应可在专门的仪器中自动化控制，因此可以大规模进行 DNA 样品的扩增。

### 5. 克隆 DNA 的应用

（1）多态性鉴定

同一物种的不同个体在形态特征上有许多差别，例如欧洲人、非洲人和亚洲人在体型、肤色和致病菌的敏感性等方面有明显的不同，这种差异称为**多态性**（polymorphism）。可遗传的个体多态性往往与基因的变异有关，主要表现为 DNA 的序列组成发生了改变，如碱基代换、插入与缺失。**DNA 多态性**（DNA polymorphism）指群体中每个个体的 DNA 区域中等位基因（或片段）存在两种或两种以上的形式，但基因功能没有变化。在发生变异的 DNA 区段，由于点突变或重复序列插入等原因，不同个体的限制性内切酶的酶切片段长度会发生改变，这一现象称为**限制性片段长度多态性**

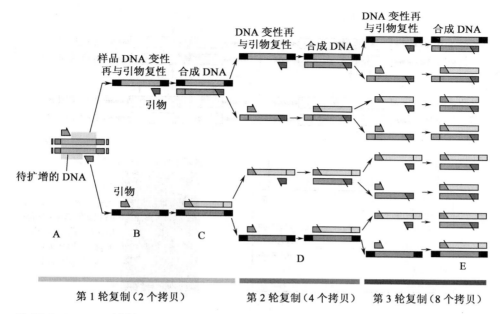

🔺 图 8-6　PCR 扩增 DNA 程序

第一步，模板 DNA 变性。将含有引物和扩增模板的混合液加热使 DNA 分子变性成为单链。

第二步，引物结合。让混合液冷却，引物与 DNA 模板中的互补序列复性。

第三步，引物延伸。DNA 聚合酶从引物末端开始合成目的片段的互补链。

步骤 1~3 反复循环进行，每一次反应都使目的片段的产物量增加一倍，使所需的目的片段拷贝数呈指数增长。

（restriction fragment length polymorphism，RFLP）。人类的许多遗传疾病起因于一些已知的基因变异，它们有特征性的 RFLP 模式（图 8-7）。因此，以这些基因的片段为探针，可以检测与发现潜在的遗传疾病高危人群。在这一点上，基因组测序技术，也在这个领域中逐渐发挥着极为重要的拓展和提升作用。

（2）DNA 指纹

人类基因组总长约 $3 \times 10^9$ bp，不同个体基因组中存在大量的 DNA 序列差异。基因组中存在着

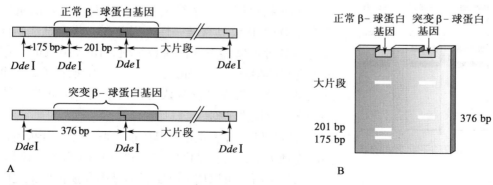

🔺 图 8-7　RFLP 多态性

两种 β–球蛋白基因由于一个单碱基的代换而造成限制性内切核酸酶（Dde Ⅰ）酶切位点的差别。将这两种 β–球蛋白基因样品用同一种限制性内切酶进行切割，得到的酶切片段大小和数目各不相同。通过凝胶电泳将酶切产物分离，可直接观测 DNA 片段多态性组成。

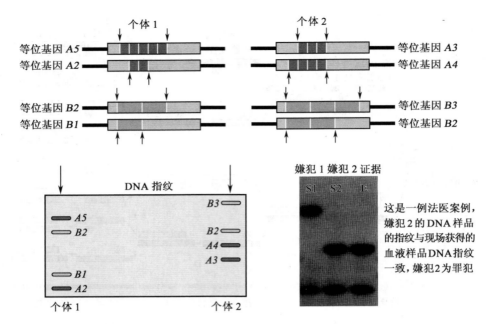

⬆ 图 8-8　DNA 指纹

每个个体的基因组均有唯一的 DNA 多态性组成。在法医案例调查中，将嫌犯血样的 DNA 多态性与犯罪现场提取的血样 DNA 多态性相互比较，然后可确证两者是否属于同一人。

多种重复序列，拷贝数从几个到数十万个，可分为串联重复序列和分散重复序列。因此任何两个不同的个体都不可能产生完全相同的 RFLP 模式。每个个体所特有的 RFLP 组成称为 **DNA 指纹**（DNA fingerprint），可作为个体遗传身份的标记。由于个体 DNA 指纹的唯一性，因此在法庭的审判中，DNA 指纹可以作为判定罪犯身份的依据（图 8-8）。

　　1987 年美国首次采用 DNA 指纹进行判案，案件涉及的是一位连续作案的强奸犯。法警在犯案现场采集的罪犯血液的 DNA 指纹与嫌犯 T.L. 安德鲁精液 DNA 的指纹完全一致，法庭宣布安德鲁有罪，判处 115 年监禁。安德鲁是美国历史上第一个由 DNA 证据判定有罪的人。DNA 指纹使司法取证发生了革命性的变化，现在只要有一根头发、一小块血迹、一滴精液即可为嫌疑人是否清白提供决定性证据。

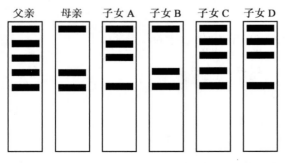

⬆ 图 8-9　某一 DNA 指纹在父母和子女之间的遗传情况

根据某一性状或基因的遗传规律寻找与之紧密连锁的遗传标记，即可初步推断该性状决定基因的定位。

　　DNA 指纹同样是亲缘关系或个人身份鉴定的重要工具。由于个体 DNA 指纹具有唯一性，因此在一些灾难性场合，当无法获得遇难者可供参考的体貌特征时，DNA 指纹的鉴定即是有效的可选择的检测方法。如地震、火灾、空难、矿难等事件中遇难的人员往往会失去身份辨认的体征依据，DNA 指纹的检测在这些场合即可提供证据。

　　基因诊断原理上是依据基因的关联数据，分析遗传标记与基因的连锁关系，进行基因定位。利用 DNA 多态片段和 DNA 指纹进行家系分析，可以用来确定目标基因和遗传标记之间的连锁关系，从而进行基因定位（图 8-9）。

## 第二节　基因工程的流程

常规的基因工程实验由连续的四个步骤组成：DNA 剪切、构建重组 DNA、克隆和筛选。

**步骤 1：DNA 剪切**

在一条长链的 DNA 分子中常常会有很多可被限制性内切酶识别的位点，因此用限制性内切酶切割供试 DNA 时会产生许多长短不一的 DNA 片段。如果用不同的限制性内切酶切 DNA，则可获得几组不同的 DNA 片段。这些长短不一的 DNA 片段可以通过凝胶电泳的方法彼此分离，然后根据需要从凝胶中收集特定长度的 DNA 片段用于基因工程实验。

**步骤 2：构建重组 DNA**

将质粒或病毒载体用相同的限制性内切酶处理后即可将 DNA 片段插入其中。

**步骤 3：克隆**

作为载体的质粒或病毒可以导入细胞，多数情况以细菌作为宿主细胞。当细胞繁殖时，细胞内的载体也随之扩增。同一个细胞产生的所有后代可在培养平板上形成独立的集群，称为克隆。不同的克隆在平板上彼此分开，所有克隆的总和就是原始 DNA 克隆文库（图 8-10）。

**步骤 4：筛选**

构建 DNA 文库的主要目的是希望从中找到我们感兴趣的 DNA 序列或基因，这也是基因工程中最重要和最困难的一步。下面我们将详细讨论其中的一些细节。

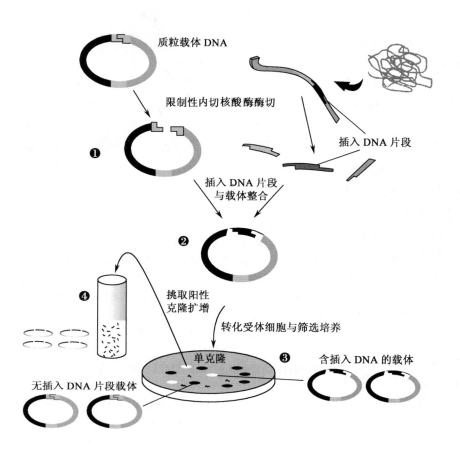

⊙ 图 8-10　DNA 克隆

第一步，用相同的限制性内切酶切割 DNA 中的目的基因和质粒载体。载体中包含的氨苄青霉素基因和 *lacZ'* 基因用于克隆筛选。

第二步，将两种 DNA 酶切产物混合在一起，黏性末端彼此互补配对。

第三步，将重组 DNA 转化宿主菌，已转化的宿主菌含有氨苄青霉素抗性的基因，因此可以在含有氨苄青霉素的培养基上生长，形成菌落。

第四步，筛选含有目的基因的宿主菌菌落。

载体质粒含有编码 β - 半乳糖苷酶的 *lacZ'* 基因，β - 半乳糖苷酶是一种与乳糖代谢相关的酶。人工合成的底物 X-gal 可以被 β - 半乳糖苷酶降解显示蓝色。重组质粒中插入的目的基因将 *lacZ'* 基因隔断，使 β - 半乳糖苷酶功能丢失。因此，带有目的基因片段的宿主菌会形成白色菌落，而未插入目的基因片段的宿主菌会形成蓝色菌落。

（1）克隆筛选

当我们将重组 DNA 质粒导入宿主细胞时，由于随机性会出现三种情况：一种是宿主细胞中没有质粒，一种是宿主细胞虽有质粒但没有插入片段，还有一种是宿主细胞含有携带插入片段的质粒。前两种细胞是我们不需要的。在建库时如何区分这三种细胞呢？为了淘汰没有载体的细胞，一般的载体中都含有一个可供筛选的抗性基因，例如四环素、青霉素或氨苄青霉素抗性基因。图 8-2 中的质粒含有氨苄青霉素抗性基因（*amp*^R），如果宿主细胞缺少 *amp*^R 质粒，就不能在含有氨苄青霉素的培养基上生长，只有含抗性质粒的细胞才能存活。而存活的宿主细胞也有两种类型：一种是含有质粒但没有插入片段，另一种是含有质粒也含有插入片段。我们需要的是既含有质粒也含有插入片段的克隆。为了达到这一目的，在设计载体时，特地将一个 *lac Z'* 基因插入到载体中，并在 *lac Z'* 基因内部安装一段限制酶可识别的序列，即多克隆位点。如前所述，当插入片段整合到多克隆位点时将破坏 *lac Z'* 基因，使其不能分解 X-gal，细菌菌落呈白色。如果载体的多克隆位点没有插入片段，*lac Z'* 基因可以编码有活性的 *β*- 半乳糖苷酶，细胞会产生蓝色的代谢产物。因此，在添加 X-gal 的培养基上生长的白色克隆才是我们所需要的，蓝色克隆将被丢弃（图 8-10）。

（2）基因筛选

一个 DNA 文库常常含有成千上万个克隆。如果插入片段长度为 20 kb，覆盖人类基因组的 DNA 文库所需的克隆总数约数百万。DNA 文库中，有不少克隆含有彼此重叠的 DNA 序列，因此从一个百万克隆的 DNA 文库中寻找需要的基因或序列是一件极其费力费时的工作。

从 DNA 文库中筛选基因最常用的方法是**分子杂交**（hybridization）（图 8-11），主要利用碱基配对的原理。如果两条 DNA 单链的碱基序列可以彼此互补，那么在合适的条件下它们即可形成互补的 DNA 双链，这一过程称为 DNA 分子杂交。如果我们预先知道某个基因的部分碱基序列，即可采用人工合成或其他分子生物学方法获得该序列的 DNA 单链。这些 DNA 单链称为**探针**（probe），可以和基因中与之互补的单链区段杂交。

为了从 DNA 文库中找到所需的基因，可将一张黏附性很强的薄膜小心覆盖在含有克隆的培养皿表面，使每个克隆都能有部分细胞转移到薄膜上。转移在薄膜上的克隆与其在培养皿

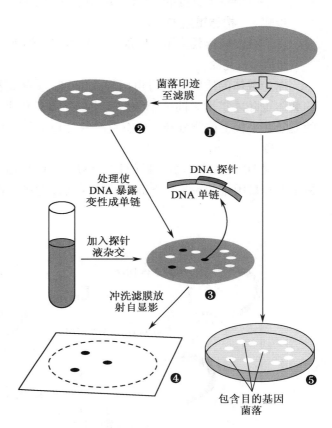

**⤴ 图 8-11 克隆筛选**

将一段由特定基因序列组成的探针与含有目的基因的克隆杂交，可判断单克隆中是否含有可与探针互补结合的 DNA 序列。

① 生长在培养基上的每一个菌落都含有数百万个细菌，源于一个细胞，称为单克隆。

② 将一张分子杂交薄膜覆盖在含克隆的培养基表面，每个单克隆中都有部分菌体黏附转移到薄膜上。

③ 将滤纸浸入能使 DNA 双链变性解链的特殊液体中，液体含有放射性标记的核酸探针。

④ 只有包含目的基因的单克隆才能与探针结合，并在放射自显影中显示出杂交信号。

最后将显影胶片与培养基上的克隆位置进行比对，即可获知哪些单克隆是含有目的基因的阳性克隆。

上的位置是一一对应的。随后利用特别的溶液处理薄膜，使黏附在薄膜上的细胞的 DNA 由双链转变为单链，这一过程称为 DNA **变性**（denaturation）。此时，将制备好的 DNA 探针与薄膜上已经变性的 DNA 温浴，探针即可与薄膜上互补的单链 DNA 杂交并固定在杂交的位置。

用于杂交的探针是带有放射性标记的。当含有放射性标记的薄膜附着在照相胶片上时，放射性标记会在胶片上显示黑点，**即放射自显影**（autoradiography）。根据胶片上显示的探针位置，我们即可按图索骥找到培养皿上含有所需基因的克隆。

（3）基因鉴定

采用探针杂交从 DNA 文库中往往会筛选到很多克隆，其中有些含有完整的基因序列，有些含有部分的基因序列。因此获得 DNA 克隆后，还要进一步进行基因鉴定。

此外，在获得基因克隆之后，还可研究其他来源的 DNA 中是否存在与其相似的基因成员。常用的基因鉴定方法为 DNA **印迹法**（Southern blotting），其程序如下。

将样品 DNA 提取纯化，利用合适的限制酶消化 DNA，然后采用凝胶电泳将酶切产生的 DNA 片段彼此分开。随后将含有 DNA 片段的凝胶浸泡在碱性 pH 的溶液中，使 DNA 双链变性成为单链。下一步通过**印迹法**（blotting）将凝胶中已经变性的 DNA 片段转移到杂交薄膜上（图 8-12），再与放射性同位素 $^{32}$P 标记的 DNA 探针杂交。经放射自显影后可在胶片上发现与探针杂交的 DNA 片段。

# 第三节 基因工程技术应用

## 1. 药物生产

在人体疾病的治疗中有许多具有重要临床价值的蛋白质，如胰岛素和干扰素，它们由人体自身

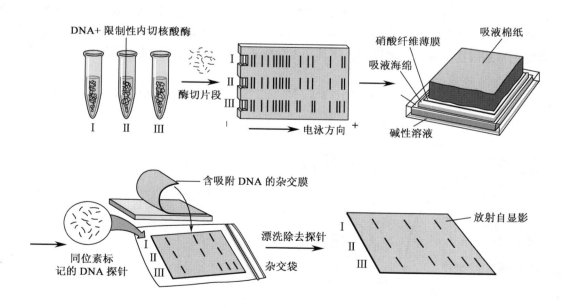

↑ 图 8-12 基因鉴定

Edwin Shouthern 在 1975 年发明了从大小相同或相似的大量复杂核酸片段中分辨出目的基因片段的方法，称为 Southern 杂交。将 DNA 分子通过凝胶电泳进行分离，然后将其转移到固体支持的介质如尼龙膜上。杂交膜经与同位素标记的目的基因单链探针温浴，探针便与膜上的目的基因片段复性杂交。经放射性自显影后，X 光片上可显示探针与目的基因片段杂交的位置。

的基因编码，在特定的组织细胞中产生，含量极少，很难获得。由于遗传密码的通用性，编码胰岛素和干扰素的人体基因导入细菌或酵母细胞，可以表达并大量生产胰岛素和干扰素，具有重大的医学和经济价值。在现代医药工业中，已有许多人体蛋白质，如人类生长激素（growth hormone）、促红细胞生成素（erythropoietin）、治疗高血压及肾衰竭的心房肽（atrial peptides）以及溶解血液凝块的组织血纤维蛋白溶酶原激活因子（tissue plasminogen activator）等，已采用基因工程技术大量生产。人类生长激素基因转化小鼠可增大个体的体积（图8-13），人类生长激素用于侏儒症患者可增加病人的身高。

**图 8-13    转基因小鼠**
这两只小鼠具有相同的遗传背景，但较大的老鼠含有一个额外的基因：编码人类生长激素的基因。该基因通过遗传工程的方法整合到转基因小鼠的基因组中，并已稳定遗传。

采用细菌或酵母生产上述重要的人体蛋白质也存在一些问题和困难，其中最大的阻碍在于从宿主细胞的蛋白质混合物中分离与纯化目标蛋白质。因为只要微量的宿主蛋白质存留在目标产品中，在进入人体后就会产生不良的副作用。因此分离与纯化基因工程产品是一项极其重要但又费时费力的工序。近年来，人们尝试在试管中添加蛋白质合成所需的核糖体、氨基酸和辅助因子，再加入克隆基因所产生的 mRNA 直接合成蛋白质。这一程序可以简化分离的步骤，提高纯化的效率，有很好的应用前景。

### 2. 基因治疗

有许多人类的疾病是由遗传缺陷所导致的，如果能弥补这些遗传缺陷，即可从源头上医治这类疾病。1990 年，科学家们首次尝试利用基因技术来治疗人类的某些遗传病，这种方法被称为**基因治疗**（gene therapy）。因为遗传缺陷的根源是基因发生了突变，不能合成具有正常功能的蛋白质。显然，如果将正常基因拷贝导入患者体内，使其产生功能正常的蛋白质即可弥补原有的缺陷（图 8-14）。

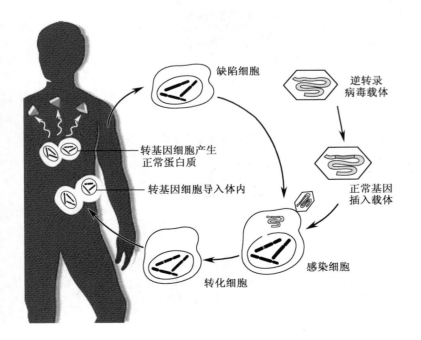

**图 8-14    基因治疗**
采用遗传校正方法可治疗某些患有遗传疾病的患者。其主要方法是，将外源正常基因整合到转基因表达载体，本例中为已改造的逆转录病毒基因组。然后将转基因载体病毒感染患病细胞，使外源基因插入细胞核基因组。筛选出已转化的细胞后，将其导入患者体内弥补缺陷细胞的功能。

基因治疗技术现已用于治疗囊性纤维化肿瘤，并且可望用于治疗肌肉萎缩症以及其它一些遗传疾病。

在早期的基因治疗尝试中，有一个成功的事例。研究人员将编码腺苷脱氨酶的基因导入两个小女孩的骨髓细胞，用以治愈由于缺少这种酶而引起的罕见的血液疾病。

### 3. 免疫疫苗

基因工程的另一个应用领域是生产亚单位疫苗（subunit vaccine），用于抵抗诸如疱疹、肝炎一类的病毒。这一方法是利用 200 年前英国医生爱德华用于预防天花的牛痘病毒作为载体，将编码单纯疱疹病毒（herpes simplex virus，HSV）或乙肝病毒（hepatitis B virus，HBV）的外壳多糖 – 蛋白抗原基因拼接到牛痘病毒基因组 DNA 中。随后将携带疱疹或肝炎病毒外壳蛋白抗原基因的重组病毒导入培养的哺乳动物细胞中，这些细胞可以产生大量的重组病毒，在其表面含有疱疹或肝炎病毒的外壳蛋白。当重组病毒被注射进小鼠或兔子体内时，它们的免疫系统就会产生针对这一重组病毒外壳的抗体，借此获得了对疱疹或是肝炎病毒的抵抗能力。由于重组病毒只含有一小段来自致病病毒的 DNA，因此制备的疫苗是无害的。

这一方法的诱人之处在于，携带免疫原性的重组病毒不依赖致病病毒的特性。在将来，可以构建不同的重组病毒，它们分别含有来自不同致病病毒 DNA 片段。将它们注射到人体血液，即可获得对多种病毒的抵抗力。

另一种基因工程疫苗为 DNA 疫苗（DNA vaccine）。1995 年，首次进行了 DNA 疫苗的临床试验。它的原理不是基于抗体，而是依赖机体免疫的另一途径——细胞免疫应答，即 T 细胞攻击被感染的细胞。当被感染的细胞表面含有外源蛋白时，T 细胞可以发现并攻击破坏被感染的细胞。第一个 DNA 疫苗是将流感病毒核蛋白基因剪切后插入质粒载体，然后注射进小鼠体内。小鼠对流感病毒表现出很强的细胞免疫应答反应。虽然目前对 DNA 疫苗还有不少争议，但从长远看，这是一项很有发展前景的技术。

### 4. 农业生物技术

基因工程应用的另一重要领域是农作物的基因改良。植物基因工程的主要困难是寻找可将重组 DNA 导入植物细胞的载体。大多数细菌质粒在植物中都不存在，因此质粒的选择受到很大限制。土壤农杆菌（*Agrobacterium tumefaciens*）是一种可在自然条件下感染双子叶植物的细菌。土壤农杆菌细胞内有一种可诱导植物肿瘤的质粒，称为 Ti（tumor-inducing，肿瘤诱导）质粒。天然的 Ti 质粒有一种机制，可将自身的一部分 DNA 剪切整合到植物基因组中（图 8-15）。根据这一特点，研究者们将其他基因插入到这段可转移的质粒区域，随之导入植物细胞。这一技术已被用于许多农作物和林木的改良，包括对病虫害的抗性及对逆境的耐受能力、营养平衡及蛋白质含量、除草剂抗性等。

番茄是一种常见的蔬菜。成熟的番茄质地软化，表层硬度变低，容易破损腐烂，很难储藏与运

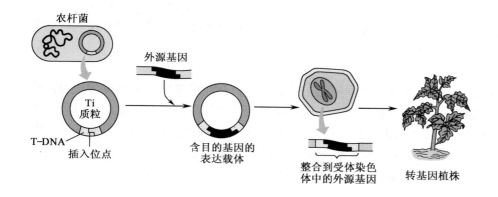

**图 8-15 Ti 质粒与植物基因工程**
目前植物基因工程中常用的转基因表达载体来源于天然的土壤农杆菌质粒 DNA，即 Ti 质粒。Ti 质粒含有可以切割目标 DNA 并将其转移到植物细胞内部的遗传成分，可以将外源基因导入植物细胞，经再生获得转基因植株。

农杆菌

外源基因

Ti 质粒

T-DNA

插入位点

含目的基因的表达载体

整合到受体染色体中的外源基因

转基因植株

输。番茄的成熟过程受内源激素乙烯调控，美国加州 Calgene 公司的研究人员设计了一种反义基因技术，可以抑制番茄乙烯生物合成的关键酶 *ACC* 基因的表达，使细胞壁降解延缓，成熟推迟。这种称为 "Flavr Savr" 的基因工程番茄品质不变，但采摘期延长，更适合远距离远输。经美国农业部和食品药品管理局正式批准，"Flavr Savr" 已在美国市场出售，是利用基因工程改良农作物经济性状的成功事例。

### 5. 作物抗虫性改良

很多重要的经济作物都受到虫害的困扰，常规的防治手段是大量使用化学杀虫剂。化学杀虫剂的过量使用不仅污染环境，而且增加了害虫的抗性，使虫害的防治陷入恶性循环。为了摆脱这一困境，科学家们尝试利用基因工程改良作物的抗虫性，避免或者减少杀虫剂的使用。

自然界有一种细菌——苏云金芽孢杆菌（*Bacillus thuringiensis*）能合成一种针对鳞翅目昆虫的原毒蛋白（Bt toxin）。当这类昆虫食入了这些细菌时，细菌就会在昆虫的肠道内释放原毒蛋白。随后昆虫肠道内的碱性蛋白酶将原毒蛋白酶解，产生毒蛋白，引起虫体的麻痹和死亡（图 8-16）。因为酶解原毒蛋白的碱性蛋白酶在其他动物中并不存在，因此苏云金芽孢杆菌对其他动物是无害的。

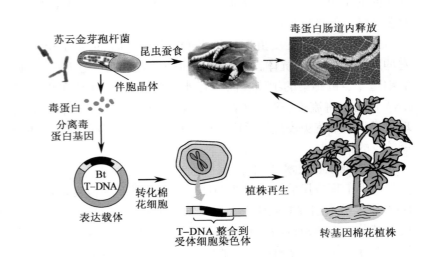

● 图 8-16  抗虫基因工程
天然的苏云金杆菌细胞内含有一种伴胞晶体蛋白。当昆虫摄食粘有苏云金杆菌的叶片时，进入昆虫体内的苏云金杆菌可释放伴胞晶体，并在昆虫肠道内产生具有毒性的多肽，即毒蛋白（Bt）。分离并克隆 Bt 毒蛋白基因，并将其整合到植物转基因表达载体中转化植物细胞，可使再生的转基因植株获得抗虫性。

科学家们利用 Ti 质粒作为基因工程载体，从苏云金芽孢杆菌中分离并克隆到编码原毒蛋白的基因，然后将其插入 Ti 质粒转化棉花、土豆和玉米等作物。他们发现，当侵害这些作物的害虫在取食转基因叶片后，会出现厌食或瘫痪症状，并随之逐渐死亡。这一结果表明，转基因植株的确可以免受害虫的侵袭（图 8-17）。

1995 年，美国环保署批准了毒素蛋白基因转基因土豆、棉花和玉米的大田生产。转基因土豆可以有效杀死科罗拉多薯虫，转基因棉花可以免受棉铃虫以及棉红铃虫的侵害，转基因玉米则对玉米螟和蛾类害虫具有抗性。

### 6. 品质改良

植物转基因产业刚刚起步，方兴未艾。科学家们正在研究如何利用转基因技术提高传统农作物的品质。在发展中国家，大多数人的饮食较为单一，因而微量营养素如维生素和矿物质的摄入量不足。在世界范围内，有 14 亿的妇女（占世界总人口的 18.2%）铁元素缺乏，有 4 000 万儿童（占世界总人口的 0.5%）维生素 A 缺乏。微量营养素缺乏在以水稻为主食的发展中国家尤为常见。瑞士苏黎世植物科学研究所的生物工程学家 Ingo Potrykus 和他的小组在洛氏基金资助下，希望通过转基因技术使水稻也能合成维生素 A。常规水稻缺少维生素 A，因为水稻不能合成维生素 A 的前体 β 胡萝卜素，缺少 4 个必需的代谢步骤的酶。Potrykus 小组从一种常见花卉——水仙花中分离克隆了这 4 个酶的编码基因，然后将其导入水稻，成功获得可以合成维生素 A 的转基因水稻，因米粒呈金黄色，被人们称为"黄金稻"（图 8-18）。

### 7. 家畜的改良

家畜的基因工程改良是另一个极其诱人的生物技术领域。1994 年，基因工程重组牛生长激素的商业化生产被正式批准。世界各地的农民都将激素作为奶牛的饲料添加剂，以此来增加产奶量。牛奶或肉食中的牛生长激素对人体没有副作用，因为牛生长激素是一种蛋白，可在胃中被消化。但目前公众对涉及食品类的基因技术仍然有一种普遍的担忧，因此牛生长激素的使用还是遭到不少人的抵制。尽管遗传工程生产的牛奶和其他的牛奶别无二致，但还是有人对其表示怀疑。随着基因技术对人类生活影响程度的增加，公众对这类问题的关注会越来越多。

目前，利用转基因手段来培育具有优良特性的动物正在逐步成为现实。过去，为了培育一匹优良的赛马或是一头高产的种牛，往往需要连续选择好几个世代。现在通过基因工程技术可以大大缩短动物育种改良的过程。

🔼 图 8-17　抗虫棉

转基因抗虫棉（b，d）的抗虫性明显高于对照植株（a，c）。

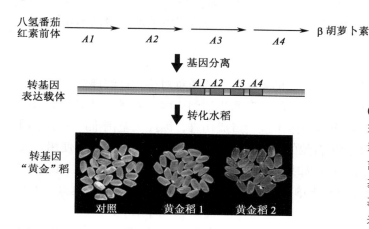

🔄 图 8-18　转基因黄金稻

瑞士生物学家 Ingo Potrykus 根据植物体内 β 胡萝卜素合成所需的催化酶及其基因，从不同来源的植物中分离并克隆了其同源基因（A1，A2，A3 和 A4）。将这些基因通过转基因载体导入水稻细胞并获得再生植株。转基因水稻的米粒含有野生型水稻所缺少的 β 胡萝卜素，米粒呈现金黄色，被称为黄金稻。

# 第四节　基因工程技术安全与伦理

2018 年 11 月 26 日，南方科技大学副教授贺建奎宣布一对名叫露露和娜娜的双胞胎基因编辑婴儿健康诞生，她们的 CCR5 基因经过修改，使得她们出生后即能天然抵抗艾滋病。这件事情在全球范围内引起了轩然大波，来自中国和世界多个国家的科学家联名发声，强烈谴责该项人体胚胎基因编辑活动，称其"严重违背了伦理道德和科研诚信"，被修改的基因最终将通过遗传进入人类基因池，使整个人类面临风险。

基因编辑技术的诞生是基因工程技术的重大进步，具有巨大的应用潜力，能够在医学和农业等领域极大地造福人类，但基因工程所扮演的"上帝"角色却让人感到十分忧虑。例如，他们担心是否会在无意间将癌细胞的基因片段转移到细菌细胞并进行扩增，使原本无害的细菌变成有害细菌。人们食用转基因动植物的产品后，是否会对消费者的后代产生不良影响？基因工程改良的作物是否会对生态环境产生影响？人为创造"优良基因"的生物乃至人类是否符合伦理道德？

**1. 如何评估遗传修饰作物的潜在威胁？**

越来越多的证据表明，基因工程是一种改良动植物的有效途径。与此同时，围绕基因工程的争论与抗议也日趋激烈。主要的问题集中在如何评估遗传修饰作物的潜在威胁。需要考虑的风险主要有两方面：遗传修饰食品的安全性以及潜在的生态环境效应。

**2. 食用遗传修饰食品是否存在危险？**

作物的遗传工程改良主要希望达到两个不同的目的：使作物更好地生长和提高食品的质量。许多消费者对这两种遗传修饰（genetically modified，GM）是否会带来危害都很担心。

提高大豆对草甘膦的耐受性可使它生长得更好，但人们关心的是，这种 GM 大豆的营养价值是否改变？答案是否定的。因为草甘膦除草剂的原理是阻止芳香族氨基酸的合成，而人体内不存在芳香族氨基酸的合成路线，因此不会对人类造成影响。关键的问题是，GM 大豆对草甘膦的耐受性是通过合成过量的外源 EPSP（5-enolpyruvyl-3-phosphoshikimate，5- 烯醇丙酮 -3- 磷酸莽草酸盐）达到的，这些过量的外源 EPSP 是否会成为人体新的过敏原？在玉米的例子中，导入玉米的外源 EPSP 合成酶基因与栽培玉米基本相同，只存在 2 个氨基酸的差异。正是这一差异使 EPSP 合成酶构型发生微小变化，从而使它耐受草甘膦。对 EPSP 转基因玉米免疫原性的严格检测证明，导入玉米的外源 EPSP 并不引起人体过敏反应，因此草甘膦耐受玉米被美国环保署批准用作人类食品。

在早期的植物转基因程序中，人们常常利用选择标记来提高转基因植株的筛选效率。这些选择标记随后保留在 GM 植株中，也是公众担忧的问题之一。目前改进的转基因技术获得的 GM 植株已不存在选择标记，公众的忧虑可以消除。

**3. 遗传修饰作物是否对环境有害？**

GM 作物的推广对环境的影响在三个方面引起了广泛的关注，需要慎重对待，仔细评估。

焦点一：对其他生物的危害。转基因 Bt 玉米在美国的推广面积达到 40%，农场主从 GM 玉米中获得了实在的经济利益。由于 Bt 毒蛋白对一些有益的昆虫也会造成伤害，因此大范围推广抗虫基因工程作物势必引起人们的疑虑：GM 是否会影响大自然的生态平衡。在美国每年因杀虫剂的使用造成的损失约 90 亿美元，包括有益昆虫及鸟类的死亡。如果单从生态的角度看，GM 对蝴蝶这类昆虫的危害要远远小于杀虫剂。由于许多杀虫剂会残留在土壤和水源中，对环境造成的破坏要远远高于 GM 作物。

英国政府曾批准了一项针对抗除草剂 GM 作物，包括甜菜、玉米和油菜等对生物多样性影响的综合研究，为期三年。在 2003 年的一份研究报告中提到，在 60 个区域的实验中，与对照相比，GM 作物对生物多样性造成的影响明显大于常规非转基因品种。结果表明，抗除草剂 GM 作物的群体与杂草的比例远远大于对照，而杂草对许多昆虫是必需的食物来源，并可提供庇护。因此 GM 作物对甲虫、蝴蝶和蚂蚁等物种自然群体消长的影响大于常规品种。

焦点二：抗性突变。由于大规模和常年施用化学杀虫剂，人们发现害虫的抗药性有逐年增强的趋势。这意味着在害虫的天然群体中，产生了可耐受杀虫剂的突变。相同的事件是否也会发生在 GM 作物中呢？在早期害虫防治中，直接喷洒苏云金芽孢杆菌生物杀虫剂，确实也出现过害虫的抗性突变。但含有 Bt 的 GM 作物，如玉米、大豆和棉花，自从 1996 年大规模推广至今，还没有抗 Bt 害虫的报道。其中有一项值得一提的措施是，在种植 Bt 修饰作物的田间，必须混种 25% 的非 Bt 修饰品种。非 Bt 修饰植株降低了整个作物群体对害虫的选择压，可使突变扩散的速度减缓。

　　焦点三：基因漂移。所谓基因漂移（gene flow）系指种群内的基因向种群外的亲缘物种转移的过程。基因漂移可以通过有性和无性两种途径发生，如花粉的传播和细菌的 DNA 直接转化。在自然界，基因漂移是一种很普遍的现象，也是物种自然变异的原因之一。GM 作物中被用来修饰的基因是否会漂移到其他亲缘物种，要看具体情况。如果在种植 GM 作物的周围环境中不存在任何可与其自然授粉的野生种或亲缘种，当然不会发生基因漂移。反之，就很难避免这类事件发生。如果抗虫 Bt 毒蛋白基因或抗除草剂的基因转移到野生种或野生杂草，就会产生严重的生态后果，这也是公众最担心的问题。正是基于这些考虑，所以许多国家都已制定了相对的法规，任何 GM 作物的田间释放，都必须经过谨慎的评估和严格的审查。

## 小结

　　1975 年第一个重组 DNA 分子问世，这一重大技术的突破标志着现代生物学已进入基因工程时代。科学家可以通过 DNA 操作工具和技术，克隆或改造 DNA，并利用基因工程技术实现对多个领域的突破，如医学和农学。然而基因工程涉及大量生命伦理问题，在相关的技术运用中，还需要不断地探索和总结，从而消除人们对基因工程潜在危害的担忧。

## 思考题

　　1. 常用的基因克隆载体必须具备哪些基本的构件？
　　2. 利用 PCR 技术如何检测人体中是否存在肝炎病毒？
　　3. 尝试利用所学知识阐述你对转基因食品的理解。

## 相关教学视频

　　1. DNA 重组技术与基因工程
　　2. PCR 技术前世今生
　　3. 抗体及其应用
　　4. 基因编辑
　　5. 生物技术安全与伦理

（乔守怡、杨金水、卢大儒、赵雪莹、朱炎）

# 第九章

# 基因组学

人类体细胞共有 46 条染色体，其中 22 对常染色体，另外两条为性染色体 X 和 Y。控制人类胚胎发育和形态建成的基因均以线性排列的方式位于不同的染色体上。遗传学家在过去的一个世纪中，通过家系分析鉴定了许多与人类健康有关的基因，并将它们逐个标定在染色体上，绘制成**遗传图**（genetic map）。人类遗传图所含有的基因非常少，因此人们试图绘制一份详尽的由 DNA 序列组成的**物理图**（physical map），以便从中发现全部的人类基因。人类基因组测序计划已于 2000 年完成人类基因组的草图序列。二十年来，伴随着测序技术的高速发展，基因组计划已经从人类扩展到几乎所有生物阶梯种类，获得了天文数字的基因组数据，为人类了解和破译生命的奥秘奠定了坚实的基础。

## 第一节  遗传图和物理图

基因组图类似于地理图，基因就如一个个城市，有其固定的空间位置。每份地理图都有判别方位的标记。根据放大倍数的不同，地图上的标记有疏密之别，基因组图也有类似的特点。基因组图有两种类型：① 遗传图，采用遗传学分析方法将标记标示在染色体上所构建的连锁图；② 物理图，采用分子生物学技术直接将 DNA 分子标记、基因或 DNA 克隆标定在基因组的实际位置上所绘制的结构图（图 9–1）。

### 一、作图标记与多态性

基因组作图的标记可分为两大类别：一类是以表型为依据的遗传标记，如豌豆的红花与白花。根据这类标记所推测的染色体上的基因位置称为**基因座**（locus），它们所代表的 DNA 序列尚未确

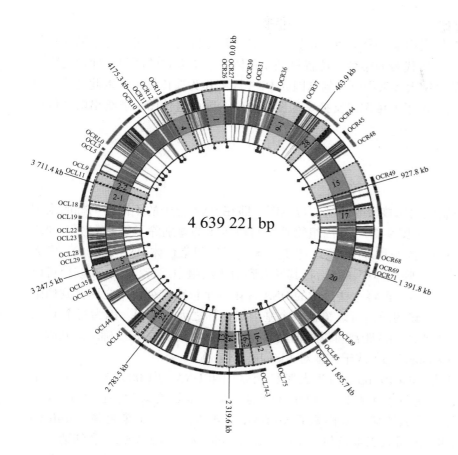

图 9-1 大肠杆菌基因组

大肠杆菌基因组测序于 1996 年完成，基因组大小约为 4 600 kb，含有大约 4 000 个基因。

定。另一类是以基因序列或 DNA 序列为依据的分子标记，它们在染色体上的位置是确定的、唯一的，但其与功能表型的关系有些仍尚未明确。目前所知的分子标记根据其特征又可分为三种：① 以限制性内切酶的酶切位点为代表的第一代分子标记，又称为 RFLP（restriction fragment length polymorphisms）；② 以简单重复序列为代表的第二代分子标记，即 SSR（single sequence repeats）；③ 以单核苷酸多态性为代表的第三代分子标记，即 SNP（single nucleotide polymorphisms）。这三种分子标记在染色体上的分布密度不同，其中 SNP 高于 SSR，SSR 又高于 RFLP。

在二倍体有性生物的基因组中，每条染色体都有两个相同的成员，称为同源染色体。两条同源染色体相同位置的基因称为**等位基因**（allelic site）。有些等位基因的 DNA 是相同的，有些是不同的。同源染色体等位基因 DNA 序列的差异称为**多态性**（polymorphism），由突变产生。这些多态性 DNA 序列可作为分子标记，用来区分不同个体的基因型。由于存在 DNA 多态性，所以在一个分离的群体中，可以通过分子标记来鉴别染色体组成差别的个体，计算它们之间的比例，并依此推算连锁位点之间的交换率，绘制**遗传连锁图**（genetic linkage map）。

## 二、遗传图

绘制遗传图的方法主要依赖于连锁分析。细胞在减数分裂时同源染色体的姐妹染色单体之间会发生交换与重组，使染色体上的基因产生新的连锁关系。在发生交换与重组的子代中，可以发现具有重组表型的个体，据此可以推知在减数分裂时染色体的哪个位置发生了交换。交换的比率可以反映位于交换位置两侧基因之间的距离。其距离单位用百分比表示，又称为**厘摩**（centimorgan，cM）。

每厘摩为 1% 的交换率。经典遗传图用来区分染色体位置的标记一般是特定的性状，比如果蝇复眼的颜色、植株的高矮。这些由性状所代表的染色体位置只是染色体上一个大致的区间，确切的物理位置是不清楚的。现代遗传图的绘制大多采用已知的基因或 DNA 序列作为遗传标记，因此这些作图位点在染色体上的位置是确定的。由于遗传图以交换率为图距单位，因此遗传图不能给出两个位点之间实际的物理距离。

## 三、物理图

最简单的 DNA 物理图是限制性内切核酸酶的酶切位点图，即在 DNA 分子的不同序列标明限制性内切核酸酶酶切位点所在的位置（图 9-2）。基因组物理图与遗传图的差别除了绘制方法不同之外，位点之间的图距单位也不相同。绘制物理图的第一步是将整个基因组染色体 DNA 断裂成一定大小的片段，然后将这些片段整合到克隆载体中，随后将其导入到宿主细胞中进行扩增。在获得可以覆盖整个基因组的 DNA 克隆片段之后，再将这些分散的 DNA 片段逐个依次排列，使之回复到原来的序列。由这些分散的 DNA 片段构建的图谱可以覆盖整个基因组，称之为物理图。因为每个 DNA 片段的长度是确定的，因此两个位点之间的距离可以根据其间连续的 DNA 克隆的长度确定。基因组物理图的图距单位为碱基对（base pair，bp）或千碱基对（kilobase，kb）。

人类基因组 DNA 的总长度为 $3.0 \times 10^9$ bp，约为大肠杆菌基因组 DNA 的 1 000 倍。为了便于将测序的 DNA 片段进行组装，在进行人类基因组测序计划时，第一步是将人类基因组 DNA 分解为长度在数百 kb 的片段，然后将其克隆。克隆数百 kb DNA 的载体称为**人工染色体**（artificial chromosome）。有两种人工染色体：**酵母人工染色体**（yeast artificial chromosome，YAC）和**细菌人工染色体**（bacterial artificial chromosome，BAC）。YAC 载体的结构类似一个小的酵母染色体，含有染色体复制和分配所必需的部件如复制起始点和着丝粒，以及插入外源 DNA 的克隆位点。YAC 载体克隆的 DNA 片段可以达到上千 kb。BAC 载体是一种改造过的大肠杆菌质粒，可在大肠杆菌细胞内单拷贝复制。BAC 载体克隆的 DNA 片段长度约为数百 kb。

完成基因组大分子 DNA 克隆后，下一步就是将成千上万已克隆的 DNA 片段逐个按原来的序列组装，这是绘制基因组物理图的关键。主要的工作就是从分散的 DNA 克隆中找出彼此重叠的 DNA 片段，使其前后相连回归到自然的排列位置。在开展这项工作之前，必须找出基因组中只存在单拷贝的 DNA 序列。这些单拷贝的 DNA 序列又称为**序列标签位点**（sequence-tagged site，STS）。因为每个 STS 在整个基因组中只有一个确定的位置，因此如果两个克隆的 DNA 片段都含有这个 STS，即可确定它们之间是彼此重叠的。找到这些 STS 之后，可以根据每个 STS 的序列设计专一性的 PCR 引物用来扩放克隆的 DNA 片段。重叠的 DNA 片段含有相同的 STS，因此由它们产生的扩放片段具有相同的大小，在凝胶电泳中具有相同的迁移位置，很容易识别（图 9-3）。由一系列前后重叠的 DNA 克隆组成的图谱称为

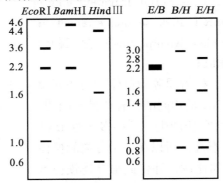

A. DNA 限制性内切酶酶切电泳图

B. 推测的DNA 限制性酶切位点物理图

⊕ **图 9-2　DNA 限制性内切核酸酶位点物理图**
用三种不同的限制性内切核酸酶单独或两两组合酶切同一 DNA 分子可获得 6 组 DNA 片段。经电泳分离可获知 6 组 DNA 片段的迁移位置及其大小。根据条带的的大小分别拼合比对，即可推测这 3 种限制性内切核酸酶酶切位点在 DNA 分子上的位置。

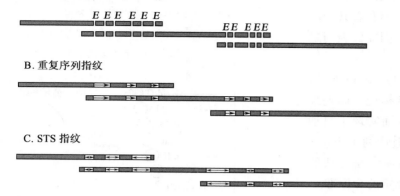

A. 限制性内切核酸酶片段指纹

B. 重复序列指纹

C. STS 指纹

⊖ 图 9-3 指纹物理图

基因组中的物理地标有三类：（A）限制性内切核酸酶片段指纹，（B）重复序列指纹和（C）序列标签位点（STS）指纹。根据这三种指纹可以确定两个克隆的基因组 DNA 片段是否彼此重叠，并依此绘制 DNA 克隆重叠群物理图。

**重叠群**（contig），它们可以覆盖基因组所有染色体区段。

由于物理图中的许多 STS 又可作为绘制遗传图的分子标记，因此以这些 STS 为向导，可将遗传图和物理图彼此衔接，整合成一份基因组综合图。基因组综合图是基因组全面测序与序列组装的工作框架。

## 第二节　基因组测序

基因组测序与单个小片段 DNA 测序有本质的差别。基因组测序需对数百万甚至数千万个 DNA 片段进行序列测定，并将其组装成完整的基因组物理图谱。这是一项浩繁而复杂的工程。

### 一、测序技术的发展历程

DNA 测序技术自 20 世纪 70 年代问世至今，先后经历了以 Sanger 测序技术为代表的第一代测序，以边合成边测序策略为代表的高通量测序（high-throughput sequencing，HTS）即第二代测序，以单分子实时（single molecule real-time，SMRT）测序和纳米孔（nanopore）技术为代表的第三代测序。

#### 1. 第一代测序

1977 年，Sanger 创建了基于双脱氧核苷酸的链终止测序法，又名 Sanger 测序，其原理如下所述：DNA 分子由 4 种脱氧核苷酸组成，分别称为脱氧腺苷酸（dA）、脱氧鸟苷酸（dG）、脱氧胞苷酸（dC）和脱氧胸腺苷酸（dT）。在 DNA 复制时，按照 A–T 和 C–G 配对的原则合成互补的 DNA 单链。在互补单链合成时，反应的底物中含有 4 种脱氧核苷酸。当合成的 DNA 单链延伸时，后续的核苷酸以其 5′ 磷酸基团与前一个核苷酸 3′–OH 缩合形成磷酸二酯键，从而使新链延伸。如果在 DNA 合成的反应液中加入一种双脱氧核苷酸，也就是该核苷酸分子的核糖基第 2 位和第 3 位碳原子位置所连接的基团均为氢原子而非羟基，那么当这些双脱氧核苷酸掺入到复制中的 DNA 单链时，因为它们没有 3′–OH，后续的核苷酸就无法与之连接，单链 DNA 的复制到此终止。这些双脱氧核苷酸（ddA、ddC、ddG 和 ddT）分别带有不同的荧光标记，并按一定比例与正常的 4 种脱氧核苷酸混合加入 DNA 复制反应物中。在起始 DNA 合成反应后，带有荧光标记的双脱氧核苷酸就会在新合成的 DNA 单链的所有可能的碱基位置掺入，并在此终止 DNA 合成。将这些已终止反应的 DNA 单链在高分辨率的测序凝胶电泳中分离，它们可以区分只相差一个碱基的 DNA 单链。因为每个终止反应的 DNA 单链末端都带有特定荧光标记的双脱氧核苷酸（4 种荧光分别对应 4 种碱基），因而得到了一系列有着共同起点但长度不一的 DNA 片段混合物，它们即代表与之互补的 DNA 单链的序列（图 9-4）。

Sanger 测序法是在实践中不断更新和完善的，比如荧光标记是代替了早先的同位素标记，而毛细管电泳则代替了传统的平板电泳，从而实现了自动化测序。Sanger 测序法为**人类基因组计划**（Human Genome Project, HGP）做出了很大贡献，是经典的 DNA 测序技术，至今仍是 DNA 序列测定的金标准。

### 2. 第二代测序

Sanger 测序法通过对 DNA 进行分段扩增后单独测序，以人类基因组（3 Gb）为例，使用目前通量最高的 96 道毛细管电泳仪，读长按照 1 000 bp 计算，完成人类基因组 1× 的测序需进行大概 31 250 次测序反应，这样的测序通量无法满足大规模基因组测序的需求。2005 年前后，以 Roche 公司 454 技术（焦磷酸测序原理）、Illumina 公司 Solexa 技术（边合成边测序原理）和 Life Technologies 公司 Solid 技术（连接测序原理）为标志的第二代测序技术应运而生，测序通量实现了突破性进展。以 Illumina 公司的 HiSeq 2 500 为例，单次运行最高可获得 1 000 Gb 数据，相当于人类基因组的 300 倍。

第二代测序技术之所以能高通量地进行序列测定，其原理在于同时对大量来源于基因组不同位置的 DNA 片段进行测序。具体来说，这类技术首先将待测 DNA 制备成小片段（随机打断或定点扩增），之后利用桥式扩增或乳液扩增等方式实现单个小片段 DNA 的独立扩增，形成单克隆 DNA 簇，随后利用边合成（或连接）边测序的原理，同时对几十万到几百万单克隆 DNA 簇进行序列测定。第二代测序在保证测序结果高准确率的同时，极大地提高了测序通量，降低了测序成本，使得大规模基因组、转录组深度测序成为可能。第二代测序最大的技术局限在于测序读长（read）的限制（＜500 bp），这为后续的基因组拼接增加了难度。

### 3. 第三代测序

第二代测序技术以牺牲读长为代价极大增加了测序通量，而第三代测序技术则在增加读长的基础上适当兼顾了通量。以不经扩增的单分子长片段测序为标志的测序技术称为第三代测序，其中以单分子实时测序技术（single molecule real-time sequencing）和纳米孔技术（nanopore sequencing）为典型代表。第三代测序技术最大的优势在于超长的测序读长，可检测长达数万碱基的单分子 DNA，大大降低了基因组拼接的难度，且读取速度快，检测通量高。但其最大的劣势在于单次测序的错误率较高，约为 10%～15%，远远高于第一代和第二代测序技术。为了克服这一缺点，可对同一 DNA 分子或者来源于基因组同一位置的 DNA 片段进行多轮测序，从而降低单次测序的高错误率，当然

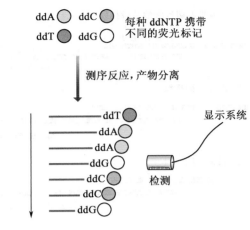

A    荧光信号依次通过检测仪

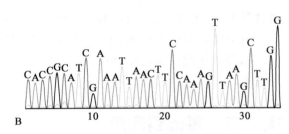

B

🔷 图 9-4  DNA 测序

DNA 分子由 4 种核苷酸组成，复制时根据碱基互补规则反应液中的单核苷酸可依次加入新链 3′ 端。带有不同荧光标记的 4 种双脱氧核苷酸（ddNTP）加入反应混合液后，双脱氧核苷酸将掺入到延伸的 DNA 新链中。因连接在末端的双脱氧核苷酸缺少 3′-OH，可阻止 DNA 新链的继续延伸。在一个混合的反应体系中可获得在所有碱基位置中断合成的 DNA 单链。经凝胶分离和荧光显色后，即可阅读所有的碱基序列。

这一策略需要付出测序成本升高的代价。目前 Pacific Biosciences 公司基于单分子实时测序原理和 Oxford Nanopore Technologies 公司基于纳米孔测序原理的第三代测序技术已经开始在生命科学研究中展现其较长读长的优势，在基因组拼接和基因转录本结构鉴定中发挥了越来越重要的作用。此外，结合第一代、第二代和第三代测序技术各自优势的组合策略，也开始在探索基因组奥秘中崭露头角并在将来发挥愈加重要的作用。

## 二、全基因组测序策略

基因组的测序策略可以归结为两种：一种策略是按照大分子 DNA 克隆绘制的物理图分别在单个大分子 DNA 克隆内部进行测序与序列组装，然后将彼此相连的大分子克隆按排列次序搭建支架（scaffold），最后以分子标记为向导将搭建好的支架逐个锚定到基因组综合图（图 9–5）。这种测序策略有不同的称呼，有的称之为**克隆依次测序**（clone-by-clone），有的称为**作图测序**（map-based sequencing）。另一种策略是将整个基因组 DNA 随机断裂成小片段，然后将其克隆到质粒载体中。下一步随机挑取克隆对插入片段进行测序，并以获得的测序序列构建**重叠群**。在此基础上进一步搭建序列支架，最后以分子标记为向导将序列支架锚定到基因组综合图上。这种测序策略一般称之为**全基因组随机测序**（whole-genome random sequencing），有时又称为**全基因组鸟枪法测序**（whole-genome shotgun sequencing）。

采取何种策略进行基因组测序，主要根据测序基因组的组成与大小。原核生物基因组一般比较小，而且 DNA 序列大多为单拷贝，便于序列组装，适合全基因组鸟枪法测序。真核生物，特别是哺乳动物基因组非常大，而且含有大量的分散在整个基因组范围的重复序列。这些重复序列在序列组装时会导致大范围的错位，因此不太适合全基因组鸟枪法测序。对大型基因组的测序，一般的策略是先构建基于克隆重叠群的物理图，然后逐个克隆测序，再进行序列组装。也有两种策略同时进行从而实现互补的实践，比如人类基因组测序计划。

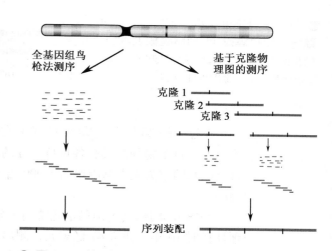

**⬆ 图 9–5　基因组测序策略**

有两种基因组测序路线：全基因组鸟枪法测序和基于克隆物理图的测序。

全基因组鸟枪法测序涉及全基因组序列的断裂、克隆、测序，随后通过 DNA 片段两端序列是否彼此重叠拼接出完整基因组全序列。基于克隆物理图的测序方法是在 DNA 序列测序之前进行 DNA 大片段克隆，然后构建克隆大片段 DNA 重叠群物理图。在此基础上再进行大片段 DNA 的测序，最终完成整个基因组序列的装配。

## 第三节　基因组测序计划

人类基因组计划的实施对于人类认识自身以及对于各个不同物种的测序都有巨大的推动作用。人类基因组计划的设想起始于 20 世纪 80 年代初，经过六七年的反复酝酿与讨论，于 20 世纪 90 年代初开始实施，在美国、英国、法国、德国、日本和中国科学家的共同推动下，于 2000 年完成人类基因组草图序列。该草图覆盖了整个人类基因组的 86.8%，包括常染色质区域的 97%。人类基因组草图序列已对全世界开放，所有感兴趣的个人和团体均可上网查阅，这是一份全人类的财富。人类基因组计划是继曼哈顿工程、载人登月之后人类历史上的又一壮举，使人类对于自身的理解向前迈进一大步，并且大幅推动了医学、生物工程、农业等领域的发展。

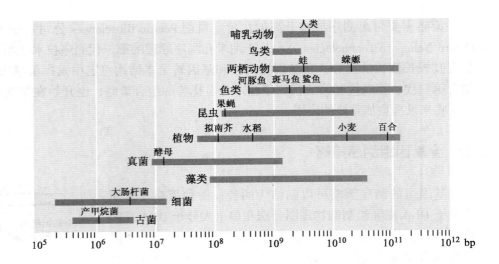

● 图 9-6　基因组大小
虽然一个物种的基因组大小并不是基因含量的决定因素，但总体上，真核生物基因组比原核生物基因组大，所含基因数目更多。

在过去的 20 年中，基因组计划已经从人类扩展到几乎所有生物阶梯种类。自然界的生物类群成千上万，每个物种都具有各自特征性的基因组。不同生物种属之间基因组的大小相差很大，如植物百合的基因组为人类基因组的 1 000 倍（图 9-6）。截至目前，已有接近 15 000 个物种的基因组完成测序。

2018 年 4 月，《美国科学院院刊》公布了地球生物基因组计划（Earth BioGenome Project，EBP），预计耗时 10 年，耗资 47 亿美元，测出所有已知的 150 万种真核生物的基因组序列。该项目将促使人类以前所未有的角度认识和理解所有生命，并有望在转化医学、药物研发、生物能源、生物材料、生态环境、物种多样性保护、物种进化等领域实现革命，具有深远的意义。

## 第四节　基因组结构分析

在过去 30 年里，伴随着测序技术的高速发展，基因组数据的产出能力已经大大超越了数据分析及解读能力。全世界每年产出的数据量超过 15 PB，如何解读、分析、挖掘这些基因组信息，成为当前的研究热点。生物信息学以计算机科学和数学作为研究手段，对测序获得的海量基因组数据进行存储、检索、注释、分析，极大地推动了基因组科学的发展。

基因组注释是利用生物信息学的方法和工具，对基因组上所有基因进行识别和功能注释，其目的主要是寻找：①编码蛋白质或 RNA 的基因；②确定与基因表达调控有关的序列；③染色体的结构成分，如着丝粒、端粒和复制起始点；④非编码序列及其组成。

### 一、人类基因组的组成

人类基因组的总长约为 $3.0 \times 10^9$ bp，其中约 1.5% 为蛋白质编码序列。如果将内含子与外显子包括在内，人类基因组基因所占的比重约为 25% ~ 30%。人类编码蛋白质的基因总数约为两万个，远远少于人类基因组测序之前所估计的数目。人类基因组中含有大约 11 000 个假基因，它们是因突变而失去原有功能的基因。此外，还有大量可转录出 rRNA、tRNA、小 RNA 及 lncRNA 等不同产物的基因。它们有些以首尾串联的形式簇集在一块，有些以单个结构分散在不同的染色体中。在人类基因组的非编码序列中，最显著的是一些分散的重复序列，如 LINE 家族的 L1 重复序列和 SINE 家族的 Alu 重复序列。它们来源于少数逆转座子，经过大规模扩张后，在现存基因组中广泛存在，可以出现在基因内部的内含子和非翻译区等，也可以出现在基因间区。

## 二、基因组的编码基因

从目前已经完成测序的生物基因组序列分析中可知，原核生物如细菌所含的基因数目在 460～5 000 之间，真核生物所含的基因数目在 6 000～50 000 之间（图 9-7）。大多数原核生物基因组大小不到 $5 \times 10^6$ bp，仅为人类的 1/600。原核生物基因组非常紧凑，基因间很少间隔。大肠杆菌基因组中非编码序列仅占 11%，基因数约 4 800，基因的分布密度约 1/（1 kb）。大多数已经测序的真核生物基因组的结构都比较松弛，基因间分布了大量的非编码序列。真核生物中随着基因组 DNA 含量的增加，基因的密度也随之稀疏。酵母基因组总长 $1.2 \times 10^7$ bp，基因数约 6 800，基因密度约 1/（2 kb）。模式植物拟南芥（*Arabidopsis thaliana*）基因组总长 $1.2 \times 10^8$ bp，基因数为 25 000，基因密度约 1/（5 kb）。小鼠基因组总长为 $2.6 \times 10^9$ bp，基因数约 20 000，基因密度约 1/（130 kb）。真核生物基因组成的另一个特点是多拷贝基因以及基因家族。所谓多拷贝基因系指同一基因有多份拷贝，它们的编码序列基本相同，如 rRNA 基因在真核生物中均有数百份拷贝。基因家族是指具有共同起源的一组基因，它们由加倍产生，在序列组成上已经发生了变异，但具有类似的功能。

## 三、基因组的重复序列

几乎所有高等真核生物的基因组都含有大量的重复序列，它们绝大多数没有编码功能。根据重复拷贝的多少可将重复序列分为：高度重复序列和中度重复序列。高度重复序列的重复单位长度在数个碱基对至数千碱基对之间，拷贝数的变化可从几百个至上百万个。它们集中分布在染色

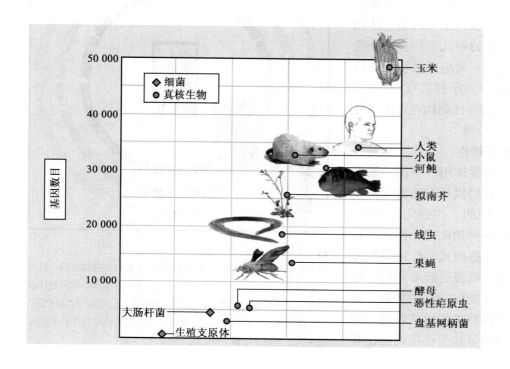

⊖ 图 9-7　基因组基因数目

基因组基因数目及其表达产物类型的多少是决定生物复杂性的决定性因素。总的趋势是，生物的分类地位越高，所含有的基因数目越多。

体的特定区段，如着丝粒和近端粒。中度重复序列有不同的组分，其长度和拷贝数差别很大，一般分散在整个基因组中。哺乳类基因组有两大类中度重复序列。一类称为**短序列分散核元件**（short interspersed nuclear element，SINE），长度在 500 bp 以下，拷贝数可达 10 万以上。另一类称为**长序列分散核元件**（long interspersed nuclear element，LINE），长度在 1 000 bp 以上，拷贝数在 1 万左右。

## 第五节　基因组学研究与应用

生命世界有两个显著特征：统一性和多样性。达尔文创立的进化论认为，地球上现存的或已灭绝的生物都来源于一个共同的祖先。现代分子生物学已经阐明，所有生命形式均采用一套相同的遗传密码。在基础代谢方面，无论何种生命形态，均遵循相似的生化路线。但生命世界又极其丰富多彩，即使同一物种的不同生态小种，其表型也呈现出千姿百态。生物所有的奥秘都隐藏在基因组中，在基因组水平我们可以发现生命世界的统一性和多样性是如何产生的。

### 一、比较基因组学

比较果蝇、小鼠和人类基因组的基因组成时发现，果蝇中有 50% 的基因可以在人类基因组中找到同源拷贝。小鼠和人类之间，只有 300 个基因的差别，仅占基因总数的约 1%。从基因组水平追踪，可以寻找到大量分子遗传学证据，清晰地描绘出生命在整个进化历程中的演变规律。根据比较基因组学的数据与信息，可以推测不同分类阶梯未测序生物种群大致的基因组成。

#### 1. 同线性

在染色体水平比较小鼠和人类基因组的 DNA 序列，可以发现这两个在 65 000 万年即已分开的物种间含有许多相同的染色体区段。在这些同源区段中，基因组成与排列顺序也基本相同。将水稻、高粱、玉米和小麦的染色体相互比较发现，这些谷类作物中几乎所有的染色体都可以在物种间找到一一对应的区段。在这些同源区段中，基因的排列序列具有一致性，称为**同线性**（synteny）。同线性结构在近缘物种的染色体中十分普遍（图 9-8）。

#### 2. 基因的保守性和多样性

在生长与发育中起重要作用的基因一般都有很强的保守性，因为它们执行的功能在许多物种中都是相同或者相似的。在进化过程中，功能保守的基因其编码序列和调控元件又会发生很多的变异，使其在表达模式和作用范围方面表现出极大的可塑性，以便适应不同的生存环境。根据基因结构与功能保守性的特点，可在异源物种之间进行基因功能的比较研究。例如，在拟南芥中发现的耐旱基因往往也能在谷

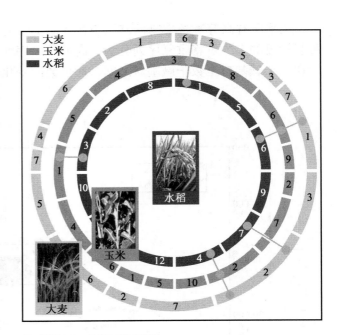

⬆ 图 9-8　比较基因组学

具有相同起源的物种之间具有许多组成类似的染色体区段，其内部基因的排列序列相同，称为同线性。图中 3 个同心圆分别代表大麦、玉米和水稻同线性染色体区段组成的基因组，数字代表同线性区段所在的染色体编号。黄线表示同源基因在 3 个物种的同线性区段所处的位置。

类作物中找到同源的基因拷贝，它们表现为相似的生物学功能（图 9-9）。

## 二、组学

基因组测序计划的实施，催生了与此密切相关的研究领域——"组学"的诞生。组学（-omics）是一个科学新名词，用来特指生物学的某个研究领域，常常作为后缀用来组成一个学科名称。如 genomics 就表示研究基因组的组成与功能的生物学分支学科，即基因组学。与此相关的一个新词是组（-ome）（ome 源于希腊语，表示所有、全部之意），系指组学研究的具体对象，如基因组学研究的目标就是基因组（genome）。目前在分子生物学领域采用 -ome 一词命名的分支学科包括：genome/genomics（基因组 / 基因组学）、transcriptome/transcriptomics（转录物组 / 转录物组学）、spliceome/spliceomics（剪接物组 / 剪接物组学）、proteome/proteomics（蛋白质组 / 蛋白质组学）、metabolome/metabolomics（代谢物组 / 代谢物组学）等。在组学的研究领域，转录物组学和蛋白质组学是目前研究较为深入的两个重要分支。

🔺 图 9-9　基因功能比较研究

将同一耐旱基因分别导入拟南芥和玉米，比较两种植物的转基因植株和野生型植株在缺水介质中的生长状况。两种植物的转基因植株均可耐受缺水压力，而非转基因植株死亡，表明该耐旱基因具有结构与功能的保守性。

### 1. 转录物组学

转录物组（简称转录组）是在某一特定条件下单个或一组细胞所具有的 mRNA 的总和（广义的转录组包含所有的 RNA）。研究全部基因转录产物的组成及其功能的领域称为转录物组学。与基因组 DNA 序列固定不变的情况相反，转录组的内容依实验针对的目的和设计的不同方案而随之变化。基因的表达具有时空差异的特点。在特定的发育阶段，在不同的组织器官，在特殊的细胞类群中，转录物的组成会发生动态的变化。只有在转录物组的整体水平上，才能准确而深刻地阐明基因组结构与功能的关系（图 9-10）。

### 2. 蛋白质组学

生物的最终生理 / 病理表型是通过蛋白质来实现的，它们包括催化细胞内各种生化反应的酶类、调控因子以及结构成分等。细胞中蛋白质的全部内容称之为蛋白质组，研究蛋白质组结构与功能的领域称为蛋白质组学。目前对蛋白质组学的研究主要集中在结构的分析。任何一种蛋白质都由或多或少的基本功能构件组成，称之为结构域。结构域的类型及其组成决定了蛋白质的功能类别。根据已有的资料估计，现存生物中组建蛋白质的结构域约为 5 000 种，其中 1 000 余种已经进行了分类。特定的结构域有特征性的氨基酸序列，与一定的分子生物学功能相关。因此根据蛋白质的结构域组成，可以初步推测它们所具有的生物学功能。

## 三、基因组信息的应用

所有生命现象产生的终极原因都能从生命个体的基因组序列中找到答案，因为基因组中储存了个体生长发育所必需的全部遗传信息。目前在国际基因组数据网站（NCBI）上已收录了数以千种从病毒到高等灵长类基因组的序列及其注释的基因，海量的基因组数据为研究千姿百态的生命现象提供了极其宝贵的线索。基因组数据库为科学家研究物种进化、人类遗传病、药物设计和农作物改良

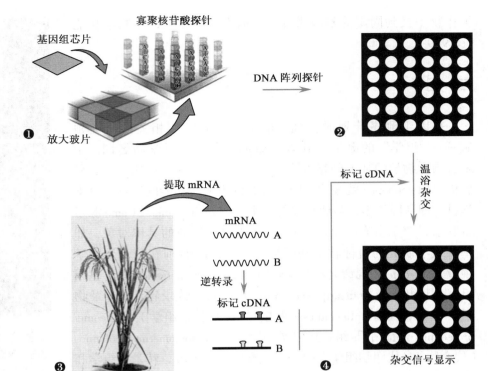

○→ 图 9-10 转录物组学

芯片杂交技术可提供大量基因表达的信息。机械手将寡聚核苷酸探针片段植入微型玻片组成 DNA 探针微阵列。分别将待检测样品的 cDNA 用荧光素标记，然后与微阵列芯片进行温浴杂交。微阵列中的核苷酸探针可与互补的 cDNA 序列结合。通过荧光检测仪可分辨杂交信号的强度，确定基因的表达水平。

等提供了广阔的空间和思路。

### 1. 现代人的起源与迁徙

在人体细胞中，储存遗传信息的场所除了细胞核外，线粒体也含有可自我复制的 DNA，称为线粒体基因组。人类线粒体基因组 DNA 总长为 1 650 bp，为母性单亲遗传。在漫长的进化历程中，线粒体 DNA 也会发生突变。有些突变并无表型效应，称为**中性突变**（neutral mutation），可在人类的连续世代中积累而不丢失。现代人的不同种族的成员中，仍然保留着这些突变。对来自不同地域、不同种族、不同群体的现代人线粒体基因组突变区进行测序，可将这些序列构建 DNA **系统发生树**（DNA phylogenetic tree），依此追溯种族的进化轨迹。

1987 年 Wilson 实验室从世界各地收集了不同人群的线粒体 DNA，通过 DNA 样品之间多态性的比较并进一步构建系统进化树发现，现代人的祖先是生活在非洲的 15 万年前的古人类。所有现代人线粒体都来自一个祖先的线粒体，它存在于 14 万至 29 万年前之间，这个祖先基因组可能位于非洲。科学家将提供这个线粒体的先祖称为线粒体夏娃（图 9-11）。

### 2. 人类基因组数据的利用

鉴于人类基因组数据对人类社会生活可能带来的重大影响，2003 年 10 月 17 日，联合国教科文组织第 32 届大会通过了《国际人类基因数据宣言》。宣言认为，人类基因数据在疾病防治、亲子鉴定、犯罪侦查等领域得到越来越广泛的应用，许多国家建立了人类基因数据库，并准备进行基因普查，这也引起了人们对"基因歧视"、侵犯隐私权和人权等潜在问题的忧虑。人类基因数据涉及到所有个人、不同家族、种族群体及其后代的特殊而敏感的医学信息，这些数据可能对众多家庭及他们的后代，有时甚至对整个群体的命运产生重大影响。《国际人类基因数据宣言》规范了在人类基因数据采集、处理、储存及使用过程中应该遵循的伦理道德准则，保证对人类尊严、人权和基本自由的尊重，保证人类基因资源不被用于社会歧视及侵犯人权。宣言提出，在人类基因数据的采集工作中

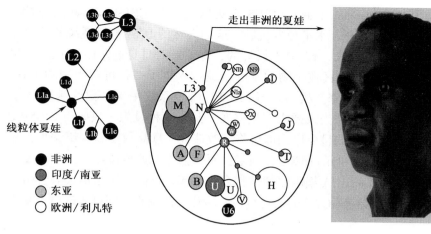

⬅ 图 9-11 线粒体夏娃
根据人类线粒体 DNA 的突变频率及其分布规律绘制 DNA 分子进化树，依此可追溯现代人的起源。证据表明，非洲之外的现代人祖先起源于 6 万～8 万年前走出非洲的古人类，称为走出非洲的夏娃（单倍型 L3）。

要遵循知情和自愿原则，被取样者必须事先得到充分的信息（知情）并能自由决定是否同意；在处理人类基因数据时要尊重人的隐私权，不能向第三方透露个人信息；在保存人类基因数据时要恰当保护人权和基本自由；在应用人类基因数据时，要保证恰当的用途，并做到利益共享。

#### 3. 千人基因组计划发现人类罕见变异

人与人之间在基因组上的相似性大于 99%，只有非常小的基因组序列是因人而异的。系统解析这些人与人之间的遗传变异对于了解疾病易感性、对环境和药物的反应性等方面均有重大意义。其中一些遗传变异在人群中的出现频率高于 1%，被称为单核苷酸多态性；而另一些遗传变异出现频率低于 1%，被称为罕见变异。这些罕见变异虽然频率低，但在出现的个体中其生物学效应可能更高，更有可能影响个体的健康状况，比如可能增加癌症、心血管疾病及不育的风险等，因此需要在更多的个体中进行全基因组测序才能发现这些变异。基于这种考虑，包括美国、英国、中国在内的国际社会于 2008 年启动了"国际千人基因组计划"，并在 2012 年的《自然》杂志上发布了 1 092 人的基因组数据，为更广泛地分析与疾病有关的罕见变异提供了强大支持。同时，这一千余名基因组提供者的分布地域较广，包括美洲、欧洲、亚洲、非洲，另外还有居住于美国的非洲人、南美人、北欧和西欧人后裔等，因此也为各个不同人种的基因组研究提供了各自可供参考的"基因地图"。除了国际上的千人基因组计划，各国也进一步开展了针对本国更大规模人群的基因组测序计划，比如美国政府于 2015 年提出的精准医学计划中就包括了测定百万人基因组序列的内容，英国政府于 2012 年启动 10 万人基因组测序计划并在 2019 年启动 500 万人基因组测序计划，中国也于 2017 年启动了 10 万人基因组测序计划。这些针对本国人群的大规模基因组测序计划相比之前的"千人基因组计划"更为侧重不同人群内部的遗传变异，为发现与人群特异性有关的疾病相关的遗传变异提供了重要基础数据，可更好地为本国的精准医学提供基因组层面的支撑。

#### 4. 基因组编辑

基因组编辑（genome editing）是采用工程核酸酶对基因组 DNA 序列进行有目的的剪接从而改变碱基排列顺序的一种遗传工程技术，涉及 DNA 序列的插入、替换与切除。基因组编辑技术在目标碱基序列位点切割 DNA，随后诱导细胞内 DNA 双链断裂修复机制修复伤口。修复过程中会产生序列的缺失或插入，从而导致靶位点突变。由于基因组编辑可以系统地有目的地在基因组范围引入碱基插入或缺失突变，对实验检测基因功能带来了很大的方便，在反向遗传学研究中被广泛采用，受到越来越多的关注与重视。

2007 年报道了 CRISPR/Cas9 基因编辑系统。CRISPR 系统由两类功能不同的遗传成分组成：

CRISPR 重复序列和 Cas 基因（CRISPR-associated gene，CRISPR 关联基因）。CRISPR/Cas9 系统是某些细菌为保护自身生存而发展的一种天然 DNA 水平免疫机制。这种天然的 DNA 打靶系统并不存在于真核生物，在原核生物中也只是为破坏外来入侵 DNA 设计的，并不针对自身的基因组 DNA。尽管如此，CRISPR/Cas9 系统仍然为原核生物和真核生物的基因组编辑提供了一种可资利用的工具。因为原核生物和真核生物细胞都有 DNA 断裂修复机制，当 CRISPR/Cas9 系统用来打靶目标 DNA 造成双链断裂时，在修复过程即可发生碱基的缺失或插入产生突变。基于这种设想，只要将 CRISPR/Cas9 系统中天然的原间隔序列更换成基因组的目标序列即可将其改造成一项高效的基因组编辑工程技术。天然的 CRISPR/Cas9 系统中，crRNA 和 tracrRNA 分别来自两个独立的遗传位点。为了便于操作，基因组编辑工程载体中，crRNA 和 tracrRNA 编码序列被整合在一起，可同时转录形成嵌合引导 RNA（guide RNA，gRNA）。将这一载体和编码 Cas9 的表达载体共转化受体细胞，即可实现单个基因或多个基因的打靶（图 9-12）。

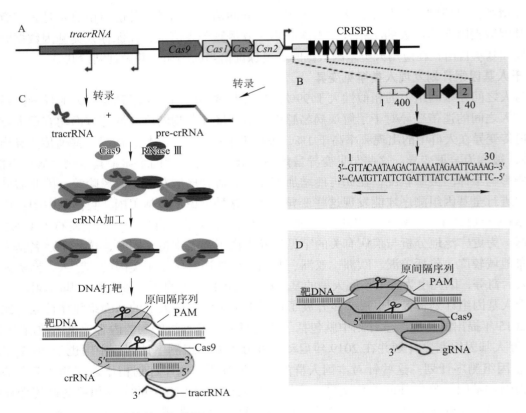

🔺 图 9-12　CRISPR/Cas9 系统基因组编辑

A. CRISPR II 系统含有 CRISPR 重复序列，Cas 基因簇及 tracrRNA。Cas 基因簇与 CRISPR 重复序列紧密连锁，形成一个完整的功能单位。图中箭头表示 CRISPR 重复序列和 tracrRNA 区的转录起点与转录方向。

B. CRISPR 重复序列内部结构图示。第一个重复顺序 5′ 端有一段长 400 bp 的引导序列（L，leader；方框表示）。菱形代表单个重复顺序，长 30 bp。菱形下面为代表性重复顺序组成，箭头表示近 5′ 端和近 3′ 端的小段回文序列（palindromic sequence）（Carte J 等，2008）。

C. 自然状态 CRISPR/Cas9 系统的工作机制（见正文）。

D. 通过加入一段链接序列将 crRNA 的 3′ 端与 tracrRNA 的 5′ 端连接组合成一个嵌合的 crRNA-tracrRNA。嵌合的 crRNA-tracrRNA 与天然 crRNA：tracrRNA 的功能相同，这一改造可使 CRISPR/Cas9 系统工程载体的构建简化，更便于实验操作。

PAM: proto-spacer adjacent motif, 原间隔序列近邻基序; gRNA: guide RNA, 即嵌合 crRNA-tracrRNA。

### 5. 农作物的改良

基因组数据库的另一个具有重大应用价值的领域为农作物改良。到目前为此，人们已完成并公布了水稻和高粱全基因组序列，玉米和棉花部分基因组测序序列也已登录在国际基因组网站。一些家畜和家禽基因组的测序计划也已展开。未来世界范围内人口的持续增长，对食物供给带来了巨大的压力。由于全球范围气候变暖引起的灾害性事件频发，以及越来越多的粮食产区不断面临水资源的困境，加之长期大量施用化肥对土质造成的破坏都在很大程度上制约了农作物产量的进一步提高。许多发展中国家的工业化进程对土地资源的消耗和侵蚀也使耕地面积大幅度减少，加剧了粮食供给的困难。为了经济的可持续发展，人们逐渐将希望寄托于利用基因组数据对农作物进行的基因改良。

栽培作物的种植历史表明，品种的改良在提高农作物产量方面起着举足轻重的作用。但目前传统的遗传育种改良方法对绝大多数农作物的改良已经达到极限，大多数可资利用的遗传资源已被利用。近十几年来，在功能基因组学取得突破的基础上，兴起了分子标记辅助选择、全基因组选择及品种设计等现代分子育种。水稻功能基因组学的成果为全基因组选择育种提供了一系列的功能分子标记。SNP 芯片是全基因组选择育种的有效工具，为大规模的基因型鉴定提供了便捷的方法。由于多数农艺性状受多基因调控，并具有"模块化"的特性，中国科学家又提出了"分子模块设计育种"的新型育种理念（图 9-13），将一个功能基因或一个调控网络的可操作功能单元作为一个分子模块，根据不同的育种目标，选择合适的分子模块进行耦合，系统地发掘分子模块互作对复杂性状的综合调控潜力，实现模块耦合与遗传背景及区域环境三者的有机协调统一，发挥分子模块群对复杂性状最佳的非线性叠加效应，从而有效实现复杂性状的定向改良。目前我国科学家在水稻产量、水稻株型设计、水稻的品质等农艺性状设计育种研究上取得了很大的进展，运用"分子模块设计"技术育成的水稻新品种"嘉优中科系列新品种"获得了丰收（图 9-14）。

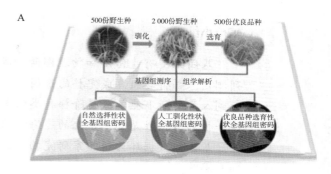

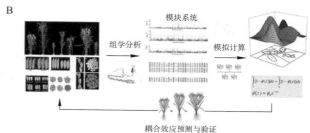

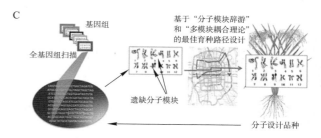

⊙ 图 9-13　分子模块设计育种创新体系

A."分子模块辞海"：水稻复杂性状全基因组编码规律。

B. 多模块非线性耦合理论。

C."全基因组导航"分子模块育种技术示意图。

⊙ 图 9-14　导入 IPA1 基因分子模块的水稻新品系

## 小结

　　基因组图有遗传图和物理图两种类型。基因组测序需对数百万甚至数千万个 DNA 片段进行序列测定，并将其组装成完整的基因组物理图谱。目前的测序技术经历三代，从而使人类完成了对细菌到人类的所有生物分类阶梯种类的多个基因组测序计划。在基因组水平我们可以发现生命世界的统一性和多样性是如何产生的。海量的基因组数据为研究千姿百态的生命现象提供了极其宝贵的线索。基因组数据库为科学家研究物种进化、人类遗传病、药物设计和农作物改良等提供了广阔的空间和思路。

## 思考题

1. 基因组信息如何推动物种进化的研究？
2. 如何理解转录物组学与蛋白质组学的关联？

（杨金水、罗小金、倪挺）

# 第 十 章

# 生命的进化

几个世纪以来，人们一直在研究自己生存的环境，对生物长期的观察和研究，至今已发现和记录了 200 多万种生物种类，而当今地球上实际存在的物种可能高达 300 万至 1 000 万种。大量信息告诉我们，尽管不同物种在大小、形态和结构的复杂性上各不相同，但是它们都存在 4 类相同的最主要的有机分子——氨基酸、核苷酸、糖类和脂肪酸。特别是它们都具有生命的属性，生物体都由细胞组成，有生长发育和繁殖的能力，对刺激有敏感性。由此，人们不禁要问，生物是怎样进化的？物种是怎样形成的？达尔文的进化论告诉我们了什么？

## 第一节　生物进化思想的产生和发展

在人类发展史上，早期的生物进化自然观可以追溯到古希腊许多著名的哲学家，如古希腊最早的自然哲学家之一 Anaximande。早在 2500 多年前，他就表达过一种生命起源的观点，认为生命最初是从海中淤泥产生的，由海中淤泥产生的原始生物经过蜕变而产生陆地植物。亚里士多德 2300 年前就已经观察到自然界的生物是由低等到高等的自然等级（scala naturae）组合在一起的，在这个等级中：无机物是低级的，有机物是高级的；而在有机物中，植物是低级的，动物是高级的，人类则是最高级的。所以在公元前 5 世纪前后，古希腊哲学家就已表达出现代进化论所依据的两个基本思想：一是自然界连续性的思想，即认为生物是世代延续并相互关联的；二是通过变化创造不同生物的思想。但是到了中世纪，西方的各种学术思想都受到宗教的束缚，基督教的《圣经》把世界万物都描写成上帝的特殊创造物，包括自然界的生物和人类，即所谓的"创世说"。

18 世纪，法国博物学家 Buffon 对自然界的生物进行了大量的观察和实验，并倾其一生出版了共 44 卷百科全书式的自然史，书中记载了所有已知的动植物。Buffon 的工作清晰展现了有机体明显带有遗传和饰变的特征。Buffon 试图解释其发生机理，认为物种是可变的，物种生存环境的改变可引起生物机体的变化，且某些物种的高繁殖率与它们大量死亡之间似乎存在必然的联系。Buffon 还提出对于广泛存在的动物之间关系的证据不能熟视无睹，他曾大胆地说："如果《圣经》没有明白宣示的话，我们可能要去为马与驴、人与猿找寻一个共同的祖宗。"Buffon 的思想带有明显的自然选择的观点，但迫于当时宗教势力的巨大压力，他最终放弃了自己的进化观点。目前在生物进化理论中，主要有四种进化学说：拉马克学说、达尔文的自然选择学说、现代综合进化理论、木村资生的分子中性学说。

## 一、拉马克学说

拉马克（J. B. Lamarck）（图 10-1）是历史上第一位提出完整而具体的进化学说的博物学家，并对以后的生物进化研究产生了重要影响。他在 1809 年发表的《动物学哲学》一书中，列举大量事实说明生物是可变的，所有现存的物种（包括人类）都是从其它物种变化、衍生而来；他相信物种的变异是连续的渐变的过程，并且相信生命的"自然发生"（由非生命物质直接产生生命）；他认为生物本身存在一种由低级向高级发展的"力量"，促使自然界的生物连续不断地、缓慢地由一种类型向另一种类型、由一个等级向更高的等级发展变化；他指出"用进废退"和"获得性遗传"是导致生物进化的重要原因，也就是说生物后天获得的性状可以通过历代积累而使生物改变原样，且器官使用得越多越发达，历代不使用，器官则退化。拉马克的进化学说是对当时占统治地位

↑ 图 10-1    拉马克

的"创世说"的挑战，他唤醒人们注意生物变异与环境的关系，指明生物的变化具有内在的自然规律而不是神的干预。至于获得性性状能否遗传目前仍在争论之中，现代表观遗传学的发展让人们开始重新认识拉马克学说。

值得一提的是与拉马克同时代的法国另一位著名的博物学家居维叶（G. Cuvier），他作为脊椎动物比较解剖学和古脊椎动物学的创始人，也曾观察到古生物类型与现存生物有很大区别，也承认生物的变化，但他把生物的变化与环境的灾变联系在一起，认为：生物改变是突然的整体消失和重新创造，这种变化不是渐进的，而是"一幕一幕"的；地球历史上曾发生过几次大的灾变，每一次灾变后，旧的生物物种全部消失，继而出现新的一幕生物。因此，后人都把 Cuvier 的进化观点称为"灾变说"。由于他不能解释新的一幕生物从何而来，因而最终仍不能摆脱"创世说"的影响。

由此可见，从 18 世纪末到 19 世纪中期，很多博物学家已经观察到自然界生物物种连续和变异的现象，但不知道为什么会变，对生物进化的机制都是模糊不清的，因而这个时期的进化理论多半是臆测的、主观推理的。一直到 1859 年达尔文《物种起源》的发表，标志着生物进化理论的发展进入到一个新时期。

## 二、达尔文的自然选择学说

达尔文 1831 年毕业于剑桥大学神学院，但他对考察自然的爱好和广泛的兴趣，以及他强烈的求知欲、超人的观察力和正确的思维方法，使他在 1838 年不满 30 岁时就彻底摈弃了自然神学的观点，并提出了自然界生物进化的基本原理。他认为：自然界一切生物都在不断地发生变异，并且这些变异是无定向的，其中有些变异有利于生存和繁殖，有些则属不利变异。他指出任何生物产生的生殖

细胞和后代数目要远远超过可能存活的个体数目（繁殖过剩），因此所有生物随时随地为生存而竞争，在广泛变异和生存斗争的基础上，那些具有最适应环境条件的有利变异的个体将获得较多的生存机会，并繁殖后代，从而使有利变异可以世代积累，不利变异则被淘汰，这就是自然选择的过程。经过几代、几十代甚至几百代的变异与选择，生物机体的结构将趋于合理，将更加适应于环境，并随着变异的积累，不同生物类群间的歧异程度也越来越大，从而由原来的一个种演变为若干个不同的变种、亚种乃至不同的种。达尔文进化学说的产生是进化论发展史上划时代的里程碑，也是现代进化论的主要理论源泉，达尔文学说丰富和充实了人类的思想宝库，成功地使自然界生命产生和发展的主要过程得到说明，从而开创了生物科学发展的新时代。

## 三、现代综合进化理论

尽管达尔文正确地把进化建立在生物与环境相互作用的基础上，认为通过生物的变异、遗传、和选择导致生物的适应性改变，但由于当时遗传学等学科尚未建立，对变异和遗传的概念缺乏明确的认识，因此达尔文的进化学说在某些方面特别是在进化的遗传基础上存在明显的问题和缺陷。此后随着生物学各分支学科的发展，达尔文的进化理论也不断地被修正和补充，特别是 20 世纪 30 年代以后，生物进化研究逐步由强调单个进化因素走向综合分析各种可能的影响因素，即综合分类学、遗传学、胚胎学、生理学、古生物学等各方面的资料研究生物进化的过程，尤其是随着遗传学的发展，统计生物学和种群遗传学的成就被用于重新解释达尔文的自然选择理论，从种群基因频率变化的角度阐述自然选择是如何起作用的，这弥补了达尔文自然选择理论的某些缺陷，赫胥黎称这个时期的进化理论为"现代综合进化理论"（the modern synthetic theory）。现代综合进化论认为，由于基因分离和重组，有性繁殖的个体不可能使其基因型恒定地延续下去，只有交互繁殖的种群才能保持一个相对恒定的基因库。因此，不是个体在进化，而是种群在进化，并且主要体现在种群遗传组成的改变上。现代综合进化论将自然选择归结为不同基因型有差异的延续。

## 四、木村资生的分子进化中性学说

20 世纪 50 年代以后，分子生物学得到很大发展，木村资生（Kimura）等依据对核酸、蛋白质序列中核苷酸及氨基酸置换速率的分析，以及这些置换所造成的核酸及蛋白质分子的改变并不影响生物大分子的功能等事实，提出了分子进化的中性学说（natural theory of molecular evolution），认为生物大分子层次上的进化改变不是由自然选择作用于有利突变而引起的，而是在连续的突变压力下由选择上中性或接近中性的突变的随机固定而造成的，中性理论不否认自然选择在表型（形态、生理、行为等特征）进化中的作用，但否认自然选择在分子进化中的作用，认为决定生物大分子进化的主要因素是随机遗传漂变积累而产生的。

## 五、生物进化思想的发展

20 世纪 70 年代，有些古生物学家和地质学家根据对化石资料和地质数据的分析，提出了天外星体撞击引起地球上生物集群绝灭的"新灾变说"，这个假说否认生命史上各次大规模的集群绝灭是由不同的复杂原因而引起的偶发性事件的说法，认为绝灭的周期性表明不同的集群绝灭可能由单一原因引起，并且绝灭发生机制也大致相同，这就是天外星体的撞击，导致地球表面环境发生巨大变化，生态系统瓦解，生物绝灭。

20 世纪末，基因组学和发育生物学的发展揭示了自然界不同生物类群在细胞代谢途径及遗传调控方面存在惊人的同一性（unity），但在遗传组成和发育途径上又表现出复杂的多样性（diversity）。基因组资料的积累，使从全基因组水平对不同类群生物的遗传组成和遗传结构进行比较成为可能，并为探讨不同生物的进化历史，尤其是高级分类阶元的分化历史提供了强有力的证据。从遗传和发育的角度比较不同生物的躯体结构式样（body plan）及其遗传发育程序，不仅揭示了同源异型基因（homeotic gene）在生物形态和结构分化中的关键性作用，在一定程度上阐明了具有明显形态差异的生物大类群发生的遗传基础，而且促进了遗传—发育—进化的统一，并催生了一门新的分支学科"进化发育生物学"（evo-devo）。从宏观水平对生物多样性发生机制以及与环境相互关系的研究，则在很大程度上揭示了生物与环境长期协同进化的关系，尤其是"盖雅"（Gaia）理论的发展，从根本上改变了人类对生物与自然关系的认识，改变了人类的自然观。

由此可见，围绕自然界生物进化的原因和机制还存在不同看法，有关自然界生物进化现象的研究还在不断深入。100 多年来，新进化学说对旧进化学说既有承袭，也有发展，既有补充、修正，也有对立和争论。生物进化是一个无休止的过程，人类对生物进化规律的探索也将是一个永无止境的过程，但追随前人探索的足迹，自然界壮丽斑斓的生物进化现象及其起源和发生机制将愈来愈清晰地呈现在我们面前。

## 第二节　生物的遗传与变异

遗传学的研究成果揭示了基因是携带遗传信息的基本单位，DNA 通过半保留复制将其携带的遗传信息准确地传递给下一代，并通过转录（transcription）和翻译（translation）过程，控制生物体的表型性状。但很早以前人们就知道在一个群体中会出现个别与众不同的个体，也知道同种生物长在不同的生境中其表型特征不完全一样，这就引出了一个值得人们思考的问题：这些变异是如何发生的？现代生物学研究结果揭示了个体变异主要源于三个基本因素：表型可塑性、遗传重组和突变，在不同场合，对不同生物个体来说，这三种因素的作用方式和作用程度不尽相同，三者之间相互影响的程度也不一样，使种内或种群内表现出十分复杂的变异。

### 一、表型可塑性

在从受精卵发育成成熟个体的过程中，生物体内的遗传物质对成熟个体的表型特征起着决定作用，但遗传信息的表达必须以一个适宜的生境作基础，因为在个体发育过程中，器官的生长和性状的表现都必须依靠周围生境的物质，因而必然受到生境的影响。我们通常把一个已知基因型在不同生境下表现出的不同表型称为该基因型的反应范围（reaction norm）。一种基因型的反应范围是极其多样的，生物生活在不同生境中，基因型与环境可产生不同的相互作用，并导致不同的表型特征。由环境诱导的表型变异通常是不能遗传的。例如，水生毛茛 *Ranunculus auqatilis* 的气生叶通常具有完整的掌状裂叶片，而生活在水中的叶片都裂成细丝状，这种明显的异形叶性（heterophylly）特征就是环境诱导的表型变异（图 10-2）。

一般来说，植物的表型变异比高等动物更为明显，这是由于在植物体内保留有永久的（或潜在的）分生组织和生长点，随着个体发育的进行，环境条件可以在整个生长周期中一直不断地对这些幼嫩的尚未分化的组织施加影响。表型变异是以可塑性（plasticity）为基础，不同分类群表型可塑性的范围不同，这主要决定于其耐受性大小。植物中杂草的可塑性和耐受性最为突出，许多杂草因具有适合于多种生态环境的非常宽广的表型可塑性使得其分布范围极广，而且在整个分布区范围内生长得同样良好，但对大多数植物来说，可塑性是十分有限的；另一方面，对不同性状而言，可塑性的程度也不一样，植物体最易发生可塑性变异的性状是植株的绝对大小和各营养器官的绝对大小，以及茎的延长程度、分枝数目和叶子、花序、花的数目等。但也有很多性状则很少或完全不发生可塑性变异，这些性状的表型差异几乎完全是遗传差异的表现，如叶缘的齿形、表皮毛类型、花序形状以及花部结构等。性状的发育方式是影响不同性状可塑性大小的主要因素，凡易发生可塑性变异

↑ 图 10-2  水生毛茛的异形叶

的性状，如绝对大小、延长程度、相同器官的数目等都取决于茎端分生组织积极生长的时间长度，以及各部分在以后生长时细胞的延长程度，这些过程比较容易受到外界环境的影响。至于单个器官的基本形态式样则是在很早的发育阶段就已经在原基中奠定了基础，在以后的发育过程中外界环境不易产生影响，生殖器官之所以有更高的稳定性就是因为它们不像枝叶那样渐次生长分化，而几乎是同时一次分化，且花部原基分化以后的生长较少，而枝叶原基分化以后的生长较多。

　　表型可塑性是导致产生种内变异的原因之一，对增强生物体生存竞争能力有积极意义，耐受性广泛、能对不同生境条件作出多种适应性改变的个体必然比可塑性小的个体具有更大的选择优势，并增加遗传变异的机会，因而尽管表型可塑性不能遗传，但对进化而言仍具有积极的间接影响。

## 二、遗传重组

　　影响遗传变异的第二个因素是遗传重组，对选择及其他控制种群进化方向的作用而言，这是最直接也是最重要的变异来源。重组只有通过有性生殖才能实现，这是因为对无性繁殖的生物而言，尽管无性繁殖的方式多种多样，但其结果总是相同的，即除突变外，无性繁殖产生的后代之间不仅彼此之间在遗传特征上完全相同，而且与产生这些后代的单一亲本在遗传上也是一样的。而有性生殖过程中，染色体组分的连续性由减数分裂和受精作用共同决定，通过交换与随机交配使父母亲本基因重新组合，由于一个种内包含的基因数量很多，重新排列组合的数量几乎是无限的，因而有性生殖过程常常使每个后代都具有不同的基因型，即使它们有共同的亲本。当然，交换和随机交配本身并不能保证新的遗传组合，还取决于父母本基因型的等位基因之间的遗传差别：当等位基因的杂合性高时，大部分的重组将产生新的遗传组合；当等位基因的杂合性低时，只有少部分重组在遗传上是有效的。所以等位基因的杂合性水平越高，重组的数量就越大，在种群内产生具有遗传差别的配子数就越多。

　　在高等生物中，基因重组可以通过连锁互换、自由组合、转座插入和杂交等形式实现，并有很多因素能影响重组的过程。例如，种群的大小和结构能影响生物近交的程度，由小种群产生的配子通常比大种群产生的配子亲缘关系更为接近。目前很多发育生物学的研究结果表明：生物发育的主要特征是时空秩序性，即发育过程中基因必须按严格的时空秩序有选择地表达；对发育而言，最主要的不是个别基因的表达，而是这些基因表达在时空上的联系与配合，即发育的遗传秩序；发育事件在时空秩序上的错位可能是导致形态进化的重要机制之一。由于任何一个基因的表型效应不仅决

定于基因本身，还决定于基因之间的相互作用，因而通过有性生殖过程实现的基因重组虽然不能改变基因本身，但新的组合可以导致新的变异类型。

## 三、突变

广义的突变是指除孟德尔遗传重组以外的任何可遗传的变异，包括基因突变和染色体突变。基因突变指的是一个基因中的核苷酸序列发生了改变，这种突变常常只涉及 DNA 序列中的一个碱基，也称**点突变**（point mutation）。在三联体密码子中一个碱基对的替换或颠换可以导致该基因所控制的蛋白质中一个氨基酸的改变，如果这种替换正好发生在某种酶的活性部位，则可能使其催化活性丧失殆尽，并在形态和生理上表现出不同的特征。基因突变还可表现为移码突变，即在 DNA 序列中添加或缺失一个或几个碱基对，这种缺失或插入的结果常常导致遗传密码阅读框的改变，即改变插入或缺失点之后的读码顺序，从而导致编码蛋白质中氨基酸序列的完全改变，丧失原有的活性。

基因突变在自然界非常普遍，如禾谷类中出现的矮秆植物、有芒小麦中出现的无芒小麦等都是基因突变的结果。在自然条件下，突变以稳定而可预测的速率发生，大约每 1 万至 100 万个基因拷贝中有一个基因突变，平均突变率是十万分之一，这就是分子进化中性学说的核心。在稳定的生境条件下，突变大多在遗传上没有什么价值，突变基因一旦表现出来往往是造成不利的影响，因为自然选择已经集合了有利的基因，随机改变其中一个，将破坏生物体内各种生化反应的协调和平衡，降低个体的适应性。

在高等生物中，二倍体世代得以进化并占据绝对优势的原因之一就在于二倍体生物在遗传和进化的灵活度方面具有更大的选择价值，因为它使显隐性关系成为可能。在单倍体生物中，每个新的突变立即受到自然选择的作用，如果这种作用在突变产生当时是有害的，或者只是略有不利，新的突变就可能随着这个个体一起失去，但在另外一种生境下，或者当该突变基因与种群中其它基因作一定组合时，选择也许对它有利；在二倍体生物中，新的突变刚产生时总是处于杂合状态，突变若为隐性就不受选择的作用，即使该突变基因是有害的，甚至是致死的。Dobzhansky 曾经指出，在异体受精的生物中，各种致死、半致死或中性基因都以很高的频率存在，这些中性基因或半致死基因很可能具有潜在的选择优势，在该种群将来面临的生境条件下是有用的，并有一些基因可能与种群内其它个体中发生的突变形成有利组合。

自然突变的另一个重要来源就是染色体变异，包括染色体数目和结构的变异。**多倍化**（polyploidization）是最常见的染色体变异现象，目前认为绝大多数高等生物在进化历史中都至少经历了一次多倍化事件。多倍体可以通过体细胞加倍（somatic doubling）、未减数配子的融合（union of unreduced gametes）以及多精受精（polyspermy）等途径产生。目前发现在被子植物中，同一物种形成未减数配子的过程可以在不同种群中独立地发生，这就意味着一个多倍体种有可能在不同种群中独立地重复发生（recurrent formation），大量的分子证据表明迄今研究过的绝大部分多倍体植物是多元起源的。多元起源实质上是由遗传上不同的二倍体祖先参与的反复的多倍化过程。基于不同种群独立发生的多倍化过程可能涉及同一种内形态或遗传特性不同的种群，因而会导致产生一系列在遗传结构上存在差异的多倍体种群，这是多倍体种群遗传多样性的一个重要来源。此外，由于在多倍体基因组中经常发生 DNA 重排（DNA rearrangement）、DNA 删除（DNA elimination）、DNA 同质化（homogenization）和染色体结构变异（chromosome structure change），使得整个基因组有可能不再具有多倍体的结构特征而表现出明显的二倍体的细胞遗传学特性，这一过程称为多倍体的二倍化（diploidization），目前发现的许多古多倍体就是二倍化了的多倍体。

　　染色体结构变异主要有缺失（deletion）、重复（duplication）、倒位（inversion）和易位（translocation）几种形式。不同形式的结构变异往往对生物遗传特性产生不同的影响，其中：缺失使细胞中的 DNA 含量减少，在杂合状态下，小缺失可能对生物不造成严重影响，若缺失大到一定程度，在杂合体中可引起显性致死效应，缺失在纯合时往往是致死的；重复对适合度的影响不如缺失的影响严重，它长期被看成是额外遗传物质增加到基因组中的一种机制，因为除了多倍化以外，这是使种内基因数目增加的唯一方法，目前生物所具有的几千或几万个基因中，有相当一部分是由重复基因通过突变发生功能分化而形成的；倒位和易位都不改变细胞中染色体上的基因数目，只改变染色体上基因的排列顺序，改变基因之间的连锁关系，倒位或易位的结果常使减数分裂过程中出现一些不正常的染色体，造成一定比例的不孕配子。

　　变异是生物进化发展的基础，是进化的"原料"。从本质上讲，变异在生物进化中的作用主要体现在对适合度的影响。如前所述，在一个稳定的环境中，由于自然选择长期作用的结果，汇集了大量有利基因，随便改变其中一个，将破坏生物体内各种生化反应的协调和平衡，降低个体的适合度；但在一个变化的环境中，无论是表型变异还是遗传变异都可能为种群提供更多适应环境的机会，增加个体的生活力和生殖力，提高其适合度。尽管有学者认为，种群中所包含的大量遗传变异仅仅反映了该物种本身的进化历史，是进化的产物，而不是留作后备的遗传变异的仓库，但多数学者坚持认为遗传变异的存在是进化的必要条件。

## 第三节　生物种群的遗传结构与自然选择

### 一、种群的遗传结构

　　每一种生物都包含有许多个体，这些个体之间可以互交繁殖，不存在生殖隔离，但由于地理或环境因素的限制，同种个体常常被分隔成或大或小的群体，不均匀地分布在各自的生境中，这些占据特定空间的、具有潜在杂交能力的同种生物的个体群称为**种群**或**种群**（population）。种群是物种存在的具体形式，种群内个体之间互交繁育的概率显著大于不同种群个体之间互交繁育的概率。因此，同一种群的个体享有一个共同的基因库（gene pool），不同种群具有不同的遗传结构。

　　种群的遗传结构是由大量位点决定的，这些位点可能是单态位点，也可能是多态位点，每个位点的平均杂合度也不尽相同，因此要了解种群的遗传结构，首先要弄清各个基因位点的遗传组成。在种群遗传学中，对特定基因位点的研究关键在于探明该位点的基因组成以及各基因和基因型在种群中出现的频率。对任何种群来说，它们的遗传结构不会在长时间内保持恒定，原因在于种群内各种基因或基因型频率经常处于不同程度的变化之中，这种变化是种群遗传进化的一个主要方面。

　　哈代－温伯格平衡是研究种群遗传学的起点，其主要进化意义在于不管当前遗传变异的可能情况怎样，任何种群都倾向于保持其现存水平，维持稳定，因而哈代－温伯格平衡反映了自然种群的保守性。但这一平衡无疑是一种理想状态，虽然在少数样本中各类基因型频率显示出与期望值并无离差，但所假定的几个条件从来没有被确切地遵循过，种群永远不会是无限的，有突变，还可能有选择和迁移，因而种群的基因频率一直在改变，遗传平衡是相对的。从进化的角度看，假如哈代－温伯格平衡定律完全适合于自然界的生物种群，那么在随机交配的种群中基因频率和基因型频率将始终保持恒定，进化就不可能在这些位点上发生。值得庆幸的是妨碍这个定律达到预期平衡状态的各种因素在不断地起作用，结果导致种群的遗传组成也在不断变化。对一种群而言，其进化潜力的大小主要取决于该种群中包含了多少遗传变异。可以设想，如果一个种群的所有个体在某个基因位点的遗传上是等同的，那么进化就不可能在该位点上发生，因为等位基因的频率在世代之间不可能改变；反之，如果同一基因位点上有两个或更多不同的等位基因，当一个等位基因的频率增加而另一些等位基因频率有所减少的情况下，进化就可能在该位点上发生。变异的基因位点数越多，每个变异位点上的等位基因越多，等位基因频率改变的可能性就越大，因而种群包含的遗传变异越多，进化的机会也越大。

## 二、自然选择及其在生物进化中的作用

达尔文认为，生物体繁殖后代的数量远比替代原有亲本所需要的数量多，并且这些后代在特征上不完全相同，它们当中有可能通过某种方式产生少数具有利变异的个体，不论这种有利性多么微小，它必定优于其他个体，因此这种个体有最大的生存繁育机会，反之，即使是最轻微的不利变异也会被严峻地淘汰，这种对有利变异的保存和对不利变异的排除，达尔文称之为"自然选择"（natural selection）。

自1859年达尔文发表《物种起源》后，自然选择思想就赢得了广泛的承认，并一度被认为是进化生物学的基石，是生物界系统发展的巨大推动力量，选择论的支持者们企图证明用自然选择原则可以解释一切；可是到20世纪初，突变现象的发现引起人们的极大关注，对基因突变作用的过分强调，致使突变学说成为"达尔文那个大为过时的假说"的新兴替代者，选择则被看作是纯粹消极性的力量；20世纪30年代以后，对自然选择的这种否定态度又有所转变，大量证据表明，突变和选择并不是相互排斥的过程，而是相互补充的，都为进化所必需，而且都有其特有的创造性作用。

衡量自然选择的参数是**适合度**（adaptive value），也叫选择值或适应值，这是指一种生物能够生存并把它的基因传给后代的相对能力，它包括两个基本因素，即生活力和生殖力，生活力以生存达到生殖年龄的基因型的概率来衡量，生殖力则以基因型所产生的有功能的配子数量来衡量。虽然简单的生存对个体可能是重要的，但向后代传递基因乃是物种进化的关键，如果种群的成员不能生殖、不能为该种群的繁衍贡献后代，那就不能算作适应了。在种群中，如果具有不同基因型的个体繁殖率有差别，那么比较成功的个体所携带的基因在种群中的频率倾向于增加，整个种群倾向于更适应现存条件。因此，自然选择是促进种群适应于变化的生境条件，而种群适合度的最后检验是繁殖成功，从这个角度讲，适合度可看作是衡量一种基因型相对另一种基因型来说其相对的繁殖效率，自然选择也可简单定义为不同遗传变异体的差别繁殖。

依据选择作用的效应可以把自然选择分成三种类型，即稳定选择、定向选择和分离选择（图10-3）。

**稳定选择**（stabilizing selection）指的是指向变异曲线两个尾部的选择，即中间表型为选择所厚，而极端表型为选择所薄，结果一切偏离"正常"的、与共同的表现型不一致的类型都被排斥，仅保留中间表型的个体，使生物类型保持相对稳定（图10-3B）。这种选择多见于生境相对稳定的种群中，选择的结果将使性状的变异范围不断缩小，使种群在许多性状上保持一个稳定的遗传组成——遗传稳态（genetic stability）。遗传稳态是一种群体现象，其实质是进化导致表型固定化或发育稳定，其机制在于某一表型对生境变化有缓冲作用，在一定范围内的不同生境中能出现同样适应的表型（发育灵活性）。

**定向选择**（directional selection）是变异曲线的一个尾部被选中，另一尾部被排斥，结果是曲线

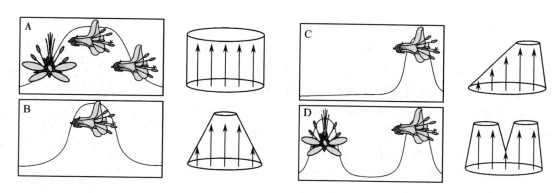

**↑ 图 10-3　自然选择**
A. 种群内变异　B. 稳定选择　C. 定向选择　D. 分裂选择

的均值稳定增高（图 10-3C）。具体说来定向选择是把趋于某一极端的变异保留下来，淘汰掉另一极端的变异，使种群朝某一变异方向逐步改变。这种选择多见于生境条件逐渐发生变化的生境中，人工选择大多数属于这种类型，农业中有很多对农作物进行定向筛选的例子。定向选择的结果也会使变异范围逐渐趋于减小，使种群基因型组成趋于纯合。当两个或更多种群被置于相似的生境中时，它们会受到同样的定向选择压力，对不同物种来说也是如此。例如，沙漠地区的植物都面临着炎热和缺水的共同问题，这些选择压力使它们逐步形成了共同的生存方法，比如叶片退化或茎叶肉质化等，尽管它们之间可能没有很近的亲缘关系（如沙漠地区的大戟科和仙人掌科植物），但由于形成了共同的生存方法因而在外形上也变得越来越相像（趋同进化）。

　　**分裂选择**（disruptive selection），又称歧化选择，是指变异曲线的两个尾部同时被选中，亦即把一个种群中的极端变异个体按不同方向保留下来，而中间常态类型大为减少的选择（图 10-3D）。对一种群而言，其所生存的生境在很多因子上是异质的，这种异质既可能表现在时间上，也可能表现在空间上，当原先较为一致的生态环境发生分离，一个种群处在两个不同的生境中时，每一部分将受到不同的选择压力，并使种群逐渐分离，向着不同的方向进化，这个过程就是分裂选择的过程，其机制在于不同基因型可能有利于不同亚生态位的选择。分裂选择的结果可使种群在短距离内产生遗传分化，如果占据不同亚生态位的种群之间基因流动受到充分限制，那么分裂选择就会引起同地物种形成。

　　曾经有人把自然选择比作为一个筛子，它留下那些稀有的有利突变，淘汰大量的有害突变，如此看来，自然选择完全是一种消极因素，选择不可能创造任何新事物。自然选择是不是就是这样一种简单的被动过程呢？Mayr 指出：他们这样的说法正显示了他们既不懂选择的两步过程，又不明白它的种群实质。选择的第一步是通过突变和重组产生无限数量的新变异，即新的基因型和表型，如果没有丰富的种内变异，没有生活力与生殖力的差别，自然选择也无能为力，正像达尔文所说的"除非有利的变异确实发生，否则自然选择将无所事事"；选择的第二步是将第一步的产物接受自然选择的检验，只有通过这种严格检验的个体才能成为下一代基因库的参与者，这里包括了自然选择的创造性作用。自然选择具有创造性作用并不是说自然选择能够产生一个新的基因或新的个体，它的创造性作用在很大程度上类似于艺术家的创作活动，一个画家并不能创造出画布和颜料，但他创作了画，自然选择虽不能创造一种组织、一片叶子，但它与这些组织和器官中原子适应的组合出现有关，它使各种微小遗传变化得以有规则地积累起来，并在极多的随机变异中保留最有利的基因组合而去掉其他组合（后者若无自然选择本来是可以存在的），从而为特定组织或器官的形成奠定基础。如果没有自然选择的组合过程，这一目标是永远也实现不了的（图 10-4）。因此，Stebbins 指出：自然选择是使单个突变组合成各式各样多基因体系的唯一的、至少是最重要的指导力量。Muller 也指出：突变是自然种群中起碎裂作用、解体作用的力量，而选择则是不由自主地把混乱突变理出秩序的力量。由此可见，生物的进化绝不是单纯随机过程的产物，而是一种"有选择"的过程。

值得注意的是，强调自然选择的创造性作用并不意味着否认自然选择也是一个机遇性过程，自然选择只能为有利基因型的扩散提供更多的机会，但并不能保证具有有利基因型个体的存活和旺盛繁殖，很多随机因素和意外情况会干扰这一过程。例如，生境条件发生迅速的剧烈变化，本来生活兴旺的种群会因克服不了这种变迁而绝灭。自然选择作为一个机遇性过程还表现在对同一种生境的适应可以按不同方式到达，例如为适应干旱，可能叶子变为刺以减少蒸腾，也可能是茎肉质化或者全身密被毛等，也就是说同样的选择压力并非总是使表型性状向同一方向改变，选择总是趋于利用最容易取得所需要的适应性状变异。除此以外，适应辐射也是自然选择机遇性特征的极好证明，来自同一类型的个体对多样化的地区、多样化的机会进行了不同的、多次的和恰当的适应，各自占领有利的生态位，并产生稳定的适应特征，导致物种的分化，这在很多生物中都是广泛存在的。

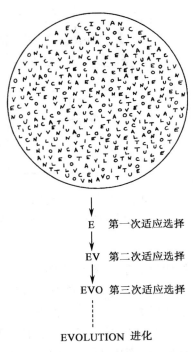

第一次适应选择 E

第二次适应选择 EV

第三次适应选择 EVO

**EVOLUTION 进化**

↑ 图 10-4   自然选择在复杂结构形成过程中的组合作用

## 第四节   种群分化与物种形成

### 一、种群的隔离与分化

对绝大多数物种而言，其分布区里的生境条件常常不是均匀一致的，因而组成同一物种的不同种群的分布也不是连续的，而是间断地分布在特定的生境中，从而造成了种群之间个体迁移的障碍，对种群间的基因流产生限制作用。由距离导致的种群间隔离作用的大小一方面取决于两个种群之间间隔距离的长短，另一方面也与不同物种的生物学特性（特别是迁移能力）有关。例如，对温带地区很多由昆虫传粉的植物而言，300 m 的间隔就能有效地阻止两个相邻的种群之间发生直接的基因交换；对许多风媒植物而言，其花粉落到其它植株柱头上的概率随着两个个体之间间隔距离的增加而急剧下降，大部分花粉都落在距母株 50 m 的范围以内。

对一个物种来说，种群之间遗传物质的交流是种内统一性的保证；相反，种群之间的隔离则可能导致种内统一性的破坏，促使种群走向分化发展的道路。这是因为：①被分隔开的群体的基因组成或基因频率一般不会完全相同，特别是如果被分隔形成的小群体，由于随机遗传漂变，它们的基因组成或基因频率可能相差很大，这些差异就构成了各自发展不同的起因；②在被分开的群体中可能产生完全不同的基因突变，由于被隔离的群体间不存在基因交流，一个群体中的突变不会影响另一个，结果各自向不同的方向发展；③一般情况下，被分隔的群体所处的地理和生态环境不会完全相同，它们往往面临不同的选择压力，在某种条件下，可能有一种有利基因被选择并得以扩展；而在另一种情况下，该基因可能遭淘汰，由另一些基因取代。由于种群的适应性反应导致遗传趋异，使被隔离群体的遗传差异越来越大，促使它们向不同的方向发展。

不同种群分化的结果在外部形态或生理、生态习性上表现出来，就使得我们在种的范围内可以区分出不同的生态型、地理种或地方种（local race）。

**生态型**（ecotype）是指在同一地区内，适应于不同生境而在表型上或生理生态习性上表现差异的遗传类群。生态型变异研究的创始人瑞典生态学家 Turesson 曾对鸭茅（*Dactylis glomerata*）和山柳菊（*Hieracium umbellatum*）等植物生态型变异的现象进行了系统的研究，以山柳菊为例，他发现在该种内存在一系列以不同生境为背景的变异类型，这些生境包括沙丘、多沙的田野、海岸峭壁和内陆林地等，他发现这些生态型在生长习性、叶的大小、形状和解剖学特征、植物体的被毛和枝条的再生能力等方面都有很大的差异，而且这些差异在引种栽培过程中仍保持不变。

**地理种**（geographical race）是指种内在地理分布上有各自不同的区域、在形态上又有一定区别的类群。分类学上通常把地理种定为亚种（subspecies），即地理亚种。与生态型相比，地理种更强调种内分化的地理因素，即区域性分化，当然也包括生境因素在内。值得指出的是，地理上隔离的种群之间并不一定表现生殖隔离：对自然界异地分布的种群而言，如果由于人为的因素和它们分布面积扩展的结果而彼此相遇在一起的话，它们有可能进行正常的交配，并产生能育的后代；但也可能由于长期处在彼此隔离的环境下，随着遗传变异的积累，生理差异也愈来愈大，最终导致生殖隔离。

**生殖隔离**（reproductive isolation）是指生物不能自由交配或交配后不能产生可育性后代的现象。生殖隔离涉及一系列生理和生态隔离机制（isolating mechanism），包括生境隔离、时间隔离、行为隔离、机械隔离、配子不亲和性、杂种不育和杂种衰退等。生境隔离大多由于不同种群所需食物和习惯的气候条件有所差异而造成；时间隔离是由于交配时间或开花时间不一致造成；在大多数动物中，机械隔离不是主要的隔离机制，然而在某些植物中，由于花结构的差异性和特殊，机械隔离对阻碍不同种群遗传物质的交换起到很重要的作用；配子不亲和性是一种在交配后合子形成前的隔离机制，对体外受精生物来说，表现为配子彼此不吸引；在体内受精生物中，表现为配子在外源种的雌性生殖器官内或柱头上生活力弱或不能生存；杂种不育对多数动植物来说都是有效的隔离机制，杂种基因组成员之间的不和谐性是导致杂种不育的主要原因。

地理隔离和生殖隔离虽然都能阻碍不同物种或种群之间进行遗传物质的交换，但两者之间有本质的区别，这一观点随着"隔离机制"观点的提出，已为越来越多的人所接受。隔离机制是指在遗传因素控制下形成的生物学特性，它减少或阻止分布区重叠的类群间或同地个体间进行杂交繁育；而地理隔离虽对隔离不同种群有作用，但不是隔离机制，在某些情况下，外在地理障碍仅是建成内在隔离机制的前提条件；对多数植物而言，仅仅依据分布式样不能断定它们隔离得是否彻底，只有当地理屏障解除、两个物种或种群有机会相遇时才能得到最后检验。自然界有些植物还可能通过一些特殊的遗传机制，如染色体畸变、染色体多倍化或杂交等快速造成变异个体与正常二倍体个体之间基因交流的障碍，直接导致生殖隔离，在这种情况下，就不需要通过地理隔离作为一种肇始隔离（initial isolation）的方式来促使不同个体或种群向不同的方向分化发展。

## 二、物种与物种形成

### 1. 物种的概念

隔离在生物进化中的作用主要体现在物种形成和发展上。由于隔离限制或阻止了种群间的基因流动，保证了各个隔离种群有相对的遗传稳定性，并各自按照与环境更加适应的方式分化发展，但分化到什么程度就可以定为不同的种？这个问题涉及物种的概念和分种的标准问题。

在进化论产生之前，分类学家就根据生物的表型特征识别和区分物种了，通常认为物种是生物界可根据表型特征识别和区分的基本单位，即根据生物个体形态上相似的程度以及不同生物个体或群体之间性状间隔的状况可以将它们区分为不同的"种"。所以，物种是生物分类的基本单位，任何生物有机体在分类上都隶属于一定的种，这种物种概念通常被称为形态学种（morphological species）或分类学种（taxonomic species）。值得注意的是，生物体所表现的任何一个性状的连续性或间断性都是相对的，近缘种之间有些性状连续而另一些性状间断的情况非常普遍，在这种情况下，根据表型的不连续性限定种的范围和大小可以有几种或多种不同的选择，因而具有很大的主观性。对于一个具有广泛生态或地理变异的类群，我们是把它看作一个包括有不同种的种呢，还是把所有种都看成独立的种？这是一个需要由分类学家来回答的问题。而分类学家由于各自的经历不同、知识背景不同、侧重点不同，因而在如何掌握划分种的尺度上也往往不尽相同，因此所作的分类处理也不一样，植物分类学中所谓的"归并派（lumper）"和"细分派（splitter）"的争论正反映了他们对分种标准看法的巨大差异。主张大种概念的"归并派"学者认为具有广泛分布区的种往往是多型种（polytypic species），是由不同的地理类型所组成，而每一个地理类型相当于一个地理种或地理亚种；但主张小种概念的"细分派"学者认为只要有区别就应给这些地理类型以种的称号，因此"归并派"的一个种就相当于"细分派"几个甚至几十个种。这一分歧足以说明仅仅根据形态学特征的分类学种的不可比性。

针对分类学种的缺陷，另外一些学者从他们各自的研究角度出发，又陆续提出了一些不同的物种概念，其中最有影响的是所谓"生物学种"（biological species）的概念，这是以美国著名的遗传和进化生物学家 Dobzhansky 和 Mayr 为先导，在早期博物学家物种概念的基础上，随着对变异、生殖隔离机制和种群遗传结构的深入研究而逐步发展起来的，他们强调生殖隔离是分种的主要依据。其中心思想是：有性的种是自然界存在的不连续的单位，而种间的这种不连续性是由于互交繁育群体（interbreeding population）之间实际的或潜在的基因流受阻而引起。这里强调的是，同一种内的个体，即使属于不同的亚种，也能比较自由地交流基因，而不同种的个体之间不能自由交流基因或基因交流受到很大限制。简言之，所谓"生物学种"是一个杂交能育的个体群，它们通过交配的结合而联系在一起，通过交配的屏障而与其它种在生殖上隔离，不同的种因为不能自由交换基因，因而就分别进化。一度曾认为"生物学种"有可能把古老的"分类艺术"改变为现代的"评论性"分类学，也就是通过实验方法来检验不同生物类群间是否存在生殖隔离、进而确定种的界限。但很快就发现严格以生殖隔离为标准划分生物学种无论在理论上或实践上都存在问题，特别是运用在植物中有许多困难，这是因为：①导致形态分化的遗传变异并不一定总是与不育性变化成正相关，在芍药属（Paeonia）植物中就发现区分生物学种的可见形态特征与部分地理隔离的物种的不育性屏障彼此独立分离；另一方面，有些具有独特的遗传学或生态学行为、并为坚强的生殖隔离屏障分开的很好的生物学种，在形态上分不开，致使它们构成成群的同型种（cryptic species），给分类鉴定带来困难，况且在分类学工作中，要对每个类群进行生殖观察和杂交试验以确定其分类地位，也是不现实的。②种间杂交植物中非常普遍，例如，分布在墨西哥的近 300 种隶属不同属的景天科植物，形态和染色体数目差异很大，但它们彼此都能杂交，并形成令人惊奇的组合；此外，在实验条件下，兰花（兰科）、鸢尾（鸢尾科）和孤挺花（石蒜科）是产生过属间杂交的著名例子，如果把这样的属都归并为相同的种，势必造成分类上的混乱；也就是说如果要严格推行以内部隔离机制为标准的生物学种的概念的话，那无疑要对现有的大多数分类学家所公认的种进行一次大改组。

综上所述，分类学种和生物学种实际上反映了自然界生物类群之间不连续性的两个不尽相同的侧面，如果遗传上的隔离同时也造成表型上的不连续，那么分类学家和遗传进化学家的观点可能趋于一致，但情况并非总是如此。当两者发生矛盾时，我们应该采用哪种标准呢？目前认为，片面强调任何一面都是不可取的，也是不可行的，而应该对各方面特征进行综合考虑，包括：①如果个体间如此密切相似，以致可以立即识别为某类群的成员，那么它们都应归于同一个种；②近缘种之间应该显示变异范围的间隙，如果没有这种间隙，那就有理由把这些类群合并为一个种；③每个种应占有一定范围的地理分布区，并可证明适宜于它所在的环境条件；④有性的分类群的个体应能互交繁育而很少或不丧失育性，与其它种杂交时则能育性或成功率降低。不难看出，这几条标准仍有很大的不确定性和局限性，因而不能认为是普遍适用的、客观一致的分种标准，但在没有更好的、更加客观一致的标准的情况下，目前绝大多数分类学家都是依据这几条标准对自然界的生物类群进行划分。

### 2. 物种形成模式

物种形成（speciation）过程实质上就是物种进化并分化产生新种的过程。自然界物种有不同的进化模式，因此新种产生的途径也不尽相同。如果物种在进化过程中，由原先的一个种分化为两个不同的种，这是分枝进化的模式（cladogenesis），其结果是种的总数增加；但如果物种 A 随着时间的进程逐渐积累大量的遗传变异，进而转变为新的物种 B，这是线系进化的模式（phyletic evolution），在这种情况下，虽有新种的产生，但种的总数不变；除此以外，杂交也能导致新种的产生，这在植物中表现得尤为明显。从本质上讲，所有物种形成过程都可以看作是从种内的连续性发展到种间的间断性的过程（图 5-7）。

有关物种形成的方式是生物进化研究中充满争议的论题，并主要围绕两个方面：从进化的形式看是渐进的、连续的，还是爆发式的或量子式的；从空间关系看，是异域的（即地理的）还是同域的或邻域的。

**渐进式物种形成**（gradual speciation）是达尔文最早提出的物种形成方式，至今仍受到许多传统的进化学家的支持，这一理论假定进化是通过种群变异的不断积累而进行的。渐进式物种形成可分为继承式和分化式两种。继承式物种形成指的是一个种通过逐渐演变，经过相当长的历史发展过程后形成新种，其主要特点是时间上的隔离，物种的数目没有增加，而且多发生在同一地区；分化式物种形成是一个种在其分布范围内由于地理隔离或生态隔离，而逐渐分化形成两个或多个新种，其决定因素是空间隔离，它可能通过不同种群在不同地区首先分化为不同地方种或地理种（地理亚种），进而进一步发展成为不同种，也可能是种群在同一地区首先分化为不同生态型，然后发展成新种（图 10-5A）。总的来说，渐进式物种形成是一个非常缓慢的过程，需要几十万年、几百万年甚至更长时间。

**爆发式物种形成或称量子式物种形成**（quantum speciation）是指借助于特殊的遗传突变的发生和固定，或是通过杂交或其它随机因素快速地、直接地

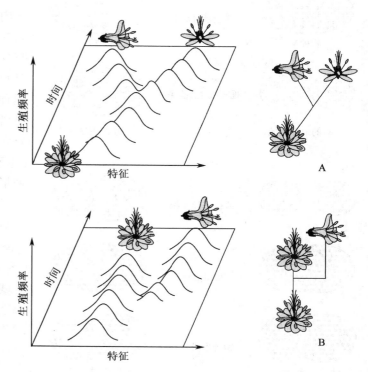

⬆ 图 10-5 物种形成过程
A. 渐进式物种形成。B. 爆发式物种形成。

造成种群间的生殖隔离，并形成新种的过程（图 10-5B）。从现有资料看，爆发式物种形成的实例主要集中在植物中，并涉及不同的遗传机制。例如，山字草属（*Clarkia*）有两种植物 *C. biloba* 和 *C. lingulata*，前者为虫媒植物，染色体 2*n*=16，分布范围广，后者为自花授粉植物，染色体 2*n*=18，且分布范围很小，仅局限在 *C. biloba* 分布区边缘的两个地点。这两个种不仅形态上有别，染色体数目也不一样，并且从染色体结构上看，*C. lingulata* 至少有一个易位和一个臂内倒位与 *C. biloba* 相区别；此外，这两个种的杂交后代几乎完全不育，也不可能回交。这些特征表明 *C. lingulata* 很可能是 *C. biloba* 在其分布区的边缘经过一系列迅速的染色体重组在短期内突然形成的，对这两个种的同工酶研究也支持这一推论。

除染色体突变以外，杂交和多倍化也是爆发式物种形成的主要途径。远缘种之间的杂交一般不易成功，因为亲本种的染色体差别太大，以致在二倍体杂种内不能正常配对，或只能形成少数配对的松散的二价体；但杂交之后的多倍化作用，往往能使不育的杂种变得完全能育和稳定，而且还同它们的最近的亲缘种之间迅速建立起坚强的生殖隔离机制，表现为完全独立的种。例如，烟草属（*Nicotiana*）的 *N. digluta*（2*n*=72）就是由 *N. tabacum*（2*n*=48）和 *N. glutinosa*（2*n*=24）杂交并发生多倍化而产生的。

除了以上两种途径外，另一种爆发式物种形成的途径涉及随机因素，并且或多或少涉及环境隔离因素。在一定程度环境隔离的小种群中，由于遗传漂变和自然选择的共同作用，比较容易使小种群在遗传上快速偏离其母种群，并进而发展为新的物种，这种状况多发生在边缘种群。

在有性繁殖生物中，物种形成的决定因素就是生殖隔离的进化，即限制或阻止种群间基因流动机制的进化。从空间关系上看，对杂交繁殖的遗传障碍或隔离机制可由很多途径产生，因而决定了物种形成具有不同的模式。在物种形成过程中，如果一个广布种在其分布区内因地理的或其他环境隔离因素而被分隔为若干相互隔离的种群，又由于这些被隔离的种群之间基因交流的大大减少或完全隔离，从而使各个隔离种群之间的遗传差异随时间推移而逐渐增大，并通过若干中间阶段（地方种、地理种）而最后达到种群间的生殖隔离，这样原先因环境隔离因素而分隔的两个或多个初始种群就演变为因遗传差异而相互间生殖隔离的新种。由于初始种群在分化过程中（生殖隔离产生之前）其分布区是不重叠的，故名异域物种形成（allopatric speciation）；如果新种形成过程中，不涉及地理隔离因素，即形成新种的个体与种群内其他个体分布在同一区域，则称之为同域物种形成（sympatric speciation），爆发式物种形成过程多为同域物种形成模式（图 10-6）；如果在物种形成过程中，初始种群的地理分布区域彼此相邻（不完全隔开），种群间个体在边界区有某种程度的基因交流，这种情况下的物种形成过程被称之为邻域物种形成（parapatric speciation），这种现象都在边缘种群或杂交带中发生。

总的来说，生物界的进化是由低等到高等、由简单到复杂的发展变化过程，在变化过程中，有量变，也有质变。

⬆ 图 10-6　物种形成的式样

由一个祖先种发展为一个或多个新种必须经过质变，且变化的方式多种多样，自然界生物有机体丰富的多样性正是物种形成和进化发展的结果。

## 小结

　　生物进化是指生物与其生存环境之间相互作用并导致遗传系统和表型发生一系列不可逆转的改变的过程，生物进化不仅表现在生物多样性种类和数量的增加，还表现在生物体的构造不断趋于复杂和完善。

　　变异和遗传是生物进化发展的基础，变异为进化提供原料，通过遗传保存和积累了某些变异。自然界生物的种群之间常常存在不同程度的隔离，特别是地理隔离的结果是限制或阻止了种群间的基因流动，从而促使不同地方种群各自朝着与环境更加适应的方向分化发展，最终形成不同的物种。但植物也可通过一些特殊的遗传机制，如染色体畸变、染色体多倍化或杂交等而快速造成变异个体与正常二倍体个体之间基因交流的障碍，直接导致生殖隔离，并导致新种的形成。

## 思考题

　　1. 什么是变异，变异在生物进化中有什么作用？

　　2. 什么是自然选择？你怎么看待自然选择在生物进化中的作用？

　　3. 什么是基因流？它是如何产生的？基因流对物种的存在和发展有什么意义？

　　4. 物种是怎样形成的？物种形成和分化的基础是什么？

　　5. 除进化论以外，你是否认为还有其他理论可用来解释地球上生物多样性产生和发展的过程？

## 相关教学视频

　　1. 地球生命的起源

　　2. 经典进化理论

　　3. 现代综合进化理论

　　4. 人群演化与迁徙

（杨继、南蓬）

# 第十一章
# 多样的生物类群

　　根据生物体的形态、结构以及它们的生殖和生活方式，可以把地球上的生物分成不同类群。200 多年前，现代生物分类学的奠基人、瑞典博物学家林奈（C. Linnaeus）把生物分成两界，即动物界（Animalia）和植物界（Plantae）。一般认为，动物是能运动的、异养的生物，而植物多为营固着生活的、具细胞壁的自养生物。但到 19 世纪前后，由于显微镜的广泛使用，人们发现有些生物兼具植物和动物的特征，比如：裸藻（眼虫）（*Euglena*）是具鞭毛的、能自由游动的单细胞生物，细胞裸露，但有些种类体内含有叶绿体，能进行光合作用，而另一些种类不含色素，能吞食固体食物，因而这类生物兼具植物和动物的特征及其营养方式。为解决这一矛盾，德国著名生物学家 E. Haeckel 在 1866 年提出在植物界与动物界之间建立"原生生物界"（Protista），主要包括一些比较原始的单细胞生物，从而形成一个"三界系统"。到 20 世纪中叶，R. H. Whittaker 认为真菌多为异养生物，不应包括在植物界中，因此将真菌从植物界中分离出来，单独成立一个真菌界（Fungi），形成一个"四界系统"。1969 年，R. H. Whittaker 又在其四界系统的基础上，将具有原核细胞结构的细菌和蓝藻从原生生物界中分离出来，成立"原核生物界"（Monera），从而形成了目前广泛使用的"五界系统"，即原核生物界、原生生物界、真菌界、植物界和动物界。20 世纪 70 年代，随着现代分子生物学的发展，美国微生物学家学家 Carl Woese 和 George Fox 基于物种的 16*S* 核酸序列首次编谱出生命之树，并将生物分类为三域系统：细菌、古菌和真核生物，这为生物分类和研究提供了根基。

　　在每一类生物中，还可以依据一定的特征作进一步分类，并按照一定的分类等级（rank）进行排列。常用的分类等级包括：门、纲、目、科、属、种。其中，种是最基本的分类单元。每一个已鉴定的物种都有一个独特的拉丁学名，目前主要采用 Linnaeus 创立的双名法（binomial system）对生物进行命名。每一种生物的学名由两个拉丁词或拉丁化的字构成，第一个词是属名，第二个词是种加词；一个完整的学

名还需要加上最早给这种生物命名的作者名，故第三个词是命名人名。因此，属名 +
种加词 + 命名人名构成一个完整的学名，例如银杏的种名为 *Ginkgo biloba* L.，其中：
*Ginkgo* 是属名，一般采用拉丁文的名词，且第一个字母一律大写；*biloba* 是种加词，
意为二裂的，种加词大多为形容词，少数为名词的所有格；学名最后是定名人姓的缩
写，如 L. 即 Linnaeus 的缩写。

# 第一节　病毒

**病毒**（virus）是一类特殊的非细胞生物，个体微小，结构极其简单，必须在活细胞内寄生并复
制。它能侵染所有的细胞类生物。关于病毒所导致的疾病，早在公元前二至三世纪的中国和印度就
有了关于天花的记录。但直到 19 世纪末，病毒才开始逐渐得以发现和鉴定。100 多年来，人类不断
地发现和鉴定了各种的病毒，据国际病毒分类委员会（International Committee on Taxonomy of Viruses，
ICTV）统计，截止到 2019 年，已经分离和鉴定的病毒达到 6 500 多种。

据统计，人类传染病中有 70% 以上是由病毒所引起的，其余 30% 由细菌、真菌和原生动物等造
成。抗生素的问世使人类逃脱了细菌病的桎梏，而由病毒引起的传染病至今没有十分理想的预防和
治疗手段，其严重威胁着人类的健康和经济生活。病毒也是众多动植物的病原物，给农业、畜牧业
和养殖业等造成巨大损失。

此外，基于病毒在细胞外的相对简单性和细胞内的病毒与宿主细胞之间相互作用的复杂性等突
出特点，病毒已成为分子生物学研究复制、信息传递、突变以及其它分子生物学问题的重要工具和
理想对象。一些病毒还可作为人类遗传性疾病治疗的工具。因此，对病毒的基础研究以及各种重要
病毒病的防治研究已越来越受到重视。

## 一、病毒的特性

### 1. 什么是病毒

迄今没有公认的病毒定义。但是，我们可以从病毒与细胞生物之间的一些区别来了解它。

① 无细胞结构：病毒结构通常只是蛋白质包裹着核酸而已，故又称"分子生物"，复杂一些的
病毒在蛋白质衣壳外还有一层包膜。

② 只含一种核酸——DNA 或 RNA：但不论是 DNA 或 RNA，都含有复制、装配子代病毒所必需
的遗传信息。病毒的 RNA 具有编码全部遗传信息的能力，这在生物界中是绝无仅有的。

③ 专性细胞内寄生：病毒缺乏完整的酶和能量系统，所以它只能在活细胞中利用寄主细胞的
合成机制进行复制和增殖，产生子代病毒。离开细胞，病毒则没有生命力，病毒也不能在培养基上
生长。

④ 特殊的增殖特性：一般的生物细胞都是行二均分裂，子代来自母代的一部分。而病毒的增殖
是在分子水平上进行的，病毒粒子无个体的生长过程，而只有核酸的复制（包括核酸转录为 mRNA）
以及核酸指导下的蛋白质合成，最后装配成新的病毒粒子。

### 2. 病毒的形态

电子显微镜的发明揭开了病毒的神秘面纱，使人们对它有了真正清晰的认识。电镜下的病毒形
状是多种多样的（图 11–1）：大多数人类和动物病毒为球状，如冠状病毒、脊髓灰质炎病毒、疱疹

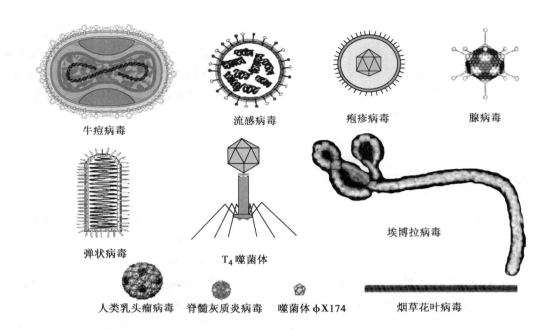

牛痘病毒　　　　　流感病毒　　　　疱疹病毒　　　　　腺病毒

弹状病毒　　　　　　T₄噬菌体　　　　　　　　埃博拉病毒

人类乳头瘤病毒　　脊髓灰质炎病毒　　噬菌体 φX174　　烟草花叶病毒

● 图 11-1　病毒形态模式图

病毒及腺病毒等；杆状多见于植物病毒，如烟草花叶病毒，杆状包括短杆状、棒状和丝状（如埃博拉病毒）等多种变形；有些噬菌体是由一卵圆形的头及一条细长的尾组成蝌蚪形；狂犬病病毒和一些植物病毒形似子弹头；痘病毒的外形大多数呈卵圆形或"菠萝形"。

### 3. 病毒的组成

病毒是一类非细胞生物体，故其个体不能称为"单细胞"，特称为病毒粒（virion，又称病毒粒子、病毒颗粒或病毒体），专指成熟的或结构完整、有感染性的病毒个体。

病毒粒主要由核酸和蛋白质组成。核酸在中心部位，构成病毒的基因组。核酸的外面被有蛋白质**衣壳**（capsid），它是病毒的主要支架结构和抗原成分，具有保护病毒核酸免受核酸酶及其它因子的破坏，决定病毒感染的特异性、病毒的抗原性等重要作用。有些病毒的衣壳中还带有一些供病毒复制所特需的酶。核酸与衣壳合称**核衣壳**（nucleocapsid）。许多较复杂的动物病毒（如HIV、流感病毒）在核衣壳外包裹着一层外膜，称为**包膜**（envelope）。包膜是病毒成熟过程中以出芽方式向细胞外释放时获得的，故其成分与寄主细胞质膜或核膜相似，但其中含有少量病毒基因组表达的产物。包膜表面常常有各种形状的突起（图11-2），称"**刺突**"（spike），刺突能选择性地与寄主细胞受体结合，促使病毒包膜与寄主细胞膜融合，使具有感染性的核衣壳进入寄主细胞内而导致感染。

病毒衣壳由一至几种蛋白质组成。衣壳蛋白的排列方式对病毒的稳定性极为重要，本着节约材料和保持病毒结构稳定性的原则，病毒衣壳以螺旋对称、二十面体对称和复合对称三种类型（图11-3）排列。螺旋对称型的衣壳蛋白与核酸呈螺旋形排列，核酸交织在其中；二十面体对称型的衣壳蛋白形成二十面体，核酸包在其中；复合对称型可视为两种对称形式的复合体。

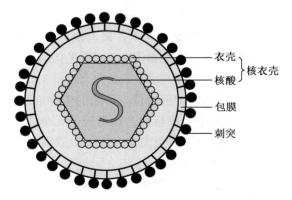

衣壳 ⎫
核酸 ⎬ 核衣壳
　　 ⎭
包膜
刺突

↑ 图 11-2　病毒的模式构造图

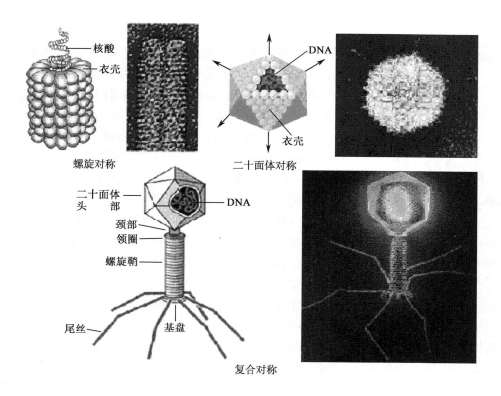

螺旋对称

二十面体对称

二十面体
头部
颈部
领圈
螺旋鞘
尾丝 基盘
复合对称

核酸
衣壳

DNA
衣壳

DNA

↑ 图 11-3 病毒衣壳的三种对称形式

#### 4. 病毒的基因组类型

核酸是病毒的遗传物质，携带着病毒的全部遗传信息，是病毒遗传和感染的物质基础。迄今为止，只发现每种病毒中仅含有一种核酸——DNA 或者 RNA。所以按病毒所含核酸的类型可以将它们分为 DNA 病毒和 RNA 病毒两大类。

DNA 病毒的 DNA 分子有双链和单链两种，而且双链或单链分子中又存在几种不同的结构形式。大多数 DNA 病毒为线状双链 DNA；但有些病毒含有线状或环状单链 DNA；有些则为封闭式的线状双链 DNA 分子或一条链中间断裂的线状双链 DNA；有些则类似于质粒，为环状双链 DNA。

RNA 病毒的 RNA 分子也存在单链和双链结构，多数病毒的 RNA 分子为单链，在单链 RNA 中又有正负链之分。区别正负链主要依据该病毒 mRNA 的转录情况。

多数 RNA 病毒的基因组是由连续的核糖核酸链组成，但也有些病毒的基因组 RNA 由不连续的几条核酸链组成。多组分基因的现象在双链 RNA 病毒和单链 RNA 病毒中均存在。

对 RNA 病毒的研究发现，病毒中 RNA 的功能和 DNA 一样，也能贮藏遗传信息和进行转录、复制。以 RNA 作为遗传物质是病毒特有的现象，有些 RNA 病毒（逆转录病毒）的遗传信息流是反中心法则的，即通过逆转录作用使遗传信息由 RNA 传递到 DNA 中。

#### 5. 病毒的复制

病毒是专性寄生生物，必须侵入易感的活寄主细胞，在病毒核酸遗传密码的控制下，依靠宿主细胞的合成系统、原料和能量复制出病毒的核酸，合成病毒的蛋白质，然后在寄主细胞内装配成病毒粒子。再以各种方式释放到细胞外，感染其他细胞。病毒的这种增殖方式叫做"**复制**"（replication）。综合众多病毒的复制过程，可将整个复制周期分为吸附、侵入、脱壳、生物合成、装配、成熟和释放七个步骤（图 11-4）。

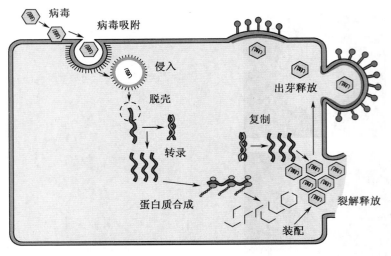

**↑ 图 11-4　病毒的复制过程**

（1）吸附

病毒附着于敏感细胞的表面。病毒的吸附（attachment）分两个阶段。先是病毒与细胞之间由随机碰撞、布朗运动、静电引力引起结合，这是可逆的联结。病毒吸附的第二个阶段是病毒吸附蛋白（virus attachment protein，VAP）与敏感细胞表面的受体分子（也称病毒受体，virus receptor，如新型冠状病毒的 S 蛋白与人体黏膜细胞受体 ACE2）相互特异性结合。病毒吸附蛋白一般由衣壳蛋白（如腺病毒表面突起的同源三聚体纤维）或包膜上的糖蛋白突起充当。病毒受体则为有效结合病毒粒子的细胞表面结构，已知的病毒受体有很多：大多数噬菌体的病毒受体为细菌细胞壁上的磷壁酸分子，脂多糖分子以及糖蛋白复合物；大部分动物病毒的受体为镶嵌在细胞膜脂质双分子层中的糖蛋白，也有的是糖脂或唾液酸寡糖苷。病毒吸附蛋白与细胞膜表面特定的受体特异吸附是不可逆性结合。细胞是否具有相应的特异性受体，是决定病毒能否感染某种细胞的重要一环。

（2）侵入

病毒与目的细胞受体相互结合后通常能很快地侵入（penetration）到细胞内。与吸附不同，病毒侵入细胞通常是一个需要能量的过程，即只有在代谢活跃的细胞中才会发生病毒侵入。

病毒侵入寄主细胞的方式主要有转位（translocation）、膜融合（fusion）和内吞（endocytosis）三种方式（图 11-5）。

① 转位：少数无包膜病毒以完整病毒颗粒转位的方式穿越细胞质膜而进入细胞。对相关过程还了解甚少，但可肯定的是，病毒衣壳蛋白和特殊的膜受体在这个过程中起着媒介作用。

② 膜融合：病毒包膜与细胞膜融合，然后将病毒核衣壳释放到细胞内。这是大多包膜病毒常见的侵入方式。膜融合也可发生在细胞质中，如流感病毒内吞后病毒包膜与内体（endosome）膜发生融合而释放出核衣壳。除了病毒吸附蛋白外，膜融合还需病毒包膜上的特定融合蛋白，如流感病毒的血凝素和逆转录病毒包膜上的穿膜糖蛋白。

③ 内吞：类似于细胞吞噬作用。无包膜病毒和少量包膜病毒用这种方法进入细胞。病毒被寄主细胞内吞对于病毒感染有两个好处：第一，病毒可以利用细胞的运输机器在细胞内运输；第二，由于内体中的低 pH 环境可以使病毒表面的蛋白质发生构象改变，从而促进病毒穿越细胞质膜和脱壳。内吞发生在病毒与细胞膜吸附的特殊区域，此部分质膜凹陷形成有被小窝（coated pit），并逐渐内陷与质膜脱离，以有被小泡（coated vesicle）形式进入到细胞质。随后立即与内体融合，大多数还进一步与溶酶体融合。

植物外部的蜡质和细胞壁，给病毒感染和病毒扩散造成困难。植物病毒迄今未发现有特异性细胞受体。其感染主要通过伤口，或刺吸式口器昆虫取食时侵入，通过胞间连丝传遍整个植株。

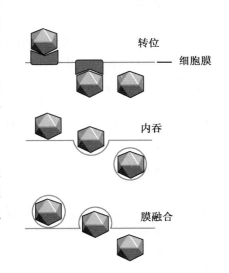

**↑ 图 11-5　病毒侵入细胞的几种方式**

（3）脱壳

脱壳（uncoating）是指病毒基因组（通常以核蛋白复合体的形式）从衣壳内释放出来或部分暴露的过程。有包膜病毒脱壳包括脱包膜和脱衣壳两个步骤，无包膜病毒只需脱衣壳。脱壳是由病毒和细胞互相作用而启动的多步骤过程，不同病毒方式不一，机制相当复杂，对相关的细节了解还较少。

注射式侵入的噬菌体和某些无包膜病毒如小 RNA 病毒等可以直接在细胞壁或细胞膜表面同步完成侵入和脱壳。

膜融合方式侵入的病毒，其包膜在与细胞膜融合时已脱掉，核衣壳进入胞质内被移至脱壳部位并在细胞蛋白酶的作用下进一步脱壳。有的时候，病毒在膜融合过程中就发生了部分脱壳。

以细胞内吞方式侵入的病毒，如流感病毒，可由于细胞内体中低 pH 环境和各种酶的作用等因素使病毒脱包膜和脱衣壳（图 11-6）。

一些病毒脱壳过程比较特殊，如痘病毒的脱壳分两步：先在吞噬泡内借助于溶酶体释放出来的酶除去包膜与部分衣壳蛋白，然后在病毒 DNA 转录酶作用下进行病毒基因组的部分转录，转录的 mRNA 翻译出一种脱壳酶，完成痘病毒的全部脱壳，病毒 DNA 释放入细胞中。

（4）生物合成

病毒大分子的生物合成（biosynthesis）包括病毒基因组的复制与表达。不同病毒的组成成分和核酸的结构表现出很大的差异，因此病毒的复制调控等存在巨大的多样性。由于所有病毒进入寄主细胞后必须先合成自己的 mRNA，并利用寄主细胞原有的"翻译机器"（核糖体、tRNA 等）将病毒 mRNA 翻译成蛋白质（包括各种酶及结构蛋白分子），然后在这些酶的作用下，才能合成大量的病毒核酸和结构蛋白，再装配成病毒。因此，根据病毒 mRNA 的六种不同的形成途径（图 11-7），病毒生物合成也有多种策略。

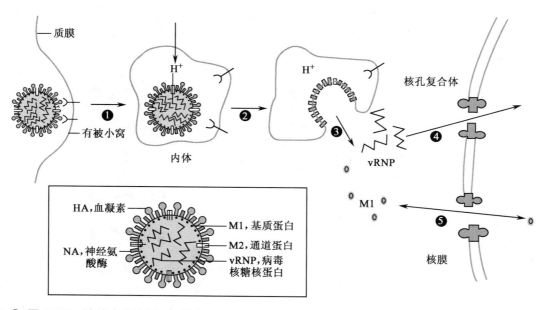

⤴ 图 11-6　流感病毒的侵入与脱壳

①病毒与细胞受体结合后被吞入内体；②H⁺ 由内体膜上的质子泵进入内体，并通过 M2 通道蛋白到达衣壳，衣壳被酸化而脱壳；③内体中低 pH 引起 HA 构象重排，暴露出融合肽，导致病毒包膜与内体膜融合而释放出病毒核糖核蛋白；④病毒核糖核蛋白经由核孔进入到核内；⑤M1 基质蛋白可能穿梭于细胞质与核孔间。

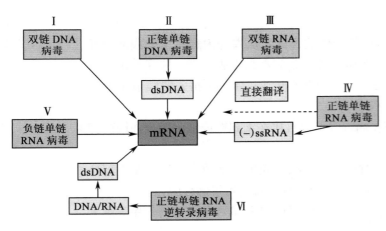

**图 11-7    病毒合成 mRNA 的六种途径**

病毒核酸被特异识别并装入衣壳，形成完整的病毒颗粒（腺病毒、疱疹病毒）。有些病毒基因组与细胞组蛋白首先形成微型染色体，然后病毒结构蛋白以病毒微型染色体为支架，不同构象的蛋白亚基之间特异识别与聚合，逐渐装配形成封闭的病毒颗粒，核酸包埋其中（乳多空病毒）。

（6）成熟

所谓成熟（maturation），是指核酸进一步被修饰、病毒蛋白亚基以最佳物理方式形成衣壳以及病毒包膜的获得。病毒蛋白酶、细胞蛋白酶和病毒与细胞蛋白酶的混合体参与了病毒的成熟过程。成熟使新装配的病毒粒子具有感染下一个细胞的能力。

病毒的空心衣壳与成熟的病毒颗粒衣壳结构上有一些显著差别。病毒空心衣壳结构疏松，衣壳上有裂孔。当病毒DNA 包装完成以后，病毒衣壳会变得致密，裂孔关闭。伴随病毒核酸包装，病毒衣壳膨胀，衣壳蛋白构象和抗原性都可发生变化。

病毒粒子的成熟过程有时从装配一直持续到释放。如包膜病毒在出芽时获得包膜，才能完全成熟；HIV 出芽后，病毒粒子只有在 Gag 蛋白被病毒自身蛋白酶切割成多种蛋白质，核衣壳进一步浓缩后才算真正成熟（图 11-8）。

无包膜病毒（如腺病毒、脊髓灰质炎病毒等）装配成核衣壳后即为成熟的病毒。

（7）释放

病毒释放（release）有破膜释放和出芽释放两种方式。前者通常指成熟的

（5）装配

新合成的病毒核酸和病毒结构蛋白在感染细胞内组合成病毒颗粒的过程称为装配（assembly）。不同种类的病毒在细胞内装配的部位不同。

最简单的装配方式（如烟草花叶病毒）是核酸与衣壳蛋白相互识别，由衣壳亚基按一定方式围绕 RNA 聚集而成，不借助酶，也无需能量再生体系。T₄ 噬菌体则先分别装配头部、尾部和尾丝，最后装配成完整病毒粒，裂解细菌而释放，其中有些步骤需酶的作用。

病毒主要衣壳蛋白具有自身装配成病毒样颗粒（无核酸的病毒空衣壳）的特性。许多二十面体病毒的衣壳蛋白亚基往往先聚集成衣壳，然后

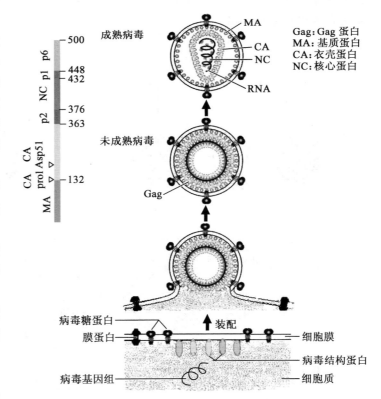

**图 11-8    HIV 的成熟过程与病毒 Gag 蛋白切割过程**

病毒体在感染细胞中积累到一定限度，细胞胀破，病毒体和细胞内容物释放到周围环境；或是细胞被病毒感染后，代谢发生障碍，引起细胞死亡裂解，病毒全部逸出。大多数无包膜病毒采取上述释放方式。出芽释放通常指有包膜病毒的释放：这些病毒在寄主细胞内合成的衣壳蛋白和核酸先装配成核衣壳，合成的包膜蛋白部分通过糖基化修饰后转移到寄主细胞膜上，形成密集的病毒包膜蛋白区；部分留在细胞质内，与装配好的核衣壳蛋白特异性结合；最后，核衣壳在病毒包膜蛋白区以出芽方式释放并获得包膜。由于其在一段时间内逐个释出，对细胞膜破坏轻，寄主细胞死亡慢。

一个感染细胞一般释放的病毒数为 100～1 000。从单个病毒吸附开始至所有病毒释放，此过程称为增殖周期或复制周期。病毒增殖周期的长短因病毒种类、核酸类型、培养温度及寄主细胞种类不同而有差异。若在病毒增殖周期中某一阶段发生障碍，则可影响病毒增殖，导致病毒感染的不完全循环，不能产生有感染性的病毒子代。

## 二、亚病毒

常见的病毒是由一种核酸（RNA 或 DNA）和至少一种结构蛋白所组成的有一定形态的毒粒，这类病毒也称为**真病毒**（euvirus，简称病毒）。

然而，随着人们对一些病原物的深入研究，科学家发现，还有些致病原比我们原先所认识的病毒更加简单，只是一些小分子量的核酸或者是一种蛋白质。人们把这些具有感染性的物质称为**亚病毒**（subvirus），它们包括类病毒、朊病毒和拟病毒。

### 1. 类病毒

1971 年美国科学家 T. O. Diener 发现马铃薯纺锤形块茎病的病原物是由一种不同于传统的病毒引起的。该病原的特点是：它是一种具有侵染性的单链 RNA，这种小分子 RNA 能在敏感细胞中自我复制，而在受感染的组织中却未发现病毒样的颗粒。故称之为**类病毒**（viroid）。这一发现揭示了自然界存在着比病毒更简单的病原物。后来在许多经济植物上不断发现新的类病毒，但目前只在植物中被发现。所有的类病毒均能通过机械损伤的途径来传播，而经耕作工具接触的机械传播是自然界中传播这种病害的主要途径。有的类病毒，如马铃薯纺锤形块茎类病毒（potato spindle tuber viroid，PSTVd）还可经种子和花粉直接传播。

所有类病毒的结构都具有下列共同特征：①它们都是单链共价闭合环状 RNA 分子，在天然状态下呈高度碱基配对的杆状结构存在，由一系列短的双链区和不配对的单链区相间排列而成。类病毒 RNA 这种折叠结构有助于它的稳定性。②类病毒没有三级折叠结构。③绝大多数类病毒的杆状结构可分为 5 个结构区域（图 11-9）。④所有类病毒的单位长度介于 246～357 个核苷酸。

自然界中，类病毒存在着毒力不同的株系，如马铃薯纺锤形块茎类病毒弱毒株只造成 10%～20% 的减产，而强毒株可减产 70%～80%。在对这些分离株的一、二级结构进行研究后发现，毒力的大小往往与 RNA 的致病结构区（P 区）的改变有一定的关系。

类病毒的遗传信息不足以编码任何复制酶，但它们确确实实又能在没有辅助病毒的帮助下进行 RNA 复制。一个合理的解释是类病毒依靠寄主细胞中的核酸合成机制以滚环复制方式进行复制。

### 2. 朊病毒

**朊病毒**（proteinaceous infectious particle，简称

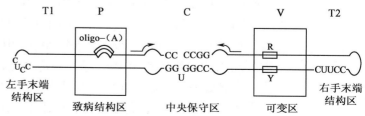

图 11-9 类病毒的结构模式图

prion，又称朊蛋白、普列昂或蛋白质侵染因子），是一类不含核酸物质但具有传染性的蛋白质分子。它能引起寄主体内现成的同类蛋白质分子发生与其相似的构象变化，从而使寄主致病。

（1）朊病毒的发现

早在 18 世纪初，人们已经注意到绵羊和山羊患的羊瘙痒症（scrapie of sheep and goat）。其症状表现为：丧失协调性、站立不稳、烦躁不安、奇痒难熬，最后瘫痪死亡。随后又陆续发现传染性水貂脑病（transmissible mink encephalopathy，TME）、鹿或麋鹿的慢性消瘦症（chronic wasting disease of deer，CWD）、库鲁病（kuru disease）和人的克－雅病（Creutzfeld-Jakob disease，CJD）等疾病都有相似的症状，其病理学上的特点是大脑皮层的神经细胞退化、变性、死亡、消失，最终被空泡和星状细胞取代，因而造成大脑皮层（灰质）变薄而白质相对明显，即海绵脑病。而且这些疾病均有传染性，故统称为传染性海绵状脑病（transmissible spongiform encephalopathy，TSE）。而当时这些疾病的致病因子一直无法确定，人们都以为是慢病毒感染所致。

1982 年，美国加州大学旧金山分校的生物化学家 S. B. Prusiner 在对传染性海绵状脑病进行了十年的研究后，首先提出了"朊病毒假说"来解释海绵状脑病的形成原因，并认为这是一种新病原物。这一学说为 1996 年英国暴发的牛海绵状脑病（bovine spongiform encephalopathy，BSE，俗称疯牛病）的预防指明了方向。1997 年，Prusiner 因提出"朊病毒假说"而获得 1997 年度诺贝尔生理学或医学奖。

（2）朊病毒的化学特性

朊病毒主要是由 200 多个氨基酸残基组成的疏水性很强的蛋白质，分子质量为 33～35 kDa，对蛋白质变性剂敏感。它与真病毒的主要区别为：①无核酸成分，用多种核酸酶消化处理后，其感染效价也不会降低。②呈淀粉样颗粒状。③无免疫原性。④抗热性很强：90℃处理 30 min 也不失活。高温消毒会大大降低感染性，但不会彻底失活。360℃ 60 min 处理后仍保留一些感染活性。⑤抗辐射性：短波紫外辐射和电离辐射处理并不能消除朊病毒的感染性。

（3）朊病毒的传播途径

对传染性海绵状脑病的流行病学和感染试验都证明，朊病毒主要通过食物途径传染，而且在不同动物之间的交叉感染也是可能的。英国的疯牛病就是因为 1988 年之前在牛的饲料中添加羊的下水和骨等产品作为蛋白质来源而引起的。朊病毒侵入体内的过程为：借助食物进入消化道，再经淋巴系统侵入大脑。

（4）朊病毒的致病性

1982 年 Prusiner 提出了朊病毒致病的"蛋白质构象致病假说"，该假说认为：朊病毒本身不会复制，但却能转化。朊病毒蛋白有细胞型（正常型 PrP$^C$）和瘙痒型（致病型 PrP$^{SC}$，sc 是瘙痒病 scrapie 的缩写）两种构象。两者一级结构上没有区别，主要区别在于其空间构象上的差异。PrP$^C$ 多 α 螺旋，少 β 折叠，而 PrP$^{SC}$ 则正好相反，有多个 β 折叠存在（图 11-10），后者溶解度低，且抗蛋白酶 K 水解。在人和所有正常哺乳动物的组织中都有 PrP$^C$ 存在。这些蛋白是由细胞基因组编码的，主要分布在中枢神经系统中，脑组织中最多，但在非神经组织中如淋巴结、肺、心、肾、骨骼肌和肠胃中也有存在。当正常型 PrP$^C$ 与致

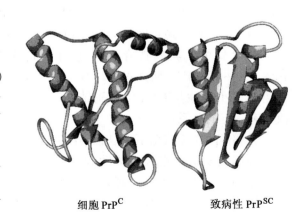

细胞 PrP$^C$　　　　致病性 PrP$^{SC}$

🔺 图 11-10　正常型 PrP$^C$ 和致病型 PrP$^{SC}$ 在空间构象上的差异

病型 PrP$^{SC}$ 接触后，通过蛋白质分子间的相互作用，致病型 PrP$^{SC}$ 使原来的正常型 PrP$^{C}$ 在大分子高级结构上起变化：α 螺旋减少而 β 折叠增加，即 PrP$^{C}$ 转化为 PrP$^{SC}$。这种形态结构上变化的蛋白质还会相互吸引而聚集成团，在动物和人类的脑组织中形成海绵状的空洞。研究发现由 PrP$^{SC}$ 形成的集聚体会导致组织损伤，可能使神经细胞发生凋亡。而且大量 PrP$^{SC}$ 在中枢神经系统尤其是在脑内的积累可抑制 Cu$^{2+}$ 与 SOD 或其它酶的结合，从而使神经细胞的抗氧化作用下降。PrP$^{SC}$ 还可抑制星形细胞摄入能诱导其增殖的谷氨酸。此外，细胞内的 PrP$^{SC}$ 可能还抑制微管蛋白的聚合，导致 L 型钙通道发生改变，进而使细胞骨架失去稳定性，最终都可使神经细胞发生凋亡而形成空泡状结构，进而使各种信号传导发生紊乱。外在表现为自主运动失调、恐惧和生物钟紊乱等症状。

关于正常型 PrP$^{C}$ 如何被致病型 PrP$^{SC}$ 转化的机制尚待进一步的研究，科学家已提出的转化方式有"种子模型"和"重叠模式"等多种。

另外科学家也发现基因突变可导致细胞型 PrP$^{C}$ 中的 α 螺旋结构不稳定，至一定量时产生自发性转化，β 片层增加，最终变为 PrP$^{SC}$ 型，并通过多米诺效应倍增致病。

朊病毒与其它病毒具有完全不同的成分和致病机制，表明蛋白质构型与 DNA、RNA 一样可以提供感染源的生物信号。故它的发现是生物学上的又一次革命性的突破，有关的研究可能会丰富生物化学和分子生物学的内容。

## 三、病毒与人类疾病

病毒与人类的关系密切，病毒不仅引起人类很多严重的传染病，如艾滋病、肝炎、流行性感冒和肺炎等，而且某些肿瘤如鼻咽癌、宫颈癌、肝癌和白血病也与病毒的感染有关。

人类与病毒病的较量一直没有停止，我国从公元 10 世纪宋真宗时代就有接种人痘预防天花的记载。18 世纪，英国医生 E. Jenner 用接种牛痘来预防天花，标志着人类通过有意识预防接种来控制病毒性传染病的首次科学试验。1977 年，人类社会则完全消灭了天花病毒。其它如脊髓灰质炎、麻疹和乙肝等病毒病通过免疫接种也得到有效控制。

病毒是专性活细胞寄生物，它的生长过程与人类细胞的生命活动紧密地联系在一起。要阻止病毒的生命活动，从某种角度讲，就可能阻止人类细胞自身的活动，影响这些细胞的增殖与必要的生物合成反应，对人体产生较大的毒副反应。因而，病毒病的治疗仍是摆在科学家面前的难题。

除此之外，由于病毒基因组的多变性，加之人类活动疆界的扩大、生态环境变迁与恶化、人类生活方式和行为的变化，一些新的病毒性传染病不断发生。因此，人类与病毒的斗争依然是征途漫漫，任重道远。

### 1. 人免疫缺陷病毒

由**人免疫缺陷病毒**（human immunodeficiency virus，HIV）侵入人体后破坏人体免疫功能而引发一种严重传染病被称为艾滋病，全称为**获得性免疫缺陷综合征**（acquired immune deficiency syndrome，AIDS）。人体一旦感染 HIV，病毒会将基因插入到人体免疫系统的 T 细胞和巨噬细胞的 DNA 中，随同感染者自身细胞的分裂而扩散，最终破坏人体的免疫功能，使感染者发生多种不可治愈的感染和肿瘤，导致被感染者死亡。

自 1981 年美国研究人员发现世界首例艾滋病病例后，艾滋病在全球范围内迅速蔓延，截至 2021 年底，估计有 3 840 万艾滋病病毒感染者，其中三分之二（2 560 万）在世界卫生组织非洲区域。2021 年，有约 65 万人死于艾滋病病毒相关原因，约 150 万人感染艾滋病病毒。我国的艾滋病蔓延情况也令人触目惊心，截至 2018 年我国艾滋病感染者约 125 万，死亡约 27 万例，艾

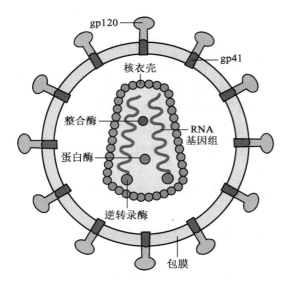

gp120

gp41

核衣壳

整合酶

蛋白酶

RNA
基因组

逆转录酶

包膜

⬆ 图 11-11　人免疫缺陷病毒结构模式图

滋病正从高危人群向普通人群迅速蔓延散播，每年新发感染者比例大幅增加，2008 年艾滋病首次成为中国头号传染病杀手。

HIV 属于逆转录 RNA 病毒，外形呈球形，直径 100～140 nm，外被寄主细胞衍生而来的脂质包膜，包膜的表面嵌有长的糖蛋白突起，由 gp41 和 gp120 两部分组成，这种蛋白质对于细胞表面受体的识别是很重要的。衣壳内有两条相同的单链 RNA 分子，上面镶嵌着三种极其重要的病毒酶：逆转录酶、蛋白酶和整合酶（图 11-11），HIV 基因组约 10 kb，有 9 个基因控制着病毒结构和调节的功能。

已知 HIV 有两种类型：HIV-1 和 HIV-2。HIV-1 和 HIV-2 可引起完全相同的临床症状，但二者在流行病学特点和基因序列上有一定的差别。HIV-2 主要局限于西部非洲，其毒力弱于 HIV-1，发病过程较长，感染者发病率较低，症状轻。HIV-1 是引起全球艾滋病流行的主要病原体。艾滋病的实验室研究和临床研究均以 HIV-1 为主。

（1）HIV 的复制特点

HIV 主要侵犯人体的 CD4$^+$ T 细胞和巨噬细胞，其感染过程包括病毒的吸附、侵入、逆转录、基因组整合、表达及释放等过程。当大量的 CD4$^+$ T 淋巴细胞被 HIV 攻击后，细胞功能被损害和大量破坏是艾滋病患者免疫功能缺陷的主要原因。

（2）从 HIV 感染者到艾滋病患者

HIV 感染人体后，出现一个动态进展过程，包含着不同的发展阶段。大多数 HIV 感染者最终发展为艾滋病患者。① 急性感染期：HIV 初次感染人体后，大约有 70% 以上的原发感染者在感染后 2～4 周出现急性感染症状，包括发热、咽炎、淋巴结肿大、皮肤斑丘疹和黏膜溃疡等，这些症状持续 1～2 周。因症状轻微且很快恢复，故常常被忽略。② 无症状感染期：此阶段的感染者没有任何临床症状，与健康人一样。无症状感染期的长短有很大的个体差异。约 30% 的感染者在 2～5 年内发病，约 50% 的感染者在感染后 10 年内发展为艾滋病，有少数感染者甚至终身隐匿，其潜伏机制目前尚不清楚。③ 艾滋病前期：主要表现为全身性的淋巴结轻度至中度肿大，也可能出现一些轻微的乏力、盗汗、体重下降和腹泻等症状。实验室检查除白细胞数减少外，还可发现血小板及血红蛋白减少。④ 艾滋病阶段：患者全身的免疫系统遭到严重破坏，极易出现各种机会性感染，即许多在正常情况下不致病的病原体均可造成感染。最后，患者机体的免疫功能完全丧失，同时并发各种传染病和肿瘤等疾病。患者因长期消耗，极度虚弱，成恶病质，从而导致死亡。

（3）HIV 的传播途径

HIV 有三种主要传播途径：性接触传播、血液传播和母婴传播。

① 性接触传播：无论是同性还是异性之间的性接触都会导致 HIV 传播。HIV 感染者的精液或阴道分泌物中有大量的病毒，在性活动时，由于性交部位的摩擦，很容易造成生殖器黏膜的细微破损，这时病毒就会乘虚而入，进入未感染者的血液中。近几年因性接触而感染的 HIV 比例大幅增加。

② 血液传播：血液传播是感染 HIV 最直接的途径。如输入被病毒污染的血液及血制品或使用被 HIV 污染而又未经严格消毒的注射器、针头、剃须刀而传播。据统计，目前我国成人 HIV 感染者中超过一半是由于注射毒品过程中共用针具而感染的。曾经在我国一些地区，采血过程的不规范也造成 HIV 感染的群发事件。

③ 母婴传播：如果母亲是 HIV 感染者，那么她可能会在怀孕、分娩过程中或是通过母乳喂养使她的孩子受到感染。但是如果携带 HIV 的母亲在怀孕期间给予抗逆转录病毒药物治疗并通过剖宫产的方式生产，就能够大大降低新生儿的感染率。

尽管 HIV 感染者的唾液中含有 HIV 病毒，但至今未曾发现通过唾液而发生 HIV 感染的病例。实验结果表明，唾液中含有限制 HIV 启动感染程序的天然成分。另外，通过汗液、泪液、尿液、昆虫叮咬等传播 HIV 的病例同样也未被发现。事实上，HIV 是一种非常脆弱的病毒，对热和化学消毒剂都比较敏感，离开人体后，常温下在血液或分泌物内只能生存数小时至数天，在自然环境下则不能存活。所以，我们大可不必担心与艾滋病患者握手、亲吻或共用电话、马桶、桌椅等而被感染。

（4）艾滋病的治疗

目前治疗艾滋病的药物主要包括抗 HIV 药物、免疫调节剂和抗机会性感染药物，其中抗 HIV 药物被认为是目前有效治疗艾滋病的药物。抗 HIV 药物包括：核苷类逆转录酶抑制剂、蛋白酶抑制剂、非核苷类逆转录酶抑制剂、抗 HIV 天然药物和艾滋病疫苗。近年来，科学家筛选出一系列 CCR5 受体的拮抗剂，其无论是从与受体的黏附力、抗病毒活性，还是人体内目标靶位的选择性来讲，都有着无可比拟的优点，因此它将成为治疗艾滋病最有潜力的药物。

单用一种抗 HIV 的药物被发现很容易产生耐药性，影响疗效。1995 年美籍华人科学家何大一首先提出将两大类（核苷类逆转录酶抑制剂及非核苷类逆转录酶抑制剂为一类，蛋白酶抑制剂为一类）中的 2～3 种药组合在一起使用，即为"鸡尾酒疗法"，称为"高效抗逆转录病毒治疗方法"（highly active anti-retroviral therapy，HAART）。此方法可使血浆中的病毒载量明显减少，并且可以长期维持疗效。这种联合用药的方法可以有效地延缓 HIV 感染者的发病时间，延长艾滋病患者的寿命，提高患者的生活质量。但 HAART 疗法也存在明显的弱点：首先，它无法从患者体内彻底清除 HIV；有较大毒副作用，如恶心、贫血和肾结石等；需长期服药，价格昂贵；需经常调整药物组合，否则也会产生耐药性等。

截至 2020 年，全世界只有 2 个艾滋病患者被治愈，第一个"柏林病人"，在 1995 年被确诊感染了 HIV，2007 年患急性髓细胞白血病，成功地找到了一个携带有 CCR5 基因缺失突变的骨髓配对，骨髓移植后不仅治愈了白血病，也治愈了艾滋病，成为史上首个被彻底治愈的艾滋病患者。第二个"伦敦病人"，与"柏林病人"类似，患有霍奇金淋巴瘤，也接受了 CCR5 基因突变的捐赠者的造血干细胞移植，成为第二个被治愈的艾滋病患者。科学家早在 1996 年就发现 CCR5 是 HIV-1 病毒入侵寄主细胞的受体，这也是 HIV 领域里程碑式的发现。

疫苗免疫接种是控制病毒性传染病的最经济、最有效的措施，但至今依然没有一款能对抗 HIV 感染的疫苗，这是由于 HIV 具有高度的变异性，一种疫苗不可能覆盖多种 HIV 突变体，这为疫苗研制增加了难度；其次，科学家对 HIV 病理机制了解甚少也使艾滋病疫苗的研究面临着空前困难；另外，病毒感染患者的 CD4$^+$ T 细胞后，机体免疫能力受影响，如何激活已被损伤的免疫细胞也是一项极为艰巨的挑战。因此，用与其它病毒疫苗相同的研究方法不可能满足对艾滋病疫苗免疫原性的要求。尽管如此，研究人员仍在不遗余力地研发基于各种原理的预防性疫苗和治疗性疫苗。

**2. 流感病毒**

由流感病毒引发的流行性感冒，称为流感，流感主要通过呼吸道传播，可以引发急性呼吸道感染、肺炎及呼吸道外的各种病症，它与普通感冒不同：一是传染性极强，二是能引起全身性反应，包括高热、寒战、全身肌肉疼痛，显著乏力和厌食等，并会使年老体弱者患细菌性肺炎等并发症而死亡。流感主要在每年的秋末、冬季和初春的季节流行和高发，也被称为季节性流感。流感病毒可以通过患者咳嗽或打喷嚏时产生的飞沫和微粒，在人际之间迅速传播。

流感病毒是一种具有包膜的单股负链 RNA 病毒，多为球形，新分离的毒株则多呈丝状，直径为 80 ~ 120 nm，丝状流感病毒的长度可达 400 nm，丝状病毒可能是流感病毒在自然界中的真实状态，但接种在鸡尿囊腔中经多次传代后，常变成球形。病毒包膜的表面镶嵌长 10 ~ 12 nm、不同形状的糖蛋白突起：血凝素（hemagglutinin，HA）、神经氨酸酶（neuraminidase，NA）和血凝素脂酶（丙型流感病毒）。血凝素在病毒侵入宿主细胞的过程中扮演了重要角色，神经氨酸酶则在子代病毒从宿主细胞表面释放能防止病毒聚集，并促进病毒颗粒穿过上皮细胞的黏液而扩散。血凝素和神经氨酸酶都具有免疫原性。包膜的内层为基质蛋白，它构成了病毒的外壳骨架，最内层的是螺旋形核衣壳，由单股负链 RNA、核蛋白和 RNA 聚合酶等组成。基因组分成 7 ~ 8 个片段，每个片段编码一个蛋白（图 11-12）。

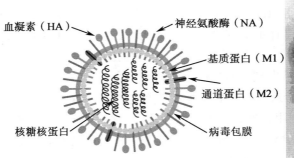
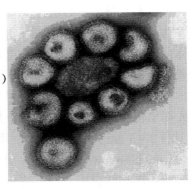

血凝素（HA）　神经氨酸酶（NA）　基质蛋白（M1）　通道蛋白（M2）　核糖核蛋白　病毒包膜

➲ 图 11-12　甲型流感病毒构造模式图（右图为 H1N1 的电镜照片）

流感病毒家族非常庞大，依据病毒核蛋白抗原性差异分成甲、乙、丙、丁四型，甲型和乙型流感病毒可传播并引起季节性流感，它们在基因组结构、多肽组成、感染性和致病性方面均有不同。甲型流感病毒毒性最强，变异性最大，除感染人外，在动物中也广泛存在，如禽类、猪、马、海豹和鲸鱼等，常引起经常性、不可预测的局部流行和罕见的全球大流行。1918—1919 年横扫世界的那次大流感，当时估计全球死亡人数约 2 000 万，最新的权威估计死亡人数约为 5 000 万 ~ 1 亿，远远超过两次世界大战死亡的人数。世界卫生组织（WHO）公布即使在医疗条件大为改善的今天，全球每年各类季节性流感仍可导致 300 万 ~ 500 万重症病例，29 万 ~ 65 万人死于流感导致的呼吸道相关疾病。乙型流感病毒变异性较弱，仅感染人类，一般引起轻微的疾病，主要侵袭儿童，致病性较低，只引起小范围流行。丙型流感病毒抗原性比较稳定，只引起人类不明显的或轻微的上呼吸道感染，极少造成大面积流行。丁型流感病毒主要影响牛，是否可导致人感染或发病目前尚不清楚。

甲型流感病毒根据血凝素和神经氨酸酶的抗原性特点，进一步分为许多血清型亚型。目前已经发现了 16 种不同的血凝素亚型（H）和 9 种神经氨酸酶亚型（N），科学家给这些血清型编上不同的编号，并根据这些编号给甲型流感病毒分型。比如 2009 年春天在墨西哥、美国暴发的新型甲型 H1N1 流感（H1 和 N1 分别表示其血凝素和神经氨酸酶的类型）在世界范围内的蔓延持续了一年多，200 多个国家和地区出现疫情，据 2012 年发表于《柳叶刀·传染病》的研究模型推算，2009 年 4 月至 2010 年 8 月，甲型 H1N1 流感可能造成 15 万 ~ 57 万人死亡。甲型 H1N1 流感病毒是从何而来的呢？科学家们发现，甲型 H1N1 流感病毒可能分别来自禽、人和猪（2 种）的 4 种流感病毒的复杂重组产物，它的 8 个基因片段中疑似 2 个来自亚欧大陆猪流感病毒，2 个来自北美禽流感病毒，1 个来自人流感病毒，另外 3 个则来自北美猪流感病毒。目前感染人类的甲型流感病毒主要是 H1N1、H2N2、H3N2，其它许多亚型的自然宿主是多种禽类和其它哺乳类动物（图 11-13）。

为什么流感几乎每年都会在人群中流行，有时甚至还会发生全球大流行呢？这与编码流感病毒表面抗原 HA 和 NA 的基因很容易发生变异和重排有关。流感病毒的抗原性变异率最高的是 HA，其次是 NA。这两种抗原的变异可独立发生，也可同时发生。另外，当两种或两种以上不同亚型毒株同时入侵同一个细胞，则可随时发生基因组核酸片段的交换，这种现象称为基因重排。如果是一个编码 HA 或 NA 的基因全部置换，则导致新的血清型的出现。正是由于甲型流感病毒不断地发生抗原漂移和抗原转变，使人体对新的病毒株免疫力不足或对新出现的新亚型缺乏足够的免疫力，这就是人们会多次被流感病毒感染甚至发生全球流感大暴发的主要原因。近年

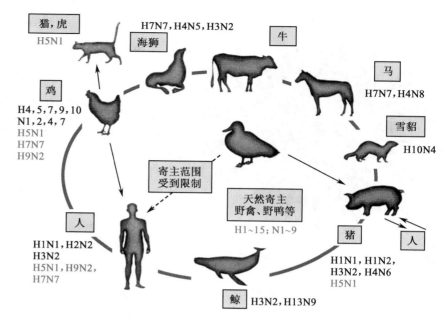

● 图 11-13 甲型流感病毒的寄主范围

来人们开始关注其它动物的流感病毒，如禽流感、猪流感，因为它们会与人流感病毒"杂交"出现新型病毒株，例如 2009 年出现的新型甲型 H1N1 流感病毒。不同动物的流感病毒对受体有比较严格的识别和结合的特殊性，这是流感病毒在不同宿主动物间传播的天然屏障。一旦流感病毒出现变异，它对受体结构的识别发生改变，这就有可能突破原有的宿主屏障直接感染人类，从而危及人类的健康和社会的安全，例如 2013 年在中国首次发现感染人的甲型 H7N9 禽流感，所幸发现及时并迅速得到有效控制。季节性流感主要是通过飞沫和接触传播，对人类危害严重，每年接种流感疫苗是预防流感最有效的手段。

### 3. 冠状病毒

冠状病毒主要引起人类呼吸系统感染，包括普通感冒以及严重急性呼吸综合征（SARS）、中东呼吸综合征（MERS）和新型冠状病毒肺炎（COVID-19）。直到 1965 年人类才认识到普通感冒是由人的冠状病毒感染引起的。进入 21 世纪，冠状病毒可能是我们人类社会遭遇的最严重的新兴病原体的威胁。2003 年的严重急性呼吸综合征病毒（SARS-CoV），引起疾病的死亡率超过 10%。2012 年的中东呼吸征病毒（MERS-CoV），引起疾病的死亡率约为 35%。2019 年底报告的由新型冠状病毒（SARS-CoV-2）引发的 COVID-19 可能是人类社会自 1918 年大流感以后遭遇的最严重的流行性传染性疾病，截至 2022 年 3 月，全球感染 COVID-19 的人数超过 5 亿，死亡超过 600 万，死亡率约为 1.2%，而在 2021 年之前的感染死亡率超过 3%。

冠状病毒是一种具有包膜的线性单股正链 RNA 病毒，病毒颗粒的直径 60～200 nm，平均直径为 100 nm，呈球形或椭圆形，具有多形性，因包膜上存在棘突故名为冠状病毒。以新型冠状病毒结构为例：基因组大概有 30 kb，包膜上有 3 个糖蛋白：① 突刺糖蛋白（S 蛋白）：它主要的功能是与人体的黏膜细胞上的受体（ACE2）蛋白结合，从而进入人身体内；② 包膜糖蛋白（E 蛋白），是与包膜结合的蛋白；③膜糖蛋白（M 蛋白），它主要负责物质的转运，对新冠病毒的释放起到非常重要的作用。还有一个是核衣壳蛋白（N 蛋白），它与病毒基因组 RNA 相互缠绕形成病毒的核衣壳，在病毒 RNA 的合成过程中发挥着重要的作用（图 11-14）。

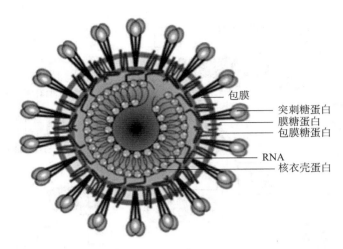

包膜
突刺糖蛋白
膜糖蛋白
包膜糖蛋白
RNA
核衣壳蛋白

↑ 图 11-14　新型冠状病毒结构模式图

冠状病毒是一个大型病毒家族，仅感染脊椎动物，如人、鼠、猪、猫、犬、狼、牛、禽类，可分为 4 个属：α、β、γ、δ。科学家研究发现，目前感染人类的冠状病毒只有 7 种：HCoV-229E、HCoV-NL63、HCoV-OC43、HCoV-HKU1、SARS-CoV、MERS-CoV 和 SARS-CoV-2。其中，HCoV-229E 和 HCoV-NL63 属于 α 属冠状病毒，其他 5 种属于 β 属冠状病毒。在全球，10% ~ 30% 的上呼吸道感染由 HCoV-229E、HCoV-OC43、HCoV-NL63 和 HCoV-HKU1 这 4 类冠状病毒引起的，是造成普通感冒的主要病原体之一。为了证明这些病毒能够让人感冒，英国科学家 David Tyrrell 团队在 40 多年的时间内征集了超过 2 万名志愿者，首次发现病毒也可以引发感冒，绝大多数普通感冒是由鼻病毒和冠状病毒引发的，不过普通感冒属于自限性疾病，一般不用吃药，7 ~ 10 天可以自愈。

冠状病毒真正被引起重视是从 2003 年 SARS-CoV 导致的"非典"疫情波及多个国家和地区，引起了社会的恐慌后。随后是 2012 年 MERS-CoV 和近几年 SARS-CoV-2 的出现，均引发了严重的全球疫情。那么人们不禁要问，这些新的冠状病毒是从何而来的呢？科学家通过分析 SARS-CoV、MERS-CoV 和 SARS-CoV-2 的基因组序列，发现它们的原始宿主可能都是来自蝙蝠，蝙蝠是一类非常特殊的哺乳动物，是唯一会飞的哺乳动物。但是它们的中间宿主并不相同：SARS-CoV 的中间宿主可能来自果子狸，MERS-CoV 中间宿主可能来自骆驼，而 SARS-CoV-2 的中间宿主目前尚未确定。

冠状病毒主要是通过空气飞沫和密切接触途径传播，目前均没有有效的药物可以进行预防和治疗。SARS-CoV 和 MERS-CoV 这两种冠状病毒能使感染者迅速发高烧，而且死亡率很高，可以快速有效地从人群中寻找到感染者。而 SARS-CoV-2，有很多人感染初期症状较轻，甚至出现了大量的无症状感染者。研究发现，超过 40% 的感染者都是来自无症状感染者的感染，这也是为什么 SARS-CoV-2 能在短时间内席卷全球的最主要原因。目前最有效的预防措施是戴口罩、勤洗手、多通风、保持人和人之间的交往距离。

### 4. 肝炎病毒（乙肝病毒）

肝炎病毒是以只侵害肝为主引起病毒性肝炎的一组病原体。全世界范围内，散布最广、危害人类最大的病毒是肝炎病毒。按肝炎病毒的生物学特性、临床特征和流行病学特征，已分离了甲、乙、丙、丁、戊、庚和 TT 7 种类型病毒。其中的乙型肝炎病毒（HBV）感染在我国是一个最严重的公共卫生问题。

**乙型肝炎病毒**（hepatitis B virus，HBV）是引起乙型肝炎的病原体。20 世纪 90 年代，全世界乙肝病毒携带者约 3.5 亿人，我国是世界乙肝病毒高感染区，人群中有 10% 为乙型肝炎表面抗原携带者，约 1.2 亿人，慢性乙型肝炎患者约为 3 000 万，其中 10% ~ 20% 可发展为肝硬化，1% ~ 5% 可演变为肝癌。因此，乙肝病毒是我国肝硬化和肝癌的主要成因。

HBV 是一种双链 DNA 病毒，为嗜肝 DNA 病毒科（Hepadnaviridae）。目前所知，HBV 只对人和猩猩有易感性。成熟的病毒颗粒为直径 42 nm 的球形，又称丹氏（Dane）颗粒。丹氏颗粒分为包膜和核衣壳两部分。包膜由脂质双层和蛋白质组成。脂质双层中镶嵌有乙型肝炎病毒表面抗原（HbsAg）糖蛋白突起。乙肝病毒的核衣壳为二十面体，直径 27 nm，构成衣壳的主要蛋白是 C 蛋白，即乙型肝炎病毒核心抗原（HBcAg），只存在于肝细胞中，血清不经处理无法检测出 HBcAg。还有一种与衣壳相关的可溶性蛋白称为乙型肝炎病毒 e 抗原（HBeAg），HBeAg 可游离于血清中，可作为病毒在体内复制有强感染性的一个指标。核心由 DNA、DNA 聚合酶及磷酸激酶组成。乙肝病毒 DNA 基因组是由一环状 dsDNA 分子组成，其结构较为复杂。其 DNA 双链一长一短，短的一条是不完整的（正链），导致双股 DNA 分子中有 15% ~ 50% 实际上是单链。但是，当病毒开始复制时，这种缺口可通过病毒核心所携带的 DNA 聚合酶在病毒体内进行原位修补。就目前所知，这一情形在病毒中是很独特的。而完整的长链 DNA 长度是恒定的，约 3 200 个核苷酸，携带有病毒的全部编码容量，所以把长链称为负链。

HBV 不直接损害肝细胞，机体自身免疫反应引起的肝组织损伤在乙肝的发展中具有非常重要的意义。乙型肝炎病毒在感染肝细胞后，可改变肝细胞表面的抗原性，并刺激 T 细胞变成致敏淋巴细胞，体内也相应产生了抗肝细胞膜抗原的自身抗体，它们都攻击带有病毒的肝细胞，在清除病毒的同时，导致肝细胞破裂、变性和坏死。另外，乙肝病毒进入肝细胞核内的 DNA 也有部分会整合到寄主细胞的染色体上，研究认为这种整合可引起寄主细胞发生突变而引发癌变。

HBV 的传播途径与 HIV 一样，主要是通过血液、性接触和母婴传播。婴儿时期感染 HBV 者，90% 以上受感染者会成为慢性 HBsAg 携带者，影响下一代的健康，危害极大。

目前慢性乙型肝炎的治疗，采用抗病毒、免疫调节、改善肝功能和抗肝纤维化等综合治疗，但抗病毒治疗是其中最主要的关键治疗措施。大量的临床研究证明，抗病毒治疗可以抑制 HBV 复制，改善肝功能及肝脏炎症、坏死和纤维化病变，进而减少和阻止肝硬化和肝细胞性肝癌的发生，提高生活质量，减少传染性和病死率。另外，国内外已研制成功安全、有效的乙肝病毒疫苗。我国政府自 1991 年开始在全国有计划地实行全体新生儿计划免疫，有效地阻断了乙肝病毒的传播，使 85% 以上的人获得保护，从而大大降低了中国人群中乙肝表面抗原携带者的数量。

### 5. 病毒与肿瘤

肿瘤的病因比较复杂，是多种因素综合作用的结果，病毒则是诱发人类肿瘤的诸多因素中最重要的一种。近十几年来，流行病学、病因学调查和分子生物学的研究表明，大约有 15% 的人类癌症与病毒感染有着密切关联：已知有 30 多种病毒与动物和人的肿瘤发生有关，其中人类乳头状瘤病毒（human papilloma virus，HPV）是一类重要的人类肿瘤病毒，它共有 200 多种类型。其中 HPV16、HPV18 是人类宫颈癌的直接病因，文献报道，99% 的宫颈癌患者 HPV 感染阳性。在舌癌、喉癌、肺癌、恶性黑色素瘤和肛门、外生殖器部位皮肤癌中，HPV 的阳性率也高达 50% ~ 80%；其它如 EB 病毒（Epstein-Barr virus，EBV）与鼻咽癌、多发性 B 细胞淋巴瘤及伯基特淋巴瘤发生有关；乙肝病毒感染作为原发性肝癌的主要病因已被世界公认，估计全球 60% ~ 80% 的原发性肝癌由 HBV 引起。

凡能引起人或动物发生肿瘤或在体外能使细胞恶性转化的病毒都称为肿瘤病毒（oncovirus），肿瘤病毒根据病毒基因组核酸的不同分为 DNA 肿瘤病毒与 RNA 肿瘤病毒。DNA 肿瘤病毒包括乳头多瘤空泡病毒科、腺病毒科、疱疹病毒科、痘病毒科及肝炎 DNA 病毒科五大类。RNA 肿瘤病毒主要是 RNA 逆转录病毒。两类病毒通过不同机制诱发人和动物的恶性肿瘤（癌症）的发生。

许多 DNA 病毒的致瘤性与其所含的早期基因编码的蛋白质有关，如人乳头状瘤病毒 E6、E7，腺病毒的 E1A、E1B 等。这些早期病毒基因产物极易结合或者作用于细胞的抑癌蛋白 p53 或者 Rb，从而引起 p53 或者 Rb 蛋白失活，导致细胞无限增殖和生长失控，最终诱发细胞转化和肿瘤形成。病毒 DNA 在寄主细胞基因组中整合也是细胞恶性转化的重要原因。一些病毒基因可以插入到寄主细胞的某些重要基因中，特别是癌基因附近，引起基因的扩增、增加转录和表达，抑制或阻遏其表达，从而干扰细胞的正常增殖活动，导致细胞恶性转化。有报道宫颈癌 HPV16 杂交阳性患者的癌细胞内

*c-myc* 有 3～30 倍的扩增，部分患者可两个癌基因同时扩增。人宫颈癌中 *Ha-ras*、*c-myc*、*c-erbB2* 经点突变、扩增、重排而被激活，在癌变中起着协同致癌作用。还有一些 DNA 病毒，如乙肝病毒的 X 蛋白和 EBV 编码的潜伏性膜蛋白 1（LMP-1）能通过不同途径抑制细胞 DNA 损伤修复作用而导致肿瘤形成。肿瘤细胞还可以由于端粒酶的激活维持了端粒的长度而获得永生。而有些 DNA 肿瘤病毒如 HBV、HPV 的 DNA 可整合在人类端粒酶逆转录酶（hTERT）基因上游或插入基因中而促进 *hTERT* 基因的转录。一些 DNA 病毒蛋白也可直接或间接地促进细胞 *hTERT* 转录，增强端粒酶的活性，促进细胞的恶性转化。

许多 RNA 肿瘤病毒的基因组携带有病毒癌基因，它们通过逆转录与细胞基因组整合，这类 RNA 肿瘤病毒使细胞转化和致癌作用与病毒癌基因的表达活性有关。有些逆转录病毒虽不携带病毒癌基因，但也能诱发恶性肿瘤。这些病毒致癌机理是通过将病毒序列顺式插入细胞癌基因的近旁，以病毒启动子和增强子的作用而激活后者。在 RNA 肿瘤病毒中，还有一些病毒如人 T 淋巴细胞白血病病毒 1 型（HTLV-1），既不含有病毒癌基因，其原病毒 DNA 也不优先插入或整合在细胞癌基因附近，但可以通过自身基因组 P40tax 调节蛋白反式激活细胞增殖的相关基因表达，从而引起细胞无限增殖和诱发癌症的发生。

应该指出的是，癌的发生是一个多步骤过程，人类癌症的发生是细胞中多基因改变和多阶段的过程，只有病毒的作用并不足以诱导肿瘤的发生，其它环境、感染以及寄主因素，包括遗传、内分泌等对肿瘤的形成都有重大的影响。另一方面，人类机体在进化过程中形成了完善的免疫系统，具有抵御和清除因病毒作用而产生的少数癌变细胞的能力，能够消灭肿瘤于萌芽状态。只有当机体免疫力降低或被破坏时，肿瘤病毒才使寄主细胞异常增生而发生癌变。因此，只有少数感染个体中产生肿瘤，并且一般需要有较长的潜伏期。

#### 6. 新生病毒

正当人类利用现代生物技术和医疗手段来医治某些病毒病的时候，一些**新生病毒**（emerging virus）引起的疾病却不断向我们袭来。近 40 年来，人类中出现了全球范围内传播的艾滋病、SARS、MERS、COVID-19、高致病性禽流感（H5N1）和新型甲型 H1N1 流感。在局部地区和国家，也不时有各种新生病毒病的暴发，如：1994 年澳大利亚亨德拉（Hendra）病毒病的流行；1976 年首次在非洲中部暴发的埃博拉病毒（Ebola virus）病，它就像幽灵一样，每隔几年就暴发一次，历史记录已达 19 次之多；1998 年和 1999 年在马来西亚暴发的尼巴（Nipah）病毒病及 1986 年开始在欧洲蔓延的疯牛病；2007 年在太平洋岛屿和 2014 年在大西洋附近岛屿暴发的寨卡病毒病等。近些年，登革出血热病毒又重新在东南亚和拉美地区不时暴发。新生病毒的不断滋生和迅速蔓延，严重威胁到人类的生存和发展，对人类社会发展提出了严峻的挑战。

新生病毒是指近年来出现，不断对人类危害增强且迅速蔓延的一类病毒。所谓新生，可以包括几方面的理解。一方面指那些病毒发生变异，其寄主范围从原有寄主扩大到人，以新的传播方式及新的高致病性在不同地区流行，如 1997 年开始暴发的高致病性禽流感与 2009 年暴发的新型甲型 H1N1 流感。另一方面指那些病毒在疾病流行过程中首次被发现，它们具有一些重要的特征，可迅速传播和蔓延，并具有新颖的致病机理，至今对它们的原寄主还不能加以肯定，如 HIV、SARS-CoV、埃博拉病毒和 SARS-CoV-2 等。还有一些是过去发现的温和型病原正以新的传播方式在不同地区大范围流行，如登革出血热病毒、乙型脑炎病毒、西尼罗病毒、黄热病毒等。这些新生病毒是 21 世纪对人类造成危害的最严重病毒病原体。

虽然新生病毒的暴发和已消亡病毒的死灰复燃的原因十分复杂，对其发生和流行规律尚有待认识，但下列因素是新生病毒出现和蔓延的重要原因。

（1）病毒的进化

新生病毒的崛起在于病毒的进化。变异又是病毒进化的基础，变异包括核苷酸的转换、颠换、插入和缺失，核酸分子内部片段的重组和核酸节段之间的重配等。这些变异在 RNA 病毒和逆转录病毒中尤为常见。通过变异和基因重组或重配，病毒可获得过去没有的特性，甚至变得可以跨越物种，或者致病性更强，传染性更高。

（2）生态平衡遭破坏

过去几十年人口和社会的变迁对自然疫源病毒的生态环境具有十分重要的影响。新生病毒病大多是动物源性病毒病，之所以频频暴发并非偶然，除了病毒本身的因素外，还在于人类的一些社会、经济行为破坏了原有的自然生态平衡。生态平衡的破坏使人类活动疆界扩大，使携带有病毒的媒介动物（节肢动物等）更容易靠近人类，传播一些人兽共患病病毒。而许多野生动物携带的病毒往往是人类尚未知晓或是毒力极强、致病性很高的，人们对其没有任何免疫力，一旦发病，很难及时采取有效的防控措施。

（3）人口流动

随着全球化的迅速发展，现代交通业更加快了病毒的传播与流行。一个新病毒可以在 24 小时之内到达世界任一地区。使这些疾病中的任何一种都可能由区域性疾病变成全面发作的灾难。而由于在不同区域的流行以及不同媒介和动物寄主参与传播所带来的选择压力的变化，导致一些毒株跨越物种屏障而感染人类，或使消亡病毒重新暴发，温和的病毒烈性化。

由于病毒的不断变异，新生病毒病层出不穷，迫使人类更需不断地探索与病原体斗争的新方法和新技术，并对病毒的进化和变异做出预测。自 1918 年大流感出现以来，人类社会一直在为下一次新的全球性大流行疫情做不同程度的准备，但是面对突如其来的 COVID-19 疫情，人们还是显得有些手足无措。所以面对不断出现的新生病毒，我们应该反思，人类对地球环境的破坏，人类活动引起的全球气候变化，是不是使这些原本并不感染人类的病毒感染到我们人类呢？

# 第二节　原核生物界

原核生物（prokaryote）是地球上唯一一群其 DNA 没有核膜包围的细胞生物，也是地球上最古老的生物类群，距今已有 35 亿年的进化历史。虽然原核生物的分类存有争议，还在不断变化，目前已记载的原核生物超过 1 220 个属 6 000 种，但毫无疑问还有很多种类尚未被发现。科学家正到处寻找，不断发现新的种类，有些发现改变了我们对原核生物的认识。随着遗传和分子生物学方法的发展，原核生物的分类也逐渐反映了它们的真实进化关系，最终导致我们将原核生物分为**细菌**（Bacteria）和**古菌**（Archaea）两个域。

绝大多数原核生物小到不能用肉眼看见，但它们的生物学多样性十分丰富，在自然界中的作用不可或缺，一些种类与人类关系也非常密切。对原核生物的深入研究将为遗传学、生态学和医学提供特别的视野。因此，对原核生物的了解是必不可少的。

## 一、原核生物细胞的基本特征

### 1. 原核生物的细胞大小

绝大多数原核生物细胞的直径在 0.5 ~ 5 μm 之间。但随着新的种类不断被发现，我们发现原核生物细胞大小差异非常大，如支原体的细胞直径通常只有 150 ~ 300 nm，而德国科学家在纳米比亚海岸的海底沉积物中发现的一种球状硫细菌，其宽度普遍有 0.1～0.3 mm，有些可大至 0.75 mm，能够清楚地用肉眼看见。

### 2. 原核生物的细胞形态

原核生物的形态大致可分为三类：球状、杆状和螺旋状，一些杆状或球状的细菌常形成聚合体，将其分开后仍能前后黏连在一起，形成链状。古菌除上述三种基本形态外，还有叶片状、三角形和方形等（图 11-15）。

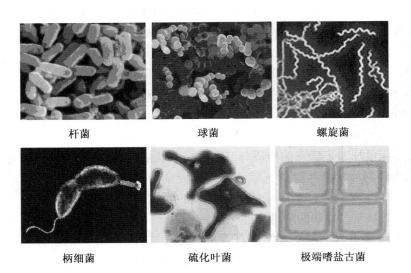

| 杆菌 | 球菌 | 螺旋菌 |
| 柄细菌 | 硫化叶菌 | 极端嗜盐古菌 |

⊖ 图 11-15　原核生物细胞的基本形态

一些原核生物的形态比较特殊，如柄细菌属，菌体呈杆状或棱状且有一细柄。而鞘细菌能分泌一种蛋白质 – 类脂 – 多糖的复合物形成衣鞘，杆状的细菌则排列在丝状衣鞘内。

### 3. 原核生物的细胞结构

原核生物的细胞结构对其生存、致病性和免疫性等均有一定作用。细胞构造如图 11-16 所示：通常把所有原核生物共有的结构称基本结构，包括细胞壁、细胞膜、细胞质、拟核和质粒等；而把只在部分原核生物中才有的或在特殊环境条件下才能形成的结构称为特殊结构，如糖被、鞭毛、菌毛和芽胞等。

（1）原核生物细胞的基本结构

**细胞壁**　位于细胞最外面，紧贴在细胞膜外的一层结构。比较坚韧，有高度弹性，具有维持细胞外形和防止细胞膨胀破裂的功能。除了支原体和少数细胞壁缺损细菌外，所有的原核生物细胞均有细胞壁。细菌的细胞壁主要成分是多糖链和短肽交联而成的网状结构，称为肽聚糖（图 11-17）。古菌的细胞壁由假肽聚糖（甲烷杆菌属等大部分古菌）或多糖、糖蛋白、蛋白质所构成。

细菌的细胞壁用革兰氏染色法可分为革兰氏

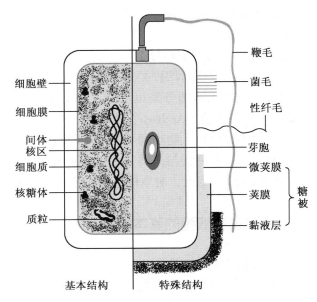

⬆ 图 11-16　原核生物细胞构造模式图

阳性菌（G⁺细菌）和革兰氏阴性菌（G⁻细菌）两类。两者在
细胞壁结构上的主要差异有：① G⁺细菌的细胞壁中肽聚糖
含量占细胞壁的90%，层厚20~80 nm，约40层；G⁻细菌
细胞壁中肽聚糖含量只占细胞壁的10%，一般只有1~2层，
层厚仅为2~3 nm。② G⁺细菌细胞壁中含有磷壁酸（包括膜
磷壁酸和壁磷壁酸）。③ G⁻细菌有一外膜层，由脂多糖、磷
脂和脂蛋白等组成。④ G⁺细菌和G⁻细菌细胞壁中组成肽聚
糖的多糖链和短肽交联方式也有所不同（图11-18）。

革兰氏染色法不仅反映了G⁺细菌和G⁻细菌在细胞壁结
构和组成分上的差别，还能反映两者在生理、生化和致病性
等性状上的差异。

**细胞膜**　细菌细胞膜位于细胞壁内侧，是包围在细胞质
外的一层柔软而有弹性的半渗透性脂质双层生物膜，主要由
磷脂及蛋白质构成。与真核细胞不同的是，原核生物的细胞
膜上一般不含有胆固醇等甾类，只有支原体是个例外（见后文支原体部分）。

细菌细胞膜有选择性通透作用，与细胞壁共同完成菌体内外的物质交换。膜上有多种呼吸酶，

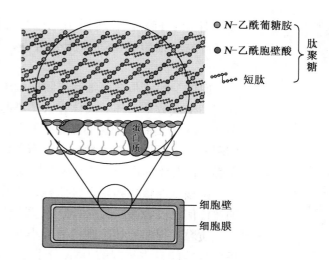

⤒ 图 11-17　肽聚糖多层网状大分子结构

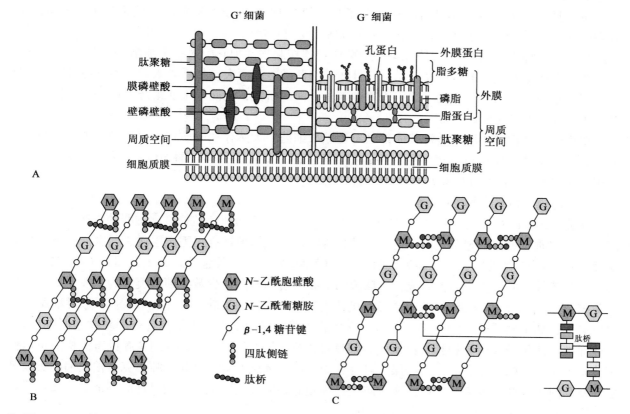

⤒ 图 11-18　革兰氏阳性菌和革兰氏阴性菌细胞壁构造比较

A. G⁺细菌和G⁻细菌细胞壁的构造比较；B. G⁺细菌（金黄色葡萄球菌）的肽聚糖由 N-乙酰胞壁酸和 N-乙酰葡糖胺交替排列成
的多糖链、四肽侧链和五肽肽桥三部分组成网状结构；C. G⁻细菌（大肠杆菌）的肽聚糖依靠四肽侧链与 N-乙酰胞壁酸和 N-乙
酰葡糖胺交替排列成的多糖链交联成网状结构。

参与细胞的呼吸过程。膜上还有多种合成酶，参与生物合成过程。

古菌的细胞膜由特殊脂类组成，其甘油和脂肪酸链之间的结合是通过醚键而不是酯键来实现的。

**间体**　间体是细菌细胞质膜向细胞质内陷折叠形成的囊状结构。常见于革兰氏阳性菌，每个细胞有一个或数个间体。间体扩大了细胞膜的表面积，提高了代谢效率，故间体的功能可能与呼吸作用、DNA 的复制和细胞的分裂有关。位于细胞中央的间体可能与 DNA 复制和横隔壁形成有关，位于周围的间体可能与胞外酶的分泌有关，其中含有细胞色素和琥珀酸脱氢酶，为细胞提供呼吸酶，具有类似线粒体的作用，故又称为拟线粒体。

**拟核**　原核生物缺乏细胞核，不具有真核生物一样的复杂的染色体结构。取而代之的是，它们的遗传信息仅为裸露的双股 DNA 盘绕组成，没有组蛋白包绕，也没有核膜包裹，因此叫拟核。

**质粒**　很多原核细胞中具有小的，能独立复制的环状 DNA——质粒，它是细菌细胞内独立于染色体外的能自主复制的 DNA 分子。已知绝大多数的细菌质粒都是共价闭合环状 dsDNA 分子（简称 cccDNA），分子量比染色体小，不同质粒大小为 2~300 kb，可自然形成超螺旋结构。

质粒携带某些特殊的遗传信息，例如抗药性、固氮或降解环境毒素等功能基因基本编码在质粒上。虽然这些基因对于细菌的正常生长和细胞分裂并不是必需的，但质粒提供了细菌选择有利生存条件的能力，使细菌能在特殊的环境条件下生存和生长。质粒可通过接合、转导作用等将有关性状通过 DNA 在种内、种间甚至属间进行交换而得以传递，导致细菌的生存能力不断进化增强。

质粒具有以下特点：①具有较小的分子量，便于 DNA 的分离与操作；②易在细菌之间传递；③高拷贝，有利于外源基因大量复制；④含有独立复制起始点；⑤具有抗药性基因等选择性标记等。因此如果把一种生物的 DNA 片段和某一细菌质粒连接起来并把它引入一个细菌，那么这一 DNA 片段上的基因便随着质粒的复制而复制，并且随着细菌的分裂而大量扩增。人们就不难通过这一方法取得某一基因的纯制品，它既可以用于基础理论方面的研究，也能在工业生产上得以应用。因而质粒已成为基因工程的重要工具。

现代分子生物学使用的质粒载体都已不是原来细菌中天然存在的质粒，而是经过了许多的人工改造。人工构建的质粒可以集多种有用的特征于一体，如含多种单一酶切位点、抗生素耐药性等。常用的人工质粒载体有 pBR322、pSC101 等。

（2）原核生物细胞的特殊结构

**糖被**（glycocalyx）　有些原核生物在一定营养条件下，会分泌一些松散、透明的黏液状或胶质状的多糖类物质包被在细胞壁表面，这些包被物称糖被。根据糖被有无固定层次、层次薄厚可细分为**荚膜**（capsule）、微荚膜、黏液层和菌胶团。荚膜是最常见的一种包被，大多数细菌（如肺炎球菌、脑膜炎球菌等）的荚膜由多糖组成，链球菌的荚膜为透明质酸，少数细菌的荚膜为多肽（如炭疽杆菌荚膜为 D-谷氨酸的多肽）。荚膜一般在机体内和营养丰富的培养基中才能形成。荚膜并非细菌生存所必需，如荚膜丢失，细菌仍可存活。荚膜的主要功能是：①保护细菌免受严重缺水时的损害。②能保护菌体免受噬菌体和其它物质（如溶菌酶和补体等）的侵害。③利用荚膜或有关构造可以使菌体附着于适当的物体表面，并可保护自身免受寄主白细胞吞噬。例如，肺炎克雷伯氏菌的荚膜既能使其黏附于人体呼吸道并定殖，又可防止白细胞的吞噬。荚膜抗吞噬的机理尚不清楚。④荚膜更可以充当贮藏营养物，以备营养缺乏时利用。

**鞭毛**（flagellum）　很多原核生物具有细长的、刚硬的、螺旋状的鞭毛，其数目少到一根，多到菌体周身均有。鞭毛自细胞膜长出，游离于细胞外，它由鞭毛蛋白构成。鞭毛的长度常超过菌体若干倍，它们固着在细胞壁上，能像螺旋桨一样地旋转，从而推动细胞在水中运动。不同细菌的鞭毛数目、位置和排列可用以鉴别、分类。

**菌毛**（fimbria） 是菌体表面遍布的比鞭毛更为细、短、直、硬、多的丝状蛋白附属器。其化学组成是菌毛蛋白，菌毛与运动无关。在光学显微镜下看不见，要用电子显微镜才能观察到。革兰氏阴性菌菌体多有菌毛，革兰氏阳性菌中仅少数有之。菌毛可分为普通菌毛和性菌毛两种。

普通菌毛长 $0.3 \sim 1.0\ \mu m$，直径 7nm。具有黏着和定居在各种细胞表面上的能力，与某些细菌的致病性有关。如淋病奈氏球菌可借助其菌毛黏附在人体泌尿系统的上皮细胞上，引起严重的性病。无菌毛的细菌则易被细胞的纤毛运动或尿液冲洗而被排出。

**性纤毛**（sex pili） 比普通菌毛粗，中空，一至数根。性纤毛由质粒携带的一种致育因子（fertility factor）的基因编码，故性纤毛又称 F 菌毛。带有性纤毛的细菌称为 $F^+$ 菌或雄性菌，无性纤毛的细菌称为 $F^-$ 菌或雌性菌。$F^+$ 菌可与 $F^-$ 菌结合，通过中空管道在细菌之间传递 DNA，细菌的毒性及耐药性即可通过这种方式传递。

**芽胞**（spore） 有些细菌在恶劣的环境下（如营养缺乏，特别是碳源、氮源等缺乏时）产生厚壁的芽胞。芽胞包裹着原核生物的基因组和部分的细胞质。芽胞具有极强的抗热、抗辐射、抗化学药物和抗静水压的能力。芽胞形成时能合成一些特殊的酶，这些酶较之繁殖体中的酶具有更强的耐热性。如肉毒梭菌的芽胞在 100℃沸水中，经过 $5.0 \sim 9.5\ h$ 才被杀死；到 121℃时，平均要经过 10 min 才能被杀死。所以，杀灭芽胞最可靠的方法是高压蒸汽灭菌。

成熟的芽胞可在合适的营养和温度条件被激活，开始生长和分裂繁殖。芽胞并非细菌的繁殖体，而是处于代谢相对静止的休眠体。芽胞能在 10 年甚至上百年之后重新萌发，形成新的个体。

某些芽胞杆菌，如苏云金芽胞杆菌，在形成芽胞的同时，会在芽胞旁形成一颗晶体状的碱溶性蛋白质，称为伴胞晶体，为 δ 内毒素，该毒素对 200 多种昆虫有毒杀作用。

**4. 原核生物的营养类型**

原核生物在营养类型上比高等生物复杂。原核生物可通过许多机制来获得生长和繁殖所需要的能量和碳源。大多数原核生物为自养型，即有机体从无机的 $CO_2$ 中获取碳。以光能为能量来源的自养类型又称为光能自养型，而以无机化学能为能量来源的称为化能自养型。其它的原核生物为异养型，即至少部分碳源来自葡萄糖等有机分子。以光能为能量来源的异养型又称为光能异养型，而以有机分子为能量来源的称为化能异养型。

## 二、原核生物的主要类群

利用分子生物学技术，基于 16 S rRNA 分析已确立了多种原核生物的分类体系，在 2005 年出版的《Bergey 系统细菌学手册》的体系中，将目前已知的原核生物至少分为 25 个类群。本节以原核生物的外形特征等指标对常见的原核生物作些介绍。

**1. 细菌**

狭义的细菌是一类形状多样、结构简单、壁坚而韧、水生性强的原核生物。它包括了原核生物中的大部分种类。细菌根据形状分为三类：球菌、杆菌和螺旋菌。球菌根据细胞分裂方向和细胞分裂后的粘连程度及排列方式的不同称为单球菌、双球菌、四联球菌、八叠球菌和葡萄球菌等。各种杆菌的大小、长度、粗细和弯度差异也较大。大多杆菌中等大小，直径 $2 \sim 5\ \mu m$，宽 $0.3 \sim 1\ \mu m$。杆菌大多呈直杆状，两端钝圆形，少数两端平齐（如炭疽杆菌）。也有两端细尖（如梭杆菌）或末端膨大呈棒状（如白喉杆菌）。一些杆菌或球菌常形成聚合体，将其分开后仍能前后粘连在一起，形成链状（如链球菌）。螺旋菌如只有一个弯曲称弧菌，菌体有数个弯曲称螺菌，旋转周数超过六环的、体长而又柔软的螺旋菌专称螺旋体。螺旋菌能在环境中独立运动，通常不与其它细胞连接。

细菌可分为 $G^+$ 细菌和 $G^-$ 细菌两大类，$G^+$ 细菌以金黄色葡萄球菌为代表，$G^-$ 细菌以大肠杆菌为代表。细菌细胞的其它特征可参见本章节的相关内容。

细菌最普遍、最主要的繁殖方式是二分裂这种无性繁殖方式。在分裂前先延长菌体，染色体复制为二，然后垂直于长轴分裂，细胞赤道附近的细胞质膜凹陷生长，直至形成横隔膜，同时形成横隔壁，这样便产生两个子细胞。在少数细菌中，还存在着不等二分裂（如柄细菌）、出芽繁殖、三分裂和多分裂等。

### 2. 放线菌

**放线菌**（actinomycetes）是具有分支状的丝状细胞和菌丝的一类细菌。菌丝直径与杆菌相似，比真菌菌丝细得多，革兰氏染色阳性。最初发现的种类，其菌落常从一个中心向四周呈放射状生长，因此称放线菌。分支状菌丝按形态和功能的不同分为基内菌丝（又称营养菌丝）、气生菌丝和孢子丝（图11-19）。放线菌的菌体由许多无隔膜的菌丝体组成，从外部形态看与霉菌近似，但细胞内的微细结构显然具有原核生物的特征。

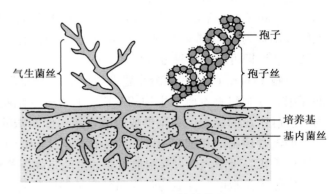

**↑ 图 11-19　放线菌的三种分枝状菌丝**

放线菌没有有性繁殖，主要通过形成无性孢子方式进行繁殖，成熟的分生孢子或孢囊孢子散落在适宜环境里发芽形成新的菌丝体；另一种方式是菌丝体的无限伸长和分支。在液体培养时，放线菌每一个脱落的菌丝片段，在适宜条件下都能长成新的菌丝体，也是一种无性繁殖方式。

放线菌大量存在于含水量较低、有机物丰富、呈微碱性的土壤中。它们中绝大多数是腐生菌，这些菌能分泌出各种各样的酶，将动植物的尸体腐烂、消化，转化成有利于植物生长的营养物质，有的放线菌有固氮能力，因此在自然界物质循环中也起着重要作用。

放线菌还是一类具有重要工业价值的原核生物，在抗生素生产和酶制剂产业中具有很重要的地位。抗生素类化合物如链霉素、红霉素都生产自放线菌。利用放线菌还可以生产维生素 $B_{12}$、蛋白酶和葡萄糖异构酶等医药用品。许多抗癌剂、抗寄生虫剂、免疫抑制剂和杀虫杀菌剂也都是放线菌的次生代谢产物。

极少数的放线菌寄生于动植物体中，如分枝杆菌能引起肺结核和麻风病等，但这些比起放线菌的"功绩"来，实在是微不足道的。

### 3. 蓝细菌（蓝藻）

**蓝细菌**（cyanobacteria）是一类比较古老的原核生物，最大的特点是含有光合色素（叶绿素 a、类胡萝卜素、藻胆素等），能进行产氧性光合作用，属于自养菌。曾被藻类学家归为藻类，旧称蓝藻或蓝绿藻。

藻胆素是藻红素、藻蓝素和别藻蓝素的总称。一般来说，含叶绿素 a 和藻蓝素量较大的细胞大多呈蓝绿色，蓝细菌就是因此得名。但是蓝细菌也不全是蓝色的，不同的蓝细菌中藻胆素含量是不同的，红海就是由于水中生长有大量含藻红素的红海束毛藻，使海水呈现出红色。

蓝细菌的构造与革兰氏阴性菌相似：细胞壁为肽聚糖和脂多糖构成的双层结构。细胞内虽无叶绿体，但在电镜下可见细胞质内有很多光合膜，叫类囊体，各种光合色素均附于其上，光合作用过程在此进行。蓝细菌可以形成与真核生物相似的团体结构，但它们之间的细胞质并不会直接联系在一起。

蓝细菌的繁殖方式有两类：大多为营养繁殖，主要以二分裂、多分裂方式和丝状体产生藻丝段（由成串细胞连成丝状的蓝细菌，在细胞链断裂时形成的片段具有繁殖功能）等几种方法；少数蓝细菌可形成内生孢子或外生孢子等，以进行无性生殖。目前尚未发现蓝细菌有真正的有性生殖。

蓝细菌的踪迹广泛，在淡水和海水中，潮湿和干旱的土壤或岩石上，树干和树叶上，温泉中、冰雪上，甚至在盐卤池、岩石缝中都可以发现蓝细菌。它们还与各类植物的叶腔、裸子植物的根、地衣等进行共生。

### 4. 支原体

**支原体**（mycoplasma）是目前发现的最小、最简单的能独立生活的原核生物。支原体最突出的结构特征是没有细胞壁，因而在形态上呈现多形性：球形、双球状、丝状；直径 150~300 nm，很少超过 1.0 μm。细胞膜中胆固醇含量较多，约占 36%，这对保持细胞膜的完整性和坚韧性具有作用，并在一定程度上弥补了其没有细胞壁的不足。支原体的基因组很小，仅在 0.6~1.1 Mb 左右，分子量约为大肠杆菌的 1/5，代谢很有限。

支原体繁殖方式多样，主要为二分裂繁殖，还有断裂、分支、出芽等。同时，支原体分裂和其DNA 复制不同步，可形成多核长丝体。

支原体是目前已知一类能在无生命培养基上生长繁殖的最小原核生物。但营养要求比一般细菌高，除基础营养物质外还需加入血清和甾醇等。孵育 2~3 天出现典型的"荷包蛋样"菌落：圆形，直径 10~16 μm，核心部分较厚，向下长入培养基，周边为一层薄的透明颗粒区。

支原体广泛分布于自然界，有 80 余种。能侵害动植物和人类，营寄生、共生或腐生，可造成多种疾病。与人类有关的支原体有肺炎支原体、解脲支原体、生殖器支原体和穿透支原体等。它们大多只能黏附在呼吸道或泌尿生殖道的上皮细胞表面的受体上，而不进入组织和血液，穿透支原体是1990 年首次从 1 例 HIV 阳性患者尿中分离出的一种新支原体，能进入血液。

支原体引起细胞损害的原因为：黏附于宿主细胞表面的支原体从细胞吸收营养，从细胞膜获得脂质和胆固醇，引起细胞损伤；支原体代谢产生的有毒物质，如溶神经支原体能产生神经毒素，引起细胞膜损伤；解脲支原体含有尿素酶，可以水解尿素产生大量氨，对细胞有毒害作用。支原体除可以黏附于细胞、巨噬细胞表面外，还常常附着在精子的头部和尾部，使整个精子挂满大小不等的附着物，从而阻止精子运动，其产生神经氨酸酶样物质还可干扰精子与卵子的结合。这就是支原体感染引起不育不孕的原因之一。

由于支原体没有细胞壁，因此对影响细胞壁合成的抗生素，如青霉素等不敏感，但红霉素、四环素、卡那霉素、链霉素等作用于核蛋白体的抗生素，可抑制或影响支原体的蛋白质合成，有杀伤支原体的作用。支原体对热抵抗力差，通常 55℃经 15 min 处理可使之灭活。

### 5. 立克次体

**立克次体**（Rickettsia）是一类专性细胞内寄生的（极少数例外）原核生物，能引发斑疹伤寒、斑点热、恙虫病、Q 热、战壕热等疾病。美国医生 H. T. Ricketts 首先发现了这类病原物，也因研究斑疹伤寒受到感染而死亡。为了纪念他，人们就把这类病原物叫作立克次体。

立克次体大小与细菌近似，除 Q 热立克次体外，均不能通过细菌滤器。细胞的特点之一是多形性，可以是球杆状或杆状，有时为长丝状体。细胞结构与革兰氏阴性菌相似。细胞壁最外表是由多糖组成的黏液层，有黏附宿主细胞及抗吞噬作用。细胞膜比一般细菌的膜疏松，使它们更容易从宿主细胞获得大分子物质，但也决定了它们一旦离开宿主细胞则易死亡。

立克次体以鼠类为储存寄主，以某些虱、蚤、蜱或螨等节肢动物的粪便污染人体伤口或通过节肢动物的叮咬而感染人类。少数立克次体可通过消化道或呼吸道侵入。

立克次体的致病物质主要有内毒素和磷脂酶 A 两类。立克次体内毒素的主要成分为脂多糖，具有与肠道杆菌内毒素相似的多种生物学活性，如致热原性、损伤内皮细胞、致微循环障碍和中毒性休克等。磷脂酶 A 能溶解寄主细胞膜或细胞内吞噬体膜，导致寄主细胞中毒。此外，立克次体表面黏液层结构有利于黏附到宿主细胞表面和抗吞噬作用，增强其对易感细胞的侵袭力。

### 6. 衣原体

**衣原体**（chlamydia）是一类在真核细胞内专性寄生的革兰氏阴性的原核生物。衣原体比立克次体稍小，球形或椭圆形，直径 0.2 ~ 0.3 μm，以二分裂方式进行增殖，能被抗生素抑制。

衣原体与细菌的主要区别是其缺乏合成生物能量来源的 ATP 酶，其能量完全依赖被感染的寄主细胞提供。而衣原体与病毒的主要区别在于其具有 DNA、RNA 两种核酸。

衣原体有独特的生活史，在一个典型的生命周期中有两种生物相，即**原体**（elementary）和**始体**（initial body）。原体为感染相，始体为繁殖相。原体呈小球状（0.3 ~ 0.4 μm），细胞壁厚、致密，不能运动，是成熟衣原体在细胞外存在形式，具有高度传染性。原体经空气传播，一旦遇到合适的寄主，就吸附在易感细胞表面，经吞饮而进入细胞，在细胞内形成空泡。空泡中的原体体积逐渐长大，并演化为始体。其个体较大（0.5 ~ 1.0 μm），细胞壁薄而脆弱，易变形。在电子显微镜下观察，已无拟核结构，其染色质分散呈纤细的网状结构。始体无感染性，但能在空泡中以二分裂方式反复繁殖，直至形成大量新的子代原体，当宿主细胞破裂时释放，重新感染新的寄主细胞（图 11-20）。整个生活周期约需 48 小时。

衣原体不需媒介直接侵入鸟类、哺乳动物和人类。对人致病的有肺炎衣原体、沙眼衣原体，人兽共患的有鹦鹉热衣原体。沙眼衣原体甚至引起结膜炎、角膜炎、角膜血管翳等临床症状，成为致盲的重要原因。

原体通过表面脂多糖和蛋白质吸附于易感细胞并大量繁殖，期间产生内毒素样物质，抑制宿主细胞代谢而致病。

### 7. 古菌

**古菌**（archaea）又称**古生菌**或**古细菌**，是原核生物中的一大类。古生菌这一个概念是 1977 年由 C. Woese 和 G. Fox 提出的。Woese 等在比较了来自不同原核生物及真核生物的 16 S rRNA 序列的相似性后发现，原来被认为是细菌的甲烷球菌代表着一种既不同于真核生物、也不同于细菌的生命形式。它们采用广泛的类似真核生物基因进行 DNA、RNA 和蛋白质的合成和加工，而在代谢方面则采用类似细菌的代谢机制（包括合成代谢和分解代谢），因而被认为是地球上的第三种生命形式，考虑到甲烷球菌的生活环境可能与生命诞生时地球上的自然环境相似，Woese 将这类生物称为古菌。据此，Woese 于 1990 年提出了生物的三域分类学说，即认为生命是由细菌域（Bacteria）、古菌域（Archaea）和真核生物域（Eukarya）所构成。

和细菌一样，古菌也属于单细胞生物。已记载的古菌有 200 多种，绝大部分都很微小，一般小于 1 μm。它们的形态也是多种多样，有

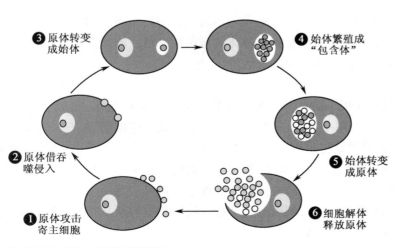

❸ 原体转变成始体
❹ 始体繁殖成"包含体"
❷ 原体借吞噬侵入
❺ 始体转变成原体
❶ 原体攻击寄主细胞
❻ 细胞解体释放原体

↑ 图 11-20    衣原体生活史

球形、杆状、螺旋状、叶片状和方形。有一些种类形成细胞团簇或者纤维，长度可达 200 μm。

古菌和细菌都具有原核细胞结构，如缺少膜结合细胞器和细胞骨架，其染色体 DNA 以环状形式存在。有些种类如极端嗜盐菌属的古菌除了一条大的环状染色体 DNA 外，还有几条小型环状染色体，合计不超过 4 Mb，核糖体是 70 S 型。但古菌的细胞壁显示了极大的差异性和多样性。除此之外，古菌与细菌最明显的不同是古菌的遗传信息传递机制与真核生物相似，比如：细菌的基因没有内含子，而古菌的有些基因具内含子；细菌具有与真核生物差异显著的核糖体蛋白和 RNA 聚合酶，而古菌的核糖体蛋白和 RNA 与真核生物十分相似；古菌蛋白质合成起始以甲硫氨酸作为新生肽链的 N 端氨基酸，全部以 AUG 为起始密码子。

很多古菌生活在各种极端的自然环境中，如海底火山口、热泉、盐碱湖或极度寒冷的南极冰湖。但这并不是说所有的古菌都是嗜极生物，古菌也生长在沼泽、废水、土壤甚至动物的消化道中。古菌通常对其它生物无害，也没有发现有致病古菌。

## 三、原核生物与人类生活密切相关

自然界中广泛存在的单细胞原核生物，生物多样性十分丰富，拥有复杂的生活方式，繁殖速度迅速，与人类生活也息息相关。它们中有些是人与动植物的重要病原菌，有些却与工农业生产有密切关系，更多的原核生物在自然界的物质循环中起着重要作用。

### 1. 细菌与人体健康

人类从出生那一天起就同细菌结下了不解之缘，并与之终身相伴。在人体的皮肤、口腔、肠道、阴道中都有细菌长期存在，被称为正常菌群，它们构成人体的正常微生物区系。研究人员估计，高达 100 万亿个细菌栖息在人类身体中，其中部分细菌在人体生理机能中作用突出，能够有效协助人体保持健康状态。例如有些菌类可以帮助人体构筑免疫系统，有些对促进食物消化不可或缺，还有的可以防止病原体引发潜在病变。

在皮肤上定居的细菌种类近 200 种，主要有葡萄球菌、链球菌、丙酸菌、微球菌和棒杆菌等。这些细菌最主要的作用就是防止外来病原微生物的侵入，例如皮肤上的痤疮丙酸菌能产生抗菌性脂质，抑制金黄色葡萄球菌和化脓性链球菌在皮肤上生长，从而对皮肤起保护作用。

人体最庞大的正常菌群在肠道，它的构成相当复杂。一般来说，肠道中的细菌可分成三类：一是有益菌，如双歧杆菌、嗜酸乳杆菌、粪链球菌等，它们的数量最多，对人体有益无害，是人体健康不可缺少的重要因素；二是中间型细菌，通常是益多害少，但肠道环境改变或过度繁殖，也有致病可能，如大肠杆菌和肠球菌；三是致病菌，如葡萄球菌、假单胞菌等。有益菌在肠道中的作用主要表现在以下几方面：

（1）提供营养和合成某些营养要素

肠道内有益菌生长繁殖时分泌一定量的酶类，这些酶有助于人体对蛋白质、脂肪和糖类等营养物质的消化和吸收，对人体新陈代谢帮助极大。许多有益菌合成的 B 族维生素、尼克酸、叶酸和维生素 K 等，能够被人体直接吸收利用，满足人体生长发育和生命维持的需要。有益菌产生的酸性物质可促进人体对铁、锌、钙等的吸收。

（2）防御病原体的侵入

人肠道内的正常菌群互相制约，保持平衡，在肠道内形成一道防线即"菌膜屏障"，以阻挡外来病菌的入侵，如它们能使霍乱弧菌难以立足。有益菌产生的杀菌素和抗菌物质对多种病原菌有抑制、杀灭作用，相当于人体内天然存在的"抗生素"，如乳酸杆菌能杀灭伤寒杆菌和痢疾杆菌。

（3）抑瘤作用

研究发现，肠道内双歧杆菌和乳酸菌的增加有抗癌作用。主要机制是降低肠道 pH，抑制致癌物的形成，转化某些致癌物质成非致癌物质，以及激活巨噬细胞的免疫功能等。

正常情况下人体内的菌群与人体和平共处，互惠互利，通过精密的调控机制，二者处于动态平衡状态，一旦这种机制被破坏，将会导致一系列疾病。

### 2. 细菌与人类疾病

虽然绝大多数细菌都能与人类和平共处，甚至对人体是有益的，但仍有少数细菌会给我们身体造成伤害，人们把这部分细菌称为致病菌。它们能引起包括肺结核、霍乱、麻风病、破伤风、细菌性肺炎、伤寒、百日咳、白喉、猩红热、鼠疫斑疹、淋病、梅毒等许多人类疾病。这些疾病至今还在严重地威胁着人类的健康，其中一些如不及时治疗仍能引起死亡。

**细菌的致病性**  细菌之所以给人类带来严重的伤害，与病原菌的致病性密切关联。所谓致病性即能引起感染的能力，其强弱程度称为毒力，构成病原菌毒力的物质是侵袭因子和细菌毒素。

**侵袭因子**  是指病原菌突破寄主防御机能，并在寄主体内定居、繁殖、扩散的能力。构成病原菌侵袭因子的物质本身无毒性。

绝大多数病原菌的感染首先是从细菌吸附到黏膜上皮细胞表面开始的。为了能在寄主体内存活并繁殖，许多病原菌在其细胞表面带有黏附因子（菌毛黏附素、非菌毛黏附素等），黏附因子具抵抗纤毛运动、肠蠕动、尿液冲刷的清除作用。

病原菌抵达寄主细胞表面后，有的不再侵入，而是迅速生长，很快占据特定区域，并扩散到其它部位，如霍乱弧菌。有的则在局部繁殖，积聚毒力因子或继续侵入细胞和组织，直至形成感染。为了做到这一点，许多细菌会产生、分泌一些水解酶，使组织疏松、通透性增加而有利于病原菌扩散。例如 A 型链球菌产生的透明质酸酶可以水解寄主机体的结缔组织中的透明质酸，从而使结缔组织疏松，通透性增加，有利于病原菌的扩散而引起全身感染。许多引起人类感染的链球菌还能产生链激酶，其作用是能激活溶纤维蛋白酶原或胞浆素原成为溶纤维蛋白酶或胞浆素，而使纤维蛋白凝块溶解，使细菌易于扩散。

对于寄主细胞的防御机制，致病菌也有许多对付的方法。如细菌的荚膜和微荚膜具有抗吞噬和抗体液杀菌物质的能力，有助于病原菌在体内存活。例如肺炎克雷伯菌的荚膜既能使其黏附于人体呼吸道并定殖，又可防止白细胞的吞噬。致病性葡萄球菌产生的血浆凝固酶可加速血浆凝固成纤维蛋白屏障，以保护病原菌免受寄主吞噬细胞和抗体的作用；有些致病菌如链球菌可分泌溶血素来抑制白细胞的趋化作用；炭疽芽胞杆菌甚至会分泌一种称之为攻击素（聚谷氨酸）的物质来抵抗正常血清中的天然抗菌因子的攻击。

**细菌毒素**  专指细菌产生的有毒物质，能直接破坏机体的结构和功能。按其来源、性质和作用等不同，可分为外毒素和内毒素两种。外毒素是 G⁺ 细菌及某些 G⁻ 细菌在生长繁殖与代谢过程中合成的能分泌到菌体外的毒性蛋白质。外毒素大都由 A、B 两个亚基组成。A 亚基为活性蛋白，B 亚基为结合蛋白。

**外毒素**（exotoxin）毒性很强，最强的肉毒毒素 1 g 纯品能杀死 10 万人，其毒性比化学毒剂氰化钾还要大 1 万倍。不同病原菌产生的外毒素，对机体的组织器官具有亲嗜性，并引起特殊的病理变化。按细菌外毒素对寄主细胞的亲嗜性和作用方式不同，可分成神经毒素（破伤风痉挛毒素、肉毒毒素等）、细胞毒素（白喉毒素、A 群链球菌致热毒素等）和肠毒素（霍乱弧菌肠毒素、葡萄球菌肠毒素等）三类。如破伤风毒素作用于中枢神经系统的中间神经元，阻止抑制因子的释放，造成乙酰胆碱持续释放，肌肉持续收缩。而肉毒梭菌产生的肉毒毒素，能抑制胆碱能神经末梢去极化时乙酰胆碱的释放，引起神经肌肉的阻滞，使眼肌、咽肌等麻痹，引起眼睑下垂、复视、吞咽困难等，严重的可因呼吸肌麻痹不能呼吸而死亡。

外毒素的性质不稳定，对热和某些化学物质敏感，容易受到破坏。用 0.3%～0.4% 的甲醛溶液处理，其毒性完全消失，但免疫原性不变，称为类毒素。类毒素注入机体后能刺激人体产生相应外毒素的抗体，使机体从此对该疾病具有自动免疫的作用。常用的类毒素有白喉类毒素、破伤风类毒素、葡萄球菌类毒素、霍乱类毒素等。

**内毒素**（endotoxin）是革兰氏阴性菌细胞壁的结构成分，即脂多糖。一般来说，内毒素不同于外毒素，活的细菌是不会分泌可溶性的内毒素的，只有当细菌死亡后自溶或被人工裂解时才释放出来，所以称内毒素。

内毒素由特异性多糖、核心多糖、类脂 A 三部分组成，其毒性成分主要为类脂 A。内毒素性质比较稳定，耐热，60℃ 数小时不被破坏，需 160℃ 加热 2～4 h，或用强酸强碱或强氧化剂加热 3 h 才能灭活。正由于内毒素性质稳定，所以不能被稀甲醛溶液脱毒成类毒素。

不同革兰氏阴性菌的类脂 A 结构基本相似。因此，凡是由革兰氏阴性菌引起的感染，虽菌种不一，但其内毒素导致的毒性效应大致类同。内毒素的毒性比外毒素低得多，但人体对内毒素极为敏感。极微量的内毒素就能刺激寄主细胞释放内源性的热源质，作用于大脑控温中心，就会引起发高烧。当大量的内毒素进入血液，作用于机体的巨噬细胞、中性粒细胞、内皮细胞、血小板、补体系统、凝血系统等多种细胞和体液系统时，便会产生白细胞介素 1、6、8 和肿瘤坏死因子 α、组胺、5–羟色胺、前列腺素等生物活性物质。这些物质作用于小血管，造成功能紊乱而导致微循环障碍，临床表现为微循环衰竭、低血压、缺氧、酸中毒等，于是导致患者休克，这种病理反应叫做内毒素休克。

### 3. 原核生物在工农业生产和环境中的作用

尽管一些原核生物对人和动植物的危害是显而易见的，但随着人类对原核生物的研究和认识的深入，越来越多的原核生物已被广泛用于现代发酵工业、食品工业、制药工业、农业和环境工程等方面。

原核生物被广泛作为酶、维生素和抗生素等工业生产中的目标菌种：现有抗生素中有 70% 是从放线菌中分离获得，人们用细菌在工业上生产丙酮、异丙醇、山梨糖醇、氨基酸、维生素 C、核苷酸、酶制剂等大量工业化学品，转基因细菌也在生产胰岛素和其它的治疗用蛋白质方面有特殊的作用，某些特殊细菌参与皮革脱毛、冶金、采油和采矿等生产过程。

许多细菌作为生物肥料、生物农药的主体在农业生产中得以应用。在农业上最成功的例子是苏云金芽胞杆菌的利用。从 20 世纪 20 年代开始，苏云金芽胞杆菌就被用于害虫的防治，它的杀虫机理是在形成芽胞的同时产生一个或多个较大的蛋白质性质的晶体，这种蛋白质晶体对 200 多种昆虫，尤其是鳞翅目幼虫有强烈毒杀作用。科学家已通过基因工程把编码蛋白质晶体的基因通过基因工程转移到棉花、大豆等农作物细胞内，这些细胞在生长过程中也能产生该蛋白质，自然也就能消灭害虫。

地球上的生命完全依赖与之所生活的环境间的化学元素循环。原核生物和真菌在这个化学循环中扮演了关键角色。

固定是化学循环的一个部分，固定即将环境中的物质转换成有机体本身的元素。原核生物在其中也扮演十分重要的角色。它们与植物、藻类一起，把光合作用合成的有机化合物通过食物链提供给所有地球上的异养生物——所有的动物、真菌及不能进行光合作用的原生生物。蓝细菌通过它们的光合作用能增加大气中的氧气。

　　碳、氮、磷、硫和其它构建生物体的元素都来自于物理环境。当生物死亡并腐烂时，这些元素又将回归到环境中。原核生物和真菌完成化学循环中分解这一部分，它们将尸体中的元素重新释放到环境当中。

　　原核生物在氮循环中也起着重要作用。大气中的氮以氮气的形式存在，在两个氮原子间存在着三个共价键，很难打破。在地球有机体中，只有某些原核生物有能力将氮气还原成 $NH_3$，后者是组成氨基酸和其它含氮生物分子的原料。当有机体死亡，它们则被称为硝化细菌和反硝化细菌的原核生物转化为氮元素返回到大气中，完成整个循环。

　　原核生物更是生态系中的分解者，能有效降解人类日常生活及工业制造过程中所产生的各种废水、废气和各种有毒有害化合物，对污染环境进行生态修复。

# 第三节　原生生物界

　　原生生物（protista）不是单系类群，某些原生生物与植物、动物和真菌间的亲缘关系远比它们与其它原生生物之间更为亲密。为了方便研究，将这类单细胞的真核生物（eukaryote）归为一类，估计有 20 多万种，大多数为单细胞，部分类群是多细胞群体，但不同于多细胞动物，群体中各细胞的形态和功能上没有出现分化，各自保持较大的独立性。区分原生生物与原核生物的关键特点是胞内结构的分隔化，原生生物具核膜、核仁，有明显的内膜系统。

　　原生生物在营养方式和细胞结构上与动物、植物或真菌有许多相似之处。有的为光合自养，具有细胞壁，是类植物原生生物，如衣藻、甲藻、硅藻等真核单细胞（或群体）的藻类；有的为异养，能够运动，无细胞壁，是类动物原生生物，如单履虫、变形虫等；还有些种类既可自养，又可异养，无细胞壁，能运动，兼有动物和植物的特性。因此，这是很庞杂的一界。这里介绍几种常见的原生生物。

## 一、变形虫

　　变形虫（amoeba）属于肉足虫类（图 11-21）。结构简单，在生活状态下体形不断地改变。体表为一层极薄的质膜，在质膜之下为一层无颗粒、均质透明的外质（ectoplamsm）。外质之内为内质（endoplasm），内质又可再分为两部分，处在外层相对固态的称为凝胶质，在其内部是液态的称为溶胶质。变形虫在运动时，体表任何部位都可形成临时性的细胞质突起，称为伪足（pseudopodium），它是变形虫的临时运动器。伪足形成时，外质向外凸出呈指状，内质流入其中，即溶胶质朝着运动的方向流动，流动到临时的突起前端后又向外分开，接着又变为凝胶质，同时后边的凝胶质又转变为溶胶质，不断地向前流动，虫体不断向伪足伸出的方向移动，这种现象叫做变形运动。伪足不仅是运动器也有摄食的作用。当变形虫碰到食物时，即伸出伪足进行包围，形成食物泡，与质膜脱离进入内质中随着内质流动。食物泡和溶酶体融合，由溶酶体所含的各种水解酶消化食物，整个消化过程在食物泡内进行。已消化的食物进入周围的细胞质中，不能消化的物质通过质膜排出体外。在内质中可见一泡状结构的伸缩泡（contractile vacuole），有节律地膨大、收缩，排出体内过多水分，以调节水分平衡。变形虫进行二分裂繁殖，是典型的有丝分裂。在分裂过程中，虫体变圆，有很多小伪足，中期

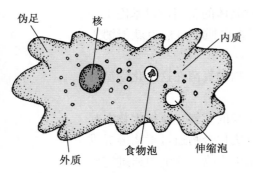

伪足　核　内质　食物泡　伸缩泡　外质

↑ 图 11-21　变形虫的结构

时核膜消失，体伸长，然后分裂分成两个子细胞。某些变形虫在不良环境下能形成包囊，伪足缩回，分泌一囊壳，在包囊内虫体也可进行分裂繁殖，并在适宜的条件下从包囊中出来进行正常生活。

## 二、草履虫

草履虫（paramecium）属于纤毛虫类（ciliate），靠纤毛运动和搜集食物（图 11-22）。草履虫的虫体表面为表膜，其内的细胞质分化为内质与外质。纤毛较短，数目较多，从表膜下的基体发出，运动时节律性强。具有摄食的细胞器。在口沟的后端连胞咽、胞口，由水流中带来的食物如细菌于胞咽下端形成小泡，落入细胞质内即为食物泡。食物泡在虫体内流动过程中，溶酶体融合于食物泡，在食物泡内进行消化，残渣于胞肛排出。在内质与外质之间有两个伸缩泡，一个在体前部，一个在体后部，每个伸缩泡具有放射状的收集管。两个伸缩泡交替收缩，调解体内水分平衡。细胞核一般分化出大核和小核，大核为多倍体，主要管营养代谢，小核主要管遗传和繁殖。无性生殖为横二分裂，分裂时小核先行有丝分裂，大核行无丝分裂，接着虫体中部横缢，分成两个新个体。有性生殖为结合生殖。在反刍动物牛、羊等的瘤胃中，生活着多种纤毛虫，1 g 瘤胃内容物中含有 60 万～100 万个纤毛虫，能够通过发酵作用，帮助宿主提高饲料的消化和利用。

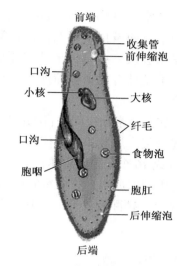

⬆ 图 11-22　草履虫的结构

## 三、眼虫

眼虫（euglena）体纺锤形，具有鞭毛，用以运动（图 11-23）。眼虫在鞭毛基部紧贴着储蓄泡有一红色眼点（stigma），靠近眼点近鞭毛基部有一膨大部分，能感受光线，因此眼虫在运动中有趋光性。在眼虫的细胞质内有叶绿体（chloroplast）。叶绿体的形状、大小、数量及其结构因眼虫属、种而异。眼虫主要通过叶绿素在有光的条件下利用光能进行光合作用，把二氧化碳和水合成糖类，这种营养方式（与一般绿色植物相同），称为光合营养（phototrophy）。制造的过多食物形成一些半透明的副淀粉粒（paramylum granule）储存在细胞质中，副淀粉粒是眼虫类特征之一，其形状大小也是其分类的依据。在无光的条件下，眼虫也可通过体表吸收溶解于水中的有机物质，这种营养方式称为渗透营养（osmotrophy）。在虫体内具有一个大伸缩泡，主要功能是调节水分平衡，收集细胞质中过多的水分。眼虫的生殖方法一般是纵二分裂，这也是鞭毛虫纲的特征之一。先是核进行有丝分裂，继之虫体开始从前端分裂，鞭毛脱去，同时由基体再长出新的鞭毛，或是一个保存原有的鞭毛，另一个产生新的鞭毛。胞口也纵裂为二，然后继续由前向后分裂，断开

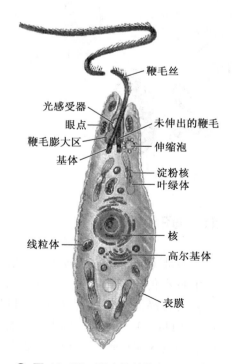

⬆ 图 11-23　眼虫的结构

成为两个个体。在环境不良的条件下，眼虫分泌一种胶质形成包囊，将自己包围起来，形成包囊度过不良环境。当环境适合时，虫体破囊而出，在出囊前进行一次或几次纵分裂。

## 四、衣藻

衣藻（*Chlamydomonas*）是常见的单细胞绿藻（图 11-24），植物体呈卵形、椭圆形或圆形，体前端有两条顶生鞭毛，是衣藻在水中的运动器官。细胞壁分两层，内层主要成分为纤维素，外层是果胶质。载色体形状如厚底杯形，在基部有 1 个明显的蛋白质核。细胞中央有 1 个细胞核，在鞭毛基部有两个伸缩泡，一般认为是排泄器官。眼点橙红色，位于体前端一侧，是衣藻的感光器官。

衣藻经常在夜间进行无性生殖，生殖时藻体通常静止，鞭毛收缩或脱落变成游动孢子囊，细胞核先分裂，形成 4 个子核，有些种则分裂 3～4 次，形成 8～16 个子核，随后细胞质纵裂，形成 2、4、8 或 16 个子原生质体，每个子原生质体分泌一层细胞壁，并生出两条鞭毛，子细胞由于母细胞壁胶化破裂而放出，长成新的植物体。在某些环境下，如在潮湿的土壤上，原生质体可再三分裂，产生数十、数百至数千个没有鞭毛的子细胞，埋在胶化的母细胞中，形成一个不定群体（palmella），当环境适宜时，每个子细胞生出两条鞭毛，从胶质中放出。

衣藻进行无性生殖多代后，再进行有性生殖。多数种的有性生殖为同配，生殖时，细胞内的原生质体经过分裂，形成 32～64 个小细胞，称配子。配子在形态上与游动孢子无大差别，只是比游动孢子小。成熟的配子从母细胞中放出后，游动不久，即成对结合，形成双倍、具四条鞭毛、能游动的合子，合子游动数小时后变圆，分泌厚壁形成厚壁合子，壁上有时有刺突。合子经过休眠，在环境适宜时萌发，经过减数分裂，产生 4 个单倍的原生质体，也继续分裂多次，产生 8、16、32 个单倍的原生质体；以后合子壁胶化破裂，单倍核的原生质体被放出，并在几分钟之内生出鞭毛，发育成新的个体。

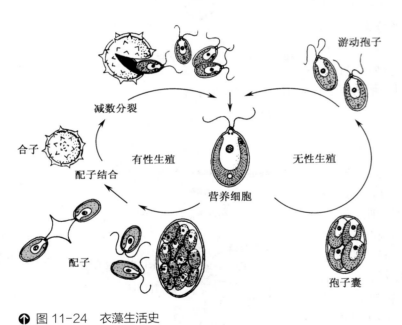

↑ 图 11-24　衣藻生活史

## 五、海带

海带（*Laminaria japonica*）是一种常见的褐藻，原产俄罗斯远东地区、日本和朝鲜北部沿海，后由日本传布到旅大海滨，并逐渐在辽东和山东半岛的肥沃海区生长，含有丰富的营养，是人们喜爱的食品。海带是特殊的多细胞原生生物。海带的孢子体分成固着器（holdfast）、柄（stipe）和带片（blade）三部分。固着器呈分支的根状；柄不分支，圆柱形或略侧扁，内部组织分化为表皮、皮层和髓 3 层；带片生长于柄的顶端，不分裂，没有中脉，幼时常凸凹不平，内部构造和柄相似，也分为 3 层。

　　海带的生活史中有明显的世代交替。孢子体成熟时，在带片的两面产生单室的游动孢子囊，游动孢子囊丛生呈棒状，中间夹着长的细胞，叫隔丝（paraphysis，或叫侧丝），隔丝尖端有透明的胶质冠（gelatinous corona）。带片上生长游动孢子囊的区域为深褐色，孢子母细胞经过减数分裂及多次普通分裂，产生很多单倍侧生双鞭毛的同型游动孢子。游动孢子梨形，两条侧生鞭毛不等长。同型的游动孢子在生理上是不同的，孢子落地后立即萌发为雌、雄配子体。雄配子体是由十几个至几十个细胞组成的分支的丝状体，其上的精子囊由 1 个细胞形成，产生 1 枚侧生双鞭毛的精子，构造与游动孢子相似；雌配子体是由少数较大的细胞组成，分支也很少，在 2~4 个细胞时，支端即产生单细胞的卵囊，内有 1 枚卵，成熟时卵排出，附着于卵囊顶端。精、卵结合后形成二倍的合子，合子不离开母体，几日后即萌发为新的海带。海带的孢子体和配子体之间差别很大，孢子体大而有组织的分化，配子体只有十几个细胞组成，这样的生活史称为异形世代交替（heteromorphic alternation of generations）（图 11–25）。

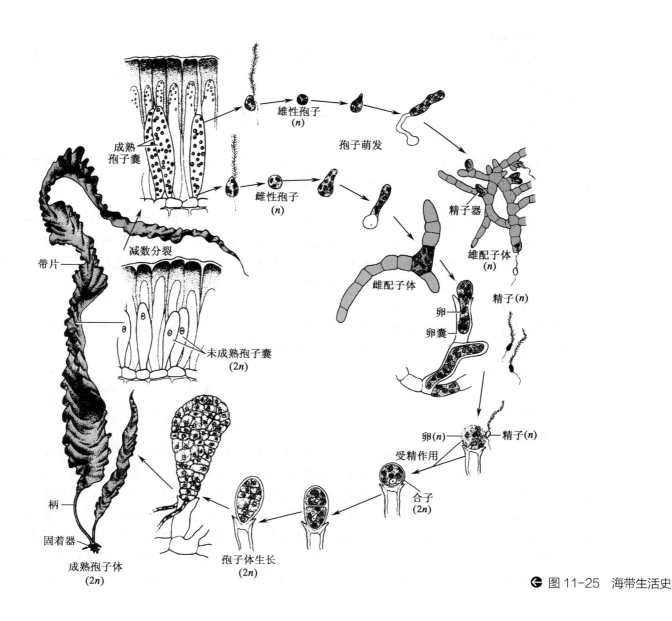

● 图 11-25　海带生活史

# 第四节　真菌界

**真菌**（fungi）是人类了解甚少的真核单细胞或多细胞生物，但真菌无所不在，高空、深海、裸地、森林、热带和极地都有它们的身影。真菌在生物系统和生态系统中扮演着至关重要的角色，它们参与了自然界中多种复杂而特殊的大分子的分解及再利用。许多真菌与植物保持着密切的互利关系，它们侵入植物的根部，将菌丝深入到土壤中，大量增加植物对水分和营养物质的吸收。真菌在经济上所蕴藏的潜在价值也是巨大而多样的，但一些种类的真菌可以引发植物和动物的多种病害。由于真菌和动物亲缘关系非常密切，所以这些真菌病害对我们来讲是一个非常棘手的问题。能够杀死真菌的药物通常对动物，包括人类，也有一定的毒性。

## 一、真菌的基本特性

### 1. 真菌的共同特征

真菌通常是指具有真正的细胞核、含有线粒体但不含叶绿体，以腐生、寄生、共生或超寄生（superparasitic）方式吸收养料，以孢子进行繁殖，仅少数为单细胞，其它都为分支或不分支的丝状体的真核多细胞生物类群。

虽然真菌具有惊人的多样性，但它们却有着下列共同的特征：

（1）真菌是典型的异养生物

真菌通过分泌消化酶到基质中，然后获取在酶作用下释放的有机分子。因此，真菌实际上是靠腐食性或吸收营养方式取得碳源、能源和其它营养物质。

（2）大多真菌有几丁质细胞壁

真菌细胞通常具细胞壁，其主要成分是多糖，另有少量的蛋白质和脂类。大多数真菌的细胞壁中最具特征性的是含有几丁质，几丁质是含有氨基酸的多聚糖。只有少数低等真菌的细胞壁成分以纤维素为主，酵母菌的细胞壁则以葡聚糖为主。细胞壁除具有固定外形外，还有保护细胞免受各种外界因子（渗透压、病原微生物等）损伤等功能。

（3）多数真菌的营养体呈丝状

除酵母菌等少数单细胞真菌是圆形、卵圆形外，大多数真菌是多细胞的，多细胞真菌的营养体主要呈细丝状，称之为菌丝，菌丝细胞有许多不同的形态。

（4）一些真菌有一个双核期

这是许多有性繁殖的真菌都经历的一个阶段：两个单倍体细胞在一个双核细胞内共存一段时间，直到它们融合成一个双倍体核。

### 2. 菌丝和菌丝体

**菌丝**（hypha）是特殊形式的细胞，光学显微镜下呈管状，直径一般 3～10 μm，是放线菌菌丝的数倍至十多倍。菌丝可长可短，其中有细胞核和细胞质。一些真菌的菌丝中有横隔，**称有隔菌丝**（图 11-26 下）。横隔将菌丝隔成一连串的细胞，每个细胞中有一核或有二核，随真菌种类不同而不同。具有隔膜的真菌可看作是一个长型细胞，隔膜上有小孔，原生质乃至核可以通过隔膜中较大的网孔，在菌丝中到处自由流动。通过这种独特的流动方式，菌丝中各处的蛋白质都能流到菌丝生长活跃的顶端进行合成。结果就是，当营养和水分充足且温度适宜，真菌菌丝生长非常快。另一些真菌的菌丝中无横隔，**称无隔菌丝**（图 11-26 上）。整条菌丝就是一个细胞。在一个细胞内含有许多核，是一种多核单细胞。隔的有无也是真菌分类的依据。

许多菌丝连接在一起组成的营养体类型叫**菌丝体**（mycelium），大多数真菌的菌体其实就是分支或不分支的菌丝构成的菌丝体。菌丝体按其功能可分两种：①营养菌丝体：菌丝色浅，较细，深入到寄生组织或培养基中，能分解、吸收、转运养分以供生长。②气生菌丝体：菌丝色深，较粗，从基质长出向空中伸展的菌丝。部分气生菌丝发育到一定阶段可衍化为具有繁殖功能的繁殖菌丝。气生菌丝体特化后形成的能产生无性或有性孢子的构造称子实体（fruiting body）。

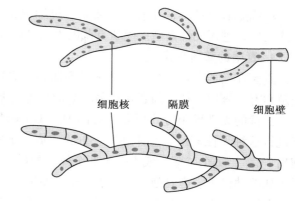

↑ 图 11-26　有隔菌丝（下）和无隔菌丝（上）

真菌的营养菌丝体常发生多种变态，从而更有效地获取养料，以满足生长发育的需要。常见的特化菌丝有吸器、假根、附着胞、菌网和菌套等（图 11-27）。前三种多在植物寄生菌中形成，后两者常见于捕食线虫等的真菌中。

在实践中，菌丝体可作为接种材料，用以生产各种胞外酶等代谢产物，或作为单细胞供食用、药用、饲料或其它工业用途。

### 3. 真菌如何获取营养和生长

真菌在生长中所需要的有机物质都依赖于自然界的其它生物。从死亡的有机体中吸取养料的真菌叫作**腐生菌**。能侵害活有机体，而不能生活在死有机体上的真菌叫做**绝对寄生菌**。寄生和腐生并不是绝对的，在一定条件下，一些真菌既能侵害活有机体又能生活在死有机体上，这种真菌叫做**兼性寄生菌**。无论哪一种方

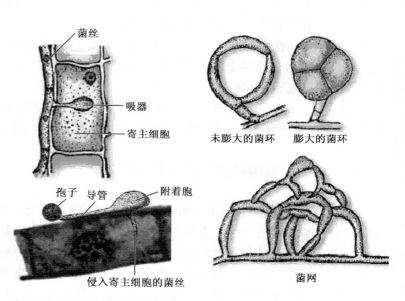

↑ 图 11-27　各种特化的菌丝

式，真菌获取营养都是通过分泌消化酶到食物周围，然后吸收由这种外消化作用所产生的有机分子。许多真菌可以降解树木中的纤维素，分割葡萄糖亚基之间的连接，然后将葡萄糖分子作为食物吸收。

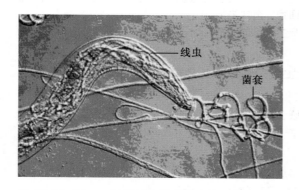

↑ 图 11-28　一种能捕食线虫的真菌

真菌也能消化植物细胞壁的木质素。真菌专化的新陈代谢途径使其能从枯木及各种有机体中获取营养。

真菌吸收营养的方式也是多方面的：单细胞真菌具有最大的表面积与体积比，从而使吸收面积最大化；真菌的子实体平面也是这种营养吸收方式的体现形式，菌丝体中大量的菌丝网络为真菌提供了一个广阔的吸收面；有些真菌如 *P. ostreatus* 能够分泌一种麻痹线虫的物质先击倒和杀死线虫，然后从线虫的体孔侵入，或依靠酶和机械力的作用从线虫表皮侵入营腐生生活，最后完全消化、吸收线虫（图 11-28）。

单细胞真菌菌体的生长，主要是经过细胞膨大、细胞核分裂、细胞质合成，最后达到细胞的芽殖或裂殖，进入无性繁殖。丝状真菌的生长是以顶端延长的方式进行。

### 4. 真菌的繁殖方式

真菌在营养阶段之后，便进入繁殖阶段。真菌的繁殖能力很强，繁殖方式多样，通常分为无性繁殖和有性繁殖二类。前者在真菌的繁衍和传播上起重要作用。

真菌的无性繁殖方式可概括为四种：①由断裂的菌丝片段再发育成新的菌丝体，大多数真菌都能进行这种无性繁殖。②体细胞一分为二成子细胞，如裂殖酵母菌。③体细胞或孢子的芽殖：母细胞出"芽"，每个"芽"成为一个新个体，酵母菌属的无性繁殖就是这种类型的繁殖。④产生无性孢子（如游动孢子、孢囊孢子、分生孢子、厚垣孢子等），每个孢子可萌发为新个体。

有性繁殖以细胞核的结合为特征，有性繁殖过程一般包括下列三个阶段：①质配：首先是两个细胞的原生质进行融合。②核配：两个细胞里的核进行配合。真菌从质配到核配之间的时间有长有短，有的真菌在质配后两个单倍体细胞瞬间进行核配。另一些真菌（担子菌和子囊菌）的父本和母本的核不是立即进行核配，而是出现一个双核阶段，即每个细胞里有两个没有结合的核，细胞生长或分裂时，它们同时分裂，这是真菌特有的现象。③减数分裂：核配后或迟或早将进行减数分裂，减数分裂使染色体数目减为单倍。真菌的有性生殖最后形成各种有性孢子，如卵孢子、接合孢子、子囊孢子和担孢子等。

孢子是真菌最常见的繁殖体。它们可以通过真菌的无性或有性繁殖产生，然后常常借助风媒进行传播。一旦到达适宜的生长环境，真菌的孢子出芽形成芽管并延长成丝状，逐步形成新的个体。

## 二、真菌各类群的主要特征

最新的 DNA 序列和蛋白质序列的系统发育分析结果表明，真菌和动物的亲缘关系比与植物的亲缘关系近得多。真菌和动物最后共同的一个祖先是一种单细胞生物，它们通过独特方式分别进化成真菌和动物。虽然被专家研究的真菌只有约 7 万种，但科学家相信，真菌的多样性可能是继昆虫之后的第二大生物类群。根据近年来超微结构、生物化学及分子生物学的研究，科学家将已知真菌中绝大部分种类划归在壶菌门（Chytridiomycota）、接合菌门（Zycomycota）、担子菌门（Basidomycota）和子囊菌门（Ascomycota）四个门中，它们各自的特征见表 11-1。

表 11-1　真菌的分类及特征

| 类群 | 代表种类 | 主要特征 | 人类致病菌 |
| --- | --- | --- | --- |
| 壶菌门 Chytridiomycota | 异水霉属 | 水生性强；有鞭毛；菌体为单细胞；有性生殖产生单倍体的配子；无性生殖产生双倍体的游动孢子 | |
| 接合菌门 Zycomycota | 根霉属<br>水玉霉属 | 菌丝大多无隔多核；无性生殖为主，产生孢囊孢子；有性孢子产生接合孢子 | 毛霉目中的一些种引起人的接合菌病，虫霉科中的裂孢蛙粪霉 |
| 担子菌门 Basidomycota | 伞菌鹅膏菌 | 菌体丝状、有隔；大多有锁状联合；有性阶段产生担孢子；无性生殖较少，产生分生孢子、节孢子或粉孢子等 | 新生拟线黑粉菌 |
| 子囊菌门 Ascomycota | 羊肚菌 | 菌丝体有分隔；有性阶段形成子囊孢子；无性生殖较多，常产生分生孢子，多数属高等真菌 | 皮炎芽生菌、组织胞浆菌、毛癣菌 |

在生产实践和日常生活中，人们通常按形态特征等要素把真菌分为酵母菌、霉菌和蕈菌（大型真菌）三类，但系统分类上它们归属于不同的亚门。

### 1. 酵母菌

**酵母菌**（yeast）并非系统演化分类的单元，一般泛指能发酵糖类的各种单细胞真菌（图 11-29）。在自然界中主要分布在含糖较丰富而偏酸性的环境中。绝大部分酵母菌是腐生性生物，少数酵母菌可以寄生在动物体上，如白假丝酵母（又称白色念珠菌）可引起消化道、呼吸道的多种疾病。

↑ 图 11-29 酵母菌

酵母菌形态通常为圆形、卵圆形或柱状等。外形与细菌相似但较大，大小（1～5）μm×（5～30）μm。酵母细胞壁化学成分较特殊，主要由酵母纤维素组成，它的结构类似三明治。外层为甘露聚糖，中间是一层蛋白质分子，其中有些是以与细胞壁相结合的酶的形式存在。内层为葡聚糖，葡聚糖是赋予细胞壁以机械强度的主要成分。酵母菌膜上有丰富的维生素 D 的前体——麦角甾醇，其经紫外线照射后能转化成维生素 $D_2$，所以可作为维生素 D 的来源。酵母菌的菌落颜色比较单调，常为乳白色，外观与细菌的菌落相似但要大得多。

酵母菌一般以出芽方式进行无性繁殖：从母细胞上长出芽体，芽体逐渐长大，最终脱离母细胞。有的酵母菌进行芽殖后，长大的子细胞不与母细胞立即分离，而是继续出芽，细胞成串排列，这种菌丝状的细胞串就称为假菌丝。少数酵母菌，如裂殖酵母属具有与细菌相似的二分裂繁殖方式。酵母菌以形成子囊和子囊孢子的方式进行有性生殖。与高等动植物的单个细胞相比，酵母菌具有这样一些特性：世代时间短，可在简单的培养基上生长，单个细胞就能完成全部生命活动，能获得各个生长阶段的细胞。这些突出的特点使酵母菌成为真核生物基因表达研究的好材料。

绝大多数酵母菌都是人类的好朋友，我国在酒类酿造方面已经有四千多年的历史，而不管什么酒，都是通过酵母菌的发酵作用得来的。在制作面包、制酱油、酿醋和做馒头时也都离不开它们。酵母菌中含有丰富的蛋白质、维生素等营养物质，因此可利用酵母菌的菌体提取辅酶 A、细胞色素 c、凝血质、卵磷脂等贵重药物或用作食品添加剂；还有的酵母菌可以产生大量核酸，其产量可达菌体干重的 10%，可用于制取核酸及进行核酸的科学研究。近几年，酵母菌在石油脱蜡、酶制剂和发酵饲料等方面的应用也有了新的进展。

### 2. 霉菌

**霉菌**（mold）是丝状真菌的统称，通常是指菌丝体比较发达而又不产生大型子实体的真菌。霉菌有较强的陆生性，喜好潮湿和温暖的气候，大量生长时形成肉眼可见的菌丝体（图 11-30），这就是俗称的发霉现象。

霉菌的菌落有明显的特征，外观上很容易辨认。因为菌丝较粗而长，形成的菌落较疏松，呈绒毛状、棉絮状或蜘蛛网状，一般比细菌菌落大几倍到几十倍。霉菌菌落最初往往是浅色或白色，当菌落上长出各种颜色的孢子后，由于孢子有不同色素，菌落表面常出现肉眼可见的不同色泽，

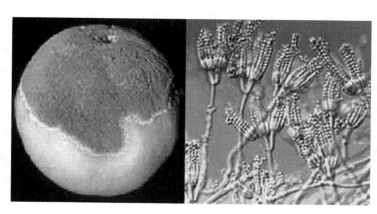

↑ 图 11-30 橘子上长出的青霉菌，右图为放大的菌丝体

如黄、绿、青、黑、橙等各色。

霉菌与人类关系密切，几千年来，霉菌广泛地用于传统的酿酒、制酱及其它食品的制造。在现代发酵工业上，霉菌广泛地用于制造乙醇、甘油、酶制剂（如蛋白酶、淀粉酶、脂肪酶和纤维素酶等）、固醇、抗生素（青霉素、头孢霉素等）和维生素等。由于霉菌具有强大而高效的酶系统，主要复杂有机物的分解作用大都由霉菌承担，特别是纤维素、半纤维素和木质素的分解。有的霉菌还被用在冶炼重金属和稀有金属上。另外，有些霉菌（如白僵菌）也可用于害虫的生物防治。

另一方面，霉菌会对人类带来很大的危害。如引起食品、纺织品、皮革、木器、纸张甚至光学仪器和电器设备等发霉而变质，带来严重的经济损失。同时，霉菌还可能引起动植物患病，如引起稻瘟病、小麦锈病等植物疾病，皮肤癣等人和动物的皮肤、体表病变。此外，黄曲霉分泌的黄曲霉素是人类已知的最强的几种致癌物质之一。常用在工农业生产中的霉菌有以下几种：

**青霉**　青霉是橘子等水果、蔬菜、食品上最常见的一类腐生菌。目前已知的有数百种，很多青霉菌可提取抗生素，著名的青霉素最早就是从青霉的某些品系中分离而来。除用于抗生素的生产外，青霉菌能产生多种酶类及有机酸。

**根霉**　由于其形态特征有假根，所以称为根霉。根霉在自然界分布很广，用途广泛，其 $\alpha$- 淀粉酶能使淀粉糊精化，又含有强的糖苷酶，而且不含糖苷转移酶，所以能将淀粉完全水解为葡萄糖，是酿造工业中常用糖化菌。

**毛霉**　毛霉在土壤、禾草等环境中存在。在高温、高湿以及通风不良的条件下生长良好。毛霉的用途很广，常出现在酒药中，能糖化淀粉并能生成少量乙醇。毛霉有分解蛋白质的能力，所以常用在豆腐乳、豆豉等食品的生产上。有的毛霉能产生脂肪酶，分解脂肪，使羊毛脱脂、羊皮软化。

**曲霉**　曲霉是工业生产中应用很广泛的一类真菌。目前，已经被利用的就有 50～60 种之多。除了利用曲霉酿酒、做酱油、制醋外，当前又广泛应用于酒精、柠檬酸、酶制剂和五倍子酸等的生产上。此外，曲霉也是丝、麻、棉秆脱胶和糖化饲料的菌种。

**木霉**　木霉广泛分布于各种腐木、枯枝落叶、植物残体、土壤和空气中。木霉能生产纤维素酶，它能把木材、木屑、麦秸等纤维素原料分解转化成葡萄糖。木霉能合成核黄素，生产抗生素，转化甾族化合物。木霉也常寄生于某些真菌的子实体上，因此是栽培蘑菇的劲敌。

**白僵菌**　白僵菌是一种广谱性的昆虫病原真菌，对数百种有害昆虫都能寄生，菌丝在体内大量繁殖的同时不断产生白僵素（大环脂类毒素）和草酸钙结晶等，这些物质可致新陈代谢紊乱而使昆虫死亡。已用于防治松毛虫、松叶蜂、金龟甲、玉米螟等 40 多种农林害虫，效果明显，是目前推广应用的微生物农药之一。

### 3. 蕈菌

**蕈菌**（mushroom）又称伞菌，也是一个通俗名称。专指具有比较复杂的组织结构、能形成肉眼可辨的子实体的大型真菌（图 11-31）。蕈菌包括大多数担子菌类和极少数子囊菌。

蕈菌的子实体有肉质、胶质、软骨质、海绵质、革质和木栓质等之分。典型的蕈菌，其子实体是由顶部的菌盖（包括表皮、菌肉和菌褶）、中部的菌柄（常有菌环和菌托）和基部的菌丝体三部分组成（图 11-32）。

蕈菌广泛分布于地球各处，在森林落叶地带更为丰富。它们与人类的关系密切，其中可供食用的种类就有 2 000 多种，目前

⬆ 图 11-31　蕈菌

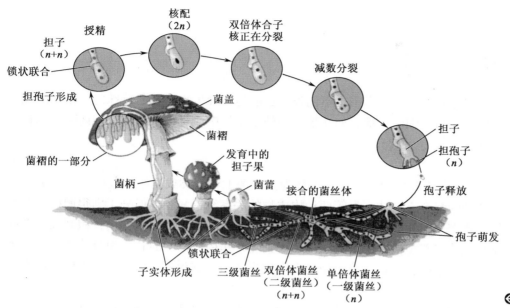

● 图 11-32　蕈菌的结构和生活史

已利用的食用菌约有 400 种，其中约 100 种已能进行人工栽培，如常见的蘑菇、木耳、银耳、香菇、平菇、草菇、金针菇和竹荪等真菌营养丰富，益于健康，而灵芝、云芝、猴头、虫草等真菌是名贵的中药和重要的抗癌药物资源。少数有毒或引起木材朽烂的种类则对人类有害。

　　在蕈菌的发育过程中，其菌丝的分化可明显地分成 5 个阶段：①形成一级菌丝：担孢子萌发，形成由许多单核细胞构成的菌丝，称一级菌丝。②形成二级菌丝：不同性别的一级菌丝发生接合后，通过质配形成由双核细胞构成的二级菌丝，它通过独特的"锁状联合（clamp connection）"使双核细胞分裂，从而使菌丝顶端不断向前延伸（图 11-33）。③形成三级菌丝：到条件合适时，大量的二级菌丝分化为多种菌丝束，即为三级菌丝。④形成子实体：菌丝束在适宜条件下会形成菌蕾，然后再分化、膨大成大型子实体。⑤产生担孢子：子实体成熟后，双核菌丝的顶端膨大，细胞质变浓厚，在膨大的细胞内发生核配形成二倍体的核。二倍体的核经过减数分裂和有丝分裂，形成 4 个单倍体子核。这时顶端膨大细胞发育为担子，担子上部随即突出 4 个梗，每个单倍体子核进入一个小梗内，

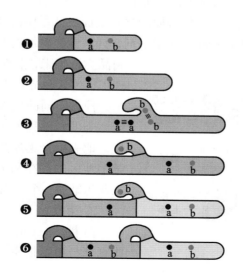

● 图 11-33　锁状联合的形成过程及双核菌丝细胞的分裂方式
①双核细胞；②双核细胞前端延长；③双核细胞侧生一个钩状短枝，一个核进入短枝内，然后两个核同时进行一次有丝分裂；④两个子核进入延长端，钩状短枝基部形成横隔；⑤钩状短枝基部生出另一个横隔将菌丝隔开，形成新的双核细胞和一个单核细胞；⑥钩状短枝前端与单核细胞融合。

小梗顶端膨胀生成担孢子（图 11-32）。

### 三、真菌与其它生物的共生关系

共生是生物界中普遍存在的现象。真菌也不例外，它能与各种生物建立起特殊的、密切的互惠关系。这种关系可以发生在宿主细胞外部，如在地衣和外生菌根中；也可发生在细胞内部，如在内生菌根和植物内生真菌中。

#### 1. 地衣

地衣（lichens）是由真菌（多数为子囊菌，少数为担子菌）与藻类或蓝细菌共生联合形成的一个有稳定形态和特殊结构的复合有机体。尽管两种构成物的关系纷繁复杂，但分工则很明确：藻类含有叶绿素，能进行光合作用，为整个地衣制造养分；真菌则通过吸水和失水作用，积累高浓度的可溶性矿物盐供给藻细胞，使藻类保持一定的湿度和得到光合作用所需的原料。而且藻细胞由于被交织的菌丝组织所包围而免遭外界的损伤，使光照强度适当减弱，有利于共生藻在弱光照下的生命活动。

根据外部形态，地衣营养体可以分成三类：壳状地衣、叶状地衣和枝状地衣。将地衣体横切，可看到其内部构造一般可分为上皮层、藻胞层、髓层和下皮层（图 11-34）。

地衣的有性繁殖是在原叶体上产生子囊果或担子果，成熟后产生子囊孢子或担孢子。孢子成熟后离开母体，散落到适合的自然环境中再萌发菌丝，当菌丝遇上适合的共生藻便产生一个地衣新个体。地衣除有性生殖外，也可通过地衣附属物如粉芽、裂芽和小裂片等进行营养繁殖。地衣一般生长很慢，数年内才长几厘米。地衣的种类很多，全世界迄今已知的地衣物种约 26 000 种，其中中国报道的地衣约 1 800 种。由于地衣在形态上、构造上、生理上和遗传上都形成一个单独的固定有机体，是历史上发展的结果，因此，常把地衣当作一个独立的门看待。

地衣能忍受长期干旱，干旱时休眠，雨后恢复生长，它们可以生长在峭壁、岩石、树皮（图 11-34）或沙漠地上。地衣耐寒性很强，因此，在高山带、冻土带和南、北极，其它植物不能生存，而地衣能生长繁殖，常形成一望无际的广阔地衣群落。因此，在自然生态系统中，地衣对土壤的形成和维持极地动物的食物链具有十分重要的作用。科学家甚至在研究如何将地衣作为移民外星球的先遣部队。

地衣也是一个潜力很大的生物资源宝库，如美味石耳在中国自古以来被视为天然珍品，猫耳衣、槽枝衣等也是著名的传统食用地衣。一些丛生在北极苔原的岩石表面或冰雪中的地衣（石蕊）是寒带动物驯鹿的重要饲料。地衣还能制成各种染料和化学指示剂，如试验酸碱性的石蕊试纸就是地衣制品。近年来，科学家还从地衣中发现了抗生素和抗癌化学物质。

种类不同的地衣对或重或轻的环境污染的敏感程度不同，一旦环境恶化，地衣就会迅速死去，因此它们在某个地区的存在和消失已成为城市和工业污染的一个有用的指示物。

#### 2. 菌根

菌根（mycorrhiza）是土壤中某些真菌与植物根系的共生体，凡能引

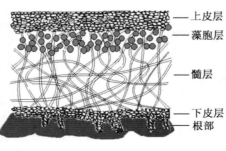

上皮层
藻胞层

髓层

下皮层
根部

⬆ 图 11-34   叶状地衣（左）和地衣的内部构造（右）

起植物形成菌根的真菌称为菌根真菌，大部分属担子菌门，小部分属子囊菌门。已知的维管植物中，大约90%的植物根系都与某些种类的真菌形成这种互利共生关系。菌根的作用主要是扩大根系组织的功能：菌根菌丝既与土壤高度接触，显著增加营养吸收的总表面积，又与寄主植物组织相通，一方面菌根真菌从寄主植物中吸收糖类等有机物质作为自己的营养，另一方面帮助植物直接从土壤中输送磷、锌、铜等营养成分和水分到根部。另外，某些菌根具有合成生物活性物质的能力（如合成维生素、赤霉素、细胞分裂素、植物生长激素、酶类以及抗生素等），不仅能促进植物良好生长，而且还能提高植物的抗病能力。大量的研究已证实，菌根作为真菌与植物的结合体，有着独特的酶途径，可以降解土壤中包括有机农药、酚类、氰化物、石油、合成洗涤剂等有机污染物，对污染土壤的修复起到重要作用。

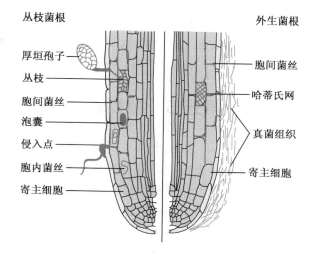

图 11-35　菌根的形态和解剖学特征

　　根据形态和解剖学的特征，通常把菌根分为外生菌根、内外生菌根和内生菌根三组7类（外生菌根、丛枝菌根、内外生菌根、兰科菌根、浆果鹃类菌根、水晶兰类菌根和欧石楠类菌根）。丛枝菌根（arbuscular mycorrhizae）和外生菌根（ectomycorrhizae）是最主要的菌根种类（图11-35）。

　　（1）丛枝菌根

　　内生性的丛枝菌根是分布最广泛、最普遍的一类菌根。大约70%的植物物种都形成此种类型的菌根。其特点是真菌的菌丝体主要存在于根的皮层细胞间和细胞内，但在根外也能形成一层松散的菌丝网。而且内生菌丝可在皮层细胞内连续发生双叉分支，此构造即称丛枝，少数菌丝富含脂质，在菌丝中段或末端膨大成泡囊。故丛枝菌根又称泡囊-丛枝菌根。由于丛枝菌根真菌与植物之间无严格的专一性，一种菌根真菌可以同多种植物形成共生体，反过来一种植物也可以同多种菌根真菌形成共生体，这种共生的普遍性和共生体之间无专一性的共生关系，在陆生植物群落的发生、演替以及生态系统稳定性等方面都产生了特殊的生态学意义。

　　（2）外生菌根

　　其典型特征是真菌菌丝不进入根部皮层细胞之中。真菌菌丝体紧密地包围植物幼嫩的根，形成菌套，有的向周围土壤伸出菌丝，代替根毛的作用。部分菌丝只侵入根的外皮层细胞间隙而形成特殊的网状结构，称为哈蒂氏网。大多数外生菌根的寄主是森林乔木，例如松树、橡树、桦树、柳树和桉树等植物。大部分外生菌根真菌与植物之间也无严格的专一性。

　　**3. 真菌与动物的互利共生现象**

　　真菌与动物的共生现象也比比皆是。例如，反刍动物不能消化其摄入草类食物中高含量的纤维素和木质素，而其瘤胃内共生的大量真菌能分泌与植物降解有关的纤维素酶、半纤维素酶，以释放草类食物中的营养物质，而与此同时，真菌也可以获得营养丰富的生活环境。

　　切叶蚁、植物和真菌的三重共生现象则是研究真菌与动植物互利共生的典型例子。生长在美洲的切叶蚁与一种始终在地下生长的真菌形成专性共生体。切叶蚁并不直接以树叶为食，而是食用它们专门"种植"的真菌。切叶蚁有严格的社会分工，中型切叶蚁先将叶子从树上切成小片带回巢内，较小的工蚁把叶子切成小块，用唾液把叶子卷成团块，并把粪便浇在上面，形成有机肥料，然后把老蚁穴里的真菌移植在上面形成菌床，最后由矮脚蚁负责整个"真菌种植园"的管理（图11-36）。生产出的真菌（蘑菇）分配给巢穴中的各个成员喂养幼虫（成虫主要是吸食被它们切碎叶片的汁液）。

　　每一个成熟的蚁后飞离蚁穴时都带走一群工蚁，这些工蚁会嘴含菌丝，以便在新家内有充足的食物来源，保证种群的尽快繁衍。

↑ 图 11-36　切叶蚁（左上）和它们的"真菌花园"

# 第五节　植物界

　　在距今约 4.45 亿年前的志留纪期，植物的祖先率先登上陆地，并在陆地上逐步形成了一个光合自养、适应于陆地生活的陆生植物。虽然现在的植物在大小、形态和栖息地上都表现出极大的多样性，但生物学家推测它们都可能是从一个共同的祖先—— 一种古老的绿藻进化而来的。地球陆地上的植物现存大约有 35 万种，根据植物体的形态、结构以及生殖和生活方式，将它们分为苔藓植物、蕨类植物和种子植物几大类，常称高等植物，植物体结构比低等植物（藻类）复杂，大多有根、茎、叶的分化，并有胚的形成。种子植物包括裸子植物和被子植物，其中被子植物是目前地球上进化程度最高、植物体结构最复杂、种类也最多的类群，在植物发展史上出现的时间也最晚（图 11-37）。

## 一、苔藓植物

　　苔藓植物（bryophyte）是高等植物中比较原始的类群，在距今约 4 亿年前的泥盆纪时出现的，但它们始终没能形成陆生植被的优势类群，因此被视为是植物界进化中的 1 个侧支，是由水生生活方式向陆生生活方式的过渡类群之一。苔藓植物一般体型较小，大者不过几十厘米，我们通常见到的苔藓植物的营养体是它们的配子体，苔藓植物的孢子体不能独立生活，而是寄生或半寄生在配子体上。苔藓植物与其它高等陆生植物相比，一个很重要的区别在于没有维管系统的分化，所以苔藓植物也没有真正的根、茎、叶的分化。苔藓植物的配子体有两种形态，一类是无茎、叶分化的叶状体，另一类为有似茎、叶分化的茎叶体。

　　苔藓植物的有性生殖器官是由多细胞构成的，组成生殖器官的细胞在结构和功能上已出现分化，它们的生殖细胞都有一层由不育细胞组成的保护层，这是苔藓植物与藻菌植物的一个重要区别，也是苔藓植物对陆生环境的适应。苔藓植物的雄性生殖器官称为精子器（antheridium），一般为棒形、卵形或球形，外有一层不育细胞组成的壁。其内为多个能育的精原细胞，每个精原细胞可产生 1 个或 2 个长形弯曲的精子，精子顶端具 2 条鞭毛。雌性生殖器官称作颈卵器（archegonium），形似长颈烧瓶，上部细狭的部分称颈部（neck），下部膨大的部分称为腹部（venter），这两部分都有由单层细胞构成的壁保护着，颈部之内有一串颈沟细胞（neck canal cell），腹部有一卵

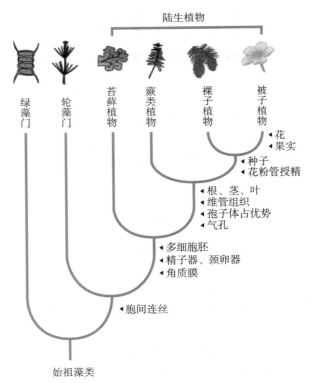

↑ 图 11-37　植物系统发育关系

细胞，在卵细胞与颈沟细胞之间还有一腹沟细胞（ventral canal cell）。

苔藓植物的受精过程必须借助于水才能完成。当卵发育成熟时，颈沟细胞和腹沟细胞都解体消失，成熟的精子借助于水游到颈卵器附近，然后通过颈部进入腹部与卵结合；精、卵结合形成合子，合子不经休眠而直接分裂发育成胚（embryo）。胚是孢子体的早期阶段，也是孢子体的雏形，它在颈卵器内进一步发育成成熟的孢子体。孢子体可分为孢蒴（capsule）、蒴柄（seta）和基足（foot）三部分，孢蒴内的造孢组织（sporogenous tissue）发育成孢子母细胞，孢子母细胞经减数分裂形成孢子；孢子成熟后，从孢蒴中散出，在适宜的环境中萌发形成具分支的丝状体，称为原丝体（protonema），从原丝体上再生出配子体，即苔藓植物的营养体。由此可见，苔藓植物生活史中具有明显的世代交替，并以配子体世代占优势。

苔藓植物共约 23 000 多种，我国约有 2 800 多种，其中包括苔类植物（liverwort）（如地钱）和藓类植物（moss）（如葫芦藓）。

**地钱**（*Marchanfia polymorpha*） 地钱的植物体为绿色、扁平、叉状分支的叶状体，平铺于地面，有背腹之分；叶状体的背面可见许多多角形网格，每个网格的中央有 1 个白色小点；叶状体的腹面有许多单细胞假根和由多个细胞组成的紫褐色鳞片，用于吸收养料、保持水分和固着。从地钱配子体可以看出其叶状体已有明显的组织分化，最上层为表皮，表皮下有一层气室，每个气室有一气孔与外界相通。气孔是由多细胞围成的烟囱状构造，无闭合能力；气室间可见排列疏松、富含叶绿体的同化组织，气室下为薄壁细胞构成的贮藏组织。最下层为表皮，其上长出假根和鳞片。地钱通常以形成胞芽（gemma）的方式进行营养繁殖，胞芽形如凸透镜，通过一细柄生于叶状体背面的胞芽杯（gemma cup）中；胞芽两侧具缺口，其中各有 1 个生长点，成熟后从柄处脱落离开母体，发育成新的植物体。

地钱为雌雄异株植物，有性生殖时，在雄配子体中肋上生出雄生殖托（antheridophore），雌配子体中肋上生出雌生殖托（archegoniophore）。雄生殖托盾状，上面具精子器腔，每腔内具一精子器，精子器卵圆形，下有一短柄与雄生殖托组织相连；成熟的精子器中具多数精子，精子细长，顶端生有两条等长的鞭毛。雌生殖托伞形，边缘具 8～10 条下垂的芒线（ray），两芒线之间生有一列倒悬的颈卵器，每行颈卵器的两侧各有一片薄膜将它们遮住，称为蒴苞（involuere）。精子器成熟后，精子逸出器外，以水为媒介，游入发育成熟的颈卵器内，精、卵结合形成合子。合子在颈卵器中发育形成胚，而后发育成孢子体；在孢子体发育的同时，颈卵器腹部的壁细胞也分裂，膨大加厚，成为一罩，包住孢子体；此外，颈卵器基部的外围也有一圈细胞发育成一筒笼罩颈卵器，名为假被（pseudoperianth）。因此，受精卵的发育受到三重保护：颈卵器壁、假被和蒴苞（图 11-38）。

地钱的孢子体很小，主要靠基足伸入到配子体的组织中吸收营养。随着孢子体的发育，其顶端孢蒴内的孢子母细胞经减数分裂产生很多单倍异性的孢子，不育细胞则分化为弹丝；孢蒴成熟后不规则破裂，孢子借助弹丝散布出来，在适宜的环境条件下萌发形成原丝体，进一步发育成雌或雄的新一代叶状体，即配子体。

**葫芦藓**（*Funaria hygrometrica*） 葫芦藓一般分布在阴湿的泥地、林下或树干上，其植物体高 1～2 cm，直立丛生，有茎、叶的分化，茎的基部有由单列细胞构成的假根。叶卵形或舌形，丛生于茎的上部，叶片有一条明显的中肋，除中肋外其余部分均为一层细胞。

葫芦藓为雌雄同株植物，但雌、雄生殖器官分别生在不同的枝上。产生精子器的枝，顶端叶形较大，而且外张，形如一朵小花，为雄器苞（perigonium），雄器苞中含有许多精子器和侧丝；精子器棒状，基部有小柄，内生有精子，精子具有两条鞭毛，精子器成熟后，顶端裂开，精子逸出体外；侧丝由一列细胞构成，呈丝状，但顶端细胞明显膨大，侧丝分布于精子器之间，将精子器分别隔开，

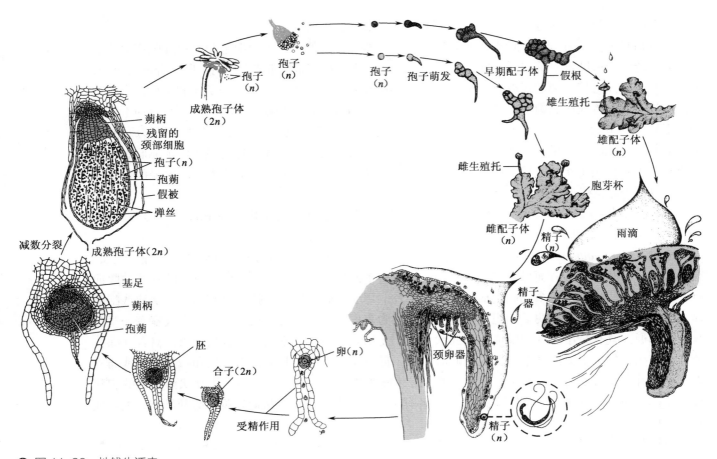

⬆ 图 11-38　地钱生活史

其作用是能保存水分，保护精子器。产生颈卵器的枝顶端如顶芽，是为雌器苞（perigynium），其中有颈卵器数个，颈卵器瓶状，颈部细长，腹部膨大，腹下有长柄着生于枝端；颈卵器颈部壁由一层细胞构成，腹部壁由多层细胞构成；颈部有一串颈沟细胞，腹部内有一个卵细胞，颈沟细胞与卵细胞之间有一个腹沟细胞。卵成熟时，颈沟细胞和腹沟细胞溶解，颈部顶端裂开，在有水的条件下，精子游到颈卵器附近，并从颈部进入颈卵器内与卵受精形成合子。合子不经休眠，即在颈卵器内发育成胚，胚进一步发育形成具基足、蒴柄和孢蒴的孢子体。蒴柄初期快速生长，将颈卵器从基部撑破，其中一部分颈卵器的壁仍套在孢蒴之上，形成蒴帽（calyptra），因此蒴帽是配子体的一部分，而不属于孢子体。孢蒴是孢子体的主要部分，成熟时形似一个基部不对称的歪斜葫芦，孢蒴可分为三部分：顶端为蒴盖（operculum），中部为蒴壶（urn），下部为蒴台（apophysis）。蒴盖的构造简单，由一层细胞构成，覆于孢蒴顶端；蒴壶的构造较为复杂，最外层是一层表皮细胞，表皮以内为蒴壁，蒴壁由多层细胞构成，其中有大的细胞间隙，为气室，中央部分为蒴轴（columella），蒴轴与蒴壁之间有少量的孢原（archesporium）组织，孢子母细胞即来源于此，孢子母细胞减数分裂后，形成四分孢子；蒴壶与蒴盖相邻处，外面有由表皮细胞加厚形成的环带（annulus），内侧生有蒴齿（peristomal teeth），蒴齿共 32 枚，分内外两轮；蒴盖脱落后，蒴齿露在外面，能进行干湿性伸缩运动，孢子借蒴齿的运动弹出蒴外；蒴台在孢蒴的最下部，蒴台的表面有许多气孔，表皮内有 2~3 层薄壁细胞和一些排列疏松而含叶绿体的薄壁细胞，能进行光合作用。孢子成熟后从孢蒴内散出，在适宜的条件

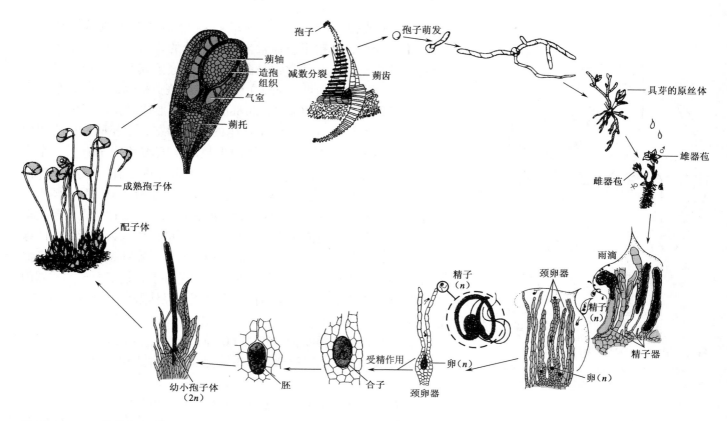

↑ 图 11-39 葫芦藓生活史

下萌发为单列细胞的原丝体（protonema），原丝体向下生假根，向上生芽，芽发育成有似茎、叶分化的配子体。从葫芦藓的生活史看，它和地钱一样孢子体也寄生在配子体上，不能独立生活，所不同的是孢子体在构造上比地钱复杂（图 11-39）。

## 二、蕨类植物

蕨类植物（fern）是陆生植物中最早分化出维管系统的植物类群。通过现存的化石，蕨类植物的历史可追溯到 4.2 亿年前，在 4 亿 ~ 2.2 亿年前时间内，它们是地球上陆地植物的主体。蕨类植物大多为多年生草本，有根、茎、叶的分化。其根通常为不定根；茎多为根状茎，少数为直立茎，二叉分枝；蕨类植物的叶可分为单叶和复叶，并有大型叶与小型叶、孢子叶与营养叶、同型叶与异型叶之分。小型叶（microphyll）的特征是没有叶隙和叶柄，仅具一条不分枝的叶脉，这是原始类型的叶；大型叶具叶隙、叶柄，叶脉多分支（图 11-40）。孢子叶是指能产生孢子囊和孢子的叶，又称能育叶（fertile leaf）；仅能进行光合作用不能产生孢子囊和孢子的叶称为营养叶，又称不育叶（sterile leaf）。同一植株上的叶如果没有明显分化，都兼有营养和生殖的功能，这样的叶称为同型叶（isophylly）；反之，如果同一植株上的营养叶和孢子叶具有明显的形态差异，则称为异型叶（heterophylly）。

蕨类植物是以孢子世代占优势的植物类群，在具小型叶的蕨类植物中，孢子囊通常单生于孢子叶的近轴面叶腋或叶子基部，且孢子叶通常集生在枝的顶端，形成球状或穗状的孢子叶球

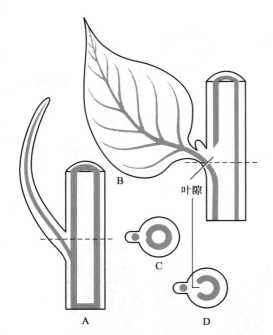

⬆ 图 11-40　大型叶和小型叶
A：小型叶；B：大型叶；C：小型叶 A 中沿虚线部
分横切；D：大型叶 B 中沿虚线部分横切。

（strobilus）或孢子叶穗（sporophyll spike）；较进化的真蕨类植物不形成孢子叶球，其孢子囊通常生在孢子叶的背面、边缘或集生在一个特化的孢子叶上，并常常是多数孢子囊聚集成群，形成不同形状的孢子囊群或孢子囊堆（sorus），大多数真蕨类植物的每个囊群还有一种保护结构，即囊群盖（indusium）。孢子形成时是经过减数分裂的，多数蕨类植物的孢子囊中产生的孢子形态大小相同，称为同型孢子（isospory），而卷柏属植物和少数水生蕨类的孢子有大、小之分，称异型孢子（heterospory）。孢子萌发形成配子体，又称原叶体（prothallus），小型，结构简单，生活期较短；原始类型的配子体生于地下，呈辐射对称的圆柱体或块状，没有叶绿素，通过与真菌共生得到养料；大多数蕨类植物的配子体生于阴湿的地表，为具背腹性的绿色叶状体，能独立生活。配子体的腹面生有精子器和颈卵器，精子器产生具多条或两条鞭毛的精子，在有水的条件下，精子游至颈卵器内与卵结合形成合子，完成受精作用。合子不经休眠，继续分裂发育成胚，以后发育成孢子体。

目前现存的蕨类物种约有 13 000 种，包括三大类群，即石松类、木贼类和真蕨类，不同类群在形态结构、繁殖方式和生活史等方面均有较大差异。

**卷柏属**（Selaginella）　卷柏属于石松类，植物体分根、茎、叶三部分，匍匐或直立，匍匐生长的种类多数具根托（rhizophore），其表面光滑无叶，先端生有不定根，故通常认为它是一种无叶的枝。从横切面看，茎由表皮、皮层和中柱三部分组成，表皮细胞较小，排列紧密；皮层和中柱之间有大的间隙，二者由呈辐射状排列的长形横桥细胞（cross-bridge cell）相连；中柱类型复杂，可有简单的原生中柱到多环式管状中柱，有些种类的茎内还具多体中柱，维管组织的木质部具梯纹管胞，有些具梯纹导管。叶为鳞片状小型叶，具一条叶脉，通常在茎上排列成 4 行，在每一叶的近叶腋处生有一小的片状结构，称为叶舌（ligule），这是卷柏属的重要特征之一。

卷柏属的孢子囊单生于孢子叶的叶腋内，孢子囊有大、小之分。大孢子囊内通常只有 1 个大孢子母细胞能经过减数分裂，形成 4 个大孢子；小孢子囊能产生许多小孢子。大、小孢子分别发育成雌、雄配子体。

卷柏的配子体极度退化，在孢子壁内发育。当小孢子囊尚未开裂时，小孢子已开始发育，首先分裂 1 次，产生 1 个小的原叶细胞（prohallial cell）和 1 个大的精子器原始细胞，原叶细胞不再分裂，精子器原始细胞又分裂几次，形成精子器，卷柏属植物的雄配子体就是由 1 个原叶细胞和 1 个精子器组成；精子器的外面有由 1 层细胞构成的壁，中央有 4 个初生精原细胞，初生精原细胞经多次分裂，产生 128 个或 256 个具双鞭毛的精子，成熟后，壁破裂，精子游出。卷柏雌配子体的早期发育也在大孢子的壁内进行，且大孢子也不脱离大孢子囊；大孢子的核经过多次分裂形成许多自由核，再由外向内产生细胞壁形成营养组织，色绿，能进行光合作用，其中一部分突出于大孢子顶端的裂口处，并产生假根；颈卵器发生于突出部分的组织中，由 8 个颈细胞、1 个颈沟细胞、1 个腹沟细胞和 1 个卵细胞组成。当颈卵器发育成熟时，其颈沟细胞和腹沟细胞解体，具双鞭毛的精子借助于水游至颈卵器，并与其内的卵受精形成合子，合子进一步发育成胚。幼小的孢子体吸收雌配子体的养料，逐渐分化出根、茎、叶，伸出配子体，营独立的自养生活（图 11-41）。

**木贼属**（Equisetum）　木贼属植物的孢子体为多年生草本，具根状茎和气生茎。根状茎棕色，

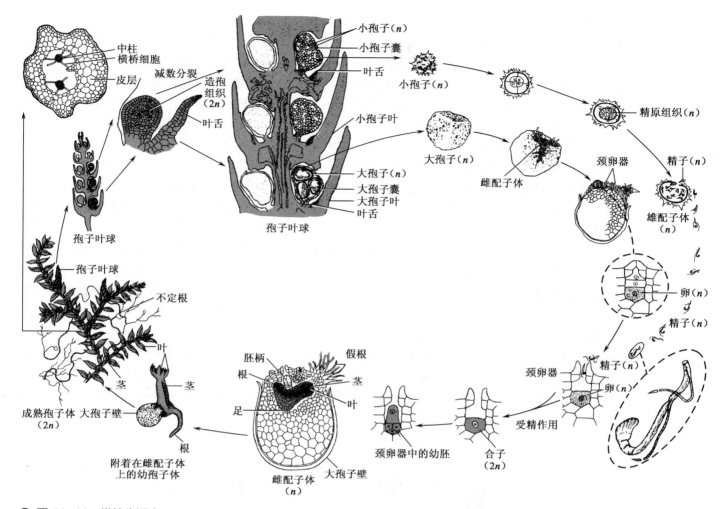

⬆ 图 11-41　卷柏生活史

蔓延地下，节上生有不定根；气生茎多为一年生，节上生一轮鳞片状叶，基部联合成鞘状。有些种类的气生茎有营养枝（sterile stem）和生殖枝（fertile stem）之分，营养枝通常在夏季生出，节上轮生许多分枝，色绿，能进行光合作用，但不产生孢子囊；生殖枝在春季生出，短而粗，棕褐色，不分枝，枝端能产生孢子叶球。无论是气生茎还是地下根状茎均有明显的节和节间，节间中空。气生茎表面有纵肋，脊与沟相间而生。从节间的横切面看（图 11-42），茎的最外层为表皮细胞，细胞外壁沉积着极厚的硅质，故表面粗糙而坚硬；表皮内为多层细胞组成的皮层，靠近表皮的部分为厚壁组织，尤以对着纵肋处最为发达，皮层中对着茎表每个凹槽处各有 1 个大的空腔，称为槽腔（vallecular cavity），皮层和中柱间有内皮层；木贼的中柱结构比较特殊，幼时为原生中柱，稍大些转为管状中柱，再长大些维管组织在内皮层里呈束状排列成环，围着髓腔，而节处是实心的，因而称为具节中柱（cladosiphonic stele）；在排列成环的对脊而生的每个维管束的内方通常各有 1 个小空腔，称为脊腔（carinal cavity），是由原生木质部破裂后形成；维管束的木质部大多由管胞组成，但也有少数种类是由导管组成；茎的中央为 1 个大的髓腔（medullary cavity）；

木贼属植物的孢子叶球呈纺锤形，由许多特化的孢子叶聚生而成，这种孢子叶称为孢囊柄（sporangiophore）。孢囊柄盾形、具柄，密生于孢子叶球轴上，每个孢囊柄内侧生有 5～10 枚孢子囊。

孢子同型，周壁上同一点着生有 4 条弹丝，能作干湿运动，有利于孢子的散播。

　　配子体由孢子萌发形成，通常为背腹性的由几层细胞构成的垫状组织，下侧生有假根，上侧有许多不规则带状裂片，裂片由一层细胞构成，绿色，裂片间发育出雌、雄性器官，即颈卵器和精子器。木贼属的孢子虽为同型，但它萌发形成的配子体有雌、雄同体和异体之分，这可能与营养条件有关。实验结果表明，基质营养丰富时多为雌性，否则多为雄性。颈卵器产生的卵与精子器产生的具多鞭毛的精子在有水的环境中实现受精作用，形成合子，再进一步发育成胚。胚由基足、根、茎端和叶组成，胚进一步发育形成孢子体，配子体随之死亡（图 11-42）。

　　**水龙骨属**（Polypodium）　水龙骨属于真蕨类，为多年生草本，孢子体有根、茎、叶的分化。茎多为根状茎，有分支，在土壤中蔓延生长；茎上生不定根，并密被黑褐色鳞片。叶为大型叶，同型，幼时拳卷，成熟后平展，羽状深裂至一回羽状；叶脉明显，沿主脉两侧各有一行网眼，内藏一小脉。孢子囊群圆形，无囊群盖，生于内藏小脉的顶端。孢子囊扁圆形，具一长柄，囊壁由一层细胞构成，但有一列细胞特化形成环带。环带中大多数细胞的内切向壁和两侧径向壁木质化增厚，另有 2 个细胞的胞壁不加厚，为薄壁细胞，称为唇细胞（lip cell）。孢子成熟时，在干燥的条件下环带细胞失水，导致孢子囊从 2 个唇细胞之间裂开，并因环带的反卷作用将孢子弹出。一般每个孢子囊有孢子母细胞 16 个，产生 64 个孢子。

　　孢子散落在适宜的环境中，萌发形成心形的配子体（即原叶体），体型小，宽约 1 cm，绿色自养，背腹扁平，中部较厚，由多层细胞组成，周边仅有一层细胞。配子体为雌、雄同体，雌、雄生殖器官均生于配子体的腹面，腹面同时还生有假根。颈卵器一般着生于原叶体的心形凹口附近，精子器生在原叶体的后方。精子和卵分别在精子器和颈卵器中发育成熟后，具多鞭毛的精子在有水的

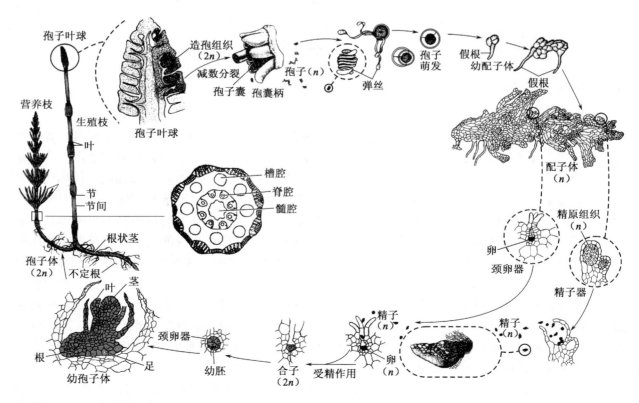

⤴ 图 11-42　木贼生活史

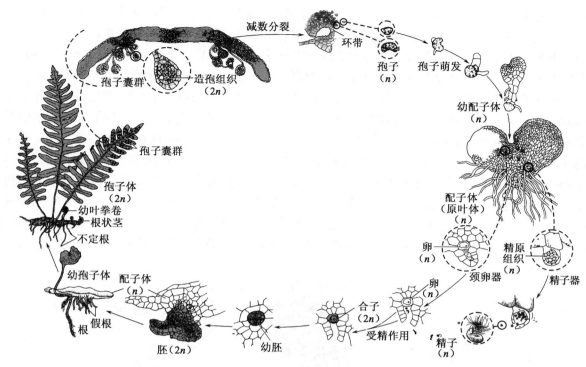

减数分裂
环带
孢子（n）
孢子萌发
孢子囊群
造孢组织（2n）
幼配子体（n）
孢子囊群
配子体（原叶体）（n）
孢子体（2n）
卵（n）
精原组织
幼叶拳卷
根状茎
颈卵器
精子器
不定根
卵（n）
幼孢子体
配子体（n）
合子（2n）
根
假根
胚（2n）
幼胚
受精作用
精子（n）

🔼 图 11-43　水龙骨生活史

条件下，游至颈卵器与其中的卵受精形成受精卵（合子）。合子经过多次分裂，发育形成胚，胚再进一步发育成新一代孢子体（图 11-43）。

## 三、裸子植物

地球上继蕨类植物时代之后，距今大约 2.2 亿～0.8 亿年前是裸子植物（gymnosperm）的繁盛期。根据现有的证据，裸子植物可能是从种子蕨演化而来的。裸子植物属于种子植物，其在形态结构上有两个最主要的进化特点：一是种子（seed）的形成，二是在受精过程中产生了花粉管（pollen tube）。种子的形成，在很大程度上加强了对胚的保护，提高了幼小孢子体（胚）对不良环境的抵抗能力；花粉管的出现，则使种子植物的受精过程不再需要水为媒介，从而摆脱了对水的依赖。所以，种子和花粉管的产生极大地提高了裸子植物的适应性和竞争力。除此以外，裸子植物的孢子体比苔藓植物和蕨类植物更加发达，结构也更复杂；而配子体则进一步简化，并完全寄生在孢子体上；但裸子植物没有真正的花，仍以孢子叶球（strobilus）作为主要的繁殖器官，并保留了颈卵器的构造。此外，裸子植物绝大多数种类的木质部由管胞组成，韧皮部由筛胞组成，尚没有导管、纤维、筛管和伴胞的分化，这些特征都与蕨类植物相似。

裸子植物现存约 900 种，分属苏铁纲（Cycadopsida）、银杏纲（Ginkgopsida）、松柏纲（Coniferopsida）和买麻藤纲（Gnetopsida）等不同的类群。其中，松柏类植物最为常见，包含的种类也最多。因此我们着重以松属（Pinus）植物为代表，说明裸子植物的生活史特点和种子的形态及其发育过程。

松属植物多为高大乔木，叶针形，通常 2～5 针一束生于极度退化的短枝上。球花单性，同株。

小孢子叶球（雄球花 staminate strobilus）排列如穗状，生在每年新生的长枝条基部，由鳞片叶叶腋中生出。每个小孢子叶球有一个纵轴，纵轴上螺旋状排列着小孢子叶，小孢子叶的背面（远轴面）有一对长形的小孢子囊，小孢子囊内的小孢子母细胞经过减数分裂形成4个小孢子；小孢子有两层壁，外壁向两侧突出成气囊，能使小孢子在空气中飘浮，便于风力传播。小孢子是雄配子体的第一个细胞，小孢子在小孢子囊内萌发，细胞分裂为二，其中较小的一个是第一个原叶细胞（prothallial cell）（营养细胞），另一个大的为胚性细胞（embryonal cell）；胚性细胞再分裂为二，即第二原叶细胞和精子器原始细胞（antheridial initial）；精子器原始细胞进一步分裂为二，形成管细胞（tube cell）和生殖细胞（generative cell）。成熟的雄配子体有4个细胞：2个退化的原叶体细胞、1个管细胞和1个生殖细胞（图11-44）。大孢子叶球（雌球花 femal cone）一个或数个着生于每年新枝的近顶部，初生时呈红色或紫色，以后变绿，成熟时为褐色。大孢子叶球是由大孢子叶构成的，大孢子叶也是螺旋状排列在纵轴上的，大孢子叶由两部分组成：下面较小的薄片称为苞鳞（bract），上面较大而顶部肥厚的部分称为珠鳞（ovuliferous scale），也叫果鳞或种鳞，一般认为珠鳞是大孢子叶，苞鳞是失去生

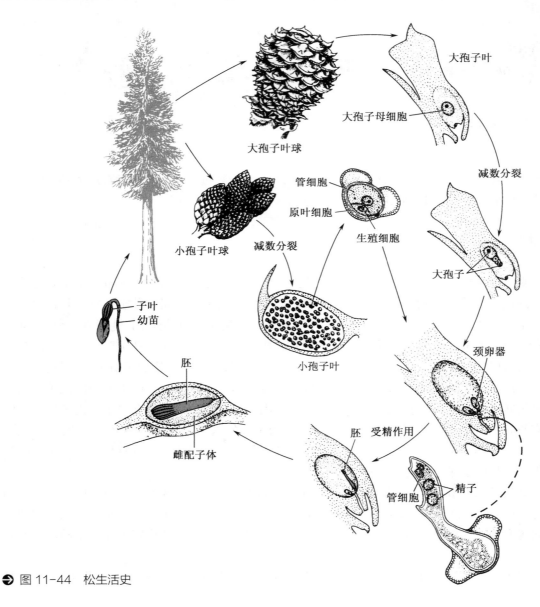

图 11-44  松生活史

殖能力的大孢子叶。松科各属植物苞鳞和珠鳞是完全分离的，在每1珠鳞的基部近轴面着生2个胚珠，胚珠由一层珠被和珠心组成，珠心中有1个细胞发育成大孢子母细胞，经过减数分裂形成4个大孢子，排列成一列，通常只有合点端的1个大孢子发育成雌配子体，其余3个退化。大孢子进行核分裂，形成16～32个游离核，不形成细胞壁；游离核多少均匀分布于细胞质中，当冬季到来时，雌配子体即进入休眠期。翌年春天，雌配子体重新开始活跃起来，游离核继续分裂，游离核的数目显著增加，体积增大；以后雌配子体内的游离核周围开始形成细胞壁，这时珠孔端有些细胞明显膨大，成为颈卵器的原始细胞；这些原始细胞经过一系列分裂，形成颈卵器，成熟的雌配子体中常包含2～7个颈卵器和大量的胚乳。

松属植物传粉通常在晚春进行，此时大孢子叶球轴稍为伸长，使幼嫩的苞鳞及球鳞略为张开；同时，小孢子囊背面裂开一条直缝，花粉粒散出，借风力传播，到达胚珠，飘落在由珠孔溢出的传粉滴（pollination drop）中，并随液体的干涸而被吸入珠孔，大孢子叶球的珠鳞随之闭合。此后，花粉粒生出花粉管，穿过珠心生长；生殖细胞在管中分裂为二，形成1个柄细胞（stalk cell）及1个体细胞（body cell）；但这时大孢子尚未形成雌配子体，因此花粉管进入珠心相当距离后，即暂时停止伸长，直到第二年春季或夏季颈卵器分化形成后，花粉管再继续伸长，此时体细胞再分裂形成2个精子。受精作用通常是在传粉以后13个月才进行，即传粉在第一年的春季，受精在第二年夏季，这时大孢子叶球已长大并达到或将达到其最大体积，颈卵器已完全发育。当花粉管生长至颈卵器、破坏颈细胞到达卵细胞后，其先端随即破裂，2个精子、管细胞及柄细胞都一起流入卵细胞的细胞质中，其中一个具有功能的精子随即向中央移动，并接近卵核，最后与卵核结合形成受精卵。

受精卵形成以后随即连续进行3次游离核分裂，形成8个游离核，这8个游离核排成上、下两层，每层4个，随后细胞壁开始形成，但上层4个细胞的上部不形成胞壁，使这些细胞的细胞质与卵细胞质相通，称为开放层（open tier），下层4个细胞称为初生胚细胞层（primary embryo cell）；接着开放层和初生胚细胞层各自再分裂一次，形成4层，分别称为上层、莲座层（rosette tier）、胚柄层（初生胚柄层）（suspensor tier）和胚细胞层，组成原胚（proembryo）。上层细胞初期有吸收作用，但不久即解体；莲座层细胞分裂数次之后消失；胚柄层细胞不再分裂但伸长，形成初生胚柄（primary suspensor）；第四层——胚细胞层的胚细胞，在胚柄细胞延长的同时，紧接着胚柄层的胚细胞进行分裂并伸长，形成次生胚柄（secondary suspensor），由于初生胚柄和次生胚柄迅速伸长，形成多回卷曲的胚柄系统，而胚细胞层的最前端的细胞发育成胚体本身，但它们可能并不是形成一个胚，而是在纵面彼此分离，单独发育成胚，造成裂生多胚现象。在胚胎发育过程中，通过胚胎选择，通常只有1个（很少2个或更多）幼胚正常分化、发育，成为种子中成熟的胚。成熟的胚包括胚根、胚轴、胚芽和子叶（通常7～10枚）几部分。在胚发育的同时，珠被也发育成种皮，种皮分为三层：外层肉质（不发达）、中层石质和内层纸质。

由此可见，裸子植物的种子是由三个世代的产物组成的，胚是新的孢子体世代（2n），胚乳是雌配子体世代（n），种皮是老的孢子体（2n）。受精后，大孢子叶球继续发育，珠鳞木质化而成为种鳞，同时珠鳞的部分表皮分离出来形成种子的附属物即翅，以利风力传播。种子萌发时，主根先经珠孔伸出种皮，并很快产生侧根，初时子叶留在种子内，从胚乳中吸取养料，随着胚轴和子叶的不断发展，种皮破裂，子叶露出，而后随着茎顶端的生长，产生新的植物体。松属植物生活史图解见图11-44。

## 四、被子植物

从0.8亿年前至今，植物的进化到了被子植物（angiosperm）时代，它们是从白垩纪迅速发展起来的植物类群，并取代了裸子植物的优势地位，成为现今植物王国的霸主。被子植物是目前地球上最繁盛的类群，植物体结构也最为复杂。与裸子植物相比，被子植物的体型和习性具有明显的多样性：它们可能是乔木、灌木或者是草本；可能是直立的，也可能是木质或草质藤本；可能是常绿的，也可能是落叶的；可能是多年生的，也可能是一年生或二年生的。并且，从被子植物开始出现了真正的花（flower），因而被子植物也被称为有花植物（flowering plant）。被子植物与裸子植物的另一个重要区别在于裸子植物的胚珠裸露地着生于大孢子叶上，而在被子植物中，胚珠被心皮（在功能上类似于大孢子叶）所包被，从而导致了果实（fruit）的形成。被子植物还具有特殊的双受精（double fertilization）现象，即在受精过程中，一个精子与卵细胞结合形成二倍体的合子，另一个精子则与两个极核融合产生三倍体的胚乳核。这些器官或结构的产生对提高被子植物的适应性、提高繁殖效率无疑具有重要的进化意义。

习惯上把种子萌发作为被子植物生活周期的起点。种子在适宜的条件下萌发形成幼苗，经过营养生长发育具有根、茎、叶分化的植物体；但生长到一定阶段以后，一部分顶芽或腋芽便不再发育为枝条，而是转变为花芽，并发育形成被子植物的生殖器官——花，此时由营养生长进入到生殖生

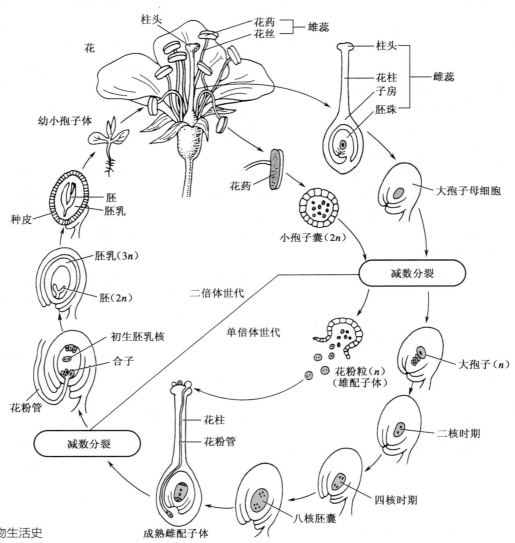

● 图 11-45　被子植物生活史

长；当花粉（雄配子体）和胚囊（雌配子体）发育成熟后，经过传粉、受精，产生合子，合子进一步发育形成胚；与此同时，胚珠的其他部分也伴随胚一同发育，从而形成新一代的种子。这样，就完成了从种子到种子的循环，这一循环代表了被子植物一个完整的生活周期（图 11-45）。

被子植物是目前地球上占优势的植物类群，现存大约有 30 万种，分为 68 目、416 科，因此被子植物的分类备受分类学家的关注。根据被子植物的化石资料推测，最早出现的被子植物多为常绿的木本植物，以后地球上经历了干燥、冰川等几次大的反复，产生了一些落叶的、草本的类群，因此认为落叶、草本、叶形多样化、输导功能完善化是次生的性状；再者根据花、果的演化趋势是向着经济、高效的方向发展的特点，确认花被分化或退化、花序复杂化、子房下位等都是次生的性状。

# 第六节 动物界

化石证据表明，动物至少在 7 亿～6 亿年前的元古代就在海洋中进化出来了。尽管现在在地球上每一个角落都有动物的分布，但大多数动物门类的成员仍然生活在海洋环境中。动物是没有细胞壁的多细胞异养生物，一般具有运动能力。动物是多样性很高的类群。迄今为止，人类已经发现并描述了 150 多万种动物，每年还有 15 000～20 000 种新物种被命名，但还有数百万的种类在等待着被发现。

传统上，根据两侧对称或辐射对称，两胚层或三胚层，具有体腔或者没有体腔，身体分节或不分节，是否具有脊索等重要形态特征，动物被分成 35 个不同的门，但是对 35 个动物门之间的关系却存在很大的分歧。20 世纪以来，根据分子数据的研究产生了一系列的新发现，得到了和传统分类差别很大的结果，例如原口动物被分成了蜕皮动物（ecdysozoa）和触手冠担轮动物（lophotrochozoa）两大类群，由此带来了很大的争论。可以预测在今后不久，随着研究手段的不断更新和更多证据的出现，各动物类群间的关系会更清晰地出现在我们面前。这里，我们仅介绍一些主要的动物门类（图 11-46）。

## 一、无体腔的无脊椎动物

这里我们介绍海绵动物门、腔肠动物门和扁形动物门的动物，这些动物缺乏体腔，因此被称为无体腔动物。

### 1. 海绵动物

海绵动物门（Spongia）又称多孔动物门（Porifera），大约有 5 000 个海洋种

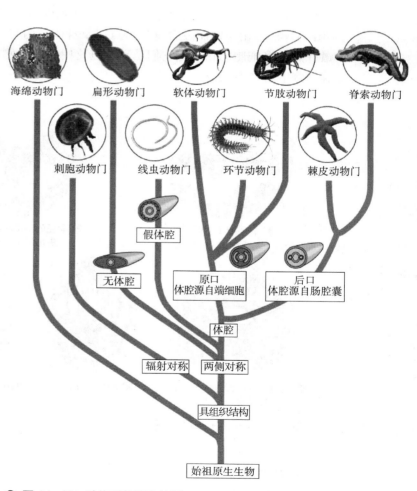

图 11-46 动物系统发育关系

类，约 150 个淡水种类。无固定体形，成体大多固着生活。虽然海绵动物和其它动物一样也是由多细胞构成，但是各个细胞间的联系很少，缺乏真正的组织。海绵动物的体壁由皮层（epidermis）、胃层（gastrodermis）和中胶层（mesoglea）组成，上有许多入水孔（图 11-47）。胃层中有大量具有鞭毛的领细胞（choanocyte），其鞭毛的摆动使水通过入水孔进入体内，然后由出水孔流出体外，进而完成消化、呼吸、排泄、生殖等功能。细胞内消化是海绵动物主要的消化方式。由于领细胞的鞭毛运动，$1 cm^3$ 的海绵每天可以过滤大约 $20 m^3$ 水。中胶层中含有骨针和海绵丝，对体壁起到支撑作用。海绵动物有毛壶（*Grantia*）、白枝海绵（*Leucosolenia*）、偕老同穴（*Euplectella*）和拂子介（*Hyalonema*）等。

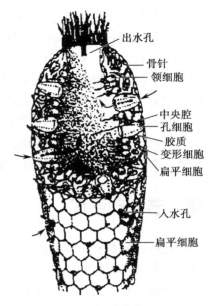

↑ 图 11-47　海绵的结构

　　海绵动物的胚胎发育很特殊。受精卵进行卵裂形成囊胚后，动物极的小细胞向囊胚腔长出鞭毛，植物极的大细胞间形成一个开口，带鞭毛的小细胞从开口向外翻出，形成海绵动物所特有的两囊幼虫（amphiblastula）。至原肠形成时，有鞭毛的小细胞内陷，成为内层细胞，而另一端的大细胞外包，成为外层细胞，这种现象称为逆转（inversion）（图 11-48）。由于胚胎发育这一特点以及身体结构与其它多细胞动物的区别，一般认为海绵动物是最原始的多细胞动物，但它们是动物进化中的一个侧支，不再进一步演化成其它多细胞动物类群，称为侧生动物（parazoa）。

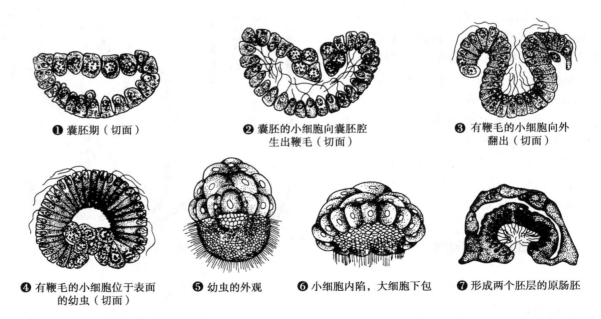

❶ 囊胚期（切面）　　❷ 囊胚的小细胞向囊胚腔生出鞭毛（切面）　　❸ 有鞭毛的小细胞向外翻出（切面）

❹ 有鞭毛的小细胞位于表面的幼虫（切面）　　❺ 幼虫的外观　　❻ 小细胞内陷，大细胞下包　　❼ 形成两个胚层的原肠胚

↑ 图 11-48　海绵动物的胚胎发育

## 2. 腔肠动物

腔肠动物门（Coelenterata）动物身体呈辐射对称（radial symmetry），即通过身体的中轴，有多个

切面可以把身体切成相对称的两部分。这种体制是一种原始的低级对称形式，有利于营固着或漂浮生活，均衡地接触外界环境，获得食物或感受刺激。腔肠动物一般有水螅型和水母型两种形态，水螅型固着生活，而水母型适于漂浮生活。一些种类的生活史中兼有水螅型和水母型两种形态，水螅型以出芽方式形成水母型个体，水母型成熟以后以有性生殖方式产生水螅型个体，此种现象称为世代交替，如薮枝螅（*Obelia*）。

腔肠动物有了真正的组织分化，由外胚层和内胚层分化出许多形态和功能不同的细胞，如上皮细胞、间细胞（interstitial cell）、神经细胞、刺细胞（cnidoblast）和腺细胞等。上皮细胞内含有肌原纤维，兼有上皮和肌肉功能，因此又称上皮肌肉细胞。间细胞和刺细胞为腔肠动物所特有。间细胞是未分化的细胞，能分化形成其它细胞。刺细胞能放出刺丝，有防御敌害和捕杀猎物的功能，这也是腔肠动物又被称为刺胞动物（Cnidaria）的由来。外胚层的基部分布有神经细胞，并以神经突起相互连接成一个网，称为网状神经系统，其传导不定向，是一种原始的结构形式。

相对于海绵动物来说，腔肠动物有一个主要的进化特征是有了消化腔，内层细胞中的腺细胞能分泌消化酶消化食物，因此既可细胞内消化，也能细胞外消化。食物由口进入消化腔，消化后残渣仍由口排出。消化腔兼有循环的作用，把消化后的营养物质输送到身体各处，因此也称消化循环腔（图11-49）。

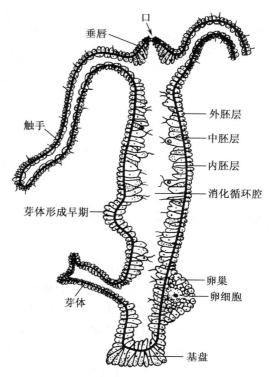

**❶ 图11-49　水螅的纵剖面图**

腔肠动物是真正两胚层后生动物的开始，它们的体制已进入组织水平上的分化和器官发生的阶段。在动物进化中，腔肠动物占有重要位置，因为所有其它后生动物都是经过这个阶段发展起来的。

和海绵动物一样，腔肠动物也是全部水生的，而且大多海产。腔肠动物有10 000多种，根据体制结构和生活史的不同，可以分为4个纲：水螅纲（Hydrozoa）、钵水母纲（Scyphozoa）、立方水母纲（Cubozoa）和珊瑚纲（Anthozoa）。代表动物有水螅（*Hydra*）、薮枝螅（*Obelia*）、钩手水母（*Gonionemus*）、海蜇（*Pilema pulmo*）、海葵（*Sagartia*）和红珊瑚（*Corallium*）等。

### 3. 扁形动物

扁形动物门（Platyhelminthes）动物是两侧对称（bilateral symmetry）的无体腔动物。两侧对称是动物在体制上第二个标志性的进化阶段。两侧对称的动物明显出现了前后、左右和背腹的区分，在功能上也相应有了分化。腹面主要承担运动和摄食的功能，背部主要起保护作用。神经系统和感觉器官向前集中，有利于对环境变化及时作出反应，运动由不定向趋于定向，为动物从水生生活到陆生生活过渡创造了条件。因此，扁形动物中开始出现部分营陆生生活的种类。

包括扁形动物在内的所有两侧对称动物在胚胎发育中都有三个胚层：外胚层、中胚层和内胚层。中胚层的形成使动物由组织水平的分化进入器官系统水平的分化，因为动物体的许多重要器官系统都是由中胚层细胞分化发育形成的。在扁形动物中，由中胚层分化形成的柔软实质组织，填充于体壁和消化道之间，有贮藏营养物质和水分的功能。消化系统较简单，有口无肛门。扁形动物开始出现了排泄系统，为原肾型，由焰细胞和原肾管组成。与海绵动物和腔肠动物一样，扁形动物缺少循环系统，因此焰细胞兼有运输氧和食物的功能。扁形动物的神经系统由脑神经节和向后发出的神经索组成，神经索间有横神经相连接，构成梯形神经系统。自由生活的种类在头部具有眼点，有感光

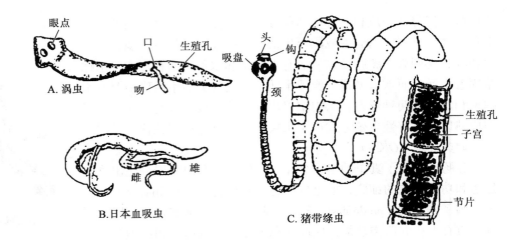

● 图 11-50　扁形动物门代表动物

功能。扁形动物的生殖系统很复杂，大多雌雄同体。

　　扁形动物门由 2 万多种动物组成，体长通常在 1 mm 到几毫米之间，背腹扁平。大多数扁形动物营寄生生活，少部分自由生活，海水和淡水中均有分布，在陆地上潮湿的生境中也有分布。自由生活的扁形动物为肉食或腐食性，取食小型动物或者植物碎片。分为三个纲：涡虫纲（Turbellaria）、吸虫纲（Trematoda）和绦虫纲（Cestoidea）。

　　（1）涡虫纲

　　是扁形动物中最原始的一纲，绝大多数营自由生活，具消化系统、神经系统和感觉器官。最常见的如涡虫（*Planaria*）（图 11-50A），生活在淡水溪流的石块下。

　　（2）吸虫纲

　　全部营外寄生或内寄生生活。消化系统退化，神经系统不发达，感觉器官消失，常用吸盘、钩吸附在寄主体上，如日本血吸虫（*Schistosoma japonicum*）（图 11-50B），通常有复杂的生活史。雌雄同体，但常异体受精。成虫寄生在人体或哺乳动物的门静脉及肠系膜静脉内。

　　（3）绦虫纲

　　和吸虫纲一样也营寄生生活，不同的是绦虫仅在寄主的体内寄生，并通过皮肤来吸收营养。虫体由头节、颈节和大量的节片组成。头节上常有吸盘或小钩。每个节片都是雌雄同体的，由不断生长的颈节而形成。消化系统和感觉器官等完全消失，而生殖系统高度发达。如猪带绦虫（*Taenia solium*）（图 11-50C）寄生在人的小肠内。

## 二、具有假体腔的无脊椎动物

　　假体腔（pseudocoelom），又称原体腔（primary coelom）或初生体腔，是胚胎期囊胚腔的残余。假体腔直接与体壁的肌肉层及消化管的内胚层相接触（图 11-51），无肠壁中胚层及体腔膜。腔内充满体腔液，能运输营养物质及代谢产物，调节体内水分平衡，此外，能使身体保持一定的形态。现已知有 7 个动物门的动物具有这种类型的体腔，它们被称为假体腔动物。但它们彼此之间的进化关系还不清楚，也有可能这些假体腔动物是各自独立进化的。这里仅介绍线虫动物门和轮虫动物门（图 11-52）。

### 1. 线虫动物

　　线虫动物门（Nematoda）是一个很庞大的动物门类，已经记录的约 2.5 万种，但据估计世界上存在的线虫至少有 50 万种。线虫动物分布十分广泛，既有寄生生活，也有自由生活的种类，在海洋、淡水和土壤中均有分布。

线虫两侧对称，不分节，体表覆盖有角质膜。肌肉位于表皮之下，仅有纵行肌，无环行肌。假体腔内充满了体腔液，形成了一个液态骨骼，使线虫的身体可以产生背腹方向的摆动，成为线虫动物特有的运动方式。

线虫具有发育完善的消化系统，食物通过肌肉质咽有节奏地吸吮而进入口中，通过由内胚层形成的中肠，并在这些地方被消化，不能被吸收的物质通过直肠和肛门排出体外。线虫的食物非常广泛，许多种类可以摄食细菌、真菌、原生动物或其它的一些小动物，而另一些种类营寄生生活，几乎每一种动植物都被至少一种寄生性的线虫所寄生。线虫动物仍然没有循环系统和呼吸器官。线虫的生殖一般是通过有性生殖方式完成。发育简单，生活史过程中一般有四次蜕皮。线虫的成体仅有很少的细胞，正是因为这个原因，线虫被应用在基因和发育生物学的研究中。秀丽隐杆线虫（*Caenorhabditis elegans*）体长仅 1 mm，体透明，成虫体细胞数目恒定仅 959 个，是目前细胞谱系最清楚的一种动物。

线虫的分类较复杂，较常见的是根据排泄系统类型划分成 2 纲，即泄腺纲（Adenophorea）和泄管纲（Secernentea）。有很多线虫可以引起人类的很多疾病，常见的有蛔虫、旋毛虫、蛲虫、丝虫等。

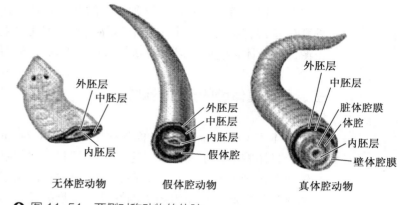

↑ 图 11-51 两侧对称动物的体腔

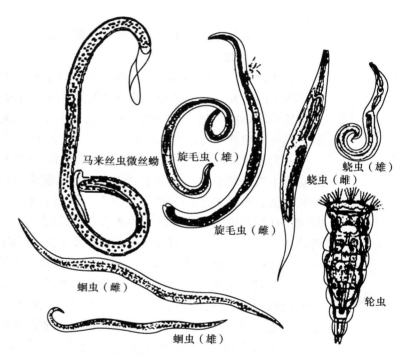

↑ 图 11-52 假体腔动物的代表

### 2. 轮虫动物

轮虫（Rotifera）也是两侧对称、不分节的假体腔动物。虽然同样是原体腔动物，但是轮虫与线虫相差很大。很多特征暗示它们的祖先很可能是扁形动物。轮虫是体形最小的多细胞动物，但是轮虫已经拥有了复杂的三胚层结构和高度发达的内脏器官，具有完整的消化道，假体腔像一个液体骨骼支撑着身体。

轮虫头部有一个发育良好的取食器官，称为轮器，除了可以摄食以外还用于运动。其上有一圈或两圈纤毛，纤毛的顺序摆动犹如旋转的车轮，故名轮虫。

轮虫是水栖生物，它们在水中通过轮器纤毛的运动推动身体前进。据目前所知，轮虫动物门有 1 800 个种类，大部分生活在淡水中，如椎尾水轮虫（*Epiphanes senta*），少数生活在土壤或海洋。

此外，1995 年由两个丹麦生物学家报道的一个新门——圆环动物门（Cycliophora）也属于假体腔动物。它们极微小的身体口端有一圈纤毛。这种奇怪的动物生活在螯虾的口周围，当螯虾被这种动物吸附以后就开始脱皮，这种细小的共生者就开始有性生殖，矮小的雄性消失，这种雄性仅有脑部和生殖器官组成，每个雄性个体寻找另一雌性共生者，并且在蜕皮的鳌虾上受精。受精卵形成自由游泳的个体，它们可以寻找新的鳌虾，重新开始它们的生活史。

## 三、具有真体腔的无脊椎动物

真体腔（true coelom）又称为次生体腔（secondary coelom），其形成是动物体构造的又一次重要进化。真体腔不同于假体腔，它不是囊胚腔的遗留物，而是在中胚层中重新产生的腔隙。中胚层被真体腔分隔成两部分，体腔外侧的构成体壁肌，司机体运动和其它活动；在体腔内侧构成肠壁肌，司消化管的蠕动，这使得肠道的蠕动和食物的运行不再受到身体运动的限制，从而增强了消化系统的效能。此外，真体腔为循环系统、排泄系统和生殖系统的完善、动物的形态复杂化和大型化奠定了基础。

真体腔动物包括软体动物、环节动物、节肢动物和棘皮动物等。

### 1. 软体动物

软体动物门（Mollusca）是仅次于节肢动物门的第二大门，大约有 11 万种。软体动物形态多样化程度很高，并且广泛分布于陆地、海洋和淡水各种环境，适应于不同的生境。

软体动物的成体一般两侧对称，腹足类由于发育过程发生扭转而左右不对称。软体动物身体柔软，具外套膜和贝壳，身体一般可分为头、足和内脏团三部分。

外套膜（mantle）是软体动物特有的结构，由身体背侧皮肤向下延伸而成，包围着整个内脏团。外套膜上有血管分布，具呼吸功能。由外套膜围成的腔称外套腔。贝壳为多数软体动物都具有的保护性构造，形状在不同种类差别很大。贝壳由碳酸钙和贝壳素组成，构造可分为外层的角质层、中间的棱柱层和内层的珍珠层。角质层和棱柱层由外套膜的背部边缘所分泌，一旦形成后就不再增厚，而珍珠层由外套膜上皮细胞分泌形成，随动物生长而不断加厚。

头部位于身体前端，有口、眼、触角和其它感觉器官。头部的发达程度因种类而异：运动敏捷的种类，其头部发达，如乌贼；行动迟缓的种类，头部退化甚至消失，如河蚌、角贝。足部为身体腹面的肌肉质器官，有运动功能，因生活方式的不同而形态各异。内脏团（visceral mass）位于足背侧。内藏心脏、肾、胃、肠、消化腺和生殖腺等内脏器官。

软体动物的消化道和消化腺都比较发达，多数种类的口腔中还具有特有的齿舌（radula），用以刮取食物。其呼吸具有专门的呼吸器官，水生种类为鳃，而陆生种类的外套膜上有血管分布，具呼吸功能，称为"肺"。

软体动物的次生体腔退化而不明显，仅残留围心腔及生殖腺和排泄器官的内腔。软体动物的血液循环一般为开管式循环。心脏由心室和心耳组成，心室一个，心耳一个或成对。血液由动脉血管进人组织而流入血窦，血窦周围无血管壁。一些快速游泳的种类可拥有闭管式循环系统。

排泄器官多属于后肾管型，由腺体部和膀胱部组成。腺体部由肾口通围心腔收集代谢产物，膀胱部以肾孔通向外套膜，将代谢产物排出体外。

大部分软体动物雌雄异体，但也有一些双壳类和腹足类动物为雌雄同体，一般行异体受精。许多海产软体动物有可自由游泳的幼虫阶段，这可以使它们扩散到新的生活环境中去。第一个阶段形成"担轮幼虫"（trochophora），这种幼虫通过身体中部的一圈纤毛的摆动来游泳。在担轮幼虫之后形成"面盆幼虫"（veliger larva），面盆幼虫开始有足、贝壳和外套膜。

软体动物门分为 7 个纲，分别为无板纲（Aplacophora）、多板纲（Polyplacophora）、单板纲

（Monoplacophora）、 腹 足 纲 （Gastropoda）、 瓣 鳃 纲 （Lamellibranchia）、头足纲（Cephalopoda）和掘足纲 （Scaphopoda）（图 11-53）。

（1）腹足纲

是软体动物门中种类最多的一纲，大约有 4 万 种。体呈螺旋状，左右不对称，大多数种类体外被 一螺旋形贝壳；头部发达，具一对或两对触角；足 位于身体腹面，一般呈块状，适于爬行。如田螺 （*Cipangopaludina*）、蜗牛（*Fruticicda*）等。

（2）瓣鳃纲

大约有 1 万种，大部分海产，少数生活于淡水环 境。身体左右对称；具两片瓣状贝壳；头部退化；足 呈斧状，适于挖掘泥沙；鳃呈瓣状。如蚶（*Arca*）、缢 蛏（*Sinonovacula*）、河蚌（*Anodonta*）等，是重要的经济贝类。

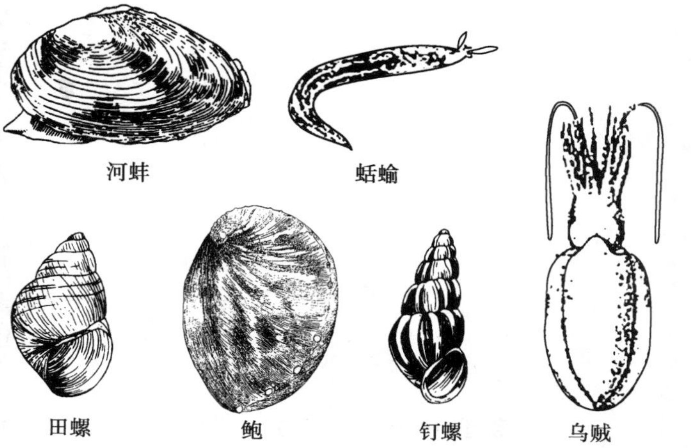

图 11-53 软体动物门代表动物

（3）头足纲

有超过 600 个种类，是软体动物中最高等的一类，全部生活在海洋中，是游泳性的海洋捕食者。身体左右对称；有高度发达的神经系统，头两侧有一对构造复杂的眼。足分成两部分，一部分与头部愈合，在口周围分裂成 8 或 10 条腕，足的基部在头与躯干之间的腹面形成漏斗，是外套腔通向外界的孔口；外套膜肌肉发达，左右愈合成圆筒状；除少数原始种类（鹦鹉螺）外，贝壳完全退化或埋于外套膜内形成内骨骼。如日本枪乌贼（*Loligo japonica*）、短蛸（*Octopus fangsiao*）等。

**2. 环节动物**

环节动物门（Annelida）是分节的动物。分节不仅使动物的运动更加灵活有效，而且为身体各部分器官的进一步分化发展提供了基础。环节动物的身体由许多形态相似的体节构成，附肢、体腔、肌肉、肾管等器官在每个体节重复出现，因此每个体节的外部和内部形态基本相同，称为同律分节（homonomous metamerism）。

环节动物具有原始的附肢作为运动器官——疣足（parapodium）。环节动物的循环系统由"心脏"、血管和毛细血管构成。血液始终在血管中按一定的方向循环流动，称为闭管式循环系统。排泄系统为后肾管，代谢废物自体腔收集，经排泄孔排出体外。神经系统为链状神经系统，前端的咽上神经节发达，称为"脑"，可控制全身的感觉和运动。环节动物没有鳃或者肺，通过体表进行气体交换。陆生和淡水种类一般直接发育为成虫，而海洋种类的个体发育过程中具有担轮幼虫期。

环节动物中有 2/3 的种类生活在海洋中，剩下的大部分生活在陆地上（图 11-54）。环节动物可以被分成 3 个纲：

（1）多毛纲（Polychaeta）

能够自由生活，大部分为海产种类，大约有 8 000 种。有发达的头部，具眼和触须；有疣足和刚毛；发育过程有担轮幼虫期。如沙蚕（*Neresis*）。

（2）寡毛纲（Oligochaeta）

陆生和与之相关的海产、淡水种类一共有 3 100 种，生活在淡水和土壤中。头部退化，无感觉器官；无疣足，只有着生在体壁上的刚毛，刚毛数目较前者少；直接发育，无幼虫期。如异唇蚓（*Alloloboplora*），对改良土壤有重要作用。

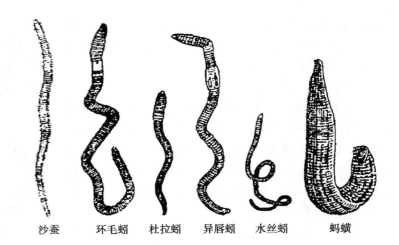

● 图 11-54　环节动物门代表动物　　　　沙蚕　　环毛蚓　杜拉蚓　异唇蚓　水丝蚓　　蚂蟥

（3）蛭纲（Hirudinea）

大部分为淡水捕食者或者是吸血者，约有 500 个种类。栖于淡水及潮湿的土壤中，营半寄生生活。体前后均有吸盘；无疣足和刚毛，靠肌肉收缩作特殊的蛭行运动；直接发育，无幼虫期。如金线蛭（Whitmania）。环节动物被认为是起源于海洋，并且多毛纲是较原始的纲。寡毛纲可能起源于多毛纲，它们能通过含盐的水进入港湾，而后进入淡水，蛭类和寡毛类一样有生殖带，它们可以分泌卵袋将卵贮藏在里面，一般认为蛭纲起源于寡毛纲，并特化为体外寄生的吸血生活。

3. 节肢动物

节肢动物是陆生种类中多样化程度最高的类群。随着节肢动物的出现，出现了两个重要的特征——分节的附肢和外骨骼，这两个特征使节肢动物成为最多样化的一个动物门类。节肢动物的这个名字来自"分节的附肢"。分节附肢的数目一般较少，可以特化为触角、口器或腿。节肢动物可以利用分节的附肢来运动、感觉和捕食。节肢动物体表具有由表皮分泌形成的几丁质外骨骼（exoskeleton），具有防止水分蒸发、抗干旱等作用，加强了适应环境的能力，尤其是对陆生环境的高度适应。由于外骨骼坚硬，不能随身体的生长而增大，因此节肢动物普遍存在周期性的蜕皮（ecdysis）现象，以使身体继续生长。节肢动物的肌肉由横纹肌纤维连接成束，附着在外骨骼的内面，因此能作迅速的收缩，从而产生强有力的运动。

虽然节肢动物也像环节动物那样分节，但是一些体节已经融合成具有功能的部分，如头部、胸部和腹部。这种愈合现象称为异律分节（heteronomous metamerism），也是节肢动物进化的一大重要特征。在有些种类中，这三部分还有不同程度的愈合。异律分节使动物在形态和功能上都有较高的分化，头部趋于感觉和摄食，胸部是运动的中心，腹部是营养和生殖的中心。

节肢动物的体腔和循环系统不同于环节动物，而和软体动物相似。初生体腔和次生体腔同时存在，但次生体腔退化，仅残留下排泄器官和生殖器官的内腔；围心腔壁消失，而与消化管及体壁之间的初生体腔相混合，因此，这种体腔又称混合体腔。血液循环为开管式循环。水生节肢动物以鳃或书鳃进行呼吸，而陆生节肢动物用气管或书肺进行呼吸。它们都是体表的衍生物，鳃和书鳃分别由体壁和附肢向外突出而形成，气管是由体壁表皮内陷而形成的管状构造，书肺是由书鳃内陷而成。神经系统和环节动物基本相似，也是链状的，但比后者更向头部集中，而形成较发达的脑。感觉器官比较多样复杂，主要有眼和触角。触角具触觉、嗅觉和味觉功能。眼分复眼和单眼。复眼是真正的视觉器官，是由许多类似单眼的小眼组成，能感受外界物体的形状和运动。单眼则具有感光作用。因此，节肢动物对外界刺激的反应远较环节动物灵敏而迅速。排泄器官在不同的类群也不相同，水

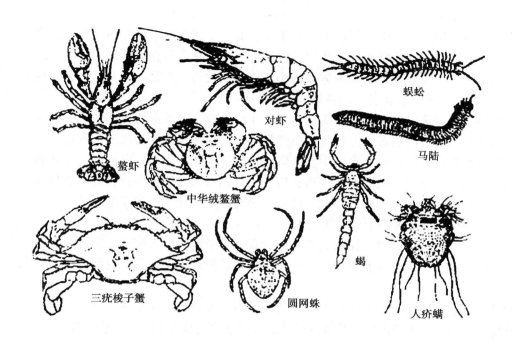

蝎蚣

马陆

鳌虾

中华绒鳌蟹

三疣梭子蟹

圆网蛛

蝎

人疥螨

⊙ 图 11-55 节肢动物门代表动物

生种类有触角腺、颚腺，陆生种类则以马氏管进行排泄。此外，消化、循环、生殖等器官系统都比环节动物发达而有效。

节肢动物共分 7 个纲，其中比较重要的有以下 4 个纲（图 11-55）：

（1）甲壳纲（Crustacea）

大多数种类生活在水中，少数生活在潮湿的陆地上。这类动物的几丁质外骨骼中常含有大量的碳酸钙和磷酸钙之类的物质，十分坚固。多数甲壳动物的身体分头胸部和腹部。头胸部背面往往被有一个坚硬的头胸甲。附肢基本上是每节一对，但在形态和机能上却有明显的分化。如虾类头部的附肢有的变成触须，成为感觉器官，有的组成口器，成为咀嚼食物的器官。胸部附肢有的变成钳状，成为防御器官，有的变成适于步行的足。腹部附肢适于游泳。如对虾（*Penaeus orientalis*）、中华绒鳌蟹（*Eriocheir sinensis*）等。浮游甲壳类在海水或淡水中，数量都很多，它们以浮游藻类为食，而其本身又是鱼类的饵料，因而在食物链的物质转化中起着重要作用。

（2）蛛形纲（Arachnida）

绝大多数陆生，体分头胸部和腹部。现在命名的种类有 57 000 种，是从节肢动物中较早进化出的种类。蛛形纲动物具有一对鳌肢、一对脚须和四对步足。蛛形纲包括：蜘蛛、蜱、螨、蝎和盲蛛。大部分的蛛形纲动物是食肉的，除了螨类，其余大部分是捕食者。头胸部有 6 对附肢，腹部附肢退化，如圆网蛛（*Aranea*）、蝎（*Scorpio*）。许多蜘蛛有特殊的呼吸器官，那就是书肺，也就是具有腔隙的叶状扁平结构，通过肌肉收缩空气被吸入和呼出，书肺可以与气管同时存在或者在功能上取代气管。

（3）多足纲（Myriopoda）

为蠕虫形陆生节肢动物，身体分头和躯干两部。头部具触角一对，躯干有很多体节，每节有一对或两对附肢。如石蜈蚣（*Lithobius*）、马陆等。蜈蚣和马陆都是通过气管呼吸并且通过马氏管排泄废弃物，这些类群直接由环节动物进化而来，并且在胚胎发育阶段极似寡毛纲动物。

（4）昆虫纲（Insecta）

是节肢动物中，也是动物界中最繁盛的一纲，不仅种类多，而且数量大，分布广泛。昆虫的化石，最早出现于中古生代（泥盆纪）地层中，到古生代后期，昆虫已发展成为最重要的陆上无脊椎动物，它们的这种优势地位，在以后悠久的地质年代中，似乎历久而不衰，一直持续到今天。昆虫之所以能够得到如此成功的发展，无疑是与它们的体形较小，外骨骼发达，感觉器官发达，运动能力强，繁殖力强，食性多样以及在形态和颜色上的各种适应有关。

昆虫的身体明显地区分为头、胸和腹三部分。头部由 6 个体节组成，但成虫的头部体节已愈合成一整块。头部有眼、触角和口器等附属器官。触角和口器都是由头部附肢演变而来的，眼包括一对复眼和 3 个单眼，所以头部是昆虫的感觉和取食中心。胸部是昆虫的运动中心，分前胸、中胸和后胸三节，每节的腹面有一对足，绝大多数昆虫在中胸和后胸的背面有两对翅，但也有的种类只有一对翅或无翅的。翅是由背部的外骨骼向外延伸而成。翅的发展使昆虫大大地扩展了活动范围，并且对寻找食物、躲避敌害、迁移、分布等都十分有利。腹部由 11 个体节和一个尾节组成，但往往由于末端数节愈合退化，而看不到如数的体节。昆虫的消化、呼吸、排泄等器官系统的主要部分和生殖系统都集中在腹部，所以腹部是昆虫代谢和繁殖中心，成虫腹部的附肢大都退化，仅留有一对尾须和雌、雄外生殖器。

昆虫在生物学上的重要特征是繁殖能力强大以及在发育中具有变态现象。昆虫的变态分不完全变态和完全变态两种类型。不完全变态即由卵孵化成的幼虫，其形态多与成虫相似，幼虫不经蛹期，直接发育成为成虫。完全变态即由卵孵化成的幼虫，不仅形态、生理和成虫不同，而且生活环境和习性也完全不同，幼虫需经几次蜕皮后变成蛹，蛹再经过一个时期后才羽化成为成虫。

节肢动物特别是昆虫，影响着人类生活的各个方面。它们是迄今为止陆地生态系统中最重要的植食者，实际上每种植物都会被一种或多种昆虫取食。有的昆虫在吸花蜜时，起到传播花粉的作用，使植物传粉结实。有些是工业上的重要原料，如蚕、白蜡虫、紫胶虫等。有些昆虫是人类和家畜某些疾病的传播者。由此可见，昆虫对人类具有十分重要的经济意义。

### 4. 棘皮动物

从胚胎发育上看，棘皮动物门（Echinodermata）和脊索动物都属于后口动物，而前面所讲的动物门类均属于原口动物。原口动物指胚胎时期的原口，后来成为成体的口。而对于后口动物而言，其胚胎时期的原口，后来成为成体的肛门或封闭了，不形成口，它们的口是在原肠胚后期，与原口相反的另一端，由外胚层内陷而成（图 11-56）。因此，在体制发展水平上，棘皮动物是一类较复杂的高等无脊椎动物，在个体发生和亲缘关系上最接近于脊索动物。

棘皮动物成体除少数外，基本上是五辐射对称，即通过动物体的口面至反口面的中轴，有五个切面可以把身体分成基本上相互对称的两部分。

棘皮动物具有由中胚层形成的石灰质内骨骼，并且常向体表突出形成棘，因此称为棘皮动物。棘皮动物中另一个特征就是次生体腔发达，一部分体腔发育成水管系统来帮助身体的运动和捕食。这种被称为水管系统的结构是由中央的辐管以及五对辐管组成，水管系统呈辐射状排列并伸出体表

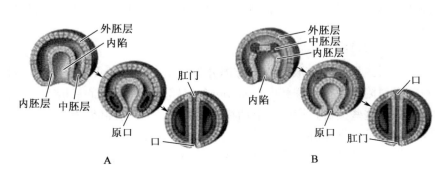

➔ 图 11-56  原口动物和后口动物
A. 在原口动物中，胚胎时期的原口，后来成为成体的口。
B. 在后口动物中，胚胎时期的原口，后来成为成体的肛门或封闭。

形成管足。

棘皮动物大多具有较强的再生能力，其身体破裂后，每一破裂的部分都可以重新长出新个体。大部分动物为雌雄异体，体外受精。幼虫两侧对称具纤毛，能游泳，在水底变态后呈辐射对称。因此推测棘皮动物的祖先可能是行动活泼的两侧对称动物，后来由于长期适应底栖生活方式，而逐渐演变为辐射对称的体制。

棘皮动物约有 6 000 种，是海洋底栖动物的重要组成成分，包括海星、海胆、海参、海百合等（图 11-57）。

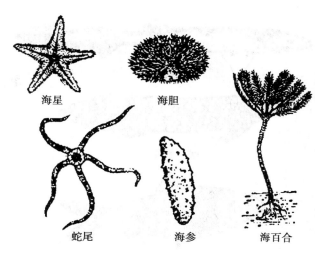

**⬆ 图 11-57 棘皮动物代表动物**

## 四、具有脊索的动物

脊索动物门（Chordata）是动物界最高等的一个门，现存约 56 000 种，形态结构非常复杂，分布极其广泛，能够适应各种不同的生活环境。脊索动物的共同特征主要表现在：①具脊索（notochord）。脊索是一条支持身体的棒状结构，位于消化道的背面，具弹性，脊索外包一层或两层结缔组织的髓鞘。脊索在低等种类多终生保留或见于幼体，高等种类则仅出现在胚胎期，成体由脊柱所代替。②具背神经管（dorsal nerve cord）。位于脊索的背面，是一条中空的神经索。③具鳃裂（gill slit）。为咽部两侧直接或间接与外界相通的裂孔，也称咽鳃裂，为呼吸器官。低等的水生类群终生保留，高等的陆生类群存在于胚胎时期，成体消失。④具肛后尾（postanal tail）。即肛门的后面还有尾，至少在胚胎发育中出现，而几乎所有的其它动物都是肛门位于末端。

所有的脊索动物至少在生活史某一阶段具有这四条特征，例如：人类在胚胎阶段也有鳃囊、背部神经索、肛后尾和脊索。当成为成熟个体时，脊索被脊柱取代，鳃囊退化，肛后尾则退化而成为了尾骨。

脊索动物门包括尾索动物亚门（Urochordata）、头索动物亚门（Cephalochordata）和脊椎动物亚门（Vertebrata）三个亚门。

**1. 尾索动物亚门**

尾索动物是单体或群体的海栖动物，体表被以特殊的类似植物纤维素的被囊，故称被囊动物（Tunicata）。鳃裂终生存在。自由生活种类，其脊索终生存在；固着生活的种类，如海鞘（*Ascidia*），脊索仅存在于幼体的尾部，成体时脊索则随尾部一起消失。

**2. 头索动物亚门**

头索动物的脊索和背神经管贯穿身体前后，且终生存在，消化管前部具鳃裂，因头部不明显，又常称无头类（Acrania）。如文昌鱼（*Branehiostoma*），产于我国厦门、青岛、烟台等地海域，底栖或钻沙。长 4～5 cm，两端尖细，形似小鱼，身体侧扁，肌肉分节排列。

**3. 脊椎动物亚门**

脊椎动物的脊索在绝大多数种类中仅存在于胚胎时期，至成体被脊椎组成的脊柱所替代。背神经管前端分化形成发达的脑和完善的感觉器官，形成明显的头部，因此也称有头类（Craniata），神经管后端形成脊髓。本亚门包括 6 个纲。

（1）圆口纲（Cyclostomata）

圆口类是脊椎动物中结构最低等、种类最少的一纲，现存种类大约有 50 种。没有上下颌，因此

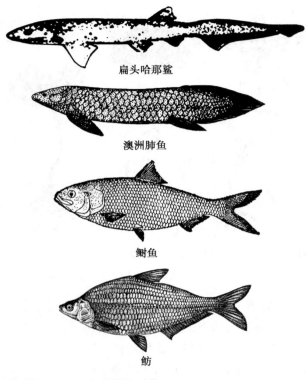

扁头哈那鲨

澳洲肺鱼

鲥鱼

鲂

↑ 图 11-58 鱼纲代表动物

又称无颌类（Agnatha）。体呈圆筒形，没有成对附肢；单鼻孔；头部前端腹面有一圆形漏斗状的吸器，当漏斗张开时为圆形，故名圆口类。口位于漏斗深处中央；无真正的牙齿；舌具角质齿，可从口腔底部伸出，用以吸取捕获物的血液和柔软组织。终生保留着脊索，没有真正的脊椎骨，仅有一些脊椎的雏形。例如日本七鳃鲤（*Entosphenus japonicus*），分布于日本海区的河流中，亦分布于我国。

（2）鱼纲（Pisces）

从鱼类开始具有上下颌，所以又称有颌类（Gnathostomata）。在脊椎动物发展史上，颌的出现同脊椎的出现一样，是一次有重大意义的飞跃，是动物在获取食物方面由被动变为主动的一次形态革命，从而扩大了利用食物资源的范围，提高了活动能力。具有成对的附肢（胸鳍和腹鳍），加强了动物体的运动能力，并且适应水生生活，使它们能够分布在地球上几乎所有的水域环境中，发展成为脊椎动物中最大的一个类群。作为支持身体中轴的脊索为脊柱（由一系列脊椎骨构成）所代替，从而加强了支持身体、运动和保护的机能。鱼类以鳃行呼吸作用。鱼类的心脏只有一个心房和一个心室，血液循环只有一条途径，即由身体返回心脏的血液，由心房进入心室，再流向鳃进行气体交换，然后经动脉直接流到身体各部。因此，鱼类的血液循环是单循环。

鱼类约有 24 000 种，是脊椎动物中种类最多的一纲。按其骨骼性质不同，可以分为软骨鱼类（Chondrichthyes）和硬骨鱼类（Osteichthyes）两大类（图 11-58）。软骨鱼类的骨骼为软骨，体被盾鳞，鳃裂直接开口于体表；种类较少，绝大多数生活在海洋中，包括鲨和鳐等。硬骨鱼类的骨骼一般为硬骨，体被骨质鳞，鳃裂不直接开口于体表；包括现存鱼类中的大多数，分布于全球各种水域中。

（3）两栖纲（Amphibia）

两栖类是脊椎动物从水生到陆生的过渡类群，是低等四足动物。脊椎动物在登陆过程中，首先遇到的问题就是在陆地上行动和呼吸。

对于陆地动物来说，重力是一个重要的限制因子。鱼类在水中生活，由于水的浮力，借助尾和躯体的摆动即可推动身体前进，因此偶鳍仅需要摆动就可以起到掌握方向和平衡的作用。而陆地动物则需要强有力的四肢将身体支撑起来，并使躯体能在地面上移动，这种四肢就是陆栖脊椎动物所特有的五趾型四肢。但是两栖类的四肢还很原始，不能将身体抬起离开地面，而且也不能很快地运动。

鳃是水生动物的呼吸器官，肺是陆生动物的呼吸器官。两栖类幼体生活在水中，用鳃呼吸，经过变态后形成成体，改用肺呼吸。但两栖类肺的结构很简单，表面积很小，不能担负机体全部的呼吸机能。因此，两栖类除肺呼吸外，还有辅助性的呼吸器官，这就是皮肤（包括口腔上皮）。两栖类皮肤裸露、富有腺体，由于腺体分泌大量黏液，使皮肤经常保持湿润，使空气中的氧气能够直接溶解于皮肤表面，并通过渗透作用与皮下毛细血管进行气体交换。随着呼吸器官的改变，两栖类的循环系统也发生了相应的变化。心脏增添了一个心房，由左右两心房和一个心室组成。血液循环除体循环外，又增加了一条途径——肺循环。但是，由于只有一个心室，所以从身体返回心脏的缺氧血和由肺返回心脏的充氧血，分别由右心房和左心房注入心室，结果两种血液在心室内便发生部分混合。从心脏运送到身体组织的血液不是完全充氧血，所以两栖类的血液循环称为不完全的双循环。

由于陆地环境比较复杂，同时感觉的对象也和水中的不大相同，所以动物上陆之后，各种感觉器官也随之发生相应的变化。其中尤为重要的是听觉器官的改变。鱼类的听觉器官只有内耳，而且仅作为平衡器官。两栖类除内耳外，又产生了中耳，因为声波在空气中的传播比水里要弱得多，很难直接引起内耳淋巴液的震动，中耳的产生则可将声波扩大，而后传递到内耳，引起淋巴液震动，并通过听神经传送到脑。绝大多数鱼类的眼睛没有保护眼球的结构，而两栖类的眼睛在变态过程中出现了眼睑和泪腺，这样就使露在空气中的眼睛能够得到保护和清洁。感觉器官的变化，加上运动方式的改变，使神经系统也发生了许多变化，脑较鱼类发达，大脑已分化为两个半球。然而，两栖类机体结构的这些变化只是适应陆地环境的初步尝试。因为两栖类在很大程度上还不能摆脱水的束缚，它们的生殖和胚胎发育都必须在水中进行，幼体生活在水中。成体虽然登上了陆地，但由于皮肤缺乏防止体内水分蒸发的结构，也只能生活在比较潮湿的环境中。

现存两栖类约有 4 800 种，包括无足目、有尾目和无尾目三大类（图 11-59）。无足目是一种高度特化的洞穴生活两栖动物，蠕虫状，具有颌和牙齿，取食蠕虫和土壤中的其他无脊椎动物，代表动物有版纳鱼螈（*Ichthyophis bannanica*）等。有尾目有一个修长的身体，长长的尾巴和光滑的皮肤，常生活在潮湿环境或者水中，代表动物有大鲵（*Andrias davianus*）、东方蝾螈（*Cynops orientalis*）等。无尾目生活在多样的环境中，具有光滑而潮湿的皮肤和可以适应跳跃的长长的腿，大部分蛙和蟾蜍在生殖时需要回到水中，将卵产在水中，幼体为蝌蚪，生活在水中，经过变态发育成为成体，代表动物有大蟾蜍（*Bufo bufo*）、无斑雨蛙（*Hyla immaculata*）、黑斑蛙（*Rana nigromaculata*）等。

（4）爬行纲（Reptilia）

爬行动物是第一种真正实现成功登陆的脊椎动物。在其特征演化过程中，最重要的是羊膜卵的出现。两栖动物的卵必须产于水中，因此离开水就不能生存。而爬行动物胚胎发育过程中产生羊膜包围胚体，在胚胎与羊膜之间为羊膜腔，其间充满羊水，这样就使胎儿在胚胎本身的水域环境中发

鱼螈　黑斑蛙　中国林蛙　大鲵　大蟾蜍　中国雨蛙

⊖ 图 11-59　两栖纲代表动物

育，避免陆地干燥环境的威胁和机械损伤，羊膜卵有四层膜——蛋黄膜、羊膜、尿囊和绒毛膜，为卵提供营养起着重要的作用。另外，产生羊膜卵的动物都是行体内受精的，这样受精作用就无需借助自然界的水作为介质。所以，在脊椎动物进化历程中，直至羊膜卵的出现（即爬行动物的出现）才完全摆脱水的束缚，实现了登陆。

除此以外，爬行类还具有干燥的皮肤，体外被覆有角质鳞片或角质板，可以防止体内水分散失。肺成为爬行类唯一的呼吸器官。心室中间出现了不完全隔膜，它标志着体内充氧血和缺氧血逐步分开。骨骼的骨化程度进一步提高，脊椎已分化为颈椎、胸椎、腰椎、荐椎和尾椎五部分，四肢骨与中轴骨的连接更加巩固，这对于支持身体、保护内脏以及加强运动机能都具有重要意义。

但是，作为陆生脊椎动物中最低级的一纲，爬行动物的身体结构和机能较鸟类和哺乳类原始，新陈代谢水平较低，缺乏体温调节机制，爬行类与两栖类和鱼类一样都是变温动物。

中生代是爬行类的鼎盛时期，不仅种类多，而且遍布于全球各种生态环境中。到了中生代末期，由于地球发生了强烈的地壳运动，引起气候和环境的剧变，导致大多数种类灭绝。曾存在的 16 个目的爬行动物中，目前仅有 4 个目（龟鳖目、喙头蜥目、有鳞目和鳄目）存活下来，包括 7 000 多个物种（图 11-60）。

喙头蜥目（Rhynchocephalia）是现存最原始的爬行动物，仅存在两种，是大约半米长的蜥蜴状动物。这些濒危的种类仅存在于新西兰的一些小岛上。

有鳞目（Sguamata）是比较典型的爬行动物类群，数量最多，生活环境多样，体表被角质鳞，头骨具有特化的双颞孔。雄性具成对交配器官，包括蜥蜴类和蛇类。我国常见的蜥蜴类有无蹼壁虎（*Gekko swinhonis*）、北草蜥（*Takydromues*）、蓝尾石龙子（*Eumeces elegans*）等。蛇类适于穴居，四肢消失，常见的有蟒蛇（*Python molurus*）、赤链蛇（*Dinodon rufozonatum*）、眼镜蛇（*Naja naja*）、蝮蛇（*Agkisirodon halys*）、银环蛇（*Bungarus multicinctus*）等。

龟鳖目（Chelonia）是特化的爬行动物类群，身体短宽，被硬壳，壳内为骨甲，头骨无颞孔，雄体具单个交配器。生活于海水、淡水或陆地中，如中华鳖（*Pelodiscus sinensis*），营养价值高，为名贵的水产品，已大量养殖。其它种类还有乌龟（*Chinemys reevesii*）、海龟（*Chelonia mydas*）、玳瑁（*Eretmochelys imbricata*）等。

鳄目（Crocodilia）是最高等的现代爬行动物，半水生。身体背腹略扁，尾左右侧扁，四肢粗壮，

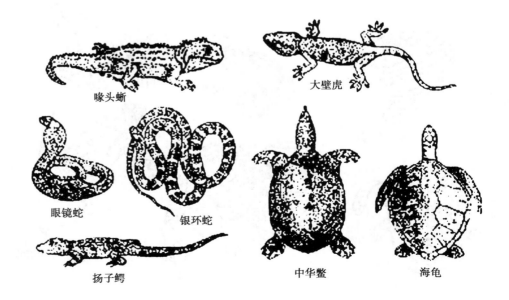

喙头蜥    大壁虎

眼镜蛇    银环蛇    中华鳖    海龟

扬子鳄

➔ 图 11-60    爬行纲代表动物

趾间有蹼。体被大型坚甲，有发达的次生腭，头骨具有完整的双颞孔和下颌孔，雄体具单个交配器。鳄类有 20 余种，我国仅有扬子鳄（*Alligator sinensis*）一种，分布于长江下游一带，目前自然环境中数量已极少，为国家一级保护动物。在很多方面，鳄鱼比其它的爬行类更像鸟类，如在现存爬行类中仅鳄鱼有护幼行为，并且有四个室的心脏，这些都和鸟类相似。为什么鳄鱼与鸟类更相像呢？大部分生物学家认为鸟类是恐龙的直接后裔，不管是鳄鱼还是鸟类都与恐龙关系很接近，且比蜥蜴和蛇的关系要近。

（5）鸟纲（Aves）

鸟类是由一支爬行动物进化而来，适应于飞翔生活的高等脊椎动物。鸟类具有很高的代谢水平，体温恒定，与哺乳动物同属恒温动物，减少了对环境的依赖性。

鸟类的外形及整个机体都与飞翔生活相适应。体形为流线型，体外被覆光滑的羽毛，可减少飞行阻力。前肢特化为翼，其上着生飞羽，飞羽和尾羽一起构成主要的飞翔器官。此外，羽毛还有保温功能。皮肤薄而坚韧，除尾脂腺外，缺乏皮肤腺。

鸟类的骨骼轻而坚固。骨腔内多中空无髓，并充空气。骨骼多有愈合现象，以增加坚固性并减少体重，如鸟类的腰椎、荐椎和一部分胸椎及尾椎愈合在一起，形成特有的"愈合荐椎"。胸骨有发达的龙骨突，供强大的胸肌附着，适于飞翔。现代鸟类无齿，仅具角质喙，有取食、整羽、防卫等多种功能。

肺海绵状，并与几个气囊相连通，形成特有的双重呼吸。气囊可辅助呼吸，调节体温，减少身体密度，并可在飞行时减少内脏间的磨擦。心脏二心房二心室，心室分隔完全，左右心室的血液不相混合，血液循环为完全的双循环，大大提高了机体代谢水平。鸟类的直肠短，无膀胱，有利于及时排泄以减轻体重。鸟类的大脑和小脑发达，能更好地协调体内外环境的统一以及在飞翔中控制身体平衡。视觉和听觉也十分敏锐，尤其视觉适于远视，这也是与飞行生活密切联系的。

现存鸟类约有 8 600 种，分为三个总目：

平胸总目（Ratitae）翼退化，胸骨扁平，不具龙骨突起，不能飞翔，适于奔走生活。种类少，为现存鸟类中体型最大者。如非洲鸵鸟（*Struthio camelus*）（图 11-61A），分布于非洲。

企鹅总目（Impennes）翼成桨状，适于游泳生活，并善于潜水。如王企鹅（*Aptenodytes patagonica*）（图 11-61B），分布限于南极地区。

突胸总目（Carinatae）翼发达，胸骨具龙骨突起，善于飞翔。种类最多，包括现存鸟类的绝大多数，分布遍及全球，如绿头鸭（*Anas ptatyrhynchos*）、雉（*Phasianus colchicus*）、家燕（*Hirundo rustica*）等。

（6）哺乳纲（Mammalia）

哺乳类和鸟类都是由爬行类演化而来的。在脊椎动物进化史上，哺乳动物无论在躯体结构或生理机能以及行为方面都是最复杂、最完善的一个高级类群。其进步性特征主要表现在以下几个方面：

第一，胎生和哺乳。鸟类和爬行类都是卵生的羊膜动物，而绝大多数哺乳类是胎生的羊膜动物。它们的胚胎是在母体的子宫内发育，胎儿借一种特殊的结构——胎盘和母体联系，通过胎盘吸取母体血液中的营养物质和氧，同时把代谢废物送入母体，产后的幼仔以母体乳腺分泌的乳汁来哺育，这是动物界中独一无二的。这样不仅保证了哺乳动物能够在各种极其不同的环境中繁殖后代，而且大大提高了后代的成活率。因此，胎生和哺乳也是脊椎动物进化史上一个重要里程碑。

A. 非洲鸵鸟　　B. 王企鹅

🔴 图 11-61　平胸总目和企鹅总目鸟类代表动物

第二，和鸟类一样，哺乳类也是恒温动物。哺乳动物体表被毛，毛是哺乳动物所特有的，它和羽毛一样都是表皮角质化的产物，毛具有保护身体和保持体温的作用。水生哺乳动物（如鲸）毛被退化，但皮下脂肪层发达。许多哺乳动物通过汗腺分泌汗液的方式调节体温，而一些汗腺极少的哺乳动物（如狗）则通过急促地喘气从口腔和呼吸道中蒸发水分而达到调节体温的目的。体温调节中枢位于丘脑下部，并通过神经和内分泌腺的活动来进行协调。

第三，具有高度发达的神经系统和感觉器官。哺乳动物的大脑和小脑非常发达，尤其是大脑最为发达，不仅表现在脑量增大，更重要的是作为高级神经活动中枢的大脑皮层高度发展（大量神经细胞聚集在皮层中，皮层表面出现皱褶），使其对外界环境条件的变化能够做出迅速的反应，有效地协调机体内环境的统一。哺乳动物的感觉器官也十分发达，尤其表现为嗅觉和听觉的高度灵敏，这样就使动物体能够准确感知环境条件的变化，并通过中枢神经系统的协调而迅速产生反应。

第四，哺乳动物整个机体代谢系统的水平最高，消化系统分化程度高，消化腺发达。爬行类和鸟类的食料经常是被吞咽的，在胃内才开始消化；哺乳动物则不然，由于牙齿的高度发展，出现了形态上的分化（分化为门齿、犬齿、前臼齿和臼齿）和机能上的分工，这样哺乳动物的牙齿不仅可作为摄食的工具，而且可对食物在口腔内进行充分咀嚼，同时在唾液腺分泌的唾液作用下，食物就已开始消化。哺乳动物小肠黏膜富有绒毛，绒毛上分布有大量的毛细血管和毛细淋巴管，加强了食物的消化效率和对营养物质的吸收作用。

代谢水平的提高也促进了呼吸器官进一步复杂化。哺乳动物的肺是由大量的细支气管及其末端膨大的葡萄状小室（肺泡）构成。肺泡为气体交换单位，其外面密布毛细血管，这样就使肺的气体交换表面积大大增加。同时在体腔中产生肌质的横膈膜，把体腔分成胸腔和腹腔两部分。横膈膜是增强呼吸功能的有效工具，因为哺乳动物是利用胸廓的张缩来进行呼吸的。横隔膜的收缩，再加上肋骨的前举，共同使胸腔扩大，促使肺部吸入更多的氧气，加强了气体交换。哺乳动物的循环系统和鸟类一样，心脏完全分为四个室，完全实现了两个循环过程，保证了机体组织对养分和氧气的需要。

现存哺乳动物约有 4 500 种，根据其躯体结构和功能，可以分为三个亚纲：

原兽亚纲（Prototheria）为现存哺乳类中最原始类群。主要特征为卵生，具乳腺，但不具乳头。具泄殖腔，因而又称单孔类。成体无齿，代以角质鞘。大脑皮层不发达。如鸭嘴兽（*Ornithorhynchus anatinus*）（图 11-62A），分布限于澳大利亚及其附近的某些岛屿上。

后兽亚纲（Metatheria）是比较低等的哺乳动物，其主要特征为胎生，但尚不具真正的胎盘。雌体腹部具育儿袋，乳头位于育儿袋内，大脑皮层不发达，如大袋鼠（*Macropus giganteus*）（图 11-

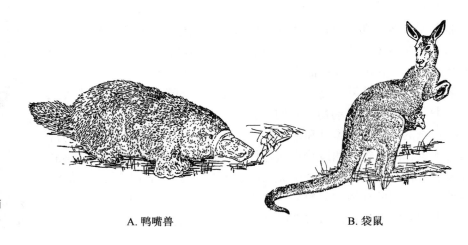

● 图 11-62　原兽亚纲和后兽亚纲哺乳类代表动物

A. 鸭嘴兽　　　　　　　B. 袋鼠

62B），分布于澳大利亚草原地带。

真兽亚纲（Eutheria）是哺乳动物中最高级的一类。其主要特征为胎生，具真正胎盘，故又称有胎盘类。不具泄殖腔，大脑皮层发达。种类最多，分布最广。现存种类共分 17 个目，其中主要的目有：食虫目（Insetivora）为比较原始的有胎盘类，主要以昆虫和蠕虫为食，如刺猬（*Erinaceus europaeus*）；翼手目（Chiroptera）为飞翔哺乳动物，前肢特化，指骨延长（拇指除外），体侧有翼膜，用以飞翔，如蝙蝠（*Vespertilio superans*）；灵长目（Primates）多数种类营树栖生活，拇指（趾）多能与它指（趾）相对，适于攀缘及握物，大脑半球高度发达，包括猴、猿、猩猩及人；啮齿目（Rodentia）为哺乳动物中种类及数量最多的一类，上下颌各具一对门齿，呈凿状，适于啮咬坚硬物质，繁殖力和适应力强，如灰鼠（*Sciurus vulgaris*）、褐家鼠（*Rattus norvegicus*）；食肉目（Carnivora）为肉食性哺乳动物，犬齿特别发达，指（趾）端常具利爪，如狐（*Vulpes vulpes*）、虎（*Fells tigris*）；奇蹄目（Perissodactyla）为大型食草有蹄类，四肢以第三指（趾）特别发达，用以支持体重，如野马（*Equus przewalskii*）；偶蹄目（Artiodactyla）包括大多数大型或中型食草有蹄类，四肢的第三、四指（趾）同等发达，用以支持体重，如梅花鹿（*Cervus nippon*）、野牛（*Bos gaurus*）。

## 小结

病毒是一类必须在活细胞内寄生并复制的非细胞生物，个体微小，结构极其简单。病毒种类繁多，能感染所有的细胞生物，许多病毒引起人类和动植物的重大病害。病毒的基本化学组分是核酸与蛋白质。所有病毒只含一种核酸——DNA 或 RNA，但两者都可作为病毒遗传和感染的物质基础，以 RNA 作为遗传物质是病毒特有的现象。病毒的增殖方式叫做复制，可将整个复制周期分为吸附、侵入、脱壳、生物合成、装配、成熟和释放七个步骤。因病毒基因组具有多样性，病毒生物合成也有多种方式和途径。有些具感染性的致病原只是一些小分子量的核酸或者只是一种蛋白质。人们把这些具有感染性的物质称为亚病毒，它们包括类病毒、朊病毒和拟病毒。类病毒是单链共价闭合环状 RNA 分子，主要感染植物。朊病毒是一类不含核酸物质但具有传染性的蛋白质分子，它能引起寄主体内现成的同类蛋白质分子发生与其相似的构象变化而使寄主致病，其特殊的致病机制表明蛋白质构型与 DNA、RNA 一样可以提供感染源的生物信号。与人类关系密切的病毒病包括流感、艾滋病、严重呼吸综合症和乙肝等重大流行性疾病，了解引起这些疾病的病毒的特性、致病机制和流行规律是预防和治疗病毒病的重要内容。

原核生物是一群具有原核细胞特征的单细胞或多细胞生物体，包括细菌（也称真细菌）和古菌两大类。绝大多数原核生物细胞的直径在 $0.5\sim5\ \mu m$ 之间，形态有球状、杆状和螺旋状三种。细胞壁、细胞膜、细胞质和拟核是原核生物的基本结构，部分原核生物还有糖被、鞭毛、菌毛和芽胞（特殊环境条件下形成）等特殊结构。除支原体外，所有原核生物细胞的外面都有一层细胞壁。细菌细胞壁的主要成分是肽聚糖，古菌的细胞壁不具肽聚糖，而是由假肽聚糖或多糖、糖蛋白、蛋白质所构成。用革兰氏染色法可将原核生物分为革兰氏阳性菌和革兰氏阴性菌，这种方法不仅反映了两大类细菌在细胞壁结构和成分上的差别，还能反映不同细菌在结构、化学组分、生理、生化和致病性等性状上的差异。细菌（真细菌）根据外表特征可分为细菌（狭义）、放线菌、蓝细菌、立克次体、螺旋体、衣原体、支原体（无细胞壁），它们的形态、结构和功能各异。原核生物与人类生活息息相关。它们中大多数对人和动植物无害，甚至有益。许多原核生物已被广泛用于现代发酵工业、食品工业、制药工业和农业等方面。少数原核生物是人与动植物的重要病原菌，甚至引起死亡，其致病原因主要是病原菌生长繁殖时大量消耗寄主营养并产生有毒代谢产物所致。原核生物在营养类型上比高等生物复杂得多，因此在生态系统中扮演重要角色：它们能有效降解人类日常生活及工业制造过程中所产生的各种废水、废气和各种有毒有害化合物，对污染环境进行生态修复；有些种类的原核生物在制造氧气和固氮作用方面扮演着重要的角色。

原生生物是真核生物中最低等、结构最简单的一类，包括一切单细胞的和群体的单细胞生物。原生生物具核膜、核仁，有明显的膜系统构成的质膜内质网及膜结构。原生生物的不同种类具有植物、动物或真菌的特征。本章介绍了几种常见的原生生物，包括变形虫、草履虫、眼虫、衣藻和海带。

真菌通常是指具有真正的细胞核，含有线粒体但不含叶绿体，以腐生、寄生、共生或超寄生方式吸收养料，以孢子进行繁殖，仅少数为单细胞，其它都有分支或不分支的丝状体的真核多细胞生物类群。多数真菌具有几丁质构成的细胞壁。真菌能分泌多种消化酶，它们在生物系统和生态系统中扮演着至关重要的角色，真菌营养体的基本单位是菌丝。菌丝细胞常特化为吸器、假根、附着胞、菌网和菌套等，从而更有效地获取养料，以满足生长发育的需要。真菌的繁殖能力很强，繁殖方式多样，通常分为有性繁殖和无性繁殖两类。无性繁殖在真菌的繁衍和传播上起重要作用。孢子是真菌最常见的繁殖体，它们可以通过真菌有性生殖或无性繁殖产生，常常借助风媒进行传播。按形态特征可把真菌分为酵母菌、霉菌和蕈菌三类。酵母菌泛指能发酵糖类的各种单细胞真菌，其细胞壁化学成分较特殊，主要由酵母纤维素组成。酵母菌应用于酿造、石油脱蜡、酶制剂和发酵饲料等方面。霉菌是指菌丝体比较发达而又不产生大型子实体的真菌。霉菌有较强的陆生性，在自然条件下常引起食物、工农业产品的霉变和动植物的真菌病害，但霉菌又被广泛应用于酿造、制造乙醇、甘油、酶制剂、固醇、抗生素和维生素等。蕈菌通常指那些能形成大型肉质子实体（如蘑菇）的真菌，许多蕈菌可供食用和药用。

地球上的植物可以分为苔藓植物、蕨类植物和种子植物几大类，不同类群的植物在形态结构上存在明显的区别。苔藓植物是由水生生活方式向陆生生活方式的过渡类群之一，它与其它高等植物的一个重要区别在于没有维管系统的分化，所以苔藓植物也没有真正的根、茎和叶的分化。通常见到的苔藓植物的营养体是它们的配子体，苔藓植物的孢子体不能独立生活，而是寄生或半寄生在配子体上。蕨类植物是陆生植物中最早分化出维管系统的类群，是以孢子体世代占优势的植物类群，现存蕨类植物包括三大类群，即石松类、木贼类和真蕨类，不同类群之间在形态结构、繁殖方式和生活史等方面均有较大差异。种子植物与其它类群植物相比，在形态结构上有两个最主要的区别，一是种子的形成，二是在受精过程中产生了花粉管。此外，种子植物的孢子体比之其它植物要更加发达，结构也更复杂，而配子体则进一步简化，并完全寄生在孢子体上。种子植物包括裸子植物和被子植物两大类。裸子植物没有真正的花，仍以孢子叶球作为主要的繁殖器官；在被子植物中，出现了真正的花，胚珠被心皮所包被，从而导致了果实的形成，被子植物还具有特殊的双受精现象。

动物是多细胞无细胞壁的异养生物，是地球上的消费者，多样性很高。无体腔的无脊椎动物包括海绵动物、腔肠动物和扁形动物等。海绵动物无固定体形，缺乏真正的组织，又称侧生动物。腔肠动物身体呈辐射对称，一般有水螅型和水母型两种形态。扁形动物两侧对称，具有三个胚层。假体腔的无脊椎动物包括线虫动物、轮虫动物等。线虫不分节，体表具角质膜，假体腔内充满了体腔液，具有发育完善的消化系统。轮虫是体形最小的多细胞动物，其头部具轮器用于摄食及运动。真体腔的无脊椎动物包括软体动物、环节动物、节肢动物、棘皮动物等。软体动物一般两侧对称，腹足类由于在发育过程中身体发生扭转而左右不对称，软体动物身体柔软，具外套膜和贝壳，身体一般可分为头、足和内脏团三部分。环节动物同律分节。节肢动物是陆生种类中多样化程度最高的类群，异律分节，体节融合成部，具有分节的附肢和几丁质的外骨骼。棘皮动物属于后口动物，大多五辐对称，具有由中胚层形成的石灰质内骨骼，并且常向体表突出形成棘，具有水管系统。脊索动物是动物界最高等的动物，主要特征为具有脊索、背神经管、鳃裂、肛后尾，所有的脊索动物至少在生活史某一阶段具有这四条特征，脊索动物包括尾索动物、头索动物和脊椎动物。

## 思考题

1. 试比较病毒与细胞生物的区别。
2. 简述病毒的主要化学组成与结构。病毒核酸有何特点？
3. 掌握病毒复制的主要过程。
4. 简述朊病毒与类病毒各自特点。
5. 人类为何频繁受到流感病毒的侵袭？
6. 近几十年人类中经常暴发新生病毒病的原因有哪些，我们有何良策？
7. 了解原核生物细胞的主要结构和特殊结构，掌握各个结构的功能。
8. 图示革兰氏阳性菌和革兰氏阴性菌细胞壁的结构，并简要说明其特点及成分。
9. 掌握真细菌与古菌之间的异同点。
10. 试比较细菌、放线菌、蓝细菌、立克次体、螺旋体、衣原体和支原体的主要异同点。
11. 试论述原核生物与人类的关系。
12. 简述侵袭力及其构成的物质基础。
13. 简述外毒素和内毒素组成和特点。
14. 原生生物与原核生物的区别有哪些？
15. 纤毛虫、鞭毛虫和肉足虫动物的取食方式有什么不同？
16. 掌握真菌的主要特征。
17. 试比较真菌菌丝和放线菌菌丝。
18. 真菌是如何获取营养和生长的？
19. 举例说明真菌在工农业和人民生活中的应用。
20. 举例说明真菌与其它生物的共生关系及意义。
21. 从目前的资料看，很少发现苔藓植物的化石，你能解释这是为什么吗？
22. 苔藓植物与蕨类植物生活史特征的主要区别是什么？
23. 裸子植物与被子植物的种子在结构上有什么区别？
24. 被子植物是目前地球上最繁盛的植物类群，其进化适应性主要体现在哪些方面？
25. 为什么说海绵动物是动物进化史上的一个盲端？
26. 扁形动物和线虫动物的区别是什么？
27. 环节动物的体节和绦虫（扁形动物）的节片有什么不同？
28. 几丁质的外骨骼可能具有什么样的优缺点？
29. 羊膜卵的主要特点是什么？在动物进化史上有什么意义？
30. 哺乳动物的进步性特征表现在哪些方面？

## 相关教学视频

1. 物种的命名与生物分类系统
2. 微生物中的病毒

3. 原核生物
4. 原生生物
5. 真菌
6. 植物的分类
7. 动物的分类
8. 生物多样性蕴含的价值与保护

（杨继、吴纪华、南蓬、沈中建）

# 第十二章
# 植物的结构与功能

植物是地球上生命存在和发展的基础，植物不仅为地球上绝大多数生物的生长发育提供了所必需的物质和能量，而且为这些生物的产生和发展提供了适宜的环境。植物的特点主要表现在：①含有叶绿体，能进行光合作用，合成有机物，属于自养生物；②所有植物的细胞都具有细胞壁；③植物体内通常保留有永久的分生组织，即没有分化的、具有分裂能力的胚性细胞，在植物个体发育过程中，它们可以一直不断地分裂、生长、分化，形成新的器官。

## 第一节　植物的组织

植物与其它生物一样也是由细胞构成的，不同细胞往往执行不同的功能，并在细胞形态或结构上表现不同的特点，导致形成不同的组织和器官。根据不同组织的功能和结构特点，可以把植物的组织分为：分生组织（meristem）、薄壁组织（parenchyma）、机械组织（mechanical tissue）、输导组织（conducting tissue）、保护组织（protective tissue）和分泌组织（secretory tissue）六大类。其中，分生组织细胞具有进行细胞分裂的能力，它们通常位于植物体的生长部位；后五类组织是在器官发育过程中，由分生组织衍生的细胞分化发展而成，并且多数丧失了分裂的能力，故把它们总称为成熟组织或永久组织。

### 1. 分生组织

分生组织是有持续分裂能力的植物细胞群，通常位于植物体的生长部位，包括顶端分生组织（apical meristem）、侧生分生组织（lateral meristem）和居间分生组织（intercalary meristem）（图 12-1）。顶端分生组织分布在植物的根尖、茎端，它们是从胚胎中保留下来的，多由体积较小的等径细胞组成，细胞核相对较大，细胞质浓厚，液泡不明显，负责植物的顶端生长。侧生分生组织包括维管形成层（vascular cambium）和木栓形成层（cork cambium），由已分化的薄壁细胞恢复分裂能力形成，因而是次生分生组织（secondary meristem），负责形成次生维管组织或植物的加粗生长。在有些植物体中，已分化的成熟组织间夹杂着一些未完全分化的分生组织，称为居间分生组织，例如，禾本科植物节间基部和葱、韭菜叶的基部。

### 2. 薄壁组织

薄壁组织由薄壁细胞组成，除少数薄壁细胞发育出次生壁外，大多数薄壁细胞的细胞壁具有初生壁性质，细胞间隙发达，原生质体中往往具有中央大液泡，细胞多为等径或长形。薄壁组织普遍存在于植物体的各个部分，并且形成了一种连续的组织系统，它们组成了根和茎中的皮层及髓、维管组织中的薄壁组织、叶肉中的叶肉细胞、花器官的各部分以及果实的果肉。由于功能的不同，可特化为同化组织（assimilating tissue）、贮藏组织（storage tissue）、贮水组织（aqueous tissue）和通气组织（aerenchyma）。薄壁组织是植物体进行光合作用、呼吸作用、贮藏作用和分泌作用等重要生理过程的场所，此外它们还参与水分和营养物质的吸收以及物质转运等过程。

### 3. 机械组织

机械组织是在植物体内起机械支持作用的组织。植株越高大，需要的支持力量就越大，体内的机械组织也就越发达。机械组织的主要特征是细胞壁极度加厚。根据细胞形态和加厚方式的不同，可分为厚角组织（collenchyma）和厚壁组织（sclerenchyma）。

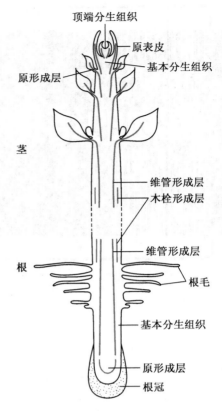

○ 图 12-1　植物的分生组织

厚角组织由厚角细胞组成，这类细胞最明显的特征是细胞壁不均匀增厚，并且这种增厚是初生壁性质的，不含木质素。细胞壁的增厚通常发生在几个细胞邻接的角隅处。厚角细胞相互重叠排列，细胞壁增厚部分集中在一起形成柱状或板状，具有较强的机械强度，因而在茎和叶柄中，厚角细胞主要起支持作用；同时由于厚角细胞分化较早，再加上壁的初生壁性质，使它们能随周围细胞延伸而扩展，因此它们既有支持作用，又不妨碍幼嫩器官的生长。厚角细胞与薄壁细胞一样，成熟时是生活的细胞，其中含有叶绿体，在环境因子刺激诱导下，成熟的厚角细胞仍可恢复分裂和分化。

厚壁组织由厚壁细胞构成，其显著的结构特征是具有均匀加厚的次生壁，而且常常木质化，除少数情况外，成熟的厚壁细胞一般都已丧失生活的原生质体，因而是死细胞。厚壁细胞可以分为石细胞（sclereid）和纤维（fiber）两种类型（图 12-2）。

石细胞多为等径或稍稍伸长的细胞，但有的石细胞形态变化很大，形态上呈骨状、星状或毛状，厚而木质化的次生壁上有许多圆形单纹孔，细胞成熟时只留下小而空的细胞腔。石细胞广泛分布在裸子植物和双子叶植物的皮层和髓中，叶肉、果肉和种子中也有石细胞分布。

纤维是末端尖锐、呈梭状的细长细胞，其长度一般比宽度大许多倍，细胞壁次生加厚，纤维细胞成熟时原生质体一般都已消失，留下狭窄而中空的细胞腔。纤维广泛分布于种子植物的根、茎、叶和某些果实中，它们可以单独存在，亦可成束存在。

### 4. 输导组织

输导组织由木质部（xylem）和韧皮部（phloem）组成。

木质部是由导管分子（vessel member）、管胞（tracheid）、纤维和薄壁细胞等多种细胞构成的一

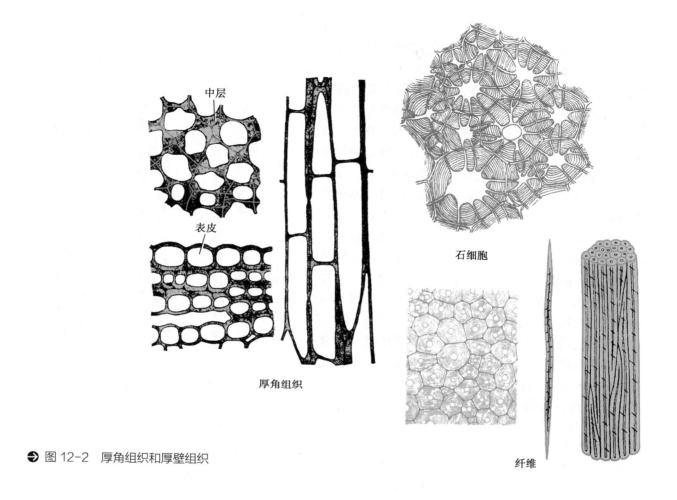

中层

表皮

厚角组织

石细胞

纤维

● 图 12-2　厚角组织和厚壁组织

种复合组织，贯穿维管植物体的各个器官，构成了一个连续的系统，是维管植物体中最主要的输水组织，同时也与植物体内营养物质的转运和贮藏有关。此外，木质部还为植物体提供了强大的支持作用。

　　导管分子（图 12-3）和管胞是木质部中最重要的输导组织细胞，它们都是伸长的、具有次生壁的细胞，成熟时缺乏生活的原生质体，厚厚的细胞壁上布满了纹孔，导管分子端壁上通常还具有穿孔（perforation）（图 12-3），通常把具有穿孔的细胞壁部分称为穿孔板（perforation plate），导管分子通过穿孔板连接起来，构成了连续的柱状或管状结构，称为导管（vessel）。管胞明显缺乏穿孔，细胞间通过尖锐末端的侧壁重叠连接起来，水分及矿物质通过管胞壁上的纹孔从一个细胞流向另一个细胞。在大多数蕨类植物和裸子植物的木质部中，管胞是唯一的输水细胞；而绝大多数被子植物的木质部中，既有管胞，又有导管。

　　木质部中的薄壁细胞通常成束出现在纵向系统或径向系统（如次生木质部的射线）中，其中贮藏着各种物质。木质部纤维细胞成熟后，一般被看作没有生活内容物的细胞，但近年来的研究证明，木质部纤维细胞的生活内容物可以保留好几年，它们兼具支持和贮藏物质的作用。

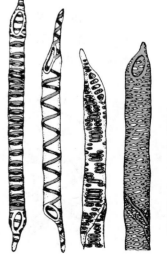

↑ 图 12-3　导管分子的类型

韧皮部也是一种复合组织，在被子植物中由筛管分子（sieve tube element）、伴胞、薄壁细胞和纤维等多种不同类型的细胞构成，在蕨类植物和裸子植物中由筛胞细胞构成，是维管植物体内负责运输有机物质的组织。韧皮部中与有机物运输直接关联的筛管分子都是细长的管状细胞，而且它们成熟时成为一种特殊的无核生活细胞（图 12-4）。筛管分子的细胞壁上密布着簇生的小孔，这些簇生小孔分布的区域称为筛域（sieve area），相邻筛管分子的原生质体通过筛域连成一体。端壁上的筛域往往特化程度更高，筛孔更大，称之为筛板（sieve plate），筛管分子通过筛板连接成纵向的细胞行列，称为筛管。筛管分子通常与伴胞（companion cell）紧密相连，两者之间有稠密的胞间连丝相通。伴胞是一种特化的薄壁细胞，具有细胞核和浓厚的细胞质，因此认为伴胞可能在传递物质进入筛管分子的过程中发挥作用。韧皮部中其它的薄壁细胞主要起贮藏物质的作用，常含晶体或其它贮藏物质。韧皮部的纤维起支持作用，韧皮纤维细胞壁的木质化程度低或不木质化，因而质地坚韧，有较强的抗曲折能力。例如，苎麻（*Boehmeria nivea*）和亚麻（*Linum usitatissimum*）的韧皮纤维不仅含量高，而且细长、柔软，基本上没有木质化，可用作服装或帐篷的原料；而黄麻（*Corchorus capsularis*）和洋麻（*Hibiscus cannabinus*）的韧皮纤维短，有一定程度的木质化，因而适用于制作麻袋和麻绳等。

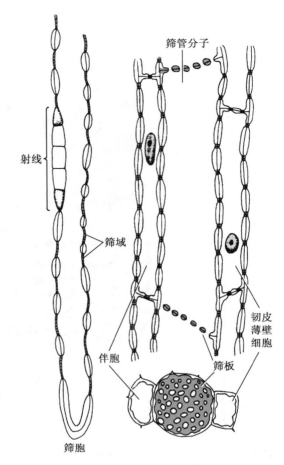

⬆ 图 12-4    筛胞、筛管分子和伴胞

### 5. 保护组织

保护组织包括表皮（epidermis）和周皮（periderm）。

**表皮**是根、茎、叶、花、果实和种子等器官次生生长前最外层的细胞层，表皮细胞功能繁多，除了均匀的、相对不特化的表皮细胞外，表皮中还有保卫细胞、表皮毛或其它特化的细胞（图 12-5）。大多数植物的表皮只有一层细胞，但也有一些植物的表皮分化时，原表皮细胞发生了平周分裂，因而这些植物的表皮由多层细胞构成。表皮细胞是生活细胞，一般不含叶绿体，但常有白色体或有色

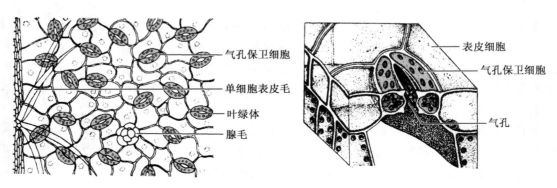

⬆ 图 12-5    表皮（左）和气孔（右）

体，并含有多种代谢产物，如色素、单宁和晶体等。表皮细胞排列十分紧密，且茎、叶等气生部分的表皮细胞外切向壁往往较厚并角质化，细胞壁表面还覆盖着一层明显的角质层，有些植物的角质层外还被有一层蜡质，这些都为植物体的初生结构提供了有效的保护，同时也降低了蒸腾作用引起的水分丧失。

在气生表皮上通常有许多气孔（stoma），它们是气体进入植物体的门户，围绕气孔的两个特殊细胞称为保卫细胞（guard cell），保卫细胞多呈肾形或哑铃形，含有叶绿体和特殊的不均匀加厚的细胞壁，保卫细胞能通过改变形状来控制气孔的开放或关闭，从而有效地调节气体的出入和水分的蒸腾。表皮上的毛状附属物可以是多细胞的，也可以是单细胞的，通常认为表皮毛具有保护和防止水分丧失的作用，有的表皮毛还可以分泌芳香油、黏液以及树脂等物质。根表皮细胞与气生表皮细胞有所不同，它的细胞壁和角质层都很薄，且有一些表皮细胞特化为根毛。根表皮主要与水分和无机盐的吸收有关。

周皮是当根、茎开始次生生长时产生的次生保护组织。周皮由木栓形成层、木栓层（cork）和栓内层（phelloderm）组成。在不同物种和组织中，木栓形成层可分别由表皮细胞、皮层细胞、中柱鞘细胞或其它生活细胞转化而来，木栓形成层经过平周分裂形成径向成行的细胞行列，它们向外分化成木栓层，向内则分化成栓内层（图12-6上）。

木栓层是由多层细胞径向紧密排列而成，这些细胞在横切面上呈长方形，细胞壁厚且强烈栓质化，细胞成熟时，原生质体解体，细胞腔充满空气。木栓层具有质地轻、有弹性、不透水、抗压、隔热、绝缘和抗有机溶剂等特性。栓内层是生活的薄壁细胞，通常只有一层细胞，常含有叶绿体，这层细胞因其与木栓细胞排列成同一整齐的径向行列而易与皮层薄壁细胞区别开来。

当次生生长开始时，表皮上的气孔内的薄壁细胞也开始分裂，形成木栓形成层，但这些木栓形成层细胞比其它部分的木栓形成层细胞更为活跃，并且这些细胞不形成正常的木栓细胞，而是形成一群球形的、排列疏松且细胞间隙发达的补充细胞（complementary cell），这些细胞突破表皮或老的周皮，在树皮表面形成各种形状的小突起，称为皮孔（lenticel）（图12-6下），皮孔是周皮上的通气组织，植物体内部的生活细胞可以通过皮孔与外界进行气体交换。

### 6. 分泌组织

植物体内有些细胞可以产生一些特殊的物质，如树脂、蜜汁、乳汁、精油和黏液等，这些细胞称为分泌细胞，由分泌细胞所组成的组织称为分泌组织。分泌组织根据分泌物是保存在植物体内还是分泌到体外，可分成外部分泌结构和内部分泌结构两类。外部分泌结构大多位于植物器官表面，其分泌物能直接分泌到植物体外，

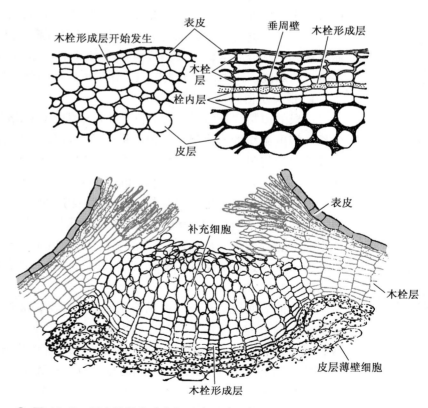
⬆ 图12-6 周皮的发生（上）和皮孔（下）

常见类型有腺毛、蜜腺和排水器等；内部分泌结构埋藏在植物体的薄壁组织中，分泌物积聚在细胞腔内或细胞间隙中，常见类型有分泌细胞、分泌腔、分泌道和乳汁管。

在植物体中，结构和功能各异的组织组合在一起形成了植物的三大组织系统，即基本组织系统（ground tissue system）、维管组织系统（vascular tissue system）和皮组织系统（dermal tissue system）。基本组织系统由主要起同化、贮藏、通气和吸收功能的薄壁组织以及主要起机械支持作用的厚角组织和厚壁组织构成；维管组织系统由两种输导组织，即木质部和韧皮部构成；皮组织系统则由主要起保护作用的表皮和次生结构发育时形成的周皮组成。分生组织的活动以及三大组织系统的协调配合为植物的形态发生、发育以及各项生理代谢活动的顺利进行奠定了基础。

# 第二节　植物的营养器官

植物的营养器官包括根（root）、茎（stem）和叶（leaf）。植物营养器官的发育包括初生生长（primary growth）和次生生长（secondary growth）两个过程。初生生长主要基于顶端分生组织的活动，表现为根、茎的延长并产生分支；次生生长是侧生分生组织活动的结果，表现为根和茎的加粗生长。

## 一、根的结构和功能

在绝大多数维管植物中，根构成了植物体的地下部分，根是植物适应陆地生活而在进化过程中逐渐形成的器官。根最基本的作用是固着和支持植物体，并从环境中吸收水分和营养。此外，根中通常具有发达的薄壁组织，植物体地上部分光合作用的产物可以通过韧皮部运送到根的薄壁组织中贮藏起来，因此大多数植物的根都是重要的贮藏器官，根中的贮藏物质除了满足根的生长发育外，大多水解后经韧皮部上运供地上部分生长发育所需。根还有合成物质的功能，一些重要植物激素如赤霉素和细胞分裂素，以及一些植物碱和多种氨基酸都是在根中合成的，这些物质可运至植物体正在生长的部位，或用来合成蛋白质，作为形成新细胞的材料，或调节植物的生长发育。

### 1. 根尖及根的初生结构

从根的顶端到着生根毛的部位，叫作根尖（root tip）。根尖是根中生命活动最活跃的部分，根的生长和根内组织的形成都是在根尖进行的。根尖通常沿着土壤中阻力最小的方向生长，干旱、低温等环境胁迫将阻止根的连续生长。根尖一般分为根冠（root cap）、分生区（meristematic zone）、伸长区（elongation zone）和成熟区（maturation zone）四部分（图 12-7）。

**根冠**　根冠是罩在根尖顶端的圆锥状结构，它由许多排列不规则的薄壁细胞组成。根尖生长时，根冠外层细胞不断死亡、解体、脱落；与此同时，根冠内侧的顶端分生组织不断进行细胞分裂来补充根冠细胞的消耗，从而使根冠始终维持一定的形状和厚度。最近的研究发现，根冠细胞的死亡并不是由于生长过程产生的摩擦伤害引起的，而是一种有序的主动死亡过程，并与细胞核基因表达式样的改变有关。

根冠的表面通常有一层由黏液构成的黏液鞘，通过电子显微镜和放射自显影技术已经了解到构成黏液鞘的可能是果胶类物质，它们由根冠外层细胞合成，并贮藏于高尔基体小泡中，后者与质膜融合后，将它们释放到细胞壁中，最终通过细胞壁形成根冠表层的黏液鞘。黏液鞘的产生有利于减少根尖穿越土壤时产生的摩擦，同时也具有促进离子交换、溶解和螯合某些营养物质的作用。此外，在根冠细胞中通常含有造粉体（amyloplast），这被认为与根对重力的反应（即向地性反应）有关。

**分生区**　分生区也叫生长锥（growing tip），由顶端分生组织细胞及其附近活跃分裂的细胞组成，

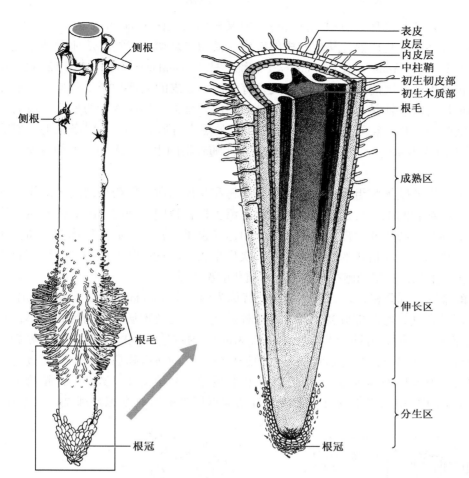

表皮
皮层
内皮层
中柱鞘
初生韧皮部
初生木质部
根毛

成熟区

伸长区

分生区

侧根
侧根
根毛
根冠
根冠

● 图 12-7　根尖的形态和结构

这些细胞形态较小，呈多面体，细胞质浓厚，且具有很大的细胞核。分生区不断进行细胞分裂，增生的细胞除一部分向前发展成根冠细胞外，大部分向后方发展，经过细胞生长、分化，逐渐形成根的初生结构。

在根的早期发育中，顶端分生组织原始细胞的有丝分裂非常活跃，但随着根的生长，这些原始细胞的分裂频率明显下降或停止分裂，我们通常把这个区域称为静止中心（quiescent centre）。静止中心的细胞并非完全丧失细胞分裂能力，当根尖受伤时，静止中心可以恢复分裂，再生分生组织细胞。离体实验的结果表明，从玉米根尖分离的静止中心细胞在无菌培养条件下，可以不经愈伤组织而直接发育成完整的根，另外有实验证明根中静止中心的大小与根中初生维管组织的复杂程度有关。这些事实说明静止中心对于根尖组织结构的发育具有重要的意义。

在顶端分生组织的后方，一部分细胞开始分化成为初生分生组织（primary meristem）。根尖中初生分生组织由原表皮（protoderm）、基本分生组织（ground meristem）和原形成层（procambium）构成，它们以后分别发育成表皮、皮层和维管柱。

**伸长区**　伸长区是分生区稍后的部分，伸长区的细胞已逐渐停止分裂，体积扩大，并明显地沿根的长轴方向延伸。根的生长是分生区和伸长区共同作用的结果，但根在土壤中的延伸主要源于伸长区的伸长。伸长区细胞在延长的同时，已开始细胞分化，未成熟的木质部导管和未成熟的韧皮部筛管往往出现在该区域。

　　**成熟区**　成熟区是伸长区后具有根毛的部分，故又称为根毛区（root hair zone），成熟区的各种细胞已停止伸长，并多已分化成熟。从根的成熟区作一横切或纵切，就能清楚地看到根的初生结构由外至内分别为表皮（epidermis）、皮层（cortex）和维管柱（vascular cylinder）（图 12-8A、B）。

　　**表皮**　表皮包在根成熟区的外面，由原表皮发育而成。表皮的生理功能主要是吸收水分和矿质元素。表皮结构最显著的特征是部分表皮细胞的外壁突出并延伸，形成管状的根毛。根毛的发育极大地增加了根的吸收表面积，经测算，一株生长 4 个月的黑麦可形成 $1.4 \times 10^{10}$ 条根毛，根毛总长达 10 000 km，吸收表面约为 401 $m^2$。根毛的寿命很短，伴随着根的生长，老的根毛相继死去，新的根毛不断形成。

　　**皮层**　皮层由多层薄壁细胞组成，其中贮藏有淀粉和其他物质，但明显缺乏叶绿体。皮层细胞排列疏松，有明显的细胞间隙，特别是在水生植物和沼生植物根中，细胞间隙非常发达，贯穿整个根部并与茎叶内的通气系统连通。皮层细胞间的胞间连丝也很丰富，它们是气体交换和胞间物质运输的通道。裸子植物和双子叶植物的根通常要进行次生生长，故皮层常因此遭到破坏而脱落；单子叶植物的根没有次生生长，皮层细胞往往发育出木质化的次生壁。

　　皮层最内层的细胞排列紧密，缺乏细胞间隙，特称为内皮层（endodermis）（图 12-8C）。内皮层最显著的结构特征是在其细胞的部分初生壁上具有栓质化（有时还木质化）的带状加厚，环绕细胞的径向壁和横向壁成一整圈，称凯氏带（Casparian strip），内皮层细胞的质膜牢固地附着在凯氏带上。由于凯氏带对于水和离子都是不通透的，因而进出维管柱的所有物质都必须先通过内皮层的原生质体，再经胞间连丝或质外体运输。在没有次生生长的单子叶植物和少数双子叶植物中，内皮层可进一步发展，表现在根中大多数内皮层细胞除外切向壁以外的所有细胞壁都显著加厚并木质化，

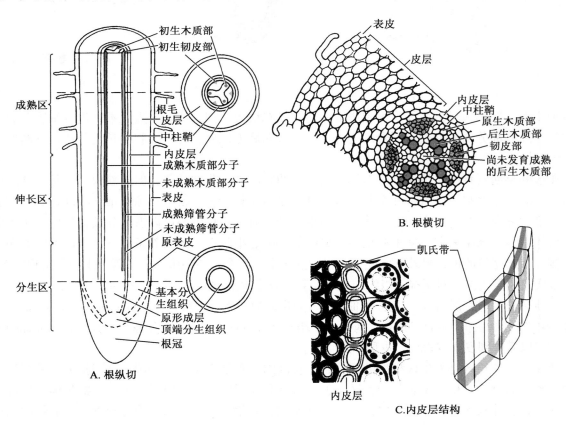

　　● 图 12-8　根的初生结构示意图

只有与原生木质部相对的少数内皮层细胞仍然保持薄壁状态，即除凯氏带外，细胞壁不再增厚，这种细胞称为通道细胞（passage cell），它是皮层与维管柱之间物质交流的通道。

**维管柱** 根的维管柱由维管组织（木质部和韧皮部）及其周围的一层或多层中柱鞘（pericycle）细胞组成，许多单子叶植物根的维管柱中央有薄壁细胞或厚壁细胞组成的髓（pith）。

中柱鞘细胞通常仅有初生壁，具有潜在的分生能力，可以通过分裂形成侧根、不定根、不定芽，也可以用于增加中柱鞘细胞的数量。此外，与原生木质部相对的中柱鞘细胞还参与形成层和木栓形成层的发生。

根的维管柱中的初生维管组织包括初生木质部和初生韧皮部。从横切面上看，初生木质部通常位于维管柱中央，并有数个辐射棱角（木质部束），称木质部脊（xylem ridge）；初生韧皮部位于两初生木质部束之间，与初生木质部相间排列。初生木质部束的数目因植物种类而异，例如，烟草（*Nicotiana tabacum*）、萝卜（*Raphanus sativus*）、油菜（*Brassica campestris*）为 2 束，蚕豆（*Vicia faba*）4 束，棉花（*Gossypium* sp.）5 束，玉米（*Zea mays*）、小麦（*Triticum aestivum*）、水稻（*Oryza sativa*）等有 10 多束。依据初生木质部束的数目，可将植物的根分为二原型、三原型、四原型、五原型、六原型和多原型。初生韧皮部束数通常与木质部束数相等。

根的初生木质部在发育过程中是由外向内逐渐成熟的，所以呈辐射状的初生木质部束的尖端是最初形成的部分，称为原生木质部（protoxylem），接近中心的木质部成熟较晚，称为后生木质部（metaxylem），根中初生木质部这种由外向内渐次成熟的发育方式称为外始式（exarch）。根中初生韧皮部的发育方式也是外始式，即原生韧皮部（protophloem）在外方，后生韧皮部（metaphloem）在内方。

一般植物根的中央部分由初生木质部中的后生木质部占据，如果中央部分不分化成木质部，就由薄壁组织或厚壁组织形成髓，多数单子叶植物和木本双子叶植物以及少数草本双子叶植物根中具髓。

## 2. 根的次生结构

根发育到一定阶段，根中的侧生分生组织，包括维管形成层和木栓形成层便开始分裂、生长和分化，产生次生维管组织和周皮。根中的维管形成层最早源于初生木质部与初生韧皮部之间原形成层细胞的分裂，与此同时，与原生木质部相对的中柱鞘细胞也进行分裂，并向两侧扩展，其内侧的子细胞参与维管形成层的组成，于是形成了环绕在初生木质部外侧的连续的维管形成层。由维管形成层分裂产生的细胞，一部分向内分化，形成次生木质部（secondary xylem），另一部分向外分化形成次生韧皮部（secondary phloem），从而使根加粗（图 12-9）。

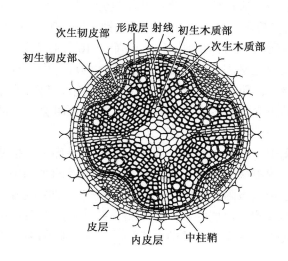

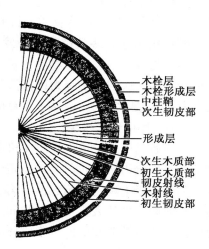

图 12-9 根的次生结构

维管形成层不同部位最初进行的细胞分裂是不等速的，初生木质部与初生韧皮部之间的形成层细胞分裂速度快，并且形成的次生木质部多，而与原生木质部相对的形成层细胞分裂速度较慢，很快使原来呈多角形的形成层环变成了圆形环。此后，形成层细胞等速分裂，不断向内、向外分化产生新的次生木质部和次生韧皮部，使根加粗。由于维管形成层的活动，初生韧皮部被推向外方，并随着次生生长的进行，除韧皮纤维外，初生韧皮部中大多数细胞被挤毁。

根的次生维管组织的组成成分基本上与初生维管组织相同，主要区别在于次生维管组织中有维管射线（vascular ray）。维管射线是由一些径向排列的薄壁细胞组成的，贯穿于次生木质部和次生韧皮部之间，是横向运输的结构，它们起源于一些特殊的形成层细胞。在有些植物的根中，由中柱鞘细胞衍生的形成层细胞往往分裂以后形成宽的射线，而其它部位形成的维管射线较窄。

由于次生生长，每年在根的内部增加许多新的次生维管组织，使根不断加粗。因此，维管柱外围的表皮和皮层在根加粗过程中常被拉、挤，最后被撑破。通常在皮层组织未破坏之前，根的中柱鞘细胞恢复分裂活动，形成木栓形成层。木栓形成层进行切向分裂，向外产生木栓层，向内产生栓内层。木栓层、木栓形成层和栓内层共同构成周皮，代替表皮起保护作用。周皮发生后，包括内皮层在内的皮层组织和表皮与根的其它部分分离，并且由于给养断绝而死亡、脱落。

### 3. 根系对水分和矿质元素的吸收

根系是植物主要的吸水器官。在植物根系生长过程中，根毛区产生的大量根毛使植物根系具备了巨大的吸收表面，土壤中的水分从根毛进入植物体，经过皮层和内皮层，最终到达维管柱，然后通过木质部导管进一步沿着根、茎向上运输，直到叶片。在那里，一部分水用于光合作用，而绝大多数水分通过蒸腾作用散失到大气中。

根毛吸收的水分经由皮层到达维管柱的途径有三种：①质外体运输（apoplastic transport），即经过细胞壁的转运；②共质体运输（symplastic transport），即经过胞间连丝从原生质体到原生质体的转运；③胞间转运（transcellular transport），即通过液泡使水分从一个细胞转运到另一个细胞的方式。根毛吸收的水分经由皮层向木质部转运的动力来自根表面的土壤溶液与木质部水分之间的水势差。由于内皮层上具有凯氏带，因此到达内皮层表面的水必须跨过内皮层的质膜和原生质才能到达木质部，所以可把根看成是一个渗透系统，内皮层就是一个有渗透活性的膜。根中的生活细胞能通过共质体途径不断向木质部转运溶质，以维持木质部与土壤溶液之间的水势梯度，土壤溶液中的水就可以通过渗透作用源源不断地到达木质部，水向根中维管柱的渗透性扩散就产生了一种静水压力，称为根压（root pressure），根压推动木质部中的水及其中的溶质沿着木质部向上运输。

为了维持个体正常的生长发育，植物还必须不断地从环境中吸收一些无机元素用以合成生长发育所需要的氨基酸、维生素和其它一些物质。目前发现碳、氢、氧、氮、磷、钾、硫、钙、镁、铁、锰、锌、铜、氯、硼和钼是绝大多数植物生长发育所必需的 16 种元素。但除了 16 种必需元素外，还有一些元素对某些植物或某一类群植物的生长发育是必需的，例如：在含有钴的环境中，豆科植物苜蓿会生长得更好一些，这倒不是因为苜蓿需要钴，而是与苜蓿共生的细菌需要钴；钠离子对 $C_4$ 植物和盐生植物来说通常是必需的；镍对于大豆的正常生长发育十分重要，大豆缺镍时会在小叶顶端累积尿素，产生毒害作用以致延缓生长。

一般情况下，植物通过根从土壤中吸收无机离子，幼根的表皮是吸收离子的主要部位。根从土壤溶液中吸收离子的过程分为两个阶段，首先是土壤溶液中的离子进入根表皮细胞壁的水相中，并通过根的吸附作用和交换吸附到达细胞表面；第二步是吸附在质膜表面的离子经过主动吸收或胞饮作用等方式到达质膜内侧，再从表皮细胞经胞间连丝到达皮层的第一层细胞，并在皮层共质体中径向转运，经过内皮层，然后扩散或借助于胞质环流进入维管组织的薄壁细胞中。根吸收的离子除少数留在根部外，绝大多数将进一步转运到地上部分，以满足茎、叶生命活动的需要。

## 二、茎的结构和功能

茎是植物体地上部分联系根和叶的营养器官，少数植物的茎生于地下。茎上通常着生有叶、花和果实。茎的主要功能是输导作用和支持作用。叶片合成的有机物通过茎中的韧皮部运送到根、幼叶以及发育中的花、种子和果实中，而根从土壤中吸收的水分和无机盐则经木质部运送到植物体的各个部分。茎中的纤维和石细胞主要起支持作用，同时茎中的导管和管胞也有一定程度的支持功能。

由于多数植物体的茎顶端具有无限生长的特性，因而可以形成庞大的枝系。多数植物的茎呈圆柱形，但也有少数植物的茎呈三角形（如莎草 *Cyperus* sp.）、四棱形（如蚕豆 *Vicia faba*）或扁平柱形（如仙人掌 *Opuntia dillenii*）。茎上着生叶的位置称为节（node），两个节之间的部分称节间（internode）。不同植物茎上节的明显程度差异很大，大多数植物只是在叶着生的部位稍稍膨大，节并不明显，但有些植物（如玉米 *Zea mays*、叉分蓼 *Polygonum divaricatum*）的节却膨大成一圈。在茎的顶端和节上叶腋处还生有芽（bud），茎上叶子脱落后在节上留下的痕迹称为叶痕（leaf scar）（图 12-10）。

### 1. 茎端分生组织及其功能

茎尖与根尖在结构和功能上都存在明显的差异。茎尖缺乏根冠那样的帽状结构，茎端分生组织的活动不仅形成茎的初生结构，而且与叶等侧生器官的发生有关。

被子植物的茎端分生组织有明显的分层现象，顶端 1~2 层（或 3~4层）细胞通常只进行垂周分裂，称为原套（tunica）。原套内侧的几层细胞则可以进行平周分裂以及其他各个方向的分裂，这些细胞称为原体（corpus）。在茎尖的分化过程中，原套的最外层发育出原表皮，原体细胞则发育成原形成层和基本分生组织。具有 2 层或 2 层以上原套细胞的茎尖发育时，除表层外，其它原套细胞也形成基本分生组织。原表皮、原形成层和基本分生组织构成了茎尖的初生分生组织，原表皮后来发育成表皮，原形成层和基本分生组织分别形成维管柱、皮层和髓。绝大多数裸子植物的茎端不显示原套——原体结构，它们的茎顶端分生组织的最外层细胞能进行平周和垂周分裂，把细胞加入到周围和茎内部的组织中去。

### 2. 茎的初生结构

不同类群植物茎的初生结构有不同的结构特点。双子叶植物茎的初生结构可明确区分出表皮、皮层和维管柱三部分（图 12-11）。

**表皮**　通常由单层生活细胞构成，细胞呈砖形，长径与茎的长轴平行。表皮细胞一般不含叶绿体，但有发达的液泡。它们的外切向壁较厚，并且往往角质化，具有角质层，有时还有蜡质（如蓖麻 *Ricinus communis*、甘蔗 *Saccharum officinarum*），这样既能控制蒸腾作用，也能增强表皮的坚韧性。旱生植物茎表皮通常具有增厚的角质层，而沉水植物茎表皮的角质层很薄或者根本不存在。茎的表皮上常有气孔和表皮毛，气孔是水和气体出入的通道，表皮毛由表皮细胞分化而成，表皮毛的形状和结构多种多样，其主要功能是反射强光、降低蒸腾、分泌挥发油、减少动物侵害，甚至具有攀

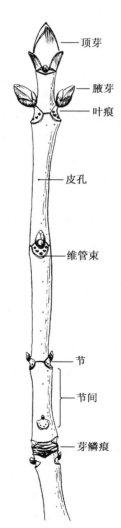

顶芽

腋芽

叶痕

皮孔

维管束

节

节间

芽鳞痕

🔸 图 12-10　茎的形态

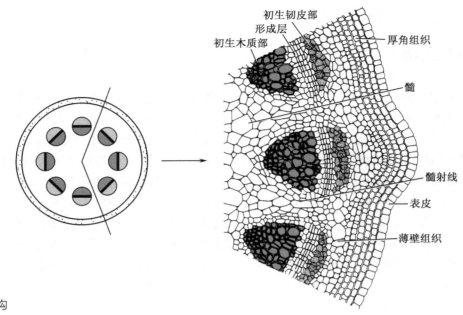

初生韧皮部
形成层
初生木质部
厚角组织
髓
髓射线
表皮
薄壁组织

⊙ 图 12-11    茎的初生结构

缘作用。

**皮层**    茎的皮层通常由多层细胞组成，而且往往包含多种不同类型的细胞，但最主要的是薄壁细胞，它们都是生活的细胞，常为多面体、球形、椭圆形或呈纵向延长的圆柱形，细胞之间常有明显的细胞间隙。幼茎中靠近表皮的皮层薄壁细胞还常含有叶绿体，能进行光合作用。此外，在有些植物的皮层中还具有厚角细胞，这些细胞或成束出现，或连成圆筒环绕在表皮内方。除厚角细胞外，有些植物（如南瓜）茎的皮层中还含有纤维细胞。在绝大多数植物茎的皮层中没有内皮层的分化，但有些沉水植物（如眼子菜 *Potamogeton distinctus*）的茎以及少数植物的地下茎中有凯氏带加厚。

**维管柱**    维管柱是皮层以内的部分，包括多个维管束（vascular bundle）、髓（pith）和髓射线（pith ray），它们分别由原形成层和基本分生组织衍生而来。

维管束是一个复合组织，由初生木质部、形成层和初生韧皮部共同组成。大多数植物的初生韧皮部在近皮层一方，初生木质部则在内侧，这种类型的维管束称为外韧维管束（collateral vascular bundle）；但有些植物初生木质部的内外两侧都有韧皮部，形成所谓的双韧维管束（bicollateral vascular bundle）。当原形成层细胞分化形成维管束时，并非所有细胞都分化成了初生木质部或初生韧皮部，通常在初生木质部和初生韧皮部之间有一层细胞保留了分裂能力，它们构成了维管束的束中形成层（fascicular cambium），在茎的次生生长中具有重要作用。

双子叶植物茎的初生木质部由导管、管胞、木薄壁细胞和木纤维组成，初生韧皮部则由筛管、伴胞、韧皮薄壁组织和韧皮纤维共同组成。茎内初生木质部发育时，最早分化出的原生木质部居内侧，而且多为管径较小的环纹或螺纹导管；后生木质部居外侧，由管径较大的梯纹导管、网纹导管或孔纹导管组成。这种由内向外渐次成熟的发育方式称为内始式（endarch）。初生韧皮部的发育顺序则与根的发育方式相同，属于外始式，即原生韧皮部在外侧，后生韧皮部在内侧。

在茎的初生结构中，由基本分生组织分化产生的茎中央的薄壁组织称为髓，有些植物如樟树（*Cinnamomum camphora*）茎的髓中还有石细胞，另一些植物如椴树（*Tilia mongolica*）茎的髓边缘则有由小而壁厚的细胞构成的环髓带（perimedullary region）。髓射线由维管束间的薄壁组织组成，在横切面上呈放射状排列，连接皮层与髓，有横向运输的作用，同时也是茎内贮藏营养物质的组织。在多数双子叶植物茎中，初生维管束之间具有明显的束间薄壁组织，即髓射线；但也有一些植物的茎中维管束之间距离较近，因此维管束看上去几乎是连续的。

单子叶植物的茎在结构上与双子叶植物有许多不同之处，尤其以禾本科植物为例。从横切面上看，禾本科植物茎的表皮细胞排列比较整齐；在表皮下有几层由厚壁细胞组成的机械组织，起支持作用；幼茎近表皮的基本组织细胞常含叶绿体，可以进行光合作用。茎中维管束通常有两种不同的排列方式：一种是维管束无规律地分散在基本组织中，越靠近外侧越多，越向中心越少，因而皮层和髓之间没有明显的界限，玉米和甘蔗的茎属于这种类型；另一种类型是维管束较规则地排成 2 轮，茎节间中央为髓腔，如水稻的茎。虽然这两种类型茎的维管束排列方式不同，但每个维管束的结构却是相似的，都是外韧维管束，由木质部和韧皮部构成，没有束中形成层。木质部常呈 V 形，主要由 3~4 个导管组成，V 形尖端部位是原生木质部，由直径较小的环纹和螺纹导管组成，它们分化较早，并在茎伸长时遭到破坏，往往形成一空腔，中间残留着环纹或螺纹的次生加厚的壁；V 形两侧各有一个直径较大的孔纹导管，它们在茎分化的较后时期形成，因而是后生木质部。韧皮部位于木质部的外侧，且后生韧皮部的细胞排列整齐，在横切面上可以看到许多近似六角形或八角形的筛管细胞以及交叉排列的长方形伴胞；在后生韧皮部外侧，可以看到一条不整齐的细胞形状模糊的带状结构，这是最初分化出来的韧皮部，也就是原生韧皮部，由于后生韧皮部的不断生长分化，原生韧皮部被挤压而遭到破坏。在木质部和韧皮部的外围通常有一圈由厚壁组织构成的维管束鞘（bundle sheath）（图 12-12）。

### 3. 茎的次生结构

在双子叶植物茎的初生维管束中保留了一层具有潜在分生能力的细胞，这层细胞称为束中形成层；另一方面，髓射线中与束中形成层部位相当的细胞也能恢复分裂能力，形成所谓束间形成层

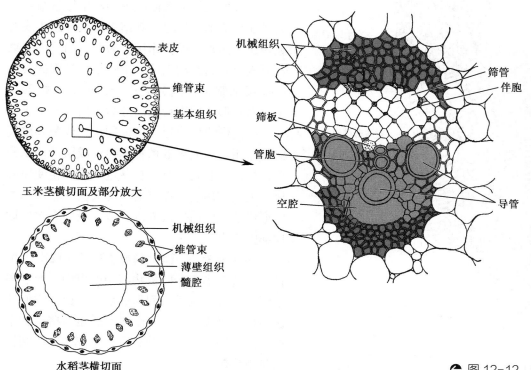

玉米茎横切面及部分放大

水稻茎横切面

 图 12-12　禾本科植物茎初生结构示意图

（interfascicular cambium）。束中形成层和束间形成层衔接后，便构成了完整的圆筒状维管形成层。

　　植物发育到一定阶段，维管形成层便开始活动，产生次生维管组织，使茎加粗。无论是束中形成层还是束间形成层，就其细胞组成来看，都是由纺锤状原始细胞（fusiform initial）和射线原始细胞（ray initial）组成的，前者长而扁，略呈纺锤形，且长轴与茎的长轴平行，细胞明显液泡化，后者近等径形，并与茎的纵轴垂直排列。形成层只由一层原始细胞组成，然而当形成层细胞活跃地进行细胞分裂时，新的衍生细胞已经产生，而老的衍生细胞尚未完全分化，这时就很难区别原始细胞和衍生细胞，因而，人们通常把形成层原始细胞和尚未分化的衍生细胞所组成的形成层带（cambium zone）笼统地称为形成层。

　　形成层细胞的分裂包括切向分裂和径向分裂。切向分裂向内形成次生木质部，加在原有木质部的外侧，向外形成次生韧皮部，加在原有韧皮部的内侧。在形成次生结构的同时，形成层细胞为扩大自身圆周还必须进行径向分裂或横分裂以适应内侧木质部的增粗，同时形成层的位置渐次向外推移。在双韧维管束中，只在木质部与外韧之间存在形成层，产生次生结构。

　　双子叶植物茎中次生木质部的组成包括轴向系统的导管、管胞、木纤维、木薄壁组织和径向系统的木射线，轴向系统的组成分子由纺锤状原始细胞分化而来，而径向系统的木射线则由射线原始细胞衍生。次生韧皮部同样包括轴向系统和径向系统，轴向系统由筛管、伴胞、韧皮薄壁细胞和韧皮纤维组成，有时也有石细胞，径向系统则由韧皮射线组成。韧皮射线通过形成层的原始细胞与木射线相连，合称维管射线（vascular ray），在形成层活动过程中，纺锤状原始细胞可以通过横分裂产生新的射线原始细胞，因而随着次生生长的进行，新的维管射线会不断增加。图 12-13 示椴树茎的次生结构。

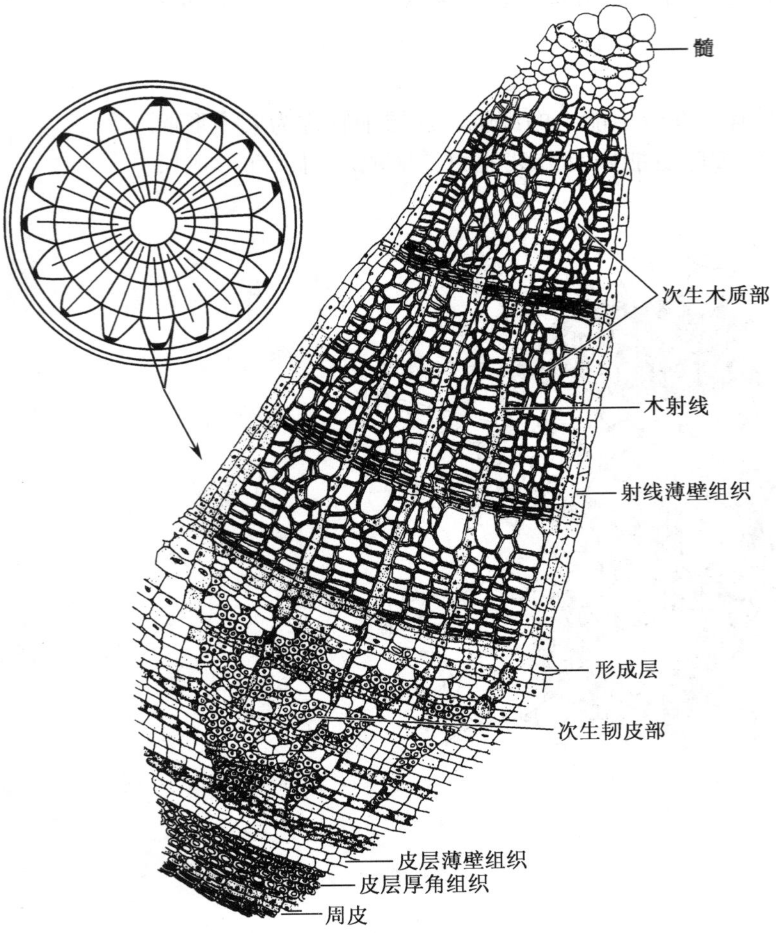

　　维管形成层活动使茎中的次生维管组织不断增加，茎不断加粗，其结果必然导致表皮的破坏，从而丧失保护作用。为此，当茎中的维管形成层开始活动以后，维管组织外围的表皮或皮层细胞也恢复分裂机能，形成木栓形成层。木栓形成层进行切向分裂，向外产生木栓层，向内形成栓内层，构成周皮，代替表皮起保护作用。绝大多数植物木栓形成层活动期较短，往往只有几个月，在茎进一步加粗使原有周皮失去作用前，在茎的内部又会产生新的木栓形成层，以后依次向内形成，最后在次生韧皮部中产生。

　　并非所有双子叶植物的茎都进行次生生长，一些草本双子叶植物茎中的束中形成层很不明显，并且缺乏束间形成层，因此，它们的次生构造极少，或者完全没有。也有些植物束中形成层明显，但活动有限，形成的次生结构的量也比较少。

髓
次生木质部
木射线
射线薄壁组织
形成层
次生韧皮部
皮层薄壁组织
皮层厚角组织
周皮

图 12-13　椴树茎横切面轮廓图及部分放大

#### 4. 茎的输导作用

植物从土壤中吸收的水和无机离子主要通过茎的木质部导管向上运输，而叶通过光合作用合成的有机物则经由筛管向下运输。

土壤中的水通过根系进入植物体，根系代谢活动产生的根压可以推动水沿导管（或管胞）向地上部分的转运，但根压的大小毕竟是有限的，不足以将水从根中推至高大树木的顶端。因此，植物体内势必存在着另一种机制来推动水的远距离运输。"蒸腾流 – 内聚力 – 张力学说"认为，植物体内水分沿着导管（或管胞）上升的动力主要是蒸腾拉力。蒸腾拉力是指当叶片气孔附近的叶肉细胞因蒸腾作用而失水时，其水势大为降低，于是就从相邻细胞夺取水分，同样的原理，这个细胞又从另一细胞吸水，这样依次下去，便可从叶脉末梢的导管或管胞中夺取水分。因此，蒸腾越强，失水越多，水势越小，从导管或管胞拉水的力就越大。由于水分子之间具有强大的内聚力（即相同分子之间相互吸引的力量），叶肉细胞水势降低对木质部中水分产生的拉力或者张力可以向下传递直到根中，于是水从根中沿木质部上升，并分配到叶肉细胞中去。另一方面，根部水势的降低也增强了根系从土壤溶液中吸水的能力。可见，蒸腾作用引起的叶片水势降低形成了从叶片到土壤溶液之间水势梯度，它为水分沿着土壤—植物—大气这一连续系统运动提供了动力。根据"蒸腾流 – 内聚力 – 张力学说"，水分子内聚力远远大于木质部水柱上升所需的张力，换句话说，水的抗张强度足以避免木质部水柱在上升过程中被拉断，木质部中水柱的连续性是可以维持的。

植物叶通过光合作用形成的有机物是植物体全部生命活动的物质和能量基础，根、茎、叶、芽的生长以及幼果的发育都依赖于叶片的光合产物，因此从物质的合成部位到这些利用部位之间必然存在一个运输过程。光合作用的同化物主要是通过韧皮部向下运输的。从运输的方向看，首先遵循从"源"（source）到"库"（sink）的原则。所谓"源"就是产生同化物的器官或部位，"库"是指利用或贮藏同化物的器官或部位。其次，有机物的运输具有"同侧运输，就近供应"的特点，例如在成年植株中，上部成熟叶片制造的同化物优先满足茎尖的需要，下部叶片的同化物首先向根部运输，中部叶片则可以同时向上、向下输出同化物。但当植株进入生殖生长后，正在发育的果实几乎垄断了所有光合作用的产物，使植株的营养生长显著降低，这是因为果实的发育造就了植株中最具有竞争力的"库"。

有关韧皮部运输的机制，目前多用压力流动学说（pressure-flow hypothesis）加以解释。压力流动学说认为，同化物从源向库的运输是沿着由细胞渗透作用建立起来的膨压梯度进行的。在源端，叶肉细胞光合作用产生的蔗糖通过一种主动转运过程不断装载（loading）到叶脉末梢的筛管，它引起筛管细胞的水势下降，从而使随着蒸腾流到达叶片的水分通过渗透作用进入筛管，形成很大的压力势；另一方面，同化物在库端被卸出（unloading），用于生活细胞的呼吸作用或转化为不溶性的贮藏物质，因此库端的筛管维持较低的压力势和较高的水势，这样，筛管中的汁液就会沿着压力势降低的方向运动，从叶片到达根部，而水分从库端筛管中排除，进入木质部并在蒸腾流中再循环。

### 三、叶的结构和功能

植物的叶由叶片（blade）、叶柄（petiole）和托叶（stipule）三部分组成。叶片是叶的主要部分，多为绿色扁平状，叶片中分布有叶脉（vein），它们支持叶片伸展，同时负责输导水分和营养物质；叶柄是叶片基部的柄状部分，其上、下两端分别与叶片和茎相连，叶柄中通常有发达的机械组织和输导组织；托叶是着生于叶柄和茎连接处的小型叶状物，通常早落。叶片、叶柄和托叶的形态或有无因植物种类或环境条件变异极大：同时具有叶片、叶柄和托叶三部分的叶，通常称为完全叶（complete leaf），如梨（*Pyrus*）、桃（*Prunus*）、蔷薇（*Rosa*）等植物的叶；而缺乏其中任一部分者，都称为不完全叶（incomplete leaf），如白菜（*Brassica*）、丁香（*Syringa*）的叶无托叶，莴苣（*Lactuca*）、荠菜（*Capsella*）的叶无叶柄，台湾相思树（*Acacia confusa*）的叶既没有叶片，也没有托叶，仅有由叶柄扩展而成的叶状柄。根据叶柄上着生的叶片的数目可以把叶分为单叶和复叶，叶柄上只着生一个叶片的叶称为单叶（simple leaf），叶柄上着生 2 个及以上叶片的叶称为复叶（compound leaf）。

从结构上看，双子叶植物的叶片由表皮和叶肉（mesophyll）两部分组成（图 12-14）。表皮分为上表皮和下表皮，通常都由一层细胞构成，但少数植物叶的表皮由多层细胞构成，如夹竹桃（*Nerium indicum*），这种表皮称为复表皮。气孔在上、下表皮均有分布，但对陆生植物而言下表皮上的气孔更多一些，而水生植物叶片上的气孔仅限于上表皮，沉水植物的叶则完全缺乏气孔。有些旱生植物（如夹竹桃）的叶表皮上常形成特殊凹陷的气孔窝，气孔窝中有大量的表皮毛，气孔则位于气孔窝的底部，这样可以更有效地减少水分散失。双子叶植物叶表皮上的气孔通常是随机分布的，在成长的叶片上，往往既有成熟的气孔，也有尚处于发育中的未成熟的气孔。此外，在上、下叶表皮上通常还生有表皮毛，大量的表皮毛以及它们分泌的脂类物质可以有效地降低植物体叶表面的水分散失。

叶肉是叶片上、下表皮之间绿色细胞的总称，由含有多数叶绿体的薄壁细胞组成，是绿色植物光合作用的场所。在异面叶中，叶肉细胞明显地分为两部分：近上表皮的叶肉细胞排列整齐，细胞呈圆柱形，且长轴与叶片表面垂直，呈栅栏状，这些细胞组成栅栏组织（palisade tissue）；在栅栏组织与下表皮之间的叶肉细胞多呈不规则形状，排列疏松，细胞间隙发达，组成海绵组织（spongy tissue）。由于等面叶在外形上没有背、腹面的区别，内部叶肉组织也没有明显的栅栏组织和海绵组织的分化。

在叶肉中分布有大量的维管组织，它们构成了叶肉组织中的各级叶脉。叶脉的内部结构因其大

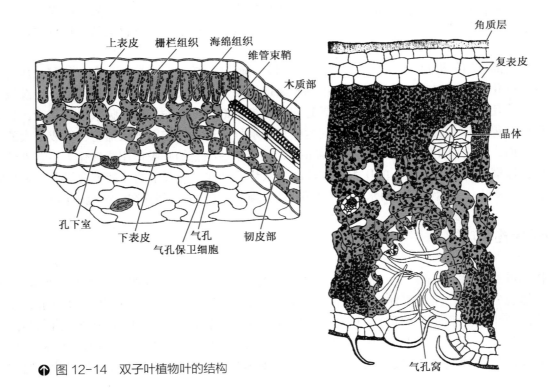

🔺 图 12-14　双子叶植物叶的结构

小而不同，中脉和大的侧脉由维管束和起机械作用的厚角细胞或厚壁细胞组成，木质部在近轴面，韧皮部在远轴面，两者之间有形成层，但其活动十分有限，厚角细胞和厚壁细胞多分布在维管束的上、下方，且下方较多。小叶脉的结构比较简单，表现为木质部和韧皮部的组成分子减少，形成层不复存在，厚角细胞或厚壁细胞减少甚至完全缺乏。叶脉末梢一般只有短的管胞、筛管分子和增大的伴胞。近年来的许多研究都已证实，在小叶脉的附近有特化的传递细胞，它可由韧皮薄壁细胞、伴胞、木薄壁细胞或维管束鞘细胞发育形成，它与叶片中物质的短距离运输有关。叶肉细胞的维管束很少暴露在叶肉细胞的细胞间隙中，大的叶脉通常被一些含叶绿体较少的薄壁细胞包围，小叶脉则由一层或几层细胞构成的维管束鞘包围，维管束鞘一直延伸到小叶脉的末梢，因此其功能可能与根中内皮层的作用相似。

　　单子叶植物的叶无论在外部形态还是内部结构上都存在许多不同的类型，并与双子叶植物叶的结构存在一些显著的区别。禾本科植物的叶表皮细胞排列整齐，通常是一个长形的表皮细胞与两个短细胞（即一个硅质细胞和一个栓质细胞）交互排列（图 12-15），偶见多个短细胞聚集在一起。表皮上的气孔一般呈纵行排列，上、下表皮均有，气孔保卫细胞呈哑铃形，其外侧各有一个副卫细胞。禾本科植物叶表皮结构的另一特点是含有一些大型的含水细胞，称为泡状细胞（bulliform cell）或运动细胞（motor cell），它们的液泡大，较少或没有叶绿素，径向壁薄，外壁较厚，在横切面上呈扇形。这些细胞往往位于两个维管束之间的部位，一般认为泡状细胞与叶片的卷曲和开张有关。

　　禾本科植物的叶是等面叶，叶肉没有栅栏组织和海绵组织的分化，除气孔内方有由较大细胞间隙构成的孔下室外，叶肉内的细胞间隙都比较小。叶内的维管束一般平行排列，维管束外围有由 1~2 层细胞构成的维管束鞘，维管束与表皮之间通常有发达的纤维细胞，较大的维管束甚至被纤维细胞所包围。禾本科有些植物（如甘蔗、玉米、高粱等）属于 C$_4$ 植物，它们的维管束鞘与叶肉细胞常形成特殊的"花环式"结构，即发达的维管束鞘外侧紧密毗连着一圈叶肉细胞，C$_4$ 植物叶片的这种结构特征与它们的高光合作用效率有关。

　　叶不仅是植物进行光合作用的主要器官，还是进行蒸腾作用的主要器官。植物的蒸腾作用主要有两种方式，一是通过角质层蒸腾，二是通过气孔进行蒸腾。对多数植物而言，气孔蒸腾是主要的蒸腾途径。植物叶表面气孔很多，据测算，烟草（*Nicotiana tabacum*）每平方厘米叶表面约有 12 000 个气孔，气孔与孔下室相连，来自叶肉细胞的水分蒸发使孔下室为水蒸气所饱和，当气孔开放时，水

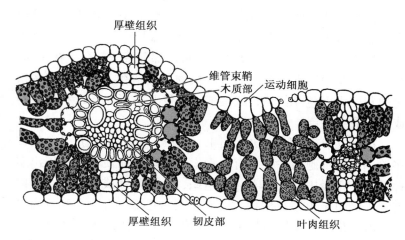
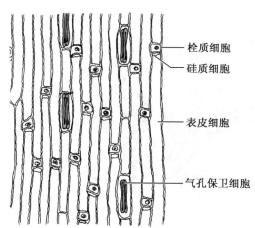

⬆ 图 12-15　小麦叶横切面（左）及叶表皮（右）

蒸气便扩散进入大气。气孔保卫细胞压力势的变化决定着气孔的开关。当保卫细胞大量积累溶质时，其水势明显下降，于是水分从周围表皮细胞通过渗透运动进入保卫细胞，使保卫细胞产生强大的压力势，细胞膨胀，气孔张开；相反，气孔关闭是保卫细胞丧失压力势的结果。很多环境因子都会影响气孔的开关，例如在水分短缺的环境中，植物会因缺水导致叶片膨压降低，当低至某一临界值时，气孔的开度立即变小。但并不是所有的气孔运动都与水分的供应有关，例如有些植物的气孔总是上午张开、夜晚关闭，即使植物体可利用水的量没有发生任何改变，保卫细胞这种有规律的运动也会发生。值得注意的是，自然界也有一些植物（如景天属植物）为适应干旱的生活环境，它们的气孔常常白天关闭、晚上张开，即晚上吸收二氧化碳并转化为有机酸暂时贮藏起来，白天将二氧化碳从有机酸中释放出来，用于光合作用。因此，气孔的张合有其适应意义。除气孔（如气孔的开关、气孔的密度等）外，蒸腾作用还受一些环境因素（如温度、湿度等）的显著影响：温度每升高 $10\,^{\circ}\mathrm{C}$，水蒸发的速率可提高一倍；空气湿度的增加则可以明显地降低植物的蒸腾作用。

## 第三节　植物的生殖器官

　　植物经历一定时期的营养生长后，茎端分生组织就不再形成叶原基或腋芽原基，转而形成花原基或花序原基，并逐步发育形成花、果实和种子等生殖器官。

### 一、花的形态和结构

　　花是被子植物繁殖的主要器官，一朵完整的花由五部分组成，即花梗（pedicel）、花托（receptacle）、花被（perianth）、雄蕊群（androecium）和雌蕊群（gynoecium）（图 12-16）。
　　**花梗**　花梗是着生花的小枝，也是花与茎联系的桥梁。不同植物花梗的长短不一，有的甚至没有花梗。
　　**花托**　花托是花梗的顶端部分，是花被、雄蕊群和雌蕊群着生的位置。不同植物花托的形态变化很大，例如，桃的花托呈杯状，莲（*Nelumbo nucifera*）的花托呈倒圆锥形，而草莓（*Fragaria ananassa*）的花托则呈圆锥形，并且肉质化。
　　**花被**　花被是着生在花托外围或边缘的扁平状瓣片，花被因其形态和作用的不同，分为内外两轮，外轮称为花萼（calyx），内轮称为花冠（corolla）。

　　花萼由若干萼片（sepal）组成，一般为绿色叶状。花萼通常一轮，少数 2 轮，如有 2 轮，外轮称副萼（epicalyx）。组成花萼的萼片可能是各自分离的，也可能部分或全部合生在一起。开花后，花萼通常脱落，但有些植物花萼宿存。此外，有些植物的花萼大而色泽鲜艳，或变成冠毛等其它形状，以利于传粉或散布果实。

　　花冠位于花萼的上方或内侧，由花瓣（petal）组成，一轮或多轮。花瓣细胞内往往含有花青素或有色体而使花瓣呈现出多种颜色；花瓣中还常具有分泌组织，分泌蜜汁或挥发油类，以有利于吸引昆虫进行传粉。组成花冠的花瓣亦有联合和分离之分，由于花瓣的形态和排列方式多种多样，因而形成了不同形态的花冠，如十字形、蝶形、漏斗形、钟形、筒状或舌状花冠等。

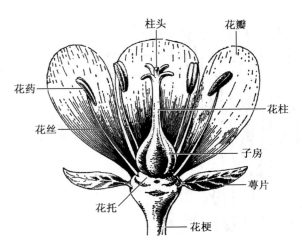

柱头　　花瓣
花药
花丝　　　　花柱
　　　　　　子房
　　　　　　萼片
花托
　　　　　花梗

● 图 12-16　花的结构

一朵花如果同时具有花萼和花冠，称为二被花（double perianth flower）；仅有花萼、没有花冠或者花萼、花冠分化不明显的花，称为单被花（simple perianth flower）；有些植物（如杨 *Populus*、柳 *Salix*）的花既没有花萼，也没有花冠，这种花称为无被花（naked flower）。

**雄蕊群** 雄蕊群是一朵花中雄蕊（stamen）的总称，它位于花被的内侧，在花托上螺旋状或轮状排列，也有些植物雄蕊的基部与花冠或花被愈合。一个雄蕊由花丝（filament）和花药（anther）两部分组成。花药是雄蕊的主要部分，花药中的花粉母细胞通过减数分裂形成花粉粒（pollen grain），即雄配子体，包含一个较大的营养细胞（vegetative cell）和 2 个精子。花粉粒成熟时，通常有 2 层壁，内壁（intine）主要由果胶质和纤维素组成，外壁（extine）含有脂类物质和色素。花粉外壁的形态多种多样，或光滑、或具有各种花纹，其结构也因植物种类而异。此外，花粉的外壁上还有萌发孔（germ pore）或萌发沟（germ furrow），实际就是花粉粒壁上缺乏外壁的区域，花粉萌发时，花粉管由这里向外突出生长。

**雌蕊群** 雌蕊群是一朵花中雌蕊（pistil）的总称，它着生于花的中央。雌蕊是由心皮（carpel）构成的，心皮是一个变态的叶，是构成雌蕊的基本单位。有些植物一朵花中的雌蕊只由一个心皮构成，称单雌蕊（simple pistil）；多数植物花的雌蕊由多心皮构成，其中有些植物的心皮彼此分离，形成离生雌蕊（apocarpous pistil），而另一些植物的心皮彼此联合，组成合生雌蕊（syncarpous pistil）（或称复雌蕊 compound pistil），合生雌蕊的各部分往往存在着不同形式的联合。

雌蕊通常由柱头（stigma）、花柱（style）和子房（ovary）三部分组成。柱头是雌蕊的顶端，是接受花粉的地方，柱头表皮细胞可为乳突状、短毛状或呈长形分支状。花柱是连接柱头和子房的部分，也是花粉管进入子房的通道，花柱多细长，偶有短而不明显的，花柱中央可为中空的花柱道，也可为特殊的引导组织（transmitting tissue）或薄壁细胞填充。子房是雌蕊基部膨大的部分，由子房壁（ovary wall）、胎座（placenta）和胚珠（ovule）三部分组成，这是雌蕊最主要的部分，它的形状和大小因植物而异。单雌蕊子房内仅有一室（locule），复雌蕊的子房可由多个心皮合为一室或数室；每个心皮有一条较大的中央维管束沿心皮的背缝线（dorsal suture）分布，另有 2 条侧生维管束分布在心皮的边缘，即腹缝线（ventral suture）处；子房中的胚珠通过胎座着生在腹缝线上。

雌配子体发育主要在胚珠中进行。胚珠由珠柄（funicle）、珠心（nucellus）、珠被（integument）和珠孔（micropyle）几部分组成，珠心中央是胚囊（embryo sac），珠心基部与珠被汇合的部位称为合点（chalaza）。在胚珠发育过程中，胚囊母细胞（embryo sac mother cell）（又称大孢子母细胞）进行减数分裂，形成大孢子，由大孢子发育成胚囊。成熟胚囊（即雌配子体）通常由一个卵细胞（egg cell）、2 个助细胞（synergid）、3 个反足细胞（antipodal cell）和一个含 2 个极核（pollar nuclei）的中央细胞组成（图 12-17）。

被子植物种类很多，不同植物花的形态和结构差异很大，比如禾本科植物花的形态结构就非常特殊，以小麦（*Triticum*

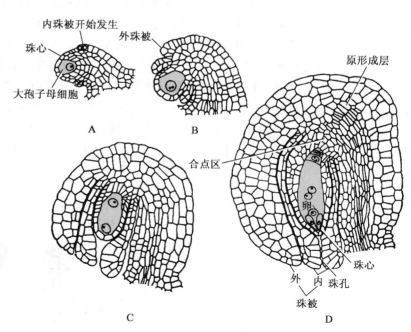

⬆ 图 12-17 胚珠的发育

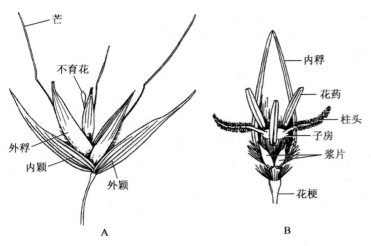

⬆ 图 12-18　小麦小穗（A）和花的结构（B）

*aestivum*）为例。小麦的麦穗是一个复穗状花序，穗的主轴上着生多数小穗，每一小穗基部有 2 片硬片，称为颖片（glume），颖片内有几朵花，通常只有基部的 2~3 朵花能正常发育结实，称为能育花（fertile flower）。能育花的外面包裹着 2 个鳞片状的结构，分别称为外稃（lemma）和内稃（palea）。外稃中脉显著，常延长成芒（awn）；内稃内侧基部有 2 个小囊状突起，称为浆片（lodicule）。花的中央有 3 个雄蕊和 1 个雌蕊，雌蕊柱头二裂，呈羽毛状，子房一室（图 12-18）。开花时，浆片膨胀，使内、外稃张开，花药和柱头露出花外。通常小穗上部的花只有内、外稃，没有雄蕊和雌蕊，称为不育花（sterile flower）。

## 二、种子的结构

　　成熟的种子由胚（embryo）、胚乳（endosperm）和种皮（seed coat）三部分组成。

　　当花粉发育成熟并通过传粉媒介落到雌蕊的柱头上后，花粉粒会很快萌发产生花粉管，将精子运送到胚囊。精子被释放后，一个精子与卵核融合，形成二倍体的合子；另一个精子则与 2 个极核融合，产生三倍体的胚乳核，完成双受精（double fertilization）过程。

　　胚的发育从合子开始。合子第一次分裂多为横分裂，而且不对称，因而形成 2 个大小不等的极性细胞：近珠孔端为基细胞（basal cell），体积较大，具有大液泡，细胞质稀少；近合点端为顶端细胞（apical cell），体积相对较小，但却富含细胞质。基细胞和顶端细胞组成了二细胞原胚；以后，顶端细胞经过多次分裂发育成胚体，而基细胞发育成胚柄。从二细胞原胚开始，直至器官分化之前的胚胎发育阶段都称为原胚时期。在从原胚发育成辐射对称的球形胚的过程中，不发生明显的器官分化，唯一的组织分化就是形成了原表皮层，也就是未来的表皮组织。从球形胚发育成心形胚是一个重要转折，因为在这一过程中，胚胎一方面建立了自身的极性，即在靠近胚柄的一端形成胚根原基，而在远离胚柄的一端形成子叶原基，另一方面由于 2 个子叶的形成，胚胎也完成了由辐射对称向两侧对称的转变。鱼雷形胚的特点是胚胎自主性的建立，这时的胚柄已基本失去功能而开始退化，胚的表皮细胞开始特化，形成具有吸收功能的结构。到成熟胚阶段，胚胎的形态发生基本完成，开始转入贮藏物质的积累，在这个过程中，胚胎的干重和体积都迅速增加（图 12-19）。

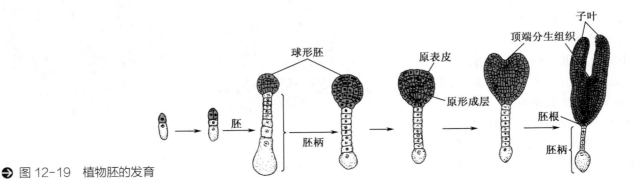

⬇ 图 12-19　植物胚的发育

　　被子植物的胚乳是由胚乳母细胞（受精以后的中央细胞）分裂和分化而形成的一种由多倍体细胞构成的组织。根据发育方式的不同可以把胚乳分成三种类型，即核型（nuclear type）胚乳、细胞型（cellular type）胚乳和沼生目型（helobial type）胚乳，其中以核型胚乳最为普遍。核型胚乳发育时，每次核分裂后，并不接着进行胞质分裂，因此形成了一个具有多数游离核的胚乳；当核分裂到一定阶段时，在游离核之间形成细胞壁。有些植物的胚乳游离核全部转化为细胞，有的只在胚囊周围形成 1～2 层细胞或仅在珠孔端形成细胞，少数植物完全不形成细胞。胚乳是一种贮藏组织，有些植物的胚乳在胚发育时即被吸收掉，因此种子成熟时已无胚乳存在，这种种子称为无胚乳种子；但也有些植物种子中的胚乳在种子萌发时才为胚利用，因此在未萌发的成熟种子中保留有胚乳，这类种子称为有胚乳种子。此外，有些植物种子成熟时，珠心组织始终存在并发育成类似胚乳的贮藏组织，称为外胚乳（perisperm）。

　　随着胚和胚乳的发育，珠被进一步发育而形成种皮。单珠被发育的种皮只有一层，双珠被通常发育成内、外两层种皮；但在许多植物中，珠被的一部分在胚发育过程中被胚吸收，因而只有一部分珠被细胞发育成种皮。成熟种子的种皮外层常分化为厚壁细胞，内层为薄壁细胞，中间各层为纤维、石细胞或薄壁细胞。有些植物种皮的表皮上有附属物，如柳、棉（*Gossypium* sp.）种皮上的表皮毛。此外，有些植物的珠柄或胎座发育成包围种子的结构，称假种皮（aril），如荔枝（*Litchi chinensis*）、龙眼（*Dimocarpus longan*）等。

### 三、被子植物果实的形态与结构

　　果实是由子房发育形成的，由果皮（pericarp）和包含在果皮内的种子组成。果皮可分成三层，即内果皮（endocarp）、中果皮（mesocarp）和外果皮（exocarp）。果皮的结构、色泽以及各层的发达程度，因植物种类而异。通常根据果皮是否肉质化将果实分为肉果和干果两大类，每一类又包含许多不同的类型。

　　多数植物的果实仅由子房发育而成，这种果实称为真果（true fruit）；但有些植物的果实除子房外，尚有花托、花萼或花序轴等其他部分参与形成，这种果实称为假果（spurious fruit），如梨、苹果（*Malus pumila*）等。此外，由一朵花中的单雌蕊发育成的果实称为单果（simple fruit），而由一朵花中的多数离生雌蕊发育成的果实称为聚合果（aggregate fruit），如莲、草莓等；由一个花序发育形成的果实称为聚花果（collective fruit），如桑（*Morus* sp.）、凤梨（*Ananas* sp.）等。

### 📝 小结

　　被子植物的一生是由多个不同的发育阶段组成的，包括营养体的生长、开花、传粉、受精、胚胎发育，直至形成成熟的果实和种子。植物的营养生长包括初生生长和次生生长：初生生长主要基于顶端分生组织的活动，表现为根、茎的延长并产生分支；次生生长是侧生分生组织活动的结果，表现为根和茎的加粗生长。花是被子植物的主要繁殖器官，花粉通过不同的传粉媒介落到雌蕊的柱头上后，萌发产生花粉管，释放出 2 个精子分别与卵细胞以及 2 个极核配合，完成双受精过程。合子发育成胚，伴随胚乳、珠被和子房的进一步发育形成种子和果实。

### 🗎 思考题

　　1. 植物的组织分哪几种类型？
　　2. 双子叶植物茎尖的构造与根尖的构造有什么不同？

3. 什么是形成层，形成层产生的次生结构与初生结构有哪些区别？

4. 双子叶植物与单子叶植物的叶片结构有哪些不同？

5. 一朵完整的花是由哪些部分构成的，它们各自的作用是什么？

## 💻 相关教学视频

1. 植物器官的形态、结构与功能——根

2. 植物器官的形态、结构与功能——茎

3. 植物器官的形态、结构与功能——叶

4. 双受精

（杨继）

# 第十三章

# 动物的结构与功能

　　动物是一种具有运动能力的、没有细胞壁的多细胞异养生物。它种类繁多，结构多样，似乎不存在普适结构的庞杂体系。本章节并不致力于百科全书式的全景介绍，而是以人的生理学为蓝本，与某些特定动物对比，目的在于以生物进化论的核心观点（种群的生存）为约束条件，阐述为适应特定生存环境，动物需要具备哪些核心功能，这些功能又是如何以特定的构造来实现的。特别指出的是，与纯粹的数理科学不同，生物体面对的是一个开放且多变的环境，因此其功能与构造的"求解"也是开放解，多种解决方案间难以界定孰优孰劣。随着环境突变，原本的非最优解也许会脱颖而出，成为该种群生存的制胜法宝。当然，这并不意味着其结构不够精密，恰恰相反，动物体的每个结构都是利用有限能量与资源来优化功能配置的典范，有限资源－强大功能这一对矛盾体在种族生存的"裁决"下，实现了微妙的平衡。这是本章学习的主线。

　　从动物的特殊性出发，作为一种异养生物，其能量主要从其他生物摄取，运动能力至关重要（但强的运动能力又需要更多的能量），因此，绝大多数动物都具有能进行快速、准确信息传递的神经系统（同时保留慢速、弥散的内分泌系统）来控制强大的运动系统，并统领全身。此外，作为异养生物，外源性的食物需要从口而入，进行消化并排泄。因此，相对于植物，动物的神经、运动、消化系统有其独到性，而循环、呼吸、排泄、内分泌、生殖系统则有适配性的改造。在学习过程中，不妨随时设问：植物有类似功能结构吗？为什么？其他动物的功能结构或者已知的人造机器能作为替代吗？为什么？

## 第一节　动物体的结构与功能相适应

### 一、动物中环境 - 功能 - 结构的适应

　　生存环境限制着动物的功能发展，而功能的实现有赖于生理结构的适应。多数鸟类的生存环境主要在天空，飞行功能与其生存息息相关，因此在生理构造上有了诸多适应，与生活于陆地、依赖行走与双手功能的人类相比，其在结构上有显著不同。例如，鸟类羽毛间充盈着空气且本身轻盈，使翅膀变得更加宽大，却并不给身体增加过多的重量；同时，羽毛因表面轻覆一层油脂而保持干燥，能避免蘸水后的沉重。羽毛的功能源于其独特的结构。羽毛由鸟类皮肤上的特殊小孔（pit）产生，并完全由非生命物质组成，主要成分是角蛋白。一片飞行的羽毛（图 13-1），有一个空的角蛋白轴（hollow keratin shaft），它以最轻的重量提供树干般的支撑。称为小羽枝（barb）的扁平小杆（rod）从轴的两旁延伸形成羽毛的翼，更细的羽纤枝（barbules）又从小羽枝的两侧延伸，每根羽纤枝上长有细小钩，通过这些细小钩便使相邻的羽纤枝相互联结。所有的羽纤枝联结在一起，羽毛便具有独特的形状和支持飞行所需要的刚性。如果羽纤枝相互分离，羽毛的这些特性就会丧失，鸟的飞行能力也因此下降。鸟类梳理羽毛时，以喙划拨羽毛使羽纤枝以拉链形重新联结。人类虽有翱翔蓝天之志，却并非生存必需，翅膀和羽毛在日常生活中反而成为累赘，故偶尔使用人造的飞行装置。

　　鸟类的肌肉和骨骼同样显示了结构和功能之间的关系。飞行时，肌肉提供力量，骨骼提供支撑。与飞行相关的肌肉位于胸部及翅膀周围，可使大部分的重量远离翅膀，同时帮助鸟类维持飞行过程中的平衡。而人类作为陆生直立行走的生物，腿部的骨骼和肌肉是重心，胸部的发达程度退居其次。

　　鸟类翅膀中的骨骼与人类手臂的骨骼同源，但翅骨的数量在进化的过程中减少了。鸟类中只有三根指骨（图 13-1），且只有中间一根（指 2）拥有一套完整的骨骼。鸟类的腕骨和掌骨也比我们的少。这种适应性变化可以使翅膀更轻，但不如人类的腕和掌那么灵活。较低的灵活性使翅膀更稳健，它可作为一套飞行单元（unit）行使功能；而人类腕掌的灵活性则处于优先保障地位。骨头剖面照片显示了鸟类骨骼的另一个显著的适应性变化。许多骨头呈中空状，但通过和机翼相似的构架使内部再次得到加固。这样的结构以最小的自重提供了最大的力量，是飞行的理想组合。而人类骨骼则更

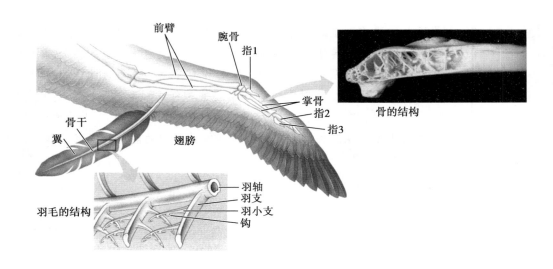

**➲ 图 13-1　鸟类的羽毛**

为致密，以支撑陆地环境下的自身重力。

在生物界的万千变化中，生存环境 – 功能 – 结构之间的紧密适应是包括动物在内的生物体中普遍存在的核心准则。

## 二、结构上有层次之分的功能涌现

作为多细胞生物，动物的功能并非每个细胞功能的简单叠加，而依赖于多个细胞在组合过程中崭新特性的突然涌现（emergence）。生物界是一个多层次的有序结构，动物结构也有层次之分，涌现可以出现在层次内，而更多地出现于向高一级层次的整合中。

图 13-2 显示了斑马的结构层次。首先，图 13-2A 表示斑马心脏的一个心肌细胞，其主要功能是受刺激后产生横向的收缩。第二级，由于单个细胞的收缩力不足，需要一群细胞收缩，这就需要它们彼此相连，因此每个肌细胞都有分支，从而提供了与其他细胞间更多的联结，以确保整个心脏心肌细胞的收缩力的汇总，数以万计的此种细胞构成了心肌组织（图 13-2B），而心肌组织是心脏壁的主要成分。第三级，心肌组织中各个细胞的收缩如果不同步，力就会相互抵消，神经组织介入以进行精准控制（"发令兵"）；同时，一团心肌组织需要构造一定的形状，并有中空结构，才能发挥血液循环泵的作用，这需要结缔组织和上皮组织的加入。图 13-2C 显示的是心脏，表示器官水平的阶层。作为一个器官，心脏由数种组织组成，包括肌肉组织、神经组织、结缔组织和上皮组织。第四级，心脏这一器官，连同血管（包括动脉、静脉和毛细血管）以及流淌其中的血液，紧密结合在一起，使血液循环系统行使运送血液至全身的功能。图 13-2D 表示循环系统，心脏是其中的一部分。最终，图 13-2E 中，斑马个体就是这一系列结构阶层的最高阶层——生物体，在此为一个大型哺乳动物。完整的动物体由数个器官系统组成，每个系统都有特定的功能，有机结合发挥个体的机能。我们由此可以看到，在每个层级，不同组成部分的有序结合产生了崭新的功能特性。涌现是生理学中的基本特性，也在生命科学、自然科学、人文科学中普遍存在。

本书前一部分已经对细胞进行了系统介绍，干细胞在不断分化过程中逐渐特化，形成了种类繁多、数量庞大的特化细胞，绝大多数特化细胞虽然有全套的 DNA 密码，但只表达有限基因，呈现特定结构，执行特定功能。我们在本章节将介绍组织、器官与系统，由于单个器官种类很多，我们将它们与系统结合在一起进行介绍。

## 三、动物的组织

组织（tissue）由许多行使特定功能的相似细胞组成。包括哺乳动物在内的多细胞生物中，大部分细胞都形成组织。组成某种组织的细胞是特化的，这些细胞有行使特定功能的独特结构。如我们在前面提及的，每个心肌细胞都有几束可收缩的蛋白质和连接到数个其他心肌细胞的分支。这些分支有助于心肌细胞同步收缩。

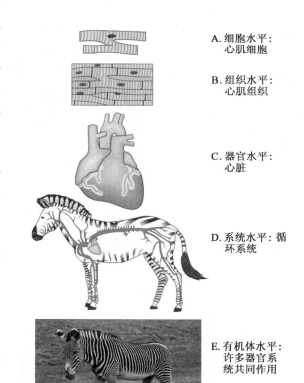

A. 细胞水平：
心肌细胞

B. 组织水平：
心肌组织

C. 器官水平：
心脏

D. 系统水平：循环系统

E. 有机体水平：许多器官系统共同作用

⬆ 图 13-2 斑马的结构层次

组织一词是由一个意为编织（weave）的拉丁词语演变而来，有一些组织正如编制服饰一样，由网状的**非活性纤维**（nonliving fiber）包围活细胞构成。其它组织被包覆在细胞外的黏胶或相邻质膜间的特殊连接物所聚集。动物有四种主要组织：上皮组织、结缔组织、肌肉组织和神经组织。下面的章节中将分别介绍（在学习时请思考，如果机体没有该组织会如何？该组织的主要功能是什么？为什么是这种形态？）。

### 1. 上皮组织

**上皮组织**（epidermis tissue），也称上皮，是包覆在身体表面或排布在内脏器官及腔体表面的紧密层状排列的细胞。我们皮肤最外层的表皮就是一个例子。其他的上皮组织广泛分布在肺的气管和肺泡、肾小管及包括食道、胃、肠在内的消化道上。上皮的"游离"面形成了这些通道的实际表面，而另一面则通过基膜锚定在下层组织上。**基膜**（basement membrane）是一层由纤维蛋白和黏多糖组成的浓密粗糙的细胞外基质（这种膜不是一种磷脂双分子层）。这层紧密的编织状细胞和基膜共同组成一道屏障，在某些情况下，一些通道或有孔器官也会作为下层组织与气体或液体物质交换的表面。

上皮组织的命名主要根据它们具有的细胞层数和组织中多数细胞的形状而定。**单层上皮**（simple epithelium）有一层细胞，而**复层上皮**（stratified epithelium）则有几层细胞。细胞的形状有鳞片形（似地砖）、立方形（似骰子）或柱形（似砖块末端）。图 13-3 中的 A、B、C 分别为上述三种细胞形状的单层上皮图例，图 13-3D 显示了鳞状复层上皮。每张图例中粉色代表的是上皮细胞。

每种上皮的结构都与其功能相符。与鳞状复层上皮接触的细胞快速分化以更替鳞状复层上皮细胞，随着老细胞的脱落，新细胞向游离面移动。鳞状复层上皮非常适于作为易磨损处的表层和管道

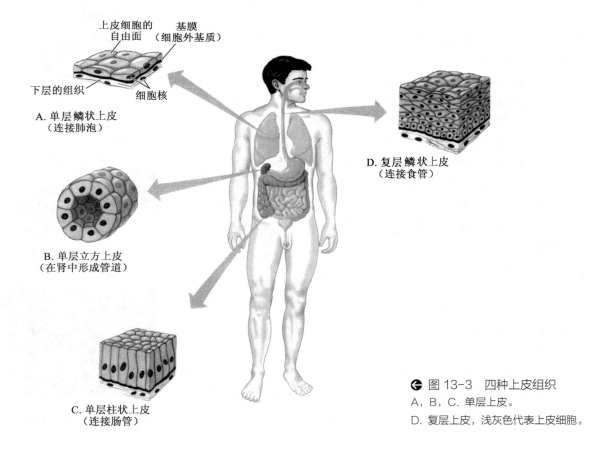

A. 单层鳞状上皮
（连接肺泡）

上皮细胞的自由面    基膜（细胞外基质）

下层的组织    细胞核

B. 单层立方上皮
（在肾中形成管道）

C. 单层柱状上皮
（连接肠管）

D. 复层鳞状上皮
（连接食管）

⊖ 图 13-3    四种上皮组织
A，B，C. 单层上皮。
D. 复层上皮，浅灰色代表上皮细胞。

的表面，如易被粗糙食物磨损的食道。我们的表皮也是鳞状复层上皮，其游离面是一层厚厚的死细胞。与之相比，单层鳞状上皮薄而脆弱，适于通过扩散方式进行物质交换，毛细血管和肺部的**气囊**（air sac）都分布有这种上皮。

立方上皮和柱状上皮都有含胞质相对较多的细胞，分泌物可由此产生。排布于消化道和肺部气管的这类细胞形成黏膜（mucous membrane）。它们能分泌一种黏稠状的液体——黏液，可润滑器官表面使之保持湿润。气管黏膜通过分泌物黏附尘埃、花粉和其他颗粒以使我们的肺部保持清洁。然后黏膜上的纤毛通过摆动将黏液所黏附的物质沿着呼吸道往上清除并最终排出体外。

2. **结缔组织**

不同于上皮组织，**结缔组织**（connective tissue）由松散分布在细胞外基质中的细胞组成，它们连接、支持其他组织。结缔组织中的细胞产生并分泌基质，这种基质通常是被包埋在液体、胶质或固体中的网状纤维。

结缔组织共有 6 种。人体中最常见的种类是**疏松结缔组织**（loose connective tissue）（图 13-4A），其基质由疏松的纤维交织而成。许多纤维都由强韧的绳状胶原蛋白组成。疏松结缔组织主要作为连接和包装材料，使组织和器官固定在相应位置。图中显示了紧靠皮肤的疏松结缔组织，它有连结皮肤与其下肌肉的作用。

**脂肪组织**（adipose tissue）（图 13-4B）是含有大量脂肪细胞的结缔组织，主要分布在皮下、网膜和系膜、心外膜等处，在大而紧密排列的脂肪细胞之间，有疏松结缔组织分隔成许多小叶。脂肪组织对身体起到衬垫、隔热及储存能量的作用。每个脂肪细胞中都含有一大滴脂肪，当细胞储存脂肪时会膨大，而脂肪作为能量被消耗时就缩小。

**血液**（blood）（图 13-4C）是一种含液体基质的结缔组织。血液的基质称为血浆，由水、盐和可溶性蛋白质组成。红细胞和白细胞悬浮于血浆中。血液的作用主要是将物质由身体某处运送至另一处，此外血液还有免疫的功能。

其余三种结缔组织有着致密的基质。**纤维结缔组织**（fibrous connective tissue）（图 13-4D）的基

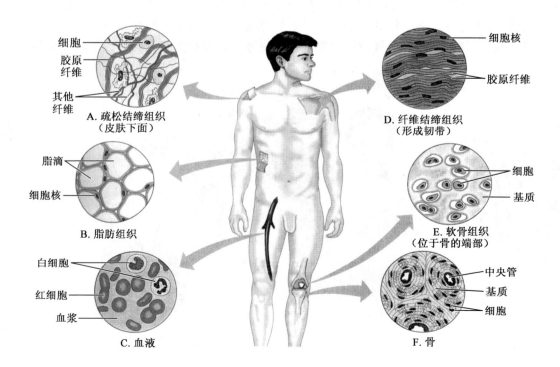

图 13-4　六种结缔组织

质由致密平行排列的胶原纤维组成。此组织形成连接肌肉和骨头的肌腱，以及将骨头连接在一起的韧带。**软骨组织**（cartilage）（图 13-4E）是一种强韧但可弯曲的骨骼状结缔组织，其基质由大量包埋在弹性物质中的胶原纤维组成。软骨通常环绕在骨末端，形成光滑、可弯曲的表面，同时起着支撑耳鼻、形成脊椎骨间椎间盘的作用。**骨**（bone）（图 13-4F）是一种坚硬的支持性结缔组织，其基质由胶原纤维包埋在钙盐中形成。这种组合使骨坚而不脆，骨中含有许多重复的环形基质单元，每一单元的中央髓腔有血管和神经穿行，它们服务于骨细胞。与其他组织相同，骨中也含有活细胞，因此骨能伴随动物一起成长。

### 3. 肌肉组织

**肌肉组织**（muscle tissue）由成束的称为肌纤维的长梭形细胞组成，是大多数动物体内数量最多的组织。人类及其他所有脊椎动物都有三种肌肉组织：骨骼肌、心肌和平滑肌。

**骨骼肌**（skeletal muscle）由肌腱－束状纤维组织与骨相连。由于动物通常能随意收缩骨骼肌，因此它们又称为随意肌。如图 13-5A 所示，一根骨骼肌纤维由许多明暗带相间的肌原纤维组成。这些明暗带使肌细胞在显微镜下显现出条纹，它们也是肌肉收缩的结构与功能单位。成年人的骨骼肌细胞数量相对固定。锻炼并不能增加肌细胞的数量，而仅仅使现有的肌细胞增大。

**心肌**（cardiac muscle）（图 13-5B）形成了心脏的收缩性组织。它与骨骼肌一样具横纹，但不同的是，心肌细胞具分支。而且其细胞的末端紧密交织在一起，形成了心搏过程中传递细胞与细胞间收缩信号的连接结构。

**平滑肌**（smooth muscle）（图 13-5C）得名于其光滑无条纹。在消化道、膀胱、动脉和其他内脏器官壁上都分布有这种肌肉。平滑肌细胞（纤维）呈纺锤形，它们比骨骼肌的收缩慢得多，但是它们能够持续收缩更长时间。

平滑肌和心肌与骨骼肌相反，它们往往不受意志控制。我们能决定用骨骼肌前行或举手，但使胃部蠕动的平滑肌及泵出血液的心肌，却不受我们的意志控制。

### 4. 神经组织

动物的生存取决于动物对外部刺激的正确反应。**神经组织**（nervous tissue）将信息以神经信号的形式传递，形成了能够迅速完成此项工作的网络。神经系统感受刺激，决定并指导反应，使身体作为一个有机整体行使功能。其中长距离信号传输主要依赖电信号，而神经细胞之间的通信较多依赖化学信号。

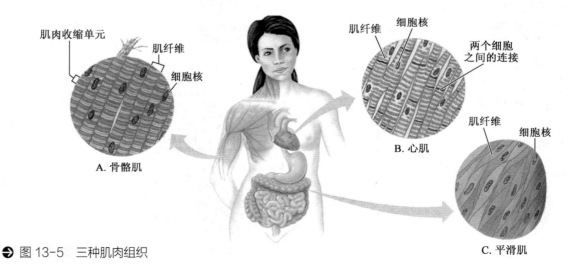

**➔ 图 13-5   三种肌肉组织**

神经组织包括**神经元**（neuron）和**神经胶质细胞**（glia cell）。神经元特化而专门传递神经信号（图13-6），经典神经元有一个胞体（含细胞核）和许多细长的分支。其中一类分支为树突（dendrite），通常接受信号传递至胞体；而另一类称为轴突（axon），它们往往将信号由胞体传出至另一神经元。有些轴突，如我们脊髓中支配脚趾运动的神经元，可以长达一米甚至更长，堪称人体最长细胞。因此神经元兼具接受其他神经元的输入信号（树突）、整合计算（胞体）、远距离输出信号（轴突）的功能，是神经运算的基本单元。

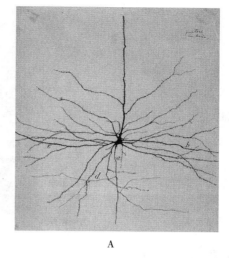
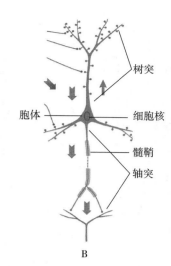

↑ 图13-6 Cajal手绘的神经元（A）与锥体神经元示意图（B）

然而，在人体中，神经胶质细胞的数量远超神经元。作为一类辅助性细胞，它发挥着营养、粘连、支持、保护、调控信息传递等诸多作用。例如，图13-6B中的神经元轴突外侧包绕着起到绝缘、保护作用的髓鞘结构，在外周神经系统中就是一类特化的神经胶质细胞——施旺细胞；在急性脑损伤位点，会迅速聚集起移动而来的小胶质细胞，进行损伤修复和部分免疫应答反应；在神经元之间释放的某些神经递质，会被紧紧包绕它们的星形胶质细胞的伪足快速回收并再次利用，其效率可以间接调控神经元之间的信号传递效能。因此，脱离神经胶质细胞的神经元就好像"无土之木"，它们必须协调工作，方能发挥神经组织的功能。

## 四、器官和系统

### 1. 器官由几种组织组成

事实上，除了身体结构极简单的海绵和一些腔肠动物外，所有动物都具有器官。**器官**（organ；apparatus）由几种组织相互协调组成并作为一个整体行使特定功能。例如心脏，虽然大部分是肌肉组织，但也有上皮组织、结缔组织和神经组织。上皮组织排布在心室以防渗漏，同时提供一个平滑的表面，使血液流经时摩擦力极小；结缔组织赋予心脏弹性以及强韧的心壁和瓣膜；神经元则指导心脏的节律性收缩。

小肠主要由三种组织组成（图13-7），它们排列成多层。小肠的内腔——肠腔，由厚厚的、分泌黏液和消化液的柱状上皮细胞排列而成（上皮细胞弯曲形成指状突起，使表面积增加）。环绕此层的是含有神经和血管的结缔组织区域，负责在消化道中运输食物的两层平滑肌（以不同方向排列）环绕着这层结缔组织，位于下面的一层平滑肌又由另一层结缔组织包围。

器官具有比组成它的组织更高水平的结构，它的功能无法由其中的一种组织单独实现，这些功能依靠组织间的协同作用完成。协同作用是动物所有结构阶层的基本特征。

### 2. 身体是器官系统的合作体

比器官更高的组织阶层称为**系统**（system），系统由协同工作并行使机体重要功能的几个器官组成。脊椎动物有12个主要的系统，它们各司其职，协同工作。以人为例，为了群体的生存，生殖系统完成繁衍后代的功能必不可少。而繁衍后代的基础是个体的生存，个体生存需要能量，主要能量

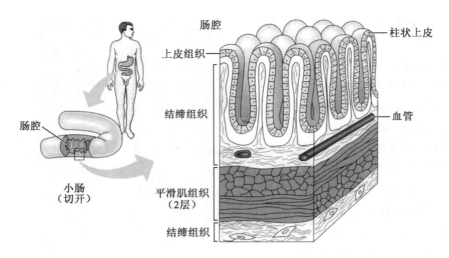

肠腔

上皮组织

结缔组织

平滑肌组织
（2层）

结缔组织

肠腔

小肠
（切开）

柱状上皮

血管

⬆ 图 13-7　小肠

来自于葡萄糖的氧化还原反应，需要食物与氧气，食物的吸收需要消化系统，氧气供给需要呼吸系统，而将葡萄糖和氧气送到全身则需要循环系统，代谢产物的清除则需要排泄系统。为了获取食物、躲避敌害，需要神经系统统领全身快速反应，内分泌系统则较为慢速地进行激素调节，而神经系统发出的运动指令则需要肌肉系统去执行。因此，在群体生存这一统一目标下，这些系统缺一不可，长期不用的结构则慢慢退化，如尾、毛发，至关重要的结构则进一步强化，如大脑、手。

　　**消化系统**（digestive system）（图 13-8A）是将摄入的食物分解为更小的化学分子、吸收并排泄的系统。食物由口腔摄入，经食道后进入胃。消化作用主要发生在胃和小肠。营养物和部分水通过小肠壁吸收进入血液。大肠吸收多余的水，不能消化的物质形成粪便，通过肛门排出体外。肝脏作为消化系统的一部分，能合成胆汁，协助脂肪的消化；也能够加工小肠所吸收的营养，进行糖类和脂类的代谢，产生大量重要的血液蛋白，同时将毒素和受损的细胞从血液中排出。

　　**呼吸系统**（respiratory system）（图 13-8B）是身体与环境交换气体的系统。它提供给血液氧气并除去细胞代谢的废物——二氧化碳。气体从鼻和口进出呼吸系统，经过咽喉进入气管。单支的大气管分支成两支小管——支气管，通入肺部。肺中的许多小气泡环绕在毛细血管周围，这是氧气进入血液、二氧化碳排出血液的场所。

　　**循环系统**（circulatory system）（图 13-8C）由心脏和运输血液的血管组成。血液为体细胞提供养分和氧气，并将二氧化碳携带至肺部，同时还将其他废物带至肾等其他加工场所。

　　**淋巴和免疫系统**（immune and lymphatic system）（图 13-8D），两者在结构和功能方面有密切的关系。淋巴系统是由细小的血管联结许多小器官——淋巴结而形成的网络。淋巴系统辅助循环系统的工作。淋巴管收集从血管中渗入组织间隙的液体——淋巴液，最终又汇集到血管。淋巴液同样也流经淋巴结——淋巴细胞和巨噬细胞等白细胞集聚的场所。白细胞是免疫系统的组成部分，免疫系统通过攻击外来物质、感染性微生物和癌细胞来保护机体。淋巴细胞和它们分泌的特殊蛋白质（抗体）经血液和淋巴液运输至全身。胸腺、骨髓以及脾脏也都在免疫系统中起重要作用。

　　**排泄系统**（excretory system）或泌尿系统（图 13-8E）是人体中最主要的废物处理系统。肾脏能排出血液中由细胞代谢产生的含氮废物。尿液中的这些废物流经输尿管进入膀胱作短暂储存，并最终通过尿道排出体外。肾脏在调节血液的水平衡中也起到了重要作用。

　　**神经系统**（nervous system）（图 13-8H）与内分泌系统合作协调身体活动。中枢神经系统接收来自感觉器官比如眼的信息，经过整合运算后，向肌肉或腺体发送信息作出应答。此外，神经系统也对来自机体自身的内部信息（如情绪、思维）作出反应。

**肌肉系统**（muscular system）（图 13-8I）是由身体的所有骨骼肌组成的，骨骼肌与坚硬的骨骼或软骨相连，因而能带动身体的相应部分运动。肌肉系统使我们能行走自如，能够操控外部环境，也能够变换面部的表情。

许多器官可产生激素，用于调节生命体的活动。产生激素的器官称为**内分泌腺**（endocrine gland），后者又组成**内分泌系统**（endocrine system）（图 13-8F）。内分泌腺分泌的激素进入血液，血

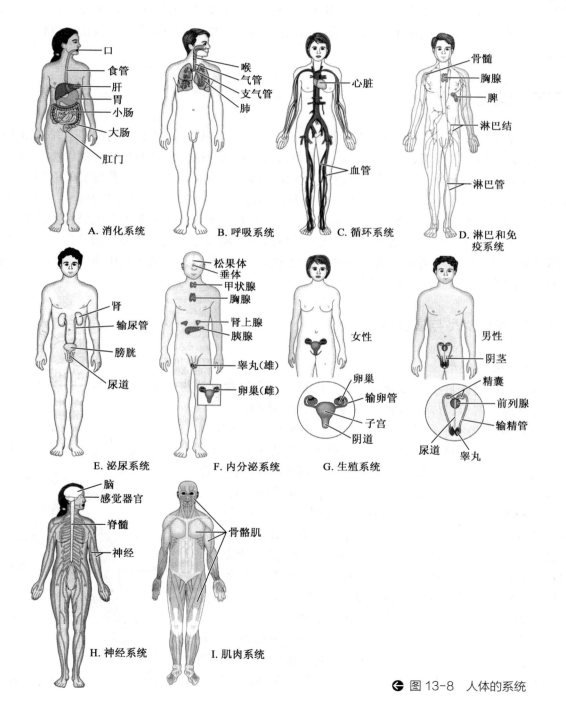

A. 消化系统　　B. 呼吸系统　　C. 循环系统　　D. 淋巴和免疫系统

E. 泌尿系统　　F. 内分泌系统　　G. 生殖系统

H. 神经系统　　I. 肌肉系统

● 图 13-8　人体的系统

液再将激素输送至全身。激素能影响特定细胞的行为，进而调节消化、代谢、生长、繁殖、心跳以及水平衡等活动。内分泌系统中的部分器官承担着双重任务。如胰腺，其内分泌组织能分泌调节血糖含量的激素，而相邻的非内分泌组织产生帮助消化的汁液。同样地，卵巢和睾丸既可分泌性激素，还能产生配子。

产生配子的卵巢和精巢只是女性和男性**生殖系统**（reproductive system）（图 13-8G）的一部分。尽管所有的其它系统对生物个体的生存必不可少，但动物缺少生殖系统时仍可生存。生殖系统对整个动物种群的生存意义远远大于个体生物。女性中，卵巢产生卵细胞并将其释放至输卵管——受精的场所。受精卵在子宫中发育成胚胎。阴道是性交过程中接受男性阴茎插入的部位，它还有分娩通道的功能。男性的睾丸产生精子，图示的其他器官能协助维持精子的活性，以及协助将精子输送入女性体内。

# 第二节　消化系统

无论食草动物（如牛）、食肉动物（如猫）或杂食动物（如人），所有动物的基本营养需求是相同的，即必须摄取：①能量，如糖类、脂肪和蛋白质维持机体活动；②有机物，如糖类、脂肪和蛋白质，形成自身结构所需，它们既是维持生命代谢的能源，又是动物个体生长发育的原料；③必需的营养元素，包括维生素和微量元素等，动物自己不能合成这些物质，但能从食物中获取。总之，对于哺乳动物，糖类、脂肪、蛋白质、维生素、矿质元素和水等是最重要的几大类营养物质。本节将主要介绍不同消化系统的消化形式、消化系统的组成与功能，阐述生物体如何进化而提高其适应性，满足最为基本的营养需求。通过合理的饮食方式，提供原料而合成生物体所需的大分子，获得适量的必需营养物质和能量需求。

## 一、消化系统的类型与适应性

### 1. 消化系统的类型

异养型动物根据食物来源分为三类：以植物为食的食草动物，如牛、马等；以动物为食的食肉动物，如猫、鹰等；以植物和动物为食的杂食动物，如人、猪等。在进食方式上，动物间差异显著。单细胞生物体如海绵，在细胞内消化食物，其它动物在细胞外，即消化腔内消化食物，消化时，将消化酶释放到消化腔内。刺胞动物，其消化腔只有一个开口，既是口又是肛门，此类型消化系统没有专门的分工，称为消化与循环两用的消化腔（图 13-9）。在消化道上有口和肛门的分化时，即出现了特化的肠道。最原始的消化道在线虫动物门体内出现。消化道为含有上皮细胞的管状肠道，单向运输食物。环节动物门（蚯蚓）的消化道功能特定化，形成区域。不同区域行使专门功能，如摄取、贮存、分解、消化和吸收食物营养。所有的脊椎动物，都有类似的专门功能（图13-10）。消化过程如下：①食物摄入后，通过牙齿的咀嚼（脊椎动物口腔里）或者鹅卵石磨擦（蚯蚓和鸟类的砂囊）对食物进行物理破碎；②较大分子如多糖、二糖、脂肪和蛋白质被水

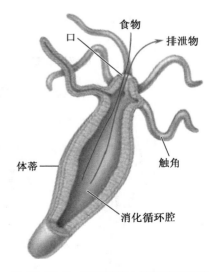

食物
口
排泄物
触角
体蒂
消化循环腔

↑ 图 13-9　腔肠动物水螅的消化环腔

解成为单糖、氨基酸和脂肪酸等小分子；③化学消化的产物经肠道上皮细胞进入血液，没有被吸收的食物为排泄物，经肛门排出。

### 2. 消化系统的适应性变化

（1）消化道的长度

动物**消化道**（digestive tract）的长度反映出饮食的不同。食肉动物比食草动物的肠道短，食草动物食用大量不易被消化的植物纤维，因此需要长的小肠进行消化；同时，植物的营养成分往往比肉类更为分散，较长的消化道还可以为吸收营养提供更大的表面积。以青蛙为例，成年青蛙是食肉动物，蝌蚪主要食草，蝌蚪的肠就其体形来说很长；当蝌蚪变形为成体时，身体的其余部分比肠生长得要多，因此成年青蛙的肠就其体形而言要短的很多。

（2）消化道中共生的微生物

许多食草的哺乳动物，如马和象，在肠和盲肠的盲袋中有微生物，主要进行分解纤维素，经这些微生物产生的营养物质被盲肠和大肠所吸收。同样，树袋熊的消化道也很长，而且其盲肠在同体型动物中是最长的（约2 m），盲肠中的原核生物微生物可帮助消化桉树叶，使树袋熊能从桉树叶中获得所需的食物和水分。

（3）反刍动物

反刍动物（如牛、羊、鹿等）的纤维素消化系统更为精细。胃具有多个胃室，胃室中存在着有助于消化植物纤维的微生物。牛通过定时反刍软化的植物纤维素并借助微生物酶的分解，可以吸收更多养分，因此拥有微生物和多步骤食物处理系统的反刍动物要比马或象从干草或牧草中摄取更多的能量和营养。

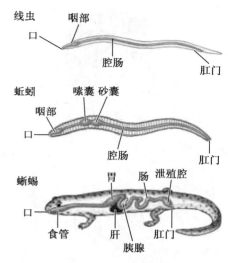

❍ 图 13-10　线虫、蚯蚓和脊椎动物的单方向消化道

## 二、脊椎动物的消化系统

脊椎动物和人类的消化系统是由管状的消化道和消化腺等器官组成（图 13-11）。消化道的主要部分包括**口腔**（mouth）、**舌**（tongue）、**咽**（pharynx）、**食道**（esophagus）、**胃**（stomach）、**小肠**（small intestine）、**大肠**（large intestine）、**直肠**（recta）和**肛门**（anus）。消化腺有**唾液腺**（salivary gland）、**胰腺**（pancreas）和**肝**（liver）。它们所分泌的消化液由导管输送到消化道，肝脏的分泌物在释放入肠之前由胆囊储存。

胃肠消化道最先连着口和咽。咽部连接食道，食道是软管，食物被吞下后，消化道壁平滑肌的节律性收缩使其进入食道，在仅仅 5 ~ 10 s 内，食物下咽，并经过食道进入胃。将食物运送到胃部在胃中进行初步的消化，幽门括约肌的参与使得食物在胃中停留足够长的时间保证胃酸和酶来消化。食物经胃进入小肠，在此进行 5 ~ 6 h 的消化与吸收过程，消化产物经小肠壁进入血液，剩余的产物经小肠进入大肠。大肠吸收水和矿物质，代谢废物进入泄殖腔（大多数）或者经泌尿系统排出尿液，排泄物进入大肠经肛门排出。

### 1. 消化从口腔开始

进食开始，唾液腺就开始通过管道将唾液分泌入口腔，这是对食物在视觉或嗅觉上的反应。正常情况下，唾液腺一天要分泌超过 1 L 的唾液。唾液中含有多种重要的物质，它们是：①糖蛋白，保护口腔内膜，并润滑固体食物使之更容易吞咽；②缓冲液，可中和食物中的酸，避免牙齿受到腐蚀；③抗菌剂，杀死许多与食物一起被吞下的有潜在危害的细菌；④唾液淀粉酶，水解食

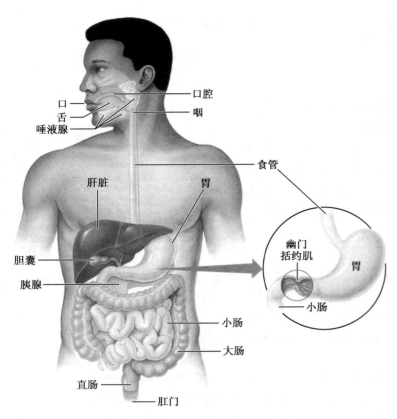

↑ 图 13-11 人的消化系统

物中的淀粉。

咀嚼食物时，机械性和化学性的消化从口腔开始，咀嚼、切割、粉碎、碾磨固体食物能使其更易被吞咽、并与消化酶大范围接触被消化。食肉动物有尖齿，便于撕裂食物，但缺少平齿，不能进行咀嚼。相反，食草动物都有大大适合咀嚼功能的平齿，易磨碎植物纤维组织。人的牙齿具有专门的分工：吃肉时主要利用门齿（口腔前端），上下颚的前四个牙齿尖锐，为咬断食物的切牙；切牙的两边是尖牙（犬牙），用来撕裂食物；犬牙后面有两个前磨牙和四个磨牙，用平的表面碾磨食物。

吞咽食物时，舌将其移动到口腔的后部。舌面有味蕾，有助于品尝出食物的味道，同时将食物形成称为食团的球体。吞咽时，舌将食团送至口腔后部进入咽。

**2. 咽是消化道和呼吸道的共同开口**

咽是食道和气管的共同开口。如图 13-12 所示，通常情况下食道的开口被括约肌关闭，咽和气管打开以供呼吸。食团进入咽后，即激发吞咽反应，食道括约肌松弛使食团进入食道。喉部向上移动，在气管开口上方触碰**会厌**（epiglottis），会厌阻止食物进入气管。进行吞咽时，可以看到喉部的上下移动。当食团进入食道后，会厌下移，气管再次打开，食道括约肌在食团上方收缩。

**3. 食道的蠕动将食物送入胃部**

被吞咽的食物进入一个肌肉管道，为食道（图 13-13）。成人体内的食道大约有 25 cm 长。上部的 1/3 由骨骼肌包裹控制吞咽，而下部的 2/3 由非自主性平滑肌构成。分为两层，一层环形肌环绕着食道，一层纵肌在纵向上包绕食道。环形肌的收缩可以缩紧食道，纵肌的收缩使食道缩短，当某处的一层肌肉收缩时，另一层肌肉就处于放松状态。这些有节奏性的肌肉波状收缩为蠕动。

食物吞下后，食团上方环形肌的收缩将食物往下推，此时纵肌是放松的。与此同时，食团下方

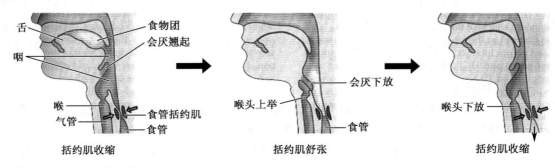

↑ 图 13-12 吞咽反射

纵肌的收缩将食团前方的通路缩短，此时环形肌为放松状态，通路保持开放。这种蠕动持续发生直至食团进入胃部。

**4. 胃——储存与消化食物**

胃有很大的弹性，可以扩张至装进 2~4 L 的食物和饮料，这些食物在通常情况下可以满足身体好几个小时的需要，因此人不需要持续进食。

（1）胃液

胃液由胃部进行分泌，其主要由黏液、胃蛋白酶原和强酸（HCl）组成。胃的内壁高度折叠，并布满管状的胃腺（图 13-14）。胃蛋白酶原是一种易失活，需要在低 pH 下才有活性的蛋白酶。低 pH 由于盐酸引起，人的胃部每天产生大约 2 L 的 HCl 和其它分泌物，为胃创造出一个极端酸性内环境。HCl 的浓度大致为 10 mmol/L，相当于 pH 为 2 的溶液。胃液比正常 pH 为 7.4 的血液酸化大约 250 000 倍。低 pH 胃液有利于使食物蛋白变性，使它们易于被消化；同时使**胃蛋白酶**（pepsin）保持最活跃状态，将食物蛋白水解为短链的多肽。

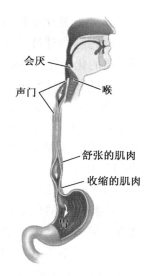

● 图 13-13　人的食道

胃液为何不消化胃黏膜呢？首先是胃上皮细胞的黏膜被一层碱性黏液保护，可以中和酸性的胃液，保护了胃黏膜免受胃蛋白酶和酸的伤害；其次，如果细胞已被损坏，则很快地被分裂的细胞所取代，大约 2~3 天胃上皮细胞就更新一次。

食物从食管进入胃。幽门括约肌控制着十二指肠，即小肠入口。胃上皮有胃小凹分布，胃小凹是胃腺的开口，其中包括分泌盐酸和胃蛋白酶的酶类。胃腺由黏液细胞、分泌胃蛋白酶原和分泌盐酸的胃壁细胞所组成。

（2）化学性消化

化学性消化包括胃蛋白酶原和盐酸分泌进入胃腺，盐酸将胃蛋白酶原转化为胃蛋白酶，胃蛋白酶激活更多的胃蛋白酶原，启动链式反应。胃蛋白酶开始化学性消化蛋白质，将蛋白质裂解为多肽，此反应是蛋白质消化的起始，进一步的消化将在小肠中发生。

（3）食糜的运输

胃壁肌肉的收缩帮助化学性消化，胃搅动食物与胃液混合，形成食糜。通常情况下，胃的两端为封闭状态。食道和胃之间的开口除了食团通过蠕动向下运动时，其他时间都为封闭状态，因此酸性食糜无法回流至食道。酸性食糜偶尔会回流到食道的末端，称之为酸水。呕吐时，食道反向蠕动、将胃中食糜向上运送至口腔。正常情况下，胃和小肠之间的幽门括约肌参与酸性食糜从胃向小肠移动的全过程。酸性食糜慢慢地离开胃部，清空食物需要约 2~6 h。

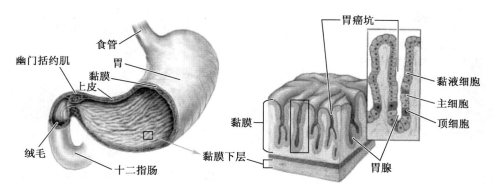

● 图 13-14　胃和十二指肠

### 5. 小肠是化学性消化及营养吸收的主要器官

食物经物理性消化形成小碎片，并与液体混合，就像浓稠的汤羹。淀粉的化学性消化始于口，蛋白质的化学性降解始于胃部，其他大分子的化学性消化都是发生在小肠中。

小肠长达 4.5 m（活体），是消化道中最长的器官。小肠直径为 2.5 cm，大肠比小肠短但却比它粗两倍。大小肠是以直径的大小而命名，而非长度。小肠上皮细胞被绒毛（villi）覆盖，微绒毛（microvilli）在绒毛上皮细胞的游离面，只有在电子显微镜下才能观察到，类似于鬃刷。绒毛和微绒毛大大增加了小肠的表面积，人的小肠表面积一般为 300 m²，是进行消化吸收食物的最佳场所（图 13-15）。

（1）化学性消化

小肠进行的化学性消化主要依赖于消化腺器官（图 13-16），如胰腺和肝。胰腺可产生消化酶及富含重碳酸根的碱性液体，碱性液体进入小肠可以中和酸性食糜。肝脏产生**胆汁**（bile），胆汁不含消化酶，但溶于其中的胆酸盐能够使脂肪更易被酶类作用。胆囊储存胆汁，供小肠所需。小肠最开始的 25 cm 左右被称为**十二指肠**（duodenum），是胃中运出的酸性食糜、胆囊中分泌的胆汁、胰腺和小肠壁分泌的消化酶混合的场所。

以四种大分子（糖类、蛋白质、核酸及脂肪）的消化过程为例，阐述小肠中的化学性消化。

糖类物质的消化始于口腔，完成于小肠。**胰淀粉酶**（amylopsin）将淀粉水解为双糖——麦芽糖，随后麦芽糖酶将麦芽糖降解为单糖——葡萄糖，麦芽糖酶、蔗糖酶和乳糖酶分别专一水解麦芽糖、蔗糖和乳糖。

蛋白质的消化始于胃完成于小肠。胰腺和十二指肠分泌的水解酶将多肽降解为氨基酸。**胰蛋白酶**（trypsin）和**胰凝乳蛋白酶**（chymotrypsin）将胃蛋白酶消化所得的多肽降解成短链，随后氨肽酶和羧肽酶从多肽的末端开始一次分离一个氨基酸，二肽酶水解 2 个或 3 个氨基酸长度的片段。

**核酸酶**（nuclease）参与水解食物中的核酸。来自胰腺的核酸酶将 DNA 和 RNA 分解为核苷酸，核苷酸再被十二指肠分泌的其他酶降解成碱基、糖和磷酸盐。

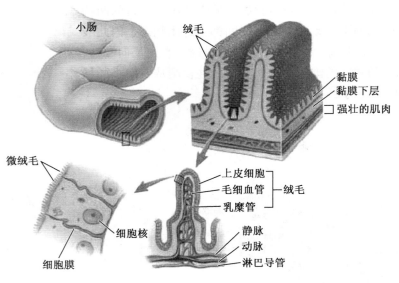

🔼 图 13-15 小肠结构
放大部分为绒毛及布满绒毛的上皮细胞

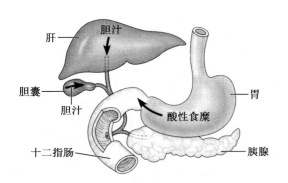

🔼 图 13-16 小肠及其相关的消化器官

表 13-1　四种大分子的消化部位和产物以及参与的消化酶

| 类型 | 消化酶 | 分泌部位 | 开始 / 完成部位 | 分解的产物 |
|---|---|---|---|---|
| 淀粉 | 淀粉酶、麦芽糖酶 | 唾液腺 | 口腔 / 小肠 | 麦芽糖、乳糖 |
|  | 蔗糖酶、乳糖酶 | 胰腺 |  | 蔗糖、葡萄糖 |
| 蛋白质 | 胃蛋白酶 | 胃腺 | 胃 / 小肠 | 多肽 |
|  | 胰蛋白酶 | 胰腺 |  | 氨基酸 |
|  | 胰凝乳蛋白酶、氨肽酶和羧肽酶 | 十二指肠 |  |  |
| 核酸 | 核酸酶 | 胰腺 | 小肠 / 小肠 | 核苷酸 |
|  |  | 十二指肠 |  | 碱基 |
|  |  |  |  | 糖和磷酸盐 |
| 脂肪 | 脂肪酶 | 十二指肠 | 小肠 / 小肠 | 脂肪酸和甘油 |

由于脂肪不溶于水，直到十二指肠才开始被消化。脂肪的水解，首先由胆囊分泌的胆酸盐来包裹小脂肪滴，使它们不能互相接触，此过程称为**乳化**（emulsification），脂肪变成小脂肪滴后，扩大了表面积，便于脂肪酶作用，将脂肪分子降解成脂肪酸和甘油。

当酸性食团经小肠蠕动至十二指肠时，食物的化学性消化接近尾声，小肠的作用即是营养吸收。

（2）营养的吸收

从结构上看，小肠更适合于养分的吸收。小肠黏膜有极大的表面积——约 300 $m^2$，如一个网球场大小。如图 13-15 所示，众多的折叠及突起增大了小肠上皮表面积，小肠壁的折叠上有无数称为绒毛的小型指状突起，通过电子显微镜观察绒毛的表皮细胞，可以看到许多微小的表面突起，称为微绒毛。微绒毛可延伸到小肠内部，微绒毛中分布淋巴管和毛细血管网。营养首先经过小肠表皮，穿过毛细血管或淋巴管的薄壁后，部分营养以简单扩散形式进入表皮细胞、最后进入血液或淋巴液，其余的则由表皮细胞的细胞膜逆浓度梯度运输。

从微绒毛运输出来的营养经毛细血管汇聚入较大的血管，最终通过主血管进入肝脏。肝最先获得食物的营养，并将营养物质转化成身体所需要的形式，其中主要功能是将多余的葡萄糖从血液中排出并转化为糖原，储存于肝细胞中。血液从肝脏向心脏流动，心脏将血液和其所含有的营养物质一起泵向身体的其它部分。

6. **大肠再吸收水分**

大肠长约 1.5 m，直径约 5 cm。大肠与小肠的接合处的括约肌控制小肠中未消化的食物进入大肠。大肠的主要功能是从消化道中继续吸收水分。每天约有 7 L 的消化液进入消化道，其中约 90% 被重新吸收进入血液和组织液，其中被小肠吸收占很大比例，剩余的将由大肠吸收完毕。由于水分被吸收，消化后剩余的食物在大肠蠕动的过程中会变得越来越紧实，这些消化产生的废物即排泄物，主要由不易被消化的植物纤维素和生活在大肠中的微生物组成，其中有益肠道菌群，如大肠杆菌，会产生包括生物素、叶酸、数种维生素 B 及维生素 K 在内的重要维生素，经大肠的吸收进入血液中，供机体所用。

大肠的末端部分是**直肠**（recta），直肠可储存排泄物直至将其全部排出。大肠的强烈收缩产生排便冲动，直肠自主及非自主的两块括约肌可调节肛门的开启，进行排泄。

如果大肠黏膜因病毒或细菌感染等而发炎，那么大肠吸收水分的效果就会变弱，并导致腹泻。

与之相反，当大肠吸收水分过多、排泄物变得过于紧实，蠕动运送排泄物太慢时就会发生便秘，便秘通常由植物纤维摄入过少或缺乏锻炼造成。

## 第三节　排泄系统

### 一、渗透调节

#### 1. 水分平衡

水和可溶性物质的精确平衡确保代谢反应正常进行，维持生命存在。可溶性物质主要包括氨基酸、蛋白质、可溶性离子（如 $Na^+$、$Cl^-$、$K^+$、$Ca^{2+}$ 和 $HCO_3^-$）。被细胞膜分开的两种溶液，如果总溶质浓度不同就会发生渗透作用，水从低渗溶液到高渗溶液发生净移动，直到膜两边溶质浓度相等。一种动物无论栖息在陆地、淡水或海水，其细胞必须发生水平衡现象。如果只有水的吸入，动物细胞会膨胀和破裂；如果只有水的净损失，细胞则会萎缩和死去。

陆生动物从食物和饮料中获得身体所需的水分，它们必须通过呼吸和出汗蒸发掉这些水分，而水生动物则是通过**渗透作用**（osmosis）来调节水分的得失。

生活在海洋中的一些水生动物，体液浓度和海水浓度相同，这类水生动物为变渗生物，它们不需要进行水分的净得或失去。海洋是动物开始进化的地方，它也是唯一支持变渗动物的环境。水母、扇贝、龙虾和大多数其他海洋无脊椎动物的总溶质浓度和海水浓度一致，因此这些动物不用消耗能量来调节它们的含水量。

淡水动物、陆生动物和大多数海洋脊椎动物（鲸、海豹、海鸟），体液浓度与它们的环境不同。因此，它们必须通过消耗能量来控制水分的得失，这类动物为调渗动物。以淡水鱼为例（图 13-17），体液的溶质浓度远高于淡水的溶质浓度，这给动物造成了渗透问题。鱼通过身体表面尤其是鳃（呼吸系统）不断地从环境吸收水和离子，也通过食物（消化系统）获得水和离子，而淡水鱼不喝水，通过尿液（排泄系统）失去一些溶质和水分，以上过程体现了多个系统的协调一致而达到渗透平衡。陆生动物是调渗动物，不能够直接通过渗透调节与环境交换水分。陆生动物通过喝水和食用含有水

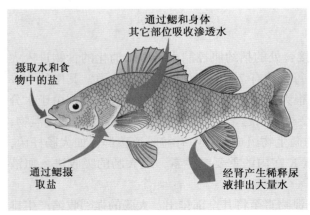

淡水鱼（鲈鱼）

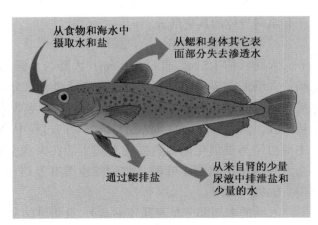

咸水鱼（鳕鱼）

🔼 图 13-17　鱼类的渗透调节

分的食物来获得水分，同时持续从肺或呼吸道潮湿的表面失去水分，从尿液和粪便排出水分，也会从皮肤蒸发水分。陆生动物不会因为失水而造成脱水，主要是因为它们的体表布满了坚硬、防水蜡的外骨骼（如昆虫），多层死细胞和防水细胞。

### 2. 出汗

肌肉运动会产生热量，这些热量必须散失，主要是防止体温增加而带来的危险。出汗是一种重要的温度调节机制，同时会影响渗透调节。剧烈锻炼时，出汗导致的液体损失超过 2 L/h，出汗主要是引起水分的损失，汗中 99% 是水分。极端情况下，大量盐分的损失也可能会发生。在锻炼前后喝水是防止脱水的最简单方法，淡水比含有糖或可溶性离子的饮料更容易被吸收，如果进行超过 1 h 的锻炼，其间需摄入运动饮料，可以延迟疲劳。

### 3. 含氮废物的排出

废物处理对机体的渗透平衡一样很重要。代谢过程中会产生大量的有毒副产物，特别是由蛋白质和核酸分解产生的含氮废物，动物必须除去这些代谢废物，以免废物毒害的发生。

动物含氮废物的存在与排出形式因动物的进化和生活环境而异。大多数水生动物的含氮废物以氨（$NH_3$）形式存在（图 13-18），源自蛋白质和核酸中的氨基基团（$-NH_2$）。$NH_3$ 是代谢副产物中最有毒的一种，不能储存于体内，它极易溶于水，穿过细胞膜而迅速扩散。如涡虫（扁形虫）通过整个身体表面排泄 $NH_3$，鱼主要通过鳃排泄 $NH_3$。

以 $NH_3$ 的方式排泄含氮废物只存在于水生动物中。陆生动物把氨转变成毒性很小的复合物，如尿素或尿酸。这些物质能够被安全运输和储存在体内，然后经排泄系统周期性地释放出去。蛋白质降解时，在肝脏中产生尿素，通过循环系统运输到排泄器官——肾脏。尿素易溶于水，它的毒性只有氨的十万分之一，它在体内以浓缩液形式储存以及被排泄出去。

以尿酸方式排泄的陆生动物有鸟、昆虫和爬行动物（图 13-18）。尿酸是一个比尿素或氨更复杂的分子，尿酸相对无毒，几乎不溶于水，在大多数情况下，它以糊状物或粉状的形式与粪便一起被排泄。所以，排泄尿酸不引起水分的排出，但需要消耗更多的能量，主要是通过减少体液的消耗而保持平衡。

## 二、排泄系统的组成与功能

在任何环境下，生物得以存活必须确保废物的排泄和水、盐摄入两者的动态平衡。因此，排泄系统在体内动态平衡中起着重要作用，调节体液中水和盐的数量，同时形成和排泄尿液。

### 1. 肾脏与肾单位

以人为例，排泄系统主要处理中心是 2 个**肾脏**（kidney）。每个肾脏有拳头大小，里面充满着约 80 km 长的肾小管和毛细血管。人体大约有 5 L 的血液，血液循环不断重复进行，每天大约

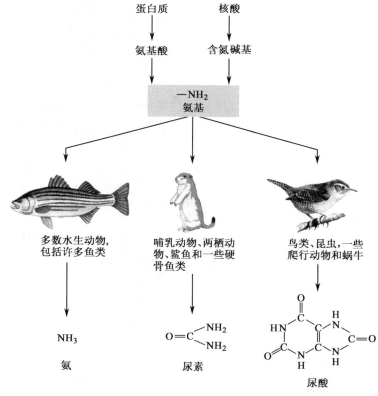

🔼 图 13-18　含氮的代谢废物

有 1 100～2 000 L 血液经过肾脏的毛细血管。

随着血液循环的进行，肾脏每天需过虑约 180 L 的液体，此液体称为滤液。滤液包括水、尿素和溶质（包括 $Na^+$、$K^+$、$Cl^-$、$HCO_3^-$、葡萄糖和氨基酸）。图 13-19A 的红色显示为血液经肾动脉进入肾脏，经过肾脏的精炼过滤，大部分水和溶质归还给血液。蓝色显示血液被过滤后从肾脏静脉离开肾脏，此时浓缩的尿素，经过肾脏的内层（图 13-19B），尿液流入肾盂的腔内而进入输尿管，通过输尿管的管道离开每个肾脏，进入膀胱，膀胱周期性地清空进行排尿。

每一个肾脏约含有一百万个**肾单位**（nephron）。肾单位（图 13-19C）为肾脏的功能单位，由**肾小管**（renal tubule）和与它连接的血管组成。肾单位从血液中吸取滤液，然后把滤液精炼成尿液。尿液经肾单位进入杯状的膨胀**肾小囊**（Bowman's capsule），再经肾单位的另一端集合管，进入肾盂。肾小囊包裹的球状毛细血管为**肾小球**（glomerulus），肾小球和肾小囊组成了肾单位的血液过滤单位。血压推动水和溶质从肾小球毛细血管中的血液经过肾小囊壁进入肾单位的肾小管，这个过程产生了滤液，把血细胞和像血浆蛋白一样的大分子物质留在毛细血管中。

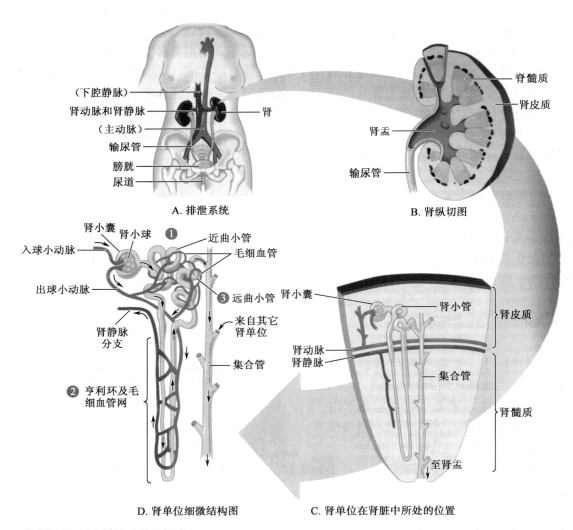

A. 排泄系统

B. 肾纵切图

D. 肾单位细微结构图

C. 肾单位在肾脏中所处的位置

⬆ 图 13-19 排泄系统的组成

#### 2. 排泄的主要过程

上面介绍了肾单位的结构，那么排泄系统是如何过滤血液、精炼滤液和排泄尿液的？排泄系统产生和排泄尿液包括四个主要过程（图13-20）。

第一过程：过滤过程，水和小分子物质通过毛细血管壁，经过肾小球进入肾小管。

第二过程：精炼滤液的过程，从血液中回收养分，即水和可溶性溶质，包括葡萄糖、盐和氨基酸从滤液中被回收，重新进入血液。

第三过程：精炼滤液的过程，从血液中分泌不需要的物质。血液的某些物质分泌形成滤液，如血液中有过多的 $K^+$ 或 $H^+$ 时，这些离子被运送到肾单位小管的细胞中，然后被肾单位小管细胞分泌到滤液中。血液中分泌出多余的 $H^+$，可防止血液酸化，分泌作用也可以从血液中消除药物或者有毒物质。

第四过程：排泄过程，尿液经过滤、再吸收和分泌后，产物经过肾脏、**输尿管**（ureter）、**膀胱**（urinary bladder）和**尿道**（urethra）而被送出体外。

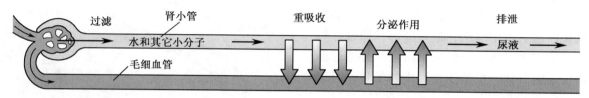

↑ 图 13-20　排泄系统的主要功能

#### 3. 肝脏与动态平衡

在人的机体中，肝脏比其它任何器官行使的功能都要多。除了在消化中的作用外，肝脏也可以维持肾脏的活性。肝将氨合成为尿素，即含氮废物，有助于肾脏除去尿素及其它毒素如酒精和其它药物，肝可以将这些物质转变为没有活性的产物，经肾脏随尿液排出。

肝细胞具有多功能的代谢机制：①合成血浆蛋白质，参与凝血和保持血液渗透平衡的作用；②合成脂蛋白，在机体组织中转运脂肪和胆固醇；③肝脏调节血液中葡萄糖的数量，肝脏最重要的功能是把葡萄糖转变为糖原，并储存糖原，得以维持血液中的葡萄糖含量平衡；④处于战略性的位置——在肠和心脏之间。肠毛细血管聚集形成单一功能的血管，即肝门脉，它直接将血液运向肝脏，被肠吸收的营养物和被肠毛细血管吸收的有害物质都传递到肝，肝还对消化道吸收的这些物质进行转化和去毒。

综上所述，肝在机体动态平衡的调节机制中占有举足轻重的位置，并且参与众多系统，这也说明机体的动态平衡是多个系统的统一体，多个系统共同协作，维持机体生存。

## 第四节　呼吸系统

### 一、气体交换

喜马拉雅山是世界上最高的山脉，最高点处氧气含量极低，人类在此处会因为肌肉衰竭、消化系统损坏、神志不清和肺中充血而不能存活。然而，山脉的最高处却可看到飞翔的鸟类，鸟类为什么可以在这么高的山脉上飞行并且存活，而人类不能？主要的原因就是鸟类具有高效率的肺，能够吸收更多的氧气，血液中可以结合更多的氧气，毛细血管发达确保将血液运输到需要氧气的肌肉中。本章主要讲述动物为什么需要氧气；呼吸方式的进化趋势如何；气体交换或者呼吸的进程，机体与环境之间的氧气与二氧化碳怎样进行交换；呼吸系统的自我调控机制等等。

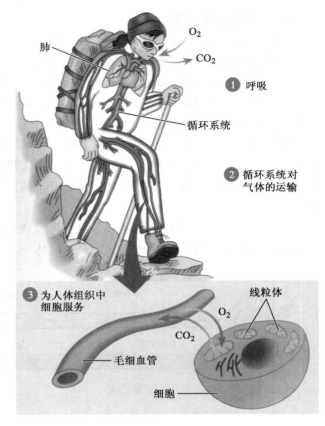

### 1. 气体交换

以人为例介绍肺中进行气体交换的三个阶段（图 13-21）：①呼吸是气体交换的第一阶段，当吸气时，肺内表面接触到空气，氧气扩散到细胞里面，通过血管进入其它部位；同时，二氧化碳从血管中运出，进入肺部，通过呼气离开机体。②气体交换的第二阶段，是通过循环系统运输气体，扩散于血液中的氧气，可以结合血红蛋白，通过肺进入机体的其它组织，血液也可以将组织中的 $CO_2$ 运回到肺。③气体交换的第三阶段，组织细胞从血液中吸收 $O_2$，并将 $CO_2$ 释放入血液中。机体细胞从食物和养分中获得能量，其中 $O_2$ 是必需的，因为氧气是

⊙ 图 13-21 气体交换的三个阶段

能量代谢中最后的电子受体，而 $CO_2$ 是食物经过细胞能量代谢后而形成的主要产物。

机体需要不断地供应 $O_2$ 和排出 $CO_2$，呼吸系统和循环系统共同参与的气体交换才可以满足组织细胞的需要。

### 2. 气体交换方式

对于动物来说，氧气吸入和二氧化碳呼出的部位被称为呼吸面，呼吸面是由活细胞构成的，质膜必须湿润才能正常起作用。因此陆生和水生动物的呼吸面一定要有水分，这样气体才可以溶解到水中，同时大的表面积可以吸附更多的 $O_2$ 和 $CO_2$，不同动物因为机体呼吸结构不同而拥有不同的气体交换方式。

（1）整个皮肤作为气体交换器官

以蚯蚓为代表（图 13-22A），蚯蚓没有特定的气体交换场所，氧气溶解于皮下大量存在的薄壁毛细血管中。因为整个身体表面必须保持湿润才可以进行气体交换，所以蚯蚓和用皮肤呼吸的动物必须生活在潮湿的地方或者是水中。大多数动物，通过皮肤进行交换气体不足以满足机体所需，或者身体的某些部分为死细胞，这种情况下由特定的部分演变为呼吸器官，如产生鳃（图 13-22B）、气管（图 13-22C）和肺等呼吸器官（图 13-22D）。

（2）鳃作为呼吸器官

鳃（gill）为机体外生器官，主要参与气体交换，鳃具有似拍子的结构或呈束状分布，也有的为羽毛状，通常情况下，鳃表面溶解 $O_2$ 进入毛细血管中，而 $CO_2$ 正好相反，从毛细血管中扩散到外周环境。

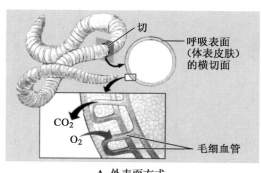

A. 外表面方式

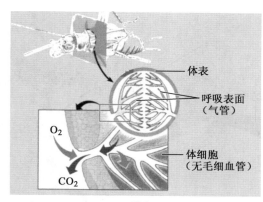

B. 器官

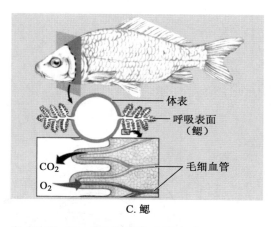

C. 鳃

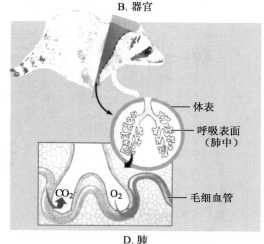

D. 肺

↑ 图 13-22　不同的气体交换方式

对于鱼来说，鳃的表面积远远大于整个身体的表面积（图 13-23）。鳃中布满一层或几层细胞的微血管，由于血管很狭窄，因此红细胞只能一个一个通过，这样可以确保红细胞与氧气的充分结合。水中进行气体交换的优势在于确保呼吸表面的湿润，但是水中的氧气含量只有空气中的 3%～5%，这样鳃必须具有高效率才能从水中获得更多的氧气。鱼鳃的血管分布确保低氧血液到达纤毛的一侧，而富氧血液到达另一侧，因扩散梯度的存在，保障了氧气不断地从水中进入血液中，这种逆流交换能使存在于水中氧气的 80% 进入到血液中，确保鳃具有高效率的气体交换（图 13-24）。

（3）气管作为呼吸器官

不同于水生动物，陆生动物主要是通过吸入和呼出空气而进行气体的交换。呼吸空气具有两个优势：一是空气中氧气的浓度要远高于水中的氧气浓度；二是空气很轻，比水流动更快。因此陆生动物可以节约更多的能量进行换气。不利方面在于，陆生动物容易发生水分的蒸发，但是身体内部小而深的管道作为呼吸面的进化机制，则可以避免水分的大量丢失。

以昆虫为例，内在的管道被称为**气管**（trachea），气管的分支分布于整个机体中，直接与细胞进行气体交换，不需要循环系统的参与（图 13-25A）。昆虫的气管系统内最大的气管开口向外，由几丁质固着，用于空气交换（图 13-25B）；对内则不断分叉变细，最狭窄的为毛细气管，可以延伸到身体各个细胞中。毛细气管的顶端封闭，在此进行着与细胞的气体交换（图 13-25C）。同样气管系统还包括气囊，主要分布于需要气体较多的器官附近，如肌肉收缩时，气体会被泵出而进入机体

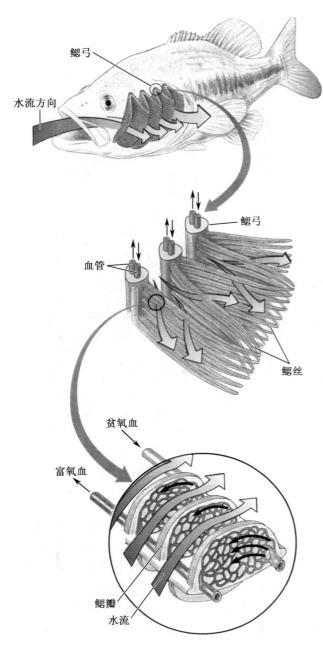

鳃弓

水流方向

鳃弓

血管

鳃丝

贫氧血

富氧血

鳃瓣

水流

⬆ 图 13-23　鱼鳃的结构

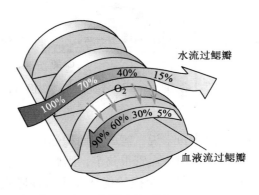

水流过鳃瓣

$O_2$

血液流过鳃瓣

⬆ 图 13-24　鱼鳃中的对流
颜色深浅不同具有数值的大箭头代表了气流中氧气变化，深色代表氧气浓度高，浅色代表氧气浓度低，当血液流经鳃的纤毛时，恰好可以吸收水中的氧气。

细胞中。

（4）肺——专门负责呼吸的器官

　　爬行动物、鸟类以及哺乳动物等都是通过肺进行气体交换。**肺**（lung）是一个内生的气囊，具有湿润的内皮层，构成表面积很大的呼吸面。不同于昆虫的气管系统，肺固定存在于身体一个位置上，因此需通过循环系统进行肺部与细胞间的气体运输。两栖类动物具有小的肺，多依赖于身体表面进行气体交换。通常情况下，肺的大小与复杂性因动物代谢效率不同而异。人类肺的呼吸面积大约有 $70 \sim 100 \ m^2$，以人的呼吸系统（图 13-26A）为例进行介绍。肺位于胸腔内，下方通过膈肌支撑并与腹腔隔开。空气从鼻孔进入，经鼻毛过滤、温化、湿化与去味后，由鼻腔进入咽部，之后入喉下方气管。气管通过叉形分支形成支气管进入两个肺。肺的支气管很狭窄，可减少其湿润表面的水分蒸发量。在肺中，支气管继续分支成为更细小的**细支气管**（bronchioles）（图 13-26B），并连接上百万个小的**肺泡**（alveolus）。肺泡的薄层细胞构成呼吸面，在此进行气体交换。吸入的 $O_2$ 溶解于表皮细胞的湿润层中，然后通过表皮扩散进入肺泡周围的毛细血管中。而 $CO_2$ 以相反的方向进行扩散，从毛细血管经肺泡的表皮进入肺泡，最后随气体被呼出。

肺具有高效呼吸功能的优势主要在于：①肺泡小，直径只有 0.25 ~ 0.5 mm，但肺泡的数量十分可观，肺泡总表面积约为 70 m$^2$。②大量的毛细血管分布在肺泡周围，毛细血管壁和肺泡壁都为薄壁细胞，这种紧密的连接有利于 $O_2$ 和 $CO_2$ 的扩散。③血液和空气的流动性。血液经毛细血管流经肺部，毛细血管不断地将富含 $CO_2$ 而缺乏 $O_2$ 的血液输入肺泡。血液流经肺泡时，发生气体交换，氧气大量进入血液，二氧化碳有效进入肺泡并被排出。富含氧气的血液随后被送往左心房并被送到全身。呼吸使得血流中有足够的氧气以使体系对诸如葡萄糖、脂肪等营养分子进行氧化。

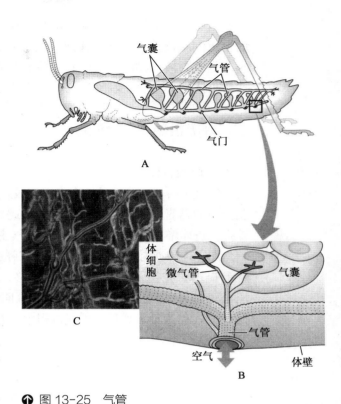

↑ 图 13-25 气管
A. 昆虫的气管系统；B. 蝗虫的气管分支系统；C. 连接体细胞的气管。

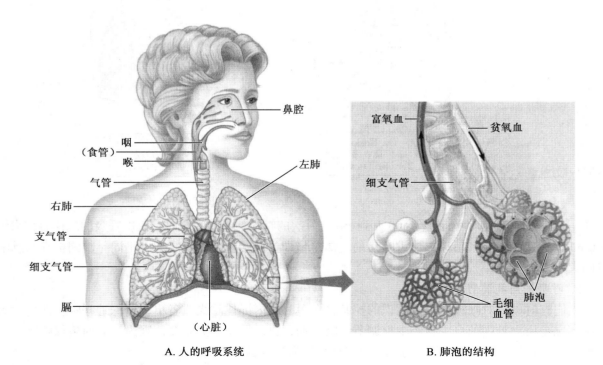

A. 人的呼吸系统

B. 肺泡的结构

↑ 图 13-26 负责呼吸的器官——肺

尽管气体交换只是在肺部进行交换，但整个呼吸系统中从鼻孔和嘴到肺部的全部器官都由湿润的上皮细胞覆盖。支气管和细支气管上的上皮细胞都附有纤毛和黏液。纤毛和黏液是呼吸系统的清扫工具。黏液可黏附灰尘、花粉粒和其它杂物，而摆动的纤毛可以将黏液向上推到咽部，以痰的形式排出体外。

## 二、呼吸机制与呼吸调控

### 1. 呼吸机制

**呼吸**（respiration）是一个将空气吸入并呼出肺的过程，由膈的移动完成。**膈**（diaphragm）是一个肌肉质的器官，将胸腔与腹腔隔离。此外，连接在肋骨间的肌肉（肋间肌）收缩也可以使得胸腔壁外扩，进而增加胸腔的容量。肺部换气主要是获得 $O_2$，排出 $CO_2$。

图 13-27 所示肋腔、胸腔和肺在呼吸中的变化。在吸气过程中（左图），肋骨间肌肉收缩，肋骨上提，肋腔扩张，同时膈收缩下移，胸廓扩张。在吸气过程中，肺容积扩大使得肺泡中的气压小于外界大气压，气流从高压区流向低压区，即气流通过鼻孔沿呼吸管道最后流到肺泡，这种换气方式称为负压呼吸。呼气过程中（右图），肋间肌和膈放松，肋腔和胸腔的容积减小，空气从肺部排出去。

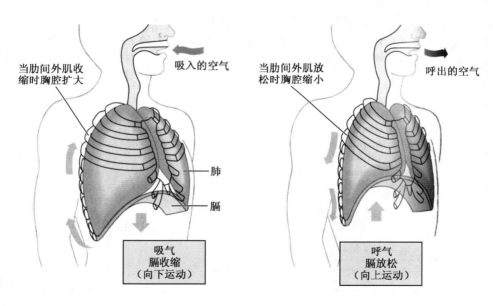

当肋间外肌收缩时胸腔扩大

吸入的空气

肺

膈

吸气
膈收缩
（向下运动）

当肋间外肌放松时胸腔缩小

呼出的空气

呼气
膈放松
（向上运动）

➲ 图 13-27  人的呼吸过程

一年中一个成年人可能进行 400 万到 1 000 万次的呼吸。平静呼吸时，每次呼吸的气体容积大约 500 mL。一次尽力吸气后，再尽力呼出的气体总量即为**肺活量**。男女之间、不同年龄间都存在肺活量的大小差异。

### 2. 呼吸的自我调节

人们有时可以对呼吸进行有意识的控制，在短时间内屏住呼吸或者更快更深地呼吸。然而，大多数情况是由大脑中的自主神经中枢调节呼吸运动，自动控制至关重要，因为一方面确保呼吸系统和循环系统间的运行协调，另一方面满足身体代谢所需要的气体交换。

**呼吸控制中枢**（breathing control center）（图 13-28）位于**脑桥**（pons）和**延髓**（medulla）。来自

延髓控制中枢的神经（实心箭头）向膈和肋间肌发送信号使其收缩，进行吸气。休憩的时候，这些神经发出的信号产生了 $10 \sim 14$ 次/min 的吸气运动，在两次吸气之间肌肉处于放松状态进行呼气。

导致呼吸的频率和深度变化的机制有很多，其中最主要的是血液中的二氧化碳含量，延髓的控制中枢通过监测血液中 $CO_2$ 的水平，即血液及脑液中 pH 值的变化，从而调节呼吸频率。二氧化碳是细胞有氧呼吸产生的代谢废物，血液中浓度过高就会产生毒性，因为二氧化碳会与水结合产生碳酸，如果二氧化碳不能及时清除，血液的 pH 值就会下降，最终可能会导致死亡。

当延髓感受到 pH 值降低时，呼吸控制中枢就会增加呼吸的速率和深度，呼出更多的 $CO_2$，pH 值又回到正常水平。

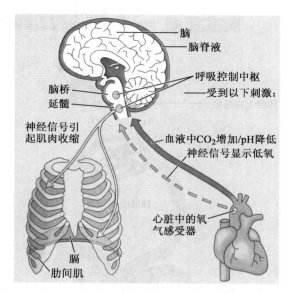

**↑ 图 13-28　呼吸控制中枢**

人的呼吸控制中枢可以直接对 $CO_2$ 作出反应，但通常不会对氧气的浓度作出直接反应。消耗氧气的过程中就会产生 $CO_2$，呼吸中枢也通过降低 pH 值作出反应，来控制血液中氧气的水平。但是，在高原地区，空气太稀薄，此时就需要大动脉氧气感受器，通过神经将信号传导至控制中枢（虚箭头）来增加呼吸的频率和深度。

呼吸控制中心通过对来自于血液及动脉感受器的信号作出快速的反应，调控呼吸的频率与深度，然而只有呼吸中枢的调节与循环系统的活动相协调时，才更有效维持机体所需。

### 3. 气体的运输机制

氧气是如何从肺中进入到身体的其它组织，$CO_2$ 又是如何从各组织进入到肺泡中？带着这些问题，我们需了解在循环系统参与下的气体运输过程。

（1）血红蛋白运输氧气

图 13-29 为循环系统的主要组成部分以及它们在气体交换中的作用，中央部位为心脏，一侧为贫氧血（蓝色），另一侧为富氧血（红色）。其中，贫氧血从身体各组织的毛细血管流回心脏，心脏将这些血液泵到肺部的肺泡毛细血管中，肺泡中的气体与肺泡毛细血管中的血液之间发生气体交换，主要是通过气体扩散而完成，即气体顺着压力梯度进行扩散。在混合物中的每一种气体都占据总压力的一部分，称为局部压强。每种气体的分子将会顺着各自的局部压强梯度从高处向低处进行扩散，这样血液获得氧气并释放 $CO_2$ 后，离开肺泡毛细血管成为富氧血，并流回心脏，经心脏将其泵到身体各组织中。

氧气微溶于水，因此血液所运输的溶解氧很少，机体主要通过红细胞中的血红蛋白运输氧气。**血红蛋白**（hemoglobin）分子由 4 条多肽链组成（图 13-30），每条多肽链都结合有一个血红素基团，中心为亚铁离子，每一个亚铁离子可以结合一个氧气分子。因此，一个血红蛋白分子能携带 4 个氧气分子，在肺中血红蛋白携带氧气，随着血流，流经身体的各个组织细胞并输送氧气。

（2）血红蛋白转运 $CO_2$ 及缓冲作用

血红蛋白是一种多用途的分子，可以运输氧气，也可以帮助血液运输 $CO_2$。另外，血红蛋白对血液起到一定的缓冲作用，调节血液中的 pH。

$CO_2$ 离开组织细胞时（图 13-31），首先扩散到周围的液体空隙中，然后穿过毛细血管壁进入到

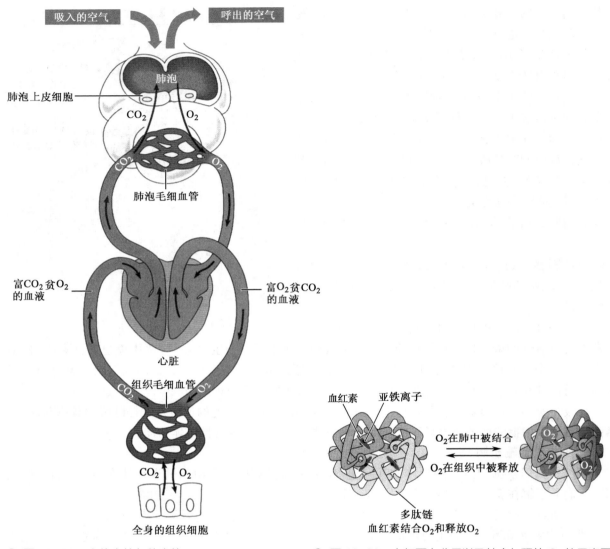

吸入的空气 呼出的空气

肺泡

肺泡上皮细胞

$CO_2$  $O_2$

肺泡毛细血管

富$CO_2$贫$O_2$
的血液

富$O_2$贫$CO_2$
的血液

心脏

组织毛细血管

$CO_2$  $O_2$

$CO_2$  $O_2$

全身的组织细胞

↑ 图 13-29　人体内的气体交换

血红素　亚铁离子

$O_2$在肺中被结合

$O_2$在组织中被释放

多肽链
血红素结合$O_2$和释放$O_2$

↑ 图 13-30　血红蛋白分子以及结合与释放 $O_2$ 的示意图

血液中，少量的 $CO_2$ 留在血浆中，大多数都进入红细胞，与血红蛋白结合。在红细胞中，$CO_2$ 与水分子形成碳酸，碳酸并不能稳定存在，会分解为氢离子和碳酸氢根。血红蛋白作为一种缓冲物质可以结合氢离子，从而阻止血液酸化的发生，而碳酸氢根会扩散进入血浆，以此形式被运输到肺中。

当血液流过肺时，碳酸氢根与血红蛋白释放的氢离子结合形成碳酸，碳酸再重新转变为 $CO_2$ 和水，最后 $CO_2$ 从血液扩散到肺泡中，随着呼气排出体外。

二氧化碳为废物，而碳酸氢根形式的 $CO_2$ 则为血液缓冲系统最重要的组成部分。如果血浆的 pH 值下降，碳酸氢根通过结合氢离子形成碳酸而除去氢离子；pH 升高时，碳酸可将氢离子释放到血液中，降低 pH 值。

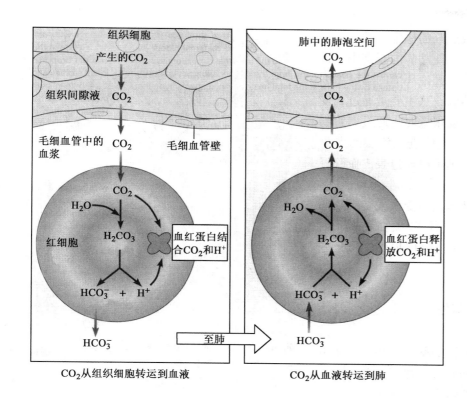

组织细胞
产生的$CO_2$

肺中的肺泡空间
$CO_2$

组织间隙液　$CO_2$

$CO_2$

毛细血管中的
血浆　　$CO_2$　　毛细血管壁

$CO_2$

$CO_2$

$H_2O$

红细胞

$H_2CO_3$

血红蛋白结
合$CO_2$和$H^+$

$HCO_3^- + H^+$

$HCO_3^-$

$H_2O$

$H_2CO_3$

血红蛋白释
放$CO_2$和$H^+$

$HCO_3^- + H^+$

$HCO_3^-$

至肺

$CO_2$从组织细胞转运到血液

$CO_2$从血液转运到肺

◑ 图 13-31　$CO_2$ 分子在细胞、血液与肺中的运输方式

# 第五节　循环系统

## 一、循环系统与其它组织的密切联系

任何个体大或复杂的动物，都必须拥有一个循环系统，因为生命所必需的化学物质不能只通过扩散作用到达机体的任何地方。扩散只能将化学物质运输到几个细胞厚度的地方，这一距离比氧气从肺部到大脑的距离或者营养物质从小肠到我们的手臂或腿部肌肉的距离要小得多。如果没有循环系统，几乎身体上的每个细胞都会因为缺氧而迅速死亡。

为了提高效率，循环系统必须同各系统的组织都有紧密的联系，而行使其主要的功能。

第一，运输功能：所有细胞新陈代谢的必需物质都是由循环系统进行运输。例如，毛细血管为平滑肌细胞提供富氧、富含营养物质的血液（图 13-32A），红细胞一个接一个地排队通过毛细血管，氧气得以扩散进入肌细胞，进行有氧呼吸作用。细胞呼吸的副产品——二氧化碳，由血液输送到肺部等待清除。血液除了运输氧气，还负责运输营养物质。消化系统主要负责将食物粉碎成分子状态，通过肠壁进入循环系统，血液运送这些营养物质到肝脏和人体的各种细胞中。营养物质在血液和体细胞之间并不是直接交换的，而是先从毛细血管中扩散进组织液，然后再经组织液扩散进入组织细胞。除了运输氧气和营养物质，循环系统还可以将代谢废物，如过剩的水、离子以及其它分子，通过血液过滤，经毛细血管将代谢废物运输到专门器官如肾脏，形成尿液（图 13-32B）。

第二，控制功能：循环系统在维持内环境的稳定上也起到了关键作用，通过与组织液进行物质交换，循环系统协助维持组织细胞所生存环境的稳定，血液通过不停地流经调节血液成分的器官如肝脏和肾脏，从而保障了血液成分的稳定。循环系统通过血管运送内分泌激素到其行使功能的器官中，达到对温度的调节。如恒温动物，无论环境的温度怎么改变，它们都能保持恒定的体温，这主要是通过表皮下的血液进行维持。当环境温度很低时，通过血管收缩，表皮组织可以限制寒冷的气体进入深层的温血组织中；当环境温度很高时，则可以通过表皮血管舒张，散失热量（图 13-33）。

第三，保护功能：将血液运送到受伤或者感染部位，包括白细胞和免疫蛋白（抗体）、凝血物质（在受伤部位形成纤维蛋白网）。防止机体损伤，防止外来微生物或者毒素进入机体。

## 二、人类的心脏和心血管系统

人类的心脏大约有一个握紧的拳头大小，主要由心肌组织构成，心房收集流回心脏的血液，并将血液泵入心室，心室将血液泵向身体的其它器官。

左心室壁较右心室壁厚（图 13-34A），左心室强有力的肌肉将血液通过体循环泵向人体所有的器官（图 13-34B），富氧型血液通过主动脉离开**左心室**（left ventricle），主动脉是最大的血管，直径大约 2.5 cm，几根大动脉从主动脉中分出，通向头部和手臂，然后主动脉在心脏后面往下延伸，分出几根动脉向腹部的各个器官和腿部输送血液；动脉分成微动脉，微动脉最终分成毛细血管，毛细血管汇集成微静脉，微静脉将血液运入静脉，来自身体上部的贫氧血液被输入被称为上腔静脉的大静脉，而另一条大静脉——下腔静脉运送来自身体下部的血液，这两条腔静脉将血液注入右心房。血液从**右心房**（right atrium）流入**右心室**（right ventricle）时，整个旅程结束。

血液循环系统（图 13-34B）应从肺循环开始，右心室通过两条肺动脉将血液泵向肺部，流经肺部毛细血管时，血液带上氧气卸下二氧化碳，然后富氧型血液通过肺静脉流回**左心房**（left atrium），接着，富氧型血液从左心房流入左心室。

现在我们已经从整体上学习了心血管系统，接着让我们来更近距离地看一下它各部分的结构和功能。

### 1. 血液的结构和功能

（1）血液由血浆和血细胞组成

离心后的上层为透明、稻草色的液体即**血浆**（blood plasma），血浆约占血液 45%，血浆水分约占 90%，10% 为离子态的无机盐、蛋白质和其他多种物质。①可溶性离子可以维持血液和组织液之间的渗透平衡，保持血液的 pH 在 7.4 左右；无机离子同时可以调节细胞膜的透性。②血浆蛋白和盐类

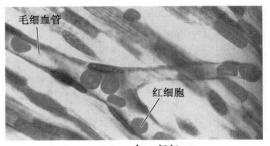
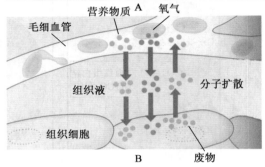

⬆ 图 13-32　循环系统和其它组织的关联
A. 肌肉组织中的毛细血管。
B. 血液与组织细胞间的物质扩散。

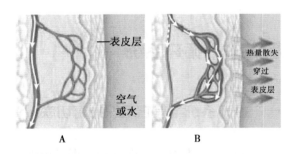

⬆ 图 13-33　热量损失的控制
A. 血管收缩可以限制血流量和热量损失。
B. 血管舒张可以增加血流量和热量损失。

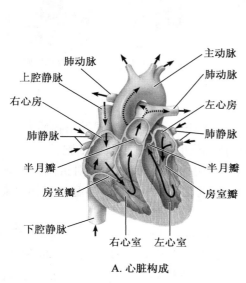

A. 心脏构成

肺动脉　主动脉
上腔静脉　肺动脉
右心房　左心房
肺静脉　肺静脉
半月瓣　半月瓣
房室瓣　房室瓣
下腔静脉
右心室　左心室

B. 血液在心血管系统中的流动

上腔静脉　头和上肢的毛细血管
肺动脉　肺动脉
右肺毛细血管　主动脉　左肺毛细血管
肺静脉　肺静脉
右心房　左心房
右心室　左心室
下腔静脉　主动脉
腹部器官及下肢毛细血管

⬆ 图 13-34　人的心脏和心血管系统

一起维持渗透平衡和 pH 值的稳定。③多种蛋白质都具有其特定的功能，纤维蛋白原和血小板一同在凝血方面起作用；另一组血浆蛋白和免疫球蛋白，对于人体免疫方面十分重要。

（2）血细胞

① 红细胞运输氧气：**红细胞**（erythrocyte）（红血球）是数量最多的血细胞，普通人的血液内大约有 25 万亿个，红细胞占血液总体积的 45%。红细胞不含细胞核和线粒体。红细胞的结构同其主要功能——携带氧气相适应。红细胞为中间凹陷的圆盘，中心较边缘薄（图 13-35），双凹的形状可增大表面积因此确保氧气的有利扩散。每个红细胞含有大约 2.5 亿个血红蛋白分子，它是一种结合并运输氧气的色素。一般来说，这些细胞在血液中循环 3～4 个月后就开始老化坏死，由脾、骨髓和肝脏中具有吞噬功能的细胞回收；大量的铁元素从血红蛋白中转移，回到骨髓，新的红细胞在骨髓内形成。

② 防卫功能的白细胞：**白细胞**（leukocyte）在人血液中所占的比例不到 1%，白细胞比红细胞大，而且有细胞核，不像红细胞那样行动受到血液的限制，可以游离出毛细血管进入组织液中。白细胞有不同的种类（图 13-36），大致分为五种：**嗜碱性粒细胞**（basophil）通过释放化学物质如组胺可以抗感染，组胺使血管扩张，允许其他的白细胞离开毛细血管进入周围组织抵御入侵者；两种最常见的进入身体组织的白细胞是**中性粒细胞**（neutrophil）和**单核细胞**（monocyte），它们都是吞噬细胞，会吞噬通过伤口进入机体的细菌和蛋白质，以及其他死亡体细胞的碎片，从而抗细菌感染以及可移走细胞碎片而帮助组织痊愈；**嗜酸性粒细胞**（eosinophil）可杀死寄生蠕虫，也可减轻过敏反应；**淋巴细胞**

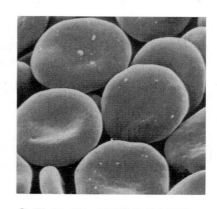

⬆ 图 13-35　哺乳动物的红细胞

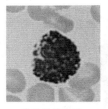 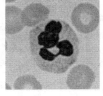  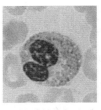 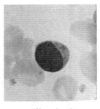

| 嗜碱性粒细胞 | 中性粒细胞 | 单核细胞 | 嗜酸性粒细胞 | 淋巴细胞 |

⬆ 图 13-36　五种不同类型的白细胞

（lymphocyte）是抵御特异性入侵者的免疫中的关键细胞，一些淋巴细胞会产生同外来物质发生反应的蛋白质——**抗体**（antibody），其余淋巴细胞会攻击被病原体感染的体细胞以及癌细胞。

　　白细胞实际上大部分时间都在循环系统之外，即在组织液中移动，那里才是对抗感染的地方。淋巴系统中同样有数目巨大的白细胞；同红细胞一样，白细胞也在骨髓中生成，当身体受到感染时，它们的数量就会大大增加。

　　③ 血小板与血液凝固：偶尔的割伤或者擦伤都不会造成流血不止，这要归功于**血小板**（platelet）以及血浆蛋白中的**纤维蛋白原**（fibrinogen），它们会在血管受伤时被激活而形成凝块，当血管破裂时，血管壁上的平滑肌开始收缩，血管缩小，血小板开始聚集在伤口处，相互或与周围组织黏合而形成血小板栓，血小板栓在纤维蛋白原的结合下被加固（图 13-37），从而形成紧密的块状物质，达到凝固血液的目的。

　　**2. 血管的结构和功能**

　　血液经动脉血管离开心脏，这些血管继续分支进入机体的各个器官，似中空的"树"。显微镜可见的为动脉和小动脉。从动脉流出的血液进入狭窄、薄壁、结构精巧的毛细血管，然后集中在小静脉，再进入静脉血管而运回到心脏。**动脉**（artery）与**静脉**（vena）有着共同的基本构造（图 13-38）。最里层为上皮薄层，向外依次为具有弹性的纤维层、平滑的肌肉和结缔组织层。这类血管壁厚，能阻止血液和血管外组织间的物质交换。心脏附近的大动脉有很厚的平滑肌层，可以承受住心脏跳动将血液涌出时的巨大压力。结缔组织具有弹性，使得血管可以伸长或者缩短。许多静脉具有**瓣膜**（valve），它们是一些朝着心脏方向突出的翼状组织，瓣膜可避免血液的回流，使血液只朝心脏方向流动。静脉平滑肌较动脉薄，静脉所能承受的压力也只为动脉的 1/10。

　　**毛细血管**（capillary）壁薄，仅由上皮细胞构成，外面为一层很薄的基膜，分子和离子可进行扩散。当血液流经毛细血管，其运输的气体和代谢物能够和机体的其他细胞进行交换。尽管毛细血管很小（长 1 mm，宽 8 mm，仅比血红细胞大一点），但数目众多仍使其在血管中占有很大的区域而又相互交错。毛细

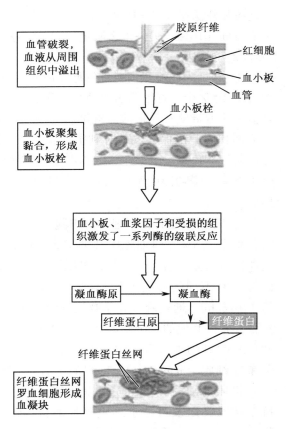

⬆ 图 13-37　血液的凝固过程

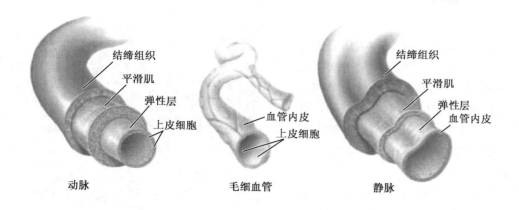

● 图 13-38 血管的构造
动脉和静脉具有相同的组织层，毛细血管仅由单层上皮细胞构成。

血管的内表面很平滑，以防止血细胞在翻滚前进的路上被磨损。它们如此紧密精确的配合，红细胞可以很容易地挤过毛细血管而得以运输氧气。血液流经毛细血管时减缓了速度，为其与周围的细胞进行交换提供时间；同时经过巨大的毛细血管网络时，血液也会失去很多的压力，因而能够低压力进入静脉，毛细血管错综复杂的连接能保证气体和代谢物在细胞进行交换（图 13-39）。

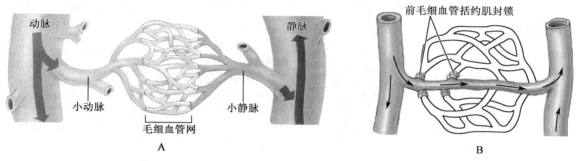

● 图 13-39　毛细血管网络连接动脉和静脉
A. 血液与细胞液的物质交换发生于毛细血管中，毛细血管由毛细血管括约肌控制。
B. 括约肌收缩时，毛细血管封闭。铜鼓括约肌的控制而调控毛细血管中的血流量，从而控制组织交换速率。

### 3. 心动周期

（1）心动周期

心脏是循环系统的中心，具有两个泵系统，右泵将血液输送到肺部，左泵将血液输送到身体的其他部分。在一个连续的周期中，心脏被动地充满血液，然后主动收缩，心脏每收缩和舒张一次，称为一个**心动周期**（图 13-40）。

心脏舒张的这一时期为①**心舒张期**（diastole），血液流进心脏的 4 个分室中；来自腔静脉的血液进入右心房，来自肺静脉的血液进入左心房，并且心房与心室之间的瓣膜（房室瓣）打开，使得血液从心房流进心室；此时，血液会占据心室的 80%，舒张期持续大约 0.4 s。

心动周期的另一个时期为②**心缩期**（systole），心缩期始于心房的短暂收缩（大约 0.1 s），这一收缩使心室完全充满血液。整个心动周期中心房只有在这一时刻是收缩的，然后③心室收缩约 0.3 s，心室收缩产生的压力使房室瓣关闭，位于心室出口处的半月瓣打开，同时将血液泵进大动脉。

心脏瓣膜防止血液的回流。心室收缩时房室瓣关闭，使血液不会回流到心房；房室瓣关闭以后，心室的压力使半月瓣立即打开，从而使血液被压入动脉；心室舒张时，半月瓣关闭，避免血液回流进心室。

左心室每分钟泵入体循环的血液体积，叫作**心输出量**（cardiac output）。换算公式 = 左心室每收缩一次所泵出的血液量（普通人每搏约 75 ml）× 心率；心率和心输出量因运动的剧烈水平和其他因素而改变，例如，食用咖啡因这些刺激物时，心率和心输出量都会增加，重体力运动可以增加 5 倍的心输出量（年轻人平均水平）。

（2）心动周期的控制

心肌通过控制所有的心肌细胞的收缩速率来维持心脏泵血的节律。起搏点即窦房位于右心房的心壁内（图 13-41），①起搏点产生和神经细胞类似的电信号（橙色箭头）；②信号迅速地传遍两个心房，使它们一起收缩，信号也会传到位于右心房和右心室之间的心壁内的一个叫做房室结的中继点，在这里信号被延迟大约 0.1 s，这一延迟保证心房首先收缩，以及心房在心室收缩之前会彻底排空；然后③特殊的肌肉纤维将信号传到心室的尖端；再④向上通过心室壁，触发强有力的收缩，将血液排出心脏。

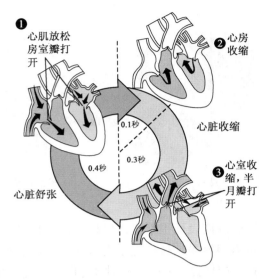

❶心肌放松 房室瓣打开
❷心房收缩
心脏收缩
❸心室收缩，半月瓣打开
心脏舒张
0.1秒
0.3秒
0.4秒

⬆ 图 13-40　心动周期

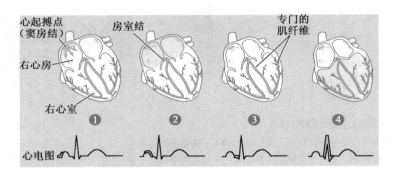

心起搏点（窦房结）　房室结　专门的肌纤维
右心房
右心室
❶　❷　❸　❹
心电图

⬆ 图 13-41　心脏的节律性搏动的控制

电兴奋在心脏内的传播产生电流，可以引起皮肤的电位产生变化，通过四肢和胸部的电极记录下来，称为**心电图**（cardiograph）。心动周期中心脏会去极化和复极化，去极化引起心脏收缩，复极化引起心脏舒张，记录下来的第一个峰，P 为心房去极化产生的，因此与心房收缩有关；第二个较大的峰 QRS，由心室去极化产生，在这段时间内，心室收缩将血液射入动脉；最后一个峰 T，由心室复极化引起，心室开始舒张（图 13-42）。

### 4. 血压

（1）血压与影响因素

**血压**（blood pressure）是血液对血管壁所产生的压力，血压是促使血液从心脏→动脉→小动脉→毛细血管的主要动力。当心室收缩时，血液以很高的速度被泵入动脉，使动脉壁扩张，**脉搏**（pulse）就是动脉的节律性扩张。由心室收缩而引起的压力的波峰（收缩压）和稍低的舒张压，在两次心跳之间（舒张期），具有弹性的动脉迅速恢复，维持对血液的压力，使其流进微动脉和毛细血管（图 13-43）。

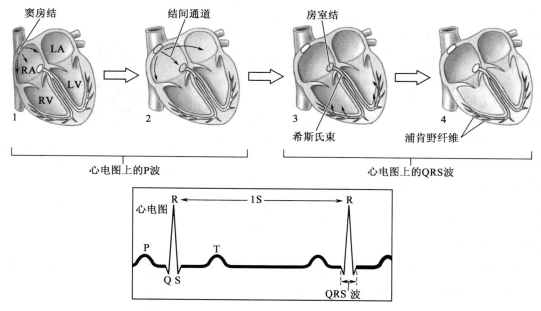

窦房结 结间通道 房室结

LA
RA
LV
RV
1

2

希斯氏束
3

浦肯野纤维
4

心电图上的P波

心电图上的QRS波

心电图
R ← 1S → R
P T
Q S
N
QRS波

⬆ 图 13-42　心脏的电兴奋途径　去极化从窦房结（SA）产生
通过心房引起左右心房收缩（形成心电图上的 P 波）后，去极化作用到达房室结（AV），在此开始沿着希氏束隔膜到达心室。蒲金耶氏纤维把去极化作用带到左右心室心肌（形成心电图上的 QRS 波），心电图上的 T 波对应于心室的复极化

　　血压的大小依赖于两方面因素：心输出量和小动脉的狭窄开口对血流的阻力。因此，增大的心率，或者是增加的心输出量，或者血管收缩而增大的血流阻力等都会使血压升高；相反，心率缓慢或者血流量减少会使血压下降。

　　血压以毫米汞柱（mmHg）表示，血压和血液的速度在主动脉和动脉中最高，当血液进入小动脉后会下降，血压的下降主要是微动脉壁对血流的阻力所致，血液在微动脉中速度和血压的下降有利于毛细血管中血液平缓顺畅流动，平缓的流速可保证血液和组织液之间进行充分的物质交换。

　　自血液到达静脉开始，血压会降到接近于零。那么，血液是如何回到心脏，特别是如何克服重力从腿部回到心脏？哺乳类长颈鹿的静脉位于骨胳肌之间，只要身体一运动，肌肉就会将静脉夹紧并且挤压血液，确保血液流向心脏；哺乳类的大静脉都有瓣膜，使得血液只向着心脏流动，另外，呼吸同样会帮助血液回到心脏，吸气时，胸腔内压力的改变导致心脏附近大静脉的扩张。

　　（2）平滑肌控制血液的分配

　　微动脉壁上的平滑肌通过改变对流入血液的阻力而影响血压。微动脉壁上的平滑肌同样也可以调节血液进入多种器官中毛细血管的分配。正常情况下，身体中只有 5～10% 的毛细血管中有血液流经。对于某些器官，例如大脑、心

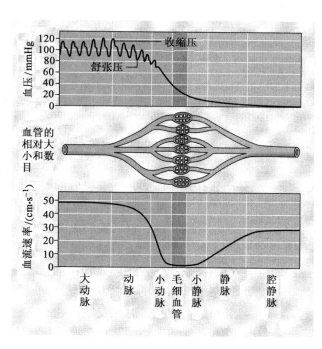

⬆ 图 13-43　血管中的血压和血流速度

脏、肾脏和肝脏中的毛细血管通常都被血液充满；但是在其他器官，血液的供应量依据需要分配到对应的部位。

除了微动脉平滑肌通过收缩或者扩张改变血液进入毛细血管床之外，还具有第二种机制进行血液的分配（图 13-44）：特定的快速通道的毛细血管。血液可以直接通过毛细血管从微动脉流向微静脉，这条通路总是打开的，从直接通路分支出来的毛细血管构成了毛细血管床的主体，血液进入这些分叉的毛细血管的道路是由叫做毛细血管前括约肌的平滑肌环所调节：①当毛细血管前括约肌舒张时，血液就可流过毛细血管床；②当括约肌收缩时，血液就会绕过毛细血管床。举个实例：用餐后，消化道壁上的毛细血管前括约肌会让更多的血液流过毛细血管床，使得血液增多保证消化食物时所需。在剧烈的运动中，消化道内的许多毛细血管被关闭，血液被更大量地提供给骨骼肌。

## 三、循环系统的类型与进化

### 1. 循环系统的类型：开放式和封闭式的循环系统

并不是所有的动物都有人类一样的循环系统，如水螅和水母等刺胞动物没有真正的循环系统，即没有专门的器官系统负责体内运输。水螅的体壁只有 2 ~ 3 个细胞的厚度，所以细胞可以同周围以及消化循环腔内的水环境进行物质交换，水从口部吸入，在消化循环腔内循环，最后从口部流出。水母具有特定的水沟系统，通过鞭毛的摆动帮助消化循环腔内液体的循环（图 13-45A）。涡虫以及大多数其他扁形动物也只有一个消化循环腔。对于这些微小的动物来说，一个消化循环腔足以进行体内运输，但对于细胞层厚而多的动物来说则是不够的，这些动物都有一个真正专门的负责循环的体液——血液循环系统。

动物的循环系统主要有两种基本类型：开放式和封闭式。许多无脊椎动物，包括大多数软体动物和所有的节肢动物，血液流经末端开放的血管，最后流出血管到达细胞间隙，是**开放式循环系统**（open circulatory system）。这个系统被称作"开式"，是因为血液和组织液之间没有差别，如蝗虫（图 13-45B），管状心脏的跳动使得血液进入头部以及身体的其他地方，当肌肉的收缩使体液流向尾部时，营养物质直接从血液中扩散进入体细胞；当心脏舒张时，血液通过几个小孔回到心脏，每个小孔都有一个瓣膜，当心脏收缩时瓣膜会关闭，这样就避免了血液的回流；与呼吸相关的气体，都通过气管系统被运向或者运出昆虫体细胞。

脊椎动物，包括我们人类，都有一个**封闭式循环系统**（closed circulatory system），也叫心血管系统，该系统由一个心脏和管道状的血管网络组成，血液被限制在血管内，与组织液相区别。一个闭式循环系统包含三种血管：动脉将血液从心脏运往全身的器官；静脉将血液运回心脏；毛细血管负责在每个器官的动脉和静脉之间运输血液。以鱼的心血管系统为例（图 13-45C），鱼的心脏有两个空间，心房从静脉接受血液，心室通过大动脉将血液泵向鳃部。流过鳃部的毛细血管后，富氧血液流入其他的大动脉，将血液运往身体的其余各处；大动脉分支成微动脉，微动脉最后变成毛细血管；毛细血管网络系统渗透到身体的每一个器官和组织；毛细血管具有很薄的血管壁，使得血液和组织

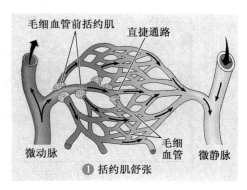

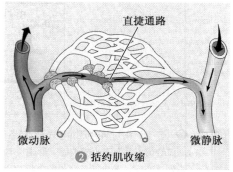

⊙ 图 13-44　毛细血管括约肌对微循环的调节

液之间可进行化学物质交换；毛细血管聚集而成微静脉，而微静脉聚集成静脉，将血液运回心脏。

**2. 脊椎动物的心血管系统反映了生物的进化**

脊椎动物向陆地的迁移是生物史上的一个重大事件，为这一类动物创造了大量的生活新机会。当水生的脊椎动物变得适应陆地生活时，它们身上几乎所有的器官系统都经历了巨大的变化，其中最为显著的变化之一就是由鳃呼吸转变为由肺呼吸，并且这一转变伴随着心血管系统巨大的改变。

（1）箱式泵心脏的出现

鱼类是真正的箱式泵心脏。鱼的心脏具有四个分室（图13-46），并且是一个接着一个排列的管道。前面的两个分室是静脉窦和心房，是收集室；而其他两个为心室和动脉锥，是增压室。鱼的心脏跳动顺序是一种蠕动的顺序，从后面开始并向前移动，最开始收缩的是静脉窦，随之是心房、心室，最后是动脉锥。

鱼的心脏适合于鳃这种呼吸器官，并且是代表脊椎动物主要进化的创新之一。鱼类的血液流动是单循环，心脏只接受或者泵出贫氧血液。离开心脏后，血液流过鳃部的毛细血管网络，并结合氧气。在血液流过鳃的毛细血管时，血液丧失了大多数的心脏收缩压，所以经过鳃部多而细的毛细血管时血液会流得相当慢，虽然限制了氧气被输送到其他部位的效率，但游泳这一运动可以帮助血液到达其他器官，当经过周身毛细血管时，血液会向身体各组织给出氧气，最后回到心脏。

（2）两栖类与爬行类动物的循环系统

肺的出现引起循环系统的改变。在血液由心脏流出肺动脉之后，血液不再直接流经身体，而是通过肺

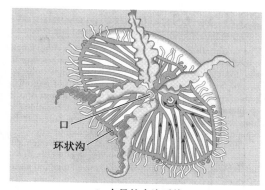

A. 水母的水沟系统

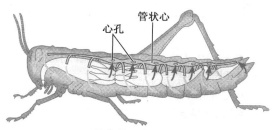

B. 昆虫的开放式循环系统

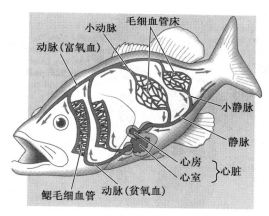

C. 鱼的封闭式循环系统

⬆ 图 13-45　动物的循环系统

血管到达心脏，可以归结为两个循环：心脏和肺之间，称为**肺循环**（pulmonary circulation）；心脏和身体其他部分，称为**体循环**（systemic circulation）。两栖类动物具有两个心房和一个心室（图13-47），右心房接受循环系统的贫氧的血液，左心房从肺部接受富氧血液，两个分室不会混合起来。但是，当心房中的物质流动到起着缓冲作用的心室时，会发生少量的混合。因为只有一个心室，所以肺循环和系统循环的分离不完全，两栖动物还可以通过皮肤获得氧气，称为皮肤呼吸作用，可以用来补充其血液中的氧气。

爬行动物中，心室结构进行了细化，使得心脏中的富氧与贫氧的血液得到更好的独立分离，具有完全分开的肺循环和体循环。

两栖类和爬行类动物具有两个循环系统，为肺循环和体循环，可以把血液输送到肺部身体其他部分，来自肺部的富氧血液与来自身体其他部分的贫氧血液保持相互的独立，心脏部位为不完全分离。

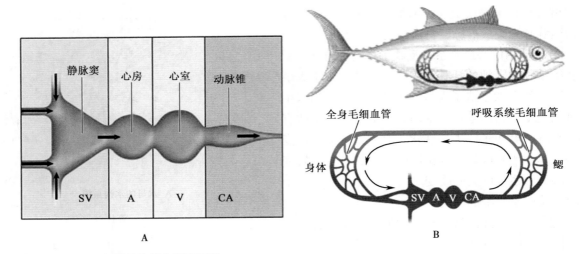

**⬆ 图 13-46　鱼类的心脏和循环系统**

A. 鱼的心脏图示，为四个分室。

B. 鱼的循环图示以及放大图，血液是经心室抽出通过鱼鳃再到全身。富含氧气的血液为浅灰色，低氧的血液为深灰色。鱼的心脏是被修饰过的管道，有四个分室构成。血液开始于波浪收缩的静脉窦，而逐步进入心脏。

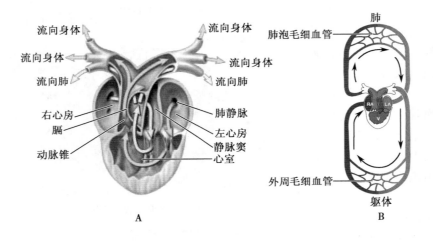

**⬅ 图 13-47　两栖动物的心脏和循环系统**

A. 青蛙的两个心房和一个心室。

B. 有氧血液（浅灰色）和贫氧血液（深灰色）。但会发生部分的混合，会被心脏输送大肺部和身体的其他部位，混合血液以中度灰色表示。

RA 为右心室；LA 为左心房；V 为心室。

（3）陆生脊椎动物的循环系统

陆生脊椎动物具有复杂的心血管系统，可提供更强大的血流流到各个器官。哺乳类的心脏有四个分室（图 13-48）：两个心房和两个心室。哺乳类的循环是**双循环**（double circulation）：肺循环，在心脏和肺部的气体交换组织之间运输血液；体循环，在心脏和身体其余各部分之间运输血液。双循环中，心脏的左边只接受或者泵出富氧血液，而右边为贫氧血液；右心房接受来自机体组织的血液，右心室将这些血液泵到肺部的毛细血管；左心房接受来自肺部的富氧血液，左心室将富氧血液泵出，通过体循环流到身体各器官。双循环效率的提高被认为在体温的生理调节的演化过程中起到重要的作用。因为整个循环系统是封闭的，因此肺循环流经的血液都是相同的，左心室和右心室每次收缩时必须挤压出相同量的血液。尽管输出的血流量相同，但所产生的压强不同，将血液压入到更高阻力存在的体循环的左心室较右心室肌肉更为发达，并且压力也更大。

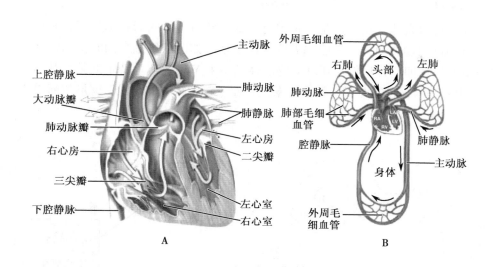

➊ 图 13-48　哺乳动物和鸟的心脏和血液循环

A. 血液循环流经四室的心脏。

B. 心脏的右边接受含氧量较少的血液并将其压入肺部；左边心脏接受富氧血液并将它压入身体。

RA 为右心室；LA 为左心房；RV 为右心室；LV 为左心室。从肺部流出的富氧血液重新回到左心房并压入左心室。从身体中产生的贫氧血液回到右心房并流经右心室压入肺部

# 第六节　繁殖、生殖系统和胚胎发育

## 一、动物的无性生殖和有性生殖

### 1. 动物的繁殖和性别决定

（1）动物的繁殖

① 无性生殖：**无性生殖**（asexual reproduction）是一种初级的生殖方式，原生生物、腔肠动物和尾索动物等通过这种方式繁殖，但是无性生殖同样也存在于一些更复杂的动物中。事实上，同卵双胞胎（由早期胚胎分成两个完全相同的细胞形成）也是无性生殖的一种。通过有丝分裂，一个细胞可形成两个遗传特性完全相同的子细胞。这使得原生生物可以通过生物体的分裂进行无性生殖，或称裂殖。腔肠动物通常进行芽殖，即母体的一部分与其他部分分开而分化成为一个新个体。新个体可独立生存，也可能一直依附着母体而形成一个克隆群（clony）。

② 有性生殖：**有性生殖**（sexual reproduction）是由两个性细胞或配子（包括精子和卵子）的结合而形成一个新个体。精子和卵子结合形成受精卵，受精卵经有丝分裂发育成新的多细胞生物。受精卵及其有丝分裂的细胞都是二倍体，它们含双亲的每一对同源染色体。由性器官或性腺——睾丸和卵巢通过减数分裂形成的配子是单倍体。精子和卵子的发生将在后面部分详细介绍。

③ **孤雌生殖**（parthenogenesis，也称单性生殖）在多种节肢动物中十分常见。有些动物只行单性生殖（均为雌性），而有些动物则是有性生殖和孤雌生殖交替进行。例如在蜜蜂中，蜂后仅交配一次，其后把精子储存起来。它能够控制精子的释放：如果无精子释放，卵子则进行孤雌生殖并成为雄蜂；如果精子能与卵子受精，受精卵便发育成蜂后或工蜂，它们都是雌蜂。

1958 年，俄罗斯生物学家 Ilya Darevsky 报道了首例脊椎动物中非同寻常的生殖类型。他观察发现有一种完全由雌性小蜥蜴组成的种群，推测这种蜥蜴的卵即使不受精也能发育。换言之，它们无需精子也可进行无性生殖，这是孤雌生殖的一种类型。更深入的研究发现，其它种类的蜥蜴也存在这种生殖方式。

④ 另一种变异的生殖策略：**雌雄同体**（hermaphrodite），即一个个体既有精巢又有卵巢，能产

生精子和卵子。绦虫雌雄同体并可以自体受精，这是一种很有效的生殖策略，因为它不易遇到其他的绦虫。但是对于大多数雌雄同体的动物而言，一般都需要异体受精，如两条蚯蚓会同时担当雌性和雄性的角色，交配后各自带着受精卵离开配偶。哺乳动物的性别是由 Y 染色体上特定的某个基因区域决定的。当 Y 染色体和 SRY 基因存在的时候，则形成睾丸，而当二者缺失的时候，就形成卵巢（图 13-49）。

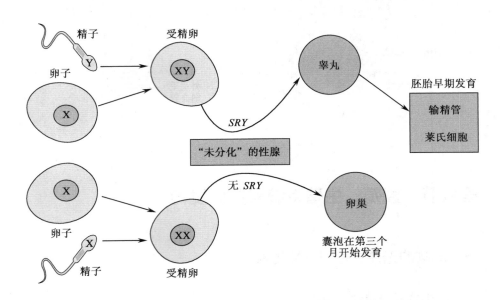

⊙ 图 13-49  哺乳动物的性别决定

某些深海鱼类也是雌雄同体，在同一时间既是雄性又是雌性个体。许多鱼类可以改变性别。例如，在一些珊瑚礁鱼中，既有**雌性先熟**（protogyny）也有**雄性先熟**（protandry）的情况。在雌性先熟中，性别的改变似乎受到群体（social）的控制。这些鱼类通常成群生活在一起，鱼群的成功繁殖通常受一条或几条个头大且强势的雄鱼限制。如果那些雄鱼被移去，最大个体的雌鱼就会迅速改变其性别，然后成为强势的雄鱼（图 13-50）。

（2）性别决定

在前面述及的鱼类及一些爬行动物中发现环境的改变会引起动物性别的改变。而在哺乳动物中，性别早在胚胎发育期就决定了。在受精后的最初 40 天，雄性和雌性的生殖系统很相似。其间，那些将发育成为精子或卵子的细胞从卵黄囊迁移到胚胎的生殖腺——未来的雌性卵巢或雄性睾丸，胚胎的性腺是"未分化"的。假如胚胎是雄性，它有一条 Y 染色体，其上一个基因的产物可以使未分化的性腺转变为睾丸；如果胚胎是雌性，它就无 Y 染色体，相关的基因和蛋白质也缺失，性腺就会发育成卵巢。近期的研究表明，决定性别的基因可能就是 SRY 基因（Y 染色体的性别决定区），SRY 基因在脊椎动物的进化中非常保守。一旦睾丸在胚胎中形成，它就会分泌睾丸激素和其它的激素进而促进雄性外生殖器和附属生殖器官的形成。如果胚胎

⊙ 图 13-50  雌雄同体和雌性先熟

A. 图中的海鲈（低纹鮨属种）是一种雌雄同体的深海鱼——既是雄性的又是雌性的。在交配的过程中，一条鱼能多达四次改变自己的性角色，交替的使自己产卵或者使配偶的卵受精。图中充当雄性的海鲈弯曲地围在它配偶的身边，使向上漂浮的卵受精。

B. 蓝头濑鱼、双带锦鱼是雌性先熟的——有时雌性会变为雄性，图中这只大的雄鱼或者说性别改变了的雌鱼，在众多的雌性中显得大很多。

没有睾丸（此时的卵巢没有功能），性腺就会发育成雌性的外生殖器和附件。换言之，所有的哺乳动物胚胎都将产生雌性的外生殖器和附件，只有在睾丸分泌物存在的情况下，胚胎才能发育成雄性。

**2. 脊椎动物繁殖的进化导致体内受精和发育**

（1）受精与发育

脊椎动物在进化到陆地之前，其有性生殖在海洋中进行。大多数的海洋硬骨鱼类的雌体将卵产入水中，雄性则通常将精子排在卵子周围，精卵在水中结合，这个过程叫体外受精。虽然海水环境对配子并非十分不利，但海水确实很容易将精子冲散，所以雌性的排卵和雄性的排精必须几乎是同步的。由此大多数海洋鱼类的产卵和排精时间一般仅限定在短暂的时期和特定的时刻。有些种类一年仅繁殖一次，而有些种类的繁殖次数却非常频繁。海洋中有一些季节性的线索（特征）可以用作同步繁殖的信号，但一个普遍运用的信号是月球周期。当月球接近地球时，月球的引力作用就会使海洋涨潮。一些海洋生物通过感知潮水的变化进入繁殖阶段，依照月球周期释放配子。

向陆地的迁徙引发了新的危险——干燥，这点对小而脆弱的配子来说尤为严峻。在陆地，并不是简单的将配子靠近排放即可，因为那样配子会很快干死。因此，对于陆生脊椎动物（也包括一些鱼类）而言，巨大的选择压力迫使它们演变出体内受精，即雄性的配子必须导入雌性生殖管道。通过这种方式，即使雄性个体完全陆生，受精仍可在一个并不干燥的环境下进行。体内受精的脊椎动物孵育胚胎的方式有三种：

① **卵生**（oviparity）：这种生殖方式多见于某些硬骨鱼类、大多数爬行动物、部分软骨鱼类、部分两栖类、少数哺乳动物和所有鸟类。其特点是体内受精后，母体将受精卵排出体外，卵在体外进行胚胎发育。

② **卵胎生**（ovoviviparous）：这种生殖方式多见于某些硬骨鱼类（包括帆鳍鳉、孔雀鱼和大肚鱼）、某些软骨鱼类和一些爬行动物。受精卵在母体内完成发育，但是胚胎发育所需的营养完全由卵黄囊供给，当幼体孵化离开母体时已发育完全（图13-51）。

③ **胎生**（vivipary）：这种方式见于大多数软骨鱼、部分两栖类、部分爬行类和几乎所有的哺乳动物。胎儿在母体内发育，直接从母体血液而不是从卵黄囊中吸收营养。

（2）鱼类和两栖动物

大多数鱼类与两栖动物通过体外受精进行繁殖。鱼类中，大多数硬骨鱼的受精在体外完成，卵内的卵黄仅供短暂的胚胎发育

◆ 图13-51 卵胎生鱼

将幼鱼携带在体内，幼鱼在母体内发育完全后被释放，尽管很小，但有能力自己发育成为成年鱼。图示一只柠檬色的鲨鱼和它刚刚生下的还被脐带连着的一只幼鲨。

所需，当卵黄囊中的初始营养耗尽后，幼体必须从周围的海水中寻找营养。幸存下来的幼体发育迅速很快成熟。尽管成千上万的卵通过一种简单的交配方式受精，但大多数受精卵被细菌感染或被捕食，只有极少数能长成成体。和大多数硬骨鱼形成鲜明对比的是，绝大多数软骨鱼纲的受精是体内完成的。雄鱼用特化的腹鳍将精子送入雌鱼体内，其幼体的发育通常是胎生的。

对两栖动物而言，它们还没有完全适应陆地生活就来到了陆地生存，所以它们的生活周期仍与水紧密相连。与大多数硬骨鱼一样，大多数两栖动物的受精也是在体外完成的。雄性和雌性的配子均通过泄殖腔排出。对于蛙类和蟾蜍，它们的雄体抓住雌体并将含有精子的液体排放到正流入水中的卵子上（图13-52）。尽管大多数两栖动物的受精卵在水中发育，但也有一些很有趣的例外，例如：南美有一种蛙，雌性背部有专供幼仔发育的口袋；达尔文蛙将卵放在雄蛙的声囊中孵化，发育完成后再将小蛙从口中吐出（图13-53）。

↑ 图 13-52　蛙卵的体外受精
当蛙交配时，雄性的拥抱诱导雌性排出大量的成熟卵子，雄性将精子射在卵上。

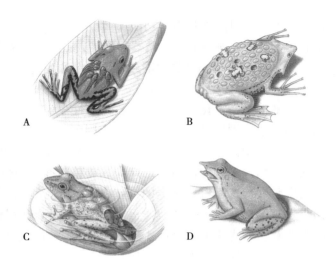

↑ 图 13-53　幼蛙的不同发育方式
A. 一种有毒的雄蛙背着蝌蚪。
B. 苏里南雌蛙背上有特别的繁殖用口袋供幼蛙发育。
C. 南美有一种蛙，雌性背部有专供幼仔发育的口袋。
D. 达尔文蛙的蝌蚪是在雄性的声道里发育成年，然后从成年蛙嘴里产出。

　　两栖动物所需的发育时间远比鱼类长，但是它们卵内的卵黄并没有明显地增多。两栖动物的发育分成胚胎期、幼体期和成熟期三个阶段，类似于某些昆虫的生活周期。胚胎在卵内发育，从卵黄吸收营养。孵化后，水生幼体就必须自由游泳并四处觅食，这一阶段通常维持很长时间。幼体生长很快，一些蝌蚪——蛙或蟾蜍的幼体几周之内就可以由原先不到铅笔尖大小长到金鱼那般大小，幼体长到足够大后，再经过一些变化和变态便成为适应陆地生活的成年个体。

　　（3）爬行动物和鸟类

　　大多数爬行动物和鸟类是卵生的，受精后，卵产于母体外，在体外完成发育。正如大多数体内受精的脊椎动物一样，雄体利用一根管状组织即阴茎将精子射入雌性体内。阴茎包含一种勃起组织，能够变得非常坚挺并且可插至雌性生殖管道的深部（图13-54）。大多数爬行动物是卵生的，母体产卵后便将之舍弃。随着卵在输卵管（生殖系统的一部分，与卵巢相连）内的移行，其外被一层坚韧的外壳包裹。少数的爬行类是卵胎生或胎生，胚胎在母体内发育。

　　大多数鸟类没有阴茎，但所有的鸟类都是体内受精。一些大型鸟类（包括天鹅、鹅、鸵鸟）的雄性泄殖腔伸展成假阴茎。当卵沿输卵管下行时，腺体分泌白蛋白和硬的石灰质外壳——这是区分鸟卵和爬行类卵的一个依据。现行的爬行动物都是变温动物（即体温随着外界的气温变化而变化的动物），而鸟类是恒温动物（即体温相对稳定，与外界环境温度无关）。因此，鸟类产卵后需孵育以保持恒温。由于初孵雏鸟发育不完全，雏鸟需要在双亲的饲喂养

↑ 图 13-54　正在交配的龟
精子从雄性体内进入雌性体内的过程叫作交配。图示爬行动物龟是专为适应陆地环境而最早使用这种交配方式的陆地动物。

育下逐渐发育成熟（图 13-55）。由于带壳卵可产在干燥的地面上，鸟类和爬行类的带壳卵是脊椎动物适应陆地环境的最重要特征之一。这些卵为羊膜卵，胚胎在羊膜包围的充满羊水的腔内发育。羊膜是一种胚外膜——位于胚体外而来源于胚胎细胞的膜。羊膜卵的其它胚外膜还包括卵壳内侧的绒毛膜、卵黄囊和尿囊。与之相比，鱼和两栖动物的卵仅有一层胚外膜——卵黄囊。人和其他胎生哺乳动物也都有羊膜结构。

🔼 图 13-55　皇冠企鹅在孵卵孵化时执勤双亲轮班的典型仪式。

（4）哺乳动物

有些哺乳动物有季节性繁殖的特点，一年只繁殖一次，而有些哺乳动物的生殖周期较短。后者中，雌性大多有生殖周期，而雄性的生殖活动更具连续性。雌性的生殖周期涉及卵巢定期地排放成熟卵。大多数雌体只在排卵期前后"狂热"或者接受雄性。这段性开放的时期称作发情期，因而生殖周期也称为发情特征的循环。雌性的这种生殖周期一直持续直至它们怀孕。在大多数哺乳动物的发情期循环中，前垂体腺分泌的 FSH 和 LH 的变化可以引起卵细胞发育及卵巢激素分泌的变化。人类及灵长类有月经周期，类似于其它哺乳动物的激素分泌和排卵的周期特点。与其它哺乳动物的发情期不同，当人与猿的子宫内膜脱落时，雌体便出现流血现象，此过程称为**月经**（menstruation；menses）。人和猿可以在这个循环中的任何时间交配。

与其它大多数哺乳动物不同，兔和猫的排卵是诱导性排卵。与无需性行为的周期性排卵不同，雌性（兔和猫）只在交配后排卵，这是 LH 分泌的反射刺激的结果。这一特性赋予了兔和猫极强的繁殖力。

最原始的哺乳动物——单孔目动物（仅包括扁喙的鸭嘴兽及针鼹猬）也是卵生类型，类似它们的爬行动物先祖。单孔目动物在巢穴或特化的袋中孵卵，雌体没有乳头，因而初孵幼体通过吮吸母体的皮肤获取母体乳腺的乳汁（图 13-56A）。而其它所有的哺乳动物均为胎生，根据它们哺育后代的方式分为两个亚型：①有袋类哺乳动物包括负鼠与袋鼠，分娩出来的胎儿并未发育完全，它们需要在母体的育儿袋中通过母体乳腺的乳头获取营养，继续发育直至完全（图 13-56B）；②胎盘类哺乳动物包括猫、人类等，其胎儿在子宫中的发育时间更长，胎儿从胎盘组织中获取营养，胎盘由胚外膜（绒毛膜）和母体的子宫内膜组成。胎儿和胎盘中母体的血管相邻近，因而可以获取由母体血液扩散来的营养（图 13-56C）。

🔼 图 13-56　哺乳动物的繁殖

A. 单孔目动物，如鸭嘴兽在巢中产卵。

B. 有袋动物，如袋鼠，生下的小胎儿在袋中完成发育。

C. 胎盘类哺乳动物，如梅花鹿的幼仔在母亲的子宫停留更长的时间，出生后相对发育得更完全。

## 二、人类生殖系统

### 1. 男性生殖系统

人类男性生殖系统的结构具典型的哺乳动物雄性生殖系统的特点（图13-57）。在人的胚胎期，**睾丸**（testis）一旦形成，它们将在怀孕后43～50天开始分化出**生精小管**（seminiferous tubule）。生精小管是产生精子的场所。大约9至10周后，位于生精小管之间**间质组织**（interstitial tissue）内的间质细胞开始分泌睾酮（主要的雄性激素或雄激素）。在胚胎发育阶段，分泌的睾酮将未分化的结构转变成男性外生殖器，**阴茎**（penis）和含有睾丸的**阴囊**（scrotum）。胚胎期如不形成睾丸，相应的结构将发育成女性的外生殖器。成人的睾丸由高度盘绕的生精小管（图13-58）组成。尽管睾丸在腹腔内形成，但出生前不久，它们沿着腹股沟降落至阴囊，阴囊将它们悬挂在体外。阴囊内的睾丸温度约34℃，略低于正常体温（37℃）。较低的温度是人类精子正常发育所必需的。

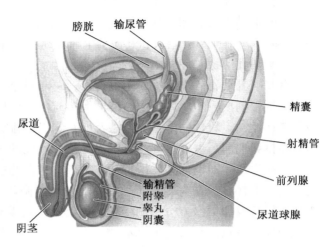

⬆ 图13-57　人类雄性生殖系统
阴茎和阴囊是外生殖器，睾丸是性腺，其它器官是生殖器附件，协助产生和射出精液。

（1）精子的发生

生精小管壁由原始生殖细胞和支持细胞组成，原始生殖细胞经过减数分裂形成精子。靠近生精小管外侧的原始生殖细胞是二倍体（人有46条染色体），而近管腔的那些细胞是单倍体（每个都是23条染色体）。每个母细胞以有丝分裂的方式复制，其中的一个子细胞再行减数分裂，形成精子，而另一个仍为母细胞。因而男性就有取之不尽的母细胞用于产生精子。成年男性平均每天产生1亿～2亿个精子，并且几乎可以持续到整个生命过程。

进行减数分裂的二倍体子细胞称为**初级精母细胞**（primary spermatocyte）。它有23对同源染色

➡ 图13-58　睾丸和精子
在睾丸内的生精小管是精子发生的部位。生精小管中的精母细胞通过减数分裂产生精子。支持细胞是生精小管内的非生殖细胞。它们从几方面协助产生精子，例如帮助精子细胞转换成精子。初级精母细胞为二倍体，在第一次减数分裂结束时，同源染色体分离，形成两个单倍体的次级精母细胞。第二次减数分裂后姐妹染色单体分离并形成四个单倍体的精子细胞。

体（人类），每条染色体都经复制，含两个染色单体。第一次减数分裂使同源染色体分离，产生 2 个单倍性的**次级精母细胞**（secondary spermatocyte）。但其中的每一条染色体仍然由 2 个染色单体组成。次级精母细胞再行第二次减数分裂，使染色单体分离并产生 2 个单倍体细胞，此即**精子细胞**（spermatid）。因此，每个初级精母细胞共产生 4 个单倍体的精子细胞（图 13-58）。所有这些细胞构成生精小管的生殖上皮，因为它们能"产生"（germinate）配子。除了生殖上皮外，生精小管壁还有非生殖细胞——支持细胞。支持细胞能提供精子发育时的营养并分泌精子生成所需的物质。此外，支持细胞还能吞噬精子细胞的额外细胞质帮助精子细胞转换成精子。

精子是结构相对简单的细胞，包括头部、颈部和尾部（图 13-59）。头部主要是浓缩的细胞核，其外有一帽状结构——由高尔基体衍生的**顶体**（acrosome）。顶体内含有多种酶，有助于精子入卵时穿过卵外的保护层。颈部和尾部提供了一个推进的（动力）机制：尾内有鞭毛，颈部含有的一个中心粒可作为鞭毛的基体；颈部的线粒体则提供鞭毛运动的能量。

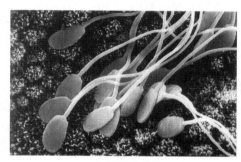

扫描电镜图

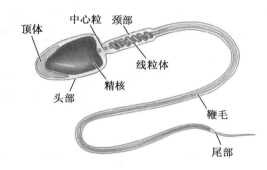

主要组成部分图

⊕ 图 13-59　人体精子

（2）男性生殖器官附件

精子在生精小管内产生后，进入狭长而卷曲的**附睾**（epididymis）（图 13-60）。精子刚到达附睾时不能运动，至少须逗留 18 h 后才能运动。其后，精子进入另一个长的管道——输精管。每个睾丸的输精管与精囊的管道相连（见图 13-57）。从这点来说，输精管继续作为射精管进入膀胱底部的前列腺。在人体内，前列腺的大小类似高尔夫球，并有着海绵状的静脉。它产生了大约 60% 的精液，精液中包含了睾丸的产物，以及精囊和前列腺的产物。在前列腺内，射精管与来自膀胱的尿道合并。通过尿道传输精液并由阴茎顶部射出体外。位于尿道旁的一对豌豆大小的尿道球腺分泌一种液体，在性交之前润滑阴茎顶部。除了尿道之外，还有两列勃起组织，一列为沿阴茎背侧的阴茎海绵体，另一列为腹侧的尿道海绵体（图 13-61）。阴茎勃起的信号是由自主神经系统的副交感神经中的神经元产生的。由于这些神经元释放一氧化氮，阴茎中的动脉扩张，造成阴茎勃起时充满血液和肿胀。勃起组织中不断增长的压力压迫着静脉。勃起和不断的性刺激致使射精，阴茎中射出的精液大约为 5 mL，平均含有约 3 亿个精子。如此高数量的精子是保证受精成功所必需的。男

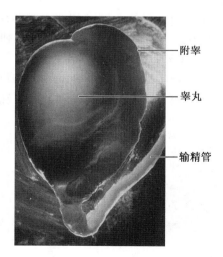

附睾

睾丸

输精管

⊕ 图 13-60　人体睾丸照片
照片中心处的深色圆形物体即为睾丸，精子在其中生成。其周围杯形的是附睾——能使精子成熟的高度卷曲的管道。成熟的精子被储存在一个从附睾中伸出的长管——输精管中。

性每毫升精液中若少于 2 000 万个精子，一般被认为是不育的。尽管精子的数量很多，但实际只占射出精液量的 1%。

### 2. 女性生殖系统

（1）女性生殖系统的结构与功能

人类女性生殖系统的结构如图 13-62 所示。与睾丸不同的是，**卵巢**（ovary）发育的速度要缓慢得多。在缺乏睾丸素的情况下，那些在男性胚胎中发育成阴茎和阴囊的胚胎结构在此则发育成女性的**阴蒂**（clitoris）和**大阴唇**（labia majora）。所以阴蒂和阴茎、大阴唇和阴囊被视为同源结构。阴蒂和阴茎一样，含有海绵体，因此也可以勃起。卵巢内含有**卵泡**（ovarian follicle），卵泡是卵巢的功能单位，每个卵泡内有一个卵细胞和小的颗粒细胞。在青春期，颗粒细胞开始分泌女性性激素，主要为雌二醇（也称为雌激素），引发月经初潮。雌二醇也刺激形成女性的第二性征，包括乳房发育和阴毛的产生。此外，雌二醇和另一个类固醇激素——孕激素，有助于保持女性的性器官附件：**输卵管**（oviduct）、**子宫**（uterus）和**阴道**（vagina）。

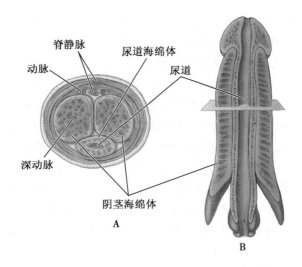

● 图 13-61　阴茎截面（左）和纵切面（右）
注意尿道贯穿于尿道海绵体。

（2）女性性器官附件

输卵管负责将卵子从卵巢输送到子宫。人的子宫是一个肌肉性的梨形器官，狭窄处形成子宫颈，子宫颈与阴道相连（图 13-63A）。子宫内壁覆盖有单层柱状上皮，此即子宫内膜。子宫内膜表层在经期时脱落，下一周期时内层的底部可再生成新的子宫内膜表层。

哺乳动物中有比灵长类动物更复杂的雌性生殖道，它们的部分子宫分成子宫"角"，其中每一个"角"都与输卵管相连，例如猫、狗和牛有一个子宫颈，但有两个被隔膜分开的子宫角（图 13-63B）。有些动物，如小鼠、田鼠和兔，则有两个互不相连的子宫角以及对应的子宫颈（图 13-63C）。

（3）月经和发情周期

出生时，每个雌性动物的卵巢含有约 200 万个卵泡，每个卵泡内有一个已经开始减数分裂但停止在第一次减数分裂前期的卵母细胞。此时的卵母细胞称为**初级卵母细胞**（primary oocyte）。在每个

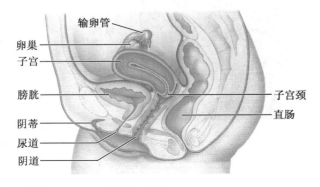

● 图 13-62　女性生殖系统
卵巢是性腺，输卵管接收到排出的卵子，而子宫是孕育处，如果卵子受精成为受精卵，它将在子宫发育成一个胚胎。

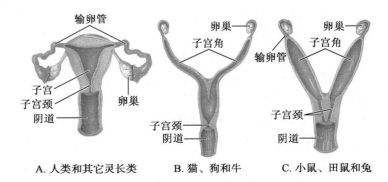

A. 人类和其它灵长类　　B. 猫、狗和牛　　C. 小鼠、田鼠和兔

● 图 13-63　哺乳动物子宫的对比

月经和发情周期中，含初级卵母细胞的部分卵泡受刺激而发育。人类的月经（menses）周期大约一个月（平均 28 天），根据排卵的情况分成卵泡期和黄体期。

① **卵泡期**：在卵泡期，一些卵泡在卵泡刺激素（FSH）的刺激下生长，但仅有一个能形成三级或成熟卵泡（图 13-64），这个卵泡在卵巢表面形成一个薄壁的小泡。在卵泡期，初级卵母细胞在成熟卵泡中完成第一次减数分裂。减数分裂后形成一大一小两个细胞，大的为**次级卵母细胞**（secondary oocyte），小的为**极体**（polar body）。因此次级卵母细胞获得了几乎所有来自初级卵母细胞的细胞质，一旦卵细胞受精，就可增加它维持早期胚胎生命的可能，而极体一般会分解。次级卵母细胞接着进行第二次减数分裂，最后停止在第二次减数分裂中期。卵细胞通过这种方式从卵巢中释放，但它不能够完成第二次减数分裂，除非它在输卵管中受精。

② **排卵**：在卵泡期，血液中雌二醇含量的增加刺激了垂体前叶，使之分泌与排卵有关的 LH（黄体生成素）。LH 的突然分泌引起已充分发育的成熟卵泡进入排卵过程，释放次级卵母细胞。这些卵母细胞进入靠近输卵管管口壶腹部位的腹腔。输卵管内的纤毛上皮细胞将卵母细胞推向子宫方向。如果卵母细胞不能受精，则它将在排卵后一天内分解破裂。如果卵细胞受精，那么受精的刺激促使它完成第二次减数分裂，结果形成一个完全发育成熟的卵子和一个第二极体。精卵细胞核的融合，形成一个二倍体的受精卵（图 13-65）。正常情况下，受精过程发生在输卵管远端约 1/3 处，人类受精卵约需 3 天到达子宫，而植入子宫内膜中还需 2 ~ 3 天的时间（图 13-66）。

③ **黄体期**：排卵后，黄体生成素刺激空成熟卵泡发育成一个黄体的结构。为此，月经周期的后半部分即指黄体期。黄体可分泌雌二醇和另外一种类固醇激素——孕激素。黄体期，血液中高含量的雌二醇和孕激素引起负反馈，抑制垂体前叶分泌卵泡刺激素和黄体生成素。这与月经中期雌激素刺激黄体生成素分泌引起的排卵正好相反。排卵后雌二醇和孕酮对卵泡刺激素和黄体生成素的抑制正是作为自然避孕的机制，可阻止更多卵泡的发生和排卵。

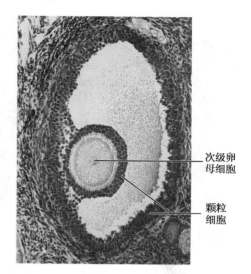

⬆ 图 13-64　猫卵巢中的一个成熟卵泡（50×）

注意包围次级卵母细胞的颗粒细胞环。卵细胞排卵时，此环将保留在卵细胞周围，而精子必须穿过此环才能到达卵细胞的细胞质膜。

次级卵母细胞

颗粒细胞

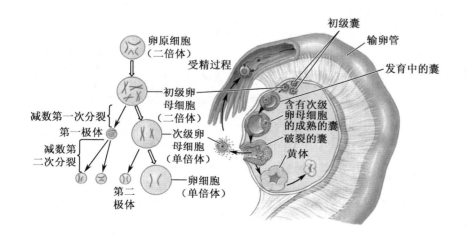

卵原细胞（二倍体）

受精过程

初级卵母细胞（二倍体）

减数第一次分裂

第一极体

减数第二次分裂

次级卵母细胞（单倍体）

卵细胞（单倍体）

第二极体

初级囊

输卵管

发育中的囊

含有次级卵母细胞的成熟的囊

破裂的囊

黄体

↩ 图 13-65　人类卵子的发生

初级卵母细胞具有两套染色体，在减数第一次分裂完成后，其中的一个分裂细胞作为极体被淘汰，同时，另一产物，也就是次级卵母细胞，在排卵期被释放。受精后，次级卵母细胞才完成减数第二次分裂过程；这一分裂产生了一个第二极体和一个单倍体卵，也称卵细胞。单倍体的卵细胞和单倍体的精子在受精过程中结合产生了一个具有二倍体的受精卵。

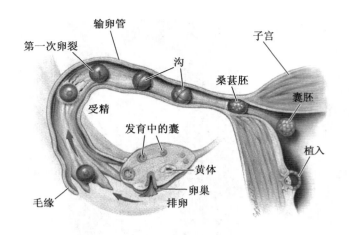

图中标注：第一次卵裂、输卵管、沟、子宫、受精、桑葚胚、囊胚、发育中的囊、黄体、卵巢、植入、毛缘、排卵

🔄 图 13-66　卵细胞的行程

在卵泡中产生，排卵时释放，卵细胞被吸入输卵管中并通过管壁纤毛的运动前行。精子从阴道中一直向上游动，到达输卵管中与卵细胞受精。受精卵经过若干次有丝分裂后仍然在输卵管中。当进入子宫时，已发育成囊胚。囊胚植入子宫壁，继续发育（为了清晰起见，卵细胞和它随后的阶段已经被放大）。

在卵泡期，颗粒细胞分泌增加大量的雌激素，它刺激子宫内膜的增殖。因此，这部分周期也称为子宫内膜增殖期。黄体期，雌二醇和孕酮的联合作用导致形成血管更丰富、有腺功能及富含糖原的子宫内膜。由于子宫内膜的腺体特点，这部分周期称为子宫内膜分泌期（图 13-67）。如果排卵后不受精，黄体将引发自身的萎缩或降解：黄体通过分泌激素（雌二醇和孕酮）抑制能维持其生存必需的黄体生成素的分泌，导致黄体期的结束。消失的黄体导致黄体期结束时血液中的雌二醇和孕酮浓度的急剧下降，致使子宫内膜剥落并引起子宫内膜出血，此即女性的月经现象。此部分周期称为子宫内膜月经期。

排出的卵母细胞如果受精，微小的胚胎将阻止黄体的退化和随后的月经，胚胎绒毛膜分泌一种类似于 LH 的人绒毛膜促性腺激素（human chorionic gonadotropin）。hCG 可维持黄体的生存，使雌二醇和孕酮维持高水平，从而阻止可引发妊娠终止的月经。由于 hCG 来自胚胎绒毛膜而不是母体，所以它可用于所有的孕检测试。有发情期的哺乳动物没有月经现象，尽管发情期的动物会周期性地从子宫内膜脱落细胞，但此过程并不伴有出血。

## 三、受精和胚胎发育

大多数脊椎动物的繁殖都是由两个单倍体的配子形成一个二倍体的合子——此过程即为**受精**（fertilization）。合子通过细胞分裂和细胞分化形成

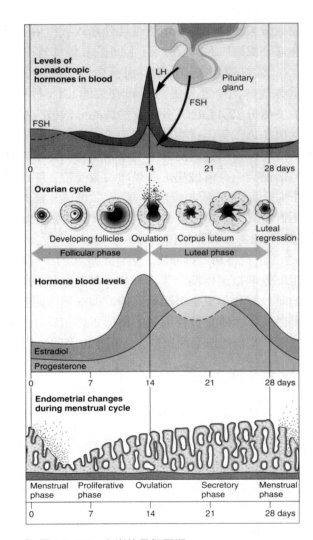

⬆ 图 13-67　人类的月经周期

人体子宫内膜层的生长和发育是由雌二醇和孕酮所激发的。随着引发月经的两种荷尔蒙激素水平的下降，形成的子宫内膜组织开始脱落，引发月经。

一个由许多组织和器官组成的复杂的多细胞生物体。

### 1. 受精是发育的起始

在脊椎动物中，像所有有性繁殖的动物一样，发育的第一步是雌雄配子的结合，此过程叫受精。鱼类和两栖动物中，体外受精是极为常见的方式，一般在水中进行。然而在脊椎动物中，受精都在体内进行。在体内受精的过程中，极小但具有一定运动能力的精子经交配后进入雌性生殖管道，精子在生殖管道内一直移行直至在输卵管中遇到成熟的卵子，受精过程在输卵管内进行，分为三个阶段：精子入卵，卵子的激活，精子和卵子的融合。

**精子入卵**　如前所述，次级卵母细胞由卵巢中完全发育的成熟卵泡排出。其外由一层小的颗粒细胞包围。颗粒细胞和卵子细胞质膜之间是一糖蛋白层——透明带。每个精子的头部都由顶体覆盖着，内有能溶解糖蛋白的酶。当精子进入颗粒细胞层时，酶被释放，这些酶的活性能使精子穿越透明带抵达卵子的细胞质膜。在海胆中，精子接触处的细胞质向外突出，突起的细胞质将精子头部吞入并使精子核进入卵细胞的细胞质。

**卵子的激活**　精子入卵后引发的系列事件统称为卵子的激活。在一些两栖类、爬行类及鸟类中，进入卵细胞的精子不止一个，但只有一个能和卵子成功结合。哺乳动物却不同，第一个精子入卵后即引起卵细胞膜的变化，从而阻止了其他精子的入卵。精子与卵细胞膜接触时，可引起卵细胞膜电位的改变，因而阻止其他精子与卵细胞膜的融合。

**精子和卵子的融合**　受精的第三步是进入的精子细胞核与卵细胞核结合形成二倍体的合子核。

### 2. 人的胚胎发育

受精作用的完成，标志着胚胎发育的开始。在下面的内容中，我们将通过一些图片介绍人的胚胎发育特点。胚胎发育是连续的过程，为方便学习，我们把从受精开始到分娩的过程分为三个阶段，每个阶段约 12 周。第一阶段，器官分化，胚胎初具人形，胚泡植入子宫壁后，羊膜开始发育，将胚胎包起来，此阶段的变化最大；第二阶段，胎儿脑继续发育，大脑出现沟回，器官机能也逐渐发展；第三阶段，胎儿继续生长，神经系统和其它器官系统完善化。

**第一阶段**　图 13-68 显示受精后一个月的人类胚胎。在此短时间内，一个受精卵细胞发育成高度复杂的多细胞胚胎。图中未显示包裹胚胎的胚外膜或连接胎盘的脐带。一月龄的人胚胎约有 7 mm，具有蛙胚体节期的一些特点（图 13-69）。此时的胚胎有一根脊索和体腔，二者都由中胚层发育而来。脑和脊髓开始由外胚层管形成，与蛙的类似。人类胚胎同样有粗短的肢芽，一根短尾以及鳃的结构。鳃在所有脊索动物胚胎阶段都会出现，在陆生脊椎动物中，它们最终发育为喉和中耳的一部分。总的说来，一月龄的人胚胎很像其他脊椎动物发育中的体节期。

图 13-70 显示受精后 9 周的胚胎，此时称胎儿。左边大的淡粉红色的结构是胎盘，通过脐带与胎儿相连。包裹在胎儿周围的透明囊是羊膜。此时胎儿明显具人形，有别于其他的脊椎动物。胎儿约 5.5 cm，形成了所有的器官和主要的身体结构，包括一个与身体比例不协调的大脑袋。体节发育成为躯干的肌肉和后背骨及肋骨。肢芽分别长成了具有指和趾的手脚。

大约从第 9 周开始，胎儿可以移动他的手和脚、转动头部、蹙眉及用唇吸吮了。此阶段的后期，胎儿的头

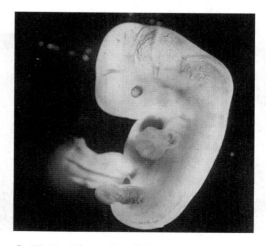

↑ 图 13-68　一个月的人类胚胎

仍然大于身体的其他部分，但胎儿已经像一个缩小的人。通常此时的胎儿性别已明显。

第二阶段　在第二和第三阶段，胎儿的发育不再出现第一阶段那种戏剧性的变化，主要是身体的长大和人体特征的精细化。图 13-71 是 14 周即进入第二阶段 2 周的胎儿照片。此时的胎儿约 6 cm。在第二阶段，胎盘通过自体分泌黄体酮（而不赖于黄体分泌的黄体酮）来维持自身的生存。与此同时，胎盘停止分泌 hCG，黄体也不再肩负维持妊娠的任务因而退化。

20 周的胎儿约 19 cm，重 0.5 kg（图 13-72）。婴儿脸部出现了眉毛和睫毛。胳膊、腿、手指和脚趾变长。手指甲和脚趾甲出现，全身覆盖绒毛。此时可检测到胎儿的心跳，胎儿比较活跃。母亲的腹部明显隆起，她常可以感受到胎动。由于子宫内的空间有限，胎儿身体向前弯曲成胎位。在第二阶段的末期，胎儿的眼睛张开，牙齿也开始形成。

第三阶段　第三阶段是迅速长大的阶段，胎儿聚集能量以适应外面没有子宫保护的环境（怀孕 28 周，图 13-73）。即使是 24 周的早产婴儿，有可能存活，不过他们出生后需要特殊的医疗护理。在第三阶段中，胎儿的呼吸和循环系统有变化，以便适应呼吸空气（图 13-74）。胎儿有了维持自己体温的能力，他的骨骼变强，肌肉变厚。褪去除头发外的多数绒毛。胎儿头部与身体的比例逐渐协调。当胎儿占满子宫时，胎儿不再活跃。刚出生的婴儿长约 50 cm，重 2.7~4.5 kg。

### 3. 分娩

婴儿出生的过程即分娩是通过子宫有节律的剧烈收缩完成的。分娩是由激素引发的，历经三个阶段。如图 13-75 显示，激素在引发分娩中起重要作用。在妊娠的最后几周，母体血液中的雌激素达到高水平。雌激素的重要作用之一就是引发子宫产生大量的**催产素**（oxytocin）受体。胎儿细胞产生催产素，怀孕后期，母亲的垂体也产生大量的催产素。催产素可强效刺激子宫壁平滑肌，促使其

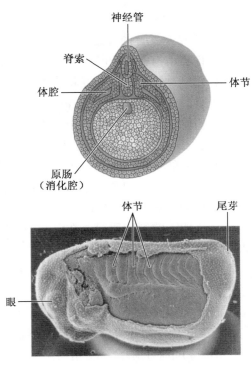

⬆ 图 13-69　一月龄的人胚胎具有蛙胚体节期的一些特点

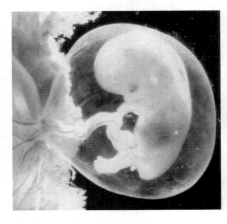

⬆ 图 13-70　9 周的胎儿

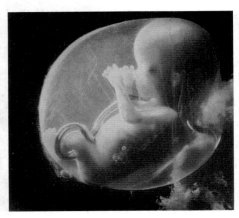

⬆ 图 13-71　14 周的胎儿

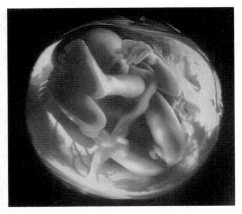

⬆ 图 13-72　20 周的胎儿

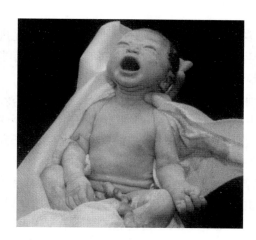

↑ 图 13-73 28 周的胎儿

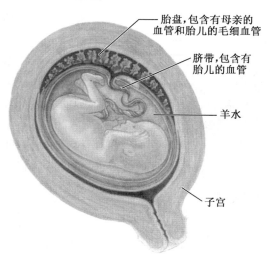

↑ 图 13-74 人胎儿的呼吸和循环系统
在第三阶段中，胎儿的呼吸和循环系统有变化，以便适应呼吸空气

收缩。催产素还刺激胎盘产生前列腺素（prostaglandin），同样刺激子宫的肌肉细胞，使子宫壁的肌肉收缩更加强烈。

分娩过程的激素诱导是正反馈调控的。在人的分娩过程中，催产素和前列腺素引发子宫收缩并刺激产生更多的催产素和前列腺素。当到达峰值时，剧烈的肌肉收缩将婴儿从子宫挤出。

图 13-76 示分娩的三个阶段。分娩开始，宫颈逐渐打开。①第一阶段是宫颈的扩张。宫颈从分娩开始扩张直至扩张到最大约 10 cm。宫颈扩张是分娩过程中最长的一个阶段，持续时间 6～12 h，甚至更长。②娩出阶段，从宫颈充分张开到婴儿产出。每隔 2～3 min 发生一次剧烈的子宫收缩，每次持续约 1 min。母亲有越来越强

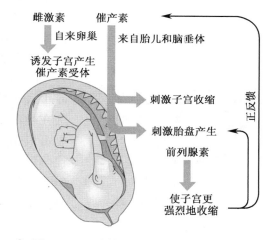

↑ 图 13-75 分娩过程的激素诱导

烈地用腹部肌肉将胎儿产出的愿望。经过 20 min～1 h，胎儿从子宫和产道产出。婴儿产出后，医生或助产士夹住并剪断脐带。③最后一个阶段是胎盘的产出，通常在婴儿产出后 15 min 内完成。

在婴儿和胎盘产出后，激素仍然发挥重要的作用。黄体酮水平降低，雌激素使子宫恢复到怀孕前的状态。母体血液中少量的黄体酮促使垂体分泌催乳素以启动泌乳。产后 2～3 天，母亲在催产素和催乳素的直接作用下分泌乳汁。

## 四、辅助生殖技术

多数夫妻可以选择生或不生以及何时生孩子。但对于身体有问题而不能生育的夫妻来说，没有选择的余地。多数时候是男性不育：其睾丸不能产生足够数量的精子，或是精子缺乏活力不能到达卵子。女性的不孕可能是由于排卵失败，也可能因为输卵管堵塞，限制了卵和精子的相遇。性

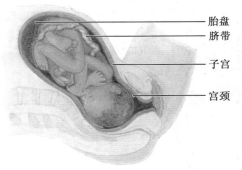

❶ 宫颈的扩张

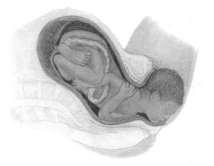

❷ 娩出阶段

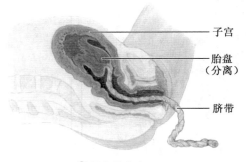

❸ 胎盘的产出

⬆ 图 13-76 人类的分娩过程

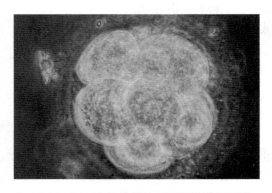

⬆ 图 13-77 体外培养的早期胚胎进行卵裂

病常产生疤痕组织堵塞输卵管。有些女性还有能使精子凝固的精子抗体。

生殖技术可以解决许多不孕的问题。激素类药物有时可以促进精子和卵子的产生。外科手术可以解除输卵管堵塞等病变。但有半数的求医者医治无效或者不孕原因仍不明。

许多不孕的夫妻采用辅助生殖的方法（ART）。这些方法包括外科手术法，即从女性卵巢中取出卵（次级卵母细胞），在体外使卵受精，然后将受精卵放回女性体内。操作过程中的卵母细胞、精子和受精卵都可以被冷冻以便将来使用。

体外受精（IVF）是最普遍的辅助生殖技术，将卵母细胞与精子一起放入培养皿（体外）并孵育几天，使受精卵开始发育（图13-77）。当它分裂至8细胞时，小心地移入子宫使它着床。在 ZIFT（合子输卵管内转移）中，卵母细胞也在体外受精，但受精后迅速将受精卵移入输卵管中。在 GIFT（配子输卵管内转移）中，卵母细胞不在体外受精，而是将卵母细胞和精子同时置于输卵管，期望它们在输卵管部位受精。

这些技术目前在世界各地的专科医院都可以实施。虽然每次操作的花费较高，但还是诞生了成千上万的孩子。还没有证据证明操作会导致胎儿畸形。

还有一种派生的辅助生殖技术即**代孕母亲**（surrogate motherhood）。对于一个可以受孕但是不能怀孕的女性，囊胚可能无法在她的子宫着床，或者她习惯性流产。在这种情况下，这对夫妻可以用体外受精的方法获得胚胎，然后将之放入另一个愿意做代孕母亲的妇女子宫中，胚胎在这个代孕母亲子宫着床直至分娩。但是，使用这一方法产生的一个问题是如果代孕母亲改变主意并要保留这个她怀了9个月的孩子时，就会引发严重的伦理和法律问题；另一个问题是，当出生的婴儿有遗传缺陷时，谁该承担责任？在美国，许多州已出台禁止代孕母亲的法律。代孕母亲是有关人类生殖中最有争议的一个社会问题，期望将来能增加对生殖讨论的思考。

**避孕**（contraception）指阻止妊娠，最有效的方法是不发生性交，其它的避孕方法都只在一定程度上有效。避孕可通过以下三种途径：①防止性腺产生配子；②阻止受精；③阻止胚胎的着床。

阻止配子产生的方法很有效。自20世纪60年代发明避孕药以来，已为全世界数百万妇女广泛使用。使用最多的避孕药是人工合成的雌激素类和黄体酮类激素（称为孕酮，progestin）的复合药物。这种避孕药阻止排卵及卵泡的发育。但此避孕药物是否引起副作用还不清楚，目前尚没有强烈的证据显示避孕药和癌症有关联，但是与心血管问题（尤其是对吸烟或有过吸烟史的妇女）的关联性值得关注。

第二类避孕药，称为"小药丸"，只含有孕酮。效果较复合避孕药稍差，这种小药丸使女性的子宫颈的黏液发生改变，从而阻止精子进入子宫。Norplant 是一种置于女性皮下的缓释胶囊，将孕酮释放到血液中，在 5 年内有很好的效果。还有一种产品 Depo-Provera 也是一种孕酮，每隔 3 个月需注射一次。

绝育是指永久地阻止生育。在男性的输精管切除术（vasectomy）中，医生切除每一侧输精管的一段，阻止精子进入尿道。在女性的输卵管结扎术（tubal ligation）中，医生切除或扎紧每侧输卵管的一段，阻止卵子进入子宫。这两种绝育方式都相对安全而且无副作用。但它们都难以回复，是永久性的绝育。

阻止受精的其他方法的有效性依赖于具体实施。临时的节欲（temporary abstinence），称为节律法或自然家庭计划，是指在排卵的前后几天，即容易受孕的日期避免性交。这种方法通常不可靠，因为排卵时间有时很难预测和检测。在射精前将阴茎拔出阴道外体外排精的方法同样不可靠。即使是在射精以前，在阴茎中可能已经有精子存在并射入阴道中。

如果正确地使用，屏障法比节律法和体外排精法更能有效地防止精子与卵子相遇。这些方法是物理性地阻止精子进入子宫或输卵管。安全套，包括男用的和女用的，是一种薄套，通常由橡胶制成，套在阴茎上或放于阴道内。子宫帽是一种圆顶状的橡胶帽，盖住宫颈；宫颈帽样子相似，但较小。为了达到更好的效果，子宫帽和宫颈帽必须和杀精剂一起使用。杀精剂是膏状、凝胶状或泡沫状的能杀死精子的化合物，单独使用时效果很低。

宫内节育器（intrauterine device，IUD）是很小的塑料或金属制品，由医生置入宫腔内。由于宫内节育器对少数妇女产生伤害，不鼓励广泛使用。新的宫内节育器产品通过局部释放孕酮到子宫内膜而阻止着床，此类产品已上市。

复合避孕药能够以大剂量处方形式用作事后避孕药（morning after pill，MAP），可以在无防护措施的性交后 3 天内服用，它们对阻止受精和着床的有效性为 75%。

## 第七节　神经系统

在动物界中除了海绵动物外，所有动物都使用神经系统来收集身体和外部环境的各种信息，通过整合加工，再传送到身体的各个肌肉、腺体及器官。动物的身体就像一艘高速运行的"潜水艇"，通过"电缆"将每个部门的信号传到"船长控制室"。同样，神经系统可以将身体的每处信息与控制中心相连，即与脑和脊髓相连（图 13-78）。

神经系统和内分泌系统是机体整合刺激并产生适当应答以维持动态平衡的主要系统。尽管它们的功能可能相互重叠或相互联系，但这两个系统却具有截然不同的工作方式。神经系统的工作很像网络中的一台计算机，信息从一个特定的起点沿建立好的网络通道到达特定的终点，且传输速度非常快。而内分泌系统的工作方式则类似于广播系统，广播站将信号发往所有方向，但只有调到正确频率的接收者才能收到信息。在大多数情况下，神经系统的调节更加快速，处于主要地位。

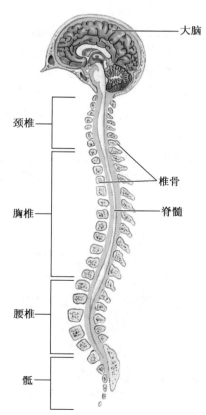

大脑
颈椎
椎骨
脊髓
胸椎
腰椎
骶

⬆ 图 13-78　脑与脊髓

## 一、神经系统的结构

不同的动物类群，其神经系统不同。人的神经系统由**中枢神经系统**（central nervous system）和**周围神经系统**（peripheral nervous system）两部分组成（图 13-79）。中枢神经系统是信息集成处理终端，由脑和脊髓构成，位于颅脑内和脊椎骨内，周围受到头骨和脊椎骨的保护。脑由大脑、小脑、间脑（丘脑、下丘脑）、脑干（中脑、脑桥和延髓）组成。周围神经系统分布全身，由成束的长轴突和树突组成，包括与脑相连的 12 对脑神经（图 13-80）和与脊髓相连的 31 对脊神经。周围神经系统按照其信息走向可分为传入神经与传出神经。感觉神经元将感觉器官（感受器）的输入信号传到中枢神经系统；而运动神经元从中枢神经系统将冲动或"命令"传至肌肉和腺体（效应器），它常有一条长轴突，从脊髓发出直到肌肉或腺体。脊髓中的大部分神经纤维会与对侧脑交互投射，这就解释了为什么脑的左半部会控制身体的右半部。在机体中还存在着大量内脏器官与很多相关腺体，它们可以在不通过大脑直接支配（接受间接调控）的情况下，由**自主神经**（autonomic nerve）进行功能调控，它们分为交感与副交感神经。大多数的内脏器官受到两者的双重支配，其作用相互拮抗：交感神经多在机体应激情况下占据主导地位，使得心跳、呼吸加速，肠道蠕动变弱；而副交感神经多在静息情况下发挥主要作用。

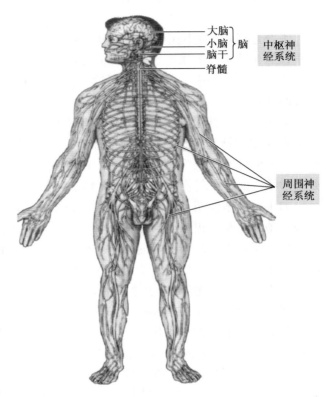

↑ 图 13-79　人类的神经系统

在中枢神经系统中，**脊髓**（spinal cord）的背侧主要传入信息，接受感觉输入，腹侧主要传出指令信息，同时脊髓还可以将信息传入或传出脑。

**脑干**（brain stem）下接脊髓，上联间脑和大脑，旁连小脑。这一区域调控很多基本生命活动，如血压、呼吸和心率，因此脑干的损伤是致命的。

**小脑**（cerebellum）是位于脑枕部的双侧半球，与脑干相连。小脑的主要功能是协调肌肉的运动。它从感觉器官接收信息，如耳中的平衡器官、眼以及肌肉和腱中的压力感受器；也接受来自大脑皮层运动区的运动指令，将内在运动指令与感觉系统汇报的外在运动进行实时比对，从而调整肌肉收缩的强度和顺序，以产生协调的运动。此外，小脑具有重要的运动学习能力，很多日常生活中常见的运动习惯调整（例如换辆自行车后的骑行姿态调整）、条件反射都与小脑密切相关，对个体生存至关重要。因此，

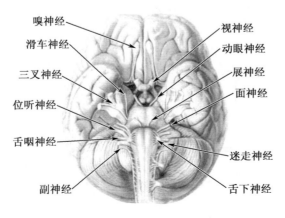

↑ 图 13-80　人类 12 对脑神经

小脑中神经细胞的数量并不逊于体积大得多的大脑。

间脑主要包括**丘脑**（thalamus）和**下丘脑**（hypothalamus）。丘脑承担了大脑与下一级神经系统之间信息传递的工作，很多感觉信息，如视、听、体感等都会在这里汇总，再向大脑皮层的相关区域投射，在某些没有大脑的动物（如青蛙）中，间脑发挥着核心作用。下丘脑与众多动物的本能反应紧密相关，如愤怒、恐惧、饥饿、性反应等情绪反应的表达，是边缘系统（人类情绪中枢）的重要实现环节。其中一个重要的实现途径是由下丘脑对紧邻的垂体的投射所完成，垂体是神经内分泌系统的中枢，它释放各种激素，通过血液循环带到全身的腺体器官，控制其激素的分泌而发挥着强大的调节作用。因此，下丘脑–垂体轴是神经系统与内分泌系统的纽带。病人的垂体瘤虽小，但影响巨大。

**大脑**（cerebrum）是人脑中最大的一部分。大脑的两个半球覆盖了除小脑外的脑的其它部分。大脑从功能来看，主要分为感觉皮层、运动皮层和联合皮层。感觉皮层中的视觉皮层主要位于大脑枕叶，体感皮层在中央沟的后回；运动皮层则在中央沟的前回。初级感觉皮层内部也有清晰的功能分区，如脚部的体感信息投射在中央沟后回的顶部，头面则在下部，而控制脚部的运动区则在中央沟前回的顶部，与体感对应区隔着中央沟一一对应，呈现出有序的对应关系。这样一种感受范围与脑区空间上的拓扑对应关系，是感觉与运动皮层的普遍规律。通过脑成像观察精细的激活脑区，就可以解析出该个体的感觉与运动模式，近年来研究者据此实现脑机接口，解读梦境、了解人的运动意图并辅助实现。联合皮层并不执行纯粹的感觉和运动功能，它们主要整合信息，负责很多高级脑功能，如学习记忆、语言、注意、价值评判、决策等。与其他动物相比，人类的额叶皮层面积占比极大，例如：Broca 语言区负责语言的表达，受损的病人会表现出"听得懂，但说不好"的特点；OFC 区则和奖赏预期有关，在考试高分的预期时，可以想见它是如何激活的；FEF 区和眼动控制有关，而我们的注视点往往是我们注意力所在，受损的病人往往体现出无目标导向的眼动轨迹，无法去获取真正有意义的视觉信息。在人的颞叶和顶叶都有联合皮层，它们和额叶联合皮层一起，在人类高级脑功能中发挥着核心作用，也是脑科学研究中的热点之一。图 13-81 和 13-82 是大脑的图解，并显示了特定功能的定位。

值得注意的是，不同动物的神经系统差距很大。例如人大脑皮层中占比很高的额叶，在猴、猫、小鼠中比例越来越低，而很多动物则根本不存在大脑皮层。人脑有上百亿个神经元，而线虫的神经元数量只有三百多个，却并不妨碍线虫的群体生存，它们依旧可以运动、觅食、躲避敌害、繁衍后代。人神经系统有分明的等级、精密的功能分区，然而某些脑区在手术切除康复后，却并没有显著影响。在这些多样性、有时矛盾的现象背后，神经系统也遵循着一些普适的准则，我们受篇幅限制，将主要介绍两个核心概念：其一是神经系统的

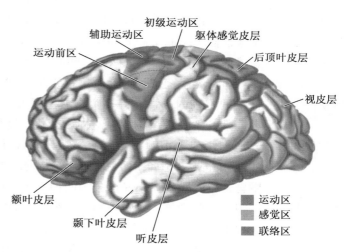

图 13-81 脑的结构

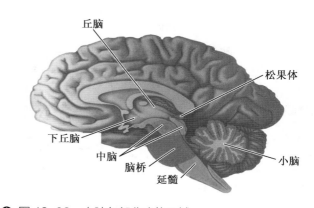

图 13-82 大脑各部分功能区域

电活动，它使得个体摆脱了慢速的化学扩散，实现远距离的快速电信号传递；其二是神经系统功能涌现的根本因素——神经元之间的连接，我们将重点介绍其连接位点——突触。

## 二、突触的结构与功能

突触（synapse）是神经元的重要结构，它是神经元与神经元之间，或神经元与非神经细胞之间的一种特化的细胞连接，它是神经元之间的联系和进行生理活动的关键性结构，通过它的传递作用实现细胞与细胞之间的信息传导。突触可分两类，即**化学突触**（chemical synapse）和**电突触**（electrical synapse）。

### 1. 化学突触

多数突触的形态是轴突终末呈球状或环状膨大，附在另一个神经元的胞体或树突表面，其膨大部分称为**突触小体**（synaptic corpuscle）或突触结（synaptic bouton）。两个神经元之间所形成的突触部位，有不同的类型（图 13-83），最多的为**轴 – 体突触**（axo-somatic synapse）和**轴 – 树突触**（axo-axonal synapse）。通常一个神经元有许多突触，可接受多个神经元传来的信息，如脊髓前角运动神经元有 2 000 个以上的突触，大脑皮质锥体细胞可以有 30 000 个突触。突触在神经元的胞体和树突基部分布最密，树突尖部和轴突起始段最少。

突触由三部分组成（图 13-84）：**突触前部**（presynaptic element）、**突触间隙**（synaptic space）和**突触后部**（postsynaptic element）。突触前部和突触后部相对应的细胞膜较其余部位略增厚，分别称为突触前膜和突触后膜，两膜之间的狭窄间隙称为突触间隙。

（1）突触前部神经元轴突终末呈球状膨大，轴膜增厚形成突触前膜，厚 6 ~ 7 nm。在突触前膜部位的胞浆内，含有许多突触囊泡以及一些微丝和微管、线粒体和滑面内质网等。突触囊泡是突触前部的特征性结构，囊泡内含有化学物质，称为**神经递质**（neurotransmitter）。各种突触内的突触囊泡形状和大小颇不一致，是因其所含神经递质不同。常见突触囊泡类型有：①球形小泡，直径20 ~ 60 nm，其中含有兴奋性神经递质，如乙酰胆碱。②颗粒小泡，小泡内含有电子密度高的致密颗粒，按其颗粒大小又可分为两种：小颗粒小泡直径 30 ~ 60 nm，通常含胺类神经递质如肾上腺素、去甲肾上腺素等；大颗粒小泡直径可达 80 ~ 200 nm，所含的神经递质为 5- 羟色胺或脑啡肽等肽类。③扁平小泡，小泡长径约 50 nm，其中含有抑制性神经递质，如 γ- 氨基丁酸等。

（2）突触后部多为突触后神经元的胞体膜或树突膜，与突触前膜相对应部分增厚，形成突触后

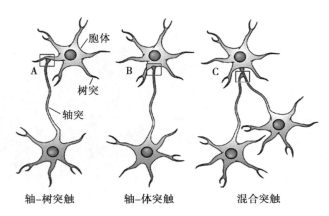

● 图 13-83　突触的类型

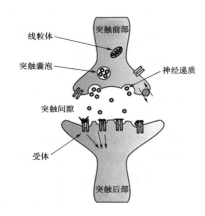

● 图 13-84　突触结构

膜，厚为 20 ~ 50 nm，比突触前膜厚，在后膜具有受体和化学门控的离子通道。根据突触前膜和后膜的胞质面致密物质厚度不同，可将突触分为Ⅰ、Ⅱ两型：①Ⅰ型突触后膜胞质面致密物质比前膜厚，又称为**不对称突触**（asymmetrical synapse）；突触小泡呈球形，突触间隙较宽（20 ~ 50 nm）；一般认为Ⅰ型突触是兴奋性突触，主要分布在树突干上的轴 – 树突触。②Ⅱ型突触前、后膜的致密物质较少，厚度近似，故称为**对称性突触**（symmetrical synapse），突触小泡呈扁平形，突触间隙也较窄（10 ~ 20 nm）。认为Ⅱ型突触是一种抑制性突触，多分布在胞体上的轴 – 体突触。

（3）突触间隙是位于突触前、后膜之间的细胞外间隙，宽约 20 ~ 30 nm，其中含糖胺多糖（如唾液酸）和糖蛋白等，这些化学成分能和神经递质结合，促进递质由前膜移向后膜，使其减少向外扩散或消除多余的递质。

突触的传递过程是神经冲动沿轴膜传至突触前膜时，触发前膜上的电压门控钙离子通道开放，细胞外的 $Ca^{2+}$ 进入突触前部，在 ATP 和微丝、微管的参与下，使突触小泡移向突触前膜，以胞吐方式将小泡内的神经递质释放到突触间隙。其中部分神经递质与突触后膜上的相应受体结合，引起与受体偶联的化学门控通道开放，使相应的离子经通道进入突触后部，使后膜内外两侧的离子分布状况发生改变，呈现兴奋性（膜的去极化）或抑制性（膜的极化增强）变化，从而影响突触后神经元（或效应细胞）的活动。使突触后膜发生兴奋的突触，称**兴奋性突触**（exitatory synapse），而使后膜发生抑制的称**抑制性突触**（inhibitory synapse）。突触的兴奋或抑制决定于神经递质及其受体的种类，神经递质的合成、运输、储存、释放、产生效应以及被相应的酶作用而失活，是一系列神经元的细胞器生理活动。一个神经元通常有许多突触，其中有些是兴奋性的，有些是抑制性的。如果兴奋性突触活动总和超过抑制性突触活动总和，并达到一定的阈值，就能使该神经元发生动作电位，出现神经冲动；反之，则表现为神经冲动的减少或者完全静息。

化学突触的特征是一侧神经元通过出胞作用释放小泡内的神经递质到突触间隙，相对应一侧的神经元（或效应细胞）的突触后膜上有相应的受体。具有这种受体的细胞称为神经递质的效应细胞或靶细胞，这就决定了化学突触传导为单向性。突触的前后膜是两个神经膜特化部分，维持两个神经元的结构和功能，实现机体的统一和平衡。故突触对内、外环境变化很敏感，如缺氧、酸中毒、疲劳和麻醉等可使兴奋性降低，茶碱、碱中毒等则可使兴奋性增高。某些药物，如箭毒和士的宁，会影响突触的活动：箭毒会阻断某些突触传递，导致瘫痪；而士的宁会使某些神经细胞处于持续的兴奋状态。许多现代杀虫剂都具有神经毒性，非常危险。

基于化学突触的作用方式，神经信号只能沿一个方向传播：多数情况下，轴突分泌神经递质，树突具有受体。这就解释了为什么由感觉神经元将信息传入中枢神经系统，而中枢神经处理的信息只能由运动神经元传出。

**2. 电突触**

**电突触**（electrical synapse）是神经元间传递信息的最简单形式，也有突触前、后膜及突触间隙，突触间隙仅 1 ~ 1.5 nm。前、后膜内均有膜蛋白颗粒，缝隙连接两侧膜是对称的。相邻两突触的膜蛋白颗粒顶端相对应，直接接触，两侧中央小管由此相通（图 13-85）。轴突终末无突触小泡，传导不需要神经递质，是以电流传递信息，传递神经冲动一般均为双向性。电突触功能有双向快速传递的特点，神经细胞间电阻小，通透性好，局部电流极易通过，传递空间

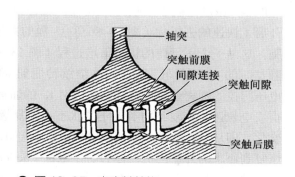

↑ 图 13-85 电突触结构

减少，传送更有效。

电突触主要见于无脊椎动物，如螯虾腹神经索外侧巨纤维中存在的间隔便是电突触，龙虾心脏神经节起搏细胞，水蛭的两个巨细胞之间等。现在已证明，哺乳动物大脑皮质的星形细胞，小脑皮质的篮状细胞、星形细胞，视网膜内水平细胞、双极细胞，以及某些神经核，如动眼神经运动核前、庭神经核、三叉神经脊束核，均有电突触分布。

突触对内、外环境变化很敏感，特别是化学突触。在疲劳、乏氧、麻醉或酸中毒情况下，可使兴奋性降低；而在碱中毒时，可使兴奋性增高。

## 三、神经元电活动

神经元主要在树突上接受输入信号，信号传入胞体，再从胞体沿着轴突输出到远方的轴突末梢，在这个过程中神经元膜内外电压差随时间连续变化，信息就承载于变化的电压中。膜内外的电压差是如何产生的？又是怎样造成电压变化的呢？

膜内外的电压差本质上是电化学现象。在细胞膜上存在着离子泵，不断地以耗能的方式建立起细胞内外巨大的离子浓度差，由于细胞膜本身是半透膜，离子并不能自由跨膜，不同的离子要顺着离子浓度差流动主要依赖细胞膜上特定的离子通道，而离子通道的开闭是可控的，那么，在某个特定的离子通道打开时，该离子就会顺着浓度梯度流入或流出细胞，其本身所携带的电荷带来了膜内外的电压变化。总结来看，细胞膜内外一直存在着巨大的离子浓度差（类似于水坝间的高度差），离子通道的打开造成带电离子的流动而改变电压（开闸放水，水位变化）。科学家们利用微电极检测到未受刺激的神经纤维细胞内外存在电位差即**静息电位**（resting membrane potential），表现为膜外为正电而膜内为负电。静息电位的产生与细胞膜内外离子的浓度差有关。正常情况下，细胞内的 $K^+$ 浓度和有机负离子 $A^-$ 浓度比膜外高，而细胞外的 $Na^+$ 浓度和 $Cl^-$ 浓度比膜内高。因此，$K^+$ 和 $A^-$ 有向膜外扩散的趋势，而 $Na^+$ 和 $Cl^-$ 有向膜内扩散的趋势。但细胞膜在静息时，由于非电压门控的钾离子通道的开放，细胞膜对 $K^+$ 的通透性较大，对 $Na^+$ 和 $Cl^-$ 的通透性很小，而对 $A^-$ 几乎不通透。这样，$K^+$ 顺着浓度梯度经膜扩散到膜外，使膜外具有较多的正电荷，有机负离子 $A^-$ 由于不能透过膜而留在膜内，使膜内具有较多的负电荷。由于正常静息细胞的胞外具有比胞内更多的带正电的 $Na^+$，在细胞膜上就会存在一个很小但能检测到的电压。细胞膜内外的电压大约为 70 mV。其后果是，细胞膜的两侧被极化了，如同极化的电池一样，具有正极和负极。静息神经元的正极位于细胞膜外，而负极位于细胞膜内（图 13–86 ①）。

当细胞膜上的某点受到刺激（产生兴奋性突触后电位）而去极化（电位升高，图 13–86 ②），并达到电压门控的钠离子通道的开放阈值时，细胞膜会改变它的通透性而打开该钠离子通道，由于胞外的 $Na^+$ 浓度远高于细胞内，$Na^+$ 便可以扩散至低浓度的区域，胞外的 $Na^+$ 进入细胞内，于是，膜便开启了快速的去极化（图 13–86 ③）。膜的去极化进一步使更多的 $Na^+$ 通道张开，更多的 $Na^+$ 进入细胞。这是一个正反馈的快速倍增过程（图 13–86 ③），这一过程使膜内外的 $Na^+$ 达到平衡，膜电位从静息时的 –70 mV 转变到 0，并继续转变到 +35 mV 达到峰值（图 13–86 ④）。随后，$Na^+$ 通道关闭，电压门控的钾离子通道打开，造成对 $K^+$ 的通透性提高，$K^+$ 在胞内浓度高，会顺着浓度梯度外流，使得膜电位逐步恢复到内负外正的状态，即**复极化**（repolarization）（图 13–86 ⑤）。这一周期性的电位变化，即从 $Na^+$ 的渗入而使膜发生极性的变化，从原来的外正内负变成外负内正，到 $K^+$ 的渗出使膜恢复到原来的外正内负，称为**动作电位**（action potential）。

神经传导就是动作电位沿轴突一步一步地连锁反应而出现了动作电位的顺序传播，这就是神经

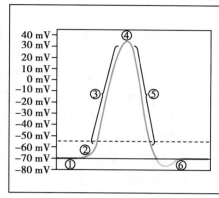
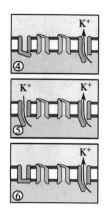

◒ 图 13-86　神经冲动
①静息电位；②③为去极化过程；
④动作电位的峰值；⑤⑥为复极
化过程。

冲动的传导。动作电位的出现非常快，每一动作电位大约只有 1～2 ms 的波宽，并且是"全或无"的，也就是说，刺激不够强时，不发生动作电位，也就没有神经冲动，刺激一旦达到最低有效强度，动作电位就会发生并从刺激点向两边蔓延，这就是神经冲动，而增加刺激强度不会使神经冲动的幅度和传导速度增加。神经冲动在轴突上可以双向传导，但是由于在动物体内，产生动作电位的位点在胞体附近，因而神经冲动只能沿着轴突朝一个方向传播，直到轴突末端的突触前膜。

另外，神经冲动在有髓神经纤维上传导的方式是跳跃式的，即从一个郎飞节到另一个郎飞节之间传导，大大加快了传导速度，而且所消耗的能量大约是在无髓纤维上的1/5 000（图 13-87）。其根本原因是，动作电位沿着轴突的传导其实是一个不断产生新动作单位的过程，只有这样才能保证在长距离传导过程中，幅度不变。而在有髓神经纤维上，只有未被髓鞘包裹的郎飞节上才分布着能产生动作电位的电压门控型钠离子和钾离子通道，因此在整个轴突全长中，只有有限位点耗能产生动作电位，使得信息传导快速并节能。

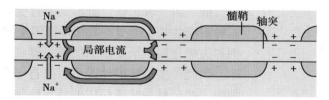
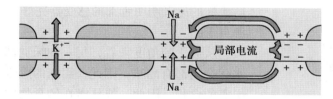

↑ 图 13-87　动作电位传导过程

## 四、感觉器官

神经系统的活动很多是对感觉器官输入的某种信号的反应。各种各样的感觉器官遍布全身：有的分布在身体表面，这样可以更容易地探测到环境的变化，听觉、视觉和触觉就是这类感觉；而有的则分布在身体的内部，它们能发现身体的各个部分在发生怎样的变化，例如，某些温度和压力感受器监测身体内环境的变化。感觉器官发现变化，而脑则能感知变化——脑能识别接收到的刺激。感觉涉及多种不同的机制，如化学检测、光的检测以及机械力的检测等。

### 1. 化学检测

细胞膜上大多具有能选择性结合特定分子的受体。这种结合会通过多种途径使细胞产生改变，如舌头上味蕾，可以对一类分子产生应答。传统上，我们将味觉分为四类：甜、酸、咸和苦（图13-88）。但最近，人们鉴定出了第五种味觉——鲜，这是对一种氨基酸（谷氨酸）的反应。谷氨酸存在于多种食物中，并早已作为一种提鲜剂（谷氨酸单钠盐）加入多种菜肴之中。

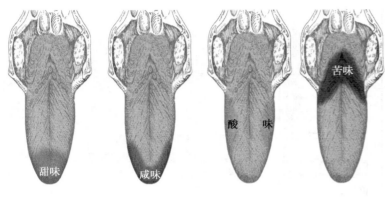

↑ 图 13-88   舌头上味蕾分布

感受酸味的味蕾会对 $H^+$ 作出反应（酸性的食物吃起来是酸的）。$H^+$ 通过两种途径刺激细胞：它们可以直接进入细胞，或改变 $Na^+$ 和 $K^+$ 的正常跨膜流动。这两种情况都会导致细胞去极化，刺激神经细胞。而在咸味的检测中，食盐中的 $Na^+$ 通过直接进入细胞造成细胞的去极化来刺激味蕾。

甜味、苦味和鲜味的感觉则是由特定分子结合到细胞表面的特定受体而产生的。甜味可以由许多种有机分子产生，包括糖类和人造甜味剂，甚至可以由无机的铅化合物产生。当一个分子与甜味受体结合时，这个分子会发生分解，并通过酶反应造成细胞的去极化。我们经常可以看到孩子们有时会吃颜料，这可能是因为过去的颜料中含有带甜味的铅盐。由于铅会影响脑的正常发育，孩子的这种行为可能会造成灾难性的后果。许多具有不同结构的物质都有苦味。感受苦味的细胞表面具有多种多样的受体分子。当某种物质与其中一个受体结合时，细胞便会去极化。而鲜味的感觉是由谷氨酸分子与味蕾细胞表面的受体结合造成的。

酸、甜、苦、咸、鲜都是通过受体而使得感受器细胞去极化，同样的去极化为什么会带给我们五种不同的味觉感受？其根本原因是感受的性质（如特定味觉）是由激活哪类感受器细胞所决定的，例如去极化而激活了酸味的感受器细胞，并依次激活通路中和酸味有关的细胞，人会觉得尝到了酸味。因此产生酸味的体验可以来自于真实的酸味食品，也可以是某些内在因素而激活了酸味感受器细胞，甚至是酸味通路中的特定细胞，望梅止渴、梦中鲜活的美味就是现实生活中的例子，而某些脑疾病的患者明明舌部的感受器完好，却丧失了味觉感受，就是这个道理。"缸中之脑"的探讨也是源自于此。

从进化的角度来看，每一种味觉都具有重要的意义。碳水化合物是主要的食物来源，而许多碳水化合物都有甜味，因此，甜味的感觉有助于寻找具有高食用价值的食物。同样，蛋白质和盐都是必需的食物。因此，能从潜在的食物中找出这类食物就显得极为重要。尤其是盐，必须常常从矿物中获得。另一方面，具有苦味和酸味的物质往往是有害的。许多植物会产生有毒的物质，这些物质尝起来往往是苦的；而酸通常是食物被细菌降解的结果。能够分辨苦和酸有助于帮助动物避开那些可能有害的食物。

日常生活中，如果你无法闻到食物的味道，即便是你平时经常食用的食物也会感觉无味，这就是为什么鼻子不通时往往会没有胃口。这就是另一种主要的化学感觉——嗅觉（图 13-89）。它可以在极低的浓度下探测出数千种不同的分子。位于鼻腔表面并产生嗅觉的上皮细胞，具有能结合各种分子的表面受体，特定的嗅觉感受器细胞表面分布着特定的受体，它们与特定的气味分子结合而激活该感受器。因此，不同的感受器有各自偏好的气味，某一气味分子能最大程度地激活某类感受器，而引起其它感受器的低水平激活。某种复合气

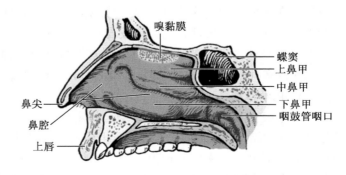

↑ 图 13-89   嗅觉器官

味会不同程度地激活不同的感受器，而这些感受器群体的激活状态，则提供了这一复合气味感受的神经基础。和其他感受器细胞类似，这些嗅觉细胞也很容易疲劳，你可能有这样的体会，当你第一次进入房间时，会觉察到某些特殊的气味，但过几分钟后，便感觉不到这种气味了。大多数香水在连续刺激 15 min 后，其气味也就难以觉察了（图 13-90）。这一现象被称为适应，有利于生物体获得变化信息而忽略恒定量，以便于更好地在多变的环境中生存。

值得一提的是，我们常常把温度、质感等其它信息当作味觉。例如：我们认为冷咖啡和热咖啡具有不同的味道，但它们的化学成分是一样的；结块的、煮熟的和光滑的麦片有不同的味道。这体现了生物体在独立进行不同感觉检测的基础上，具有进行多感觉整合的能力，有利于我们更快更好地识别环境信息，在信息编码中的独立表征与逐级整合是神经系统中典型的对立统一体。

许多内部感觉器官也对特定分子作出反应。例如，脑和主动脉中具有感受血液中氢离子、二氧化碳和氧气浓度的细胞。值得注意的是，内分泌系统也依赖于检测特定分子来启动各种反应。

### 2. 光的检测

眼睛是人类感官中最重要的器官。人们在读书认字、看图赏画、观看演出、欣赏美景时无不用到眼睛。人的眼睛非常敏感，能辨别不同的颜色、不同的光线，再将这些视觉形象信息转变成神经信号传送给大脑。如果眼睛或视觉出现问题，人们与外界的接触便会受到极大的限制或影响。

人的眼睛近似球形，包括眼球、眼睑、巩膜（眼白）、瞳孔、虹膜及角膜等几个主要部分。除此之外，眼眶内还有运动眼球的小肌肉以及泪腺等结构（图 13-91）。正常成年人眼球前后径平均为 24 mm，垂直径平均 23 mm。最前端突出于眶外 12～14 mm，受眼睑保护。

眼的结构可以将光聚焦在眼底的光敏层即**视网膜**（retina）上（图 13-92）。在视网膜上主要有两种重要的光感受器细胞。一种是**视杆**（rod）细胞，分布在黄斑区以外的视网膜上，无辨色功能，感受弱光，主要用于黑白视觉。由于视杆细胞对光非常敏感，因此它们主要在弱光的情况下发挥作用。另一种是**视锥**（cone）细胞，主要集中在黄斑区，有辨色作用，能感受强光，有精细辨别力，形成中心视力。视锥细胞可分为三种：一种对红光最敏感，一种对绿光最敏感，还有一种对蓝光最敏感。对于任何波长的可见光，三种视锥细胞被刺激后都有不同程度的激活，它们的群体激活状态组合在一起，构建了三原色的神经基础，使我们能够识别各种不同的颜色（图 13-93）。这一点在前述的味觉、嗅觉等其他感觉中也是类似的。

视杆细胞和三种视锥细胞中都有特定的视色素，当它受到适当波长和足够强度的光的刺激时便会分解，并引起级联化学反应，造成光感受器细胞上钠离子通道通透性的改变，从而产生电位变化。视杆细胞和视锥细胞通过突触与下一级神经细胞联系，当它们去极化时会释放神经递质，激活下一级神经元，随后依次传递，最终将视觉信号传到脑中。值得注意的是，在光感受器实现光电转换后，整个视觉通路中都遵循着动作电位—突触传递—动作电位的转换，与其他感觉通路并无不同。因此，视网膜上光的颜色和光强的模式通过视杆和视锥细胞的检测，转变为一系列神经冲动，最终由脑接

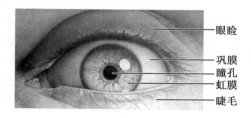

⬆ 图 13-90 嗅上皮中三个经典嗅觉感受器细胞对于不同气味的反应（改自 Mark Bear 等，2001，Neuroscience: Exploring the Brain）

⬆ 图 13-91 人类的眼睛

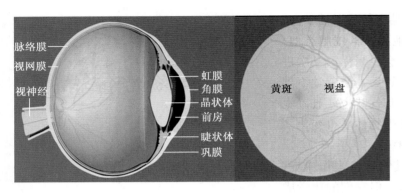

↑ 图 13-92 眼球结构
左图为眼球的纵切面，右图为眼球的后视图。

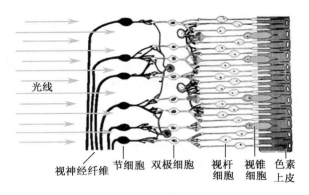

↑ 图 13-93 视网膜中的细胞类型

收和理解，其独特性很大程度上依赖于光感受器这一环节。在某些动物实验中，科学家将视神经重新连接到听觉皮层，使得听觉皮层能够"看"到视觉信息，利用的就是后续通路中信号传递的相似准则。

### 3. 声音的检测

耳能对声波的变化作出反应。声音由机械振动产生，它有多种特征，包括响度和音调。响度（或音量）是耳接受到的声能强弱的度量，由机械波的振幅决定。音调由机械波的频率决定，人能检测到的声波频率为 20 ~ 20 000 HZ，频率越高，音调越高。

为了有效地捕捉到空气的微小振动，必须借助精巧的构造。图 13-94 显示了耳的解剖结构。进入耳的声音首先由**外耳**（outer ear）集中到达**鼓膜**（tympanic membrane）。外耳的锥形结构能将声音会聚到鼓膜上，而外耳道的长度恰好满足了人类最敏感的中频声音产生共振的腔体长度。与鼓膜相连的是三块听小骨，分别为锤骨、砧骨和镫骨。鼓膜的振动导致听小骨（锤骨、砧骨和镫骨）的振动，通过听小骨的杠杆原理，继续增强声压，随后引起卵圆窗膜的相应振动。不仅仅在听觉系统，也不仅仅在人类中，动物的感觉器官往往为了更为灵敏地捕捉对于生存至关重要的外界刺激，而特化出许多精巧的结构，丰富的生物多样性为我们展示了自然的美妙，也为仿生学提供了取之不尽的

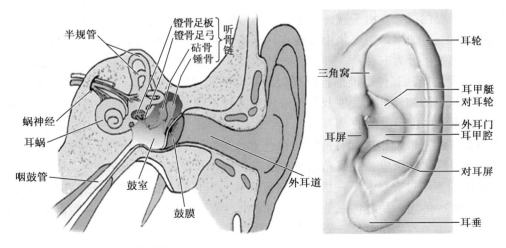

↑ 图 13-94 耳的解剖结构

素材与基础。

**耳蜗**（cochlea）是耳中检测声音的结构，由蜗牛状盘旋的充满液体的管道构成。当卵圆窗振动时，耳蜗中的液体也开始振动，引起耳蜗的基膜振动。由于基膜的宽窄厚薄不同，高音调的声音使位于耳蜗底部靠近卵圆窗的基膜（此处基膜窄且薄）发生振动，而低音调的声音会使远离卵圆窗的基膜（宽且厚）发生振动。较强的声音会使基膜发生较剧烈的振动。基膜上的听觉感受器细胞——毛细胞在受到振动刺激时，纤毛会摆动而牵拉毛细胞上面的机械力门控钾离子通道，引起钾离子的流动，造成毛细胞的去极化。毛细胞被激活后，通过突触激活听神经，听觉信息便逐级传送至脑中。

不同波长的声音刺激耳蜗的不同部分，它们激活不同的毛细胞，脑据此便可以分辨出音调的高低。我们听到的声音往往由多种音调混合而成，其神经基础便是不同群体神经元的此起彼伏的激活状态。较响的声音会对膜造成较大的刺激，导致耳蜗中的感觉细胞每秒发出更多的神经冲动。这样脑便可以分辨出不同声音的强度和音调。与其他感受器相似的是，音调的感受主要取决于哪里的毛细胞被激活，而响度主要取决于毛细胞被激活的程度。

**4. 体感感受器**

我们通常所称的体感感受器包括了许多不同的感觉输入。有些皮肤上的感受器对机械力作出反应，被称为触觉感受器；有些针对温度有不同的反应，被称为温觉感受器；而另一些，则对细胞伤害作出反应，对应于痛觉感受器；关节和肌肉中的本体感受器使我们了解身体各部位所受的压力，这些信息同样有助于大脑调整动作以维持特定的姿势。当这些细胞受到适宜刺激时会产生膜电位变化，通过神经网络向脑中传送信息。由于身体特定部位的感受器受到了刺激，脑便能对感觉进行定位。但是，身体各部位感受器的分布是不均匀的，如指尖、嘴唇和外生殖器具有最高密度的神经末梢，而背、腿和手臂上的感受器则少得多。这一感受器的分布不均匀性在其他感受器中普遍存在，体现了生物体"好钢用在刀刃上"的经济学考量，达到以较小代价获得较好性能的目的。

皮肤上大量分布着触觉感受器、温度感受器和痛觉感受器，前者的细胞膜上分布着机械力门控的离子通道，后两者则通过与特定化学分子（如辣椒素）结合的受体来影响离子通道的开闭特性，它们最终使得该感受器产生电位变化，通过突触传递，逐级传递相关体感信息。而本体感受器则通过特化的结构如肌腱和肌梭，以机械力门控离子通道的方式来实现神经电信号的转化。因此，不同的感受器有不同的作用机制，在某些情况下，出现触觉与痛觉的分离。例如人在皮肤刺伤时，首先是有针刺的触觉，然后才有痛觉，这是因为触觉的感受器传递速度快于痛觉，脑首先接收到触觉信息。再比如，特定的药物会特异性地阻断某一类感受器，利多卡因可以特异性地阻断皮肤的痛觉而保留触觉。

总之，神经系统的结构类似于计算机。从各种输入设备（感觉器官）得到的信息通过电线（感觉神经）被送到中央处理器（脑）。中央处理器分析这些信息，最终通过电缆（运动神经）传递信号，以驱动外部机械（肌肉和腺体）。这个概念使我们能够理解神经系统不同部分的功能是如何被确定的。我们可以用电刺激实验动物神经系统的特定部分，或者破坏神经系统的特定部分，来确定脑或神经系统其它部分各个不同部位的功能。例如，由于周围神经束中包含了感觉神经纤维和运动神经纤维，损伤周围神经会导致感觉的缺乏和运动能力的丧失，因为感觉信息无法传入，同时运动神经也受到了损害。

# 第八节 运动系统

动物能进行活跃的运动，从一个地方移动到另一个地方。许多水生动物直接通过水流的反向推动来运动，昆虫和鸟类等飞行动物则通过翅膀拍打空气产生的推动力来运动，而陆生动物通过更为进化的运动系统在陆地表面运动。

当动物体受到一定的刺激时，就会作出相应的反应，其中最主要的表现就是身体各部分的运动。要完成这些动作，需要一定的器官系统，即动物的运动系统。

## 一、动物的运动系统

动物的运动系统由骨、骨连接和肌肉三部分组成。骨通过骨连接形成骨骼，构成机体的支架，起着支持身体和保护体内器官的作用。在运动过程中，骨骼肌是机体运动的动力，其他器官、系统的机能改变都是为了保证骨骼肌的收缩顺利进行。骨骼肌通常通过肌腱附着在骨体上。在神经系统的支配下，肌肉收缩或舒张时，被附着的骨体就会运动，因此骨骼可以起到杠杆的作用。骨骼的运动发生在两块骨体的连接处，即关节。关节的运动主要分为三种：不动关节、少动关节和可动关节。关节为坚硬的骨骼系统提供了灵活性。

动物的骨骼系统包括水骨骼、外骨骼和内骨骼。水骨骼因为没有坚硬的支持结构，在分类时也可以和其它两类分开。刺胞动物和环节动物具有水骨骼，因其体腔内充满液体，能通过收缩囊周围的肌肉伸缩，使液体受到挤压从而产生压力推动其前进。节肢动物和软体动物拥有由几丁质构成的外骨骼。外骨骼对动物的内部器官提供了有力的保护，避免了身体的弯折。然而，为了生长，这些动物必须周期性地更换外壳。与此同时，拥有外骨骼也限制了个体的成长，这样的动物个头都不会很大，因为随着个体体积的增大，外骨骼必须发育得更厚、更重以避免其结构的瓦解。内骨骼主要存在于较高等的生物中，比如哺乳类、爬行类和鸟类等。脊椎动物的内骨骼由软骨和硬骨构成，其中硬骨具有生长和修复能力，并能对外界物理刺激进行应答，对机体有支持和保护作用。

成人有 206 块骨。人体骨骼两侧对称，中轴部位为 51 块躯干骨，其顶端是 29 块颅骨，两侧为 64 块上肢骨和 62 块下肢骨。

人类及其他所有脊椎动物都有三种肌肉组织：骨骼肌、心肌和平滑肌。骨骼肌是横纹肌，一般受意志支配，也称随意肌。心肌也是横纹肌，但它与骨骼肌不同，并不受意志支配，称为不随意肌，这一点与广泛存在于脊椎动物各种内脏器官中的平滑肌相似（详见本章第一节）。

## 二、骨的结构

骨是活跃的、不断生长的组织。在个体的一生中，骨总是在不断地重建。新的硬骨由**成骨细胞**（osteoblast）的活动而形成。成骨细胞分泌出含有胶原的有机基质，磷酸钙逐渐沉淀其上。成骨细胞在这个过程后即转为**骨细胞**（osteocyte），被包围在钙化基质空间——**骨穴**（lacunae）中。

**破骨细胞**（osteoclast）能够溶解骨质并帮助重组硬骨，以回应外界的机械压力。

骨内部由同心圆状的**骨层**（lamella）构成，环绕在狭窄的管道周围，这种管道称为**哈氏管**（Haversian canal），与硬骨的伸展方向平行。哈氏管中有神经纤维和血管，能够为骨细胞提供营养物质。骨层和其中的骨细胞环绕在哈氏管的周围，形成了硬骨结构的基本单元，称为哈氏系。

硬骨有两种形成方式。在扁骨中，如头骨，成骨细胞处于网状的致密结缔组织中，形成硬骨。而在长骨中，先形成软骨，随着钙化的发生，软骨退化，硬骨逐渐形成。这个过程完成后，软骨仅在关节表面和处于长骨颈部的生长层上有残留。小孩长高是因为软骨在生长层上变厚，并被硬骨所取代。当所有的软骨生长层都被硬骨取代时，人便停止生长。此时，只有在长骨末端的关节上还有软骨残留。

长骨的末端和内部由开放的栅状硬骨组成，称为**骨松质**（spony bone）。其中含有骨髓，绝大多数的血细胞在这里形成（图 13-95）。环绕着骨松质组织的是同心圆状的**骨密质层**（compact bone），骨密质的密度非常高，能为硬骨提供足够的强度抵御机械压力。

硬骨由细胞和胞外基质组成。基质中含有胶原纤维和磷酸钙，胶原纤维提供了硬骨的韧性，而磷酸钙保证了其强度。硬骨中含有血管和神经，能够生长和重塑。

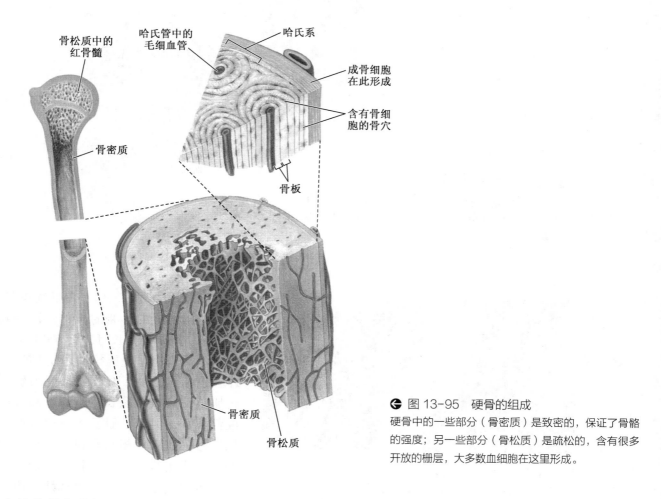

**图 13-95 硬骨的组成**
硬骨中的一些部分（骨密质）是致密的，保证了骨骼的强度；另一些部分（骨松质）是疏松的，含有很多开放的栅层，大多数血细胞在这里形成。

## 三、肌肉的收缩机制

### 1. 骨骼肌的组成

骨骼肌由很多肌纤维组成，每一条肌纤维包含有 4~20 条肌原纤维。肌原纤维由粗、细两种肌丝构成暗带（A 带）和明带（I 带），在显微镜下呈现有规律的横纹排列（图 13-96），故骨骼肌也称横纹肌。

粗肌丝由单一的肌球蛋白分子聚合而成，细肌丝的主要成分是肌动蛋白。粗肌丝的堆叠形成了 A 带。而细肌丝连接于 Z 线，纵贯 I 带全长，并伸入 A 带部位，与粗肌丝交错对插。两条 Z 线之间的结构是肌纤维最基本的机构和功能单位，称为**肌节**（sarcomere）。在一个肌节中，来自两侧 Z 线的细肌丝在 A 带中段并未相遇而是隔有一段距离，即为 H 区，此时 H 区的肌丝成分只有粗肌丝，而

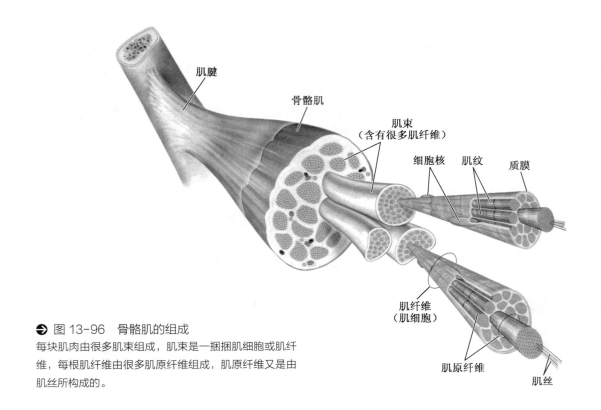

**⊃ 图 13-96    骨骼肌的组成**
每块肌肉由很多肌束组成，肌束是一捆捆肌细胞或肌纤维，每根肌纤维由很多肌原纤维组成，肌原纤维又是由肌丝所构成的。

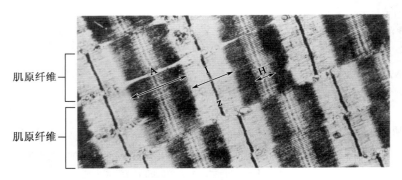

**↑ 图 13-97    骨骼肌纤维的电子显微图**
在肌原纤维中充当肌节边界的 Z 线能够清晰地看到，粗肌丝组成 A 带；细肌丝在 I 带中并且半途粘到 A 带，和粗带部分重叠。在 A 带中心没有粗带和细带的重叠部分，从而看上去更亮，这就是 H 带。

H 区以外的 A 带中，粗、细肌丝并存（图 13-97）。肌肉缩短时 A 带的长度不变，而 I 带和 H 区变窄。肌肉被拉长时，肌节长度增大，此时细肌丝从暗带重叠区拉出，使 I 带长度增大，H 区也相应增宽，A 带的长度仍然不变。无论肌节缩短或被拉长，粗肌丝和细肌丝的长度都不变，但两种肌丝的重叠程度发生了变化。粗、细肌丝相互重叠时，在空间上呈现严格的规则排列，每一根粗肌丝被六根细肌丝所包围。粗、细肌丝间这种密切的空间关系，为肌细胞收缩时粗、细肌丝的相互作用创造了条件。

**2. 肌肉的收缩机制及控制**

基于以上发现，Huxley 等人提出了**滑行学说**（sliding-filament theory）：肌肉的缩短是肌节中细肌丝在粗肌丝之间滑行造成的。当肌肉收缩时，由 Z 线发出的细肌丝向 A 带中央滑动（图 13-98），使相邻的 Z 线互相靠近，肌节的长度变短，进而引起肌原纤维和整条肌纤维以至整块肌肉的缩短。

粗肌丝头部表面形成外突。外突有两个中心，一个是肌动蛋白结合中心，能与肌动蛋白结合形成以横桥连接的肌动球蛋白；另一个是 ATP 酶活性中心，它在形成肌动球蛋白横桥时，分子构象发生变化而被激活，水解 ATP，释放能量，从而改变肌动球蛋白横桥的角度。

细肌丝是由两条纤维状肌动蛋白相互缠绕而成的。在缠绕的凹槽内，还镶嵌着两种重要的蛋白

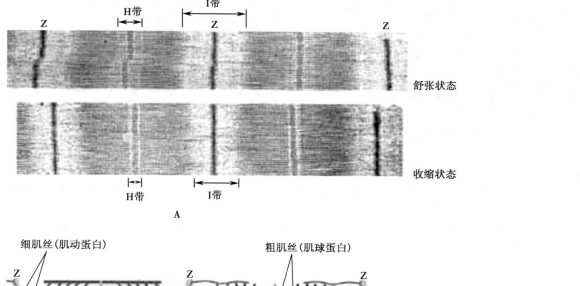

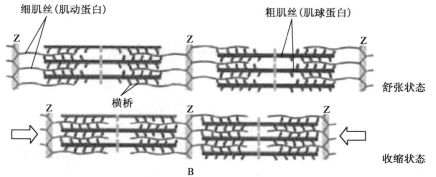

❷ 图 13-98 肌肉的电子显微图及其收缩机制

A. 电子显微图。

B. 收缩的滑行细丝机制图解：细肌丝深入地滑进肌节中心，Z 线之间距离更近。

质：一种是呈纤维状的原肌球蛋白，每一个原肌球蛋白分子与 7 个肌动蛋白分子结合，能阻止肌动球蛋白横桥的形成；另一种是肌钙蛋白，在细肌丝上每隔 7 个肌动蛋白分子就有一个肌钙蛋白，它是一种调节蛋白，能与 $Ca^{2+}$ 结合改变整个分子构型，使肌动蛋白能与肌球蛋白结合形成肌动球蛋白横桥，这个过程受到肌肉细胞质中 $Ca^{2+}$ 浓度的调控。

### 3. $Ca^{2+}$ 在收缩时的作用

肌肉细胞质中的 $Ca^{2+}$ 浓度低时，原肌球蛋白阻止横桥形成，肌肉处于放松状态。当肌膜兴奋的生物信号由横管系统传入肌质网时，肌质网便释放出大量的 $Ca^{2+}$，其浓度取决于肌纤维的兴奋程度。$Ca^{2+}$ 与肌钙蛋白结合，使原肌球蛋白和肌钙蛋白构型变化，肌动蛋白上的肌球蛋白结合位点暴露，进而形成肌动球蛋白横桥（图 13-99）。经过动力冲程，产生肌肉收缩。神经活动会影响 $Ca^{2+}$ 在肌纤维中的分布，所以肌肉收缩受到神经系统的调控。

与此同时，$Ca^{2+}$ 激活了肌球蛋白头部 ATP 酶活性，水解 ATP 产生的能量引起肌球蛋白头部构型发生变化，使横桥末端产生摆动，从而拉动细肌丝沿粗肌丝移动。在高浓度 $Ca^{2+}$ 存在的情况下，收缩便会持续下去。当收缩结束，膜上的离子泵利用水解 ATP 的能量将 $Ca^{2+}$ 主动运输回肌质网（图 13-100）。

## 四、神经调控肌肉收缩

骨骼肌在躯体运动神经元刺激后发生收缩。躯体运动神经元的轴突延伸肌肉细胞，并与许多肌

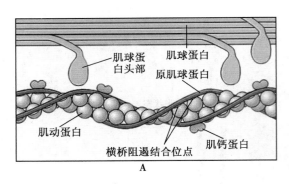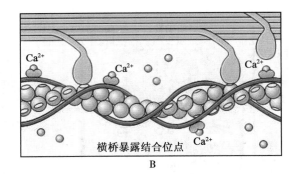

❶ 图 13-99 Ca²⁺ 怎样控制横纹肌收缩

A. 当肌肉放松时，原肌球蛋白占据了肌动蛋白上肌凝蛋白的结合位点。此时肌凝蛋白不能与肌动蛋白在此位置通过横桥形成肌动球蛋白，肌肉不能收缩。

B. 当 Ca²⁺ 与肌钙蛋白结合时，它们的结合物取代了原肌球蛋白，使肌动蛋白上的肌凝蛋白结合位点暴露出来，经横桥连接形成肌动球蛋白，实现肌肉收缩。

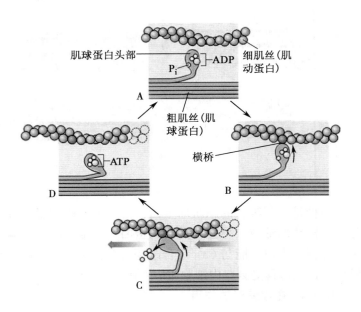

❷ 图 13-100 肌肉收缩中的横桥循环

A. ADP 和 $P_i$ 连接在肌凝蛋白顶端。

B. 这个位点就可以与肌动蛋白结合而形成横桥。

C. 这种结合使肌凝蛋白顶端更加弯曲，拉动细肌丝沿着粗肌丝移动（以上图为例是左移），并释放 ADP 和 $P_i$。

D. ATP 与肌凝蛋白顶端的结合使横桥分离，同时 ATP 分解为 ADP 和 $P_i$，这样就使肌凝蛋白顶端恢复到原始构象，如此循环。

纤维构成神经 – 肌肉接头这一功能性连接。一个轴突可以刺激多条肌纤维。

躯体运动神经元产生电信号时，就通过以下过程来刺激与肌纤维的连接：①运动神经元在它与肌纤维的神经 – 肌肉接头处释放神经递质，即乙酰胆碱。后者作用在肌纤维膜上，刺激其生成新的电信号。②生物电信号通过横管传到肌细胞深处，促使细胞内钙库释放钙离子于细胞质中。③细胞质中的钙离子与肌钙蛋白结合，引起细肌丝构象改变，暴露了其上的横桥结合位点，粗肌丝上的横桥与之结合，拉动细肌丝不断向粗肌丝方向滑动，使肌节缩短，肌肉产生收缩。

当神经电信号终止时，乙酰胆碱不再释放，肌纤维上的电信号就停止生成，横管不再传递生物电信号到肌细胞深处。此时，Ca²⁺ 通过主动运输返回到钙库中。肌钙蛋白不再和 Ca²⁺ 结合，原肌球蛋白又恢复到抑制状态，引起肌纤维的舒张。

由于该过程是 Ca²⁺ 的释放引起了肌纤维在运动神经元的刺激下收缩，因此 Ca²⁺ 参与的肌肉收缩过程被称为兴奋 – 收缩偶联。

上述过程是单个肌细胞的动作，在一块肌肉内，通常是所有肌细胞同时发生肌丝滑行动作的，于是就产生了整块肌肉的收缩运动，表现出来就是伸手、持物、跳跃等各种肢体运动。

　　单一的肌纤维对刺激作出全或无的即时反应。一个 α- 运动神经元和受其支配的肌纤维所组成的肌肉收缩的最基本单位称为运动单位。每一次运动神经元产生冲动，所有在这个运动单位中的肌纤维将一起收缩。将肌肉划分运动单位可以使肌肉收缩的程度能够精细分级，需要精细控制的骨骼肌比那些不需精细控制但需要很大力气的骨骼肌拥有更小的运动单位（每个运动神经元控制的肌纤维更少）。举例来说，在控制眼睛运动的肌肉的运动单位中，每个运动神经元只控制几条肌纤维，但是在控制大腿运动的肌肉的运动单位中，每个运动神经元控制几百条肌纤维。

　　多数骨骼肌都拥有不同大小的运动单位，因而可以有选择地受神经系统刺激而激活。

　　横桥被阻止在松弛肌肉中通过原肌球蛋白与肌动蛋白结合。为了使肌肉收缩，$Ca^{2+}$ 必须由储存它们的肌质网这一钙库中释放出来。于是 $Ca^{2+}$ 就能与肌钙蛋白结合，使原肌球蛋白改变在暗带中的位置，肌肉收缩是由神经刺激产生的，用不同数量和大小的运动单元可以产生不同种类的肌肉收缩。

# 第九节　内分泌系统与动物激素作用

　　长期的进化中，动物逐渐演化了与环境变化相适应的两个系统，即神经系统和内分泌系统。两个系统都分泌出一些信号分子，这些分子通过与器官中的受体蛋白结合来达到调控的目的，但作用方式不同。前者已在本章第七节做了介绍。内分泌系统是动物体内分泌腺及某些脏器中内分泌组织所形成的一个体液调节系统，在神经支配和物质代谢反馈调节基础上释放各类激素信号分子，从而调节体内代谢过程、各脏器功能、生长发育、生殖与衰老等许多生理活动、维持着动物体内环境的相对稳定性，以适应复杂多变的体内外变化。

## 一、内分泌系统

　　内分泌系统是由胚胎的中胚层和内胚层发育成的细胞或细胞组成的**内分泌腺**（endocrine gland）。它们分泌的微量化学物质（激素）通过血液循环到达靶细胞，与相应的受体相结合，影响代谢过程而发挥其广泛的全身性作用。内分泌系统包括**下丘脑**（hypothalamus）、**脑垂体**（pituitary gland）（腺垂体和神经垂体）、**甲状腺**（thyroid gland）、**甲状旁腺**（parathyroid gland）、**肾上腺**（adrenal gland）、**性腺**（sex gland）（男性为睾丸、女性为卵巢）、**胰腺**（pancreas）、**胸腺**（thymus）及**松果体**（pineal gland）等（图 13-101）。内分泌腺无分泌导管，也称无管腺。这些腺体分泌高效能的有机化学物质（即激素），并释放到周围的组织液中，再通过体液运输循环而传递化学信息到其靶细胞、靶组织或靶器官，发挥兴奋或抑制作用，调节有机体的生长、发育和生理机能。除了上述内分泌腺外，在身体其它部分如胃肠道黏膜、脑、肾、心、肺等处都分布有散在的内分泌组织，或存在兼有内分泌功能的细胞，这些散在的内分泌组织也属于或包括在内分泌系统内。

　　内分泌器官释放出的物质称为**激素**（hormone）。内分泌腺分泌的激素可以分为亲脂性（脂溶性）和亲水性（水溶性），主要有以下四种不

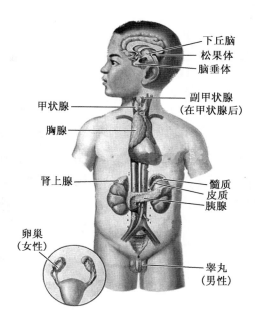

↑ 图 13-101　人体的主要内分泌器官

同的类型：①**多肽**（polypeptide）：这种激素是由较少氨基酸组成的氨基酸链，其中包括胰岛素和抗利尿激素。②**糖蛋白**（glucoprotein）：这种激素是由蛋白质连接着一个糖类，包括卵泡刺激素和黄体生成素。③**胺类**（amine）：主要来自于氨基酸中的酪氨酸和色氨酸，包括由肾上腺髓质、甲状腺和松果体所分泌的激素。④**类固醇**（steroid）：这类激素是包括睾丸激素、雌二醇、黄体酮、皮质醇在内的胆固醇的脂类。

## 二、内分泌腺、激素及其主要生理功能

### 1. 下丘脑

下丘脑是丘脑的一个腺体组织，控制身体多项功能。它位于脑的底部，连接第三脑室的两侧。下丘脑虽然很小，只有 4 g 左右，不到全脑重量的 1%，但接受很多神经冲动，故为内分泌系统和神经系统的中心（图 13-102）。**下丘脑激素**（hypothalamic hormone）是下丘脑不同类型的神经核团的细胞产生的一系列肽类激素的总称。它们能有效地调节控制垂体前叶各种激素的合成和分泌，以及控制自主神经功能，故也称下丘脑神经激素。

下丘脑激素储藏于神经末梢，受到生理刺激后泌出，经垂体门脉系统，输送到与下丘脑邻近的垂体前叶起调节作用，具有调节体温、血糖、水平衡、脂肪代谢、摄食习惯、睡眠、性行为、情绪等的功能。下丘脑激素有以下两组：

（1）**下丘脑释放激素**（hypothalamic releasing hormone）

① 促甲状腺激素释放激素（TRH）：TRH 为 3 个氨基酸的肽类，作用于腺垂体的促甲状腺细胞，与细胞膜上受体结合，激活腺苷酸环化酶—cAMP—蛋白激酶系统，使促甲状腺细胞合成与释放促甲状腺激素（TSH），并维持其正常分泌。TRH 还能刺激垂体分泌催乳素（PRL），对中枢神经具有直接的兴奋作用，曾用于治疗抑郁及精神分裂症。

② 促性腺激素释放激素（GnRH）：GnRH 也称作促黄体激素释放激素（LHRH），是一种 10 个

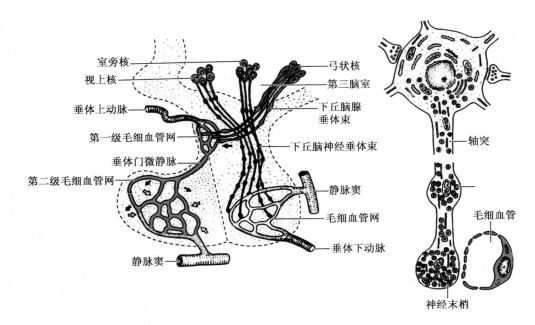

**● 图 13-102　下丘脑**

氨基酸的多肽类激素，它的主要功能是刺激合成和释放卵泡刺激素（FSH）和黄体生成激素（LH）。

③ 生长激素释放激素（GHRH）：GHRH是含有40或44个氨基酸的多肽类激素，主要刺激垂体生长激素（GH）的释放，与生长激素释放抑制激素共同维持GH释放的双重调节，对GH基因的转录、腺垂体细胞的增生和分化具有促进作用。

④ 催乳素释放因子（PRL-RF，PRF）：PRF为多肽类激素，具有刺激催乳素分泌的作用。只有在哺乳期，吸吮乳头的动作能引起神经冲动经脊髓传入下丘脑，使催乳素释放因子神经元兴奋，引起催乳素分泌。

（2）**下丘脑释放抑制激素**（hypothalamic releasing inhibitory hormone）

① **生长激素释放抑制激素**（GHIH，SS）：GHIH为14肽结构，对许多内分泌器官有抑制作用，能显著抑制GH的分泌，还能抑制**胰高血糖素**（glucagon）及**胰岛素**（glucagon）的分泌，能抑制多种胃肠道及胰腺的分泌，从而对机体营养物质的摄取有一定的控制作用，参与体内营养平衡的调节，同时对中枢神经也有抑制作用。

② **催乳素释放抑制因子**（PRL-IF，PIF）：PIF为多肽类激素，具有抑制催乳素分泌的作用。在正常生理情况下催乳素释放抑制因子占优势地位。

这类激素除了集中在下丘脑外，还分布于其它脑区、脊髓液以及胃肠道等组织，且可发挥垂体外的作用，即不仅对垂体起重要的生理作用，尚可影响其它组织。它接收从自主神经系统而来的讯号，并决定相应的行动。当人类遇到恐惧或兴奋的事情，身体的自主神经系统会向下丘脑腺体发出信号，从而使身体加速心跳和呼吸、瞳孔扩张，并增加血液流量，使身体能够及时作出相应的行动。它们在体内的含量极微，从数十万头猪或羊的下丘脑中仅能制取毫克量的纯化肽。它们在体内的半衰期仅以1～2 min计，所发挥的作用却十分明显。注射微克量的外源合成下丘脑激素于正常人体就能引起特殊的生理效应。脊椎动物中都含有这类激素。

下丘脑激素的分泌过程是脉冲式的和应变的，释放的频率与幅度既受控于神经系统发放的信号，又为垂体或外周内分泌腺释放的激素所影响。

### 2. 脑垂体

**脑垂体**（hypophysis）是机体重要的内分泌器官，位于丘脑下部的腹侧，为一卵圆形小体，不同的动物其形状大小略有不同。脑垂体是身体内最复杂的内分泌腺，所产生的激素不但与身体骨骼和软组织的生长有关，且可影响其他内分泌腺（甲状腺、肾上腺、性腺）的活动。根据胚胎发生学和组织学特点，它可分为**腺垂体**（adenohypophysis，**前脑垂体**）和**神经垂体**（neurohypophysis，**后脑垂体**）两部分，产生多种肽类激素（图13-103）。

（1）腺垂体

腺垂体目前已知分泌的激素主要有7种：

① **生长激素**（GH）：人类的GH是由191个氨基酸组成的单链多肽，是促进身体生长的一种激素。它能通过促进肝脏产生生长素介质间接促进生长期的骨骺软骨形成，促进骨及软骨的生长，从而使躯体增高。GH对中间代谢及能量代谢也有影响，可促进蛋白质合成，增强对钠、钾、钙、磷、硫等重要元素的摄取与利用，同时通过抑制糖的消耗，加速脂肪分解，使能量来源由糖代谢转向脂肪代谢。在临床疾病中的"侏儒症"（幼年时GH分泌不足）和"巨人症"（幼年时GH分泌过多）都是GH分泌不正常所导致的（图13-104）。

② **促肾上腺皮质激素**（ACTH）：ACTH促进肾上腺皮质的组织增生以及皮质激素的生成和分泌，人类的ACTH为一种糖蛋白，含有265个氨基酸。ACTH的生成和分泌受下丘脑促肾上腺皮质激素释放因子（CRF）的直接调控。分泌过盛的皮质激素反过来也能影响垂体和下丘脑，减弱它们

➜ 图 13-103 脑垂体及主要分泌的激素

的活动。ACTH 的分泌过程是脉冲式的和应变的，释放的频率和幅度与昼夜交替节律性有关。在应激情况下，如烧伤、损伤、中毒以及遇到攻击使全身作出警戒反应时，ACTH 的分泌都增加，随即激发肾上腺皮质激素的释放，增进抵抗力。医学上可用于抗炎症、抗过敏等。

③ 促甲状腺激素（TSH）：TSH 是促进甲状腺的生长和机能的激素。人类的 TSH 为一种糖蛋白，含 211 个氨基酸，糖类约占整个分子的 15%。THS 能促进甲状腺上皮细胞的代谢及胞内核酸和蛋白质合成，

⬆ 图 13-104 "侏儒症"和"巨人症"

使细胞呈高柱状增生，从而使腺体增大。腺垂体分泌 TSH，一方面受下丘脑分泌的促甲状腺激素释放激素（TRH）的促进性影响，另一方面又受到 $T_3$、$T_4$ 反馈性的抑制性影响，二者互相拮抗，它们组成下丘脑 - 腺垂体 - 甲状腺轴。TSH 分泌有昼夜节律性，清晨 2～4 时最高，以后渐降，至下午 6～8 时最低。

④ 黄体生成素（LH）：LH 是由垂体产生的一种性激素，属于糖基化蛋白质激素，男女均有。对于男性主要功能是刺激睾丸间质细胞分泌雄性激素，对于女性主要功能是刺激卵巢分泌雌性激素。LH 能促使排卵（在 FSH 协同作用下），形成黄体并分泌孕激素，它能使成熟的卵泡破裂、排卵，当卵泡成熟时 LH 达到高峰。

⑤ 卵泡刺激素（FSH）：FSH 是一种由脑垂体合成并分泌的激素，属于糖基化蛋白质激素，因最早发现其对女性卵泡成熟的刺激作用而得名。后来的研究表明，FSH 在男女两性体内都是很重要的激素之一，调控发育、生长、青春期性成熟以及与生殖有关的一系列生理过程。FSH 和 LH 在生殖相关的生理过程中协同发挥着至关重要的作用。

⑥ 催乳素（PRL）：PRL 是一种由垂体前叶腺嗜酸细胞分泌的含有 199 个氨基酸的蛋白质激素，能促进乳腺生长发育，引起并维持乳腺分泌。研究还表明，PRL 对猪、猴、人的卵巢也有作用，可

直接影响黄体功能。它通过对 LH 受体的作用，增加孕酮的合成，降低孕酮的分解，从而加强黄体的功能。

⑦ **促黑素**（MSH）：MSH 刺激黑色素的综合和分散作用，黑色素使一些鱼、两栖动物和爬行动物的表皮变暗。哺乳动物的垂体中叶已退化，只留痕迹。MSH 主要作用于黑色素细胞，促进黑色素的合成；参与对 PRL 和 LH 分泌的调节，抑制胰岛素的释放。

（2）神经垂体

目前已知分泌的激素主要有两种：

① **抗利尿素**（ADH）：ADH 是肌体缺水时促使下丘脑分泌并在神经垂体释放的一种激素。在人类中是含有一个二硫键的 9 肽激素，它可以加强肾小管对水的重吸收能力，防止水分外流，产生抗利尿作用。当 ADH 大量分泌时往往会伴有干渴的感觉，出汗多或者喝水少时，人体感到干渴，抗利尿激素分泌增多，这样可以促使人体迅速补水。大剂量的 ADH 还有加压作用，它可普遍地引起体内各部分小动脉和毛细血管的收缩，所以抗利尿素又有加压 - 抗利尿素之称，但在正常生理情况下，抗利尿素的分泌量不足以引起加压效应，而抗利尿作用很强。

② **催产素**（OXT）：OXT 有刺激乳腺和子宫的双重作用，以刺激乳腺的作用为主。在人类中也是含有一个二硫键的 9 肽激素，它可以选择性地兴奋子宫平滑肌，引起子宫收缩，在分娩时如果恰当地使用，可以起到良好的引产或加强子宫收缩的作用。OXT 还作用于乳腺周围的肌上皮细胞，使其收缩，促进贮存于乳腺中的乳汁排出，并能维持乳腺分泌乳汁。

### 3. 甲状腺

**甲状腺**是人体最大的内分泌腺体，位于甲状软骨下紧贴在气管第三、四软骨环前面，由两侧叶和峡部组成，平均重量 20 ~ 25 g，女性略大、略重（图 13-105）。甲状腺分泌的激素有甲状腺素（又名四碘甲腺原氨酸，$T_4$）和三碘甲腺原氨酸（$T_3$）两种，甲状腺 C 细胞还分泌降钙素。

① **甲状腺素**（又名四碘甲腺原氨酸，$T_4$）和**三碘甲腺原氨酸**（$T_3$）：$T_4$ 和 $T_3$ 是一组含碘的酪氨酸化合物，在甲状腺腺细胞内合成。其主要生理功能为：① 促进蛋白质合成，特别是使骨、骨骼肌、肝等蛋白质合成明显增加，这对幼年时的生长、发育具有重要意义；促进糖的吸收，肝糖原分解；能增加细胞膜上 $Na^+$-$K^+$ 泵的合成，并能增加其活力。② 促进生长发育，对长骨、脑和生殖器官的发育生长至关重要，尤其是婴儿期，此时缺乏甲状腺激素则会患呆小症。③ 提高中枢神经系统的兴奋性；还有加强和调控其他激素的作用，可直接作用于心肌，促进肌质网释放 $Ca^{2+}$，使心肌收缩力增强，心率加快，加大心输出量。

当人体摄取的碘量不足时就会产生地方性甲状腺肿（图 13-106），又称为**碘缺乏性甲状腺肿**（iodine deficiency disorders，IDD），多见于山区和远离海洋的地区。碘是甲状腺合成甲状腺激素的重要原料之一，碘缺乏时合成甲状腺激素不足，反馈引起垂体分泌过量的 TSH，刺激甲状腺增生肥大。

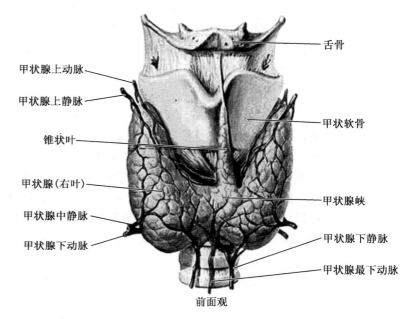

舌骨
甲状腺上动脉
甲状腺上静脉
锥状叶
甲状腺（右叶）
甲状腺中静脉
甲状腺下动脉
甲状软骨
甲状腺峡
甲状腺下静脉
甲状腺最下动脉
前面观

↑ 图 13-105 甲状腺结构

②　**降钙素**（calcitonin，CT）是一种维持血液中适量
钙元素的肽激素。当血钙浓度升得太高时，降钙素就能促
进骨骼对钙的吸收，这样就能降低血液中钙的含量。虽然
降钙素在生理方面对一些脊椎动物是很重要的，但它在正
常人类生理方面的重要性有些争议。在血钙浓度的调节上，
甲状旁腺分泌的一种激素起着更重要的作用，这将在下一
部分作说明。

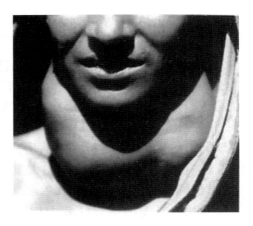

⊙　图 13-106　地方性甲状腺肿

### 4. 甲状旁腺

甲状旁腺（parathyroid）为内分泌腺之一，是扁卵圆形
小体，长约 3 ~ 8 mm、宽 2 ~ 5 mm、厚 0.5 ~ 2 mm，位于甲
状腺侧叶的后面，有时藏于甲状腺实质内。一般分为上下
两对，每个重约 35 ~ 50 mg。成人甲状旁腺呈棕黄色的扁椭
圆形，总重约 120 mg。腺表面包有薄层结缔组织被膜，腺细胞排列成索团状，其间富含有孔毛细血
管及少量结缔组织，还可见散在脂肪细胞，并随年龄增长而增多。腺细胞有主细胞和嗜酸性细胞 2
种。自两栖动物才开始具有真正的甲状旁腺。它起源于第 3、4 咽囊，发生变态过程中，当肺代替鳃
而成为呼吸器官时，甲状旁腺也就形成。它显然与陆地生活有关。鱼类没有甲状旁腺，但含有丰富
的维生素 D，藉以调节体内的钙代谢。

甲状旁腺分泌的**甲状旁腺激素**（parathyroid hormone，PTH）与甲状腺 C 细胞分泌的降钙素以及
1,25- 二羟维生素 $D_3$ 共同调节钙磷代谢，控制血浆中钙和磷的水平。

甲状旁腺激素是甲状旁腺主细胞分泌的含有 84 个氨基酸的直链肽，分子量为 9 000，其生物活
性决定于 N 端的第 1—27 个氨基酸残基。在甲状旁腺主细胞内先合成一个含有 115 个氨基酸的前甲
状旁腺激素原（prepro-PTH），以后脱掉 N 端 25 肽，生成 90 肽的甲状旁腺激素原（pro-PTH），再脱
去 6 个氨基酸，变成 PTH。PTH 的分泌主要受血钙水平的调节。血钙水平降低，刺激 PTH 的分泌；
血钙水平升高，抑制 PTH 分泌：说明血钙浓度和甲状旁腺激素分泌之间有负反馈的关系。PTH 主要
功能是影响体内质钙与磷的代谢，钙从骨中流出，使血液中钙离子浓度增高，同时还作用于肠和肾
小管，促使钙的吸收增加，从而维持血钙的稳定。若甲状旁腺分泌功能低下，血钙浓度降低，则会
出现手足抽搐症状；如果功能亢进，则引起骨质过度吸收，容易发生骨折。因此，甲状旁腺功能失
调会引起血中钙与磷的比例失常。

### 5. 胸腺

**胸腺**（thymus）为机体的重要淋巴器官，其功能与免疫紧密相关。因分泌胸腺激素及激素类物
质，也是内分泌的器官之一。胸腺位于胸骨后面，紧靠心脏，呈灰赤色，扁平椭圆形，分左、右两
叶，由淋巴组织构成。青春期前发育良好，青春期后逐渐退化，为脂肪组织所代替。生长激素和甲
状腺素能刺激胸腺生长，而性激素则促使胸腺退化。

**胸腺激素**（thymin）作用于胸腺或外周血中的不成熟淋巴细胞，使之转变为成熟 T 淋巴细胞，
能使免疫缺陷病人的 T 细胞机能得到恢复。目前人类已经发现的至少有四种，胸腺肽即是其中的一
种。随着科学研究的进一步深入，科学家发现胸腺激素的作用较广，不单纯是诱导 T 细胞的分化和
成熟，它们的功能还包括：① 增强细胞因子的活性，通过快速的活化和增殖免疫细胞来抵御病毒的
入侵；② 减少自身免疫性应答，对一些自身免疫病，如类风湿性关节炎，有治疗作用；③ 保护骨髓
受损，给放化疗患者注射或口服胸腺激素，可减轻由此造成的红、白细胞的减少；④ 调节不同抗体
的生成，能够增强、恢复以及平衡机体免疫性功能。

### 6. 胰腺

**胰腺**（pancreas）是一个非常小的器官，但作用非凡，它是一个兼有内、外分泌功能的腺体，其生理作用和病理变化都与生命息息相关。胰腺体积虽然细小，但能分泌含有多种功能的内分泌激素，如分泌胰高血糖素、胰岛素、胃泌素、胃动素等等。这些细胞分泌的激素除了参与消化吸收物质之外，还负责调节全身生理机能。

**胰岛素**（insulin）是含有 51 个氨基酸的小分子蛋白质，分子量为 6 000，胰岛素分子有靠两个二硫键结合的 A 链（21 个氨基酸）与 B 链（30 个氨基酸），如果二硫键被打开则失去活性。胰岛素是一种起效相当快的激素，可以刺激细胞，尤其是肌肉、肝和脂肪细胞，从血液中吸收葡萄糖。在一顿高糖的饮食后，血糖水平开始增加，刺激胰腺分泌胰岛素。胰岛素的增加促使细胞吸收更多的糖导致血糖降低。糖尿病患者的胰岛素不足或不能正常工作，或者缺少胰岛素受体，因此难以调节自身的血糖水平。

### 7. 肾上腺

**肾上腺**（adrenal gland）是人体相当重要的内分泌器官，由于位于两侧肾脏的上方，故名肾上腺。肾上腺左右各一，位于肾的上方，左肾上腺呈半月形，右肾上腺为三角形（图 13-107）。肾上腺由肾上腺皮质和肾上腺髓质两部分组成，实际上是两种内分泌腺，周围部分是肾上腺皮质，内部是肾上腺髓质。

**肾上腺皮质**（adrenal cortex）较厚，位于表层，约占肾上腺的 80%，主要分泌盐皮质激素和糖皮质激素。

**肾上腺髓质**（adrenal medulla）位于肾上腺的中央部，周围有皮质包绕，主要分泌肾上腺素和去甲肾上腺素。

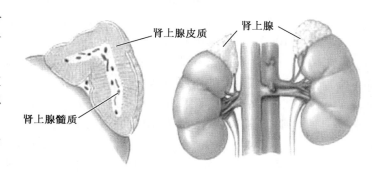

⬆ 图 13-107　肾上腺结构

① **肾上腺皮质激素**（adrenal cortical hormone）是一类甾体化合物，属于类固醇激素，基本结构为环戊烷多氢菲，主要功能是调节动物体内的水盐代谢和糖代谢，在各种脊椎动物中普遍存在。皮质激素按其生理功能可分为糖皮质激素及盐皮质激素两类。盐皮质激素主要是**醛固酮**（aldosterone），调节电解质和水盐代谢，维持机体的矿物质平衡，如果醛固酮分泌受到抑制则将是致命的；糖皮质激素主要是皮质醇（cortisol，又称氢化可的松）和可的松，调节糖、脂肪和蛋白质的代谢，还具有调节免疫反应，用来抑制某些免疫系统疾病。在临床上皮质激素主要用于危重病人的抢救及其它药物治疗无效的某些慢性病，如类风湿性关节炎、频发性哮喘等。

② **肾上腺素**（adrenaline，AD；epinephrine）是肾上腺髓质分泌的主要激素，能使心肌收缩力加强、兴奋性增高、传导加速、心输出量增多。由于它能直接作用于冠状血管引起血管扩张，改善心脏供血，因此是一种作用快而强的强心药。肾上腺素还可松弛支气管平滑肌及解除支气管平滑肌痉挛，利用其兴奋心脏收缩血管及松弛支气管平滑肌等作用，可以缓解心跳微弱、血压下降、呼吸困难等症状。

③ **去甲肾上腺素**（norepinephrine）是从肾上腺素中去掉 *N*- 甲基的物质，由交感神经的末端作为化学传递物质被分泌出来。它会造成小动脉平滑肌收缩，从而使血压升高。

## 三、激素的作用机理

正如我们之前所提到的，激素分为亲脂性（脂溶性）和亲水性（水溶性），主要通过与细胞膜受体和细胞内受体结合的两种方式发挥其效应。

### 1. 与膜受体的结合

水溶性激素如胺类化合物、多肽类等分子不能透过细胞膜进入胞体内。这类激素与膜表面的受体蛋白结合，在刺激性或抑制性 G 蛋白作用参与下，以各种方式发挥激素的生物效应。G 蛋白在胞膜上位于受体和效应物之间，能调控许多关键性细胞过程，胞膜结合的激素受体主要有四类。

**七次跨膜结构域**（7-transmemberane domain）受体　激素如 ACTH、β－肾上腺素能儿茶酚胺、LH、FSH、PTH、TSH 等与其受体结合后，通过刺激性 G 蛋白，激活腺苷酸环化酶，自 ATP 形成环磷酸腺苷（cAMP，系一种细胞内第二信使），从而发挥激素的生物效应；激素如血管紧张素、LRH、TRH、α－肾上腺素能儿茶酚胺等与其受体结合后，在 G 蛋白的参与下，通过磷酸脂酶 C 促进磷脂肌醇水解成三磷酸肌醇（IP$_3$）和二酯酰甘油（DAG），使胞内的 Ga$^{2+}$ 浓度增高，蛋白发生磷酸化，从而引起应答反应（图 13-108）

**蛋白酪氨酸激酶**（protein tyrosine kinase）受体　有些肽类激素如胰岛素、表皮生长激素、纤维母细胞生长激素等，其受体的跨膜胞内 β－亚基含有蛋白酪氨酸激酶，不需要 G 蛋白参与（图 13-109），其后续机制尚未阐明。

生长激素和催乳素受体　这类激素无激酶结构域，但与配体结合后，受体本身的酪氨酸残基在酪氨酸激酶的作用下迅速发生磷酸化。

**鸟苷酸环化酶**（guanylate cyclase）受体　心钠素受体在细胞外的部分与激酶结合，而胞内部分则合成环鸟苷酸（cGMP），心钠素通过此第二信使来实现生物效应。

水溶性的激素与其受体的结合是可逆的，且通常很短暂。在激素与受体结合活化第二信使之后，便与受体解离，可以在血液中传输到另一个地方的靶细胞。激素和其受体间相互作用活化胞膜的机理，提高了第二信使在靶细胞内的浓度。

### 2. 与细胞内受体的结合

脂溶性激素因细胞质膜对脂溶性分子没有阻碍作用，它们可以轻易地进入细胞内部与相应的受

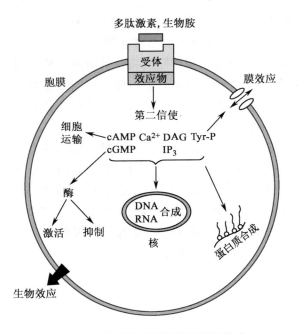

🔺 图 13-108　胞膜表面受体作用机制模式

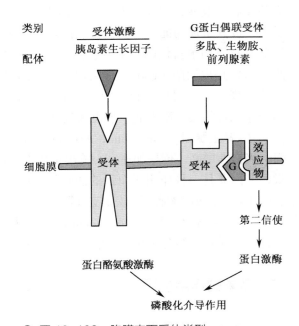

🔺 图 13-109　胞膜表面受体类型

体分子结合，这些激素的受体在结构上相似，因此，有类似的作用机制。脂溶性激素主要包括所有的类固醇激素、甲状腺素及维生素 A 类等。如类固醇激素很容易透过细胞质膜，他们在细胞质或细胞核中附在受体蛋白上。如果类固醇在细胞质中附在受体蛋白上，激素受体综合体会移动到细胞核内。激素受体综合体就会附在 DNA 的特别区域，刺激信使 RNA（mRNA）的生成（图 13-110）。

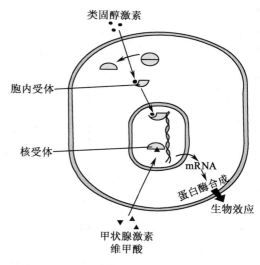

类固醇激素

胞内受体

核受体

mRNA

蛋白酶合成

生物效应

甲状腺激素
维甲酸

**↑ 图 13-110　细胞内受体作用机制模式**

## 四、内分泌系统的功能调节

内分泌系统与神经系统相配合，维持机体内环境的平衡。为了保持平衡的稳定，内分泌系统间有一套完整的互相制约、互相影响和较复杂的正负反馈系统；在外条件发生变化时，与神经系统共同使内环境保持稳定，这是维持生命和保持种族延续的必要条件。任何一种内分泌细胞的功能失常所致的一种激素分泌过多或缺乏，均可引起相应的病理生理变化。

### 1. 神经系统和内分泌系统的相互调节

人们过去曾试图认为神经系统与内分泌系统是相互独立且截然不同的，但越来越多的证据表明它们之间是相互联系的。当我们研究脑中分泌的分子时，发现大脑中产生的一些神经递质分子也是一种内分泌调节激素。神经系统与内分泌系统生理学方面关系密切，二者在维持机体内环境稳定方面又互相影响和协调。例如下丘脑中部即为神经内分泌组织，可以合成抗利尿激素、催产素等，沿轴突贮存于垂体后叶。还有，阿片多肽既作用于神经系统（神经递质分子）又作用于垂体（激素分子）。保持血糖稳定的机制既有内分泌方面的激素如胰岛素、胰高血糖素、生长激素、生长抑素、肾上腺皮质激素等的作用，也有神经系统如交感神经和副交感神经的参与。所以只有在神经系统和内分泌系统均正常时，才能使机体内环境维持最佳状态。在任何情况下，这两大系统都会相互协作来对环境的变化产生合适的应答。神经系统主要负责接收和发出短期信息，而那些需要长期的、与生长有关的调控活动则由内分泌系统所控制。

### 2. 内分泌系统的反馈调节

内分泌系统中的腺体通常与其它腺体相互作用，控制激素的产生。一种常见的调控机制称为**负反馈调控**（reverse feedback regulation）。在负反馈调控中，一种激素含量的增加会影响调控链中另一种激素的合成。例如，血液中甲状腺激素的浓度经常反馈调节腺垂体分泌 TSH 的活动，这种反馈抑制是维持甲状腺功能稳定的重要环节。

在**下丘脑 – 腺垂体 – 甲状腺**调控中，下丘脑神经内分泌细胞分泌 TRH，促进腺垂体分泌 TSH。TSH 是调节甲状腺分泌的主要激素，当垂体前叶产生大量的 TSH 时，甲状腺受激后会增大并分泌甲状腺素和三碘甲腺原氨酸。但当甲状腺素和三碘甲腺原氨酸的产量增加时，这些激素会对垂体前叶产生一种负效应，使其减少促甲状腺激素的产量，最终导致甲状腺素和三碘甲腺原氨酸产量的减少。当甲状腺激素的量变得过低时，垂体便不再受到抑制，因而释放出更多的促甲状腺激素。在这些激素的共同作用下，它们的浓度都会维持在一定的范围内（图 13-111）。

下丘脑 – 垂体 – 外周内分泌腺轴系的激素分泌层层控制、相互制约，组合成一个严密的反馈系统，以此调节动物的生长和发育、性成熟和繁殖，以及新陈代谢等生命过程。

研究发现，动物去垂体后，其血中 TSH 迅速消失，甲状腺吸收碘的速率下降，腺体逐渐萎缩，

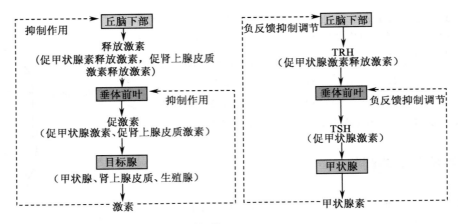

**图 13-111　内分泌系统的反馈调节**

只靠自身调节维持最低水平的分泌。给这种动物再次注射 TSH 时，就可以维持甲状腺的正常分泌。切断下丘脑与脑垂体门脉的联系，或损坏下丘脑促甲状腺区，均能使血中 TRH 含量显著下降，TSH 及甲状腺激素含量也相应降低。这说明下丘脑 – 腺垂体 – 甲状腺间存在功能联系。

　　实际上，所有的激素均具有某种类型的反馈关系：①激素与离子（甲状旁腺素和降钙素与钙离子）；②激素与代谢产物（胰岛素、胰高血糖素与葡萄糖）；③激素与渗透压或细胞外容量（醛固酮、肾素与加压素）；④激素与激素（生长激素、胰岛素、胰高血糖素）。

### 3. 免疫系统与内分泌功能

　　免疫系统对神经和内分泌系统也有重要的调节作用。例如：细胞因子 IL-1 和 IL-2 可促进 ACTH、皮质醇、内啡肽、生长激素和 PRL 等激素的分泌，抑制 TRH 合成和 TSH 的分泌；淋巴细胞和巨噬细胞还可以产生 ACTH 并可为 CRH 所兴奋，为糖皮质激素所抑制，T 淋巴细胞可产生 TSH 和 hCG，TSH 的产生也可为 TRH 所兴奋和为甲状腺激素所抑制。同样，内分泌激素对免疫系统也具有明显的影响。例如：生长激素可全面抑制 T 淋巴细胞增殖和组氨的释放，糖皮质激素可全面抑制淋巴因子的合成及其效应，PRL 能刺激淋巴细胞增殖。

　　因此，神经、内分泌和免疫三个主要调节系统，相互密切联系和密切调节，形成一个神经内分泌免疫系统的调节网络。

## 小结

　　结构与功能相适应是动物中的普遍现象。动物的结构具有层次之分，如细胞层次、组织层次、器官层次和系统层次，最高的层次即是生物体。完整的动物体由数个器官系统组成，每个系统都有特定的功能，有机结合成一个整体共同作用，从而使其适应特定的环境。

　　生物体通过改变消化道的长度、共生微生物以及反刍能力以提高其适应性，满足最为基本的营养需求；在任何环境下，生物得以存活必须确保废物的排泄和水、盐摄入两者间的动态平衡，因此排泄系统在体内动态平衡中起着重要的作用。呼吸机制与自我调控机制以及气体的运输机制对于维持机体对氧气的所需提供保障，新陈代谢得以正常进行；循环系统在氧气和营养物质运输功能、维持内环境的稳定和保护机体上都起到了关键作用，本节重点介绍了心动周期、血压、心电图的产生机理与影响因素。

　　动物的繁殖分为无性繁殖和有性繁殖。鱼类和一些爬行动物的性别由环境决定；而哺乳动物的性别是由 Y 染色体上特定的某个基因区域所决定的，当 Y 染色体和 *SRY* 基因存在的时候，则形成睾丸，而当二者缺失的时候，就形成卵巢。

　　脊椎动物繁殖的进化导致体内受精和发育。受精作用的完成标志着胚胎发育的开始。分娩过程的激素诱导是正反馈调控的。体外受精是最普遍的辅助生殖技术。人类可以通过避孕防止不需要的怀孕。

　　神经元是神经系统最基本的结构和功能单元。人的神经系统由中枢神经系统和周围神经系统组成。中枢神经系统由脑和脊髓组成，周围神经系统由脑神经和脊神经组成。突触是神经元与神经元之间，或神经元与非神经细胞之间的一种特化的细胞连接，是神经元传递的重要结构。神经冲动是由细胞膜通透性变化造成的钠离子内流引起的。感觉输入有多种途径。

　　动物的运动系统由骨、骨连接和肌肉三部分组成。骨骼系统包括水骨骼、外骨骼和内骨骼。肌肉分为骨骼肌、心肌和平滑肌三类。骨骼肌的收缩是由于肌节中细肌丝在粗肌丝之间滑行造成的，并受运动神经元的控制。

　　内分泌系统是人体内分泌腺及某些脏器中内分泌组织所形成的一个调节系统，其主要功能为释放各类激素。内分泌系统通过与神经及免疫系统相互配合、相互制约以及较复杂的正负反馈调节机制，调节机体内的代谢过程、各脏器功能、生长发育、生殖与衰老等多种生理活动，维持着机体内环境的相对稳定性以适应复杂多变的体内外变化。

## 思考题

1. 举例说明动物体结构与功能的适应性。
2. 简述动物体四种组织的主要特点。
3. 简述异养型动物消化系统的基本类型及代表动物。
4. 阐述生物体是如何通过消化系统的进化而提高其适应性。
5. 何谓变渗动物和调渗动物？如何进行渗透调节？
6. 简述人类的排泄系统产生和排泄尿液的四个主要过程。
7. 简述不同的气体交换形式以及其优势所在。
8. 简述气体的运输机制。
9. 阐述循环系统是如何与其它系统组织进行紧密联系而发挥其功能。
10. 名词解释：心动周期、心输出量、心电图、血压
11. 循环系统的形式改变与生物进化的适应性分析。
12. 简述无性繁殖和有性繁殖的分类和特点。
13. 简述动物性别决定的主要方式，举例说明。
14. 高等动物的神经冲动为什么只能朝着一个方向传导？
15. 为什么在黑夜中我们不能分辨物体的颜色？
16. 简述滑行学说的内容。
17. 简述躯体运动神经元刺激骨骼肌发生收缩的过程。
18. 为什么下丘脑抑制激素的缺乏对脑垂体瘤的发生可能起促进作用？
19. 人到老年往往会发生骨质疏松症，与哪些激素有关？
20. 在 SASR 病人的治疗中，主要使用什么激素？为什么？

## 相关教学视频

1. 动物的受精

2. 动物的胚胎发育
3. 脑结构与功能
4. 神经元的"标准像"与信息传递
5. 感觉与运动系统
6. 动物的行为
7. 动物神经系统的演化

（明凤、南蓬、姚纪花、俞洪波）

# 第十四章
# 生物与环境

　　为何特定地点有特定生物种类？森林、沙漠、湿地、农田、海洋和湖泊，都生长着几乎完全不同的生物，而且不可相互替代，也就是只有特定的生物种类才能在特定的环境中生存。换句话说，这个问题涉及到两个方面：生物和生物的生存环境。研究生物与其环境之间相互关系的一门学科就称为**生态学**（ecology）。这里，生物的涵义是指一个"生命谱"，从大到小按等级可区分为生物圈、群落、种群、有机体和细胞等不同的层次，而每个层次与自然环境之间的相互作用（物质循环和能量流动），就产生了不同特征的功能系统，形成了一个生命的阶梯。生态学的研究涉及整个生命谱的各个层次，形成了不同的分支学科，如全球生态学、景观生态学、生态系统生态学、群落生态学、种群生态学和个体生态学等。

　　个体生态学就是探讨生物个体与其栖息环境之间的相互关系。经过自然选择的作用，幸存个体是适应其生存环境的，并在生命个体与环境之间建立了一种微妙的关系，生命体表现出不同的行为和生理特征。所以，个体生态学又被称为生理生态学，如果十分关注对个体行为的研究，又可看作是与行为生态学等同。

　　种群是指一定空间范围内同时生活的同种个体的集合，种群生态学则是研究种群数量的增长规律及种群数量结构、空间结构和遗传结构的格局。群落，也称生物群落，是指一定时间内居住在一定空间内所有生物种群的集合。它包括植物、动物和微生物等各个物种的种群，共同组成生态系统中有生命的部分。群落生态学则是研究群落的结构及群落内的各种生物之间的相互关系和演替规律。生态系统是指在一定空间内生物和非生物的成分，通过物质循环、能量流动和信息传递而相互作用、相互依存形成的一个生态学功能单位。生态系统生态学则是研究生态系统内的物质循环和能量流动。

　　景观生态学更侧重于研究由许多不同栖息地组成的更大范围的区域。它是一种景观和区域尺度的空间生态或生态系统生态学。在景观生态学中，为了深入理解研究对象，综合了各种学科：土壤学、地貌学、水文学、动植物种群生物学、植被科学。人类对自然模式和过程的影响越来越大，这正成为一个日益重要的方面。

## 第一节　生境与生态因子分类

### 一、生境的概念

任何一种生物都不能离开其特定的生活环境，即生境。**生境**（habitat）是指在一定时间内对生命有机体的生活、生长发育和繁殖以及对有机体的存活数量有影响的空间条件的总和。这不仅包括对生命有机体有影响的自然条件，还包括生物体种内和种间的相互影响。要维持生物的存在，尽管需要各种各样的条件，但归根结底是物质和能量两个方面。

生物所需要的生活条件，除了地球本身，包括岩石圈（土壤圈）、水圈、气圈，所提供的一切物质基础外，最根本的能量来源是太阳辐射所提供的。有了物质和能源，绿色植物才能进行光合作用，产生有机物质，并将能量持续不断地在不同营养级传递下去。因此，地球和太阳是生命有机体最基本的环境基础。

对于环境来说，我们一般还会分为大环境和小环境。大环境是指地区环境，这是具有不同气候和植被特点的地理区域，还有更大的包括地球各圈层的全球环境，甚至还会考虑到宇宙环境；而小环境，则是指对生物有着直接影响的邻接环境，如生物个体表面的大气环境、土壤环境和动物穴内的小气候等。但是现在发现，大环境不仅直接影响小环境，而且对生物体也有直接和间接的影响，特别是人类的活动已经越来越多地开始影响全球环境了，进而反过来影响人类的生存。因此，全球环境问题日益受到重视。

### 二、生态因子分类

生境是一个综合体，由各种因素组成。组成生境的因素，是生物周边客观存在的环境，是生物生存不可缺少的环境条件，我们称之为生态因子。对于这些复杂的生态因子，生态学家有着各自不同的分类方法，参见表 14-1。

传统的分类方法是把生态因子分成生物因子和非生物因子。生物因子就是要探讨生物种内和种间的相互关系，还包括食物和疾病等，因为我们的食物都是生物，许多疾病也是因为生物而引发的；而非生物因子，则主要关注光、温度、湿度、降水、土壤、大气，还有污染等等。这种分类法的特点是简单明了，所以不少学者继续沿用。

前苏联生态学家蒙恰德斯基将生态因子分成第一性周期因子，包括温度、光照、潮汐等因子，由于地球本身存在着自转和公转，这些因子也有日、月、季、年的周期变化，而且生物对这些因子也都形成了周期性的适应。大气的温度、降水是由温度变化所制约的，称作次生性周期因子。有些因子是突然出现的或者不存在周期性，称作非周期性因子，对生物而言是来不及适应的。这种分类法表现出时态的变化，也反映了生物的适应性。本章将环境条件划分为物质和能量两大类。

**表 14-1　不同生态因子分类与各类群间的相应关系**

| 达若分类 | | 蒙恰德斯基分类 | | |
|---|---|---|---|---|
| 气候因素 | A. 温度、光 | 第一性周期因素（温度、光、潮汐） | 非生物因素 | 与密度无关的因素 |
| | B. 相对湿度、降水 | 次生性周期因素 | | |
| 其他因素（气候以外的自然因素） | A. 水域环境因素 | 次生性周期或非周期性因素 | | |
| | B. 土壤因素 | 非周期性因素 | | |
| | C. 食物因素 | 基本上是次生性周期因素 | 生物因素 | 与密度有关的因素 |
| | D. 生物因素种内的相互作用 | | | |
| | E. 不同种间的相互作用 | 非周期性因素 | | |

引自达若《生态学概论》，甘肃人民出版社。

## 三、生物的能量和物质环境

生命是一种高度复杂的自动控制系统，地球上生命存在的能量来源主要来自太阳的辐射。太阳是距离地球较近的恒星，它的直径为 $1.39 \times 10^6$ km，相当于地球直径的 100 倍；其质量为 $1.988 \times 10^{30}$ kg，相当于地球的 33.34 万倍。太阳是一个炽热的球体，表面温度大约在 6 000 K，中心温度高达 $(5 \sim 20) \times 10^6$ K。在太阳的组成中 75% 是氢，在高温条件下通过热核聚变将 4 个氢原子变成 1 个氦原子，从而释放出大量的能量。

太阳产生的能量以电磁波辐射的形式向周围发射，太阳和地球的平均距离为 $1.496 \times 10^8$ km，电磁波到达地球表面大约需要 499 秒。在太阳直射地球、地球大气圈不起作用的条件下，获得的太阳能是 8.12 J/（cm² · min），称之为太阳常数。实际上，由于大气层对太阳辐射的吸收、反射和散射作用，辐射强度大大减弱，平均只有 47% 到达地面。照耀大地的阳光发挥着两种不同的功能：一种是热能，它给地球送来了温暖，使地球表面土壤、水体变热，推动着水的循环，引起空气和水的流动；另一种功能是光能，它在光合作用中被绿色植物利用，形成糖类，这些有机物所包含的能量沿着食物链在生态系统中不停地流动。这就是生物的能量环境（图 14-1）。

生命是物质运动的特殊形式，生命的物质基础是原生质，迄今发现原生质由 30 ~ 40 种元素构成。它们均来源于环境，包括水圈、大气圈、岩石圈、土壤。总之，生命的存在和发展离不开物质环境。

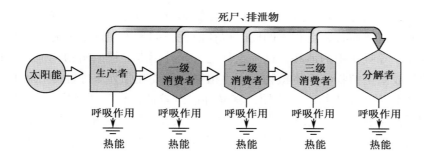

图 14-1　生态系统中的能流

## 四、生态因子及其效应

分析环境因子对生物的影响，可以从单因子的作用来开始认识。

### 1. 光的生态效应

（1）光在地球表面的变化

地球表面的光来自太阳辐射。无论是光强、光质还是日照长度，都存在着时间和空间上的变化。

光照强度在空间上的变化包括纬度、海拔、地形、坡向等，在时间上的变化包括四季和昼夜变化。在赤道，太阳直射的射程最短，光照强度最大；随着纬度增加，太阳直射角度变小，光照强度相应减弱。光照强度还随着海拔的升高而增强，这是因为空气厚度及密度相对减少的缘故。坡向和坡度也影响光照强度，在北半球，南坡接受光照比平地多，而北坡则比较少。光照强度在时间上的变化，夏季最强冬季最弱，就一天而言，中午最强、早晚较弱，这也与太阳高度有关。

由于大气对太阳辐射的吸收和散射有选择性，光质随着太阳高度变化而变化。太阳高度升高，紫外线和可见光所占比例增大；反之，高度减小，长波光比例增加。在空间上的变化，低纬度短光波多，高纬度长光波多。同时，随海拔升高短光波随之增多。在时间上，夏季短光波较多，冬季长光波多。一天中，中午短光波增多，早晚长光波增多。

不同纬度地区日照长度的变化各不相同，但均属周期性变化（表14-2）。

表 14-2　不同纬度地区日照的最长日和最短日

单位：h：min

| 纬度 | 0° | 10° | 20° | 30° | 40° | 50° | 60° | 65° | 66.5° |
|---|---|---|---|---|---|---|---|---|---|
| 最长日 | 12：00 | 12：35 | 13：13 | 13：56 | 14：51 | 16：09 | 18：30 | 21：09 | 24：00 |
| 最短日 | 12：00 | 11：25 | 10：47 | 10：04 | 9：09 | 7：51 | 5：30 | 2：51 | 0：00 |

引自云南大学生物系编《植物生态学》。

从上表可以看到，纬度越低，最长日和最短日光照时间的差距越小，如赤道地区都是12 h；随着纬度升高，最长日和最短日的差距越来越大。换言之，纬度越高日照长短的变化越明显。

（2）生物对光的适应

**光强的生态作用与生物的适应**　日常生活中，例如人们食用的豆芽、韭黄等都是植物的种子或繁殖体在无光的条件下发芽、生长的结果，即所谓的"黄化现象"。叶肉细胞中的叶绿体必须在一定的光强条件下才能形成，植物许多器官的形成有赖于一定的光强，光更是植物进行光合作用不可缺少的条件。光强在地球表面的分布是不均匀的。同样，不同的植物对光强的反应也是不一样的。在一定范围内，光合作用的效率与光强成正比，但是到达一定强度，也就饱和了，倘若继续增强光强，光合效率不仅不会提高，反而会下降，这一点称作为光饱和点。另外，植物在进行光合作用的同时也在进行呼吸作用。就有机物而言，在积累的同时也在消耗，如果光强逐渐减弱，在某一光强条件下，光合作用的积累等于呼吸作用的消耗，这一点称之为光补偿点。根据植物光饱和点和光补偿点的高低，可以把植物分成阳生植物和阴生植物。阳生植物一般要在强光下才能健壮生长，光饱和点较高；而阴生植物能够利用弱光进行光合作用，其光补偿点较低；介于两者之间的称之中生植物。动物对光强的反应同样是多样的、复杂的。最常见的是光强和动物视觉的关系。在一定的光强下，动物才能看得见周围的东西，进行觅食，维持生命。当然也有一些夜行性动物，它们可以在很弱的光强条件下行动，例如一些啮齿类动物，它们的眼球大多突出于眼眶之外，可以从各方面感受到弱光，而且可在视网膜上的任何部位成像。鸟类早晨啼鸣的时间大多与光强有直接关系。麻雀一般在晨光达 5～10 lux 时开始鸣叫，随着季节的变化，鸣叫的时间也会发生变化。

**光质的生态作用与生物的适应**　阳光就是由不同波长的光所组成，不同的光对生物的作用和影响也是不同的。

① 植物的光合作用并不能利用光谱中所有波长的光能，只能利用可见光区（380—760 nm），通常这部分辐射被称作为生理有效辐射，大约占总辐射的 40%～50%。在生理有效辐射中红、橙光是被叶绿素吸收得最多的部分，其次是蓝、紫光，绿光很少被吸收，因此又称绿光为生理无效光。另外，黄化苗对蓝光的反应特别敏感。蓝紫光还有利于蛋白质和有机酸的合成，促进花青素的形成，强烈抑制植物茎的伸长。所以在高山上，由于紫外光强，阳生植物大多成莲座状，而且花色特别鲜艳。植物可以分为长日照植物和短日照植物。在开花之前必须经过一个阶段的短日照的植物称作短日照植物，如菊花、大豆、晚稻等；必须经过一段长日照才能完成开花结果的称作长日照植物，一般越冬的夏熟二年生作物如冬麦、油菜、菠菜、萝卜等均属这个类型；也有一些植物几乎一年四季都能开花结果，与日照长短几乎没有关系，如月季花、四季豆、黄瓜等。植物在发育上要求不同的日照长度，这种特征主要与其原产地生长季节中的自然日照的长短密切相关。一般来说，短日照植物起源于南方，长日照植物起源于北方。在农业生产、林业生产的实践中，尤其在引种上应特别注意植物对日照要求的生物学特征。

② 动物与植物一样也有长日照和短日照之分。大多数鸟类在春天繁殖，光照能促进这些动物生殖腺机能的活动。因此，在日照长度增长的情况下，就会有性的活动，这与长日照植物很相似。当然这也是长期适应和选择的结果。春天来了，夏秋也不远了，这是小动物觅食的良好时机。实验证明，日照不仅对鸟禽有作用，同样也有利于鱼类、两栖类、爬行动物生殖腺的活动。当然，人类也可以根据这个原理发展饲养业，例如，延长光照时间可增加禽蛋产量。相反，有些动物只有在短日照条件下才有性的活动，如绵羊、山羊、鹿等，同样这也是对环境的适应，它们的怀孕时间都比较长。脊椎动物中，鸟类的光周期现象最明显，很多鸟类的迁移都是由日照长短的变化引起的。由于日照长短的变化是地球上最严格、最稳定的周期变化，所以是生物节律最可靠的信号系统，鸟类在不同年份迁离或到达某地的时间一般相差不多，用其他因子的变化是很难解释的。

**2. 温度的生态效应**

（1）温度的变化规律

太阳辐射使地表受热，产生气温、水温和土温的变化。地球上的不同地区与太阳的相对位置不同，而且相对位置不断地发生变化，这样温度也发生有规律的变化，称节律性变温。

**温度在空间上的变化**　①纬度。与光照强度一样，纬度决定一个地区太阳入射高度的大小及昼夜长短，也就决定了太阳辐射量的多少。低纬度地区太阳高度角大，因而太阳辐射量也大，并且昼夜长短差异少，太阳辐射量的季节分配比较均匀。在北半球随着纬度北移，太阳辐射量减少，温度逐步降低。纬度每增加 1°，年平均温度大约降低 0.5℃。因此，从赤道到极地可以划分为热带、亚热带、温带和寒带。我国地域辽阔，南起北纬 3°59′，北至北纬 53°32′，温度的空间差别十分显著。②海拔。高山和高原上虽然太阳辐射较强，但是由于空气稀薄，水蒸气和二氧化碳含量低，所以地面上辐射的热量散失很大，通常海拔每升高 100 m，相当于纬度向北推移 1°，也就是年平均温度降低 0.5～0.6℃。但是这也不是绝对的，因为温度还要受到地形、坡向等其他因素的影响。一般来说，南坡太阳辐射量大，气温、土温比北坡高。

**温度在时间上的变化**　①季节变化。地球绕太阳公转，太阳高度角的变化是造成一年四季温度变化的原因。一年中根据气候冷暖、昼夜长短的节律性变化，可以分为春、夏、秋、冬四季（平均温度 10~20℃为春秋季，10℃以下为冬季，22℃以上为夏季）。由于各地纬度不同，海拔、海陆位置不同，地形、大气环流等条件不同，因此四季长短差别很大。②昼夜变化。地球自转出现昼夜之分，伴随着出现了地球表面的温度变化。日出后温度逐步上升，一般在 13~14 点后达到最高值，以后逐渐下降，一直继续到日出之前为止，这时是最低值。昼夜温差随纬度、海拔以及海陆位置的差别而有所不同。一般来说，纬度高、海拔高以及离海洋远，昼夜温差也就大。

**土壤中的温度变化** 土壤表面在白天受热后，就有热量从表土向深层输送；夜间土壤表面冷却后，就有热量从深层向表土流动。土壤上、下热量正反两方面的输送量及流动速度决定了土壤温度的状况。土壤温度的变化与大气温度的变化比较起来缓慢且稳定，所以冬暖夏凉。

**水体中的温度变化** 光线穿过水体时，辐射强度随深度的增加呈对数值下降，因此太阳辐射增温仅限于水体最上层。由于暖水密度比冷水的密度小，在高温季节或者是白天在静水体内形成一个非常稳定的比较明亮的表水层，在距表水层较深处有一个较冷、密度较大的静水层，在两层之间有一层温度剧烈变化的变温层。夜晚，特别在寒冷季节，水面温度下降，表层水由于密度增加而下沉，它的位置被从深层上升的温暖的水所代替，上下层水体发生对流、交换，充分混合。水体与土壤的温度变化有很大差别，水体的温度变化比土壤的温度变化少得多且缓和。这是因为：①水的比热比土壤的大一倍，因此当两者吸收或放出相等热量时，水的升温或降温比土壤少一半；②水为半透明体，太阳辐射可透入相当深的水层中，而太阳辐射在土壤中被很薄的表土层强烈吸收，仅透入极薄的表土层；③水体蒸发耗热量远大于土壤，当水面受热蒸发旺盛时耗热量大，使温度不致剧升；④热量在土壤中基本上是靠分子传导，而在水体中主要靠乱流和对流的混合作用。

（2）温度的生态作用

太阳辐射产生的节律性变温对生物有影响，而且极端温度对生物的生长发育也有十分重要的意义。

**温度与生长** 任何一种生物，其生命活动中的每一生理生化过程都有酶系统的参与。然而，每一种酶的活性都有它的最低温度、最适温度、最高温度，对应于生物生长的"三基点"。超过生物的耐受能力，高温使蛋白质凝固，酶系统失活，而低温将引起细胞膜系统渗透性改变、脱水、蛋白质沉淀以及其他不可逆的化学变化。在一定的温度范围内，生物的生长速率与温度成正比，多年生木本植物的茎的横断面，大多可以看到明显的年轮，这就是植物生长快慢与温度高低关系的真实写照。同样，动物的鳞片、耳石中也有这样的"记录"。不同生物的"三基点"是不一样的。例如：水稻种子发芽的最适温度是 25~35℃，最低温度是 8~12℃，最高温度是 38~42℃；家蝇生活的最适温度是 17~28℃，最低是 6℃开始活动，45℃终止活动，46.5℃就要死亡；雪球藻和雪衣藻只能在冰点温度范围内生长发育；生长在温泉中的生物可以耐受 100℃的高温。一般来说，生长在低纬度的生物高温阈值偏高，而生长在高纬度的生物低温阈值偏低。

**温度与发育** 生物完成生命周期，通过繁衍后代种族得到延续，不仅要生长还要完成个体的发育阶段。最明显的要算某些植物一定要经过一个低温"春化"阶段，才能开花结果。温度与生物发育关系中最普遍的规律是有效积温。法国人 Reaumur（1735）从变温动物生长发育过程中总结出有效积温法则，当今这个法则在植物生态学和作物栽培中应用得相当普遍。

$$K = N\,(T - T_0)$$

$K$ 代表该生物所需的有效积温，它是个常数；$T$ 为当地该时期的平均温度（℃）；

$T_0$ 为该生物生长活动所需最低临界温度（生物零度）；$N$ 为天数（d）。

例如地中海果蝇 26℃下 20 天内完成生长发育，而在 19.5℃则需要 41.7 天。求它的生长发育最低临界温度：

$$20 \times (26 - T_0) = 41.7 \times (19.5 - T_0)$$
$$T_0 = 13.5 \text{（℃）}$$
$$K = 20 \times (26-13.5) = 250 \text{（d · ℃）}$$

又如棉花从播种到出苗，当平均日温为15℃时需要15天才能出苗，当平均日温为20℃时只要7天就能出苗：

$$15 \times (15 - T_0) = 7 \times (20 - T_0)$$
$$T_0 = 10.6 \text{（℃）}$$
$$K = 15 \times (15-10.6) = 66 \text{（d · ℃）}$$

同样，昆虫或是鸟类卵的孵化，不仅需要发育的最低温度（生物零度），而且还需要一定的有效积温。发育速度V，是$N$的倒数，即$V = 1/N$。

$$K = N(T - T_0) \rightarrow K/N = T - T_0 \rightarrow T = K/N + T_0 \rightarrow T = KV + T_0$$

它表示在发育的温度内，温度与发育速度成双曲线关系。

有效积温及以上双曲线关系，在农业生产中有着很重要的意义，全年农作物的耕作安排必须根据当地的平均温度以及每一作物所需的总有效积温。否则，将是十分盲目的，既有可能使土地得不到充分的利用，也有可能作物尚未成熟时低温已经降临，甚至可能颗粒无收。同样在保护植物、防治病虫害过程中，也是根据当地的平均温度以及某害虫的有效总积温进行预测预报的。

（3）生物对环境温度的适应

温度是一个重要的生态因子，而且这个因子又可以发生多种多样的变化。因此，生物对环境温度的适应也是多种多样的。

**生物的分布** 虽然温度因子不是决定某种生物分布区的唯一因子，但它却是非常重要的一个因子。温度制约着生物的生长发育，而每个地区又都生长繁衍着适应于该地区气候特点的生物。这里所讨论的温度因子，应该包括节律性变温和绝对温度，它们是共同起作用的。年平均温度和最冷月、最热月平均温度值是影响分布的重要指标。贝格尔就是根据这个指标来划分植被的气候类型。日平均温度累计值的高低是限制生物分布的重要因素，有效总积温就是根据生物有效临界温度的天数的平均温度累计出来的。当然，极端温度（最高温度、最低温度）是限制生物分布的最重要条件。例如，苹果和某些品种的梨不能在热带地区栽培，就是由于高温的限制；相反，橡胶、椰子、可可等只能在热带分布，是因为受到了低温的限制。动物也不例外，大象不会分布到寒冷地方，而北极熊也不会分布到热带地区去。一般来说，温暖地区的生物种类多，寒冷地区的生物种类少。例如我国两栖类动物，广西有57种，福建有41种，浙江有40种，江苏有21种，山东、河北各有9种，内蒙古只有8种。爬行动物的分布也有类似的情况，广东、广西分别有121种和110种，海南有104种，福建有101种，浙江有78种，江苏有47种，山东、河北都不到20种，内蒙古只有6种。植物的分布也不例外，我国高等植物有3万多种，巴西有4万多种，而前苏联国土总面积为世界第一，但是由于温度低，其植物种类只有1.6万多种。

**物候** 生物长期适应于一年中温度节律性的变化，形成了与此相适应的发育节律，称作物候。大多数植物在春天到来时开始发芽；随着温度上升，风和日丽百花盛开；待到秋高气爽时，枝头果实累累；秋去冬来，枝枯叶落，进而是休眠开始。当然动物也不例外。

**休眠** 休眠当然也是一种物候现象，在适应外界严酷环境中尤其对环境的极端温度（高、低）有着特殊意义。植物的休眠主要是指种子的休眠。实际上，在纬度偏北的地区，冬天许多植物的芽也处于休眠的状态。种子休眠的机制对于不同的植物各不相同。有的植物的种子离开母体时胚并没有完全成熟，需要有一个后熟过程，如银杏和人参；有的植物的种子脱离母体时胚虽已成熟，但是由于果实或种子外包着一层十分坚实的外壳，需要一段时间的腐烂、分解，例如椰子；而有的植物种子成熟后，果实内存在有抑制其发芽的物质，到该物质分解消除后，种子方能发芽，如番茄等。不同种类、不同地区动物的休眠也各不相同。动物的休眠在时间上可以分为两种类型：一种是冬眠，另一种是夏眠（或称夏蛰）。在休眠状态下过冬的称冬眠，在昏睡状态下度过高温缺水的夏天的称夏蛰。变温动物和恒温动物的机制各不相同。在寒带和温带绝大多数无脊椎动物和变温动物都有冬眠现象。蚯蚓冬天钻到土壤深处停止活动；昆虫、蜘蛛以卵过冬；两栖类中蛙、蟾蜍在水底，有的在泥下或田埂等处的洞穴中过冬；蛇类多在土堆、鼠洞中冬眠。夏蛰多见于无脊椎动物，尤以蜗牛为常见，较热地区陆生的涡虫和蚂蟥，在干旱季节里埋在土中，昆虫和蜘蛛能在草原上蛰眠。恒温动物休眠又分两种情况：一类冬眠恒温动物，代谢降低，心跳和呼吸频率大大减少，体温下降，热能的产生降低，平均体温约高于外界温度1℃，成为变温动物。当体温下降到接近冰点时，就会激醒，以免冻死，如黄鼠、蝙蝠、旱獭等。另一类动物如熊、貂、臭鼬等，在冬天它们只是深睡，体温变化不大，与平常相比只是下降1℃左右，又称"假冬眠"。这不仅是对温度的适应，也是对食物短缺的适应。

**形态方面的适应**　植物对低温的适应表现在芽及叶片常有油脂类物质保护，芽具有鳞片，器官的表面盖有腊粉和密毛，树皮有较发达的木栓组织，植株矮小，常呈匍匐、垫状或莲座状。对高温的适应表现在有些植物体具有密生的绒毛、鳞片能过滤一部分阳光，发亮的叶片能反射大部分光线，使植物体温不致增加太高太快。有些植物叶片垂直排列，或在高温下叶片折叠，减少吸光的面积，避免高温的伤害。有的树干根茎附近有很厚的木栓层，有隔热保护作用。温度不仅影响动物生长的速率，而且也影响动物的形态。低温延缓了恒温动物的生长，使性成熟缓慢，个体存活时间长，个体大。因此，同类动物中，生长在较寒冷地区的比生长在温热地区的个体要大，个体大有利于保温，个体小有利于散热。例如，我国的东北虎比华南虎大，北方野猪比南方野猪大（表14-3）。

表14-3　中国南北方几种兽类头骨长度的比较

| 种类（北方） | 颅骨长/mm | 种类（南方） | 颅骨长/mm |
|---|---|---|---|
| 东北虎 | 331～345 | 华南虎 | 273～313 |
| 华北赤狐 | 148～160 | 华南赤狐 | 127～140 |
| 东北野猪 | 400～472 | 华南野猪 | 295～345 |
| 雪兔 | 95～97 | 华南兔 | 67～86 |
| 东北草兔 | 85～89 | | |

　　同样，分布在南半球的企鹅也有类似的情况，纬度越高，温度越低的地方，企鹅的个体越大，参见表14-4。这种规律在生态学中称贝格曼律（Bergman's rule）。

表14-4　几种在不同纬度的企鹅个体大小的比较

| 种类 | 分布 | 体长/mm |
|---|---|---|
| 马卡罗尼企鹅（*Eudyptes chrysolophus*） | 火地岛（南纬61°） | 700 |
| 跳岩企鹅（*E. crestatus*） | 火地岛（南纬55°） | 500～600 |
| 麦哲伦企鹅（*Spheniscus magellanicus*） | 马尔维纳斯群岛（南纬52°） | 600 |
| 加拉帕戈斯企鹅（*S. mendiculus*） | 加拉帕戈斯群岛（赤道0°） | 400 |

Allen 根据自然界在较寒冷地带的哺乳动物的四肢、尾和耳朵有明显趋向于缩短的现象，也提出了一个定律艾伦律（Allen's rule）。如图 14-2 所示，北极狐（*Alopex lagopus*），赤狐（*Vulpeas vulpes*）及非洲大耳狐（*Fennecus zerda*）的耳朵长短明显不同。实验动物饲养在不同温度条件下，也有类似情况，例如：小白鼠饲养在 15.5 ~ 20℃ 条件下比饲养在 31 ~ 33.5℃ 条件下的身体粗壮，但尾巴短。这不仅符合艾伦律，也符合贝格曼律。另外，生物对温度的适应还表现在生理、行为等方面，在此就不详细论述了。

北极狐（*Alopex lagopus*）　赤狐（*Vulpeas vulpes*）　非洲大耳狐（*Fennecus zerda*）

↑ 图 14-2　不同地带的三种狐狸的耳朵大小

### 3. 水的生态作用及生物适应

水，人们常常称之为生命的摇篮。从生物进化的观点来看，最原始的生命是在水中诞生的，生物系统的发生是从水生到陆生。不仅水生生物离不开水，陆生生物同样少不了水。水有三种状态——液态、固态和气态，它们之间可以随条件变化而相互转化。水的存在与多寡，影响生物的生存与分布；同样，生物也以各种各样的方式适应环境中的水。

（1）水的生态作用

水是生物生存的重要条件。首先水是生物体的组成成分。植物体一般含水量达 60% ~ 80%，而动物体含水量比植物更高。例如：水母含水量高达 95%，软体动物达 80% ~ 92%，鱼类达 80% ~ 85%，鸟类和兽类达 70% ~ 75%。水是很好的溶剂，对许多化合物有水解和电离作用，许多化学元素都是在水溶液的状态下被生物吸收和运转。水是生物新陈代谢的直接参与者，也是光合作用的原料。水是生命现象的基础，没有水也就没有原生质的生命活动。水有较大的比热，当环境中温度剧烈变动时，它可以发挥缓和、调节体温的作用。水能维持细胞和组织的紧张度，使生物保持一定的状态，维持正常的生活。一般物质都遵循"热胀冷缩"的规律，水在大多数温度范围也不例外，但在 4℃ 时密度最大，不遵循该规律，这一特性在控制水体温度分布和垂直循环中有重要作用。不仅 4℃ 的水密度最大，固态冰的密度也比水小，这是因为水在结冰时，因氢键的缔合作用，使得每个水分子与另外三个水分子结合形成正四面体结构，从而造成体积膨胀，密度也就变小了。因此我们总是看到冰山漂浮在洋面上，湖泊结冰也是从表层开始，湖底则主要是 4℃ 的水。如果不是天气寒冷到让全湖结冰，那么湖下总有 4℃ 的液态水存在，对水下生物的生存有十分重要的意义。

（2）生物体内的水平衡

由于水是生命的组成成分，并直接参与新陈代谢过程，所以生物体必须经常保持水的摄入与排出的动态平衡，才能进行正常的生命活动。这一点使水有别于光、温两个因子。

植物体的水平衡是指植物体的水分收入（吸水）和支出（蒸腾）之间的平衡，只有在吸收、输导和蒸腾三者比例恰当时，才能维持良好的水分平衡。植物蓄水量大部分消耗于蒸腾，一般在 90% 以上。当蒸腾超过吸收时，平衡呈负值，水分亏缺引起气孔关闭，减少蒸腾，又回到新的平衡。实际上，植物体内的水分经常处于正负值之间的动态平衡中。这种动态平衡是植物体的水分调节机制和环境中的各生态因子之间相互作用、相互制约的结果。

动物体中同样也存在水平衡。动物摄取水分的方式主要有：①通过体表直接从水环境或空气中吸取水分，如大多数无脊椎动物、鱼类和两栖类；②由食物和饮水中获得水分，海洋中硬骨鱼类需要经常吞水以补充体内水分的外渗，陆生昆虫如蜜蜂需经常饮水；③从生物体自身的生物氧化过程中获得水分，如氧化 100 g 脂肪可以产生水分 107 ~ 110 g，糖和蛋白质的氧化过程中也会产生水分。动物体主要通过体表和呼吸道表面的蒸发和渗透作用、排泄器官的排泄、消化器官的排遗、以及各种腺体的分泌等方式向体外散发水分。同样，也是通过自身调节和适应环境而达到平衡。

（3）植物对水的适应

在生物圈中，水的分布十分不均匀。在长期进化过程中形成的形形色色、不同类型的植物对水的要求各不相同。根据栖息地，通常将植物划分为水生植物和陆生植物。

**水生植物**    水生植物是指生长在水中的植物。水生环境与陆生环境有许多差别，例如：光照弱，缺少氧气，密度大，温度变化平缓以及可以溶解许多无机盐。为了适应水中缺氧的环境，水生植物的根、茎、叶形成一整套通气系统。例如荷花，从叶片气孔进入的空气，通过叶柄、茎，进入地下茎和根部的气室，形成了一个完整的通气组织，以保证植物体各部分对氧气的需要。又如金鱼藻，拥有封闭式的通气组织，该系统不与大气直接相通，系统内可以储存由呼吸作用释放出来的 $CO_2$，供光合作用的需要，而光合作用释放出来的氧气又被呼吸作用所利用。植物体内的通气组织增加了体积，使植物增加了浮力。水生植物在水下的叶片多分裂成带状、线状，而且很薄，以增加吸收阳光、无机盐和 $CO_2$ 的面积。最典型的是伊乐藻属植物，叶片只有一层细胞。又如有的水生植物，出现有异型叶，毛茛一植株上有两种不同形状的叶片，在水面上成片状，而在水下则丝裂成带状。水的密度大，有利于增加植物体的浮力。水的黏度大，植物生活在不同水层中，适应于水体流动，一般具有较强的弹性和抗弯曲的能力。水生植物又可分成沉水植物（如金鱼藻）、浮水植物（如凤眼莲），挺水植物（如荷花）等。

**陆生植物**    生长在陆地上的植物统称为陆生植物。其又可分为湿生、中生和旱生植物。①湿生植物。湿生植物多生长在水边或潮湿的环境中，即空气湿度大的环境，其蒸腾少，不能忍受长期缺水的环境，抗旱能力差，如秋海棠、海竽等。②中生植物。一般植物大多属中生植物，在一定的湿度范围内都能生长发育。③旱生植物。旱生植物生长在干旱环境中，能耐受较长时间的干旱环境，且能维持水分平衡和正常的生长发育。这类植物在形态或生理上出现了多种多样的适应干旱环境的能力。旱生植物在形态结构上的适应，主要表现在两个方面：一方面是增加水分收入，另一方面是减少水分支出。一个显著的特点是有发达的根系，例如沙漠地区的骆驼刺地面部分只有几厘米，而地下部分可以深达 15 m，扩展的范围达 623 m，可以更多的吸收水分。许多旱生植物叶面积很小。例如：仙人掌科的许多植物，叶特化成刺状；松柏类植物呈针状或鳞片状，且气孔下陷；夹竹桃的表面也被有很厚的角质层或白色的绒毛，能反射光线；许多单子叶植物，具有扇状的运动细胞，在缺水的情况下，它可以收缩使叶面卷曲。总之，共同的一点是尽量减少水分的散失。另一类旱生植物，它们具有发达的贮水组织。例如：美洲沙漠中的仙人掌树，高达 15 ~ 20 m，可贮水 2 t 左右；南美的瓶子树、西非的猴狲面包树，可贮水 4 t 以上。这类植物能储备大量水分，同样适应干旱条件下的生活。除了以上形态上的适应以外，还有另一类植物是从生理上适应干旱，它们原生质的渗透压特别高。淡水水生植物的渗透压一般只有 2 ~ 3 个大气压，中生植物的一般不超过 20 个大气压；而旱生植物渗透压可高达 40 ~ 60 个大气压，有的甚至可以达到 100 个大气压。高渗透压能够使植物根系从干旱的土壤中吸收水分，同时不至于发生反渗透现象而使植物失水。

（4）动物对水的适应

同样按栖息地也可以将动物划分为水生和陆生两大类。水生动物的媒质是水，而陆生动物的媒质是大气。因此，它们的主要矛盾也不同。

**水生动物的渗透压调节**    水生动物生活在水的包围之中，似乎不存在缺水问题。其实不然，因为水是很好的溶剂，不同类型的水中溶解有不同种类和数量的盐类（表 14-5）。水生动物的体表通常具有渗透性，所以也存在渗透压调节和水平衡的问题。不同类群的水生动物，有着各自不同的适应能力和调节机制。水生动物的分布、种群形成和数量变动都与水体中含盐量的情况与特点密切相关。洄游鱼类，如水河的鲑鱼、江海的鳗鱼以及广盐性鱼类罗非鱼、赤鳟、刺鱼等，在生活史的不同时期分别生活于淡水和海水之中，它们又是如何调节渗透压以保持生物体水平衡的呢？一般来说，其体表对水分和盐类的渗透性较低，有利于在浓度不同的海水和淡水中的生活。当它们从淡水转移到海水时，虽然短时间内体重因失水而减轻、体液浓度增加，但是 48 h 内一般都能重新调节渗透压，使体重和体液浓度恢复正常。反之，当它们由海水进入淡水时，也会出现短时间的体内水分增多、盐分减少，可以通过提高排尿量来维持体内的水平衡。例如：一些鱼类进入海水时，肾脏的排液机能就自动减弱；有的鱼类如赤鳟、美洲鳗鲡的鳃细胞能改变机能，在咸水中能排泄盐类，而在淡水中能吸收水分。

表 14-5　三种典型天然水的组成

单位：g/L

| | Na$^+$ | K$^+$ | Ca$^{2+}$ | Mg$^{2+}$ | Cl$^-$ | SO$_4^{2-}$ | CO$_3^{2-}$ |
|---|---|---|---|---|---|---|---|
| 软淡水 | 0.016 | / | 0.01 | / | 0.019 | 0.007 | 0.012 |
| 硬淡水 | 0.021 | 0.016 | 0.065 | 0.014 | 0.041 | 0.025 | 0.019 |
| 海水 | 10.7 | 0.39 | 0.42 | 1.31 | 19.3 | 2.69 | 0.073 |

**陆生动物对环境湿度的适应**　影响陆生动物水平衡的更多的是环境中的湿度因子，动物对其也有各种各样的适应。①形态结构上的适应。不论是低等的无脊椎动物还是高等的脊椎动物，它们各自以不同的形态结构适应环境湿度，保持生物体的水平衡。昆虫具有几丁质的体壁，防止水分的过量蒸发；生活在高山干旱环境中的烟管螺可以产生膜以封闭壳口适应低温条件；两栖类体表分泌黏液以保持湿润；爬行动物具有很厚的角质层；鸟类具有羽毛和尾脂腺；哺乳动物有皮脂腺和毛：这些都能防止体内水分过多蒸发，以保持体内水的平衡。②行为的适应。沙漠地区夏季白天地表温度与地下温度相差很大。因此，地面和地下的相对湿度和蒸发量相差也很大。例如：地面温度为 71.5℃，地下 30 cm 深的洞穴里温度为 29.8℃；45 cm 深，温度为 27.9℃；当地面湿度为 0～15% 时，洞穴相对湿度为 30%～50%。一般沙漠动物，如昆虫、爬行类、啮齿类等白天多在洞内，夜里出来活动。更格卢鼠能封住洞口，这表现了动物的行为适应。例如，一些动物白天躲藏在潮湿的地方或水中，以避开干燥的空气，而在夜间出来活动。干旱地区的许多鸟类和兽类在水分缺乏、食物不足的时候，迁移到别处去以避开不良的环境条件。在非洲大草原，当旱季到来时大型草食动物往往也开始迁徙。干旱还会引起暴发性迁徙，前面已经讨论过夏蛰的行为，夏蛰一方面是对高温的适应，另一方面也是对干旱的适应。③生理适应。许多动物在干旱的情况下具有生理上适应的特点。"沙漠之舟"骆驼可以 17 天不喝水，身体脱水达体重的 27% 时仍然能够照常行走。它不仅具有贮水的胃；驼峰中还藏有丰富的脂肪，消耗的过程中产生大量水分；血液中也有特殊的脂肪和蛋白质，不易脱水。另外，还发现骆驼的血细胞具有变型功能，能提高抗旱能力。总之，骆驼的抗旱性是综合作用的结果。

### 4. 生物的趋同和趋异

以上关于各个自然因子的论述，一方面讨论了各个自然因子的生态作用，另一方面也从生物的形态、结构、生理，甚至是行为等方面讨论了生物对各个生态因子的适应。这里强调指出，生态因子对生物的作用是综合的，就生物而言，出现有趋同和趋异的生态适应。

（1）生物的趋同适应（生活型）

所谓趋同作用，是指亲缘关系相当疏远的生物，由于长期生活在相同的环境之中，通过变异、选择和适应，在器官形态等方面出现很相似的现象。从生态学角度来看是指具有相似或相同的生态位。蝙蝠属哺乳动物，但它和大多数鸟类一样是通过飞行来捕捉空中的昆虫，它的前肢不同于一般的兽类，而形同与鸟类的翅膀。鲸、海豚、海象、海狮、海豹均属哺乳动物，但它们却长期生活在水生环境之中，整个身躯呈纺锤形，胜似鲨鱼，它们的前肢也发育成类似于鱼类的胸鳍。在不同地区的相似生境中生活着具有相似生活方式和形态的动物，如图14-3所示。

鲨鱼与海豚的趋同进化　　食蚁兽、针鼹、穿山甲和犰狳的趋同进化

🔼 图14-3　生物的趋同进化

植物也不例外，仙人掌种的植物适应于沙漠干旱生活，它具有多汁的茎，叶子退化呈刺状。生活在与其相同环境下，而属于不同类群的植物，却出现相似的外部形态，如菊科的仙人笔、大戟科的霸王鞭、罗（草摩）科的海星花等（图14-4）。根据趋同作用的结果对生物进行的划分，称作为生活型。不同学者有不同的划分方法。最普遍的是按植物的大小、形状、分枝以及生命周期的长短等，将植物分为乔木、灌木、半灌木、木质藤本、多年生草本、一年生草本、垫状植物等。丹麦植物学家 Raunkier 根据芽对冬季条件的适应，将植物划分为高位芽、地上芽、地面芽、地下芽和一年生植物，长期以来为人们普遍采用，这部分内容将在群落部分深入讨论。

（2）生物的趋异适应（生态型）

同一种生物生长在不同的环境条件下，可能会出现具有不同形态结构和不同生理特性的类型（表14-6），这些特性的变异往往具有适应的性质。早在20世纪20年代，这种生态变异和分化就已经引起了生物学家的注意。早期的遗传生态学家瑞典的 Turesson（1921）通过移栽实验发现将这些有差异的物种栽培于同一条件下，在相当长的时间里这种差异还会继续存在，说明这些差异是可以遗传的。换言之，这些差异源于基因的差别。因此，他将生态型（ecotype）定义为：一个物种对某一特定生境发生基因型的反应而产生的产物。他认为生态型是指适应于不同生态条件的种类或区域性的遗传类群。随后，美国的 Edauson 和 Keek 等人进行了大规模的生态型试验，生态型的概念也更加完善。一般认为生态型包括三个方面的内容：①绝大多数广布的生物种，在形态学上或生理学上的特性表现出空间的差异；②这些变异与特

🔼 图14-4　沙漠中不同植物的趋同进化

🔵 图 14-5 亲缘关系很近的两种野猪在不同生境下的趋异进化

定的环境条件相联系；③生态学上的相关变异是可以遗传的。这里有必要指出的是，生态型的概念有别于亚种的概念。亚种是形态的、地理的和历史的分类学概念。多型种中的不同亚种，在分布上存在地理隔离，每一亚种包含有一系列具有相同起源的种群、完整的地理分布和明显的形态学上的区别。而生态型则是生态适应的概念。在同一地区，当生境存在差异时通常可以发现不同的生态型。生态型的区别在于对环境的反应不同。这些反应可以表现在形态上，也可以不表现在形态上。一个亚种可以包含一个生态型，也可以包含多个生态型（图 14-5）。

**表 14-6** 在不同地区相似生境中生活着具有相似生活方式和形态的动物

| 类型 | 北美洲 | 南美洲 | 亚洲 | 非洲 | 大洋洲 |
|---|---|---|---|---|---|
| 跳跃行走的食草动物 | 长耳大野兔 | | 沙漠跳鼠兔 | 跳兔 | 大袋鼠 |
| 穴居在地上寻食的哺乳兽 | 长尾草原大鼠、小囊鼠 | （鼠各）豚鼠 | 仓鼠 | 松鼠 | 袋熊 |
| 穴居在地下进食的哺乳兽 | 囊鼠 | （木节）鼠 | 鼹鼠、滨鼠 | 金毛鼹 | 袋鼹 |
| 无飞翔能力的鸟 | | 美洲鸵鸟 | | 鸵鸟 | 鸸鹋 |
| 奔跑的食草动物 | 叉角羚美洲野牛 | 大羊驼、南美大草原鹿 | 草原羚羊野马 | 斑马跳羚 | |
| 奔跑的食肉动物 | 丛林狼 | 狼 | 兔狲 | 狮猪豹 | 袋狼 |

引自 Smith《生态学原理和野外生物学》。

## 五、生态因子作用的一般特征

### 1. 生态因子与生物之间的相互作用

众所周知，今日生机盎然、气象万千的生物圈的形成与绿色植物的出现分不开。绿色植物将太阳能转变为化学能，才有生物圈中食物链的传递。环境因子作用于生命有机体，而生物也影响和改变着周围的环境。这是普遍存在的，其表现也是多方面的。当然，有的表现明显，有的则不明显。诸如土壤的形成、小气候的形成等都是环境和生物相互作用的产物。

### 2. 生态因子的综合作用

生态因子对生物是综合起作用的，至少包含有这样两方面的意思：一是生态因子之间是相互影响、相互作用的，另一方面生态因子之间是不可替代的，只有各因子之间恰当配合，才能对生物发挥更大的作用。如果环境中某一因子发生了变化，这种变化可能引起其他因子的变化。例如，在水生环境中温度的变化对水中溶解氧的含量将产生巨大的影响。在陆地上（除高海拔地区）大气中氧的含量达 21%，一般情况下不会有缺氧的感觉；但是，水中溶解氧的含量会随温度的上升而不断减少（表 14-7）。因此，夏天高温时节精养鱼塘中常常会出现缺氧现象。在一些精养鱼塘中，由于鱼群密度大，水体中温度高，溶解氧少，鱼群就会出现"浮头"现象。在这种情况下，鱼的抵抗毒物的能力也随之降低。例如：10℃时 $CO_2$ 对鲤鱼的致死浓度为 120 mg/L；而 30℃时的致死浓度则减少一半，只需 55~60 mg/L 就会使鲤鱼致死。

表 14-7　水体中温度与溶解氧的关系

| 温度 /℃ | 淡水 / （mg/L） | 海水 / （mg/L） |
| --- | --- | --- |
| 0 | 10.29 | 7.97 |
| 10 | 8.02 | 6.35 |
| 15 | 7.22 | 5.79 |
| 20 | 6.57 | 5.31 |
| 30 | 5.57 | 4.46 |

引自孙儒泳《动物生态学原理》。

因子之间是不可替代的。最普遍的种子发芽试验便可清楚地说明这个问题。在一定的温度条件下，把成熟的种子放在干燥的杯子里，种子并不会发芽，因为缺少水分；反之，把种子淹没在水中，大多数植物的种子也不会发芽，因为缺少空气；只有在恰当的温度、恰当的水分和空气的条件下，种子才会发芽。试验说明，温度、水分、空气对种子的发芽是综合起作用的，而且各因子之间是不可替代的。这也正是生物圈存在于三个物理圈层的交界面上的道理所在。

**3. 生态因子的限制作用**

生态因子之间是相互影响、综合起作用的，但它们之间又是不可替代的。还值得强调的是，在任何情况下都不能平均看待各种生态因子的作用。实际上，某些因子的量（强度）过低或过高都会限制着生物的生长、繁殖、数量和分布，这些因子叫限制因子。限制因子的种类和限制作用的量（强度）常因情况的不同而不同，并不是固定不变的。

（1）利比希最小因子定律（Liebig's law of the minimum）

很早人们就发现，矿质元素与植物生长关系密切。1840 年，德国科学家 Justus Liebig 研究了各种化学物质对植物生长的影响。他发现，作物的产量并非经常受到大量需要的营养物质如 $CO_2$ 和 $H_2O$ 的限制（它们在自然界中很丰富），而是受到一些微量元素，如硼的限制。因为虽然作物对硼的需要量很少，但土壤中的含量也非常稀少。他提出了"植物的生长取决于处在最少量情况事物的量"的主张，后人称之为利比希最小因子定律（法则）。这就类似于木桶效应：一只木桶能盛多少水，并不取决于最长的那块木板，而是取决于最短的那块木板。

后来，一些生态学家如 Tayler（1934）等人把这个定律发展为包括营养物质以外的因子（如温度以及时间等因素）。E. P. Odum（1973）认为"为了避免混乱，看来最好是把最小因子（最低因子定律）概念如同原来的意图那样，限制在生长和繁殖生理所需要的化学物质（氧、磷等）范围内，而把其他因子和最大量的限制作用包括在耐受定律之中。"换言之，他认为"最低定律"只不过是限制因子概念的一个方面。同时他认为，这个定律如果对实践有用的话，还必须补充两个辅助原理：首先利比希最小因子定律只能严格地适用于稳定状态，即能量和物质流入和流出处于平衡的情况；第二个要考虑的重要问题是因子之间的相互作用。

（2）谢尔福德耐受性定律

美国生态学家 V. E. Shelford 于 1913 年指出，一种生物能够存在与繁殖，要依赖一种综合环境的全部因子的存在，只要其中一项因子的量和质不足或过多，超过了某种生物的耐性限度（limit of tolerance），该物种就不能生存，甚至灭绝。这一概念被后人称之为**谢尔福德耐受性定律**（Shelford's law of tolerance）。在这一定律中把最低量和最大量因子并提，把任何接近或超过耐性下限或上限的因子都称作限制因子。

Odum（1973）对耐受性定律也作了如下补充：

① 生物能够对一个因子耐受范围很广，而对另一因子耐受范围很狭。

② 对所有生态因子耐受都很宽的生物，它的分布一般很广。

③ 当一个因子处在不适状态时，对另一因子的耐受能力也可能下降。

④ 经常可以发现，在自然界中生物实际上并不在某一特定环境因子的最适范围内生活。在这种情况下，可能有其他更重要的因子在起作用。

⑤ 繁殖期通常是一个临界期，环境因子最可能起限制作用。繁殖的个体、种子、卵、胚胎、种苗和幼体等的耐性限度一般都要比非繁殖的植物或动物成体的耐性限度狭窄些。

生态学家常常用狭温性、广温性、狭水性、广水性、狭食性、广食性等来表示生物对环境因子耐受的相对程度。生物对该因子耐受幅很窄，而且在环境中又不稳定的因子，常常可能成为限制因子；反之，生物对该因子耐受幅很宽，在环境中又很稳定的因子，一般不大可能成为限制因子。

# 第二节　种群

## 一、种群生态学的基本特征

不管是林奈还是达尔文，他们的物种概念其实都是个体概念，也就是说，他们认为，物种是一群相似的个体。而从 20 世纪 30 年代到 40 年代，随着"新系统学"的发展，开始强调群体概念了。也就是说，物种不是毫不相干的个体，而是以个体集合为大大小小的种群单元，物种是"种群"的集团，种群才是种内的繁殖单元。

自然界有数以百计的生物种类，任何一种生物都不可能以单一个体存在。每一个体必然与同种或其他种类的许多个体联系成一个相互依赖、相互制约的群体才能生存。种群的英文是 population，用于不同的生物，汉语称呼还不太一样。比如人口、虫口、鱼口，还有植物分类学家们喜欢翻译为居群。相关的其它词语——demography，特指人口统计学；而用于生物的种群统计学，则应该说 population demography。

对于种群，我们一般这么定义：种群是占据一定时空中同种个体的集合。注意这句话，我们在说物种的时候，是没有任何时空概念的，而说到种群，就必须强调一定时间和一定空间，所以，种群不是个体简单相加，从个体到种群是一个质的飞跃。种群不仅是物种存在的基本单位，还是物种繁殖的基本单位。

### 1. 种群密度

一个种群个体数目的多少，称作种群大小。如果用单位面积或容积的个体数目来表示种群的大小，则称作种群密度。例如：每立方米的水体中有 500 万个小球藻，每平方公里的草原上有 50 只绵羊，每亩山坡上有 40 棵马尾松。一般来说，在相同的环境下大型生物种类有较小的种群密度，反之小型生物种类有较大的种群密度。例如：分布在新疆北塔山荒漠草原的野驴，每百平方公里仅有1.6～1.8头，盘羊则有6头，北山羊有13头，当地的啮齿类动物，如灰仓鼠每公顷就有数十只，而更小的蝗虫则不计其数。

种群密度是一个变量。个体生长发育阶段的不同以及季节和其他因素的改变，都会引起种群密度的波动。但是种群密度的大小主要取决于环境中可利用的物质和能量的多少，以及对这些物质和能量的利用率。在物质、能量丰富和环境适宜的条件下，种群通常能保持某种最大的密度。

**2. 种群的年龄结构和性别比**

生物种群中存在着多种不同年龄结构的个体，种群中多个年龄期的个体数量的百分比，称作种群的年龄结构或称年龄分布。当然，不同生物物种的生命周期有长有短，所以多年生生物的年龄可以以年为单位，生命周期较短的可以用较短的时间单位，如月、日、小时。周期性的年龄结构是种群的重要特征之一。种群的年龄结构对分析种群的动态和发展趋势有着重要意义。

生命有机体的活动过程，一般可以分为生殖前期、生殖期、生殖后期三个生态时期。生物种类不同，各期持续时间的长短也不相同。即使在生殖期中，不同的年龄，生殖能力也不相同。种群中具有繁殖能力的个体只限于某个年龄段的个体，而死亡率则出现在另一个年龄段。因此，从种群的年龄结构状况常常可以看出种群数量变化的发展趋势。种群年龄结构可以用年龄金字塔或年龄锥体表示。用横柱条的长短来表示各年龄级（组）个体的数量或百分比，长的表示数量大或百分比高，短的表示数量少或百分比低。各年龄组叠加在一起形似金字塔或锥体。金字塔中从年幼的塔底到年高的顶部，年龄级顺序增高。因此，从年龄金字塔图表中，可以很直观地看到各年龄的比例和种群数量的变化动向。种群年龄结构（年龄锥体）有三种基本类型，见图14-6。A类型是基部宽阔而顶部狭窄的年龄锥体，表示种群中幼体多或比例大，老年个体少或比例小，这样的种群出生率大于死亡率，是一个迅速增长的种群；C类型是基部狭窄而顶部较宽的年龄锥体，表示种群中幼体少或比例小，而老年个体多或比例大，这是一个数量下降的种群，种群中死亡率大于出生率，处于濒危状态的动植物物种的种群结构基本属于这种类型；介于A和C之间的B类型，各年龄段均衡，整个种群数量趋于稳定。

**3. 种群的出生率、死亡率、生命表和存活曲线**

（1）有关率的基本概念

一个种群总是处在变化之中。因此，我们不仅要关心某段时间内种群的数量及其组成，而且还要关心种群的变化？这就出现了"率"的问题。所谓率，就是变化的量除以变化的时间。换言之，率表示的是某种群在某段时间内变化的速度。种群增长率即表示单位时间内种群增长的个体数，也就是以种群增加个体数除以经过的时间而得到的种群增长的平均速度。

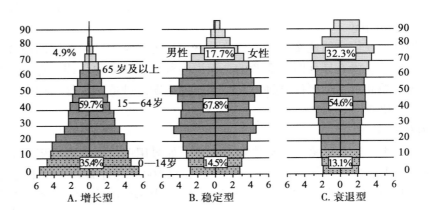

● 图 14-6    三种基本的年龄金字塔

（2）出生率

出生率是指种群繁殖新个体的速度，即单位时间内种群中产生新个体数的百分比。也就是单位时间里新产生个体数与原有个体数之比。例如，原有种群个体数为 1 000 个，一年中繁殖新个体 200 个，年出生率为 20%。出生率在理想条件下有一个最高出生率（或称潜在出生率），即在单位时间内种群所产生新个体达到最大数目。实际上，动植物所产生的后代，包括种子、幼仔或卵，并非全部都能成活或孵化，达到性成熟的个体也并非全部都能生殖，加上环境的限制，最高出生率在自然界是难以实现的。

生物出生率的高低，是生物物种在进化过程中形成的，是生物对环境适应的一种策略。例如：每条蛔虫每天产卵量达 20 万个，鲤鱼一次产卵量达 90 万个，这种以高出生率适应环境的，称之为 r 对策；另一些生物如灵长类、长鼻类、鲸类每胎产仔一个，以个体大适应环境的，称之为 K 对策。而当今处于濒危状态的物种，多属于 K 对策。

环境因素对出生率也有很大的影响，如营养、敌害、光照、湿度等，对种群的出生率都有很大的影响。有些生物在不利的环境条件下，不但会降低出生率，有时甚至不育，这种情况，在污染的环境中经常可见。此外，种群密度、性别比和年龄结构等也对出生率有影响：密度过高，个体生活所需的条件差，生理机能不能正常发挥，出生率下降；密度过低，雌雄相遇机会太少，对繁殖不利。总之，适宜的环境条件，有利于提高种群的出生率；不利的环境条件，有可能降低种群的出生率。

（3）死亡率

死亡率是指单位时间内某一种群死亡的个体数与种群总个体数之比值，包括理论上的最小死亡率和实际死亡率。

种群死亡率和个体的寿命有关，生物的寿命可分为生理寿命和生态寿命。在最适的环境条件下，种群中个体能正常生长发育并达到生理上的衰老而自然死亡的寿命称作生理寿命，即寿终正寝。在这种情况下，种群的死亡率很低。但自然界中，生命经常受到不良环境条件的危害而中途夭折，很少能顺利地活到生理上允许的应有寿命。实际死亡率（生态死亡率）就是指在特定环境条件下，种群内个体实际平均寿命。

生物的寿命因种类不同而有很大差异，有些低等生物如细菌、浮游生物、蝇类、短命菊（河渔植物）等寿命只有几天、十几天，许多昆虫和农作物可以活几个月到一年，一般乔木、马、牛、虎、象能活十几年，龟、松、柏、银杏能活上百年。生物寿命的长短和死亡率的高低，除了与生物本身的遗传特性有关外，还与外界环境条件以及人类的干预有关。

（4）生命表和存活曲线

在分析种群动态时，时常采用生命表和存活曲线的形式。生命表又称寿命表或死亡率表。多年来它一直被用于综合评定对各年龄人口死亡率和寿命的统计。人寿保险中可以用生命表来预测某一年龄的人还能活多少年，通过生命表能看出不同年龄组（学龄组、兵役年龄组、就业年龄组、退休年龄组等）的人口比例，为有关职能部门规划劳动保险、普及教育、社会福利、改善人民生活等措施等提供参考。应用生命表还可以分析不同地域、不同年代的环境卫生保健状况，来推算未来人口的消长趋势。

下面以 Conell（1970）对华盛顿乔恩岛（San Juan Island）的藤壶（*Balanus glandula*）的调查资料为例，说明生命表的编制方法（表 14-8）。1959 年出生的藤壶幼虫，在 1～2 个月后固着在岩石上，从此每年调查其个体数，直至 1968 年全部死亡为止。生命表中有若干栏，每栏均用符号表示。

表中所列诸项，只要掌握各年龄组开始的存活数目 $n_x$ 或者各年龄组死亡的个体数目 $d_x$，即可求出其他各项，各项之间的关系如下：

$$n_{x+1} = n_x - d_x$$

$$Q_x = \frac{d_x}{n_x} \qquad I_x = \frac{n_x}{n_0} \qquad L_x = \frac{n_x + n_{x+1}}{2} \qquad T_x = \sum_x^\infty L_x \qquad E_x = \frac{T_x}{n_x}$$

表 14-8　藤壶（*Balanus glandula*）生命表

| 年龄（年） | 各年龄开始的存活数目 | 各年龄开始的存活分数 | 各年龄死亡个体数 | 各年龄死亡率 | 各年龄期平均存活数目 | 各年龄期及其以上存活的年总数 | 平均寿命（期望值） |
|---|---|---|---|---|---|---|---|
| $x$ | $n_x$ | $I_x$ | $d_x$ | $Q_x$ | $L_x$ | $T_x$ | $E_x$ |
| 0 | 142 | 1.000 | 80 | 0.563 | 102 | 224 | 1.58 |
| 1 | 62 | 0.437 | 28 | 0.452 | 48 | 122 | 1.97 |
| 2 | 34 | 0.239 | 14 | 0.412 | 27 | 74 | 2.18 |
| 3 | 20 | 0.141 | 4.5 | 0.225 | 17.75 | 47 | 2.35 |
| 4 | 15.5 | 0.109 | 4.5 | 0.290 | 13.25 | 29.25 | 1.89 |
| 5 | 11 | 0.077 | 4.5 | 0.409 | 8.75 | 16 | 1.45 |
| 6 | 6.5 | 0.046 | 4.5 | 0.602 | 4.25 | 7.25 | 1.12 |
| 7 | 2 | 0.014 | 0 | 0 | 2 | 3 | 1.50 |
| 8 | 2 | 0.014 | 2 | 1.000 | 1 | 1 | 0.50 |
| 9 | 0 | 0 | – | – | 0 | 0 | – |

　　$x=$ 按年龄的分段；$n_x=$ 在 $x$ 期开始时存活数目（$n_0$ 为 $x=0$）；$I_x=$ 在 $x$ 期开始的存活分数；$d_x=$ 从 $x$ 期到 $x+1$ 期的死亡数目；$Q_x=$ 从 $x$ 期到 $x+1$ 期的死亡率；$L_x=$ 各年龄期平均存活数目；$T_x=$ 各年龄期及其以上存活的年的总数；$E_x=x$ 期开始时的平均生命期望或平均余年。

　　以上藤壶是根据 $n_x$ 计算出来的（即根据观察一群同时出生的生物的死亡或存活的动态过程编制而成的生命表），也叫动态生命表。

　　根据生命表上的数据作图可以更直观地看到一些问题。当用 $L_x$ 列的数据作图，以时间间隔作横坐标，以存活数目为纵坐标，所得到的曲线称存活曲线。它可以反映出不同生物种群不同年龄段数量变化的规律。

　　一般将存活曲线分成三种类型（图 14-7）：

　　A. 凸型曲线，属于这种类型的生物直到生命的末期，其死亡率才升高。例如：人类及一些大型兽类，也就是我们前面讲到的 $k$ 对策的生物。

　　B. 对角线曲线，表示种群中个体，各年龄的死亡率都接近平均。许多鸟类、小型哺乳动物等有类似的存活曲线。

　　C. 凹型曲线，表示种群中幼体死亡率很高，一旦过了危险阶段以后死亡率就比较低，而且比较稳定。许多植物、无脊椎动物、低等脊椎动物具有类似的存活曲线。

　　以上介绍的是三种典型的类型，在自然中许多物种不可能那么典型，大多处于中间的或近似的状态。

### 4. 种群的空间分布

　　不同种群对环境条件的要求不同，受环境影响的程度不同，因此所有种群中个体的空间分布状况也不同。这种空间配

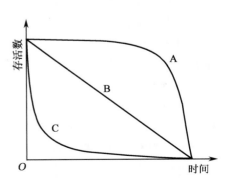

⬆ 图 14-7　三种存活曲线

均匀分布　　　　　　　　随机分布　　　　　　　　群聚分布

↑ 图 14-8　三种不同类型的种群空间分布格局

置也称空间格局。换言之，种群中个体的空间分布格局经常反映出环境因子对种群中个体生存和生长的影响。种群中个体空间分布格局通常有以下三种类型（图 14-8）。

（1）均匀分布

均匀分布是指种群中个体之间多少有些等距离分布。当生物个体占有的空间比所需要的大时，其在分布上所受的障碍少，分布就容易呈均匀型。真正的均匀型在自然界是很少见的，而人工栽培的植物一般呈均匀型。森林中树木的分布接近于均匀型，某些动物具有占有局部地域的本能，也可能出现均匀型分布。地形或土壤物理性状（如水分）的均匀分布也有可能使某些物种呈均匀分布。

（2）随机分布

随机分布是指种群中多数个体的分布是偶然的。每个个体在某一位置上的出现机会都是相等的。随机分布型在自然界同样是不多见的。只有当环境条件相当一致，生境因素对物种的作用差不多，或者某主导因子成随机分布时，才会产生种群的随机分布。例如：海边潮间带的某些贝壳类以及森林中地面上的一些无脊椎动物，尤其是蜘蛛表现为随机分布。蚜虫最初入侵时种群密度也表现为随机分布，虫卵和幼虫常呈现不规则的分布，随后才开始表现出群聚的倾向。

（3）群聚分布

种群中个体成群或成团分布。自然界大多数情况下，种群的个体呈群聚型分布。这是一种最普遍、最常见的分布格局。它的形成对个体的生长发育有利，因为群聚能更好地改变周围环境和微气候。也有可能是因为小环境的特点有利于有机体的群聚分布，或是因为繁殖的特性而形成的。例如：集群生活的蚂蚁、蜜蜂、还有人类。在植物方面，例如一些利用葡萄糖或多糖进行营养繁殖的植物，群聚分布十分典型。即使是种子繁殖的植物，某些种子的传播距离大多不远，其幼苗常常群聚在母株附近。群聚分布能够增加对环境的抗性，但也增加了种群内个体间的竞争。

**5. 种群的增长**

种群的增长在理论上决定于三个因素：出生率、死亡率和开始增长时的种群大小（个体数量）。如果在一个地区内，种群没有迁入和迁出的话，当出生率超过死亡率时，种群就增大，反之，种群则变小。两者相等时，种群大小即处于稳定状态。公式表示如下：

$$N_t = N_0 + (B - D)$$

$N_t$ 是 $t$ 时间后种群的个体数，$N_0$ 是开始时种群的个体数，$B$ 是出生的个体数，$D$ 是死亡的个体数。

按这个公式计算出的种群在单位时间内增长率，称作内禀增长率。

假设种群处在最理想的状态下，增长率最大，用 $r_m$ 表示，则：

$$r_m = \frac{N_t - N_0}{N_0} \times 100\% = \frac{B - D}{N_0} \times 100\%$$

假设出生率和死亡率不变，$r_m$ 为恒值，就可以预测经过若干单位时间后（$t$）的种群大小。例如：假定某个种群的 $N_0 = 50$，在单位时间 $t$ 以后出生 10 个新个体，死亡 5 个，净增 5 个，这时候

$N_t = 55$，$r_m$ 为 10%。以 $r$ 为恒值计算，种群大小的变化如表 14-9：

表 14-9　种群增长

| 时间（$t$） | 1 | 2 | 3 | 4 | 5 | 6 | 7 | 8 | 9 | 10 |
|---|---|---|---|---|---|---|---|---|---|---|
| 净增长 | 5.0 | 5.5 | 6.1 | 6.7 | 7.3 | 8.1 | 8.9 | 9.6 | 10.7 | 11.8 |
| 种群大小（$N_t$） | 55 | 60.5 | 66.6 | 73.7 | 80.6 | 88.7 | 97.6 | 107.4 | 118.0 | 129.8 |

（1）种群的指数增长

如果 $r_m$ 值不变，种群的增长则呈指数上升，那么以 $N_0$ 为种群开始增长时的个体数，$N_t$ 为经过单位时间后的种群大小，则：$N_t = N_0 e^{rt}$ 　　　　　（式 14-1）

式中的 $r$ 表示瞬时增长量，$\dfrac{dN}{dt} = rN$ 　　　　　（式 14-2）

e 是自然对数的底，如果同时对式 14-1 的两边取自然对数的话，$\ln N_t = \ln N_0 + rt$

$$r = \frac{\ln N_t - \ln N_0}{t}$$ 　　　　　（式 14-3）

应用这个公式只要进行两次种群大小的测量，就可以计算出 $r$ 值。例如 1949 年，我国人口为 5.4 亿，1978 年为 9.5 亿，则

$$r = \frac{\ln N_{t2} - \ln N_{t1}}{t_2 - t_1} = \frac{\ln 9.5 - \ln 5.4}{1978 - 1949} = 0.019\,5 = 19.5‰$$

即解放以来，我国人口自然增长率为 19.5‰，即平均每年每千人增加 19.5 人。如果以上述增长型或种群数量 $N_t$ 对时间作图，则种群增长呈 J 形（图 14-9），因而也叫 J 形增长模型，以对数作图则成直线。

（2）**逻辑斯蒂增长**（logistic growth）

当一个种群在一个有限的空间里生活时，种群数量不可能长时期连续呈几何级数增长。随着时间的推移，种群密度的增加必然会影响种群的出生率和死亡率。换言之，出生率逐步降低，死亡率逐步增加，从而降低种群实际增长率，一直到停止增长，甚至于负增长，使种群数量下降。应该说，在有限的空间环境中，生活种群的数量增长存在着一个环境条件所允许的最大值——环境容纳量（负荷量），通常用 $K$ 表示。当种群个体数 $N$ 越接近于 $K$，其增长率愈小，种群增长越慢；当 $N = K$ 时，种群不再增长。倘若环境变坏，死亡率超过出生率，$r$ 为负值时，种群的个体数下降。因此，在有限的环境中种群曲线不可能呈 J 形，而是呈 S 形（图 14-9）。描述这种增长方式的数学模型，称作逻辑斯蒂方程（Logistic）。

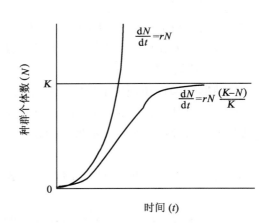

🔺 图 14-9　指数增长与逻辑斯谛增长

$$\frac{dN}{dt} = rN\left(\frac{K-N}{K}\right)$$

$K-N>0$　种群增长；

$K-N=0$　种群停止增长，处于稳定状态；

$K-N<0$　种群负增长，种群数量减少。

逻辑斯蒂增长曲线，将种群增长分成五个时期：

① 初始期。这个时期也称潜在期，种群个体少、密度小、增长不快。因为一个种群进入新的环境，需要有一个适应的过程。

② 加速期。待种群经过了对新环境的适应过程，个体增加到一定数量，繁殖速度加快，种群数量迅速增加。

③ 转变期。当种群增长速度达到最高值之后，增长速率开始下降，这个最高值是增长曲线的拐点，这时 $N=K/2$，这时候增长速度最大。

④ 减速期。当种群个体数超过环境容纳量的一半之后，（$N>K/2$）种群增长率逐渐减少，个体增加的速度逐渐放慢。

⑤ 饱和期。当种群个体增加到接近环境容纳量的最大值（$N=K$）时，增长率等于 0，种群不再增长，保持相对稳定。

逻辑斯蒂方程所描述的种群动态，在数学上比较简单又符合自然种群增长的普遍形式。许多生物，如酵母菌、细菌、草履虫等的种群动态大致与该方程相符。在微生物的发酵生产中，基本上就是根据生产菌的这条生长曲线来确定放罐时间的，所以说这个方程具有重要的现实意义。不过这个方程的成立同样也是有条件的：

① 种群内所有个体生态状况都一样，如：生殖能力，死亡机会……；

② 种群内所有个体对环境的反应都一样；

③ 种群密度低时对有性生殖的个体没有显著影响，雌雄个体能自由交配；

④ 环境容纳量是一个不变的常数；

⑤ 种群密度增加时对增长率的降低作用是立即发生的，不存在任何"时滞"等。

由于自然界和生物本身是十分复杂的，以上所列条件往往不可能完全满足。例如：种群密度接近最大值时，常常出现上下波动；种群密度对增长率带来的降低效应并非立即发生；环境容纳量也并不是不变的常数。也就是说逻辑斯蒂方程并不是十全十美的，对种群增长模型的研究仍然在不断地深入开展。

## 二、种群的数量变动与调节

一个种群在完成其增长期之后，种群的数量倾向于在环境容纳量 $K$ 值附近上下变动。引起变动的原因可能来自外界环境的调节，也可能来自种群内部或种群之间的相互作用，或者兼而有之。

### 1. 种群波动的分类

（1）平缓波动

一般认为在复杂的生态系统中，高等的生物类型，即所谓 K 选择的生物物种，在一个较长的时期内种群数量的变动比较少、曲线振幅小，称为种群数量平衡或平缓波动。这类生物大多寿命长、年龄结构比较稳定、出生率和死亡率都比较低。

（2）季节波动

世界的大部分地区有一年四季的变化，有许多生物种群的密度随季节变动而变动。这类生物多属 r 选择，如：苍蝇、蚊子以及农作物害虫，它们的数量在夏冬之间差别很大，这类生物寿命短、繁殖率高。从生态环境角度分析，在亚热带、温带主要以温度为主导因子，而在热带因为有雨季和旱季，主要以水分为主导因子，但有些昆虫的种群波动主要与植物的开花结果相关。

（3）周期波动

周期波动也称周期振荡规则波动。以云杉的种子为食的松鼠，其数量的升降主要取决于云杉种子的丰度。每当云杉种子丰收的次年，由于食物的充沛，松鼠数量就出现高峰。随后，云杉种子两三年欠收，松鼠数量也随之下降，而呈现周期性波动。最著名的例子是自 1800 年以来，加拿大 Hadson-Bay 公司每年保存的毛皮记录，说明了 9～10 年间的雪兔（*Hepus amerieanus*）和加拿大猞猁（*Hynx eanadensis*）之间的周期波动。

（4）不规则波动

通常由非生物因子特别是气候因子在不同年份中的变动所引起，这类例子在昆虫中比较常见。我国是世界上具有最长气象记录的国家。1958 年马世骏教授，从统计学上分析了我国长达 1 000 年左右的有关东亚飞蝗危害和气象方面的资料，明确了东亚飞蝗在我国的大暴发没有周期性规律（以往曾有人认为其具有周期性）。同时马教授还指出干旱是东亚飞蝗大发生的原因，黄河、淮河等三角洲上的湿生草地的连年干旱可以提高土壤中蝗卵的存活率，而这正是造成蝗虫大暴发的主要原因。

**2. 周期数量的调节**

引起周期数量变动的原因十分复杂，不少生态学工作者在数量调节方面进行了大量的研究工作，并提出了许多学说。Odum 说："这是生态学中引人入胜的问题。"大多数学者把引起波动的因素分为外源性因素和内源性因素。在外源性因素方面，又将其分为与密度有关的因素和与密度无关的因素，而在内源性因素方面则提出了行为学说、内分泌学说、遗传调节学说等。下面作些简单介绍。

（1）外源性因素

外源性因素是指引起周期性数量波动的外因，如气候、温度、食物等。其中又有很多学派，如气候学派、食物学派、随机学派、折衷学派等。①与密度无关的因素。温度、水分等气候因素以及氧离子浓度、旱季、污染等因素不仅影响种群的数量，甚至可以使整个种群灭亡。②与密度有关的因素。包括食物、竞争、捕食、疾病、寄生等。食物是影响种群数量的重要因素，特别对那些单食性或狭食性的动物更是如此。

前述松鼠与云杉种子的数量变动规律，说明了种群数量与食物之间的直接关系。著名的濒危动物——大熊猫和箭竹的关系更是如此。食物不仅影响个体的健康，同时也影响个体的生殖能力。松鼠在食物丰富的年份，平均每年产仔 3 窝，而每窝 4～6 只；在食物不足的年份，有 20%～30% 的雌性成熟个体不产仔，即使产仔一般不超过 2 窝，每窝不超过 2～3 只。疾病与寄生虫也是决定种群数量变动的重要因素。例如：澳大利亚 20 世纪四五十年代时野兔成灾，后来引进了兔粘液瘤病病原体，在密度高的情况下这种病原体可以引起野兔大批死亡，结果将野兔的种群数量控制在一定的水平上。这就是流行病学上的"法耳定律"，认为种群密度到达一定高度，动物即会发生流行病，引起动物大批死亡而使密度下降；待密度下降到一定水平，流行病停止，种群数量再次逐步上升。一些学者认为疾病是种群密度的自然调节因素，但也存在不同看法。

（2）内源性因素调节

内源性因素调节是指主要由种群内部因素引起的种群数量的调节，它包括行为调节和内分泌调节等。①行为调节学说。该学说认为动物的社群行为可能是一种传递有关种群数量的信息，尤其是关于资源和种群数量关系的信息。通过这种社群行为限制生境中的种群数量。②内分泌调节学说（生理调节学说）。有人做过这样的研究：在鼠类大批死亡、种群数量大批下降后，解剖这些死亡个体时发现，肾上腺肥大、淋巴退化。这些特点都是动物处在社群压力的紧张状态之下而产生的病态。种群数量的上升增加了社群压力，加强了对中枢神经的刺激，从而影响脑下垂体和肾上腺素的功能，使得生长激素的分泌减少、生长代谢受阻。这有可能造成个体低血糖、休克而直接死亡；多数个体则由于抵抗力不佳而提高了死亡率，性激素分泌减少而出生率降低等。这些生理上的反馈机制甚至会令某些种群集体自杀，值得深入研究。

# 第三节 群落

2014 年 *Ecology Letters* 上有一篇文章，其主要观点是：在草场上驱赶黑熊对植物是不利的。在草场上驱赶黑熊应该是个惯例，但驱赶或者不驱赶与草场有什么关系呢？植物会受到昆虫的威胁，但这些昆虫的天敌是捕食性昆虫，而如果出现了蚂蚁，就会吓跑捕食性昆虫，那么植食性昆虫种群就会繁荣。这个时候，黑熊出现了，它会破坏蚁穴、吃掉蚂蚁。蚂蚁少了，胆大的捕食性昆虫再次返回，植食性昆虫开始受到抑制，也就间接保护了植物的生长。所以最终的结论是，要保持良好的草场，必须让黑熊回来，不要驱赶它们。这些其实就是在考虑不同种群所组成的集合中需要思考的问题。

自然界没有一个物种能够脱离其他物种而单独存在。物种间的关系，有的相互依存，有的相互制约，十分复杂。从整个生态学体系架构来说，从个体到种群，再到现在我们将要讨论的群落，以及后面的生态系统和地球生物圈，每上升一个水平都是一次质的飞跃。系统变得越来越复杂，可预测性越来越低。但是，在我们掌握了一定的规律之后，仍然可以增加可预测性，只是需要考虑的问题更加复杂，需要更全面的认识。

那么，我们顺便来给生物群落下一个定义：栖息在一定地域中各种生物种群通过相互作用而有机结合的集合体。例如：一个池塘，一片沼泽，一片松林或者一片草原中各种生物种群的集合体都可看成生物群落。在基本相同的环境中，往往发现相似的生物群落，也就是说生物群落不能看成是生物种的简单相加或堆积。反之，在截然不同的环境条件中，也不可能找到完全相同的生物群落。生物群落是生物内部以及外部环境长期适应的结果。

群落中的所有物种在生态学上必须有相关性，才能共处同一个空间，相互之间才能发生联系。群落所处的空间，也就是其环境，与群落也是不可分割的。群落中的所有物种，显然并不是同等重要的，有些物种决定了群落的基本属性，不可替代，而有些物种就显得没有这么重要。群落是在一定时间和空间上存在的结构，但不是一成不变的，这就是我们将要谈到的演替。虽然群落有一定的时间和空间结构，但相对来说比较松散，边界也比较模糊。

## 一、生物的种间关系

一般学者将生物的种间关系归纳成以下几种类型，参见表 14-10。

有种内竞争和种间竞争，我们这里是指种间竞争，两个种在一起，为争夺有限的营养和空间发生的斗争。竞争的结果，对竞争双方都有抑制作用，但最终应该是对一方有利，另一方被淘汰。捕食很明显是对一方有利，对另一方有害。中性我们不用解释，就是生活在一起的双方对对方都没有影响。而附生，是一种生物附生于另一种生物体上，但并无物质交流，对一种生物有益，对另一种无影响；而偏害恰好相反，对一方有害，对另一方无影响。寄生是自然界十分普遍的现象，几乎没有什么生物是不被寄生的，连小小的细菌也要受到噬菌体的寄生。寄生明显是对抗关系，对一方有利，对另一方有害的。共生和共栖的共同点是彼此有利，不同点是分开后是否能独立生活。

下面举例说明一下互利的关系和捕食关系。

表 14-10  生物种间关系

| 所用类型 | 物种 | | 一般特征 |
|---|---|---|---|
| | 1 | 2 | |
| 中性 | ○ | ○ | 两个物种彼此不受影响 |
| 竞争 | – | – | 两个竞争共同资源带来负影响 |
| 偏害 | – | ○ | 物种 1 受到抑制，物种 2 无影响 |
| 捕食或寄生 | + | – | 物种 1 是捕食者或寄生者 |
| 偏利 | + | ○ | 物种 1 是偏利，对物种 2 无影响 |
| 互利共生 | + | + | 相互作用对两个物种都有利 |

### 1. 互利的关系

共生与协作均属互利关系，只是两个生物物种在相互合作的程度上有差别。例如：地衣是藻类与真菌共生而形成的一类独特的生物（图 14-10）；而绿水螅则是绿色藻类生活在水螅的外套膜中，它仍然归属于动物类群水螅之中，两者之间很难划定一个明确的界限。高等植物与固氮菌共生形成根瘤（图 14-11A），与真菌共生形成菌根；反刍动物与胃中的微生物共生才能消化不易分解的纤维素；白蚁食道中生活着一种厌氧性鞭毛虫才有可能消化纤维素。更常见的是生物间的紧密合作。例如：昆虫与植物的传粉关系（图 14-11B），动物栖居与植物的关系，各种根际微生物与高等植物的关系等。当然，也存在多个不同生物物种之间的多方面的互利共生。

### 2. 捕食关系

认为不同生物物种的捕食者与被捕食者之间的联系是一种偏利关系的观点，只是一种狭隘的理解，因为只看到了双方之间的得失。如果从整个生物界或者生态系统的全局来认识，正是一对一的捕食关系的环，联结成了一个复杂的食物链（或网），才为一切具体的捕食和被捕食者的关系提供了存在的必要条件，因为能流和物质循环就是在食物链（网）中川流不息的。从这种高度上来看，就可以从捕食关系仅仅是弱肉强食的旧观念中解放出来。

捕食者和被捕食者实际上也是对立统一的。它们之间是相互依赖、相互制约的，而且涉及到的往往不仅仅是两个物种，而是多个物种的复杂关系。现代生态学对捕食关系的研究已经从文字表述发展到了试验和定量分析的阶段。Lotka（1934）和 Volterra（1926）首先开创了数学表述的方法，继之

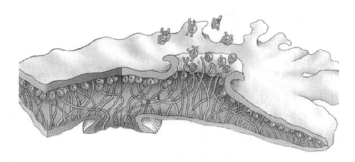

⊙ 图 14-10  地衣模型：藻类和真菌的共生关系

A. 根瘤菌和固氮植物之间的共生关系　B. 蝴蝶与植物之间的传粉关系
⊙ 图 14-11  生物间的互利关系

Gause（1934）又提供了试验的手段。Gause 在培育捕食者纤毛虫和被捕食者大草履虫的过程中发现，当纤毛虫把大草履虫种群毁灭后，它自己也相继走向灭亡。只有继续加入大草履虫才能继续维持纤毛虫种群的存在。以后在培养缸底部铺上沙子，大草履虫有了躲藏之处。于是纤毛虫在吃光了水中的大草履虫后因饥饿而种群衰退，这时大草履虫数量又逐渐恢复。这就是为什么在捕食关系中会出现捕食者和被捕食者种群大小交叉波动的原因（图 14-12）。

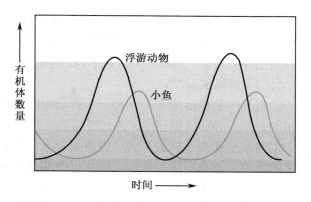

⬆ 图 14-12 捕食者种群与被捕食者种群之间的交叉波动关系

## 二、群落的基本特征

一个群落与另一个群落之间的界限，不像生物个体，也不像生物种群那样清楚和确定。但是，在自然界中仍然可以识别出不同的典型自然群落。例如：草原、森林沼泽、森林中的松林和栎林，因为不同群落有其可识别的形态特征（图 14-13）。

### 1. 种类组成

不同的生物群落具有不同的种类组成。因此，种类组成就成了鉴别生物群落类型的最基本的依据之一。同时还可以从不同角度去分析这些生物种类。从分类学和区系学的角度出发，可以划分区系成分；从生物有机体对周围环境的适应出发，可以划分生态成分；从这些种类在群落中所起的作用出发，可以划分群落成员型。

（1）区系成分

一个地区生长或生活着的全部生物（动物、植物、微生物）种类的总体就是该地区的生物区系。群落组成种类的多少与地理条件的优异程度相关。例如：我国云南南部的热带雨林中，在 2 500 m² 内就有高等植物 129 种；而东北针叶林中，同样的面积之内只有高等植物 30~40 种。动物的群落组成同样如此。群落组成种类的科属归属也是一个重要方面。例如：亚热带常绿阔叶林的树种多属于壳斗科、木兰科、樟科和山茶科，北方温带落叶林的树种则主要是山毛榉科。动物的科属组成也存在类似的差异。

（2）生态成分

组成一个生物群落的物种，对其生境都有特殊的适应方式，以此可以划分出不同的生态成分。

⬅ 图 14-13 两种不同的生物群落：草原（左）与森林（右）

例如：以植物对光因子的适应，可以划分为阳生植物、耐阴植物、阴生植物；以植物对水的适应，可以划分为湿生、中生和旱生植物等。同样，动物也存在类似的情况。我们还可以依据生物对综合环境条件的适应，将植物划分成不同的生活型：乔木、灌木、藤本、多年生草本、一年生草本等。

（3）群落成员型

组成生物群落的多个物种，在群落中的作用各不相同，以此划分群落成员型。群落中能有效利用能量流动和物质循环的，并对群落的结构和群落环境具有明显控制作用的植物物种，称作优势种。它们通常是那些个体数量多、投影盖度大、生物量高、体积较大、生活能力较强，总之是优势度较大的物种。群落还可以分层，优势层中的优势种，称作建群种。在陆生生物群落中，植物常常是优势种类，植物不仅是群落的营养基础，而且决定着群落的主体结构。但有时，动物也能对群落起控制作用，从而成为暂时的优势种。例如：草原的啮齿类动物大量啃食草本，改变了群落的外貌和结构，当群落退化到一定程度时，栖息于其中的动物也被迫迁移，数量也随着下降。亚优势种是指个体数量等特征都次于优势种，但在决定群落性质和控制群落方面仍起着一定的作用。伴生种是群落中的常见种类，它与优势种相伴存在，但不起主要作用。偶见种是指那些在群落种出现频率很低的种类。多半是由于该物种种群本身数量较少，有的可能是被人或动物带入的新入侵种，也有的是衰退中的残遗种。

**2. 群落结构**

群落结构是指群落组成种类在空间分布上有成层现象，在水平分布上有镶嵌现象。

（1）生活型

植物在其长期适应过程中，分化成很多不同的生长型也称生活型。常用的是丹麦植物学家Raunkiaer的分类法，分类如下（图14-14）：

高位芽植物：乔木或高灌木，其顶芽高出地表3 m以上。按其高度又可分大（30 m以上）、中（8~30 m）、小（2~8 m）高位芽；还可再分为常绿、落叶、有芽鳞和无芽鳞，以及多年草本或藤本，附生高位芽等。地上芽植物：多年生半灌木或匍生性的蔓生植物，芽和嫩枝在冬季或旱季，常分布在距地表面20~30 cm的高度内，如短小的半灌木、匍地性的灌木、多年生垫状植物。地面芽植物：多为多年生莲座状植物，在冬季或旱季，这些植物茎极短，具密集莲座状叶丛，芽位于地表面的叶丛中，如蒲公英等。地下芽植物：指位于地表之下，多年生宿根或地下球茎类越冬的植物，如竹（地下根茎）、马铃薯（地下块茎）等。一年生草本植物：除种子植物外，一些较为低等的植物也多属这一类型。

（2）成层现象

不同生活型同住在一起，群落必然分化出不同层次，这叫成层现象或垂直结构。层次结构是群落的一个重要形态特征。例如，一般森林有乔木层、灌木层、草本层和地被层（图14-15）。但热带

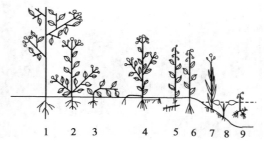

图 14-14　Raunkiaer 和他的植物生活型分类法
1. 高位芽植物；2~3. 地上芽植物；4. 地面芽植物；5~9. 地下芽植物。

雨林中，乔木层又可以分成许多垂层，还有极其发达的附生植物和巨大的藤本等；而北方的针叶林则相对简单的多。植物的分层，构成群落内部生境的变化，相应地出现了居留于其中的动物的分层特性。不同鸟类栖息在不同高度的树层中，昆虫和哺乳动物活动也依其各自的特性在群落内占有各自适宜的空间。群落中生物在空间分布上的分离，可以大大减少物种之间的相互竞争，而使物种能够和谐共处。这也是群落种类组成相对稳定的重要原因。当群落结构受到破坏，就必然导致生物种间关系的紊乱和动荡，甚至功能失调。

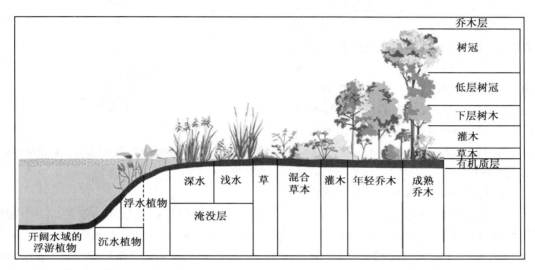

↑ 图 14-15　群落的垂直结构（从水生到陆生）

（3）水平镶嵌

群落成层在二维空间中的不均匀配量，使群落在外形上表现为斑块相间，称之为镶嵌。例如：在一个针阔混交的森林中，上层覆盖的生活型不同，影响到下面的生态条件，针叶林下面的灌木、草本的种类组成与阔叶落叶林下面的明显不同；在一片高低起伏、有不同坡向、坡度的森林内，因地形、朝向、土层与排水的差异也会使群落在结构上表现出变化。这种水平镶嵌现象，当然也会反映在栖息于其中的动物的变化中。

（4）时间变化

随着昼夜和季节性变化，群落结构也存在着节律性变化。在水生群落中浮游生物的昼夜上下移动和季节性种类组成改变特别明显。浮游动物在白天随光照增强而向下移动，在夜间又从下层回到水表面。相反，一些浮游藻类则常是白天上浮、夜间下沉，因为绿色藻类更喜阳光。这种变动也必然影响到以浮游生物为食的水生动物（如鱼类）的昼夜活动习性。浮游生物的季节变化不仅是种群的位移，而且也是种类组成的显著变化。陆生群落，如落叶林结构也有明显的季节性变化。在早春，上层乔木光秃无叶，下层草本植物中是早春开花的一些种类；随着上层树木长叶阴闭增强，林下的草本植物多呈耐阴种类；到秋天，落叶林下又出现一批秋花的草本。在陆生群落中的一些动物活动也有昼夜和季节性，如昆虫有的在白天活动，有的则在夜间活动。许多动物还存在有季节性的迁飞和洄游现象。

3. 生态位

每一个物种在生物群落中都发挥着不同的作用，扮演着不同的角色。在空间和时间上占有特殊的位置，并且与其他物种建立有多种多样的相互关系。总之，每一物种在生物群落的生态关系中所处的地位，称作生态位（ecological nich）。以往在植物生态学中译成小生境，在动物生态学中译成生态龛。竞争在群落结构的形成过程中起重大作用，竞争导致生态位的分化。D. Lack在加拉帕戈斯群岛上对达尔文雀（Darwin's finches）的研究表明，鸟嘴的长度是适应食物大小的适应性特征，鸟类食性分化反映在鸟嘴的形态上。群岛上不仅有许多起源于同一物种，随着食性分化而发生辐射演化的莺，还有更直接的生态位分化的证据：当岛上只有一种地面取食的鸟，其嘴长约 10 mm；而在有两种或数种地面取食的鸟时，其最小型的嘴平均长 8 mm，大一些的嘴平均长 12 mm，但没有10 mm 的（图 14-16）。

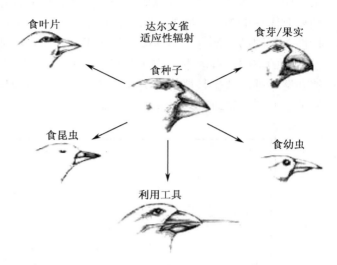

🔺 图 14-16　不同的食性导致达尔文雀的嘴产生适应性辐射进化

### 4. 他感作用

当前，群落中个体间和物种间的化学物质交流是个引人入胜的新研究领域。通过这些物质交流，生物得到正面或反面的效果。一个物种产生某种对其他物种的生长、健康、行为起作用的化学物质，称他感化学物质（allelochemical）。他感作用的化学物质可以分三大类：利己素（allomone）、利他素（kairomone）和抑他素（depressant）。有机体产生的对自己有进化适应意义的化学物质，称利己素，如鼬发出恶臭来驱避其敌害，章鱼产生烟幕墨汁混淆捕食者，蛇、蝎的毒素，花卉散发香味吸引昆虫传粉等。有机体产生的化学物质对接收者有适应意义的，称利他素，如食物资源产生的化学物质。抑他素是指对产生者本身没有益处，但对接收者起压抑或中毒作用的化学物质，如细菌产生的毒素、许多放线菌产生的抗生素等。

### 5. 群落优势种

任何一个生物群落都应有一个能够反映其基本特征的名称，但是根据什么给生物群落命名，至今没有统一。在生物群落的分类和命名中，群落中的优势种是重要的依据之一。

奥德姆提出了一个十分简单而有效的例子。漫步在草地上，并记录下所观察到的重要的有机体，假如得到以下这样一份名录：兰草、肉牛群、火鸡、白花苜蓿、奶牛群、绵羊、栎树、家鸡、马群。由于这份纪录没有量的概念，不能描述草地的真实景况，也无法命名。因此，必须加以定量估计，即得到如下概念：兰草 48 公顷、肉牛 2 头、火鸡 2 只、白花苜蓿 2 公顷、奶牛 48 头、绵羊 1 只、栎树 2 株、家鸡 6 只、马 1 匹。这样一来，就可以很清楚地了解到，兰草是生产者中的优势种，而吃草的奶牛是消费者中的优势种，它可以被命名为奶牛兰草群落。

在陆地上，群落中的主要优势种常常是某些种类的植物，因为绿色植物能把太阳能转化为化学能。同时它还能改变物理因素而形成小气候。此外，植物所在的区域以及植物本身还可以作为其他生物的栖息地和隐蔽所。因此，植物常常是群落的影响者和决定者。所以，陆地群落往往用植物的优势种来命名。当然这也不是绝对的。草原上有些啮齿类动物就能以各种方法改变草原群落，过度放牧也会损害群落的结构和外貌。

至于微生物物种是否也可以作为群落的优势种，目前尚无定论。不过可以肯定的是，在工业废水和生活污水的生化微生物处理过程中的一定阶段，微生物群落中有些微生物，如球衣细菌或硫磺细菌等，都占据优势地位。

高等动物的活动性太大，一两种动物不可能长期成优势种，有些动物如鸟类的优势种还常随季节变化而变动，所以一般不用以命名群落。但是也有人认为应该用动物来命名群落，以强调它是群落的组成部分。在水生群落中，由于常常缺乏大型植物，通常用自然环境中的物理条件来命名，如泥沼群落、潮间带群落、深海群落……有时也用某些水域中的动物来命名，如底栖动物群落等。

**6. 主要生物群落类型**

在大陆上按照外貌区分的主要群落类型，就是**生物群落**（biome）或群系（formation）（只是涉及植物群落时，使用群系这一术语。当涉及的既包括植物也包括动物时，则使用生物群落）。例如：热带中美和南美的高山矮林是一个生物群落，美国东部温带落叶阔叶林也是一个生物群落。由于某些生长型在很多不同的主要环境中占优势，当我们确定生物群落时，就必须同时考虑结构和环境。高山苔藓草原和温带普列利草原，虽然都是禾草和类禾草植物占优势，但应视为不同的生物群落。在北美和亚欧大陆温带大陆性气候出现的类似的落叶林、高山矮林，也会出现在非洲、南美和新几内亚的相隔很远的地区，不同大陆上相似生物群落或群系可归并为**生物群落型**（biome-type）或群系型（formation-type）。陆地上的主要的群系型有：热带雨林、热带季雨林、亚热带常绿阔叶林、常绿落叶阔叶混交林、温带落叶林、亚高山针叶林或泰加林、热带的亚高山群落、热带旱生疏林、刺灌丛、温带灌丛、萨瓦纳（热带稀树草原）、温带草地、北极和高山冻原、荒漠等（图 14-17、图 14-18 和图 14-19）。水生群落有寒温带泥炭藓沼泽，这是局部性类型，而热带海岸和河岸的红树沼泽林则是地带性植被。

## 三、群落演替

### 1. 演替

当一个湖泊被泥沙填塞，它就逐渐地由深湖变成浅湖或池塘，然后成为沼泽。同时在某些情况下，越过沼泽变成旱地森林。当某一林区的某一块农田被废弃，就长出一系列植物群落，并且相互替代——首先是一年生杂草，然后是多年生杂草和禾草，再后是灌木、禾木，直到形成一片森林而结束发展（图 14-20）。如果山区发生山崩，裸露出岩石表面，该表面就可能相继地被稀疏的地衣所覆盖，散开的苔藓垫子侵入并发展成草甸的禾草类，然后灌丛高过禾草类并抑制禾草的生长，最后下种到灌丛中的小乔木生长起来，并取代灌丛，形成了由小乔木组成的森林，这是第一阶段。其后，较大的乔木取代了第一批的小乔木成为优势种，并有可能形成较大的永久性的森林群落，这是最后阶段。

图 14-17　热带雨林、热带季雨林、温带落叶林和亚高山针叶林

⬆ 图 14-18　非洲和南美三种不同的大草原
从左往右依次为：萨瓦那、斐勒得和潘帕斯。

⬆ 图 14-19　荒漠、苔原和冻原

　　这种群落发展的过程，称作**演替**（succession）。在第一个例子中，群落变化主要是一种物理过程——湖泊为泥沙所填埋。在第二个例子中，群落变化主要是由于植物在一种现有的土壤中生长。而第三个例子中的演替是由于有机体和环境之间的反复相互作用而产生的。当一个优势种改变了土壤和小气候，以致于抑制了第一个种，同时又为第三个优势种的侵入创造了条件，第三个物种本身也改变它的环境。演替变化的起因在不同的程度上属于群落的外部或属于群落的内部，许多演替既涉及外因也涉及内因，以及内外因的交互影响。总之，变化着的环境梯度和变化着的种群梯度以及群落特征梯度，是彼此并联的。一个演替，就是一个时间上的生态系统梯度。一系列的趋向或顺序发展，构成了大多数演替过程的基础（图 14-21 和图 14-22）。

　　有时候，由于群落受到干扰有可能会使演替过程倒退。在过度放牧下的一片草原，可能首先是对牛最适合的植物的覆盖度降低。随着放牧的持续，草类的总覆盖度下降，较适口的植物种类消失，同时使在未被干扰的草地上几乎没有的杂草得以出现和蔓延。随着持续的放牧和践踏，大多数草类可能遭到破坏，尽管有些不可食的杂草生存着，但是土壤还是会因暴露而被侵蚀。这种过程所造成的后果因地形位置和土壤的不同而不同，可能出现具有侵蚀沟的泥地或者大部分土壤被剥去的石质土坡。在严重的持续的干扰之下，所有的演替趋向——土壤的发展以及群落的状况、生产力、多样性、稳定性和群落所引起的环境变

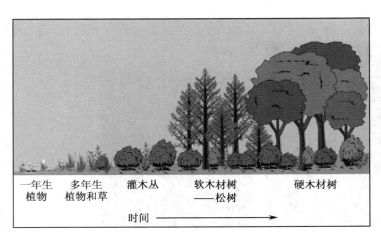

一年生　　多年生　　灌木丛　　软木材树　　硬木材树
植物　　植物和草　　　　　　——松树

时间 ⟶

⬆ 图 14-20　陆生群落演替示意图

● 图 14-21 初级演替图例

● 图 14-22 次生演替图例

化的程度——都倒退为零。

　　或许，在正常的顺序发展中也会出现这种趋向的某些局部逆转。特别是，生产力和物种多样性，在许多情况下被认为是从最后的演替阶段到演替顶极群落下降。尽管有这种逆转，尽管群落在演替中的变化范围广阔，但在三种生态系统梯度的特性中有很大的相似性。所描述的趋向在很多方面适用于：从极端环境（如荒漠和北极）到有利环境的环境梯度；演替；在持续不利的环境压力之下，如持续过度放牧、工业污染的有毒化学物质以及长期的离子辐射，会使群落倒退。

　　**2. 演替顶极**

　　一种群落演替的最终结果，称作**演替顶极**（succession climax）。顶极概念的中心是群落的相对稳定性。由于环境的变化以及群落演替过程的特性，有些顶极群落的种群在时间上显示出某种不规则的波动，而有些顶极群落则显示出较有规律或周期性波动。然而在顶极群落中，这些波动都围绕着一种稳定的、相对不变的平均状况。顶极群落的稳定性（如同荒漠动物体内的水分一样）需要在动态的生物系统机能中保持平衡。

　　为了使一个顶极群落中的种群保持稳定，必须在出生率和死亡率之间，即在由于繁殖而增加的新个体与由于死亡而减少的个体之间保持一种平衡。理论上，这种出生率和死亡率之间的平衡，至少需要经历较长的时间才会成为顶极群落中的所有种群的特征。这种平衡，也必须应用于整个群落的物质和能量的吸收与释放。系统中这种基于收支平衡的稳定性，叠置在系统的基本流动之上，称作动态平衡或稳定状态（dynamic equilibrium or steady state）。以沿着溪流的一个水池为例，说明这个概念。动态平衡在所有的生物系统水平上，从原生质机能到群落和生态系统，都是极其重要的。水虽然流经水池，但是由于流入和流出的速度相等，因此可以把水池视作为停留在同样状态的系统，即处于稳定的状态。顶极群落意味着一个天然群落中的一种稳定状态。

## 第四节　生态系统

### 一、生态学系统

自然科学不同学科的发展总是相互作用、相互影响的。和其他自然科学一样，生态学的发展同样也接受同时代的自然科学方法论的指导，当系统论提出的时候，生态学同样发展出了生态系统的概念，而且生态科学的研究重心也由种群生态学、群落生态学转移到了生态系统生态学上来。

一般系统论认为生物学的任何层次都可以看成是一个系统，例如细胞是由细胞膜（植物细胞还具有细胞壁）、细胞质、细胞核以及各种其它要素组成的系统。细胞是一个整体，它具有各细胞成分所没有的功能，同样它具有以上都谈到的系统属性。以此类推，组织是由许多细胞组成，它具有细胞所不具备的功能。生态学的各个层次、个体、种群、群落都可看作是系统，又都是更高层次的子系统。每一个层次又都具有前一个层次所不具有的新的特性。整个生态学也就是研究不同层次系统与环境之间相互关系的科学，这就是生态学系统。由生物群落和环境所形成的生态系统，仅仅是生态学系统的一个层次；同样，它也只是景观系统的一个子系统。

关于生态学的定义，美国韦伯斯特词典是这样描述的："生物与其环境之间关系的形式或总体。"在这里生物的涵义是指一个"生物学谱"，即从大到小按等级排列为：群落、种群、有机体、器官、细胞和基因。这些是在生物学层次广泛使用的名词。而每个层次和自然环境的相互关系（能量与物质）产生了不同特征的功能系统。关于"系统"的意思，韦伯斯特词典也有如下的定义："各种成分有规则地相互作用和相互依赖而形成一个统一的整体。"这样就形成了如图 14-23 所示的一个生命的阶梯。

生态学主要是涉及到整个阶梯的右半部分，即个体以上的系统层次。在生态学中，原先用来指一群人的种群（population）一词被用于表示一定时空内一种生物的所有个体。同样，群落（community）在生态学中的意思是指占据一定区域的所有种群。而群落和非生命的环境在一起，则被称为生态系统。目前，我们所知道的最大的和最接近于自我满足的生物系统通常称为生物圈或生

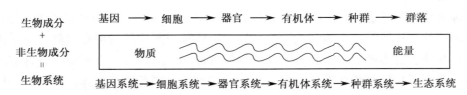

⬆ 图 14-23　组织层次的谱

生态学的研究集中在该谱的右侧部分，即从有机体到生态系统的组织水平

态圈，它包括地球上一切和自然环境相互作用的有生命的物质，它是在太阳的高能量输入与空间的散热器之间的能流当中保持一个稳定状态的系统。

　　值得注意的是，上面表示的"谱"中没有分明的线和断裂，甚至在生物个体和种群之间也没有。因为在论述人和高等动物时，我们都习惯把个体看成是最后的单元，所有连续谱的概念初看起来似乎是不可思议的。然而从相互依存和相互作用的观点来看，沿着这条线的任何地方都不可能有明显的断裂。例如，单个生物不能够脱离它自身的种群而长期存在，就如同器官不能够脱离有机体而单独作为一个独立的单元长期存在一样。同样的道理，生物群落也不能够离开生态系统中的物质和能量的循环而存在。从这个意义上说：个体、种群、群落、生态系统乃至整个生物圈都是一个连续的完整的"生物谱"。

## 二、生态系统概念

　　**生态系统**（ecosystem）一词是英国植物群落学家坦斯利（A.G. Tansley）（图 14-24A）首先提出的。1935 年，他在《生态学》（*Ecology*）杂志上发表的题为"植被概念与术语的使用和滥用"的一文中写到："更基本的概念……不仅包括有机体综合体，而且也包括形成我们称之为环境的物理因素的全部综合体的整个系统（在物理学的意义上）……我们不能把它们（有机体）从它们的特殊环境中分离出来，它们与特殊环境形成一个自然系统……正是如此形成的这个系统（构成）地球表面自然界的基本单元……这些生态系统如我们可以称呼它们的，有最多种多样的种类和大小。"

　　1940 年，苏联学者苏卡乔夫（Vladimir Nikolaevich Sukachev）（图 14-24B）提出了**生物地理群落**（geobiocenoce）的概念，其实质与生态系统一词非常接近，现在大多数生态学家同意将两者作同一语使用。

　　生态系统这个概念，实际上就是在生物群落概念的基础上再加上非生物的环境成分（如阳光、温度、土壤、各种有机或无机的物质等），这样就构成了生态系统。也可以说，生态系统是指在一定空间内生物和非生物的成分，通过物质循环和能量流动相互作用、互相依存而形成一个生态学功能单位。

　　生态系统可以形象地比喻为一部机器，是由许多零件组成的，这些零件之间依靠能量的传送而互相联系成为一部完整的机器。生态系统是由许多生物组成的，物质循环、能量流动和信息传送把这些生物与环境统一起来，联系成为一个完整的生态学功能单位。在任何情况下，生物群落都不可能单独存在，它总是和环境密切相关、相互作用。气候和土壤等条件决定着一个地区具有什么样的群落，而群落对土壤和气候也有明显的影响。例如，森林对气候的影响就很强烈，乱伐森林会使气候变坏，水土流失致使土地贫瘠，这是众所周知的常识。来自非生物环境的物质和能量（太阳能）使群落的生命机能开动起来，这些物质和能量在群落内部从一个生物转移到另一个生物，最终又回到环境中去，这种周而复始的物质循环以及单向的能量流动，就是生态系统最主要的功能，也是生态系统生态学的主要研究内容。地球上有无数大大小小的生态系统，大至整个生物圈、整个海洋、整个大陆，小到一片森林、一片草地、一个小小的池塘，都可以看作是一个开放

A. 坦斯利（1871—1955）　　B. 苏卡乔夫（1880—1967）

⬆ 图 14-24　著名的生态学家

的生态系统。因此，生态系统的边界有的比较明确，有的则是随意的、人为的。任何实验性或实用型的密闭系统（当然是相对密闭的），封闭的宇宙飞船、潜艇、工业生产中的发酵罐、室内农业系统等都可以看作是封闭的生态系统。生态系统概念的提出，为研究生物与环境的关系提供了新的观点和基础，生态系统已经成为当前生态学领域中最活跃的一个方面。

　　区别于生态系统生态学，还有一个概念是系统生态学。系统生态学是将系统分析的方法应用于生态学所形成的一门学科。研究内容包括系统测量、系统分析、系统描述、系统模拟和系统最优化。因为生态系统也是系统生态学的研究对象，但并不是其特有的研究对象，所以生态系统生态学是系统生态学的一部分。生态系统是一个相对封闭的系统，而系统生态学考察的则是开放的系统。

## 三、生态系统的结构和功能

　　任何一个生态系统都是由生物系统和环境系统共同组成的。生物系统包括生产者、消费者和分解者（还原者）。环境系统包括太阳辐射以及各种有机和无机的成分。组成生态系统的成分通过能流、物流和信息流彼此联系起来，形成一个功能体系（单位）生态系统。生产者、消费者和分解者是根据其在生态系统中的功能来划分的，是相对的。因为，在生产过程中有消费分解，在消费过程中有生产和分解，而在分解过程中也存在生产和消费。

### 1. 生态系统的基本成分

　　尽管生态系统大大小小、各种各样，但是它们具有共同的基本成分：生命成分，即生物群落的三大功能类群——生产者（如绿色植物、光能和化能自养微生物）、消费者（如动物、人）和分解者（如细菌、真菌）；以及非生命成分，即物理环境的能源和各种物质因子，如太阳辐射、无机物质（$H_2O$、$CO_2$、$O_2$ 以及各种矿质元素）和有机物质。

　　（1）生产者（producer）

　　生产者主要是绿色植物，还包括进行光能和化能自养的某些细菌。生产者组成生态系统中的自养成分，它们能进行光合作用，固定太阳能，以简单的无机物质为原料制造各种有机物质，不仅提供自身生长发育的需要，而且也是其他生物类群以及人类食物和能量的来源。生产者决定着生态系统初级生产力的高低，在生态系统中处于最重要的地位。

　　（2）消费者（consumer）

　　消费者由各类动物组成，它们不能利用太阳能生产有机物，只能（直接或间接地）从植物所制造的现成有机物质中获得营养和能量。消费者虽然不是有机物的最初生产者，但可以将初级产品作为原料，制造各种次级产品，因此它们也是生态系统生产力构成中的十分重要的环节。

　　（3）分解者（decomposer）

　　分解者又称还原者，主要是细菌、真菌和某些营腐生生活的原生动物以及其他小型有机体。它们具有把动物、植物产品的复杂有机分子分解还原为较简单的化合物和元素，释放归还到环境中去，供生产者再利用的能力。如果没有分解者的作用，生态系统中物质循环也就停止了。

### 2. 生态系统的网络结构

　　生态系统中，由食性关系所建立的各种生物之间的营养关系，形成一系列猎物与捕食者的链条，称作**食物链**（food chain），"大鱼吃小鱼，小鱼吃虾米"就是对食物链的形象说明。自然界中很少有一种生物完全依赖于另一种生物而生存，常常是一种动物可以以多种生物为食，同一种动物也可以占据多个营养层次，如杂食动物。而且动物的食性又因环境、年龄、季节的变化而有所不同，如青蛙的幼体在水中生活，以植物为食；而成体以陆上活动为主，并以动物为食。因此，各条多元的食

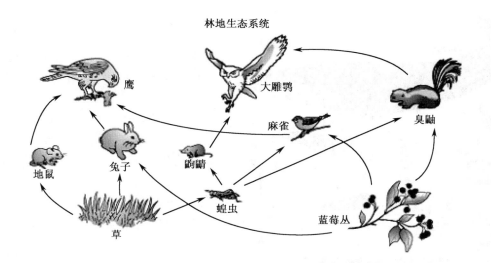

林地生态系统

鹰

大雕鹗

麻雀

臭鼬

地鼠

兔子

鼩鼱

蝗虫

蓝莓丛

草

⊖ 图 14-25 典型陆地生态系统食物网的示意图

物链，总是会联结为错综复杂的食物网络（图 14-25、图 14-26 和图 14-27）。

从以上的食物链和食物网中，不难看出各个生物功能类群都属于某个营养级位：绿色植物占第一营养级位（生产者级位）；植食动物是第二营养级位（第一级消费者级位）；肉食动物是第三营养级位（第二级消费者级位），也许还有第四、五级营养级位（第三、四级消费级位），见图 14-28。必须强调的是营养分类是功能的，而不是种属的。根据实际的同化的能量来源，一个种群可以占据

鸟（三级和四级消费者）

鸟（二级消费者）

草（生产者）

蛇（三级消费者）

蟋蟀（初级消费者）

鸟（二级和三级消费者）

蛙（二级消费者）

大鱼（三级消费者）

鸭子（二级消费者）

硅藻（生产者）

蜗牛（初级消费者）

藻类（生产者）

小鱼（二级消费者）

细菌（分解者）

腐烂的绳草

浮游动物（初级消费者）

⊖ 图 14-26 典型湿地生态系统食物网的示意图

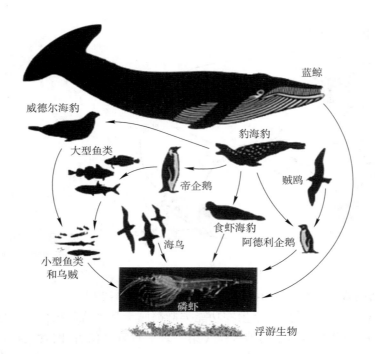

蓝鲸

威德尔海豹

豹海豹

大型鱼类

帝企鹅

贼鸥

小型鱼类
和乌贼

海鸟

食虾海豹
阿德利企鹅

磷虾

浮游生物

◆ 图 14-27　南极地区生态系统食物网的示意图

一个营养级位，也可以占据一个以上的营养级位。如某些藻类可以部分依靠自己制造的食物，部分依赖其他藻类制造的食物；又如某些光和细菌在有光的条件下营自养生活，而在没有光的条件下则营腐生生活。

　　① 植食动物（第一级消费者）。直接取食植物以获得营养的动物，如马、牛、羊、兔、象、某些昆虫等。

　　② 肉食动物（第二级消费者）。吃植食动物的动物，如田鼠、某些鸟类、蜘蛛、蛙、肉食昆虫、蝙蝠等。

　　③ 第二级肉食动物（第三级消费者）。如虎、狮、鹰等凶猛敏捷的动物，又称"顶级肉食动物"。另外，还有杂食动物。

　　因此，生态系统中的食物链是很复杂的，即使对于最简单的生态系统，要描述它的全部食物联系也是很困难的。

　　食物链的复杂程度常因生态系统的不同类型而异。如森林生态系统为多层结构，生物的种类也比较丰富，因而相互间的营养关系也复杂得多。然而，草原生态系统相对而言要简单一些。按照生物之间的关系，可将食物链分成四种类型。

　　① 捕食食物链（放牧食物链）。这种食物链以生产者为基础，继之以植食动物和肉食动物。后者与前者是捕食关系。其构成方式是：植物—植食动物—肉食动物。这种食物链既存在于水域环境，也存在于陆地环境。例如：草原上的青草—野兔—狐狸—狼，湖泊中的藻类—甲壳类—小鱼—大鱼。

　　② 碎食食物链。这种食物链以碎食为基础。所谓碎食是指由高等植物的枯枝落叶等形成的，被其他生物利用后分解形成的碎屑，然后再被多种动物食用。

　　③ 寄生性食物链。这种食物链是由宿主和寄生物构成的，它以大型动物为基础，继之以小型动物、微型动物、细菌和病毒。后者与前者是寄生关系。例如：哺乳动物或鸟类—跳蚤—原生动物—细菌—病毒。

④ 腐生性食物链。这种食物链以动、植物的遗体为基础，腐烂的动、植物遗体被土壤或水体中的微生物分解利用，后者与前者是腐生的关系。

生态系统中的食物链不是固定不变的，它不仅在进化历史上有改变，而且在短时间内也有改变。动物在个体发育的不同阶段里，食性的改变（如青蛙）就会引起食物链的改变。动物食性的季节性特点、多食性动物或在不同年份中由于自然界食物条件改变而引起主要食物组成变化等，都能使食物网的结构有所变化。因此，食物链往往具有暂时的性质，只有在生物群落组成中成为核心的、数量上占优势的种类，食物链才是比较稳定的。即便如此，食物链中某一环节的变化往往会影响整个食物链以及生态系统的结构。一个有趣的例子是，马缨丹（*Lantana Camera*）作为观赏植物由墨西哥引入夏威夷，同时引入的还有雉鸡和鹦鹉。雉鸡和鹦鹉喜食马缨丹的浆果，从而将未消化的种子在牧场上散布开来，使马缨丹成为牧场的危害。为了防治马缨丹，夏威夷又引入了 23 种昆虫，其中有 8 种得到了良好的发展，消除了马缨丹的危害。但是在引入马缨丹之前，黏虫对夏威夷牧场和甘蔗的危害甚大，由于鹦鹉消灭了大量黏虫而大大地减轻了黏虫的危害。在马缨丹被根治以后，由于鹦鹉数量的减少，使黏虫的危害又重新加重起来。这个例子充分说明，生态系统中生物成员之间相互联系的整体性。

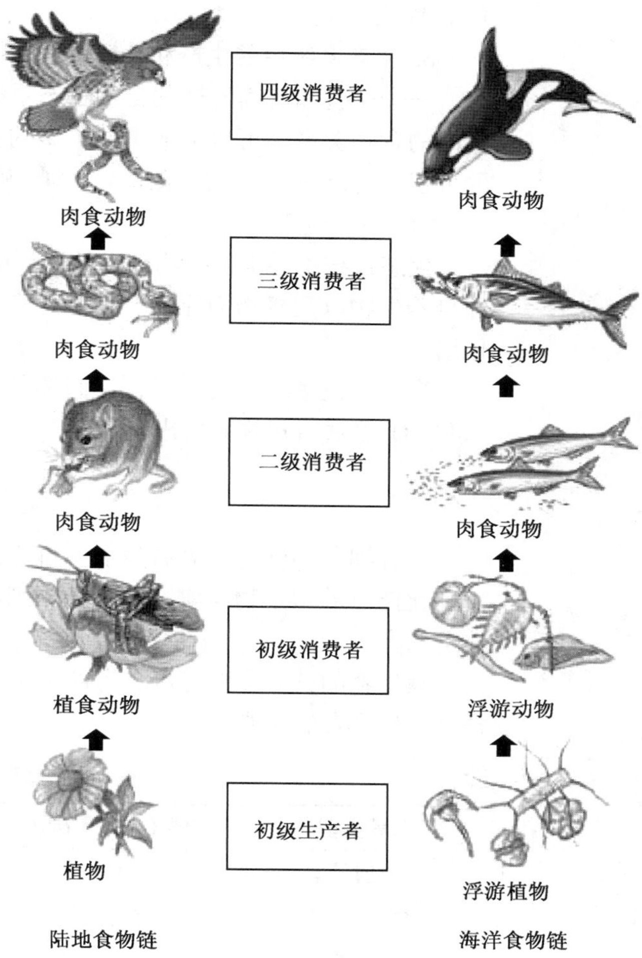

食物链的加长不是无限制的，营养级通常只有 4~5级。当物质和能量通过食物链由低向高流动时，高一级的生物不能全部利用低一级贮存的能量和有机物，总有一部分未被利用。每经过一个营养级，能流都要减少。如果把通过各营养级的能流，由低到高画成图，就成为一个金字塔形，称作能量锥体或**能量金字塔**（pyramid of energy）（图 14-29）。同样，如果以生物量或个体数目来表示，也可以得到生物量金字塔（pyramid of biomass）和数量金字塔（pyramid of numbers）。一般来说，能量金字塔最能保持金字塔形，而生物量金字塔有时有倒置的情况。例如，海洋生态系统中，生产者（浮游植物）的个体很小、生活史很短，某一时刻调查到的生物量常常低于浮游动物的生物量。按上法绘制的生物量金字塔就倒置过来。当然，这并不是说流过的能量在生产者环节的要比在消费者环节的低，而是由于浮游植物个体小、代谢快、生命短，某一时刻的现存量反而比浮游动物少，但一年中的总能流还是较浮游动物多。数量金字塔倒置的情况就更多一些，如果消费者个体小而生产者个体大，如昆虫与树木，昆虫的个体数量就多于树木。同样，对于寄生者来说，寄生者的数量也往往多于宿主，这样就会使数量金字塔的这些

↑ 图 14-28 食物链中的营养级位

陆地食物链

四级消费者
肉食动物

三级消费者
肉食动物

二级消费者
肉食动物

初级消费者
植食动物

初级生产者
植物

海洋食物链
肉食动物

肉食动物

肉食动物

浮游动物

浮游植物

三级消费者（1 kcal）
二级消费者（10 kcal）
一级消费者（100 kcal）
生产者（1 000 kcal）

↑ 图 14-29 能量金字塔

环节倒置过来。

### 3. 生态系统中的生产和分解过程

一个完整和持续发展的自然生态系统一般都包含有生产者、消费者和分解者，而根据它们彼此之间的食物关系又可以形成不同类型的食物链。消费只是利用现成的有机物，通过分解进行再生产的过程，所以最基本的应该是生产和分解两个过程。

（1）生产过程

生态系统中各类群生物在生长过程中都包含有生物量的生产过程，而这里着重讨论的是生产者，即自养生物以无机物为原料、制造有机物固定能量的过程，当然，其中最主要的是绿色植物的光合作用。

高等绿色植物以及藻类，它们都具有叶绿素或其他光合色素，能够吸收和利用太阳的光能，把水和 $CO_2$ 合成有机物并放出氧气。

$$6CO_2 + 12H_2O \xrightarrow{\text{光能、叶绿素}} C_6H_{12}O_6 + 6H_2O + 6O_2$$

光合细菌和化能自养微生物。自养生物除了高等植物和藻类之外，还包含有一些类群的光合细菌和化能自养微生物。实际上，光合细菌由于供氢体不同又可以分为自养和异养（以有机物为供氢体）两类。

微生物的营养类型可以分为四种（表 14-11），除第四类化能异养型纯粹营腐生生活外，其余三类都有生产者的功能。

**表 14-11　微生物的营养类型**

| 营养类型 | 主要（唯一）碳源 | 能源 | 供氢体 | 代表菌 |
|---|---|---|---|---|
| 光能自养型 | $CO_2$ | 光能 | 无机物 | 着色细菌 |
| 光能异养型 | 有机物 | 光能 | 有机物 | 红螺细菌 |
| 化能自养型 | $CO_2$ | 无机能 | 无机物 | 硫化杆菌 |
| 化能异养型 | 有机物 | 有机能 | 有机物 | 大肠杆菌 |

① 光能自养型：这类微生物以 $CO_2$ 为唯一碳源，并利用光能进行生长。与高等植物的光合作用所不同的是，它的供氢体是还原态的无机物、氢和水。如：

$$CO_2 + 2H_2S \xrightarrow{\text{光能、光合色素}} [CH_2O] + 2S + H_2O$$

② 光能异养型：这类微生物不能以 $CO_2$ 作为主要或唯一碳源，而以有机物作为供氢体，但它能利用光能将 $CO_2$ 还原成细胞物质。红螺菌属中的一些细菌就属这种营养类型。例如：它们可以利用异丙醇作为供氢体，使 $CO_2$ 还原成细胞物质，同时积累丙酮。

$$2(CH_3)_2CHOH + CO_2 \xrightarrow{\text{光能、光合色素}} 2CH_3COCH_3 + [CH_2O] + H_2O$$

利用光合细菌处理高浓度有机废水的机制，正是利用了这种以有机物为供氢体的原理。如用光合细菌（红螺菌）处理豆制品废水时，先由异养细菌将大分子有机物分解成小分子有机物，作为光合细菌光合作用过程中的供氢体生成大量菌体，再作饲料或食品。

③ 化能自养型微生物：它们在合成有机物过程中所利用的能量不是来自光辐射而是来自无机物氧化过程中所释放的化学能。它们以 $CO_2$ 或碳酸盐为唯一碳源，利用氢气、硫化氢、二价铁离子或

亚硝酸盐作为电子供体，将 $CO_2$ 还原为细胞物质。属于该营养型的微生物有硫化细菌、硝化细菌、铁细菌等，它们广泛分布于土壤、水域环境，在物质转换过程中起重要作用。

$$2NH_3 + 3O_2 \xrightarrow{\text{亚硝酸细菌}} 2HNO_2 + 2H_2O + 618.6 \text{ kJ}$$

$$2HNO_2 + O_2 \xrightarrow{\text{硝化细菌}} 2HNO_3 + 200.6 \text{ kJ}$$

氨氧化为亚硝酸、亚硝酸氧化为硝酸都会释放出能量，这些能量都可以用于还原 $CO_2$、合成细胞物质。

以上这些微生物虽然在整个生物圈的生物量生产中不占重要地位（3% ~ 5%），但是在某些方面却有着非常重要的意义。例如氢细菌能够清除空气中的 $CO_2$，因此有可能用于封闭的宇宙飞行器中，以清除多余的 $CO_2$。

人们在考察深海生态系统时发现，在深海阳光无法透入的情况下，那里同样生活有 1/3 m 长的蛤和 3 m 长的蠕虫。在这样的生态系统中，第一性生产者无疑首推化能自养微生物。

（2）分解过程

分解过程实质上是把复杂的有机物质分解成简单的无机物的（矿化）过程，同时在这过程中释放能量，也称异化代谢过程。

把生命有机体的排泄物及其尸体分解成无机物，同样也是一个非常复杂的过程。一般可以划分为三个阶段：①由于物理或生物作用，使尸体或残留物（枯枝落叶、粪便等）被分解成颗粒状碎屑；②由于腐生生物的作用，形成腐殖酸和其他可溶性的有机物；③腐殖酸缓慢矿化，该物质供生产者营养。换言之，这个复杂的分解过程包含有两种不同的食物链（食物网）——碎食食物链和腐生食物链，它不是少数几种生物能完成的，而是在许多类群如细菌、真菌、无脊椎动物甚至植物的共同参与下才能完成。例如：温带森林，在春夏季通过光合作用生产的有机物质最终都成了枯枝落叶掉落在林下的地面上，有人估计落叶量达 1 000 ~ 1 500 $kg/hm^2$。落叶通过分解过程进入土壤，又可以供生产者使用。实际上，当植物的叶还在树枝上的时候，微生物就已经开始分解作用。因为活的植物体会产生多种多样的分泌物和渗出物，通过雨水的淋溶作用，给叶面上的微生物区系提供丰富的营养。

## 四、生物地球化学循环

生态系统中构成生物的各种化学元素都来源于生物生活的环境。有机体维持生命所需要的基本元素，先是以无机形态（如 $CO_2$、$NO_3^-$、$PO_4^{3-}$ 等）被植物从空气、水和土壤中吸收，并转换为有机形式，形成植物体，再为动物摄食转化，从一个营养级传递到下一个营养级。植物光合作用产生的氧气复归于环境（水和大气中），为动物呼吸所用。动物呼吸排出的二氧化碳也归于环境，作为植物光合作用的原料。动物一生中排泄大量的粪便，动植物死后遗留下了大量的残骸，这些有机质经过物理的、化学的和微生物的分解，将复杂的有机化学形态的物质，如蛋白质、糖类、脂肪等又转化为无机化学形态的物质（如 $CO_2$、$NO_3^-$、$NH_4^+$、$H_2O$ 等），归还到空气、水以及土壤中，并被植物重新利用。矿物养分在生态系统中一次又一次的循环（即营养循环），推动了生态系统持续地正常地运转。

### 1. 物质循环的一般特点

在生物圈中，各种化学物质，如 O、C、N、S、H 等，在生物与非生物之间，在土壤岩石圈、水圈和大气圈之间循环运转。生态系统中的物质循环可以用库（pool）和流（flow）两个概念来加以概括。库是由存在于生态系统某些生物或非生物成分中的一定数量的某种化合物所构成的。对于某一种元素而言，存在一个或多个主要的储蓄库。在库里，该元素的数量远远超过正常结合在生命系统中的数量，并且通常只能缓慢地将该元素从储蓄库中释放。物质在生态系统中的循环实际上是在库与库之间彼此转移。在一个具体的水生生态系统中，磷在水体中的含量是一个库，在浮游生物体内的含量是第二个库，而在底泥中的含量又是另一个库。磷在库与库之间的转移（浮游生物吸收水中的磷、生物死亡后残体下沉到水底以及底泥中的磷又缓慢地释放到水中）构成了该生态系统中的小的磷循环。单位时间或单位体积的转移量，称作流通量。流通量通常用单位时间内、单位面积内通过的营养物质的绝对值来表达。可以用周转率（turnover rate）和周转时间（turnover time）来表示一个特定的流通过程对有关库的相对重要性。在物质循环中，周转率越大，周转时间就越短。如大气库中二氧化碳的周转时间大约是一年左右（光合作用从大气圈中移走二氧化碳）；大气库中分子氮的周转时间则需 100 万年（主要是生物的固氮作用将氮分子转化为氨化氮，并为生物所利用）；而大气圈中水的周转时间为 10.5 天，也就是说大气库中的水分一年可以更新大约 34 次。在海洋中，硅的周转时间最短，约 800 年；钠的最长，约 2.06 亿年。物质循环的速率在空间上和时间上都有很大的变化，影响物质循环速率的最重要的因素有：①循环元素的性质，即循环元素的化学特性及其被生物有机体利用方式的不同决定了其循环速度的不同；②生物的生长速率，这一因素影响着生物对物质的吸收速度和物质在食物链中的运动速度；③有机物分解的速率，适宜的环境有利于分解者的生存，并能快速分解有机体，迅速地将生物体内的物质释放出来，重新进入循环。

　　**生物地球化学循环**（biogeochemical cycle）可分为三大类型，即水循环（water cycle）、气体型循环（gaseous cycle）和沉积型循环（sediment cycle）。生态系统中所有的物质循环都是在水循环的推动下完成的，因此，没有水循环也就没有生态系统的功能，生命也将难以维持。气体型循环中物质的主要储存库是大气和海洋，气体型循环与大气和海洋密切相关，具有明显的全球性，循环性能也最为完善。凡属于气体型循环的物质，其分子或某些化合物常以气体的形式参与循环过程。属于这一类的物质有氧、二氧化碳、氮、氯、溴、氟等。气体型循环速度比较快，物质来源充沛，不会枯竭。沉积型循环物质的主要储蓄库是土壤、沉积物和岩石，没有气体状态，因此这类物质循环的全球性不如气体型循环，循环性能也很不完善。沉积型循环的速度比较慢，参与沉积型循环的物质，其分子或化合物主要是通过岩石的风化和沉积物的溶解转变为可被生物利用的营养物质，而海底沉积物转化为岩石圈成分则是一个相当漫长而缓慢的、单向的物质转化过程，时间要以千年来计。属于沉积型循环的物质有磷、钙、钾、钠、镁、锰、铁、铜、硅等。其中磷是较典型的沉积型循环物质，它从岩石中释放出来，最终又沉积在海底，转化为新的岩石。气体型循环和沉积型循环虽然各有特点，但都受能量流的驱动，并都依赖于水循环。

　　在自然状态下生态系统中的物质循环，一般处于稳定的平衡状态。也就是说，某一种物质在其各个主要库中的输入和输出量基本相等。大多数气体型循环物质如碳、氧和氮的循环，由于具有很大的大气储蓄库，它们能够迅速地对短暂的变化进行自我调节。例如燃烧化石燃料可以使当地的二氧化碳浓度增加，但通过空气运动和绿色植物光合作用对二氧化碳吸收量的增加可使其浓度迅速降低到原来水平，重新达到平衡。硫、磷等元素的沉积物循环则易受人为活动的影响，这是因为与大气相比，地壳中的硫、磷储蓄库比较稳定和迟钝，因此不易被调节。所以，如果在循环中这些物质流入到储蓄库中，则在很长一段时间内它们将不能被生物所利用。

　　对生物地球化学循环过程的研究主要是在生态系统水平和生物圈水平上进行的。在局部的生态系统中，可选择一个特定的物种，研究它在某种营养物质循环中的作用。近年来，已经对许多大量元素在整个生态系统中的循环进行了不少研究，重点是研究这些元素在整个生态系统中的输入和输出，及其在生态系统中主要生物和非生物成分之间的交换过程，如在生产者、消费者和分解者等各个营养级之间以及与环境之间的交换过程。生物圈水平上的生物地球化学循环的研究，主要集中于水、碳、氧、磷、氮等物质或元素的全球循环过程。由于这类物质或元素对于生命的重要性，以及人类在生物圈水平上对生物地球化学循环的影响，使这些研究更为必要。这些物质循环受到干扰后，将会对人类自身产生深远的影响。

### 2. 全球生物地球化学循环

#### （1）水循环

水和水循环对于生态系统具有特别重要的意义，不仅生物体的大部分是由水构成的，而且所有生命活动都离不开水。水在一个地方侵蚀岩石，又在另一个地方使物质沉降，久而久之就会产生明显的地理变化。带有大量的、多种化合物的周而复始的水循环，极大地影响着各类营养物质在地球上的分布。此外，水对于能量的传递和利用也有重要影响。地球上大量的热能被用于将冰融化成水、使水温上升和将水化为水汽。因此，水具有防止环境温度发生剧烈波动的重要的调节作用。

水循环受太阳能、大气环流、洋流和热量变换的影响，通过蒸发、冷凝等过程在地球上不断地循环着。降水和蒸发是水循环的两种方式。大气中的水汽以雨、雪、冰雹等形式落到地面或海洋，而地面上和海洋中的水又通过蒸发进入到大气中。因此，水循环是由太阳能推动的，大气、海洋和陆地形成了一个全球性水循环系统，是地球上各种物质循环的中心。

水的主要储蓄库是海洋。在太阳能的作用下，蒸发作用把海水转化为水汽，进入大气。在大气中，水汽遇冷凝结、迁移，又以液体形式回到地面或海洋。当降水到达地面时，有的直接落到地面上；有的落在植物群落中，并被截留了大部分；有的落在城市的街道和建筑物上，很快流失；有的直接落入江河湖泊和海洋；到达土壤的水，一部分渗入土中，一部分作为地表径流而流入江河湖海。河流、湖泊、海洋表层的水及土壤中的水再不断地通过蒸发作用进入大气。

地球上的降水量和蒸发量总的来说是相等的。也就是说，通过降水和蒸发这两种形式使地球上的水分达到平衡状态。但在不同表面、不同地区的降水量和蒸发量是不同的。就海洋和陆地来说，海洋的蒸发量约占总蒸发量的84%，而陆地的只占16%；海洋中的降水占总降水的77%，而陆地的只占23%。可见，海洋的降水比蒸发少7%，而陆地的降水则比蒸发多7%。海洋和陆地之间的水量差异通过江河源源不断地输送水到海洋，弥补海洋每年因蒸发量大于降水量而产生的损失，以达到全球性水循环的平衡。

水循环的另一特点是，因为每年降到地面的雨雪大约有35%又以地表径流的形式流入海洋，这些地表径流能够溶解和携带大量的营养物质，因此它可以将各种营养物质从一个生态系统搬运到另一个生态系统，这对补充某些生态系统营养物质的不足起着重要作用。由于携带着各种营养物质的水总是从高处向低处流，所以高地往往比较贫瘠，而低地则比较肥沃。例如沼泽地和大陆架就是这种比较肥沃的低地，也是地球上生产力最高的生态系统之一。

生态系统中的水循环包括截取、渗透、蒸发、蒸腾和地表径流。植物在水循环中起着重要作用。植物通过根吸收土壤中的水分，与其他物质不同的是，进入植物体的水分只有1%~3%参与植物体的建造并进入食物链而被其他营养级所利用，其余的97%~98%通过叶面蒸腾返回大气中，参与水分的再循环。例如，生长茂盛的水稻，每公顷一天大约吸收70 t的水，这些被吸收的水分仅有5%用于维持原生质的功能和光合作用，其余大部分成为水蒸气从气孔排出。不同的植被类型，蒸腾作用也不相同，其中以森林植被的蒸腾作用最大，其在水循环中的作用最为重要（图14-30）。

水循环

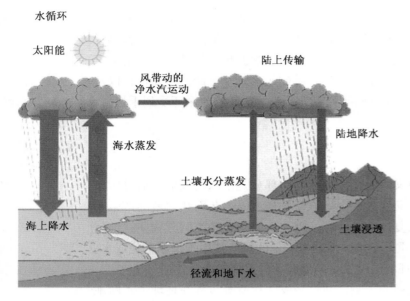

太阳能

风带动的
净水汽运动

陆上传输

海水蒸发

陆地降水

土壤水分蒸发

海上降水

土壤浸透

径流和地下水

⬆ 图 14-30　水循环示意图

## （2）碳循环（气体型循环）

碳是一切生物体中最基本的成分，占有机体干重的 45% 以上。据估计全球碳贮存量约为 $2.6 \times 10^{27}$ t，但是绝大部分以碳酸盐的形式禁锢在岩石圈中，其次是贮存在化石燃料中。生物可直接利用的碳是水圈和大气圈中以二氧化碳形式存在的碳。二氧化碳或存在于大气中或溶解于水中，所有生命的碳源均是二氧化碳。碳的主要循环形式是从大气的二氧化碳储蓄库开始，经过生产者的光合作用，把碳固定，生成糖类，然后经过消费者和分解者，在呼吸和残体腐败分解后，再回到大气储蓄库。碳被固定后始终与能流密切结合在一起。生态系统生产力的高低也是以单位面积中的碳来衡量。

植物通过光合作用，将大气中的二氧化碳固定在有机物中，包括合成多糖、脂肪和蛋白质，而贮存于植物体内。食草动物吃了以后经消化合成，通过一个一个营养级，再消化再合成。在这个过程中，一部分碳又通过呼吸作用回到大气中，另一部分则成为动物体的组分。动物排泄物和动植物残体中的碳，则由微生物分解为二氧化碳，再回到大气中。

除了大气，碳的另一个储存库是海洋。海洋的含碳量是大气的 50 倍，更重要的是其对于调节大气中的含碳量起着重要的作用。在水体中，同样由水生植物将大气中扩散到水上层的二氧化碳固定转化为糖类，通过食物链经消化合成，再消化再合成，各种水生动植物通过呼吸作用又释放二氧化碳到大气中。动植物残体埋入水底，其中的碳都暂时离开循环。但是经过地质年代，又可以以石灰岩或珊瑚礁的形式再露于地表。岩石圈中的碳也可以借助于岩石的风化和溶解、火山爆发等重返大气圈。有部分则转化为化石燃料，燃烧过程又使大气中的二氧化碳含量增加（图 14-31）。

自然生态系统中，植物通过光合作用从大气中摄取碳的速率与通过呼吸和分解作用而把碳释放到大气中的速率大体相同。由于植物的光合作用和生物的呼吸作用受到很多地理因素和其他因素的影响，所以大气中的二氧化碳含量有着明显的日变化和季节变化。例如，夜晚由于生物的呼吸作用，可使地面附近的二氧化碳的含量上升；而白天由于植物在光合作用中大量吸收二氧化碳，可使大气中二氧化碳含量降到平均水平以下。夏季植物的光合作用强烈，因此，从大气中所摄取的二氧化碳超过了在呼吸和分解过程中所释放的二氧化碳，冬季正好相反，其浓度差可达 0.002%。

二氧化碳在大气圈和水圈之间的界面上通过扩散作用而相互交换。二氧化碳的移动方向，主要取决于界面两侧的相对浓度，它总是从高浓度的一侧向低浓度的一侧扩散。借助于降水过程，二氧化碳也可进入水体。1 L 雨水中大约含有 0.3 mL 的二氧化碳。在土壤和水域生态系统中，溶解的二氧化碳可以和水结合形成碳酸，这个反应是可逆的，反应进行的方向取决于参加反应的各成分的浓度。碳酸可以形成氢离子和碳酸氢根离子，而后者又可以进一步离解为氢离子和碳酸根离子。由此可以预见，如果大气中的二氧化碳发生局部短缺，就会引起一系列的补偿反应，水圈中的二氧化碳就会更多地进入大气圈中；同样，如果水圈中的二氧化碳在光合作用中被植物利用耗尽，也可以通过其他途径或从大气中得到补偿。总之，碳在生态系统中的含量过高或过低都能通过碳循环的自我调节机制而得到调整，并恢复到原有水平。大气中每年大约有 $10^{11}$ t 的二氧化碳进入水体，同时水中每年也有相同数量的二氧化碳进入大气中。在陆地和大气之间，碳的交换也是平衡的。陆地的光合作用每年大约从大气中吸收 $1.5 \times 10^{10}$ t 碳，植物死后被分解约可释放出 $1.7 \times 10^{10}$ t 碳，森林是碳的主要吸收者，每年约可吸收 $3.6 \times 10^{9}$ t 碳。因此，森林也是生物碳的主要储存库，约储存 $482 \times 10^{9}$ t 碳，这相当于目前地球大气中含碳量的 2/3。

在生态系统中，碳循环的速度很快，最快的在几分钟或几小时就能够返回大气，一般会在几周或几个月内返回大气。一般来说，大气中二氧化碳的浓度基本上是恒定的。但是，近百年来，由于人类活动对碳循环的影响，一方面大量砍伐森林，另一方面在工业发展中燃烧大量化石燃料，使得大气中二氧化碳的含量呈上升趋势。由于二氧化碳对来自太阳的短波辐射有高度的透过性，而对地球反射出来的长波辐射有高度的吸收性，这就有可能导致大气层低处的对流层变暖而高处的平流层变冷，这一现象称为温室效应。由温室效应而导致地球气温逐渐上升，引起未来的全球性气候变化，促使南北极冰雪融化、海平面上升，将会淹没许多沿海城市和广大陆地。虽然二氧化碳对地球气温影响问题还有很多不明之处，有待人们进一步研究，但大气中二氧化碳浓度的不断增大，对地球上的生物具有不可忽视的影响，这一点是不容置疑的。

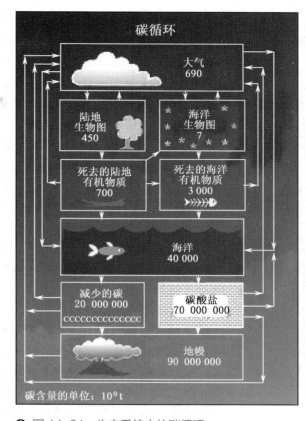

❶ 图 14-31　生态系统中的碳循环

（3）氮循环（气体型循环）

氮是蛋白质的基本成分，因此，是一切生命结构的原料。虽然大气化学成分中氮的含量非常丰富，占 78%。然而氮气是一种惰性气体，植物不能够直接利用。因此，大气中的氮对生态系统来讲，不是决定性的库。必须通过固氮作用把大气中游离的氮与氧结合形成硝酸盐或亚硝酸盐，或与氢结合形成氨，才能被大部分生物所利用，参与蛋白质的合成。因此，氮被固定后，才能进入生态系统，参与循环。

固氮的途径有三种。一是通过闪电、宇宙射线、陨石、火山爆发活动的高能固氮，其结果形成氨或硝酸盐，随着降雨到达地球表面。据估计，每年通过高能固定的氮大约为 8.9 $kg/hm^2$。二是工业固氮，这种固氮形式的能力越来越大。20 世纪 80 年代初全世界工业固氮能力为 $3 \times 10^7$ t，20 世纪末达到了 $10^8$ t。第三条途径，也是最重要的途径，是生物固氮，为每年 100 ~ 200 $kg/hm^2$，大约占地球固氮总量的 90%。能够进行固氮的生物主要是固氮菌、与豆科植物共生的根瘤菌以及蓝藻等自养和异养微生物。在热带雨林中生长在树叶和附着在植物体上的藻类和细菌也能固定相当数量的氮，其中一部分固定的氮被植物本身所利用。氮在生态系统中的循环见图 14–32。

植物从土壤中吸收的无机态氮主要是硝酸盐，用于合成蛋白质。环境中的氮进入了生态系统。植物中的氮一部分为草食动物所取食，合成动物蛋白质。在动物代谢过程中，一部分蛋白质分解为含氮的排泄物（尿素、尿酸），经过细菌的作用分解释放出氮。动植物死亡后经微生物等分解者的分解作用，也可使有机氮转化为无机氮，形成硝酸盐。硝酸盐可再被植物所利用，继续参与循环；也可被反硝化细菌作用，形成氮气，返回大气库中。

含氮有机物的转化和分解过程主要包括：氨化作用、硝化作用和反硝化作用。氨化作用是指在氨化细菌和真菌的作用之下，将有机氮分解成氨和氨化合物，氨溶解于水即形成 $NH_4^+$，可为植物直接利用。硝化作用是指在通气情况良好的土壤中，氨化合物被亚硝酸盐细菌和硝酸盐细菌氧化为亚硝酸盐和硝酸盐，供植物吸收利用的过程。土壤中还有一部分硝酸盐变成腐殖质的成分，或被雨水冲洗掉，然后经径流到达湖泊和河流，最终到达海洋，为水生生物所利用。海洋中还有相当数量的氨沉积于深海而暂时离开循环。反硝化作用是指反硝化细菌将亚硝酸盐转变成气态氮，回到大气库中的过程。因此，在自然生态系统中，一方面通过各种固氮作用使氮元素进入物质循环，另一方面又通过反硝化作用、淋溶沉积等作用使氮元素不断重返大气，从而使氮循环处于一种平衡状态。

⬆ 图 14-32　生态系统中的氮循环

（4）磷循环（沉积型循环）

　　矿质元素通过岩石风化等作用释放出来而参与循环，又通过沉积等作用进入地壳而暂时离开循环。所以沉积型循环往往是不完全的循环，以沉积型方式循环的物质有磷、硫、钾等多种元素。

　　磷是生物不可缺少的重要元素，磷不仅是核酸、细胞膜和骨骼的主要成分，它还参与生物的代谢过程，高能磷酸键在 ADP 和 ATP 之间可逆的转移，为细胞内所有生化作用提供能量。

　　磷不存在任何气体形式的化合物，所以磷是典型的沉积型循环物质。沉积型循环物质主要有两种存在相：岩石相和溶解盐相。循环源于岩石的风化，终于水中的沉积。由于风化侵蚀作用和人类的开采，磷被释放出来，又由于降水的原因而成为可溶性磷酸盐，经由植物、植食动物和肉食动物在生物之间流动，待生物死亡后被分解，又使其回到环境中。溶解性磷酸盐，也可随着水流进入江河湖海，并沉积在海底。其中一部分长期留在海里，另一些可形成新的地壳，经风化后再次进入循环（图 14-33）。

　　在陆地生态系统中，含磷有机物被细菌分解为磷酸盐，其中一部分又被植物吸收，另一部分则转化为不能被植物利用的化合物。同时，陆地的一部分磷通过径流进入湖泊和海洋。在淡水和海洋生态系统中，磷酸盐能够迅速地被浮游植物所吸收，而后又转移到浮游动物和其他动物体内。浮游动物每天排出的磷与其生物量所含有的磷相等，所以使磷循环得以继续进行。浮游动物所排出的磷有一部分是无机磷酸盐，可以为植物所利用。水体中其他的有机磷酸盐也可被细菌利用，细菌又被其他的一些小动物所食用。一部分磷沉积在海洋中，沉积的磷随着海水的上涌被带到光合作用带，并被植物吸收，又因动植物残体的下沉，常使得水表层的磷被耗尽而深水中的磷积累过多。磷是可溶性的，但由于磷没有挥发性，所以除了鸟类的粪便和人类对海鱼的捕捞，磷没有再次回到陆地的有效途径。在深海处的磷沉积，只有在发生海陆变迁，由海底变为陆地后，才有可能因风化而再次释放出来，否则将永远脱离循环。正是这个原因，使得陆地上的

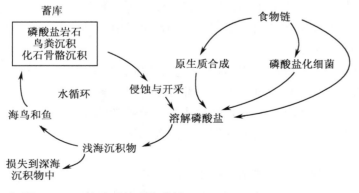

⬆ 图 14-33　生态系统中的磷循环

磷损失越来越大。因此，磷的循环为不完全循环，现存量越来越少。特别是随着工业的发展，磷矿开采的增长加速了这种损失。据估计，全世界磷的蕴藏量只能维持100年左右。目前生物圈中，磷参与循环的数量正在减少，磷将成为人类和陆地生物生命活动的限制因子。

（5）硫循环（沉积型循环）

硫是原生质体的重要组分，它的主要储蓄库是岩石圈，但它能在大气圈中自由移动，因此，硫循环有一个长期的沉积阶段和一个较短的气体阶段。在沉积相，硫被束缚在有机或无机沉积物中。

岩石库中的硫酸盐主要通过生物的分解和自然风化作用进入生态系统。化能合成细菌能够在利用硫化物中含有的潜能的同时，通过氧化作用将沉积物中的硫化物转变成硫酸盐。这些硫酸盐一部分可以为植物直接利用，另一部分仍能生成硫酸盐和化石燃料中的无机硫，再次进入岩石储蓄库中。

从岩石库中释放出硫酸盐的另一个重要途径是侵蚀和风化。从岩石中释放出的无机硫由细菌作用还原为硫化物，土壤中的这些硫化物又被氧化成植物可利用的硫酸盐。自然界中的火山爆发也可将岩石储蓄库中的硫以硫化氢的形式释放到大气中，化石燃料的燃烧也将储蓄库中的硫以二氧化硫的形式释放到大气中，为植物吸收。

硫循环与磷循环有类似之处，但硫循环要经过气体型阶段。硫的主要蓄库是硫酸盐岩，但大气中也有少量的存在。虽然生物对硫的需要并不像对碳、氮和磷那么多，而且硫不会成为有机体生长的限制因子。但在硫循环中涉及许多微生物的活动，生物体也需要硫合成蛋白质和维生素。植物所需要的大部分硫主要来自于土壤中的硫酸盐，同时可以从大气中的二氧化硫获得。植物中的硫通过食物链被动物所利用。动植物死亡后，微生物对蛋白质的分解又将硫释放到土壤中，然后再被微生物利用，以硫化氢或硫酸盐形式释放硫。无色硫细菌既能将硫化氢还原为元素硫，又能将其氧化为硫酸。绿色硫细菌在有阳光时，能利用硫化氢作为氧接收者。生活于沼泽和河口的紫细菌能氧化硫化氢，形成硫酸盐，进入再循环，或被生产者生物所吸收，或被硫酸还原细菌所利用，见图14-34。

人类对硫循环的影响很大。通过燃烧化石燃料，人类每年向大气中输入的氧化硫已达$1.47 \times 10^8$ t，其中70%来源于燃烧煤。二氧化硫在大气中遇水蒸气反应形成硫酸，大气中的硫酸对于环境有许多方面的影响，对人类及动物的呼吸道产生刺激作用。如果是细雾状的微小颗粒，还能进入肺，刺激敏感组织。二氧化硫浓度过高，就会成为灾害性的空气污染，例如伦敦（1952年）、纽约和东京（1960年）的二氧化硫灾害，造成支气管性哮喘大增，死亡率上升。

空气中污染物的种类很多，现在往往将硫的浓度作为空气污染严重程度的指标，空气中的硫含量与人类的健康关系最为密切。另外，大气中二氧化硫过多，可以造成酸雨，详见第一章的相关内容。

（6）有毒有害物质循环

有毒有害物质的循环是指那些对有机体有毒有害的物质进入生态系统，通过食物链富集或被分解的过程。由于工农业迅速发展，人类向环境中投放的化学物质与日俱增，从而使生物圈中的有毒有害物质的数量与种类相应增加。这些物质一经排放到

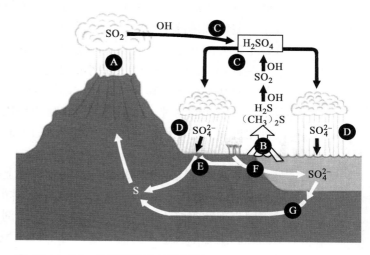

图14-34 生态系统中的硫循环

环境中便立即参与生态系统的循环，它们像其他物质循环一样，在食物链营养级上进行循环流动。所不同的是大多数有毒物质，尤其是人工合成的大分子有机化合物和不可分解的重金属元素，在生物体内具有浓缩现象，在代谢过程中不能被排除，而被生物体同化，长期停留在生物体内，造成有机体中毒、死亡。这正是环境污染造成公害的原因。

因此，有毒物质的生态系统循环与人类的关系最为密切，但又最为复杂。有毒物质循环的途径、在环境中滞留时间、在有机体内浓缩的数量和速度以及作用机制和对有机体影响的程度等都是十分重要的课题。

一般情况下，有毒物质进入环境后，常常被大气和水稀释到无害的程度，以致无法用仪器检测。即使是这样，其对食物链上有机体的毒害依然存在。因为小剂量毒物在生物体内经过长期的积累和浓集，也可达到中毒致死的水平。同时，有毒物质在循环中经过空气流动及水的搬运以及在食物链上的流动，常常使有毒物质的毒性增加，进而使中毒的过程复杂化。自然界中也存在有分解毒性物质、减轻毒性的作用，例如放射性物质的半衰期，以及某些生物对有毒物质的分解和同化作用。相反，也有某些有毒物质经过生态系统的循环后毒性会增加，例如汞的生物甲基化等。

与大量元素相比较，尽管有毒有害物质的数量少，但随着人类对环境的影响越来越大，向环境中排放的物质的数量和种类不断地增加，其对生态系统各营养级的生物的影响也与日俱增，甚至已经引起了生态灾难。所以有必要研究有毒物质在生态系统中的循环规律，这是保护人类自身的需求。

# 第五节　生物多样性的保护

## 一、生物多样性概念

目前人类对银河系有多少颗恒星比对地球上有多少物种了解得更清楚。这是因为银河系和生命系统是两种截然不同的系统。我们的生物圈是一个复杂的适应系统，相对而言，银河系则是比较简单的非适应系统。

地球生态系统的发展，主要得益于其复杂性和多样性。这种多样性和复杂性经过了几百万年的发展，不管是成功还是失败，至少也发生了数百万次的相互作用。多样性的两个主要因素是时间和差错，差错就是源于 DNA 是如何复制的。由于 DNA 复制支配所有生命的过程，在这样的过程当中有一个重要的问题是，它永远不会是百分之百的效率。也就是说，DNA 复制过程当中会发生错误，这会在 DNA 的新链中产生一些小的变化。那么从更大的范围来看，这些错误会导致有机体整体发生变化，使其不再同于其他有机体。如果我们再给这些变化一段时间，并添加一定的环境干扰，就可能诞生一个新的物种。也就是说，新物种是从一个现存物种中创造出来的，这其实就是达尔文提出的进化过程。进化创造并维持了地球上的生命多样性，而且这种多样性存在于生态系统当中几乎所有可能的层次上。

从基因到生态系统都是如此，如今地球上的每个物种都经历了数千到数百万年的进化，以适应它所生活的环境，任何一个物种的基因都不同于其它物种的基因，所表现的性状是独一无二的，这种不同表现在很多方面，比如生物化学、解剖学、生理学和行为上，与其他物种的交流方式上，以及栖息的生态系统上。简而言之，每个物种都是一部活的百科全书，展示了不同物种在地球上的存活方式。

地球上究竟有多少物种？有人估计为 500 万 ~ 3 000 万种，也有人认为是 200 万 ~ 1 亿种。估计的变化幅度如此之大，正说明我们对物种的了解之少，更不用说各个物种内的遗传多样性了。目前普遍的意见认为地球上有 1 000 万种物种，但令人遗憾的是，只有 140 万种物种被真正地确认和命名。许多物种，在人们知道它们的存在之前就已经消失了。我们这一代人很幸运，因为我们已继承了最多样化的生物群落，这些生物一直占据着我们的行星；我们这一代人也很不幸，因为我们正经历着速度最快的物种大灭绝。我们肩负着一个重大的使命——保护生物多样性。

要保护生物多样性，首先要明白什么是生物多样性。按照《生物多样性公约》的定义，生物多样性是指"所有来源的形形色色生物体，这些来源，包括陆地、海洋和其他水生生态系统及其所构成的生态综合体"。也就是说，对人类具有实际和潜在价值的基因、物种和生态系统都是地球生物多样性的自然表现。或者说，所谓**生物多样性**（biodiversity）就是地球上所有的生物体及其所构成的综合体，包括遗传多样性、物种多样性和生态系统多样性三个层次。遗传多样性是指每一物种内基因和基因型的多样性，物种多样性是指种与种之间的多样性，而生态系统多样性则是指生物群落与生境类型的多样性。对于自然的多样化程度来说，生物多样性是一个概括性的术语，它把生态系统、物种或基因的数量和频度这两方面包含在一个组合之内。所以从广义的角度来说，生物多样性通常被认为有三个水平，即遗传多样性、物种多样性和生态系统多样性。这是从微观到宏观的三个不同层次。保护生物多样性就是在基因、物种与生境三个水平上的保护。

### 1. 遗传多样性

遗传多样性是指种内基因的变化，包括种内显著不同的种群间和同一种群内的遗传变异，也称基因多样性。对任何一个物种来说，个体的生命很短暂，由个体组成的种群系统才是在时间上连绵不断的进化基本单位。从生态学角度上来讲，种群是指某一特定区域内某个物种的所有个体的总和，或者说一个种群就是某一特定时间中占据某一特定空间的一群同种的有机体。由于边界的界定不同，所以种群这个单位可大可小。比如，我们可以把复旦大学内所有的人员看作是一个种群，也可以把上海市的所有人口看成是一个种群，还可以把全中国的人看成是一个种群。这里我们只考虑了空间的限制，如果再把时间的边界考虑进去，则可以把一个种群界定得更细更清楚。明白了种群的含义之后，我们再回来讨论遗传多样性。虽然不同的物种之间，必然存在遗传差异，但目前遗传多样性的研究主要集中于同一物种的同一种群内或不同种群间的遗传差异。遗传差异主要是指编码遗传信息的碱基序列的差异，如图 14-35 所示。

例如，水稻作为一个独立的物种，在我国分布的面积很广。我们把不同地区的水稻，看成不同

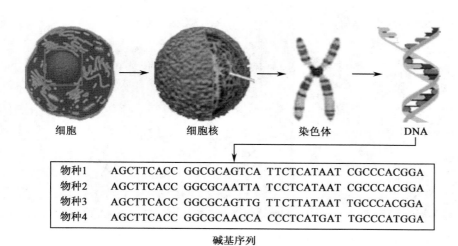

| | |
|---|---|
| 物种1 | AGCTTCACC GGCGCAGTCA TTCTCATAAT CGCCCACGGA |
| 物种2 | AGCTTCACC GGCGCAATTA TCCTCATAAT CGCCCACGGA |
| 物种3 | AGCTTCACC GGCGCAGTTG TTCTTATAAT TGCCCACGGA |
| 物种4 | AGCTTCACC GGCGCAACCA CCCTCATGAT TGCCCATGGA |

细胞     细胞核     染色体     DNA

**碱基序列**

◉ 图 14-35 遗传多样性的产生（从细胞到碱基序列）

↑ 图 14-36　水稻的遗传多样性
（不同的水稻品种）

的水稻种群。由于地理环境的差异，耕作方法的不同，使得不同地理种群的水稻的遗传信息发生差异。在我国形成 4 万多个地方品种。以具有极高营养价值的黑糯米为例，云南有德宏紫米，贵州有惠水黑糯，广西有东兰墨米，广东有韶关黑糯，江苏有常熟鸭血糯，陕西有洋县黑米……（图 14-36）。我们肉眼看到的只是表面性状的不同，而这些表面性状却是由肉眼看不见的基因控制和决定的。当然很多时候，各种环境因子也影响着这些基因的表达，从而间接地影响着个体的性状。这是不同种群之间遗传差异造成的不同品种。如果我们把空间范围缩小，例如仔细观察江苏省常熟的同一块田地中的鸭血糯，我们也能发现有的植株长得高，有的植株长得矮；有的个体抽的穗饱满，有的则不饱满。这是同一种群中不同个体之间的细微的遗传差异所造成的。

### 2. 物种多样性

物种多样性是普通人最容易感觉到的，也是大众媒介宣传最多的一个层次。因为物种这个层次对我们人类来说是最直观的，只要到动物园或植物园中去看看就知道了。连三岁儿童都知道大象、长颈鹿、老虎、狮子等是不同的生物。我们每天消耗的蔬菜、瓜果、肉禽及鱼类等食物都来自于不同的生物。物种多样性就是指地球上的形形色色的生命个体和生命群体。地球上到底有多少物种？200 万？1 亿？谁也不知道。科学家实际观察和记录的物种种类大约为 140 万种（图 14-37）。

生物学家将地球上的生命归入到一个已被广泛接收的等级体系，该体系反映了生物之间的进化关系。生物的主要分类单元从下至上依次为：种、属、科、目、纲、门、界。例如我们人类在生物学上的分类是：动物界（界），脊索动物门（门），哺乳纲（纲），灵长目（目），人科（科），人属（属），人种（种）。一般属、种合在一起构成分类学上称之为拉丁文双名法的命名法，用于鉴别某一生物而区别于其他生物。那么种与种之间最大的差异是什么呢？一般来讲是种间的生殖隔离，即不同的物种间不能进行杂交，或杂交后代不育。通常，某一生物的分类单元序位越高，则进化趋异就越古老。例如，就人属和人种而言，人种的发生晚于人属的发生，而人属的发生又晚于人科的发生，由此类推，直至界的层次。大多数生物学家认为生物分为五个界：原核生物界（如细菌）、原生生物界（如藻类、原生动物）、真菌界（如蘑菇、地衣）、动物界（动物）和植物界（植

↑ 图 14-37　物种多样性：我们平时常见到的形形色色的动植物，包括人

物）（图14-38）。至于下面有多少门、纲、目、科、属、种，就难以统计清楚了。

### 3. 生态系统多样性

生态系统多样性比遗传、物种多样性更难于界定和测量，因为它涉及到一个边界问题，一个生态系统大可至整个生物圈，小可到一个池塘。生态系统多样性与生物圈中的生境、生物群落和生态过程的多样化有关，也与生态系统内部由于生境的差异和生态过程的多种多样所引起的极其丰富的多样化有关。如：郁郁葱葱的热带雨林、荒无人烟的戈壁荒漠、辽阔无垠的海洋、白雪皑皑的极地、茫茫的草原、神秘的沼泽，甚至还包括高楼林立的城市和麦浪滚滚的农田（图14-39）。

⬆ 图14-38　生物的五界系统（引自马古利斯，1997）

## 二、生物多样性面临的威胁及保护对策

由于人类数量的过快增加，对生物资源的滥用以及对环境的改变，生物多样性面临有史以来最为严重的威胁，而生物多样性是人类生存的必要条件和经济可持续发展的基础，因此需要采取有效的保护策略。

### 1. 生物多样性受威胁的原因

（1）生境的破坏

地球上已存在的庞大的人口基数导致人口增长率的绝对值非常大，加之不断加快的经济发展速度，使得人类对自然资源的需求以及由此而产生的环境压力不断增大。

随着人口增长和经济发展，对自然资源的需求不断增加，超量砍伐森林、开垦草原、过度放牧、不合理的围湖造田、开垦沼泽、过度利用土地和水资源等，都导致生物生存环境被破坏甚至消失，从而影响到物种的正常生存。

（2）掠夺式的过度利用

滥捕乱猎是造成物种受威胁的重要原因之一。从20世纪50年代开始猕猴被大量捕捉，加之栖息地的丧失，使得我国猕猴的种群急剧减少，至今尚未得到恢复。此外，如羚羊、野生鹿以及用作裘皮的动物、各种鱼类等资源，由于过量的狩猎和捕捞，使物种种群数量大量减少甚至绝灭。我国海域主要经济鱼类资源在60年代初已经出现了衰退现象。70年代开始的过度捕捞，引起了各海区沿岸及近海的底层和近底层的传统经济鱼类资源的持续衰退，如大黄鱼、小黄鱼、带鱼，以及其他某些经济鱼类资源出现了全面衰退，淡水湖泊中这种现象尤为严重。

过度采挖野生经济植物也是造成生物多样性受威胁的重要原因之一。内蒙古、新疆、甘肃等地的草原上的人参、天麻、砂仁、甘草等被大肆挖掘，分布面积大量减少。例如：1967年新疆巴楚县有60万亩面积的干草，而现在已经被挖尽了一半；内蒙黄（草

⬆ 图14-39　生态系统多样性

氏）是驰名中外的特产，目前已经很难在草原上见到了。

许多珍贵的食用和药用真菌也是我国特有的，如冬虫夏草、灵芝、竹荪、蒙古口蘑、庐山食耳等，由于长期的人工采摘已经面临濒临灭绝的危险。

（3）环境污染　城乡工农业排放的大量污水、大气污染物，特别是造成酸雨的气体、重金属以及长期滞留并富集于环境中的农药残毒，使许多水陆生物及生态系统类型因生境恶化而面临濒危。据统计，我国已受工业废弃物明显污染的农田面积达1.5亿亩，约占农田总面积的10%，受农用化学物污染的面积也达1.5亿亩，两项相加造成的总的经济损失至少达150亿元人民币。我国的许多湖泊及其主要河流已被工业废水严重污染，这是水生动物区系大量消亡的主要原因。我国长江、松花江等河流的某些河段中自然生长的梭鱼、三角鳊、鲫鱼甚至草鱼、白鲢、花鲢、青鱼等也处于濒危甚至濒临灭绝的状态。至于海洋、特别是近海的海岸污染也是物种减少的主要原因。

**2. 生物多样性的保护对策**

造成生物多样性损失的原因错综复杂，因此解决问题的办法也必然牵涉到方方面面，需要各个国家、各个部门、各个阶层和各个方面人士的通力合作。保护生物多样性的途径多种多样，但以下三个方面是最为基本的：

（1）制定政策、开展科研、加强教育

由于国家政策往往会导致资源的保护或破坏，所以制定或调整政策应是通往保护之路的第一步。这直接关系到野生地、野生动植物、林业等生物、自然资源管理的立法和国家政策。也可以通过土地占有、农村发展、计划生育、工业发展和对食物、杀虫剂、能源开发利用技术以及经济补贴等间接影响生物多样性的国家政策，保护生物多样性。

加强科学技术研究，依靠科技进步是保护生物多样性必由之路。因为，科学技术水平低下，往往也会造成生物资源的严重破坏和浪费。发展生物多样性保护的科学技术，主要有这么几方面：一是生物多样性的现状、分布、数量及其变动趋势和减少原因的分析调查以及农作物和家畜野生组型、亲缘种的遗传学研究；二是生物多样性保护的技术研究，如就地保护技术的研究、迁地保护技术的研究；三是生物资源持续利用的技术研究，包括对生物资源和生物技术合理开发利用的研究。

另一方面则是要加强教育。通过宣传提高公众对保护生物多样性的认识、道德水平和参与保护的能力；通过专业教育、中小学教育、职业教育，使生物多样性保护成为人们知识体系的一个组成部分；通过培训提高生物多样性保护相关的管理人员和生物资源开发利用工作人员的业务素质。

（2）保护物种和生境的综合途径

保护物种最好通过保护栖息地来实现。许多国家部门都已制定了对保护生物资源至关重要的有关保护栖息地的法律规定，并建立了相应的保护区或国家公园，实现了物种和生态系统的就地保护。目前，全世界主要保护区约有4 500个，占地面积近5亿公顷。

近年来人们越来越认识到，只有有效地管理保护区，并使其周围土地的管理和利用与保护区的宗旨相一致，才能实现保护的目的。因此，提出应当建立生物多样性管护区，发挥保护区的多功能作用。也就是说，以保护为主，在不影响保护的前提下，把科研、教育、生产和旅游等功能有机地结合起来，使生态、社会和经济效益得到充分发挥。管护区划分成三个部分，即严格保护的核心区、半经营性的缓冲区和试验示范的实验区。在保护区内生物多样性与经济活动并存，保护区成为区域经济建设的组成部分，也会受到当地人民的支持。

（3）迁地保护的途径

迁地保护包括建动物园、水族馆、种子库、植物园等，它补充了就地保护的不足，为濒危珍稀动植物种及其繁殖体的长期储存、分析、监测和繁殖提供了方便。就种群数量骤减的野生物种，迁地保护尤其重要，它可作为就地保护的补充、引种放养的材料来源、未来繁殖家养物种的遗传物质的主要载体。

## 三、生物种质资源

### 1. 生物种质资源的重要性

全国优秀共产党员、时代楷模、著名植物学家、复旦大学生命科学学院钟扬教授（1964.5.2—2017.9.25）（图 14-40）生前曾经说过的一句话："一个基因可以拯救一个国家，一粒种子可以造福万千苍生。"这句话阐述了种质资源的重要作用。为什么种质资源如此重要，钟扬这样解释："植物能够为我们提供果实、花卉、粮食乃至药材。但非常糟糕的是，由于全球环境的破坏和人类的剧烈活动，很可能在我们对生物多样性有所了解并且加以利用之前，有的植物就已经消失了。"因此，为国家和人类储存下绵延后世的丰富种质宝藏，成为钟扬一生的执着。16 年来，他和他的团队在雪域高原艰苦跋涉 50 多万公里，收集上千种植物的 4 000 多万颗种子，填补了世界种质资源库没有西藏种子的空白。他们在雪域高原追踪数年，最终寻获"植物界小白鼠"——拟南芥；在海拔 6 100 m 以上的珠峰北坡，采集到了珍贵的鼠麴雪兔子样本，这是迄今为止中国植物学家采样攀登到的最高点；他带领学生花了整整 3 年时间，终将全世界仅存的 3 万多棵西藏巨柏全部登记在册，还通过研究，找到了可在制香功能上替代巨柏的柏木，从根本上为珍稀巨柏筑起了保护屏障。

图 14-40　钟扬（1964.5.2—2017.9.25）
时代楷模、植物学家、复旦大学教授

作为物种遗传信息的载体，种质资源是培育优质、高产的农牧品种的物质基础，是维系一个国家粮食安全和生态安全的重要保证，是农业文明持续发展和创新的动力源泉，也成为未来科技较量的必争之地。

世界上两次"绿色革命"都离不开生物种质资源的发现和利用。第一次"绿色革命"发生在 20 世纪中期，许多国家开展利用"矮化基因"培育和推广以矮秆、耐肥、抗倒伏的高产水稻、小麦、玉米等新品种为主要内容的生产技术活动，以解决发展中国家的粮食问题，这场"绿色革命"对世界农业生产产生了深远影响。Norman E. Borlaug（1914—2009）带领国际玉米和小麦改良中心团队，利用具有日本"农林 10 号"矮秆基因 *Rht* 的品系与抗锈病的墨西哥小麦进行杂交，育成了多个矮秆、半矮秆且具有抗倒伏、抗锈病、高产等突出优点的小麦品种。与此同时，中国科学家也在钻研利用种质资源促进作物增产。台湾台中区农业试验场以一个叫做"低脚乌尖"的中国传统水稻品种进行了研究，这个品种的体内具有矮秆基因 *SD1DGWG*。科学家又在印度尼西亚的水稻品种中，找到一个高秆而且产量较高的品种，叫做"皮泰"，以矮小坚强亲本"低脚乌尖"和高大繁茂亲本"皮泰"为亲本，国际水稻研究所 1967 年培育出半矮化、抗倒伏、高产、穗大粒多的优异水稻品种"国际稻 8 号"，实现了矮秆抗倒和繁茂多蘖的最佳组合，促进水稻品种的稳产广适性。从 1965 年到 1980 年，发展中国家小麦和稻米的产量大约增长了 75%：墨西哥从 1960 年推广矮秆小麦，短短 3 年间达到了种植面积的 35%，总产量接近 200 万吨，比 1944 年提高 5 倍；印度实施绿色革命发

↑ 图 14-41 袁隆平（1930.9.7—2021.5.22）
"杂交水稻之父"，中国工程院院士。

展战略后，由粮食进口国变为出口国。"绿色革命"对人类农业文明产生了深刻影响，为表彰国际玉米和小麦改良中心主任 Borlang 的卓著贡献，他于 1970 年被授予诺贝尔和平奖。

我国杂交水稻是第二次"绿色革命"时期的杰出代表。雄性不育株的发现和利用是杂交水稻的重要基础。什么是雄性不育呢？水稻是自花授粉的植物，如果雄性不产生花粉，就可以利用其他水稻植株的花粉进行授粉。因此，雄性不育多样性是保障杂交水稻种质多样性的有效途径，为培育出优质的杂交水稻提供了非常重要的基因资源。1964 年，袁隆平先生（1930.9.7—2021.5.22）（图 14-41）冲破当时流行的遗传学观点的束缚，在我国率先开展三系（不育系、保持系和恢复系）法培育杂交水稻的研究。1970 年，袁隆平先生和助手在海南三亚发现了花粉败育的野生稻以及不育细胞质，后来被称为"野败"，为杂交水稻雄性不育系的选育打开了突破口。袁隆平先生曾说过，没有"野败"就没有杂交水稻。1973 年 10 月，袁隆平先生在苏州召开的水稻科研会议上，发表《利用"野败"选育"三系"进展》的论文，标志中国

籼型杂交水稻三系配套成功。从 1976 年到 1987 年，中国的杂交水稻累计增产 1 亿吨以上，每年增产的稻谷可以养活 6 000 多万人。2020 年 11 月，在位于湖南省衡南县的第三代杂交水稻新组合试验示范基地，早稻和晚稻两次测产累计亩产达到 3 061.52 斤，创产量新高。袁隆平先生被誉为"杂交水稻之父"，为"共和国勋章"获得者，中国工程院院士。袁隆平先生说：中国人的饭碗，要牢牢端在自己手上。袁隆平先生杂交水稻研究不仅解决了中国人的吃饭问题，有效地保护了国家的粮食安全，还能帮助世界人民解决吃饭问题。

生物种质资源的争夺就是一场无烟的战争，它与国家的石油资源一样重要。它关系着百姓的生活，关系着国家的农业安全，更关系着一个国家的经济命脉。在 18 ~ 20 世纪之间，我国就有大量的生物种质资源流失到国外，给中国经济带来巨大损失。例如，19 世纪之前中国在世界茶叶贸易中处于垄断地位，但是西方的种子猎人盗取了中国最好的茶叶资源和中国红茶发酵技术，在不到百年的时间，中国茶叶的全球贸易占有率跌至到仅有 10% 左右，而由英国控制的印度公司的茶叶贸易从原来的 4% 猛增到 59%。

著名的还有美国孟山都公司利用中国野生大豆基因资源申请专利案。原产于我国的一株野生大豆被偷带出境后，进入美国种质资源库，被美国孟山都公司发现并提取特有的高产基因，申请专利培育新品种，目前全球各地每年都需要花费巨额资金购买由美国孟山都公司生产的大豆种子。

### 2. 我国生物种质资源的特点

（1）物种多样性高度丰富

我国生物资源无论种类还是数量都在世界上占据重要地位。从植物区系的种类数目来看，我国约有 30 000 种，仅次于世界上植物区系最丰富的马来西亚（约有 45 000 种）和巴西（约有 40 000 种），居世界第三位。其中苔藓植物 106 科，占世界总科数的 70%；蕨类植物 52 科，2 600 种，分别占世界总科数的 80% 和总种数的 26%；木本植物 8 000 种，其中乔木约 2 000 种；全世界裸子植物共 12 科，71 属，750 种，我国就有 11 科，34 属，240 多种；我国针叶树的总数占世界同类植物的

37.8%；被子植物占世界总科和属的 54% 和 24%。另外，我国还有许多古老的特有的物种在世界上也占据重要地位。

我国是世界上野生动物资源最丰富的国家之一，有许多特有的珍稀种类（图 14-42）。据统计，我国陆栖脊椎动物约有 2 340 种，约占世界陆栖脊椎动物的 10%。我国是世界上鸟类种类最丰富的国家之一，约占世界鸟类的 13%。其中雁鸭类全世界共有 166 种，我国有 46 种，占 28%；鹤类，全世界有 15 种，我国有 9 种，占一半以上。我国有兽类 449 种，约占世界兽类的 11%；我国至少有灵长类 16 种，而一些欧美国家完全没有这类动物。可见我国野生动物在世界上的重要地位。在 40 余个海洋生物门中，中国海域几乎都具有，并且所占比例很大。

大熊猫　　　　　　白鱀豚　　　　　　水杉　　　　　银杉

→ 图 14-42　素有活化石之称的大熊猫、白鱀豚、水杉和银杉

（2）物种的特有性高

广阔的国土，多样的地貌、气候和土壤条件形成了复杂多样的生态环境，此外第四纪冰川的影响不大，使我国拥有大量特有的物种和孑遗物种。如素有活化石之称的大熊猫（*Aliuropoda melanuleuca*）、白鱀豚（*Lipotes vexillifer*）、水杉（*Metasequoia glyptostroboides*）、银杉（*Cathaya argyrophylla*）等。我国不仅特有物种多，而且还有许多特有的科属。

我国特有物种的分布特点是，往往局限在很小的特定生境中，如大熊猫仅分布在与四川、陕西、甘肃三省相毗连的秦岭、岷山东部和邛崃山海拔 2 300 米以上的具有箭竹（*Simarundinaria* spp.）的森林中，水杉原产于麿九溪畔等。研究这些特有现象对了解动物区系、植物区系的特征和形成以及保护生物多样性和持续利用生物资源等具有特殊的意义。

（3）生物区系起源古老

我国丰富的生物多样性是自然地理环境的多样化与物种进化分异的结果。在数十亿年以前，陆地是相连的巨大板块。随着历史变迁，板块分离、漂移，今日的印度次大陆（印度板块）是从现在的非洲大陆分离出来，与亚洲板块碰击后连接在一起的。我国的地壳受到印度板块的冲击和挤压，形成了喜马拉雅山的隆起。我国也曾经与北美大陆相连。我国高等植物的很多属与北美植物有相似之处。我国生物区系古老、丰富的重要原因之一是在第四纪冰川时期，欧亚大陆的北部受冰川覆盖，而我国绝大部分地区未受冰川覆盖。北部受到冰川影响，气温下降，使很多物种向南迁移。当时我国南部山地的气候仍然比较湿润、温暖，很多物种能在这样的生境下存活。我国古地理的优越环境成为古老物种赖以生存的避难所或新生孤立类群的发源地，许多古老物种都有明显的区域特征。

（4）经济物种异常丰富

据初步统计，我国有重要的野生经济植物 3 000 多种、纤维类植物 440 余种、淀粉原料植物 150 余种、蛋白质和氨基酸植物 260 余种、油脂植物 370 余种、芳香油植物 290 余种、药用植物 5 000 余种、用材树种 300 多种、还有树脂树胶类植物、橡胶类植物、鞣料植物等，此外初步统计具有杀虫效果的植物 500 种。我国的经济动物资源也极其丰富，有经济价值的鸟类 330 种、哺乳动物 190 种、鱼类 60 种。另外，也有很多种具有经济价值的微生物，包括 700 种野生食用真菌、380 种药用菌、300 种菌丝体。野生动物具有肉用、毛皮用、药用、观赏用等多种价值。近年来多种野生动物进入了养殖行业，如蛇、龟、鳖、鹿、麝、熊、鼠、豹等。

为了防范和应对生物安全风险，保障人民生命健康，保护生物资源和生态环境，促进生物技术健康发展，推动构建人类命运共同体，实现人与自然和谐共生，我国于 2020 年 10 月通过了《中华人民共和国生物安全法》，其中第六章第五十三条："国家加强对我国人类遗传资源和生物资源采集、保藏、利用、对外提供等活动的管理和监督，保障人类遗传资源和生物资源安全。国家对我国人类遗传资源和生物资源享有主权。"

## 小结

生态学是研究生物与其环境之间关系的一门学科。在这里生物的涵义是指一个"生物学谱"，即从大到小按等级排列为群落、种群、有机体、器官、细胞和基因。这是在生物学层次广泛使用的名词，而每个层次和自然环境的相互关系（能量与物质）产生了不同特征的功能系统。这样就形成了一个生命的阶梯。生态学主要涉及整个阶梯中个体以上的系统层次。生态学中根据这种"整合层次的理论"就形成了不同层次的分支学科，如个体生态学、种群生态学、群落生态学以及生态系统生态学等。

个体生态学就是研究这种单个个体与其生存环境之间的关系，生物经过自然选择的作用后，存活的个体适应了其生存的环境，并在生命个体和环境之间建立一种微妙的关系；种群是指某一特定区域内某个物种的所有个体的总和。种群生态学则是研究种群数量的增长规律及其种群数量结构、空间结构和遗传结构的格局；群落，也称生物群落，是指一定时间内居住在一定空间内所有的生物种群的集合，它包括植物、动物和微生物等各个物种的种群，共同组成生态系统中有生命的部分。群落生态学则是研究群落的结构及群落内的各种生物之间的相互关系和演替规律。生态系统是指在一定空间内生物和非生物的成分，通过物质循环、能量流动和信息传递而相互作用、相互依存形成的功能单位。生态系统生态学则是研究生态系统内的物质循环和能量流动。

生物多样性是地球上所有的生物体及其所构成的综合体，包括遗传多样性、物种多样性和生态系统多样性三个层次；生物资源不仅具有直接价值和间接价值，而且国家享有生物资源安全主权。

## 思考题

1. 什么是生活型和生态型，为什么说它们都是生物对环境适应的结果？如何理解生物与环境的协调进化？

2. 什么是种群？种群与个体概念的差异是什么？种群调节中，外源性调节和内源性调节有何异同？

3. 什么是群落？群落间物种相互作用的方式有哪几种？群落为什么会发生演替？演替的终极阶段是什么？

4. 什么是生物多样性？保护生物多样性的内涵是什么？

5. 我国生物资源的特点是什么？为什么要保护国家生物种质资源的安全？

## 相关教学视频

1. 生态因子
2. 个体与行为
3. 种群
4. 群落
5. 生态系统

（任文伟、赵斌、南蓬）

## 郑重声明

高等教育出版社依法对本书享有专有出版权。任何未经许可的复制、销售行为均违反《中华人民共和国著作权法》，其行为人将承担相应的民事责任和行政责任；构成犯罪的，将被依法追究刑事责任。为了维护市场秩序，保护读者的合法权益，避免读者误用盗版书造成不良后果，我社将配合行政执法部门和司法机关对违法犯罪的单位和个人进行严厉打击。社会各界人士如发现上述侵权行为，希望及时举报，我社将奖励举报有功人员。

反盗版举报电话 （010）58581999　58582371
反盗版举报邮箱　dd@hep.com.cn
通信地址　北京市西城区德外大街4号　高等教育出版社法律事务部
邮政编码　100120

## 读者意见反馈

为收集对教材的意见建议，进一步完善教材编写并做好服务工作，读者可将对本教材的意见建议通过如下渠道反馈至我社。

咨询电话　400-810-0598
反馈邮箱　gjdzfwb@pub.hep.cn
通信地址　北京市朝阳区惠新东街4号富盛大厦1座　高等教育出版社总编辑办公室
邮政编码　100029

## 防伪查询说明

用户购书后刮开封底防伪涂层，使用手机微信等软件扫描二维码，会跳转至防伪查询网页，获得所购图书详细信息。

**防伪客服电话** （010）58582300